国家卫生健康委员会"十四五"规划教材

全国高等学校教材

供本科护理学类专业用

生物化学

第 5 版

U0208182

主　编　高国全　解　军

副主编　徐世明　张媛英

编　者　(以姓氏笔画为序)

朱华庆　(安徽医科大学)　　　　林　佳　(四川大学华西基础医学与法医学院)

刘　帅　(大连医科大学)　　　　赵　颖　(北京大学医学部)

齐炜炜　(中山大学中山医学院)　赵旭华　(山西医科大学)

关亚群　(新疆医科大学)　　　　费小雯　(海南医学院)

汤立军　(中南大学湘雅医学院)　袁　栎　(南京医科大学)

李冬民　(西安交通大学医学部)　徐世明　(首都医科大学)

李建宁　(宁夏医科大学)　　　　高国全　(中山大学中山医学院)

杨　霞　(中山大学中山医学院)　黄　刚　(陆军军医大学)

张媛英　(山东第一医科大学)　　康龙丽　(西藏民族大学医学院)

陈维春　(广东医科大学)　　　　解　军　(山西医科大学)

编写秘书　齐炜炜

人民卫生出版社

·北京·

版权所有，侵权必究！

图书在版编目（CIP）数据

生物化学 / 高国全，解军主编 . —5 版 . —北京：
人民卫生出版社，2022.8（2023.10重印）

ISBN 978–7–117–33280–4

Ⅰ.①生… Ⅱ.①高…②解… Ⅲ.①生物化学 —医
学院校 —教材 Ⅳ.①Q5

中国版本图书馆 CIP 数据核字（2022）第 107241 号

人卫智网	www.ipmph.com	医学教育、学术、考试、健康，购书智慧智能综合服务平台
人卫官网	www.pmph.com	人卫官方资讯发布平台

生 物 化 学
Shengwu Huaxue

第 5 版

主　　编：高国全　解　军

出版发行：人民卫生出版社（中继线 010-59780011）

地　　址：北京市朝阳区潘家园南里 19 号

邮　　编：100021

E - mail：pmph @ pmph.com

购书热线：010-59787592　010-59787584　010-65264830

印　　刷：三河市潮河印业有限公司

经　　销：新华书店

开　　本：850×1168　1/16　印张：26

字　　数：769 千字

版　　次：2012 年 7 月第 1 版　2022 年 8 月第 5 版

印　　次：2023 年 10 月第 3 次印刷

标准书号：ISBN 978-7-117-33280-4

定　　价：79.00 元

打击盗版举报电话：010-59787491　E-mail：WQ @ pmph.com

质量问题联系电话：010-59787234　E-mail：zhiliang @ pmph.com

数字融合服务电话：4001118166　E-mail：zengzhi @ pmph.com

第七轮修订说明

2020年9月国务院办公厅印发《关于加快医学教育创新发展的指导意见》(国办发〔2020〕34号),提出以新理念谋划医学发展、以新定位推进医学教育发展、以新内涵强化医学生培养、以新医科统领医学教育创新,并明确提出"加强护理专业人才培养,构建理论、实践教学与临床护理实际有效衔接的课程体系,加快建设高水平'双师型'护理教师队伍,提升学生的评判性思维和临床实践能力。"为更好地适应新时期医学教育改革发展要求,培养能够满足人民健康需求的高素质护理人才,在"十四五"期间做好护理学类专业教材的顶层设计和规划出版工作,人民卫生出版社成立了第五届全国高等学校护理学类专业教材评审委员会。人民卫生出版社在国家卫生健康委员会、教育部等的领导下,在教育部高等学校护理学类专业教学指导委员会的指导和参与下,在第六轮规划教材建设的基础上,经过深入调研和充分论证,全面启动第七轮规划教材的修订工作,并明确了在对原有教材品种优化的基础上,新增《护理临床综合思维训练》《护理信息学》《护理学专业创新创业与就业指导》等教材,在新医科背景下,更好地服务于护理教育事业和护理专业人才培养。

根据教育部《关于加快建设高水平本科教育 全面提高人才培养能力的意见》等文件要求以及人民卫生出版社对本轮教材的规划,第五届全国高等学校护理学类专业教材评审委员会确定本轮教材修订的指导思想为:立足立德树人,渗透课程思政理念;紧扣培养目标,建设护理"干细胞"教材;突出新时代护理教育理念,服务护理人才培养;深化融合理念,打造新时代融合教材。

本轮教材的编写原则如下:

1. 坚持"三基五性" 教材编写坚持"三基五性"的原则。"三基":基本知识、基本理论、基本技能;"五性":思想性、科学性、先进性、启发性、适用性。

2. 体现专业特色 护理学类专业特色体现在专业思想、专业知识、专业工作方法和技能上。教材编写体现对"人"的整体护理观,体现"以病人为中心"的优质护理指导思想,并在教材中加强对学生人文素质的培养,引领学生将预防疾病、解除病痛和维护群众健康作为自己的职业责任。

3. 把握传承与创新 修订教材在对原有教材的体系、编写体裁及优点进行继承的同时,结合上一轮教材调研的反馈意见,进一步修订和完善,并紧随学科发展,及时更新已有定论的新知识及实践发展成果,使教材更加贴近实际教学需求。同时,对于新增教材,能体现教育教学改革的先进理念,满足新时代护理人才培养在知识结构更新和综合能力提升等方面的需求。

4. 强调整体优化 教材的编写在保证单本教材的系统和全面的同时,更强调全套教材的体系性和整体性。各教材之间有序衔接、有机联系,注重多学科内容的融合,避免遗漏和不必要的重复。

5. 结合理论与实践　针对护理学科实践性强的特点,教材在强调理论知识的同时注重对实践应用的思考,通过引入案例与问题的编写形式,强化理论知识与护理实践的联系,利于培养学生应用知识、分析问题、解决问题的综合能力。

6. 推进融合创新　全套教材均为融合教材,通过扫描二维码形式,获取丰富的数字内容,增强教材的纸数融合性,增强线上与线下学习的联动性,增强教材育人育才的效果,打造具有新时代特色的本科护理学类专业融合教材。

全套教材共 59 种,均为国家卫生健康委员会"十四五"规划教材。

高国全,教授,博士生导师。中山大学中山医学院基础医学系主任、生物化学与分子生物学系主任、中山大学基础医学国家级实验教学示范中心主任,《中山大学学报(医学科学版)》主编,广东省生物化学与分子生物学会理事长。入选教育部首届新世纪优秀人才,广东省高等学校"千百十工程"国家级培养对象,"广东特支计划"百千万工程领军人才,享受国务院政府津贴。

长期开展糖尿病、肿瘤代谢,病理性血管新生的研究工作。主持国家自然科学基金、科技部新药重大专项、国家重点研发计划等项目;以通讯作者在 *PNAS*,*Diabetes*,*J Biol Chem* 等国际专业期刊上已发表论文近 60 篇;研究成果作为第一完成人获得教育部、广东省自然科学奖二等奖各一项,主要完成人获得江苏省自然科学奖一等奖,获发明专利授权 4 项。主编、副主编人民卫生出版社研究生、长学制、临床医学、护理学系列国家级规划教材《生物化学》多部。入选宝钢优秀教师和广东省高等学校教学名师。

解军,二级教授,山西医科大学副校长,国务院特约教育督导员,教育部基础医学教指委委员,中国生物化学与分子生物学学会常务理事,中华医学会医学教育分会委员,山西省生物化学与分子生物学学会理事长,国家级创业导师。

一直致力于出生缺陷与细胞再生领域研究。发现山西汉族人群某些基因特征、表观遗传机制与神经管畸形发生关系,对提高我国人口质量提供重要科学支撑。80 余篇研究成果发表在 *The Journal of Neuroscience*,*JACC*,*Biomaterials*,*Birth Defects Research* 等杂志,曾获山西省科技进步奖一等奖、二等奖等省部级奖励 10 余项,获得发明专利 10 余项。近年来,带领教学团队,致力于应用建构主义学习理论,将思政融于课程,探索基础医学认知陀螺教学模式,获批国家一流课程生物化学。曾获国家教学成果奖二等奖、山西省教学成果奖特等奖、一等奖等。曾获山西省教学名师、山西省十佳教师、山西省五一劳动奖章、山西省五四青年奖章等荣誉。主编、参编《生物化学》教材 6 部。

徐世明,教授,首都医科大学燕京医学院生物化学教研室主任。

从事生物化学教学 28 年,主持教学改革课题 4 项,发表教学论文 10 余篇,主编教材 6 部、副主编教材 7 部、参编教材多部,其中参编人民卫生出版社《生物化学》第 4 版教材获"首届全国优秀教材特等奖"。从事神经变性病发病机制及防治研究,主持或参与国家自然科学基金、北京市自然科学基金及基础 - 临床合作课题多项,发表 SCI 及中文核心期刊学术论文 10 余篇,参编专著 2 部。

张媛英,教授,山东第一医科大学临床与基础医学院生物化学与分子生物学系主任,山东省生物化学与分子生物学学会理事。

从事医学生化与分子生物学教学至今 28 年。主持省级线下、线上线下混合式生物化学一流课程、省级高校在线开放课程。主持并参与多项省级教学课题,发表教研论文 10 余篇,主编教材 3 部;主要从事基因表达调控的机制研究,主持并参与多项国家及省级科研项目,发表 SCI 论文 15 篇;曾获省级高等医学院校课程思政示范案例一等奖等荣誉。

本科护理学类专业《生物化学》第 4 版于 2017 年出版,在全国医学院校护理学类专业广泛使用,受到广大师生的好评和肯定。鉴于生物化学和分子生物学的迅速发展和现代护理理念、技术、方法的不断发展,有必要定期对其内容进行更新和调整。全国高等学校本科护理学专业第七轮规划教材主编人会议,要求落实新时代全国高等学校本科教育工作会议及教育部"关于一流本科课程建设的实施意见",积极建设一流护理学本科教育、推出一流护理专业课程、培养一流护理本科人才,紧密围绕培养目标,突出护理专业特色,淡化学科意识,注重整体优化,促进专业建设,突出科学性和实用性,建立适应新时代要求的护理教材体系。

上版教材编者们做了大量的工作和有益的尝试。本版是在上版基础上进行修订,为保证延顺性,保留了基本框架。在学时数和临床医学专业相比较少的情况下,本版教材既要保证生物化学知识体系的完整性和先进性,又要突出护理专业的特点,同时将知识传授和价值引领相结合,加强课程思政。

本书包括四篇 19 章,即生物大分子结构与功能,分子生物学基础(遗传信息的传递及调控、基因重组与分子生物学技术),物质代谢及其调节和医学生化专题。

主要调整和修订如下:

1. **内容精练** ①因护理专业学生缺乏有机化学基础知识,精简物质代谢部分对代谢化学过程的描述,强调其生物学与医学意义;②精简生物结构的介绍;③对于分子生物学部分,重点突出概念、理论和应用前景,具体描述从简。把握难易程度,突出重要知识点。

2. **内容补充** ①补充新知识、新概念。例如增加肿瘤的靶向治疗和免疫治疗等新内容;②突出医学与护理专业特点,将与护理医学实践密切相关的部分独立成篇,包括血液生化、肝胆生化、维生素与微量元素、组学与医学和肿瘤的生化基础等五章内容。

3. **结构调整** 按四篇对某些章节内容和顺序进行了调整,遗传信息传递的内容仍然放在生物大分子之后;将维生素与微量元素、组学与医学两章纳入医学生化专题篇;调整、完善了部分章内结构及内容。

为便于师生的教与学,结合当前学生自主学习和在线学习的特点和需要,纸质教材保留章前导言、学习目标和思考题,学习目标部分更新为知识目标、能力目标和素质目标,素质目标体现课程思政元素如科学精神、创新和批判性思维、中国贡献、学术规范、伦理规则、家国情怀、人文关怀和医者仁心等。教材同步推出丰富的数字内容,在适当减少主教材字数的同时丰富学习内容、提高学习兴趣。

本教材由全国 17 所高校的 23 名工作在教学和科研一线的生物化学教授参与编写。编写过程中,得到中山大学中山医学院的热情支持,在此一并致谢。

本教材主要供护理专业本科生使用,也可供其他专业学生参考。

由于水平有限,本版教材肯定仍存在不少缺点或不当之处,衷心期望各同行专家、读者批评指正。

高国全 解军

2022 年 2 月

目录

第一篇　生物大分子结构与功能

第二篇　分子生物学基础

第三篇　物质代谢及其调节

第四篇 医学生化专题

绪　论

绪论　数字内容

　　生物化学即"生命的化学",从分子水平探讨生命现象的本质,是生命科学领域重要的领头学科之一。生物化学是研究生物体内化学分子与化学反应的科学,以及这些分子组成、变化、调节与功能的关系,揭示或阐明生物体(从受精卵开始)的发育、生长、衰老、死亡全生命过程以及生殖、遗传的本质和规律。生物化学的研究主要采用化学的原理和方法,但也融入了生物物理学、生理学、细胞生物学、遗传学和免疫学等的理论和技术,使之与众多学科有着广泛的联系和交叉。

　　人们通常将研究核酸、蛋白质等所有生物大分子的结构、功能及基因结构、表达与调控的内容,称为分子生物学。分子生物学的发展揭示了生命本质的高度有序性和一致性,是人类在认识论上的重大飞跃。而从广义上理解,分子生物学是生物化学的重要组成部分,也被视作生物化学的发展和延续。分子生物学的飞速发展,促进了相关和交叉学科的发展,特别是医学的发展,已成为生命科学的共同语言。

　　医学生物化学主要研究人体生命过程的化学问题,从分子水平研究各种物质的结构与功能、物质代谢及其调节的规律和遗传物质与遗传信息传递知识等,以及它们在人体生命活动中的作用。医学生物化学从生化的角度理解健康与疾病:健康即体内的生化分子和化学反应处于平衡状态;疾病则反映了体内分子、化学反应过程的不正常状态。

一、生物化学发展简史

生物化学的发展历史悠久,人类在漫长的生活与生产劳动实践中发现并利用了包括发酵、酿造等很多生物化学的知识和规律。直到 20 世纪初期,生物化学才形成一门独立的学科,各个分支领域的研究开始迅速发展。20 世纪 50 年代,苏联生物化学家将生物化学的发展分为三个阶段。

1. 叙述生物化学阶段 从 18 世纪中叶至 20 世纪初,主要研究生物体的化学组成,并对其进行分离、纯化、理化性质鉴定、结构测定及合成。

2. 动态生物化学阶段 从 20 世纪初中叶至 20 世纪中叶,主要研究各种生物物质的代谢过程、变化规律和体内能量的产生及利用。

3. 分子生物学阶段 从 20 世纪中叶至今,主要研究核酸、蛋白质等生物大分子遗传信息的传递过程及规律。提出了 DNA 双螺旋结构模型和中心法则,在此基础上重组 DNA 技术得到广泛应用,人类基因组计划开启了组学研究的先河,为了测定和解析基因功能诞生了一批先进的分子生物学技术如测序技术、基因打靶技术和基因编辑技术等。

4. 中国科学家对生物化学发展的贡献 早在西方生物化学诞生之前,我们的祖先就已在生产、饮食以及医疗等方面积累了丰富经验,其中许多成为现代生物化学的发展基础。例如用"曲"作"媒"(即酶)的酿酒技术,用于治疗预防"脚气病""夜盲症"的药品食物中富含维生素。近现代,我国生物化学家吴宪等提出了蛋白质变性学说并创立了沉淀过滤蛋白质测定血糖的吴氏法;1965 年我国科学家首次人工合成了具有生物学活性的胰岛素并解析其晶体结构;1981 年人工合成酵母丙氨酰 -tRNA;近年来在蛋白质结构、基因工程、蛋白质工程、基因组学、新基因和疾病相关基因的克隆与功能研究方面均取得了举世瞩目的成就。

二、生物化学研究的主要内容

生物化学的研究内容十分广泛,当代生物化学的研究主要集中在以下几个方面。

1. 生物分子的结构与功能 生物个体是由千万种化学成分所组成,包括无机物、有机小分子和生物大分子。核酸、蛋白质、多糖、蛋白聚糖和复合脂质等是体内的重要生物大分子,它们都是由各自基本组成单位构成的多聚体。例如,由核苷酸作为基本组成单位,通过磷酸二酯键连接形成多核苷酸——核酸;由氨基酸作为基本组成单位,通过肽键连接形成多肽链——蛋白质。聚糖也由一定的基本单位聚合而成。生物大分子的重要特征之一是具有信息功能,因此也称之为生物信息分子。

对生物大分子的研究,除了确定其一级结构(基本组成单位的种类、排列顺序和方式)外,更重要的是研究其空间结构及其与功能的关系。分子结构是功能的基础,而功能则是结构的体现。生物大分子的功能还通过分子之间的相互识别和相互作用而实现。

2. 物质代谢及其调节 生命体不同于无生命体的基本特征是新陈代谢。每个个体一刻不停地与外环境进行物质交换,摄入养料排出废物,以维持体内环境的相对稳定,从而延续生命。正常的物质代谢是正常生命过程的必要条件,物质代谢发生紊乱则可引起疾病。目前对正常生物体内的主要物质代谢途径已基本清楚,但疾病状态下的代谢变化和特征正成为代谢研究的新热点。细胞信号转导参与多种物质代谢及与其相关的生长、增殖、分化等生命过程的调节。细胞信号转导的机制及网络也是近代生物化学研究的重要课题。

3. 基因信息传递及其调控 基因信息传递涉及遗传、变异、生长、分化等诸多生命过程,也与遗传病、恶性肿瘤、心血管病等多种疾病的发病机制有关。因此,基因信息的研究在生命科学中的作用越显重要。1953 年 Watson 和 Crick 提出 DNA 双螺旋结构模型,成为生物化学发展进入分子生物学时代的重要里程碑。现已确定,DNA 是遗传的主要物质基础,基因即 DNA 分子的功能片段。当今,分子生物学除了进一步研究 DNA 的结构与功能外,更重要的是研究 DNA 复制、基因转录、蛋白质生物合成等基因信息传递过程的机制及基因表达时空规律。DNA 重组、转基因、基因剔除、基因编辑、新基因克隆、人类基因组及功能基因组研究等新技术的发展,将大大推动这一领域的研究进程。

三、生物化学与医学的关系

生物化学是一门基础医学的必修课程,讲述正常人体的生物化学以及疾病过程中的生物化学相关问题,与医学有着紧密的联系。生物化学又是生命科学中进展迅速的基础学科,它的理论和技术已渗透至基础医学和临床医学的各个领域,使之产生了许多新兴的交叉学科,如分子遗传学、分子免疫学、分子微生物学、分子病理学和分子药理学等。

随着生物化学研究成果对人体各种代谢过程、代谢调控机制、细胞间信号转导及遗传信息传递规律的深入阐明,人们有可能准确了解各种相应代谢障碍相关疾病、遗传性疾病发病机制,开发治疗药物,研究诊断、治疗的新方法。目前临床的癌症、心脑血管疾病、免疫学疾病等重大疾病的最后攻克,还是要期待于在生物化学和分子生物学领域中不断取得突破。从临床实际看,生物化学检测技术经常性应用于临床诊断,蛋白酶类、尿激酶等多种酶和蛋白及基因工程药物,已直接用于疾病的治疗。

现代分子生物学新理论、新技术正迅速在临床医学研究和实践中得到运用。如用探针技术、聚合酶链反应技术等检测致病病原体、致病基因的基因诊断技术,可在基因水平确定导致感染性疾病的病原和遗传病的变异基因。基因治疗研究最终能向机体导入有功能的基因,补偿、替代致病的缺陷基因等。随着医学分子生物学研究工作的深入,人们发现对一个或几个基因进行的个别研究几乎不可能解决像肿瘤发病机制、疾病易感性、药物敏感性差异等复杂性问题,因而人类基因组计划应运而生。在人类基因组的序列测定完成并进入功能基因组时代,各种组学及其新的研究手段将推动医学进入组学时代。规模化、整体化、信息化的趋势是医学面临的人类疾病的复杂性和分子生物学进展到一定程度所带来的必然结果。

因此,学习和掌握生物化学知识,一方面可以深入理解生命现象和疾病的本质,另一方面是为进一步学习基础医学其他各课程和临床医学打下扎实的基础。生物化学与分子生物学已成为生命科学和医学领域类似于外语和计算机的工具学科,成为当代医护专业人员的必备知识和发展储备。

（高国全　解　军）

Note:

第一篇

生物大分子结构与功能

第一章

蛋白质的结构与功能

01章 数字内容

章 前 导 言

　　蛋白质是构成生物体的基本组分和重要生物大分子,生物体的生长、发育、运动、遗传、繁殖等生命现象都离不开蛋白质,因此是生命活动的物质基础。如心脏的跳动、肺脏的呼吸、血液的流动,均是靠肌肉的收缩与舒张来完成,而肌肉的收缩与舒张是由肌肉组织中蛋白质的结构与功能所决定。蛋白质的基本组成单位是氨基酸,数种氨基酸的不同排列组合可形成不同类型的蛋白质,而一种蛋白质的氨基酸序列则由其基因决定,并形成特定的一级结构,这些一级结构需折叠成各自特定的空间构象,才能具有蛋白质众多的生物学功能,并在特定部位发挥相应的作用。学习蛋白质一级结构和空间结构与功能的关系,方能深刻领会蛋白质结构异常与疾病发生的密切关系。本章通过学习组成人体蛋白质的氨基酸结构和理化性质、蛋白质的理化性质、蛋白质结构与功能的关系以及蛋白质结构异常与疾病的相关性等知识,可为深入理解生物大分子之一的蛋白质,如何在生命活动中发挥特定的作用以及与疾病发生、发展的关系奠定必要的理论基础。

—— 学 习 目 标 ——

知识目标

1. 掌握组成蛋白质的氨基酸结构及分类；蛋白质一、二、三、四级结构。
2. 熟悉模体、结构域的结构特点；蛋白质结构与功能的关系；蛋白质的理化性质。
3. 了解蛋白质在生命活动过程中的重要性，谷胱甘肽等活性多肽，蛋白质的沉淀作用和蛋白质常见的呈色反应。

能力目标

1. 能够利用蛋白质一级和高级结构特点，蛋白质结构与功能关系的知识，理解蛋白质能够发挥各种功能的理论依据，树立结构和功能相统一的生物学观点。
2. 能运用所学知识从分子水平初步解释镰状细胞贫血、阿尔茨海默病等疾病的发病机制，提高解决临床问题的能力。

素质目标

从分子水平阐释生命现象本质的过程中，融入人工合成胰岛素和蛋白质变性理论中的中国贡献等课程思政内容，培养学生科学探索精神的同时弘扬爱国主义精神。

蛋白质（protein）普遍存在于生物界，是生物体的基本组成成分之一，也是体现生命活动最重要的基础物质。生物体内蛋白质的含量最为丰富，约占人体固体成分的 45%，在细胞中可达细胞干重的 70% 以上。蛋白质在人体组织器官分布广泛、种类繁多、结构和功能复杂。一个细胞可有数万种蛋白质，它们不仅是生物体的重要结构物质之一，而且承担着各种特异的生物学功能。蛋白质提供结缔组织和骨基质、形成组织形态等。酶、抗体、大部分凝血因子、多肽激素、转运蛋白、收缩蛋白、基因调控蛋白等也都是蛋白质，它们分别在物质代谢、机体防御、血液凝固、肌肉收缩、细胞信号转导、个体生长发育、组织修复等方面发挥着重要的作用。

第一节 蛋白质的分子组成

自然界中，尽管蛋白质种类繁多、结构各异，但元素组成相似，主要有碳（50%~55%）、氢（6%~7%）、氧（19%~24%）、氮（13%~19%）和硫（0~4%）。有些蛋白质还含有磷、铁、铜、锌、锰、钴、钼等，个别蛋白质还含有碘。各种蛋白质的含氮量很接近，平均为 16%，且由于蛋白质是生物体内的主要含氮物质，因此生物样品中蛋白质含量可按下式推算。

$$每克样品中所含蛋白质的质量（g）= 每克样品的含氮量 \times 6.25$$

一、蛋白质的基本组成单位——氨基酸

氨基酸（amino acid）是蛋白质的基本组成单位。自然界存在 300 余种氨基酸，但组成人体蛋白质的氨基酸仅有 20 种，且均为 L-α- 氨基酸（甘氨酸除外），氨基酸的结构通式如图 1-1 所示。

由氨基酸的通式可见，除甘氨酸外，连接—COO⁻ 基上的 α- 碳原子分别连接 4 个不同原子或基团，为不对称碳原子，不同氨基酸其侧链（R）各异。除 20 种氨基酸外，体内还有一些不参与蛋白质合成的氨基酸，如参与尿素合成的鸟氨酸（ornithine）、瓜氨酸（citrulline）等。

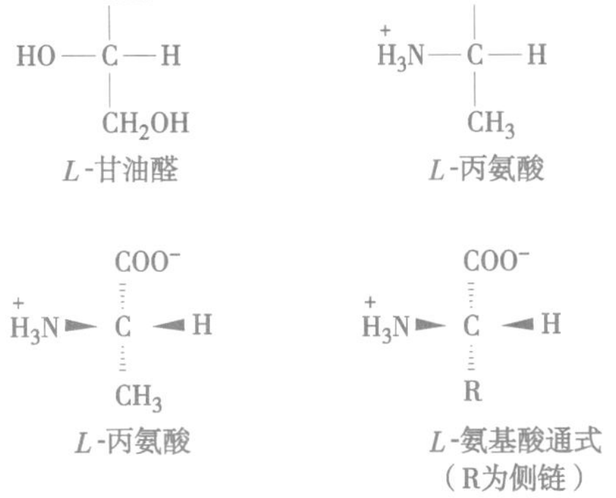

图 1-1 *L*- 甘油醛和 *L*- 氨基酸

（一）氨基酸的结构与分类

体内组成蛋白质的 20 种氨基酸,根据其侧链的结构和理化性质可分成 5 类:①非极性脂肪族氨基酸;②极性中性氨基酸;③芳香族氨基酸;④酸性氨基酸;⑤碱性氨基酸(表 1-1)。

表 1-1　氨基酸的分类

结构式	中文名	英文名	缩写	符号	等电点（pl）
1. 非极性脂肪族氨基酸					
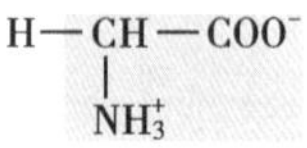	甘氨酸	Clycine	Gly	G	5.97
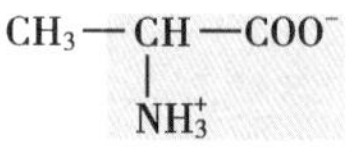	丙氨酸	Alanine	Ala	A	6.00
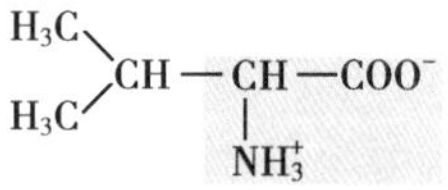	缬氨酸	Valine	Val	V	5.96
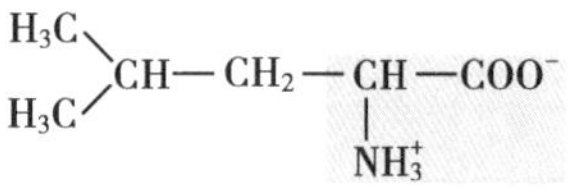	亮氨酸	Leucine	Leu	L	5.98
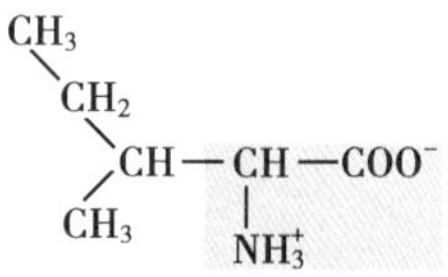	异亮氨酸	Isoleucine	Ile	I	6.02
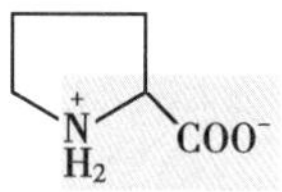	脯氨酸	Proline	Pro	P	6.30
2. 极性中性氨基酸					
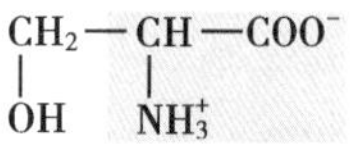	丝氨酸	Serine	Ser	S	5.68
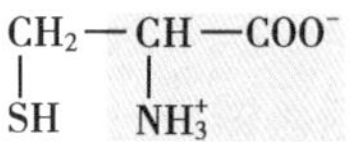	半胱氨酸	Cysteine	Cys	C	5.07
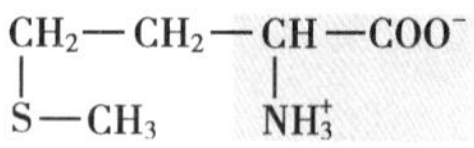	甲硫氨酸	Methionine	Met	M	5.74
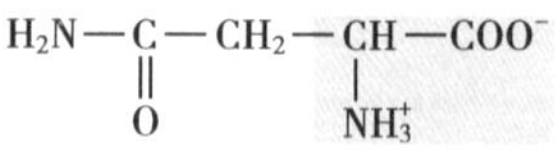	天冬酰胺	Asparagine	Asn	N	5.41
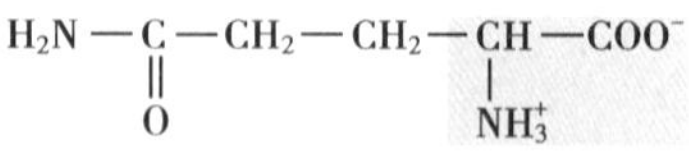	谷氨酰胺	Glutamine	Gln	Q	5.65
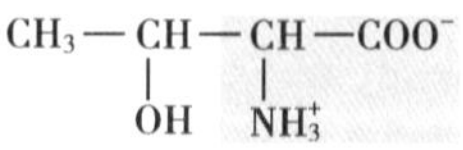	苏氨酸	Threonine	Thr	T	5.60
3. 含芳香环的氨基酸					
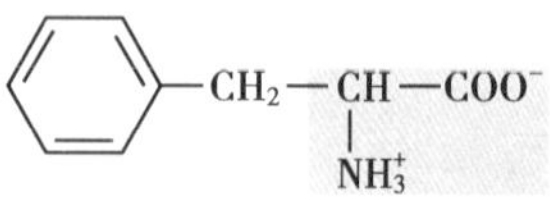	苯丙氨酸	Phenylalanine	Phe	F	5.48
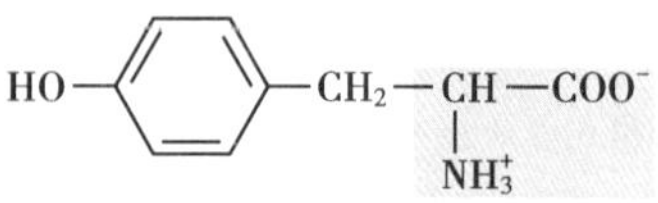	酪氨酸	Tyrosine	Tyr	Y	5.66

续表

结构式	中文名	英文名	缩写	符号	等电点(pI)
色氨酸结构式	色氨酸	Tryptophan	Trp	W	5.89

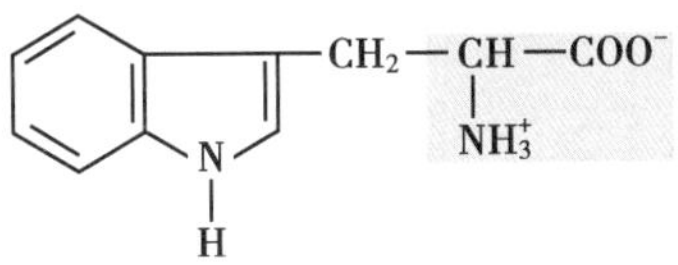

4. 酸性氨基酸

结构式	中文名	英文名	缩写	符号	等电点(pI)
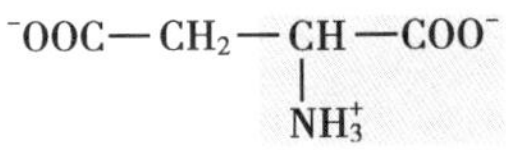 $^-OOC-CH_2-CH-COO^-$ NH_3^+	天冬氨酸	Aspartic acid	Asp	D	2.97
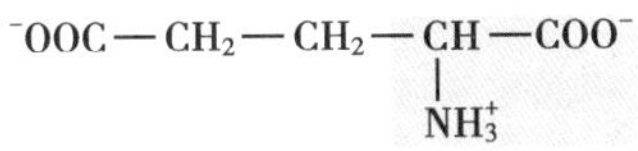 $^-OOC-CH_2-CH_2-CH-COO^-$ NH_3^+	谷氨酸	Glutamic acid	Glu	E	3.22

5. 碱性氨基酸

结构式	中文名	英文名	缩写	符号	等电点(pI)
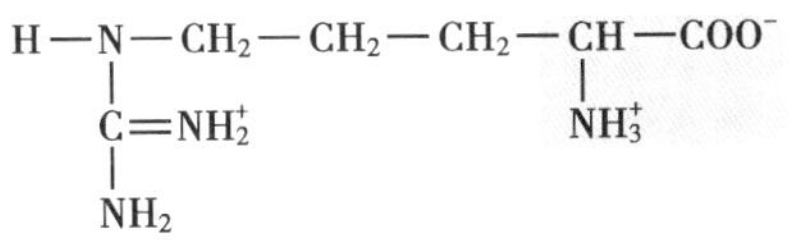 精氨酸结构式	精氨酸	Arginine	Arg	R	10.76
赖氨酸结构式	赖氨酸	Lysine	Lys	K	9.74
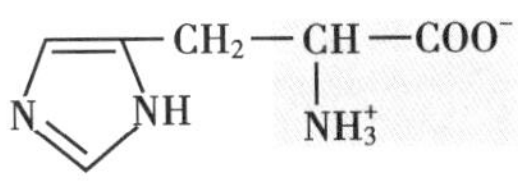 组氨酸结构式	组氨酸	Histidine	His	H	7.59

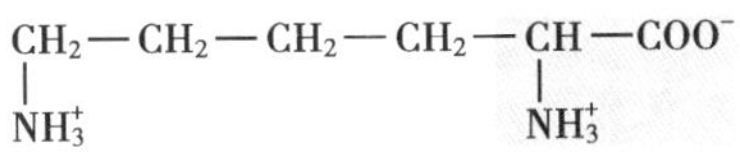

通常非极性脂肪族氨基酸在水溶液中的溶解度小于极性中性氨基酸；芳香族氨基酸中苯基的疏水性较强，酚基和吲哚基在一定条件下可解离。酸性氨基酸的侧链都含有羧基，而碱性氨基酸的侧链含有氨基、胍基或咪唑基。

脯氨酸和半胱氨酸结构特殊。脯氨酸是亚氨基酸，在蛋白质合成后经过加工修饰可以产生羟脯氨酸。两个半胱氨酸脱氢后，以二硫键（disulfide bond）相连，形成胱氨酸（图 1-2）。在蛋白质分子中一些半胱氨酸是以胱氨酸形式存在的。

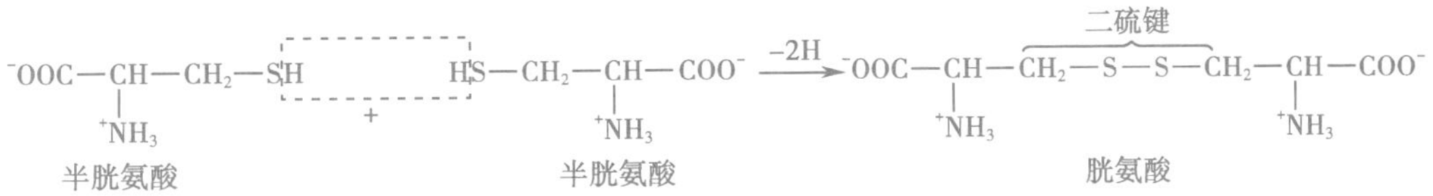

图 1-2　胱氨酸与二硫键

(二) 氨基酸的理化性质

1. **两性解离及等电点**　氨基酸除含有碱性的 α- 氨基和酸性的 α- 羧基外，碱性氨基酸和酸性氨基酸的 R 基团还分别含有可解离的氨基（或亚氨基）和羧基。这些基团使氨基酸在酸性条件下与 H^+ 结合而带正电荷（$-NH_3^+$）；在碱性溶液中与 OH^- 结合，失去 H^+ 带负电荷（$-COO^-$），因此氨基酸是一种两性电解质，具有两性解离的特性。其解离方式取决于所处溶液的 pH。在某一 pH 的溶液中，氨基酸解离成阳离子和阴离子的趋势及程度相等，成为兼性离子，呈电中性，此时溶液的 pH 称为该氨基酸的等电点（isoelectric point，pI）。

氨基酸的 pI 是由 α- 羧基和 α- 氨基的解离常数负对数 pK_1 和 pK_2 决定的。pI 计算公式为：$pI=1/2(pK_1+pK_2)$。如丙氨酸 $pK-COOH=2.34$，$pK-NH_2=9.69$。故丙氨酸的 $pI=1/2(2.34+9.69)=6.02$。如果一个氨基酸有 3 个可解离的基团，该氨基酸的等电点是兼性离子两边 pK 的平均值。

Note:

2. 氨基酸的紫外吸收性质和茚三酮显色反应 含共轭双键的色氨酸和酪氨酸,在紫外光 275~280nm 波长处有最大吸收峰(图 1-3)。由于大多数蛋白质含有酪氨酸和色氨酸残基,所以测定蛋白质溶液 280nm 的光吸收值,可用于分析溶液中蛋白质的含量。

氨基酸与茚三酮水合物在弱酸性溶液中共加热,生成蓝紫色的化合物,此化合物最大吸收峰在 570nm 波长处。由于此吸收峰的大小与氨基酸释放出的氨量成正比,因此可用于氨基酸定量分析。

二、氨基酸与多肽

德国化学家 Emil Fisher 早在 1890~1910 年间证明,蛋白质中的氨基酸是通过肽键(peptide bond)相互连接的。肽键是由一个氨基酸的 α- 羧基与另一个氨基酸的 α- 氨基脱水缩合形成的酰胺键(—CO—NH—)(图 1-4)。

氨基酸通过肽键(peptide bond)相连形成的化合物称为肽(peptide),肽中的氨基酸分子因脱水缩合导致基团不全,被称为氨基酸残基(amino acid residue)。由 2 个氨基酸残基组成的肽称为二肽,由 3 个氨基酸残基组成的肽称为三肽,依此类推。10 个以内氨基酸残基相连组成的肽称为寡肽(oligopeptide),更多的氨基酸残基相连而成的肽称为多肽

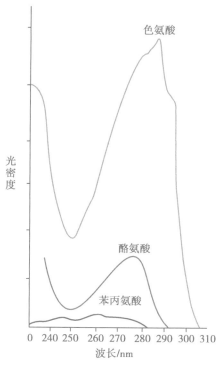

图 1-3 芳香族氨基酸的紫外吸收

(polypeptide)。一条多肽链通常含有两个游离末端,一端是未参与形成肽键的游离 α- 氨基,称为氨基末端(amino-terminal)或 N- 端。另一端是未参与形成肽键的游离 α- 羧基,称为羧基末端(carboxyl - terminal)或 C- 端。书写和计数多肽链时,习惯将 N- 端写于左侧,用 H₂N—表示;C- 端写于右侧,用—COOH 表示。肽链中以肽键连接形成的长链称为主链,氨基酸残基的 R 基团称为侧链。肽键是蛋白质结构中的主要化学键,此共价键较稳定,不易受破坏。

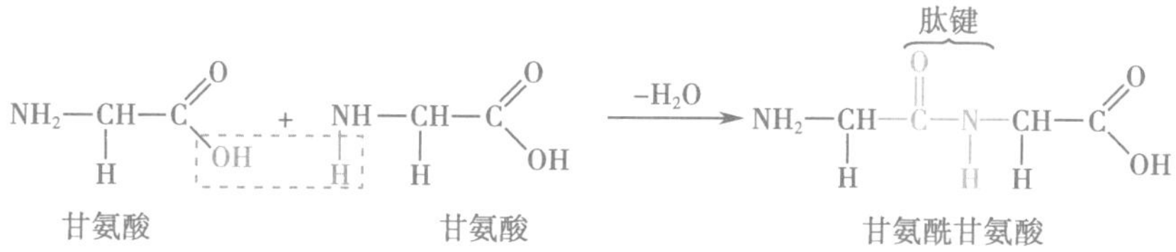

图 1-4 肽与肽键

蛋白质是由许多氨基酸残基通过肽键连接形成的具有特定空间结构和特定生物学功能的多肽。通常蛋白质的氨基酸残基组成数在 50 个以上,50 个氨基酸残基以下则仍称为多肽。

生物体内还含有一些具有生物活性的低分子量肽类,可由几个至几十个氨基酸残基组成,生物活性肽在神经传导、代谢调节等方面起着重要的作用。

1. 谷胱甘肽(glutathione,GSH) 是由谷氨酸、半胱氨酸和甘氨酸组成的三肽,简称为谷胱甘肽。第一个肽键由谷氨酸的 γ- 羧基与半胱氨酸的 α- 氨基形成(图 1-5)。GSH 是很强的还原剂,分子中半胱氨酸的巯基是该化合物的主要功能基团,可以保护体内蛋白质或酶分子免遭氧化,使蛋白质或酶处在活性状态。在谷胱甘肽过氧化物酶的催化下,GSH 作为抗氧化剂可使细胞内产生的 H₂O₂ 还原成 H₂O,同时 GSH 被氧化生成氧化型谷胱甘肽(GSSG),后者在谷胱甘肽还原酶催化下,再生成 GSH(图 1-6)。此外,GSH 的巯基还有嗜核特性,能与外源的嗜电子毒物如致癌剂或药物等结合,从而阻断这些化合物与 DNA、RNA 或蛋白质结合,以保护机体免遭毒物损害。

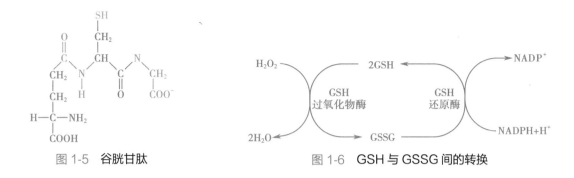

图 1-5　谷胱甘肽　　　　　　　　　　　图 1-6　GSH 与 GSSG 间的转换

2. 多肽类激素及神经肽　体内有许多激素的本质是寡肽或多肽,例如下丘脑和垂体分泌的催产素(9 肽)、加压素(9 肽)、促肾上腺皮质激素(39 肽)、促甲状腺素释放激素(3 肽)等。

由中枢神经末梢释放的多肽类神经递质称为神经肽类。在神经细胞中起转导信号作用,如阿片肽类神经肽,包括脑啡肽(5 肽)、β- 内啡肽(31 肽)和强啡肽(17 肽)、孤啡肽(17 肽)等,它们参与中枢神经系统的痛觉抑制。此外,神经肽还包括 P 物质(10 肽)、神经肽 Y 等。

三、蛋白质的分类

蛋白质分子结构复杂、种类繁多、分类方法也有多种。根据蛋白质分子的组成特点,将蛋白质分为单纯蛋白质和结合蛋白质两类。单纯蛋白质只含氨基酸,结合蛋白质除蛋白质部分外,还有被称为辅因子的非蛋白质部分,可按辅因子的不同分为核蛋白、糖蛋白、脂蛋白、金属蛋白等。根据蛋白质分子形状的不同,将蛋白质分为球状蛋白质和纤维状蛋白质。球状蛋白质分子盘曲成球形或椭圆形,多数可溶于水,如酶、转运蛋白、蛋白类激素、代谢调节蛋白、基因表达调节蛋白及免疫球蛋白等都属于球状蛋白质。纤维状蛋白质形似纤维,其分子长轴的长度比短轴长 10 倍以上,多数为结构蛋白质或连接各细胞、组织和器官的细胞外成分,较难溶于水,如胶原蛋白、弹性蛋白和角蛋白等。

在蛋白质结构和功能的研究中发现一些氨基酸序列相似,且空间结构与功能也十分接近的蛋白质,称为"蛋白质家族(protein family)"。有些蛋白质家族之间氨基酸序列的相似性并不高,但含有发挥相似作用的同一模体结构,这些蛋白质家族归类为超家族(superfamily),超家族成员是由共同祖先进化而来。

第二节　蛋白质的分子结构

蛋白质分子是由多种氨基酸通过肽键相连形成的生物大分子。组成蛋白质的氨基酸虽然只有 20 种,但其排列方式多种多样,构成的蛋白质种类数以万计,因此,氨基酸的组成、排列顺序以及肽链的特定空间排布决定蛋白质特定的功能。通常将蛋白质分子结构分为一级结构和高级结构,高级结构又称空间构象(conformation),包括蛋白质的二级、三级、四级结构。并非所有的蛋白质都有四级结构。由一条肽链形成的蛋白质只有一级、二级和三级结构,由 2 条或 2 条以上肽链形成的蛋白质才有四级结构。

一、蛋白质的一级结构

蛋白质的一级结构(primary structure)是指从 N 端至 C 端氨基酸的排列顺序和二硫键的位置,一级结构主要的化学键是肽键。各种蛋白质中氨基酸的排列顺序是由其生物遗传信息决定。一级结构是蛋白质分子的基本结构,是其空间结构和生物学功能的基础。

牛胰岛素是第一个被确定一级结构的蛋白质,由英国化学家 Frederick Sanger 于 1953 年完成。牛胰岛素有 A、B 两条多肽链,A 链含 21 个氨基酸残基,B 链含 30 个氨基酸残基。牛胰岛素分子中有 3 个二硫键,一个是 A 链内的链内二硫键,另两个是 A、B 两链间的链间二硫键(图 1-7)。

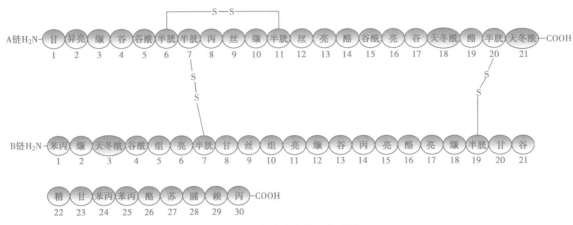

图 1-7 牛胰岛素的一级结构

体内蛋白质种类繁多，其一级结构各不相同。一级结构是蛋白质空间构象和特定生物学功能的基础，但随着对蛋白质结构研究的深入，发现一级结构并不是决定蛋白质空间构象的唯一因素。目前已知的蛋白质一级结构数量很多，且在不断增加。国际互联网有若干蛋白质数据库（updated protein database）。例如，EMBL（European Molecular Biology Laboratory Data Library），Genbank（Genetic Sequence Databank）等。这些数据库收集了大量蛋白质一级结构及其他资料，为蛋白质结构与功能研究提供了便利。

二、蛋白质的空间结构

天然蛋白质分子的多肽链以一级结构为基础，通过分子内若干单键的旋转，形成盘曲、折叠，构成特定的三维空间结构，称为蛋白质的空间构象。蛋白质的各种理化性质和生物学活性主要取决于它的特定空间构象。蛋白质的空间结构包括蛋白质的二级结构、三级结构和四级结构。

（一）蛋白质的二级结构

蛋白质的二级结构（secondary structure）是指蛋白质分子中某一段肽链的局部空间结构，即多肽链中局部肽段主链骨架原子的相对空间位置，不涉及氨基酸残基侧链的构象。蛋白质的二级结构主要包括 α- 螺旋、β- 折叠、β- 转角和 Ω 环。一个蛋白质分子可含有多种二级结构或多个同种二级结构。

1. 肽单元 20 世纪 30 年代末 Linus Pauling 和 Robert Corey 利用 X- 射线衍射技术研究氨基酸和寡肽的晶体结构，发现了肽键与其周围相关原子的关系和特点，提出了肽单元（peptide unit）的概念。肽键（C—N）的键长为 0.132nm，介于一般 C—N 单键的键长（0.149nm）和 C≡N 双键键长（0.127nm）之间，具有部分双键性质，不能自由旋转。因此，形成肽键的 C、O、N、H 原子以及与它们相连的 $C_{\alpha 1}$ 和 $C_{\alpha 2}$ 共 6 个原子共处于同一平面，该平面被称为肽单元或肽键平面（图 1-8）。$C_{\alpha 1}$ 和 $C_{\alpha 2}$ 在平面所处的位置为反式（trans）构型，C_α 与 N 和 C（羧基 C）以单键连接，可以自由旋转。C_α 与羧基 C 的键旋转角度用 ψ 表示，C_α 与 N 的键角用 φ 表示。肽单元上 C_α 原子所连的两个单键的自由旋转角度决定了两个相邻的肽单元的相对空间位置。此种以肽单元为基本单位的旋转就是肽链盘旋、折叠的基础。

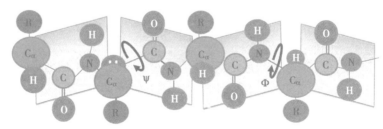

N 与 C_α 的键角以 Φ 表示，C_α 与 C 的键旋转角度以 ψ 表示。

图 1-8 肽键与肽单元

Note:

2. 蛋白质二级结构的构象形式和特点　以肽单元为基本单位,多肽链通过旋转或折叠形成不同的构象形式。主要的有 α- 螺旋(α-helix)和 β- 折叠(β-pleated sheet),还有 β- 转角(β-turn)和 Ω 环(Ω-loop)。维系蛋白质二级结构的主要化学键是氢键。

(1)α- 螺旋:以肽单元为基本单位,通过 $C_α$ 的旋转,使多肽链的主链围绕中心轴呈有规律的螺旋式上升,螺旋走向为顺时针方向形成右手螺旋(图 1-9),仅个别蛋白质的局部出现过少见的左手螺旋。其特点如下:①每 3.6 个氨基酸残基螺旋上升一圈,螺距为 0.54nm。②α- 螺旋的每个肽键的 N—H 与相邻第四个肽键的羰基氧形成氢键,氢键的方向与螺旋长轴基本平行;肽链中的全部肽键都可形成氢键,使 α- 螺旋处于稳定的结构状态。③每个氨基酸残基的 R 侧链伸向螺旋外侧,其性质可影响 α- 螺旋的形成。若一段肽链有多个带负电荷或正电荷的氨基酸残基彼此相邻,会妨碍 α- 螺旋的形成;脯氨酸的 N 原子在刚性的五元环中,它所形成的肽键 N 原子上没有 H,因此不能形成氢键;亮氨酸、异亮氨酸等 R 侧链较大,也会影响 α- 螺旋的形成。毛发的角蛋白、肌肉的肌球蛋白以及血凝块中的纤维蛋白,它们的多肽链几乎全长都卷曲成 α- 螺旋使其具有一定机械强度和弹性。

(2)β- 折叠:β- 折叠呈折纸状(图 1-10),其特点如下:①多肽链充分伸展,各个肽单元以 $C_α$ 为旋转点,依次折叠成锯齿状结构,相邻两个肽单元间折叠成 110°,氨基酸残基 R 侧链交替地位于锯齿状结构的上下方;②所形成的锯齿状结构比较短,只含 5~8 个氨基酸残基;③一条肽链内的若干肽段可平行排列,分子内相距较远的两个肽段可通过折叠形成相同的走向,也可通过回折形成相反走向。走向相反时,两条反平行肽段的间距为 0.70nm,并通过肽链间的肽键羰基氧和亚氨基氢形成氢键而稳固 β- 折叠结构。蚕丝蛋白几乎都是 β- 折叠结构。

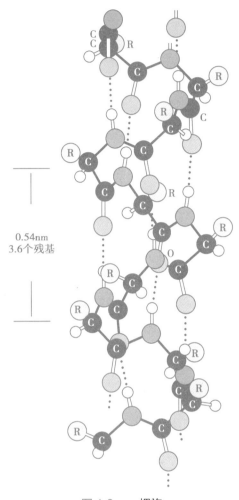

0.54nm
3.6个残基

图 1-9　α- 螺旋

(3)β- 转角:β- 转角常出现于肽链进行 180° 回折时的转角上。β- 转角通常由 4 个氨基酸残基组成。由第一个残基的羰基氧与第四个残基的氨基氢形成氢键,以维持 β- 转折结构的稳定。β- 转角第二个氨基酸残基多为脯氨酸,也可为甘氨酸、天冬氨酸、天冬酰胺和色氨酸。

(4)Ω 环:这种结构的形状像希腊字母 Ω,故称 Ω 环。该结构普遍存在于球状蛋白质分子的表面,是由不超过 16 个氨基酸残基组成的肽段,以亲水氨基酸残基为主。Ω 环改变了肽链走向,因此可以看成是 β- 转角的延伸。

3. 蛋白质超二级结构和模体　在许多蛋白质分子中,由 2 个或 2 个以上具有二级结构的肽段在空间上相互接近,形成一个有规则的二级结构组合,称为超二级结构(super-secondary structure)。目前已知的组合主要有 αα、βαβ、ββ(图 1-11)。

模体(motif)是蛋白质分子中具有特定空间构象和特定功能的结构成分。其中一类就是具有特殊功能的超二级结构。常见的模体有 α- 螺旋 -β- 转角(或环)-α- 螺旋,如钙结合蛋白含有结合 Ca^{2+} 的模体。锌指(zinc finger)结构也是常见的模体之一(图 1-11),它由 1 个 α- 螺旋和 2 个反平行 β- 折叠组成,形似手指,具有结合锌离子和调控基因转录的功能。

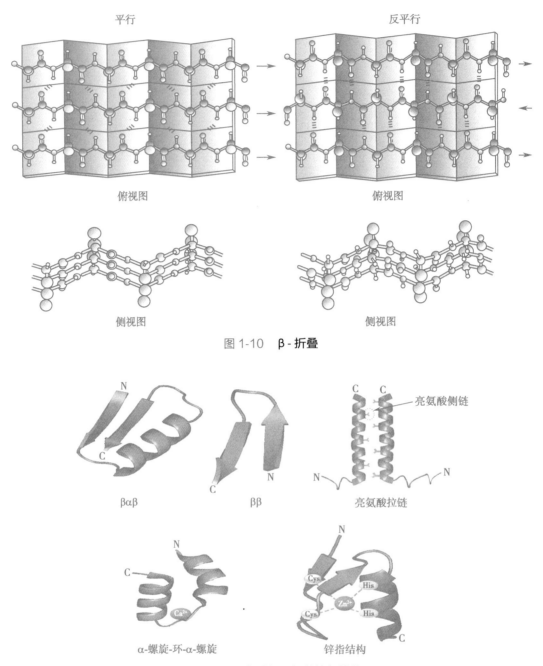

平行　　　　　　　　　　　　　反平行

俯视图　　　　　　　　　　　　俯视图

侧视图　　　　　　　　　　　　侧视图

图 1-10　β - 折叠

βαβ　　　　　ββ　　　　亮氨酸拉链（亮氨酸侧链）

α-螺旋-环-α-螺旋　　　锌指结构

图 1-11　蛋白质超二级结构与模体

（二）蛋白质的三级结构

蛋白质的三级结构（tertiary structure）是指整条肽链中全部氨基酸残基的相对空间排布，即整条肽链所有原子在三维空间的位置及它们的相互关系。

肌红蛋白是由 153 个氨基酸残基构成的单一肽链的蛋白质，含有 1 个血红素辅基（图 1-12）。肌红蛋白分子中 α- 螺旋占 75%，构成 8 个 α- 螺旋区（A 到 H），两个螺旋区之间有一段柔性连接肽，脯氨酸位于转角处。由于侧链 R 基团的相互作用，多肽链盘曲成球状结构。球状蛋白质分子的多数极性基团位于三级结构表面，使其易溶于水。非极性的疏水基团位于分子内部，常形成一个内陷（裂隙）或 "口袋" 状的疏水核心，成为蛋白质的功能活性部位。蛋白质三级结构的稳定主要靠非共价键如氢键、离子键（盐键）、疏水键、范德华力（van der Waals force）等。有些蛋白质肽链中或肽链间两个半胱氨酸的巯基共价结合形成的二硫键也是维系蛋白质三级结构稳定的重要因素（图 1-13）。

Note:

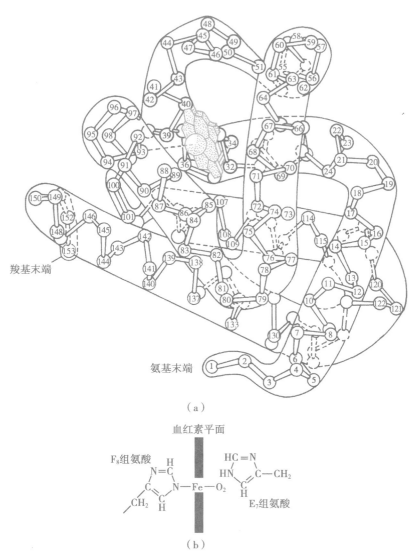

（a）

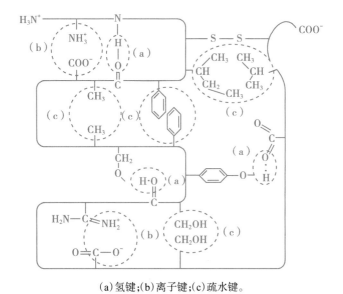

（b）

图 1-12 肌红蛋白中血红素与肽链的关系

（a）肌红蛋白；（b）结合氧示意图。

（a）氢键；（b）离子键；（c）疏水键。

图 1-13 维持蛋白质分子构象的各种化学键

Note:

一些分子量较大的蛋白质,在形成三级结构时可折叠出多个结构较为紧密且稳定的区域,各执行其功能,这些区域称为结构域(structural domain)。因此,结构域是蛋白质三级结构中的局部折叠单位,大多含有 100~200 个氨基酸残基。

（三）蛋白质的四级结构

许多蛋白质分子含有 2 条以上多肽链,每一条多肽链都有完整的三级结构,被称为亚基(subunit),亚基之间以非共价键相连形成特定的三维空间构象。这类蛋白质分子中各个亚基的空间排布及亚基接触部位的布局和相互作用,称为蛋白质的四级结构(quaternary structure)。维持四级结构的作用力主要是氢键、离子键。对于 2 个以上亚基构成的蛋白质,单独的亚基通常没有生物学功能,只有完整四级结构的寡聚体才具有生物学功能。

成人血红蛋白(hemoglobin,Hb)是由 2 个 α 亚基(141 个氨基酸)和 2 个 β 亚基(146 个氨基酸)构成的四聚体。两种亚基的三级结构相似,每个亚基可结合 1 个血红素(heme)辅基(图 1-14)。4 个亚基通过 8 个离子键相连,形成血红蛋白的四聚体,具有运输 O_2 和 CO_2 的功能。每个亚基单独存在时虽可结合氧且与氧的亲和力增强,但在机体组织内难以释放氧,失去了血红蛋白原有的运输氧的作用。

图 1-14 蛋白质的四级结构——血红蛋白结构示意图

第三节 蛋白质结构与功能的关系

研究蛋白质结构与功能的关系,有助于从分子水平上认识生命,揭示各种疾病的分子机制。

一、蛋白质一级结构与功能的关系

蛋白质一级结构是其空间构象的基础。牛核糖核酸酶 A 由 124 个氨基酸残基组成,有 4 对二硫键[(图 1-15(a)]。用尿素(或盐酸胍)和 β- 巯基乙醇处理该酶溶液,分别破坏非共价键和二硫键,使其二、三级结构遭到破坏,酶活性丧失,但由于肽键不受影响,故一级结构依然存在。当用透析方法去除尿素和 β- 巯基乙醇后,松散的多肽链,循其特定的氨基酸顺序,又卷曲折叠成天然酶的空间构象,4 对二硫键也正确配对,酶的生物学功能也逐渐恢复至原有的水平[(图 1-15(b)]。这充分证明空间构象遭破坏的核糖核酸酶 A 只要其一级结构未被破坏,就可能回复到原来的三级结构,功能也依然存在。

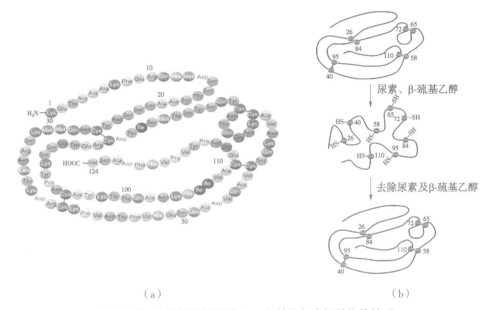

（a） （b）

图 1-15 **牛胰核糖核酸酶 A 一级结构与空间结构的关系**
(a)牛胰核糖核酸酶 A 的氨基酸序列;(b)β- 巯基乙醇及尿素对牛胰核糖核酸酶 A 的作用。

一级结构相似的多肽或蛋白质,其空间构象及功能也相似。故蛋白质一级结构的比较,常被用来预测蛋白质之间结构与功能的相似性。例如不同哺乳类动物的胰岛素分子都是由 A 和 B 两条链组成,且二硫键的配对和空间构象也很相似,一级结构仅有个别氨基酸差异,因此它们都执行相同的调节物质代谢和降血糖作用(表 1-2)。基于此,可利用牛胰岛素治疗人类糖尿病。

表 1-2 **哺乳类动物胰岛素氨基酸序列差异**

胰岛素	氨基酸残基序号 *			
	A8	A9	A10	B30
人	Thr	Ser	Ile	Thr
猪	Thr	Ser	Ile	Ala
狗	Thr	Ser	Ile	Ala
兔	Thr	Ser	Ile	Ser
牛	Ala	Ser	Val	Ala
羊	Ala	Gly	Val	Ala
马	Thr	Gly	Ile	Ala

* A 为 A 链,B 为 B 链;A8 表示 A 链第 8 位氨基酸,其余类推。

Note:

通过比较不同种系间一些蛋白质的一级结构,可以了解物种进化间的关系。物种间越接近则一级结构越相似,其空间结构也相似。如细胞色素 c(cytochrome,Cyt c),猕猴与人类很接近,两者的一级结构只相差 1 个氨基酸;人类和猩猩的 Cyt c 一级结构完全相同;面包酵母与人类从物种进化距离极远,两者 Cyt c 一级结构相差 51 个氨基酸(图 1-16)。

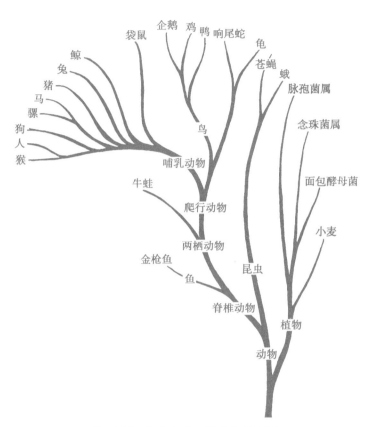

图 1-16 细胞色素 c 的生物进化树

蛋白质一级结构中起关键作用的氨基酸残基缺失或被替代,可影响空间构象和生理功能。如将牛胰岛素分子中 A 链 C 端的天冬酰胺切去,其活性完全丧失;可是去除 B 链 C 端的丙氨酸并不影响其活性。但如果去除 B 链中第 23~30 位氨基酸残基,其降血糖的功能减少 85%。这说明一级结构中关键部位的氨基酸残基对维系空间结构和功能是必要的。正常人血红蛋白 β 亚基的第 6 位的谷氨酸变成缬氨酸,会使红细胞的血红蛋白容易聚集黏着,带氧功能降低,红细胞变成镰刀状而易破碎,产生溶血性贫血。这种蛋白质分子发生变异所导致的疾病,称为"分子病"。

二、蛋白质空间结构与功能的关系

蛋白质功能的发挥有赖于其特定的空间构象。例如构成毛发的角蛋白因其含有大量的 α- 螺旋结构表现出坚韧性和弹性。丝心蛋白因含大量的 β- 折叠结构,使蚕丝具有伸展和柔软性。下面以肌红蛋白和血红蛋白为例,说明蛋白质空间结构和功能的关系。

(一)肌红蛋白和血红蛋白的结构

肌红蛋白(myoglobin,Mb)与血红蛋白都是含有血红素辅基的蛋白质。血红素是铁卟啉化合物(图 1-17),它由 4 个吡咯环通过 4 个次甲基相连成一个环形,Fe^{2+} 居于环中。Fe^{2+} 有 6 个配位键,其中 4 个与

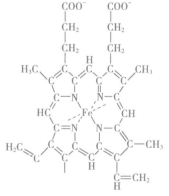

图 1-17 血红素结构

Note:

吡咯环的 N 配位结合,1 个配位键和肌红蛋白的 93 位(F8)组氨酸残基结合,氧则与 Fe^{2+} 可逆结合形成第 6 个配位键。

肌红蛋白是一个仅具有三级结构的单链蛋白质,整条肽链折叠成紧密球状分子,氨基酸残基的疏水侧链大都在分子内部,富极性及电荷的侧链则在分子表面,故其水溶性较好。Mb 分子内部有一个袋形空穴,血红素居于其中。血红素分子中的两个丙酸侧链以离子键形式与肽链中的两个碱性氨基酸侧链上的正电荷相连,肽链中的 F8 组氨酸残基与 Fe^{2+} 形成配位结合,所以血红素辅基可以与蛋白质稳定结合。

血红蛋白(hemoglobin,Hb)是由 4 个亚基构成的具有四级结构的蛋白质。每个亚基结构中间有一个疏水局部,可结合 1 个血红素并携带 1 分子氧。因此,一分子 Hb 共结合 4 分子氧。Hb 各亚基的三级结构与 Mb 相似,Hb 亚基之间通过 8 对离子键使 4 个亚基紧密结合形成球状蛋白质(图 1-18)。

(二) 血红蛋白的构象变化可影响亚基与氧的结合

Hb 和 Mb 均能可逆地结合 O_2。Hb 与氧可逆结合形成氧合 Hb(HbO_2),HbO_2 占总 Hb 的百分数称氧饱和度。氧饱和度随着氧分压的变化而改变,两者呈双曲线(氧解离曲线)。Hb 氧解离曲线呈现 S 形特征,而 Mb 氧解离曲线呈直角双曲线(图 1-19)。在低氧分压时,Mb 易与 O_2 结合,而 Hb 与 O_2 的结合较难。这种状态下两者对氧的相对亲和力差异,形成了一个有效地将氧从肺转运到肌肉的氧转运系统。Hb 与 O_2 结合的 S 形曲线提示 Hb 与 4 个 O_2 结合时有 4 个不同的平衡常数。当 Hb 第 1 个亚基与 O_2 结合后,促进第 2 个和第 3 个亚基与 O_2 的结合。当 3 个亚基与 O_2 结合后,又极大地促进了第 4 个亚基与 O_2 的结合。这种一个亚基与其配体(Hb 的配体为 O_2)结合后,影响该寡聚体中另一亚基与配体的结合能力的现象称为协同效应(cooperative effect)。如果是促进作用称为正协同效应(positive cooperative effect),反之为负协同效应(negative cooperative effect)。

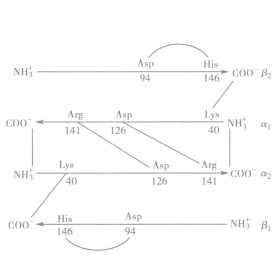

图 1-18　脱氧 Hb 亚基间和亚基内的离子键

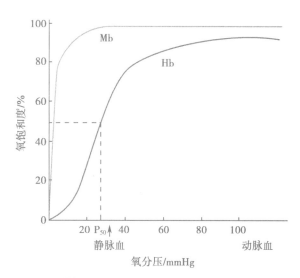

图 1-19　Mb 与 Hb 的氧解离曲线

Perutz M 等利用 X 射线衍射技术,分析了 Hb 和 HbO_2 晶体的三维结构图谱,并提出 Hb 与 O_2 结合的特征是与其亚基空间构象改变相关联的理论。当 Hb 未结合 O_2 时,Hb 的 α_1/β_1 和 α_2/β_2 呈对角排列,结构较为紧密,称为紧张态(tense state,T 态),T 态的 Hb 与 O_2 的亲和力小。此时 Fe^{2+} 的半径比卟啉环中间的孔大,因此 Fe^{2+} 不能进入卟啉环小孔,高出卟啉环平面 0.075nm,偏向 α- 螺旋 F8 组氨酸侧。随着 O_2 的结合,Hb 四个亚基之间的离子键断裂,使 α_1/β_1 和 α_2/β_2 的长轴形成 15° 的夹角(图 1-20),结构显得相对松弛,称为松弛态(relaxed state,R 态)。T 态转变成 R 态是在逐个结合 O_2 的过程中完成的,当 Hb 第 1 个 O_2 与 Hb 第一个亚基结合时,Fe^{2+} 与 O_2 形成第 6 个配位键,使 Fe^{2+} 的自旋速率加快,其半径变小并落入到卟啉环内(图 1-21)。Fe^{2+} 的移动使 F8 组氨酸向卟啉平面移动,同时带动 α- 螺旋 F 肽段做相应的移动,影响附近肽段的构象,导致两个 α 亚基间离子键断裂,使亚基间结合松弛,促进第二个亚基 与 O_2 的结合,并以此方式影响 Hb 第三、第四个亚基与 O_2 的结合,最后使四个亚基全处于 R 态。

此种氧分子与 Hb 一个亚基结合后引起其他亚基构象变化的现象即为 Hb 的别构效应(allosteric effect),小分子 O_2 为其别构剂或效应剂。

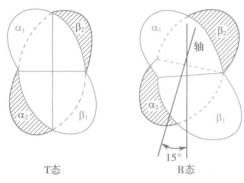

T 态   R 态

图 1-20　Hb 的 T 态和 R 态

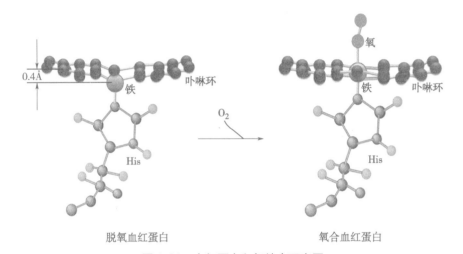

脱氧血红蛋白　　　　　　　　氧合血红蛋白

图 1-21　血红蛋白和氧结合示意图

(三) 蛋白质构象改变可引起疾病

多肽链在加工成熟过程中,需正确折叠形成其特定空间结构,并发挥功能。若发生错误的折叠,尽管蛋白质分子的氨基酸序列没有改变,但由于其空间构象改变,不仅影响蛋白质的功能,严重的改变还能引起疾病,称为蛋白质构象病(protein conformational disease)。通常引起构象病的蛋白质分子与正常蛋白质同时存在于机体内,至少部分蛋白质具有正常折叠的空间构象。当蛋白质构象异常变化时可导致其生物功能丧失,或引起蛋白质聚集与沉积,使组织结构出现病理性改变,这类疾病包括阿尔茨海默病、囊性纤维病变和家族性淀粉样蛋白症等。

疯牛病是由朊病毒蛋白(prion protein,PrP)感染引起的一组人和动物神经系统的退行性疾病,具有传染性、遗传性和散在发病的特点,与 PrP 的构象转换有关,即由生理性 PrP^c 转换为异常的 PrP^{sc}。PrP^c 至 PrP^{sc} 的构象变化是 α- 螺旋减少,β- 折叠增加,使肽链容易聚集形成不溶性淀粉样纤维沉淀而致病。

第四节　蛋白质的理化性质

蛋白质是由氨基酸组成,其理化性质与氨基酸相同或相似,如两性电离、等电点、紫外吸收和呈色反应等。但蛋白质作为氨基酸聚合的高分子化合物,因此还具有氨基酸没有的理化性质。

一、蛋白质的两性电离性质

蛋白质分子除两端的氨基和羧基可解离外,氨基酸残基侧链中某些基团,如谷氨酸、天冬氨酸残基中的 γ 和 β- 羧基、赖氨酸残基中的 ε- 氨基、精氨酸残基的胍基和组氨酸残基的咪唑基,在一定的溶液 pH 条件下都可解离成带负电荷或正电荷的基团。当蛋白质溶液处于某一 pH 时,蛋白质解离成正、负离子的趋势相等,即成为兼性离子,净电荷为零,此时溶液的 pH 称为蛋白质的等电点。蛋白质溶液的 pH 大于等电点时,该蛋白质颗粒带负电荷,反之则相反。

体内各种蛋白质的等电点不同,但大多数接近 pH 5.0。所有在体液 pH 7.4 的环境中,大多数蛋白质解离成阴离子。少数含碱性氨基酸较多的蛋白质,其 pI 偏碱性,被称为碱性蛋白质,如鱼精蛋白、组蛋白等。也有少量含酸性氨基酸较多的蛋白质,其 pI 偏酸性,称为酸性蛋白质,如胃蛋白酶和丝蛋白等。

二、蛋白质的胶体性质

蛋白质是高分子化合物,分子量在 1~100kD 之间,分子直径在 1~100nm 之内,属于胶体颗粒的范围。蛋白质颗粒表面大多为亲水基团,可吸引水分子,使颗粒表面形成水化膜,阻断了蛋白质颗粒的相互聚集。同时,蛋白质分子表面的可解离基团的解离,使其在溶液中带有一定量的同种电荷,分子间相互排斥,从而使蛋白质分子之间不会因相互聚集而沉淀析出,也起到胶粒稳定的作用。若去除蛋白质胶体颗粒表面水化膜和电荷两个稳定因素,蛋白质极易从溶液中析出。

三、蛋白质的变性与复性

1. **蛋白质的变性与复性**　蛋白质在某些理化因素的作用下空间构象受到破坏,从而导致其理化性质改变和生物活性丧失的现象,称为蛋白质的变性(denaturation)。一般认为蛋白质变性主要发生二硫键和非共价键的破坏,不涉及一级结构中肽键的断裂和氨基酸序列的改变。变性蛋白质的主要特征是生物活性丧失和一些理化性质改变,如疏水基团外露引起溶解度降低,易沉淀;分子的不对称性增加,黏度增加,结晶能力消失;以及酶的催化作用、抗体的免疫防疫能力等生物学活性丧失;易被蛋白酶水解等。引起蛋白质变性的因素有多种,常见的有高温、高压、紫外线和乙醇等有机溶剂、重金属离子及生物碱试剂等。在医学领域,变性因素常被用来消毒及灭菌。但在生产和保存蛋白质制剂时,也必须考虑防止蛋白质变性,如血清、疫苗采用低温运输和贮存就是这个道理。

蛋白质变性后疏水侧链暴露在外,肽链相互缠绕聚集,易从溶液中析出,称为蛋白质的沉淀。变性的蛋白质易于沉淀,有时蛋白质发生沉淀但并不变性。

当蛋白质变性程度较轻,可在消除变性因素条件下使蛋白质恢复或部分恢复其原有的构象和功能,称为复性(renaturation)。如前文述及的核糖核酸酶 A 的变性和复性。但是如果蛋白质由于结构复杂或变性后空间构象破坏严重,则不可复性,称为不可逆性变性。

2. **蛋白质的沉淀与凝固**　在特定条件下蛋白质从溶液中析出的现象称为蛋白质沉淀。常用的沉淀剂有中性盐、有机溶剂、重金属盐及生物碱试剂等。

(1)盐析法:在蛋白质溶液中加入大量中性盐使蛋白质从溶液中析出的现象称为蛋白质的盐析(salt precipitation)。常用的中性盐有硫酸铵、硫酸钠、氯化钠等。由于大量中性盐离子夺去了蛋白质分子表面的水化膜,同时中和蛋白质分子所带的电荷,从而使蛋白质颗粒呈不稳定状态而凝聚下沉。用盐析法沉淀蛋白质不会引起蛋白质变性,所以常用于分离各种天然蛋白质。

(2)有机溶剂法:某些有机溶剂如乙醇、丙酮等是脱水剂,能使蛋白质脱去水化膜而沉淀。在低温(0~4℃)条件下,用有机溶剂沉淀蛋白质,要快速低温干燥,反之易导致蛋白质变性。

(3)重金属盐法:蛋白质在 pH>pI 的溶液中带负电荷,能与带正电荷的重金属离子如 Pb^{2+}、Hg^{2+}、Ag^+ 等结合,生成不溶性的蛋白质盐沉淀。此法沉淀蛋白质常使蛋白质变性。误食铅、汞等重金属盐化合物时,可用蛋白溶液灌胃,使之先与重金属离子结合,进而洗胃或催吐使结合物排出。

(4)生物碱试剂法:蛋白质在 pH<pI 的溶液中带正电荷,能与某些酸如鞣酸、苦味酸、钨酸、三氯醋酸等生物碱试剂结合成不溶性的盐沉淀出来。临床常用三氯醋酸等沉淀血液中的蛋白质,以制备血滤液。也可用此法检验尿液中的蛋白质。

蛋白质经强酸、强碱作用发生变性后，仍能溶于强酸或强碱溶液中，如将 pH 调至等电点，则变性蛋白质立即结成絮状不溶解物，此絮状物仍可溶解于强酸和强碱中。此絮状物可因加热而变成比较坚固的凝块，此凝块不再溶于强酸和强碱中，这种现象称为蛋白质的凝固作用（protein coagulation）。凝固是蛋白质变性后进一步发展的不可逆结果。

四、蛋白质的紫外吸收性质

蛋白质分子含有共轭双键的酪氨酸和色氨酸，在 280nm 波长处有特征性紫外吸收峰。在此波长范围内，蛋白质 280nm 下的吸光度与其浓度成正比关系，因此可用于蛋白质的定量分析。

五、蛋白质的呈色反应

蛋白质分子中的肽键及氨基酸残基的各种特殊基团，在一定的条件下可以和某些化学试剂呈现一定的颜色反应，颜色的深浅与其浓度成正比，故常用作蛋白质的定性与定量。

1. **茚三酮反应**（ninhydrin reaction）　蛋白质经水解后产生的氨基酸也可发生茚三酮反应，详见本章第一节。

2. **双缩脲反应**（biuret reaction）　蛋白质及多肽中的肽键在稀碱溶液与硫酸铜共热，可与 Cu^{2+} 作用生成紫红色产物，称为双缩脲反应。此反应除用作蛋白质及多肽的定量外，由于氨基酸不呈现此反应，当蛋白质的水解不断加强时，氨基酸浓度上升，其双缩脲呈色的深度就逐渐下降，因此还可用于检查蛋白质的水解程度。

（关亚群）

思 考 题

1. 组成蛋白质的元素有哪些？哪一种是蛋白质分子的特征性成分？测其含量有何用途？
2. 蛋白质的 α- 螺旋结构有何特点？
3. 试用蛋白质结构和功能的关系，分析说明镰状细胞贫血与疯牛病发病机制的不同。
4. 何谓蛋白质的变性作用？请举例说明实际工作中如何应用或避免蛋白质变性。
5. 维持蛋白质溶液稳定的因素是什么？用于沉淀蛋白质的方法有哪些？

NURSING

第二章

核酸的结构与功能

02章　数字内容

———— 章 前 导 言 ————

　　核酸存在于所有已知的生命体中,是生命最基本的物质之一。DNA双螺旋结构的揭示使人们从根本上认识到核酸担负着生命信息的贮存和传递功能,决定着生物体的遗传和变异。按照分子组成和结构的差异,核酸分为DNA和RNA两大类。DNA储存遗传信息并保证了生命体能够稳定遗传;RNA主要在遗传信息传递中发挥作用,也可以作为某些逆转录病毒的遗传物质,甚至发挥核酶的功能。核酸分子中一个碱基的改变都可能导致基因的多态性或突变,这是诸多遗传病产生的分子基础。充分认识核酸的结构与功能,有助于从分子水平了解和揭示生命现象的本质;对核酸结构进行改造是基因治疗遗传疾病的终极目标。

学 习 目 标

- 知识目标
  1. 掌握核苷酸分子组成及结构;DNA、RNA 组成的异同;核酸(DNA、RNA)的一级结构、连接键;DNA 双螺旋结构模式的要点;tRNA、mRNA、rRNA 的组成、结构特点;DNA 变性与复性。
  2. 熟悉熔解温度、增色效应、核酸分子杂交的概念。
  3. 了解原核生物 DNA 的超螺旋结构;非编码 RNA。
- 能力目标
  1. 根据核酸结构特点推导其功能,认识物质结构与功能的关系。
  2. 利用核酸理化性质分析核酸结构组成,对核酸进行定性定量检测和分析。
- 素质目标
  在了解科学家建立双螺旋模型、核酸相关新理论新技术不断涌现的过程中,培养勇于探索的创新精神,使同学们认识到自己的责任和使命。

　　核酸(nucleic acid)是一类以核苷酸(nucleotide)为基本组成单位、富含磷元素的酸性生物大分子化合物,为生命的最基本物质之一。根据其化学组成不同,核酸可分为核糖核酸(ribonucleic acid,RNA)和脱氧核糖核酸(deoxyribonucleic acid,DNA)两大类。DNA 存在于细胞核和线粒体内,贮存生命活动的全部遗传信息,决定着细胞和个体的基因型(genotype),并可通过复制方式将遗传信息进行传代,是物种保持进化和世代繁衍的物质基础。RNA 分布于细胞质、细胞核和线粒体内,其主要功能是参与遗传信息的传递和表达。

　　1868 年,瑞士外科医生 Miescher 从外伤渗出的脓细胞中分离出一种富含磷元素的酸性化合物,因其存在于细胞核内而将其命名为核酸。核酸能传递表达生命活动的生物信息,具有复杂的结构和重要的功能。研究核酸的结构及其功能,有助于人们从分子水平了解和揭示生命现象的本质。20 世纪末,又发现许多新的具有特殊功能的 RNA,几乎涉及细胞功能的各个方面。

第一节　核酸的分子组成

　　核酸分子主要由 C、O、H、N 和 P 五种元素组成,其中 P 含量比较稳定,为 9%~10%。核酸的基本组成单位是核苷酸,RNA 的基本组成单位是核糖核苷酸(ribonucleotide),DNA 的基本组成单位是脱氧核糖核苷酸(deoxyribonucleotide)。核苷酸由碱基、戊糖和磷酸三种成分连接而成(图 2-1)。

一、戊糖

　　戊糖是核苷酸的重要成分。DNA 中的戊糖是 β-D-2'- 脱氧核糖,RNA 中的戊糖为 β-D- 核糖。两者相比,RNA 所含核糖 C-2' 有 1 个羟基,而 DNA 在同样位置是 1 个氢原子,因此 RNA 比 DNA 更易产生自发性水解,性质

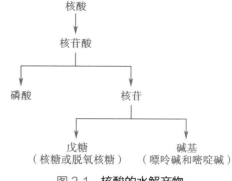

图 2-1　核酸的水解产物

不如 DNA 稳定。这种结构上的差异,使 DNA 分子被自然选择作为生物遗传信息的贮存载体。为了与碱基中的碳原子编号相区别,组成核苷酸的核糖或脱氧核糖中的碳原子标以 C-1'、C-2' 等编号(图 2-2)。

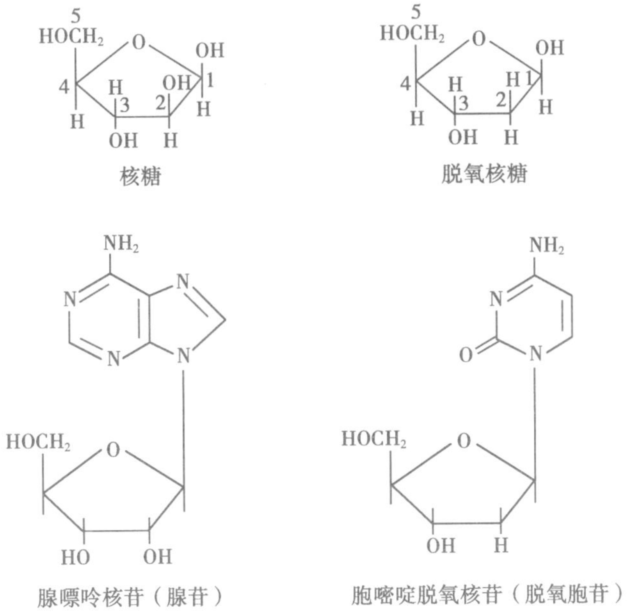

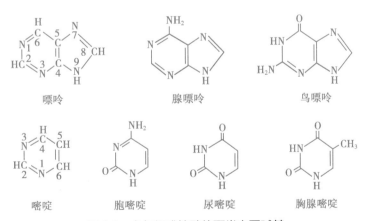

图 2-2　核糖与核苷

二、碱基

构成核苷酸的碱基均是含氮杂环化合物,主要有腺嘌呤(adenine,A)、鸟嘌呤(guanine,G)和胞嘧啶(cytosine,C)、尿嘧啶(uracil,U)、胸腺嘧啶(thymine,T)五种碱基(base),分别属于嘌呤(purine)和嘧啶(pyrimidine)两类。腺嘌呤、鸟嘌呤和胞嘧啶既存在于 DNA 也存在于 RNA 分子中;尿嘧啶仅存在于 RNA 分子中,而胸腺嘧啶只存在于 DNA 分子中。换言之,DNA 分子中的碱基成分为 A、G、C和 T 四种,而 RNA 分子则主要由 A、G、C 和 U 四种碱基组成。碱基环中的各原子分别以 1、2、3、4、5等标注。这些碱基的结构式如图 2-3 所示。

嘌呤　　　　　腺嘌呤　　　　　鸟嘌呤

嘧啶　　　胞嘧啶　　　尿嘧啶　　　胸腺嘧啶

图 2-3　参与组成核酸的两类主要碱基

碱基中的酮基或氨基均位于杂环上氮原子的邻位,受介质 pH 的影响可形成酮或烯醇两种互变异构体,或形成氨基与亚氨基的互变异构体。这既是 DNA 双链结构中氢键形成的重要结构基础,又有潜在的基因突变的可能。两类碱基在杂环中均有交替出现的共轭双键,使嘌呤碱和嘧啶碱对波长260nm 左右的紫外光都有较强吸收。

另外,RNA 及 DNA 合成后,因在 5 种碱基上发生共价修饰而形成稀有碱基。稀有碱基的种类有多种,如次黄嘌呤(I)、7- 甲基 - 鸟嘌呤(m^7-G)和二氢尿嘧啶(DHU)等,稀有碱基主要存在于 RNA 的组分中。

Note:

三、核苷、核苷酸与多核苷酸

　　碱基与核糖或脱氧核糖通过糖苷键（glycosidic bond）连接形成核苷或脱氧核苷（图 2-2）。常以碱基第一个字母表示含相应碱基的核苷，以 d 表示脱氧核苷中所含的脱氧核糖，如 A 可表示腺苷、dT 表示脱氧胸苷等。核苷酸是由核苷的戊糖羟基与磷酸通过磷酸酯键连接而形成的磷酸酯（图 2-4）。生物体内核苷酸多为 5′- 核苷酸，即磷酸基团位于核糖或脱氧核糖的第 5 位碳原子上。根据结合的磷酸基团数目不同，核苷酸可分为核苷一磷酸（nucleoside monophosphate，NMP），核苷二磷酸（nucleoside diphosphate，NDP）及核苷三磷酸（nucleoside triphosphate，NTP）三种；再加上相应的碱基成分，可构成了各种核苷酸的命名，例如腺苷一磷酸（adenosine monophosphate，AMP）、鸟苷二磷酸（guanosine diphosphate，GDP）和脱氧胸苷三磷酸（deoxythymidine triphosphate，dTTP）等。DNA 和 RNA 中的碱基、核苷及相应的核苷酸组成及其中英文对照见表 2-1。

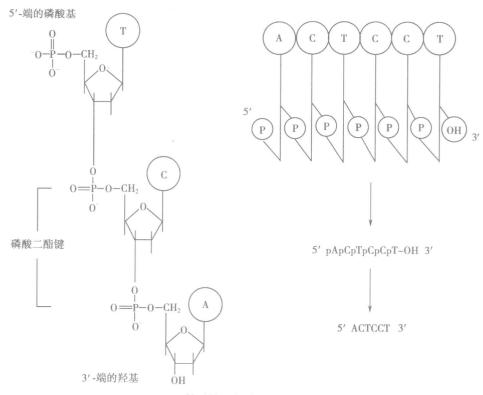

图 2-4　核酸的一级结构及其书写方式

表 2-1　参与组成核酸的主要碱基、核苷及相应的核苷酸

RNA		
碱基	核苷	核苷酸
（base）	（ribonucleoside）	（nucleoside monophosphate，NMP）
腺嘌呤	腺苷	腺苷酸
（adenine，A）	（adenosine）	（adenosine monophosphate，AMP*）
鸟嘌呤	鸟苷	鸟苷酸
（guanine，G）	（guanosine）	（guanosine monophosphate，GMP）
胞嘧啶	胞苷	胞苷酸
（cytosine，C）	（cytidine）	（cytidine monophosphate，CMP）
尿嘧啶	尿苷	尿苷酸
（uracilU，U）	（uridine）	（uridine monophosphate，UMP）

续表

DNA		
碱基	脱氧核苷	脱氧核苷酸
（base）	（deoxyribonucleosid）	（deoxyribonucleoside monophosphate，dNMP）
腺嘌呤	脱氧腺苷	脱氧腺苷酸
（adenine，A）	（deoxyadenosine）	（deoxyadenosine monophosphate，dAMP*）
鸟嘌呤	脱氧鸟苷	脱氧鸟苷酸
（guanine，G）	（deoxyguanosine）	（deoxyguanosine monophosphate，dGMP）
胞嘧啶	脱氧胞苷	脱氧胞苷酸
（cytosine，C）	（deoxycytidine）	（deoxycytidine monophosphate，dCMP）
胸腺嘧啶	胸苷	脱氧胸苷酸
（thymine，T）	（thymidine）	（deoxythymidine monophosphate，dTMP）

*AMP 的英文名称还有 adenylate 或 adenylatic acid；dAMP 的英文名称还有 deoxyadenylate 或 deoxyadenylatic acid，其他核苷酸和脱氧核苷酸亦有类似多种英文名称。表中核苷和核苷酸名称均采用缩写，如腺苷代表腺嘌呤核苷、胞苷代表胞嘧啶核苷等。

核苷酸除主要构成核酸外，体内一些游离的核苷酸及其衍生物还参与了各种物质代谢的调节和细胞信号的转导（见第十三章）。

核苷酸或脱氧核苷酸通过磷酸二酯键连接构成无分支结构的线性多聚核苷酸或脱氧核苷酸链，即 RNA 或 DNA。磷酸二酯键（phosphodiester linkage）又称 3′,5′-磷酸二酯键，是一个核苷酸的 C-3′-羟基和下一位核苷酸的 C-5′-磷酸基团之间脱水缩合形成的酯键。多聚核苷酸链的两个末端分别是连接在 C-5′ 原子上的磷酸基团（5′-端）和连接在 C-3′ 原子上的羟基（3′-端）。在核苷酸聚合过程中，其 3′-端始终保留一个羟基，继续与下一个核苷酸的 C-5′-磷酸基团反应，生成新的 3′,5′-磷酸二酯键。故多聚核苷酸或脱氧核苷酸链只能从其 3′-端进行延长，具有严格的方向性，即 5′ → 3′。核酸分子中相同的戊糖及磷酸交替连接成分子骨架，而四种不同的碱基则伸展于骨架一侧（图 2-4）。

第二节　DNA 的结构与功能

一、核酸的一级结构

核酸的一级结构是指从 5′-端到 3′-端核苷酸或脱氧核苷酸的排列顺序。由于同一种核酸分子其核苷酸或脱氧核苷酸之间的差别主要在于碱基不同，因此核酸的一级结构又可表述为从 5′-端到 3′-端的碱基排列顺序。DNA 的书写方式可有多种，从简到繁如图 2-4 所示。DNA 的书写方向应从 5′-端到 3′-端，RNA 的书写规则与 DNA 相同。

核酸分子的大小常用碱基对数目（base pair，bp 或 kilobase pair，kb，用于双链 DNA）或核苷酸数目（nucleotide 或 nt，用于单链 DNA 或 RNA）表示。自然界 DNA 和 RNA 的长度多在几十至几万个碱基之间。小于 50 个核苷酸的核酸片段被称为寡核苷酸（oligonucleotide）。不同种类的生物，其 DNA 的大小、组成和一级结构上差异甚大；一般说来，随着生物的进化，遗传信息更加复杂，细胞 DNA 的碱基总数也随之相应增加。DNA 携带遗传信息主要依靠核苷酸中的碱基序列变化来实现。碱基排列序列的不同，赋予 DNA 巨大的信息编码能力。

二、DNA 的二级结构

（一）DNA 的二级结构——双螺旋结构的发现

1951 年 Pauling 利用 X 射线衍射技术对 α 角蛋白的空间结构进行分析，成功地发现了蛋白质的

Note:

α 螺旋结构。α 螺旋结构理论首次用分子形成螺旋这种方式解释生物大分子的空间结构。α 螺旋结构的提出对于 DNA 二级结构的发现起到了非常重要的启发作用。同年 11 月,Wilkins 和 Franklin 分别利用 X 射线衍射技术获得了高质量的 DNA 分子结构照片。分析结果表明 DNA 是螺旋状分子,并且以双链的形式存在,该发现为 DNA 双螺旋结构模型的建立提供了重要的实验依据。

1952 年 Chargaff 等人采用层析和紫外吸收光谱技术分析了多种不同生物的 DNA 碱基组成,发现所有 DNA 分子的碱基组成有共同的规律:①不同生物种属的 DNA 碱基组成不同,但同一个体不同器官、组织的 DNA 的碱基组成相同;②某一特定生物其 DNA 碱基组成不随年龄、营养状况或环境因素而改变;③胸腺嘧啶(T)和腺嘌呤(A)的摩尔数相等,胞嘧啶(C)和鸟嘌呤(G)的摩尔数相等,即 A=T,G=C;④嘌呤碱总数和嘧啶碱总数也相等,即 A+G=T+C。这种规律被称为 Chargaff 规则,预示着 DNA 分子中的碱基 A 与 T,G 与 C 以互补配对方式存在的可能性,对确定 DNA 分子的空间结构提供了有力的证据。

1953 年 Watson 和 Crick 综合前人的研究成果,提出了 DNA 分子的双螺旋结构模型。DNA 双螺旋结构的发现为遗传物质的复制和遗传机制提供了一个合理的、可能的解释,为破译生物的遗传密码提供了依据,将生物大分子的结构与功能的研究结合在一起,是"分子生物学"新学科诞生的重要里程碑。

(二) 双螺旋结构的要点

双螺旋结构模型(图 2-5)不仅揭示了 DNA 的二级结构,开创了生命科学研究的新时期,同时也为现代分子生物学奠定了基础。DNA 双螺旋结构模型的主要特点如下:

1. DNA 是反向平行双链结构　DNA 分子由两条平行且方向相反的多聚脱氧核糖核苷酸链组成,一条链的 5′→3′ 方向是自上而下,而另一条链的 5′→3′ 方向是自下而上,两条链围绕同一公共轴形成右手螺旋。双螺旋表面形成小沟和大沟,这些沟状结构是蛋白质识别 DNA 的碱基序列并发生相互作用的结构基础。

2. DNA 双链之间形成严格的碱基互补配对　亲水的脱氧核糖基和磷酸基骨架位于双链的外侧,而碱基位于内侧,两条链的碱基之间以氢键相结合。由于碱基结构的不同,其形成氢键的能力不同,因此产生了固有的配对方式,即 A-T 配对,形成两个氢键;G-C 配对,形成三个氢键(图 2-6)。

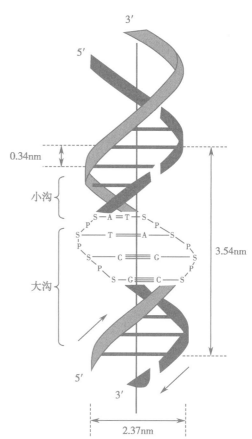

图 2-5　DNA 双螺旋结构模型示意图

图 2-6　碱基配对示意图

3. 疏水力和氢键维系 DNA 双螺旋结构的稳定　DNA 双螺旋结构的横向稳定性主要依靠两条链互补碱基间的氢键维系,纵向稳定性则主要靠碱基平面间的疏水性碱基堆积力维持。碱基堆积力是指相邻的碱基对平面在盘旋过程中会彼此重叠,由此所产生的疏水性作用力。从总能量意义上来讲,纵向的碱基堆积力对于双螺旋的稳定性更为重要。

4. DNA 双螺旋结构的直径为 2.37nm,由磷酸及脱氧核糖交替相连而成的亲水骨架位于螺旋的外侧,而疏水的碱基对则位于螺旋的内侧。各碱基平面与螺旋轴垂直,相邻碱基之间的堆积距离为 0.34nm。双螺旋结构旋转一圈为 10.5 个碱基对,螺距为 3.54nm。

由于自身序列、温度、溶液的离子强度或相对湿度不同,DNA 双螺旋结构的螺距、旋转角以及表面沟状结构的深浅等都会发生一些变化。因此,双螺旋结构存在多样性,DNA 的右手双螺旋结构不是自然界 DNA 的唯一存在方式。生理条件下绝大多数 DNA 均以 B-DNA 构象存在,即 Watson 和 Crick 所提出的模型结构。这是 DNA 在生理条件和水环境下最稳定的二级结构。1979 年 Rich 等人发现人工合成 DNA 片段主链呈 Z 字形左手双螺旋,故称 Z-DNA。后续实验证明这种结构在天然 DNA 分子中同样存在,另外还有 A-DNA 的存在(图 2-7)。生物体内不同构象的 DNA 在功能上有所差异,这对基因表达调控是非常重要的。

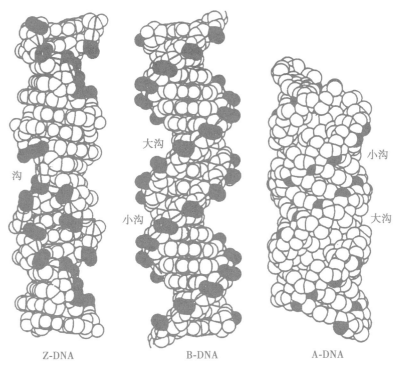

图 2-7　不同类型的 DNA 双螺旋结构

三、DNA 的超螺旋结构

由于 DNA 是荷载遗传信息的生物大分子,其必须以形成紧密折叠扭转的方式才能够存在于很小的细胞核内。因此,DNA 在双螺旋结构的基础上,在细胞内进一步旋转折叠可形成具有特定三维构象的空间结构称为三级结构。它具有多种形式,其中以超螺旋结构(supercoil)最常见。盘绕方向与 DNA 双螺旋方向相同为正超螺旋(positiv supercoil),相反则为负超螺旋(negative supercoil);正超螺旋使双螺旋结构更紧密,双螺旋圈数增加,而负超螺旋可以减少双螺旋圈数。自然条件下的双链 DNA 主要是以负超螺旋形式存在。

原核生物的 DNA 大多是以共价闭合的双链环状形式存在于细胞内,环状 DNA 分子常因盘绕不足而形成负超螺旋结构(图 2-8)。

Note:

真核生物基因组 DNA 在细胞周期的大部分时间内与蛋白质结合以分散的染色质(chromatin)的形式存在；在细胞分裂期则形成高度致密的染色体(chromosome)。染色质的基本组成单位是核小体(nucleosome)，主要由 DNA 和组蛋白构成。核小体中的组蛋白分子共有 H1、H2A、H2B、H3 和 H4 五种。各两分子的 H2A、H2B、H3 和 H4 构成扁平圆柱状组蛋白八聚体。长度约 150bp 的 DNA 双链在组蛋白八聚体表面盘绕 1.75 圈形成核小体的核心颗粒(core particle)。核心颗粒之间再由一段 DNA(约 60bp)和组蛋白 H1 构成的连接区连接起来形成串珠样的结构，可保护 DNA 不受核酸酶降解。

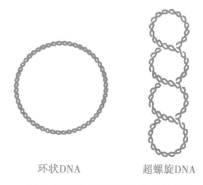

环状DNA　　超螺旋DNA

图 2-8　环状 DNA 结构示意图

DNA 从形成基本单位核小体开始，经过几个层次折叠，在细胞分裂中期形成包装最致密、高度组织有序的染色体，在光学显微镜下即可见到。DNA 包装成染色体经过以下几个层次：核小体是 DNA 在核内形成致密结构的第一层次折叠，使得 DNA 的整体体积减少约 16%；第二层次的折叠是核小体卷曲(每周 6 个核小体)形成直径 30nm、在染色质和间期染色体中都可以见到的纤维状结构和褋状结构，DNA 的致密程度增加约 40 倍；第三层次的折叠是 30nm 纤维再折叠形成柱状结构，致密程度增加约 1 000 倍，在分裂期染色体中增加约 10 000 倍，从而将约 2m 长的 DNA 分子压缩、容纳于直径只有数微米的细胞核中(图 2-9)。

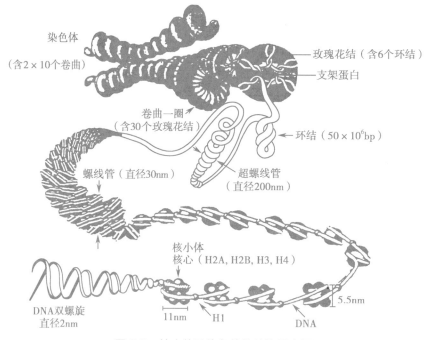

图 2-9　核小体及染色体的结构示意图

四、DNA 的功能

DNA 分子作为遗传信息的载体，主要以基因的形式携带遗传信息，是生物遗传的物质基础。基因(gene)从结构上定义，是指 DNA 分子中的功能性片段，即能编码有功能的蛋白质或合成 RNA 所必需的完整序列。DNA 的基本功能一方面是以自身遗传信息序列为模板进行自我复制，将遗传信息保守地传给后代；另一方面是 DNA 将基因中的遗传信息通过转录传递给 RNA，再由 RNA 作为模板通过翻译指导合成各种有功能的蛋白质。

Note:

生物体的全部 DNA 序列称为基因组(genome),它包含了所有编码 RNA 和蛋白质的序列及所有的非编码序列,也就是 DNA 分子的全部序列。生物进化程度越高,遗传信息含量越大,基因组越复杂。SV40 病毒的基因组仅含 5 100bp,大肠埃希菌基因组为 4.6×10^6bp,人的基因组则由大约 3.0×10^9bp 组成,可编码大量的遗传信息。目前,人类基因组的全部碱基序列测定工作已完成,这一宏伟工程为进一步研究基因功能奠定了坚实基础。

知 识 链 接

"DNA 元件百科全书"计划

人类基因组计划完成了人类染色体中 30 亿个核苷酸序列的测定,绘制出了人类基因组序列图谱、遗传图谱和物理图谱。然而,由基因组测序所提供的原始数据仍无法解释基因的运作方式。2003 年 9 月,美国人类基因组研究所启动了"DNA 元件百科全书"(Encyclopedia of DNA Elements,ENCODE)计划,旨在解析人类基因组中所有类型的功能元件,包括所有编码蛋白质的基因、假基因以及非编码元件等。目前 ENCODE 计划已公布包括人类基因组中的 90 万个和小鼠中的 30 万个调控元件的注释信息,为全面解读人类基因组开辟了道路。ENCODE 是继人类基因组计划之后,人类生物学研究史上又一座里程碑。

第三节　RNA 的结构与功能

RNA 是以 AMP、GMP、CMP、UMP 四种核苷酸作为基本组成单位,由磷酸二酯键相连形成的单链核酸分子,其一级结构为从 5′- 端到 3′- 端的核苷酸排列顺序。与 DNA 相比,RNA 分子较小,仅含数十个至数千个核苷酸,RNA 通常以单链形式存在,但也有局部的双链结构。大部分 RNA 分子为线性单链,但有的单链 RNA 可通过链内相邻区段的碱基配对,形成局部双螺旋结构,而不配对的碱基区段则膨胀形成环状或袢状结构。这种结构被称为发夹(hairpin)结构或茎 - 环(stem-loop)结构。发夹结构是 RNA 中最普遍的二级结构形式,二级结构进一步折叠形成三级结构。RNA 只有在具有三级结构时才能成为有活性的分子。RNA 的化学稳定性不如 DNA,易被化学修饰产生更多的修饰组分,使 RNA 的主链构象呈现出复杂、多样的折叠结构,这是 RNA 能执行多种生物功能的结构基础。RNA 同样是遗传信息的载体分子,与蛋白质共同参与基因的表达和表达过程的调控。

根据 RNA 是否具备编码蛋白质的功能,可将 RNA 分为编码 RNA 和非编码 RNA。信使 RNA(messenger RNA,mRNA)为编码 RNA,其他为非编码 RNA。非编码 RNA 又分为组成性非编码 RNA 和调控性非编码 RNA。组成性非编码 RNA 的表达量基本恒定,用以实现基本的生物学功能,包括转运 RNA(transfer RNA,tRNA),核糖体 RNA(ribosomal RNA,rRNA)等。RNA 主要参与基因表达调控。参与蛋白质合成的 RNA 主要有三种,即 mRNA、tRNA 和 rRNA。

一、信使 RNA

信使 RNA(messenger RNA,mRNA)是蛋白质生物合成的直接模板,其含量仅占 RNA 总量的 3%,mRNA 的功能是在细胞核内转录 DNA 基因序列信息,自身成为遗传信息载体即信使,并携带至细胞质,指导蛋白质分子的生物合成。细胞内蛋白质种类繁多,因此作为蛋白质合成模板的 mRNA 大小结构也各不相同。真核细胞内成熟 mRNA,是由其前体核不均一 RNA(heterogeneous nuclear RNA,hnRNA)在核内被迅速加工修饰并经剪接后形成的,然后依靠特殊的机制转移进入细胞质中参与蛋白质的生物合成。真核细胞成熟的 mRNA 包括 5′ 非翻译区、编码区和 3′ 非翻译区,并含有 5′- 端的帽子结构和 3′- 端的多聚 A 尾等特殊结构(图 2-10)。

Note:

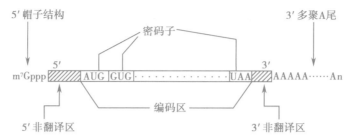

图 2-10 哺乳动物成熟 mRNA 的结构特点

1. 5'- 端的帽子结构　大部分真核细胞的 mRNA 5'- 端以 m^7-GpppN（7- 甲基鸟嘌呤核苷三磷酸）为起始结构，被称为帽子结构（图 2-11）。与帽子结构的鸟苷酸相邻的第一、二个核苷酸中戊糖的 C-2' 通常也会被甲基化。帽子结构在蛋白质合成过程中可促进 mRNA 从胞核向胞质移位，促进核糖体与 mRNA 的结合，加快翻译起始速度，并增强 mRNA 的稳定性。

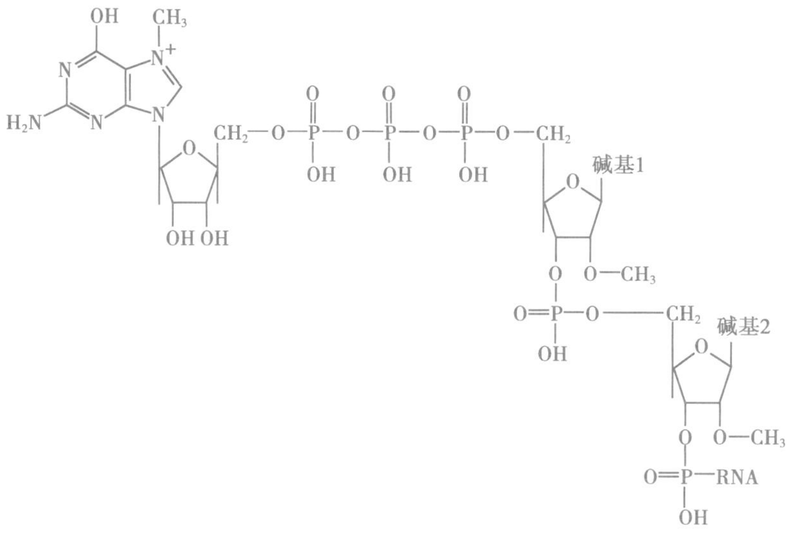

图 2-11 真核生物 mRNA 的帽子结构

2. 3'- 端的多聚 A 尾部结构　在真核生物 mRNA 的 3'- 端，多数有一段由 80~250 个腺苷酸连接而成的多聚腺苷酸结构，称多聚 A 尾（poly A）。3'- 端的 poly A 结构负责 mRNA 从胞核向胞质转位，维持 mRNA 的稳定性，并参与蛋白质合成速度的调控。

3. mRNA 核苷酸序列包含指导蛋白质多肽链合成的信息　成熟 mRNA 分子编码区每 3 个连续的核苷酸为一组，决定相应多肽链中某一个氨基酸，或多肽链合成的起始或终止信号，称为三联体密码（triplet code）或密码子（codon）（图 2-11），其具体的编码方式见第六章蛋白质的生物合成。从成熟 mRNA 的 5'- 端帽子结构到核苷酸序列中的第一个 AUG（起始密码子）之间的核苷酸序列为 5'- 非翻译区（5'-untranslated region, 5'-UTR）。从终止密码子的下游到多聚 A 尾的区域为 3'- 非翻译区（3'-untranslated region, 3'-UTR）。

原核生物的 mRNA 未发现帽子结构和多聚 A 尾结构。此外，原核生物中的 mRNA 转录后一般不需加工，可直接参与指导蛋白质的生物合成。

二、转运 RNA

转运 RNA（transfer RNA, tRNA）的功能是作为各种氨基酸的转运载体，在蛋白质合成中起活化与转运氨基酸的作用。目前已完成一级结构测定的 tRNA 有 100 多种，约占 RNA 总量的 15%。已知的 tRNA 由 70~90 个核苷酸构成，在三类 RNA 中分子量最小。

tRNA 的一级结构具有下述共同点：分子中富含稀有碱基(rare base)，一般每个分子含 7~15 个稀有碱基(图 2-12)。稀有碱基是指除 A、G、C、U 以外的一些碱基，包括双氢尿嘧啶(dihydrouracil，DHU)、假尿嘧啶核苷(pseudouridine，ψ)和甲基化的嘌呤(^{m}G，^{m}A)等，这些稀有碱基都是 tRNA 合成后，碱基经酶促化学修饰产生的。tRNA 的 5′- 端大多数为 pG，而 3′- 端都是 CCA，CCA-OH 是 tRNA 携带与转运氨基酸的结合部位。

N^2,N^2 二甲基鸟嘌呤　双氢尿嘧啶　N^6- 异戊烯腺嘌呤　4- 巯尿嘧啶

图 2-12　部分稀有碱基的化学结构

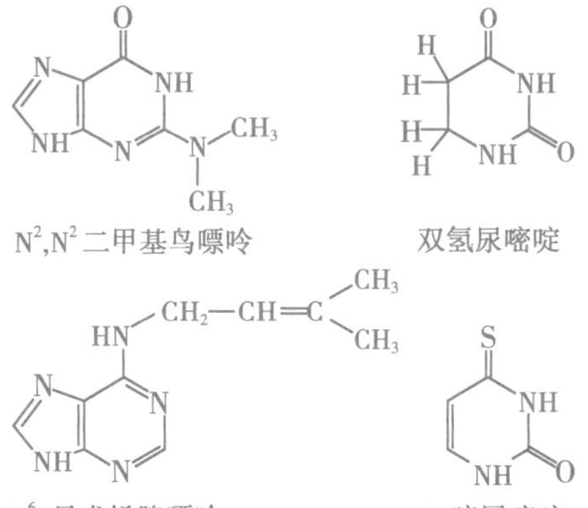

tRNA 二级结构含 4 个局部互补配对的双链区，形成发夹结构或茎 - 环(stem-loop)结构，显示为三叶草形(cloverleaf pattern)结构(图 2-13a)。左右两环根据其含有的稀有碱基，分别称为 DHU 环和 TψC 环，位于下方的环称反密码子环。反密码子环中间的 3 个碱基称为反密码子(anticodon)，可与 mRNA 上相应的三联体密码子碱基反向互补，使携带特异氨基酸的 tRNA，依据其特异的反密码子来识别结合 mRNA 上相应的密码子，引导氨基酸正确地定位在合成的肽链上。

X 射线衍射等分析发现，tRNA 的共同三级结构是倒 L 型(图 2-13b)，结构显示虽然 TψC 环与 DHU 环在三叶草形的二级结构上各处一方，但在三级结构上都相距很近，使 tRNA 有较大的稳定性。

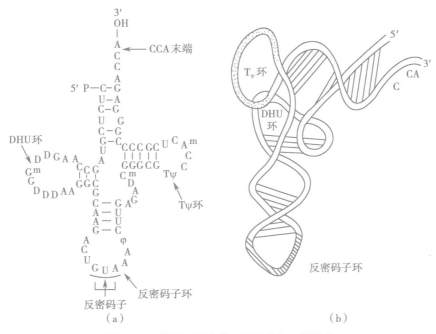

图 2-13　酵母 tRNA 的一级结构与空间结构

(a)酵母 tRNA 的一级结构与二级结构；(b)tRNA 的倒 L 形三级结构。

三、核糖体 RNA

核糖体 RNA(ribosomal RNA，rRNA)是细胞内含量最多的 RNA，约占 RNA 总量的 80% 以上。rRNA 与核糖体蛋白组成核糖体(ribosome)，rRNA 和蛋白质共同为肽链合成所需要的 mRNA、tRNA 以及多种蛋白因子提供了相互结合的位点和相互作用的空间环境，在细胞质中为蛋白质的生物合成提供场所。原核生物和真核生物的核糖体均由易于解聚的大、小两个亚基组成。

原核生物共有 5S、16S、23S 三种 rRNA(S 为沉降系数，可间接反映相对分子量的大小)。其中核

Note：

糖体的小亚基(30S)由 16S rRNA 与 20 多种蛋白质构成,大亚基(50S)则由 5S 和 23S rRNA 共同与 30 余种蛋白质构成。

真核生物有 28S、5.8S、5S 和 18S 四种 rRNA。真核生物的核糖体小亚基(40S)由 18S rRNA 及 30 余种蛋白质构成,大亚基(60S)则由 5S、5.8S 及 28S 三种 rRNA 加上近 50 种蛋白质构成(表 2-2)。

表 2-2 核糖体的组成

项目	原核生物(以 *E.coli* 为例)		真核生物(以小鼠肝为例)	
核糖体	70S		80S	
小亚基	30S		40S	
rRNA	16S	1 542 个核苷酸	18S	1 874 个核苷酸
蛋白质	21 种占总重量的 40%		33 种占总重量的 50%	
大亚基	50S		60S	
rRNA	23S	2 940 个核苷酸	28S	4 718 个核苷酸
	5S	120 个核苷酸	5.8S	160 个核苷酸
			5S	120 个核苷酸
蛋白质	31 种占总重量的 30%		49 种占总重量的 35%	

四、其他 RNA

新技术的不断产生推进了生命科学研究的飞速发展。人们发现除了上述三种 RNA 外,细胞的不同部位还存在着许多其他种类和功能的 RNA。主要包括:①核小 RNA(small nuclear RNA,snRNA),是核内核蛋白颗粒的组成成分,参与真核生物 mRNA 前体的剪接以及成熟 mRNA 由核内向胞质中转运的过程。②核仁小 RNA(small nucleolar RNA,snoRNA),是一类核酸调控分子,参与 rRNA 前体的加工以及核糖体亚基的装配。③胞质小 RNA(small cytoplasmic RNA,scRNA),与信号识别颗粒的组成有关,参与分泌性蛋白质的合成。④催化性小 RNA(small catalytic RNA),具有催化特定 RNA 降解的活性,在 RNA 合成后的剪接修饰中具有重要作用,这种具有催化作用的小 RNA 亦被称为核酶(ribozyme)或催化性 RNA(catalytic RNA)。这些小 RNA 在 hnRNA 和 rRNA 的转录后加工、转运以及基因表达过程的调控等方面具有非常重要的生理作用,与 tRNA、rRNA 同属于组成性非编码 RNA。⑤小干扰 RNA(small interfering RNA,siRNA),是细胞内一类双链 RNA(double-stranded RNA,dsRNA)在核酸内切酶 Dicer 等的作用下,生成的具有特定长度和结构的小片段 RNA(21~23bp)。siRNA 与 AGO 复合体结合形成 RNA 诱导的沉默复合体(RNA-induced silencing complex,RISC),通过与特异的靶 mRNA 互补结合,诱导其降解。利用这一原理发展而成的 RNA 干涉(RNA interfererence,RNAi)技术是用于研究基因功能的重要工具。⑥微小 RNA(microRNA,miRNA),是在真核生物中发现的一类内源性的具有调控功能的非编码 RNA,其大小 20~25nt。成熟的 miRNA 是由较长的初级转录物经过一系列核酸酶的剪切加工而产生的,随后组装进 RNA 诱导的沉默复合体(RISC),通过碱基互补配对的方式识别靶 mRNA,并根据互补程度的不同指导沉默复合体降解靶 mRNA 或者阻遏靶 mRNA 的翻译。最近的研究表明 miRNA 参与多种调节途径,包括发育、病毒防御、造血过程、器官形成、细胞增殖和凋亡、脂肪代谢等过程。⑦长链非编码 RNA(long non-coding RNA,lncRNA)是一类转录本长度超过 200nt 的 RNA 分子,具有强烈的组织特异性与时空特异性。lncRNA 最初被认为是 RNA 聚合酶 Ⅱ 转录的副产物,是一种"噪声",不具有生物学功能。然而,近年来的研究表明,lncRNA 在多层面(表观遗传调控、转录调控以及转录后调控等)调控基因的表达,可参与 X 染色体沉默、染色体修饰和基因组修饰、转录激活、转录干扰、核内运输等过程。⑧环状 RNA(circular RNA,circRNA)是一类特殊的呈环状的 RNA 分子,没有 5'- 端和 3'- 端,在细胞内更稳定,不易降解。环状 RNA 曾被认为是错误剪接的副产品。近来,随着测序技术的发展,发现环状 RNA 分子可来自于外显子、内含子或兼有外显子和内含子部分。环状 RNA 分子通过结合 miRNA 而解除 miRNA 对其靶基因的抑制作用,产生相应的生物学效应。

知 识 链 接

microRNA 的发现

1993 年,科学家发现了控制线虫发育但并不编码蛋白质的基因,*lin-4*。*Lin-4* RNA 长 22nt,与 *lin-14* 基因 3′ 非翻译区有多个位点呈反义互补;*lin-4* 显著减少 LIN-14 蛋白的合成,但不减少其 mRNA 的量。尽管当时推测 *lin-4* RNA 可能通过与 *lin-14* 基因 3′ 非翻译区结合而抑制 *lin-14* mRNA 翻译为蛋白质,但并未引起其他科学家的重视。直到 7 年后在线虫中发现了另一种小分子 RNA,*let-7*,它具有与 *lin-4* 同样的调节机制。此后,科学家们在线虫、果蝇、人类等众多物种中陆续发现了许多与 *lin-4* 和 *let-7* 相似的小 RNA 分子,并将其命名为 microRNA。按照 microRNA 命名规则,将 miRNA 简写为 miR,再根据其物种名称及被发现的先后顺序加上阿拉伯数字,如 hsa-miR-122;确定命名规则之前发现的 miRNA,则保留原来名字,如 hsa-let-7。

第四节　核酸的理化性质

一、核酸的一般理化性质

DNA 是线性生物大分子,人的二倍体细胞 DNA 若展开成一直线,总长约 1.7m,相对分子量约为 3×10^9 bp。核酸为两性电解质,因其磷酸的酸性较强,常表现为较强的酸性。DNA 大分子具有一定的刚性,且分子很不对称,所以在溶液中有很大的黏度,提取时易发生断裂,RNA 的黏度则要小得多。由于核酸分子的嘌呤和嘧啶碱中都具有共轭双键,使核酸分子在紫外光 260nm 波长处有最大吸收峰,利用这种紫外吸收特性测定 260nm 的吸光度值(A_{260}),可用于 DNA 和 RNA 的定量分析。检测时,常以 A_{260}=1.0 相当于 50μg/ml 双链 DNA,或 40μg/ml 单链 DNA 或者 RNA,或 20μg/ml 寡核苷酸为计算标准。

核酸酶(nuclease)是指所有可以水解核酸的酶,根据其催化底物不同可分为 DNA 酶(DNase)和 RNA 酶(RNase)两大类。根据其切割部位不同,核酸酶又可分为核酸内切酶和核酸外切酶,分别作用于多核苷酸链内部及两端。有些核酸内切酶对切点有严格的序列依赖性(4~8bp),称为限制性核酸内切酶。核酸酶尤其是限制性核酸内切酶在 DNA 重组技术中是不可缺少的重要工具,被誉为"基因工程的手术刀"(详见第八章)。

二、DNA 的变性、复性

DNA 变性(DNA denaturation)是指在某些理化因素作用下,DNA 双螺旋分子中互补碱基对之间的氢键断裂,使双链 DNA 解链变成单链的过程。包括完全变性或局部变性。DNA 变性的本质是破坏互补碱基间的氢键,并未破坏磷酸二酯键,因此 DNA 的变性仅破坏 DNA 的空间结构,一级结构不受影响。引起核酸变性的常见因素有加热及各种化学处理(如有机溶剂、酸、碱、尿素及甲酰胺等)。由于变性后原堆积于双螺旋内部的碱基暴露,对 260nm 紫外吸收将增加,这种现象称为增色效应(hyperchromic effect)。另外变性 DNA 表现正旋光性下降、黏度降低等。DNA 的热变性是爆发式的,只在很狭窄的温度范围内发生。通常将 DNA 分子达到 50% 解链时的温度称为熔点或熔解温度(melting temperature,T_m)。因此,常用 260nm 紫外吸收数值变化监测不同温度下 DNA 的变性情况,

Note:

所得的曲线称为解链曲线(图 2-14)。DNA 的 T_m 值与 DNA 长短以及 GC 含量相关。GC 含量越高，T_m 值越高；离子强度越高，T_m 值也越高。DNA 的 T_m 值可以根据 DNA 的长度、GC 含量以及离子浓度来计算。

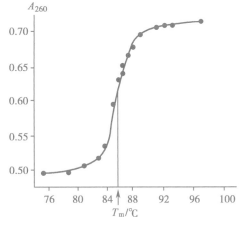

图 2-14　DNA 解链曲线

变性的 DNA 在去除变性因素后，在适当条件下，解开的两条链又可重新缔合而形成双螺旋，这个过程称为复性(renaturation)，在体外的聚合酶链反应中热变性后的复性也称为退火(annealing)。热变性后，DNA 单链只能在温度缓慢下降时才可重新配对。DNA 复性是非常复杂的过程，影响复性的因素有很多，如 DNA 浓度高，复性快；DNA 分子大，复性慢；高温易使 DNA 变性，温度过低又可使错误配对不能分离等。实验证实，最适宜的复性温度是比 T_m 约低 5℃。在这个温度下，不规则的碱基配对不稳定，而规则的碱基配对较稳定。若给予足够的时间，变性的 DNA 就有机会恢复到天然状态。

三、核酸分子杂交

具有一定互补序列的两条 DNA 单链，两条 RNA 单链或 DNA 单链与 RNA 单链，在一定条件下按碱基互补原则结合在一起，形成异源双链的过程称为核酸分子杂交(hybridization)。核酸分子杂交以核酸的变性与复性为基础，是分子生物学研究中的常用技术之一，在分析基因的结构、定位和基因表达及临床诊断等方面都有着十分广泛的应用。例如，将一段寡核苷酸用放射性核素或其他化合物进行标记作为探针，在一定条件下和变性的待测 DNA 一起温育，如果寡核苷酸探针与待测 DNA 有互补序列，可发生杂交，形成的杂交双链可被放射性自显影或化学方法检测，用于证明待测 DNA 是否与探针序列有同源性(图 2-15)。

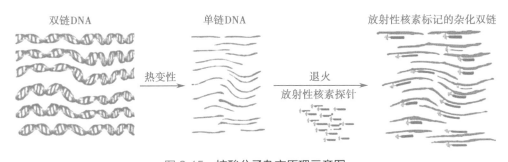

图 2-15　核酸分子杂交原理示意图

(袁 栎)

思 考 题

1. DNA 与 RNA 在分子组成和结构方面有哪些不同？
2. DNA 双螺旋如何保持结构稳定？ DNA 中碱基组成与结构稳定有何关系？
3. 试述真核生物 mRNA 结构与功能的关系。
4. 在完整双螺旋、少部分解链、大部分解链这三种构象的 DNA 中，哪一种 DNA 的 A_{260} 值最高？

URSING

第三章

酶

03章 数字内容

　　新陈代谢是生命活动的物质基础,包含复杂的化学反应,这些反应之所以能在体内相对温和的条件下高效地进行,是因为几乎每一步物质代谢反应都受到生物催化剂——酶的催化。人类很早就在酿造、制酱等生产实践中认识到生物催化作用,1833 年 Payon 和 Persoz 从麦芽中提取到能将淀粉水解成可溶性糖的一种对热敏感的物质,1878 年 Kuhne 将其定义为酶(enzyme)。现代研究揭示:除了具有催化作用的 RNA 和 DNA 外,酶主要是由活细胞产生的,具有高度催化效能和高度专一性的蛋白质,是机体内催化各种代谢反应最主要的催化剂。酶是生命活动中不可缺少的生物分子,这使其成为医学研究中非常重要的领域。随着人们对酶分子结构和功能、酶促反应动力学的深入研究,酶学知识在阐明疾病的发病机制、诊断指标以及治疗等领域具有重要应用和广阔前景。

学 习 目 标

- 知识目标
  1. 掌握酶的概念；酶的化学本质与组成；酶促反应的动力学；酶与医学的关系。
  2. 熟悉酶作用的机制；酶催化作用的特点。
  3. 了解酶的发展、分类与命名。
- 能力目标
  1. 根据酶促反应动力学的特点，理解某些疾病发生的原因。
  2. 根据血液中同工酶指标变化进行临床疾病的辅助诊断。
- 素质目标

  介绍酶发现的历程，引导培养创新思维及严谨的科学态度；与临床疾病相结合，理解酶异常与疾病的关系，培养学生理论联系实际的应用能力。

第一节　酶的分子结构与催化功能

生物体内一系列复杂的化学反应几乎都是在特异的生物催化剂（biocatalyst）的催化下完成的。迄今为止，根据生物催化剂的化学本质，可分为两大类。一类是化学本质为蛋白质的酶，这是体内最主要的生物催化剂；另一类是化学本质为核酸的核酶（ribozyme）和脱氧核酶（deoxyribozyme）。

知 识 链 接

核酶与脱氧核酶

核酶主要指一类具有催化功能的 RNA。一般是指无须蛋白质参与或不与蛋白质结合，就具有催化功能的 RNA 分子。目前自然界中已发现多种核酶，主要有切割 RNA 或 DNA 的核酶，具有 RNA 连接酶、磷酸酶等活性的核酶。与蛋白质酶相比，核酶的催化效率较低。核酶的发现，从根本上改变了以往只有蛋白质才具有催化功能的概念。

脱氧核酶是利用体外分子进化技术合成的一种具有催化功能的单链 DNA 片段，具有高效的催化活性和结构识别能力。根据催化功能不同，可分为 5 大类：切割 RNA 的脱氧核酶、切割 DNA 的脱氧核酶、具有激酶活力的脱氧核酶、具有连接酶功能的脱氧核酶、催化卟啉环金属螯合反应的脱氧核酶。脱氧核酶的发现是继核酶发现后又一次对生物催化剂的补充。

化学本质是蛋白质的酶，同其他蛋白质的结构一样，基本组成单位是氨基酸，也具有一、二、三以及四级结构。根据酶蛋白的结构特点和分子大小可将酶分为三类：由一条多肽链组成，仅具有三级结构的酶称为单体酶（monomeric enzyme），如溶菌酶、牛胰核糖核酸酶 A 等。单体酶种类较少，一般是催化水解反应的酶。由多个相同或不同亚基以非共价键连接组成的酶称为寡聚酶（oligomeric enzyme），绝大部分寡聚酶都含有偶数亚基，如蛋白激酶 A 含有 4 个亚基，但个别寡聚酶含有奇数亚基，如嘌呤核苷磷酸化酶就含有 3 个亚基。寡聚酶各亚基之间靠非共价键结合，彼此容易分开，大多数寡聚酶当其各亚基聚合后有催化活性，解聚时失去活性。相当数量的寡聚酶是调节酶，在代谢调控中起重要作用；由几种不同功能的酶彼此聚合形成的多酶复合物，称为多酶体系（multienzyme system）。如葡萄糖氧化分解过程中的丙酮酸脱氢酶复合体，属于多酶复合体。一些多酶体系在进化过程中，由于各酶蛋白的基因融合，多种不同的催化功能存在于一条多肽链中，这类酶称为多功能酶（multifunctional enzyme），多功能酶有利于催化一系列连续进行的反应，能显著提高催化效率，相对分子量很高。

知 识 链 接

酶 的 发 现

我们祖先很早就会制酱和酿酒。西方国家于 1810 年发现酵母可将糖转化为乙醇;1833 年,法国化学家 Payen 及 Persoz 从麦芽的提物中得到一种热不稳定物,可使淀粉水解成糖;1878 年德国科学家 Kuhne 首先把这类物质称为酶。1860 年法国科学家 Pasteur 认为发酵是酵母细胞内生命活动的结果。1897 年,Buchner 兄弟首次用不含细胞的酵母提取液实现了发酵,证明发酵是酶作用的化学本质,获得 1911 年诺贝尔化学奖。1926 年,Summer 首先得到脲蛋白酶的结晶,1930 年,Northrop 得到胃蛋白酶的结晶,1946 年二人共同获得诺贝尔化学奖。1963 年测定出第一个牛胰核糖核酸酶的序列,1965 年揭示卵清溶菌酶的三维结构。20 世纪 80 年代后,核糖酶、抗体酶、模拟酶等相继被发现。1981 年美国科学家 Cech 发现核酶,获得 1989 年诺贝尔化学奖。

一、酶的分子组成

根据酶的组成特点可将酶分为单纯酶(simple enzyme)和结合酶(缀合酶)(conjugated enzyme)两类。单纯酶是仅由氨基酸残基构成的酶,是单纯蛋白质。它的催化活性仅仅决定于其蛋白质结构。脲酶、淀粉酶、脂酶、核糖核酸酶、一些消化蛋白酶等均属此类;由蛋白质和非蛋白质成分结合形成的酶称为结合酶,其中蛋白质部分称为酶蛋白(apoenzyme),非蛋白质部分称为辅因子(cofactor)。酶蛋白决定反应的特异性,辅因子决定反应的种类与性质。酶蛋白与辅因子结合形成的复合物称为全酶(holoenzyme),酶蛋白和辅因子单独存在时均无催化活性,只有全酶才具有催化作用。

酶的辅因子按其与酶蛋白结合的紧密程度及作用特点不同可分为辅酶(coenzyme)与辅基(prosthetic group)。辅酶与酶蛋白的结合疏松,可以用透析或超滤的方法除去。辅酶在酶促反应中作为底物,接受质子或基团后离开酶蛋白,参加另一酶促反应并将所携带的质子或基团转移出去,或者相反。辅基则与酶蛋白结合紧密,不能通过透析或超滤将其除去,在酶促反应中辅基不能离开酶蛋白。酶的辅因子按其化学本质分为金属离子和小分子有机化合物。金属离子多作为酶的辅基,小分子有机化合物有的属于辅酶(如 NAD^+、$NADP^+$ 等),有的属于辅基(如 FAD、FMN、生物素等)。

金属离子是最常见的辅因子,约 2/3 的酶含有金属离子。常见的金属离子有 Na^+、Mg^{2+}、K^+、Cu^{2+}、Zn^{2+}、Fe^{2+} 等。有的金属离子与酶结合紧密,提取过程中不易丢失,这类酶称为金属酶(metalloenzyme);有的金属离子虽为酶的活性所必需,但与酶的结合不甚紧密,这类酶称为金属激活酶(metal-activated enzyme)。金属离子作为辅因子的作用是多方面的,主要是作为酶活性中心的催化基团参与催化反应,起到传递电子、连接酶与底物、稳定酶的构象以及中和阴离子降低反应中的静电斥力等。小分子有机化合物是一些化学性质稳定的小分子物质,主要作用是参与酶的催化过程,在反应中传递电子、质子或一些基团。虽然含小分子有机化合物的酶很多,但此种辅因子的种类却不多,且分子结构中常含有维生素或维生素类物质(表 3-1)。

二、酶的活性中心

酶分子中氨基酸残基侧链具有不同的化学基团。其中一些与酶活性密切相关的化学基团称为酶的必需基团(essential group)。这些必需基团在酶蛋白一级结构上可能相距很远,但在空间结构上彼此靠近,组成具有特定空间结构的区域,能与底物特异地结合并将底物转化为产物,这一区域称为酶的活性中心(active center)(图 3-1)。结合酶中的辅酶或辅基参与酶活性中心的组成。

表 3-1 B 族维生素及其辅酶(辅基)形式

B 族维生素	辅酶或辅基	主要作用
硫胺素(维生素 B_1)	焦磷酸硫胺素(TPP)	α- 酮酸氧化脱羧、酮基转换作用
硫辛酸	6,8- 二硫辛酸	α- 酮酸氧化脱羧
泛酸(维生素 B_3)	辅酶 A(CoA-SH)	酰基转换作用
核黄素(维生素 B_2)	黄素单核苷酸(FMN)	转移氢原子
	黄素腺嘌呤二核苷酸(FAD)	转移氢原子
烟酰胺(维生素 PP)	烟酰胺腺嘌呤二核苷酸(NAD^+)	转移氢原子
	烟酰胺腺嘌呤二核苷酸磷酸($NADP^+$)	转移氢原子
吡哆醛(维生素 B_6)	磷酸吡哆醛	转移氨基、参与氨基酸脱羧基
生物素(维生素 B_7)	生物素	羧化酶的辅酶转移 CO_2
叶酸(维生素 B_{11})	四氢叶酸	转移"一碳单位"
钴胺素(维生素 B_{12})	5- 甲基钴胺素	转移甲基
	5- 脱氧腺苷钴胺素	

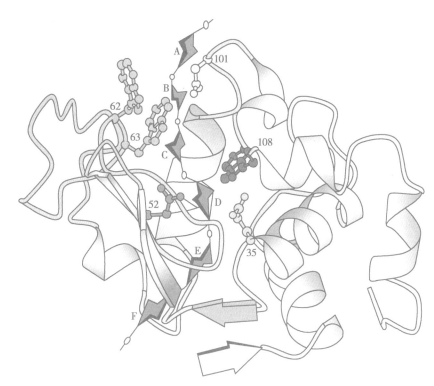

图 3-1　溶菌酶的活性中心

溶菌酶活性中心是一裂隙结构,可容纳肽多糖的 6 个 N- 乙酰氨基葡糖环(A、B、C、D、E、F 代表每个单糖基的位置),酶活性中心含有必需基团,其中 Glu35 和 Asp52 是催化基团,水解 D、E 之间糖苷键断裂,Asp101 和 Trp108 是结合基团。

　　酶活性中心内的必需基团根据其功能不同可分为结合基团(binding group)和催化基团(catalytic group),结合基团能识别并结合底物和辅酶,形成酶 - 底物过渡态复合物;催化基团则影响底物中某些化学键的稳定性,催化底物发生化学反应并将其转变成产物。活性中心内的必需基团可同时具有这两方面的功能。还有一些必需基团虽然不参加活性中心的组成,却是维持酶活性中心的空间构象所必需,这些基团是酶活性中心外的必需基团。

　　酶的活性中心通常只占酶整个体积相当小的一部分,具有三维结构,由酶的特定空间构象所维持,形成裂缝或凹陷。活性中心深入到酶分子内部,且多为氨基酸残基的疏水基团形成疏水环境,形成"疏水口袋",有利于和底物相互作用。多数底物与酶结合时通过弱的作用力,结合的专一性决定于活性中心的原子基团的正确排列,并且活性中心是柔性的。当酶以具有催化活性的构象存在时,活性中心便自然地形成,一旦外界理化因素破坏了酶的构象,活性中心的特定结构解体,酶就失去催化底物发生反应的能力,结果是酶变性失活。

三、酶催化作用机制

　　酶催化机制的研究是生物化学的重要课题,它探讨酶高效催化的原因及酶促反应的过程。

　　(一) 酶 - 底物复合物的形成

　　酶与底物结合进而催化底物转变为产物,解释酶与底物结合方式的学说,首先是 Emil Fischer 提出"锁 - 匙"结合的机械模式。继而发展为酶和底物接近时,其结构相互诱导、变形并彼此适应结合的"诱导契合"模式。酶与底物靠近时酶的构象改变有利于其与底物结合,同时底物在酶的诱导下也发生变形,处于不稳定的过渡状态,易受酶的催化攻击,过渡态底物和酶的活性中心的结构相吻合,形成暂时的酶 - 底物过渡态复合物。酶与底物结合时有显著构象变化,已为 X 线衍射分析所证实。在酶促反应中,已获得大量底物过渡态,并由此推导出许多过渡态类似物作为设计药物、抗体酶等的依据。

　　(二) 酶促反应的机制

　　1. 邻近效应　酶可以与其底物结合在活性中心上。由于化学反应速度与反应物浓度成正比,若在反应系统的某一局部区域,底物浓度增高,则反应速度也随之提高,此外,酶与底物间的靠近具有一定的取向,这样反应物分子才会被作用,大大增加了酶 - 底物复合物进入活化状态的概率。酶遇到其特异底物时,发生构象改变利于催化,同时底物分子也受到酶作用而变化,酶结构中的某些基团或离子可以使底物分子内产生张力作用,使底物变形和扭曲进而引起键的断裂,转变为产物。

　　2. 多元催化　一般催化剂只有酸催化或碱催化。而酶是两性电解质,活性中心内有些功能基团具有给予或接受质子或电子的特性,能对底物进行质子或电子的传递,提高酶的催化效能。另外很多酶的催化基团可和底物形成瞬间共价键而将底物激活进行共价催化,也有些酶的催化基团能提供电子以发生亲核催化作用。总之,许多酶促反应有多种催化机制同时参与。

　　3. 表面效应酶促反应　在酶的疏水活性中心进行,防止水化膜的形成,可排除水对底物与酶结合的干扰性吸引与排斥,可加速亲核、亲电等反应。

第二节　酶促反应的特性

　　绝大多数酶是生物体活细胞内合成具有催化作用的蛋白质,具有两方面的特性:既有与一般催化剂相同的催化性质,又具有生物大分子的特征。

一、反应的高效性

　　在化学反应中,反应物分子必须活化后达到或超过一定的能量阈值,成为活化分子,反应才能发生。化学反应中要求的能量阈值越高,则其中活化分子就越少,反应速度缓慢;相反,要求的能量阈值越低,则更多的反应分子成为活化分子,由此反应速率加快。这种提高反应物分子达到活化状态的能量,称为活化能(activation energy)。催化剂的作用,主要是降低反应所需的活化能,使更多的分子活化从而加速反应进行(图 3-2)。

Note:

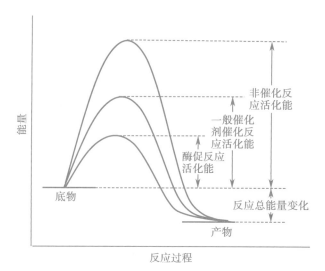

图 3-2 酶促反应活化能的改变

酶作用的物质称为底物(substrate,S),反应生成的物质称为产物(product,P)。酶催化的化学反应称为酶促反应。酶促反应具有其特殊的性质与反应机制。酶与一般化学催化剂一样,在化学反应前后没有质和量的改变。只能催化热力学允许的化学反应($\Delta G<0$),提高反应速度,不改变反应的平衡点,即不改变反应的平衡常数。酶能提高反应的速度,同样是因为有效地降低了反应的活化能。酶在相对温和的条件下,降低酶促反应的活化能机制是:酶首先与底物结合成一个不稳定的酶-底物复合物,由于底物与酶的结合导致底物分子内的某些化学键发生不同程度的变化,呈不稳定状态或称过渡态,易于向产物方向进行。所以少量酶可催化大量底物发生反应,提高反应效率,体现酶的催化高效性。

酶具有极高的催化效率,酶的催化效率通常比非催化反应高 $10^8\sim10^{20}$ 倍,比一般催化剂高 $10^7\sim10^{13}$ 倍。

二、反应的特异性

酶与一般催化剂不同,酶对其所催化的底物具有较严格的选择性。即一种酶仅作用于一种或一类化合物,或一定的化学键,催化一定的化学反应并产生一定的产物,酶的这种特性称为酶的特异性或专一性(specificity)。根据酶对其底物化学结构或空间结构选择的严格程度不同,酶的特异性可分为以下三种类型。

(一) 绝对特异性

有些酶只能作用于特定结构的底物分子,进行一种专一的反应,生成一种特定结构的产物。这种特异性称为酶的绝对特异性(absolute specificity)。例如:脲酶只催化尿素水解为 CO_2 和 NH_3,对其他尿素的衍生物不起催化作用。

(二) 相对特异性

有些酶作用于一类化合物或一种化学键,这种不太严格的选择性称为相对特异性(relative specificity)。例如,磷酸酶对一般的磷酸酯键都有水解作用,可水解甘油或酚与磷酸形成的酯键。

(三) 立体异构特异性

有些酶具有立体异构特异性(stereo specificity),当底物具有立体异构体时,仅作用于底物的一种立体异构体。例如,L-氨基酸脱氢酶仅催化 L-氨基酸,而不作用于 D-氨基酸。除立体异构特异性外,有些酶也显示出几何异构(顺反异构体)特异性。例如,延胡索酸酶仅催化反丁烯二酸(延胡索酸)加水生成苹果酸的化学反应,对顺丁烯二酸则无此催化作用,其实质为绝对特异性的特例。

Note:

三、反应的调节性

酶与化学一般催化剂相比,其催化作用的另一个特征是催化活性可以受到调控。生物体内进行的化学反应,虽然种类繁多,但协调有序。体内代谢物通过对酶原的激活、酶活性的激活或抑制来调节代谢反应,也可通过对酶的合成进行诱导、阻遏,或对酶的降解速度的控制来调节代谢。另外,同工酶在机体代谢的调节上也起着重要作用。因此酶的可调节性使体内代谢反应得以在精确调控下有条不紊地进行。

(一)酶原与酶原激活

大多数酶在细胞内合成时,肽链折叠成具有特定的空间结构,形成酶的活性中心,获得酶的催化活性。有些酶在细胞内刚合成或初分泌,或在其发挥催化功能前只是酶的无活性前体,必须在一定的条件、场所和激活机制下,酶的无活性前体水解开一个或几个特定的肽键,致使酶构象发生改变,形成并暴露酶的活性中心,表现出酶的催化活性。这种无活性酶的前体称为酶原(zymogen)。酶原向有催化活性的酶的转变过程称为酶原的激活。酶原激活的实质是酶的活性中心形成或暴露的过程。例如,胰蛋白酶原进入小肠后,在 Ca^{2+} 存在下受肠激酶的激活,第 6 位赖氨酸残基与第 7 位异亮氨酸残基之间的肽键被切断,水解释放一个六肽,酶分子的构象发生改变,形成酶的活性中心,从而成为有催化活性的胰蛋白酶。血液中凝血与纤维蛋白溶解系统的酶类也都以酶原的形式存在,它们的激活具有典型的级联反应特征。只要少数凝血因子被激活,便可通过级联放大作用,迅速使大量的凝血酶原转化为凝血酶,引发快速而有效的血液凝固。

酶原的激活具有重要的生理意义。消化道内蛋白酶以酶原形式分泌不仅可避免消化器官本身不受酶的水解破坏,而且保证酶在特定的部位与环境发挥其催化作用。若酶原在不合适的时间和部位被激活,即可造成疾病。如急性胰腺炎,就是因为生成的胰蛋白酶原由于某种病因作用使其在胰腺中被异常激活成为胰蛋白酶,使胰腺组织本身被消化损害造成的。凝血和纤溶系统酶类均以酶原形式存在于血液中循环运行,保证血流畅通。一旦血管破损,即可转化为有活性的酶促进止血,发挥其对机体的保护作用。但若它们被异常激活,则可造成血栓。此外,酶原还可被视作是酶的贮存形式。

(二)酶的别构调节

生物体内许多酶具有别构现象。体内一些代谢物可以与某些酶分子活性中心以外的部位非共价可逆地结合,引起酶的构象改变,从而改变其催化活性,此结合部位称为别构部位(allosteric site)或调节部位(regulatory site)。对酶催化活性的这种调节方式称为别构调节(allosteric regulation)。受别构调节的酶称别构酶(allosteric enzyme)。引起别构效应的代谢物称别构效应剂(allosteric effector)。有时底物本身就是别构效应剂。

别构酶分子中常含有多个亚基,酶分子的催化部位(活性中心)和调节部位可以在同一亚基内,也可以在不同的亚基。含催化部位的亚基称为催化亚基,含调节部位的亚基称为调节亚基。如果某效应剂引起酶对底物的亲和力增加,从而加快反应速度,此效应称为别构激活效应,效应剂称为别构激活剂(allosteric activator);反之,降低反应速度的效应为别构抑制效应,相应的效应剂为别构抑制剂(allosteric inhibitor)。具有多亚基的别构酶也与血红蛋白类似,存在着协同效应,包括正协同效应与负协同效应。

别构酶多为寡聚酶,所含的亚基数一般为偶数;且分子中有催化部位(结合底物)与调节部位(结合别构剂),这两部位可以在不同的亚基上,或者在同一亚基的两个不同部位。

(三)共价修饰调节

酶的共价修饰调节是体内快速调节酶活性的另一种重要方式。酶蛋白上的一些基团在另一种酶的催化下与某种化学基团发生可逆的共价结合,从而改变酶的活性,这一过程称为酶的共价修饰(covalent modification)或化学修饰(chemical modification)调节。在共价修饰过程中,酶发生无活性

（或低活性）与有活性（或高活性）两种形式的互变。这种互变由不同的酶所催化，后者多受激素的调控。酶的共价修饰包括磷酸化与去磷酸化、乙酰化与脱乙酰化、甲基化与脱甲基化、腺苷化与脱腺苷化，以及 -SH 与 -S-S- 的互变等。其中以磷酸化与去磷酸化修饰最为常见。

（四）酶含量的调节

某些底物、产物、激素及药物能使酶的合成增加或减少，这种影响一般发生在转录水平。能促进酶蛋白生物合成的物质称为诱导剂（inducer），减少酶蛋白生物合成的物质称为辅阻遏剂（corepressor）。由于酶蛋白的生物合成需要转录、翻译及翻译后加工等多个环节，故诱导剂作用于转录水平后，仍然需要几个小时才能发挥作用，效应出现较迟。辅阻遏剂与阻遏蛋白结合后，影响酶的基因表达，称为阻遏作用。

另一方面可以通过酶的降解来实现对酶含量的调节，降解过程大多发生在细胞内，可分为溶酶体蛋白降解途径和非溶酶体蛋白降解途径。溶酶体蛋白降解途径是指在溶酶体酸性条件下，无选择地把酶蛋白吞入溶酶体进行水解。非溶酶体途径又称泛素 - 蛋白酶体途径，是指在胞质中对异常蛋白和短半衰期蛋白进行泛素标记，然后被蛋白酶识别并进行水解。关于酶的调节更多内容见第十四章物质代谢调节与细胞信号转导。

（五）同工酶

同工酶（isoenzyme）是指催化相同的化学反应，但酶蛋白的分子结构、理化性质乃至免疫学性质不同的一组酶。同工酶是长期进化过程中基因分化的产物。根据国际生物化学学会的建议，同工酶是由不同基因或等位基因编码的多肽链，或由同一基因转录生成的不同 mRNA 翻译的不同多肽链组成的蛋白质。翻译后经修饰生成的多分子形式不在同工酶之列。同工酶存在于同一种属或同一个体的不同组织或同一细胞的不同亚细胞结构中，它在代谢调节上起着重要作用。各种同工酶的同工酶谱在物种进化、个体发育过程中有其规律性的变化，可作为发育过程中各组织分化的一项重要特征，例如最原始的脊椎动物七鳃鳗只有一种 LDH 肽链，进化到较高级的鱼类才有 A、B 两类肽链。另外，了解胎儿发育不同时间一些同工酶的出现或消失，还可用于解释发育过程中这些阶段特有的代谢特征。

现已发现百余种同工酶，如葡糖 -6- 磷酸脱氢酶、乳酸脱氢酶（lactate dehydrogenase，LDH）、酸性磷酸酶（ACP）、碱性磷酸酶（AKP）、丙氨酸转氨酶（ALT）、天冬氨酸转氨酶（AST）、肌酸激酶（creatine kinase，CK）等。乳酸脱氢酶（LDH）是四聚体酶。该酶的亚基有两型：骨骼肌型（M 型）和心肌型（H 型）。这两型亚基以不同的比例组成五种同工酶：LDH_1（H_4）、LDH_2（H_3M）、LDH_3（H_2M_2）、LDH_4（HM_3）、LDH_5（M_4）。由于分子结构上的差异，这五种同工酶具有不同的电泳速度，对同一底物表现不同的 K_m 值。单个亚基无酶的催化活性。LDH 的同工酶在不同组织器官中的含量与分布比例不同，这使不同的组织与细胞具有不同的代谢特点。正常情况下血清中 LDH 活性很低，多半由红细胞渗出。当某一器官或组织发生病变时，组织中的同工酶释放到血液中，血清的 LDH 同工酶谱会发生一定的变化，可依据同工酶谱的改变对疾病进行诊断。例如冠心病及冠状动脉血栓引起的心肌受损患者血清中 LDH_1、LDH_2 含量增高，而肝细胞受损患者血清中 LDH_5 升高（表 3-2）。

表 3-2 人体各组织器官 LDH 同工酶谱（活性 %）

LDH 同工酶	红细胞	白细胞	血清	骨骼肌	心肌	肺	肾	肝	脾
LDH_1（H_4）	43	12	27	0	73	14	43	2	10
LDH_2（H_3M）	44	49	34.7	0	24	34	44	4	25
LDH_3（H_2M_2）	12	33	20.9	5	3	35	12	11	40
LDH_4（HM_3）	1	6	11.7	16	0	5	1	27	20
LDH_5（M_4）	0	0	5.7	79	0	12	0	56	5

肌酸激酶(CK)是二聚体酶,其亚基有 M 型(肌型)和 B 型(脑型)两种。脑中含 CK_1(BB 型);骨骼肌中含 CK_3(MM 型);CK_2(MB 型)仅见于心肌。血清 CK_2 活性的测定对于早期诊断心肌梗死有一定意义。

同工酶的测定已应用于临床实践。当某组织发生疾病时,可能有某种特殊的同工酶释放出来,同工酶谱的改变有助于对疾病的诊断。同工酶可以作为遗传标志,用于遗传分析研究。例如,人肝和肌肉的丙酮酸激酶同工酶之间无免疫交叉反应,但这两种同工酶的抗血清却都能与大肠埃希菌丙酮酸激酶起反应。这说明在 15 亿年前,丙酮酸激酶还不存在同工酶。

第三节　酶促反应动力学

生物体内进行的酶促反应也可用化学动力学的理论和方法进行研究。酶促反应动力学(kinetics of enzyme-catalyzed reaction)研究酶促反应速度及其影响因素。这些因素包括酶浓度、底物浓度、pH、温度、抑制剂、激活剂等。酶的结构与功能的关系以及酶作用机制的研究需要动力学的实验数据,为了了解酶在代谢中的作用及药物的作用机制,需要掌握酶促反应的速度规律。因此,对酶促反应动力学的研究具有重要的理论和实践意义。

一、底物浓度对反应速度的影响

确定底物浓度与酶促反应速度之间的关系,是酶促反应动力学的核心内容。在酶浓度、温度、pH 不变的情况下,以底物浓度为横坐标,酶促反应速度为纵坐标作图呈矩形双曲线(图 3-3)。当底物浓度较低时,酶促反应速度随底物浓度的增加而增加,反应速度与浓度成正比关系,随着底物浓度的增加,反应速度增加的幅度逐渐下降。反应速度与底物浓度的增加不再成正比关系。当酶促反应达到一定阶段,继续加大底物浓度,反应速度将不再增加,这是因为酶的活性中心已被底物所饱和。所有的酶均有此饱和现象,只是达到饱和时所需的底物浓度不同。因此,为了准确表示酶活力,都以初速度衡量,因为在这种假设情况下,反应体系中底物浓度(≥ 95%)总量远超过产物浓度(≤ 5%),酶促反应两侧的物质浓度相差悬殊,逆反应可不予考虑。酶反应的初速度越大,意味着酶的催化活力越大。

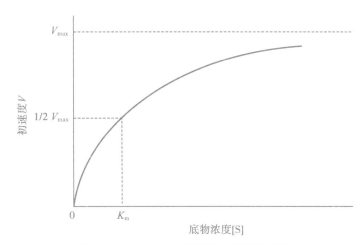

图 3-3　底物浓度与酶促反应速度的关系

(一) 米 - 曼方程

利用中间产物学说可以解释酶被底物饱和的现象,酶促反应中,酶(E)首先与底物(S)结合形成酶 - 底物中间复合物(ES),ES 再分解为产物 P 和释放出游离的酶。

$$E+S \xrightleftharpoons[k_2]{k_1} ES \xrightarrow{k_3} E+P$$

Michaelis-Menten 于 1913 年提出了酶促反应速度与底物浓度定量关系的数学方程式,即米 - 曼方程,简称米氏方程(Michaelis equation)。

$$v = \frac{V_{max}\,[\,S\,]}{K_m + [\,S\,]}$$

式中 V_{max} 为最大反应速度(maximum velocity),$[\,S\,]$ 为底物浓度,K_m 为米氏常数(Michaelis constant),$K_m = \frac{k_2 + k_3}{k_1}$,$v$ 是在不同 $[\,S\,]$ 时的反应速度。当底物浓度很低($K_m \gg [\,S\,]$)时,$v = \frac{V_{max}}{K_m}[\,S\,]$,反应速度与底物浓度成正比,反应为一级反应。当底物浓度很高($[\,S\,] \gg K_m$)时,$v \cong V_{max}$,反应速度达最大速度,再增加底物浓度也不再影响反应速度,反应为零级反应。

(二) K_m 与 V_{max} 的意义

1. 当反应速度为最大反应速度一半时,米氏方程可以整理为:$[\,S\,] = K_m$。即 K_m 等于反应速度为最大反应速度一半时的底物浓度。各种酶的 K_m 值范围大致在 $10^{-6} \sim 10^{-2}$ mol/L 之间。

2. K_m 值可以近似地表示酶与底物的亲和力,$K_m = (K_2 + K_3)/K_1$,当 $K_2 \gg K_3$,即 ES 解离成 E 和 S 的速度大大超过分离成 E 和 P 的速度时,K_3 可以忽略不计,此时 K_m 值近似于 ES 解离常数 K_S,此时 K_m 值可用来表示酶对底物的亲和力。

$$K_m = K_2/K_1 = [\,E\,]\,[\,S\,]/[\,ES\,] = K_S$$

K_m 值愈大,酶与底物的亲和力愈小;K_m 值愈小,酶与底物亲和力愈大。酶与底物亲和力大,表示不需要很高的底物浓度,便可容易地达到最大反应速度。但是 K_3 值并非在所有酶促反应中都远小于 K_2,所以 K_S 值(又称酶促反应的底物常数)和 K_m 值的含义不同,不能互相代替使用。

3. K_m 值是酶的特征性常数之一,只与酶的结构、酶所催化的底物和反应温度、pH、缓冲液的离子强度有关,与酶的浓度无关。对于同一底物,不同的酶有不同的 K_m 值;多底物反应的酶对不同底物的 K_m 值也各不相同,以 K_m 值最小者,作为该酶作用的最适底物。

4. 已知某酶的 K_m 值,就可以计算出在某一底物浓度时,其反应速率相当于 V_{max} 的百分率。K_m 还可帮助推断某一代谢反应的方向和途径。K_m 小的为主要催化方向(正、逆两方向反应 K_m 不同)。

5. 酶浓度一定时,则对特定底物 V_{max} 为一常数。V_{max} 是酶完全被底物饱和时的反应速度,与酶浓度成正比。

(三) K_m 与 V_{max} 值的测定

1. **双倒数作图** 根据矩形双曲线来测定 K_m 值和 V_{max} 值,很难准确地测得 K_m 和 V_{max} 值。若把米氏方程进行变换后,将曲线作图直线化,便可准确求得 K_m 值和 V_{max} 值。最常用的作图法为双倒数作图法,又称林 - 贝(Lineweaver-Burk)作图法(图 3-4),它将米氏方程变换如下:

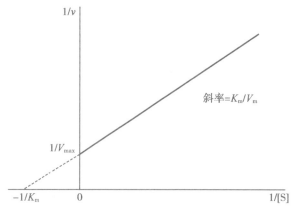

图 3-4 双倒数作图法

$$\frac{1}{v} = \frac{K_m}{V_{max}} \cdot \frac{1}{[S]} + \frac{1}{V_{max}}$$

用 $1/v$ 对 $1/[S]$ 作图,得一直线,其纵轴上的截距为 $1/V_{max}$,横轴上的截距为 $-1/K_m$,此作图法除用于求取 K_m 值和 V_{max} 值外,还可用于判断可逆性抑制反应的性质。

2. Hanes 作图法　Hanes 作图法(图 3-5)也是从米氏方程转化而来的,其方程式为:

$$\frac{[S]}{v} = \frac{K_m}{V_{max}} + \frac{1}{V_{max}} \cdot [S]$$

横轴截距为 $-K_m$,直线的斜率为 $1/V_{max}$。

必须指出米氏方程只适用于较为简单的酶作用过程,对于比较复杂的酶促反应过程,如多酶体系、多底物、多产物、多中间物等,还不能全面地概括和说明,必须借助于复杂的计算过程。

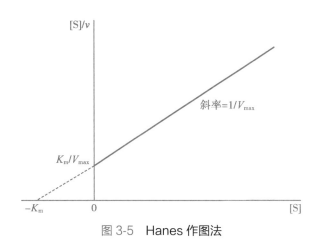

图 3-5　Hanes 作图法

二、酶浓度对反应速度的影响

酶作为一种高效的生物催化剂,一般情况下在生物体内含量很少。当酶促反应体系的温度、pH 不变,底物浓度远远大于酶浓度,足以使酶饱和,则反应速度与酶浓度成正比关系(图 3-6)。因为在酶促反应中,酶分子首先与底物分子作用,生成活化的中间产物而后再转变为最终产物。在底物充分过量的情况下,可以设想,酶的浓度越大,则生成的中间产物越多,反应速度也就越快。相反,如果反应体系中底物不足,酶分子过量,现有的酶分子尚未发挥作用,中间产物的数目比游离酶分子数还少,在此情况下,再增加酶浓度,也不会增大酶促反应的速度。由米氏方程可推导出酶反应速度与酶浓度成正比的关系:$v=K[E]$。

三、温度对反应速度的影响

一般化学反应随着温度的升高反应速度加快。因为温度升高将增加反应分子的能量,酶和底物间的碰撞概率增大,化学反应的速度加快,但酶是蛋白质,可随温度的升高而变性。温度对酶促反应速度具有双重影响:一方面在温度较低时,反应速度随温度升高而加快,温度每升高 10℃,反应速度大约增加一倍。另一方面温度进一步升高会增加酶变性的机会。温度升高到 60℃以上时,大多数酶开始变性;80℃时,多数酶的变性已不可逆。所以温度升高超过一定数值后,酶受热变性的因素占优势,反应速度减缓,形成倒 U 形曲线(图 3-7)。综合这两种因素,在此曲线顶点所代表的温度,反应速度最大,称为酶的最适温度(optimum temperature)。酶的最适温度不是酶的特征性常数,它与反应进行的时间有关。酶可以在短时间内耐受较高的温度,相反,延长反应时间,最适温度便降低。温血动物组织中酶的最适温度多在 35~40℃之间。环境温度低于最适温度时,温度每升高 10℃,反应速度可加大 1~2 倍。温度高于最适温度时,反应速度则因酶变性而降低。

Note:

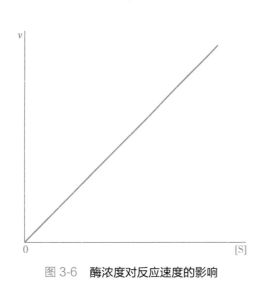

图 3-6 酶浓度对反应速度的影响

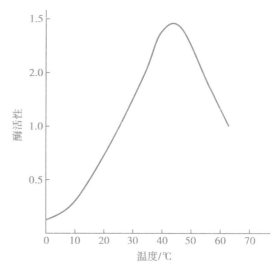

图 3-7 温度对淀粉酶活性的影响

酶的活性随温度的下降也会降低,但低温一般不破坏酶结构。温度回升后,酶又恢复活性。临床上低温麻醉就是利用酶的这一性质以减慢组织细胞代谢速度,提高机体对氧和营养物质缺乏的耐受,有利于进行手术治疗。这也是低温保存生物制品、菌种等的原理。

四、pH 对反应速度的影响

酶蛋白分子中有许多必需基团可解离,在不同的 pH 条件下解离状态不同,其所带电荷的种类和数量各不相同。酶所处的 pH 环境改变,可以导致这些必需基团解离状态的改变,进一步可导致酶活性中心的空间构象或辅酶与酶蛋白的解离程度发生改变。而酶往往仅在某一解离状态时才最容易同底物结合或具有催化作用,因此,pH 的改变可以影响酶的活性。

只有在特定的 pH 条件下,酶、底物和辅酶的解离情况最适宜于它们互相结合,并发挥催化作用,使酶促反应速度达最大值,此时环境中的 pH 称为酶的最适 pH(optimum pH)。最适 pH 和酶的最稳定 pH 及体内环境的 pH 不一定相同。虽然不同酶的最适 pH 不同,但除少数外,如胃蛋白酶最适 pH 约为 1.8,肝精氨酸酶最适 pH 为 9.8,哺乳动物体内多数酶的最适 pH 接近中性。最适 pH 不是酶的特征性常数,它受环境因素的影响很大。溶液的 pH 高于或低于最适 pH 时,酶的活性都会降低,远离最适 pH 时还会导致酶的变性失活。因此在测定酶的活性时,必须选用适宜的缓冲液以保持酶活性的相对恒定。一般制作 v-pH 变化曲线时,采用使酶全部饱和的底物浓度,在此条件下测定不同 pH 时的酶促反应速度。曲线为较典型的钟罩形(图 3-8)。

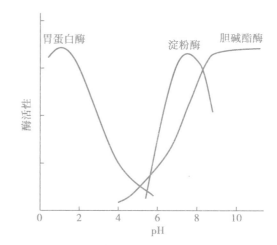

图 3-8 pH 对胃蛋白酶、淀粉酶和胆碱酯酶活性的影响

五、抑制剂对反应速度的影响

能使酶的催化活性下降而不引起酶蛋白变性的物质统称为酶的抑制剂(inhibitor)。抑制剂多与酶的活性中心内、外必需基团相结合,从而抑制酶的催化活性。抑制剂降低酶的活性,但几乎不破坏酶的空间结构,而是直接或间接地对酶分子的活性中心发挥作用。抑制作用不同于蛋白质变性,抑制剂通常对酶有一定的选择性,一种抑制剂只能引起某一类或某几类酶的抑制。而酶蛋白受到一些物

Note:

理或化学因素的影响,其非价键被破坏,并且酶的空间构象发生了改变,引起酶活性的降低或丧失,从而导致酶蛋白变性。这些物理或化学因素对酶没有选择性,因此,不属于抑制剂。抑制剂对酶促反应速度的影响是与医学关系最为密切的内容之一。很多药物是酶的抑制剂,了解酶的抑制作用是阐明药物作用机制和设计研究新药的重要途径。

根据抑制剂与酶结合的紧密程度不同,除去抑制剂后酶的活性是否得以恢复,将抑制作用分为可逆性抑制与不可逆性抑制两大类。

(一) 不可逆性抑制作用

抑制剂与酶分子活性中心的某些必需基团以共价键相结合而引起酶活性的丧失,这种结合不能用简单的透析、超滤等物理方法解除抑制剂而恢复酶活性,这种抑制作用称为不可逆性抑制作用(irreversible inhibition)。此时抑制剂与酶的结合是一不可逆反应。抑制作用随着抑制剂浓度的增加而逐渐增加,当抑制剂的量大到足以和所有的酶结合,则酶的活性就完全被抑制。不可逆结合而使酶丧失活性,按其作用特点,又有专一性及非专一性之分。

1. 羟基酶的抑制　有一些不可逆抑制剂可与酶活性中心上的羟基(羟基酶)牢固共价结合使之丧失催化活性。在农业上如农药敌百虫、敌敌畏等有机磷化合物能专一地与胆碱酯酶(choline esterase)活性中心丝氨酸残基的羟基共价结合,使酶失去催化活性。胆碱酯酶的作用是使乙酰胆碱水解,当有机磷农药中毒时,胆碱酯酶受到抑制,造成胆碱能神经末梢分泌的乙酰胆碱的积蓄,导致迷走神经的兴奋而呈现毒性状态。这些具有专一作用的抑制剂常被称为专一性抑制剂。

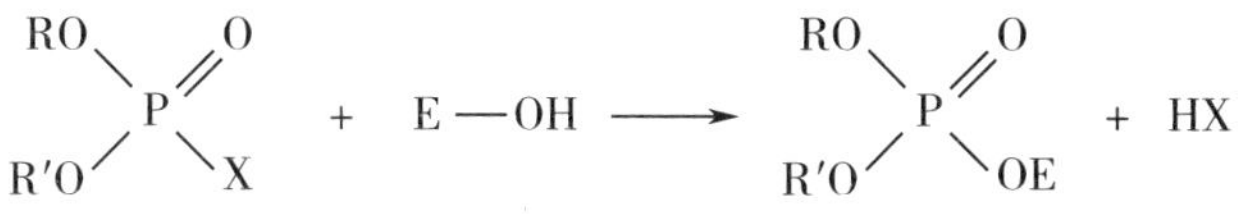

有机磷杀虫剂　　胆碱酯酶　　磷酰化酶　　酸

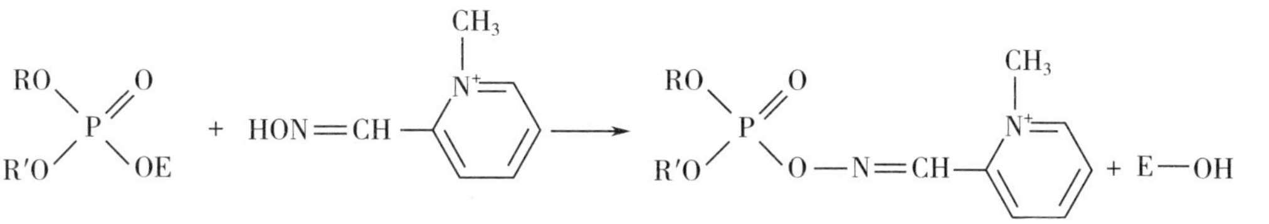

磷酰化酶　　　　解磷定(PAM)　　　磷酰化PAM　　　胆碱酯酶

当发生有机磷农药引起中毒时,临床上可用解磷定来急救,因为虽然有机磷制剂与酶结合后不解离,但可用解磷定等化合物(含 CH=NOH)把酶上的磷酸根除去使酶复活。

2. 巯基酶的抑制　低浓度的重金属离子(如 Pb^{2+}、Cu^{2+}、Hg^{2+})或 As^{3+} 可与酶分子的巯基(—SH)结合,从而使酶失活。由于这些抑制剂所结合的巯基不局限于必需基团,所以此类抑制剂又称为非专一性抑制剂。化学毒气路易士气是一种含砷的化合物,它能抑制体内的巯基酶而使人畜中毒。重金属盐引起的巯基酶中毒可用二巯基丁二酸钠解毒,二巯基丁二酸钠含有两个巯基,在体内达到一定浓度后可与毒剂结合,从而恢复酶的活性。

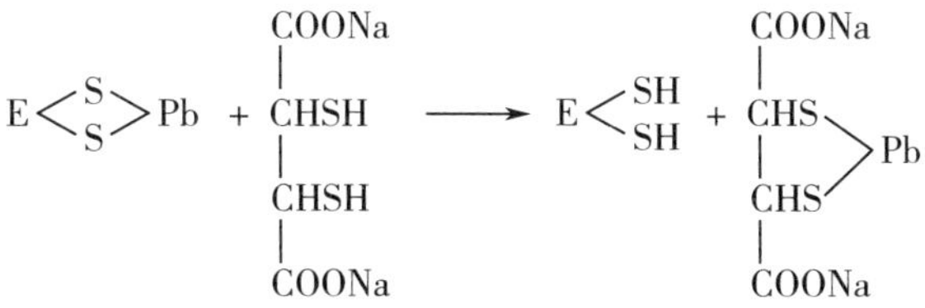

二巯基丁二酸钠

Note:

（二）可逆性抑制作用

可逆性抑制作用（reversible inhibition）是指抑制剂通过非共价键与酶或酶 - 底物复合物可逆性结合，使酶活性降低或消失。采用透析或超滤的方法可将抑制剂除去，使酶活性得以恢复。可逆抑制剂与游离状态的酶之间存在着一个动态平衡。根据抑制剂与底物的关系，可逆抑制作用通常分为三种类型。

1. **竞争性抑制作用** 有些抑制剂分子的结构与底物分子的结构非常相似，因此可与底物竞争结合酶的活性中心，从而抑制酶的活性，故称为竞争性抑制（competitive inhibition）。抑制程度决定于抑制剂与酶的相对亲和力以及与底物浓度的相对比例。竞争性抑制作用可以用下列反应式表示：

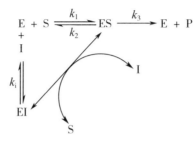

此类抑制剂竞争性结合酶的活性中心，而生成酶 - 抑制剂复合物（EI），从而使可以与底物结合成中间产物（ES）的酶相对减少，酶活性因此降低。另一方面，抑制剂并没有破坏酶分子的特定构象，也没有破坏酶分子的活性中心，且竞争性抑制剂与酶的结合是可逆的，因此，可用加入大量底物，提高底物竞争力的办法消除竞争性抑制剂对酶活性的抑制作用。这是竞争性抑制的一个重要特征。按米氏方程可推导出竞争性抑制剂、底物和反应速度之间的动力学关系如下：

$$v = \frac{V_{max}[S]}{K_m\left(1+\dfrac{[I]}{k_i}\right)+[S]}$$

K_i 为抑制剂常数，即酶与抑制剂结合的解离常数。其双倒数方程为：

$$\frac{1}{v} = \frac{K_m}{V_{max}}\left(1+\frac{[I]}{k_i}\right)\frac{1}{[S]}+\frac{1}{V_{max}}$$

在不同浓度竞争性抑制剂存在下，根据实验结果作出的 $v-[S]$ 变化曲线（图 3-9）。为了便于比较，在此图中同时给出了无抑制剂时的变化曲线。从图中可以看出，加入竞争性抑制剂后，V_{max} 不因有抑制剂的存在而改变。但达到 V_{max} 时所需底物的浓度明显地增大，即 K_m 变大。有竞争性抑制剂存在时，从横轴上的截距得出的"K_m 值"称为表观 K_m 值（apparent K_m），其大于无抑制剂存在时的 K_m 值。可见，竞争性抑制作用使酶的表观 K_m 值增大。

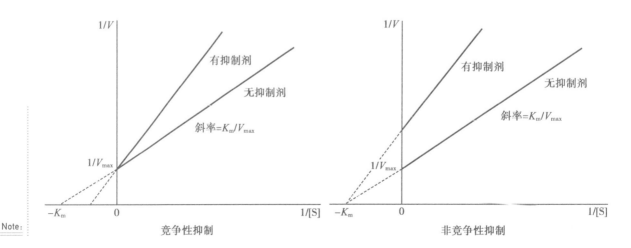

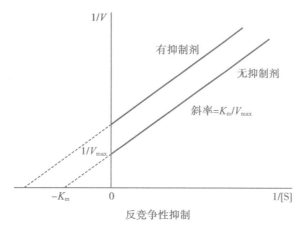

图 3-9　三种可逆性抑制作用的双倒数作图曲线

　　医学上竞争性抑制的实例是用磺胺类药物治疗细菌性传染病。磺胺类药物能抑制细菌的生长繁殖,而不伤害人和畜禽。这是因为细菌不能利用外源的叶酸,必须自己合成。细菌体内的叶酸合成酶能够催化对氨基苯甲酸合成二氢叶酸,再还原成四氢叶酸后,即作为细菌分裂时核酸合成中一碳单位转移酶的辅酶。磺胺类药物由于与对氨基苯甲酸的结构非常相似,是二氢叶酸合成酶的竞争性抑制剂,抑制二氢叶酸的合成,从而使细菌的 DNA 合成受阻。人和畜禽能够利用食物中的叶酸,因此,其核酸的合成不受磺胺类药物的干扰。许多属于抗代谢物的抗癌药物,如甲氨蝶呤(MTX)、5- 氟尿嘧啶(5-FU)、6- 巯嘌呤(6-MP)等,几乎都是酶的竞争性抑制剂,它们分别抑制四氢叶酸、脱氧胸苷酸及嘌呤核苷酸的合成。

$$H_2N - \bigcirc - COOH \qquad\qquad H_2N - \bigcirc - SO_2NHR$$

对氨基苯甲酸　　　　　　　　　　　磺胺类药物

　　2. 非竞争性抑制作用　有些抑制剂可与酶活性中心外的必需基团结合,不影响酶与底物的结合,酶和底物的结合也不影响酶与抑制剂的结合。因此,底物和抑制剂与酶结合之间无竞争关系。但是酶 - 底物 - 抑制剂复合物(ESI)不能进行反应,呈现抑制作用,故称为非竞争性抑制(non-competitive inhibition)。此类抑制剂在化学结构上与底物分子(S)的结构并不相似,不能与酶的活性中心结合,但它可以与酶活性中心以外的部位结合,即可与底物(S)同时结合在酶分子(E)的不同部位上,形成 ESI 三元复合物。换句话说,就是抑制剂与酶分子结合之后,不妨碍该酶分子再与底物分子结合,但是,在 ESI 三元复合物中,酶分子不能催化底物反应,即酶活性丧失。非竞争性抑制作用可以用下列反应式表示:

$$
\begin{array}{ccccc}
E + S & \underset{k_2}{\overset{k_1}{\rightleftharpoons}} & ES & \overset{k_3}{\longrightarrow} & E + P \\
+ & & + & & \\
I & & I & & \\
k_i \big\updownarrow & & k_i' \big\updownarrow & & \\
EI + S & \rightleftharpoons & IES & &
\end{array}
$$

　　按照米氏方程的推导方法,得出酶促反应的速度、底物浓度和抑制剂之间的动力学关系,其双倒数方程为:

$$\frac{1}{v} = \frac{K_m}{V_{max}}\left(1 + \frac{[I]}{k_i}\right)\frac{1}{[S]} + \frac{1}{V_{max}}\left(1 + \frac{[I]}{k_i}\right)$$

　　在不同抑制剂浓度的情况下,以 $1/v$ 对 $1/[S]$ 作图,可得斜率不同的直线(图 3-9)。在非竞争性抑制剂作用下,酶反应速度和最大反应速度 V_{max} 明显地降低,但 K_m 值不改变。由此可见,非竞争性

Note：

抑制剂可能结合在酶活性中心之外,维持酶分子构象的必需基团上,而抑制酶活性。因此,底物和非竞争性抑制剂在与酶分子结合时,互不排斥,无竞争性,因而不能用增加底物浓度的方法来消除这种抑制作用。这是不同于竞争性抑制的一个特征。大部分非竞争性抑制作用都是由一些可以与酶的活性中心之外的巯基可逆结合的试剂引起的。这种—SH 对于酶活性来说也是很重要的,因为它们帮助维持了酶分子的天然构象。

3. **反竞争性抑制作用** 这类抑制剂与上述两类抑制剂的作用机制不同,它们不是直接与酶结合抑制酶活性,而是结合 ES 中间复合物形成 ESI,这样不仅使 ES 量下降,减少产物的生成;反而还增进 E 与 S 形成中间复合物,所以从这点上看,这类抑制剂反而有增强底物与酶亲和结合的作用,故称之为反竞争性抑制。其抑制作用的反应过程如下:

$$E + [S] \underset{k_2}{\overset{k_1}{\rightleftharpoons}} ES \overset{k_3}{\longrightarrow} E + P$$
$$+$$
$$I$$
$$k_i \updownarrow$$
$$IES$$

其双倒数方程为:

$$\frac{1}{v} = \frac{K_m}{V_{max}} \cdot \frac{1}{[S]} + \frac{1}{V_{max}}\left(1 + \frac{[I]}{k_i}\right)$$

以 $1/v$ 对 $1/[S]$ 作图,不同浓度的抑制剂均可得相同斜率的直线,从双倒数作图可见 V_{max} 和表观 K_m 值均降低(图 3-9)。

上述三种可逆性抑制作用的动力学比较列于表 3-3。

表 3-3 抑制类型及其特征的比较

作用特征	无抑制剂	竞争性抑制	非竞争性抑制	反竞争性抑制
与 I 结合的组分		E	E、ES	ES
动力学参数				
表观 K_m	K_m	增大	不变	减小
最大速度 V_{max}	V_{max}	不变	降低	降低
双倒数作图				
斜率	K_m/V_{max}	增大	增大	不变
纵轴截距	$1/V_{max}$	不变	增大	增大
横轴截距	$-1/K_m$	增大	不变	减小

六、激活剂对反应速度的影响

能使酶活性提高的物质,称为酶的激活剂(activator),其中大部分是离子或简单的有机化合物。如 Mg^{2+} 是多种激酶和合成酶的激活剂,动物唾液中的淀粉酶则受 Cl^- 的激活。

有些金属离子激活剂对酶促反应是必需的,这类激活剂称必需激活剂。例如 Mg^{2+} 作为激活剂的反应中,Mg^{2+} 与底物 ATP 结合生成 Mg^{2+}-ATP 之后作为酶的真正底物参加反应。有些激活剂对酶促反应是非必需的,激活剂缺失时酶仍有一定的催化活性,这类激活剂称为非必需激活剂。非必需激活剂通过与酶或底物或酶-底物复合物结合,提高酶的催化活性,例如,Cl^- 是唾液淀粉酶的非必需激活剂。通常,酶对激活剂有一定的选择性,且有一定的浓度要求,一种酶的激活剂对另一种酶来说可能是抑制剂,当激活剂的浓度超过一定的范围时,它就成为抑制剂。

Note:

第四节　酶的命名及分类

酶是生物催化剂,种类繁多且催化反应各异,目前已经得到鉴定的酶将近十万多种。为了研究、学习及应用中不出现混乱,需要对其进行系统的分类和命名。

一、酶的命名

酶的命名有习惯命名法和系统命名法,习惯命名多由发现者根据酶所催化的底物、反应的性质以及酶的来源而定,但这种命名方法有时不能说明酶促反应的本质而常出现混乱。为了克服习惯名称的弊端,国际酶学委员会提出系统命名法。它是按酶的所有底物与反应类型来进行命名的。底物名称之间以“:”分隔。如谷氨酸脱氢酶按照系统命名法命名为:L- 谷氨酸:NAD^+ 氧化还原酶。但有些酶促反应是双底物或多底物反应,且许多底物的化学名称太长,因而根据系统命名法得到的酶名称过于复杂。为了应用方便,国际酶学委员会又从每种酶的数个习惯名称中选定一个简便实用的推荐名称。例如:乳酸:NAD^+ 氧化还原酶,推荐命名为:乳酸脱氢酶。

二、酶的分类

国际酶学委员会按照酶促反应的性质,将酶分为七大类。

(一)氧化还原酶类

催化氧化还原反应的一类酶属于氧化还原酶(oxidoreductase)。例如,琥珀酸脱氢酶、异柠檬酸脱氢酶、细胞色素氧化酶、过氧化氢酶、过氧化物酶等。

(二)转移酶类

催化底物之间的某些化学基团转移或交换的一类酶属于转移酶(transferase)。例如氨基转移酶、甲基转移酶、磷酸化酶等。将一种分子的某一基团转移到另一种分子上。当酶以三磷酸核苷酸为供体,把一个磷酸基团转移到另一个分子,称激酶(kinase)。受体可以是小分子或蛋白质。

(三)水解酶类

催化底物发生水解反应的一类酶属于水解酶(hydrolases)。例如淀粉酶、糖苷酶、蛋白酶、脂肪酶、磷酸酶等。

(四)裂合酶类

催化从底物移去一个基团并留下双键的反应或其逆反应的一类酶属于裂合酶类(lyases)。例如,碳酸酐酶、脱羧酶、柠檬酸合酶等。如脱羧酶,催化 C—C 键断开,生成 CO_2；碳酸酐酶,催化 H_2CO_3 中 C—O 键断开,生成 CO 和 H_2O。

(五)异构酶类

催化各种同分异构体之间相互转化的酶类属于异构酶类(isomerases)。例如,磷酸丙糖异构酶、磷酸甘油酸变位酶、消旋酶、差向异构酶、顺反异构酶等。

(六)连接酶类

催化两种底物合成一种产物,同时伴有 ATP 的磷酸键断裂释能的酶类属于连接酶类(ligases)(旧称合成酶类,synthetases)。例如,谷氨酰胺合成酶、腺苷酸代琥珀酸合成酶等。

(七)转位酶类

催化离子或分子从膜的一侧转移到另一侧,又称异位酶。例如,线粒体外膜转位酶、腺嘌呤核苷酸转位酶等。

国际酶学委员会还规定了上述七类酶的编号,同时根据酶所催化的化学键的特点和参加反应的基团不同,又将每大类进一步划分。每种酶的分类编号由四个数字组成。数字前冠酶学委员会的缩写。例如:乳酸脱氢酶的编号为 EC1.1.1.27 编号中第一个数字表示该酶属于七大类中哪一类；第二

Note:

个数字表示该酶属于哪一亚类，第三个数字表示次亚类；第四个数字是该酶在次亚类中的排序。

第五节　酶与医学的关系

人体组织器官正常代谢是机体健康的基础，酶的异常会使代谢反应紊乱，从而导致疾病的发生。临床上可通过对酶活性及酶含量的检查来进行疾病诊断，并且利用药物及基因工程技术等对酶进行影响达到对疾病的治疗。

一、酶活性的测定与酶的活性单位

酶活性是指酶催化一定化学反应的能力，衡量酶活性高低的标准是在规定条件下酶促反应速度的大小。酶促反应速度可用单位时间内底物的消耗量或产物的生成量来表示。酶活性单位是表示酶量多少的单位，它反映在规定条件下，酶促反应在单位时间内生成一定量的产物或消耗一定量的底物所需的酶量。在实际工作中，酶活性单位往往与所用的测定方法、反应条件等因素有关。同一种酶所采用的测定方法不同，活性单位也不尽相同。为了便于比较，1976 年国际生物化学学会（IUB）酶学委员会规定使用国际单位（international unit，IU）使酶的活性单位标准化。一个国际单位是指在最适条件下，每分钟催化 1μmol/L 底物减少或 1μmol/L 产物生成所需的酶量。

临床应用中酶活性测定的目的是了解组织提取液、体液或纯化的酶液中酶的存在与多寡。测定血清、尿液等体液中酶的活性的改变，可以反映某些疾病的发生、发展，有助于临床诊断和预后的判断。许多因素可以影响酶促反应速度。酶的活性测定要求有适宜的特定反应条件，影响酶促反应速度的各种因素应相对恒定。酶的样品应做适当的处理。测定酶活性时，底物的量要足够，使酶被底物饱和，以充分反映待测酶的活力。测定代谢物时应保持酶的足够浓度，应根据反应时间选择反应的最适温度，根据不同的底物和缓冲液选择反应的最适 pH。为获取最高反应速度，在反应体系中应含有适宜的辅因子、激活剂等。

二、酶与疾病的发生

体内的新陈代谢过程都是由相应的酶催化进行的，任何酶的缺陷或酶活性异常都可引起代谢障碍而致病。现已发现的 140 多种先天性代谢缺陷病，都是由于酶的先天性或遗传性缺损所致。由于先天性缺乏某种酶而阻碍代谢的正常进行，造成代谢产物不能生成，如白化病是由于体内缺乏酪氨酸酶，致细胞内不能将酪氨酸生成黑色素。因此，患者皮肤呈乳白或粉红色，毛发为淡白或淡黄色。苯丙酮尿症是由于苯丙氨酸羟化酶的先天性缺陷，使体内苯丙氨酸不能羟化转变成酪氨酸，以致血中苯丙氨酸浓度升高，形成高苯丙氨酸血症，高浓度苯丙氨酸转入其他代谢途径生成大量苯丙酮酸，由尿液排出形成苯丙酮尿症。苯丙氨酸经转氨基等反应生成苯乙酸和苯乳酸，能抑制大脑中 L- 谷氨酸脱羧酶和色氨酸羟化酶等活性，它们是生成神经递质 γ- 氨基丁酸和 5- 羟色胺的重要酶，可造成患儿智力障碍。

物理、化学及生物等致病因素引起酶后天性异常，同样会导致疾病的发生。如长期肝病，肝衰竭患者易出血不止，这是因为患者肝不能正常合成与凝血有关的酶，造成患者凝血功能障碍。另外，中毒性疾病多由于酶活性受到抑制而发生，如前所述有机磷农药中毒就是由于有机磷化合物能特异性地与酶活性中心的丝氨酸羟基结合而抑制乙酰胆碱酯酶的活性，从而影响神经递质的正常作用而致病。急性胰腺炎时，胰蛋白酶原在胰腺中被激活，造成胰腺组织被水解破坏。许多炎症都可以导致弹性蛋白酶从浸润的白细胞或巨噬细胞中释放，对组织产生破坏作用。激素代谢障碍或维生素缺乏可引起某些酶的异常。

三、酶与疾病的诊断

酶的先天性或遗传性缺陷导致的疾病，可通过直接检测酶的基因、酶的活性或酶含量来进行诊断。也可通过检测酶所催化的底物或产物的量来间接诊断,酶缺陷会导致特定的代谢底物在血液或尿液中堆积或代谢产物缺失。认识在体液中堆积的中间代谢底物或缺失的代谢产物有助于发现可能的酶缺陷。

一般来说在健康人体内,许多酶特异性地分布于某些细胞、组织或器官,酶的含量或活性恒定在一定范围。如果检测到酶的分布异常,酶活性或含量超出了正常的范围,就可初步地诊断某些器官组织发生了病变。临床上更为常见的是许多组织器官的疾病表现为血液等体液中一些酶活性的异常。其主要原因是:①某些组织器官受到损伤造成细胞破坏或细胞膜通透性增高时,细胞内的某些酶可大量释放入血。例如,急性胰腺炎时血清和尿中淀粉酶活性升高;急性肝炎或心肌炎时血清转氨酶活性升高等。②细胞的转换率增高或细胞的增殖增快,其特异的标志酶可释放入血。例如,前列腺癌患者可有大量酸性磷酸酶释放入血。③酶的合成或诱导增强。例如,胆管堵塞时,胆汁的反流可诱导肝合成大量的碱性磷酸酶,巴比妥盐类或乙醇可诱导肝中的γ-谷氨酰基转移酶生成增多。④酶的清除受阻也可引起血清酶的活性增高。肝硬化时血清碱性磷酸酶不能被及时清除,胆管阻塞可影响血清碱性磷酸酶的排泄,均可造成血清中此酶浓度的明显升高。⑤由于许多酶在肝内合成,肝功能严重障碍时,某些酶合成减少,如血中凝血酶原、因子Ⅶ等含量下降。根据血清酶活性水平与疾病变化的关系,进行疾病诊断的实例如表3-4所示。

表3-4　血清中某些酶水平与疾病的关系

项目	淀粉酶	胆碱酯酶	碱性磷酸酶	天冬氨酸转氨酶	丙氨酸转氨酶	乳酸脱氢酶
病毒性肝炎	—	↓↓	↑	↑↑↑	↑↑↑	↑
胆管阻塞	—	—/↓	↑↑↑	↑	↑	↑
急性心肌梗死	—	—	—	↑↑	—/↑	↑↑
急性胰腺炎	↑↑↑	—	—	—	—	—
肌营养障碍	—	—	—	↑	—/↑	↑↑

知识链接

检测酶标本的采集、保存注意事项

实验室测定分析酶之前要进行标本采集、血清分离及保存等处理过程。酶在血中呈动态变化,血液离体后,仍会发生变化。因此在每一个阶段均应严格按要求执行,以防止引起测定结果的改变。如用于检测凝血和纤溶功能的血液标本必须严格按采血量采集,否则会对结果产生较大的影响。由于大部分抗凝剂都在一定程度上影响酶的活性,除了检测与凝血和纤溶有关的酶需用血浆外,其他酶的测定均采用血清标本。采血后应在1~2h内及时将血清和凝血块分离,以防血细胞中的酶透过细胞膜进入血清,影响检测结果。酶极易失活,大部分酶在低温时比较稳定,分离血清后如不能及时测定,应置冰箱保存,但有些酶如乳酸脱氢酶不能耐受低温和冻融。

四、酶与疾病的治疗

许多药物可通过抑制生物体内的某些酶活性来达到治疗目的。凡能抑制细菌中重要代谢途径中的酶活性,便可达到抑菌目的。磺胺类药物是细菌二氢叶酸合成酶的竞争性抑制剂。氯霉素可抑制某些细菌肽酰转移酶的活性从而抑制其蛋白质的合成。肿瘤细胞有其独特的代谢方式,人们试图阻断相应的酶活性,以达到遏制肿瘤生长的目的。甲氨蝶呤、氟尿嘧啶、巯嘌呤等,都是核苷酸代谢途径

Note:

中相关酶的竞争性抑制剂。

随着生物技术及医学研究的发展,越来越多的酶应用于临床治疗。目前治疗用酶已经有以下几类:①消化酶用于促进消化功能,如胃蛋白酶、胰酶及淀粉酶等。②消炎酶用于消炎、消肿、排脓与促进伤口愈合,如溶菌酶、木瓜蛋白酶及胶原酶等。蛋白酶可以水解炎症部位纤维蛋白及脓液中黏蛋白从而发挥抗炎作用。③心脑血管治疗酶如胰弹性蛋白酶具有 β 脂蛋白酶的作用,能降低血脂、防治动脉粥样硬化。激肽释放酶有舒张血管作用,临床上可用于治疗高血压和动脉粥样硬化。④止血酶、抗血栓酶和凝血酶激活酶可促进凝血。纤溶酶、葡激酶、尿激酶与链激酶等抗血栓酶能活化血浆中的纤溶酶原为纤溶酶,使血液中纤维蛋白溶解,可有效地清除凝血块。蛇毒降纤酶,蚓激酶、组织纤溶酶原激活剂也是近年研究成功的有效抗栓剂。⑤抗肿瘤酶如 L- 天冬酰胺酶能水解肿瘤细胞生长所需的 L- 天冬酰胺从而抑制肿瘤细胞的生长,临床上可用于治疗淋巴肉瘤和白血病。⑥其他酶类药物如超氧化物歧化酶用于治疗类风湿关节炎和放射病。青霉素酶用于治疗青霉素过敏。透明质酸酶可作为药物扩散剂并治疗青光眼。

(刘　帅)

思　考　题

1. 酶具有高效催化效率的分子机制是什么?

2. 影响酶活性的因素有哪些? 温度和酸碱度调节酶活性的原理是什么?

3. 当在别构酶的反应体系中加入较低浓度的竞争性抑制剂时,往往会观察到酶被激活的现象,请解释这种现象产生的原因。

4. 酶原激活的机制是什么? 该机制如何体现"蛋白质一级结构决定高级结构"的原理?

5. 什么是同工酶? 如何区别不同的同工酶? 同工酶的生物学意义如何?

第二篇

分子生物学基础

NURSING

第四章

DNA 的生物合成

04章 数字内容

章 前 导 言

自 20 世纪 40 年代 DNA 被证明是遗传物质的载体以来,生物体如何合成 DNA,并将遗传物质准确地从亲代传给子代,成为亟须阐明的生物学关键问题。随着 DNA 双螺旋结构的揭示及大肠埃希菌 DNA ^{15}N 核素标记等实验的完成,DNA 生物合成的方式及机制已逐步被阐明。

DNA 的生物合成是指在生物体内合成大分子 DNA 的过程,包括染色体 DNA 复制、非染色体 DNA 合成如原核生物质粒的滚环复制、真核线粒体 DNA 的 D- 环复制、RNA 病毒的逆转录,终产物都是 DNA 分子。DNA 的生物合成主要以 DNA 复制为主,即染色体 DNA 的复制,是生物机体贮存、传递遗传信息的主要方式,也是分子生物学中心法则的基础。研究 DNA 复制的过程,需要了解 DNA 复制体系的组成及各种成分的作用。DNA 聚合酶是催化 DNA 合成并保证合成准确的核心。在原核生物和真核生物中,DNA 聚合酶的种类及结构均有差异。识别这些差异有助于进一步了解原核 DNA 与真核 DNA 的结构及功能特征。

在本章的学习过程中,要特别注意 DNA 复制的基本规律、模板的作用及合成的方向性,DNA 复制的保真性及其意义。

—— 学 习 目 标 ——

- 知识目标
  1. 掌握 DNA 复制体系的基本规律、半保留复制的特点及其意义;DNA 复制体系的组成,DNA 聚合酶的类型及功能特点。
  2. 熟悉 DNA 复制的过程;原核 DNA 复制与真核 DNA 复制的主要区别;真核生物 DNA 端粒及端粒酶。
  3. 了解非染色体 DNA 复制的其他形式;引起 DNA 损伤的主要因素及体内 DNA 修复的主要机制。
- 能力目标
  1. 能够利用真核生物复制的基本特点,理解延缓衰老、治疗肿瘤的潜在新靶点。
  2. 能依据 DNA 损伤修复障碍的分子机制,分析相关临床疾病发生的病因并思考新的治疗手段。
- 素质目标
  阐释科学家通过推理、实验验证揭示 DNA 双螺旋结构模型、中心法则和半保留复制的科学发现过程,引导、培养创新思维和严谨的科学态度;遗传信息传递过程中在强调保真的同时伴随着适应性变异,培养科学的进化史观。

　　遗传是生物具有的基本特征之一。为保持物种的稳定性,需要将亲代的遗传信息准确无误地传递给子代。著名遗传学家孟德尔(Gregor Johann Mendel,1822—1884)研究了遗传的基本单位,提出遗传因子的概念。

　　1909 年由约翰森(Wilhelm Johannsen,1857—1927)将遗传因子的概念改称为基因(gene)。1944 年,艾弗里(Oswald Avery,1877—1955)等通过肺炎双球菌 DNA 的转化实验证明脱氧核糖核酸是遗传的物质基础,是基因信息的载体。1952 年,遗传学家赫尔希(Alfred Hershey,1908—1997)和蔡斯(Martha Chase,1927—2003)也证明噬菌体 DNA 可传递遗传性状。DNA 作为生物遗传信息的载体,通过半保留复制的方式,将遗传信息传递给子代,并表达相应的生物学特征。每种生物各自具有自身独特的基因信息,全部的基因及其相关的 DNA 序列总和构成基因组(genome)。遗传的分子生物学中心法则描述了 DNA 的复制传代、基因表达所涉及的转录与翻译过程;逆转录现象的发现是对分子生物学中心法则的进一步补充及完善。基因组研究的快速进展使人们对各种生物的 DNA 分子结构、组成及遗传特征、基因的分布及功能有了更多的认识。

第一节　DNA 复制的基本特性

　　DNA 作为遗传物质的基本特征之一,是通过自我复制(replication)将遗传信息传代。DNA 复制是指在生物体内以亲代 DNA 分子两条链为模板,分别合成两个子代 DNA 分子的过程。复制过程需要经历复杂的一系列酶促反应。因为 DNA 所含遗传信息复杂,不同生物基因组的总长度从简单原核生物大肠埃希菌的 4.6×10^6 bp(base pair,碱基对)到高等真核生物的 3×10^9 bp 甚至更高,需要反复盘曲折叠形成超螺旋、染色质才能存在于类核或细胞核内。DNA 需要解螺旋、解链并在局部形成相对稳定的单链才能作为模板指导复制。由于 DNA 结构的复杂性,使 DNA 分子的生物合成过程呈现其独有的特征。

一、半保留复制

　　DNA 复制最重要的特征是半保留复制(semiconservative replication)。DNA 复制时,亲代 DNA 双螺旋解开成为两条单链,各自作为模板,按照碱基配对规律合成一条与模板互补的新链,形成两个子代 DNA 分子。每一个子代 DNA 分子中都保留有一条来自亲代 DNA 的链。这种 DNA 复制的方式称为半保留复制。

在建立 DNA 双螺旋模型之后,沃森(James Watson,1928—)和克里克(Francis Crick,1916—2004)提出了半保留复制的设想。1958 年,上述 DNA 半保留复制的设想通过梅塞尔森(Matthew Meselson,1930—)和斯特尔(Frank Stahl,1929—)用 ^{15}N 标记大肠埃希菌 DNA 的实验得到了证实。他们发现,将大肠埃希菌($E.\ coli$)放在含 ^{15}NH$_4$C1 的培养液中培养若干代后,DNA 全部被 ^{15}N 标记而成为"重"DNA(^{15}N-DNA),密度大于普通 ^{14}N-DNA("轻"DNA),经 CsCl 密度梯度超速离心后,出现在靠离心管下方的位置。但如果将含 ^{15}N-DNA 的 $E.\ coli$ 转移到 ^{14}NH$_4$Cl 的培养液中进行培养,按照 $E.\ coli$ 分裂增殖的世代分别提取 DNA 进行密度梯度超速离心分析,发现随后的第一代 DNA 只出现一条区带,位于 ^{15}N-DNA("重"DNA)和 ^{14}N-DNA("轻"DNA)之间;第二代的 DNA 在离心管中出现两条区带,其中上述中等密度的 DNA 与"轻"DNA 各占一半。随着 $E.\ coli$ 继续在 ^{14}NH$_4$Cl 的培养液中进行培养,就会发现"重 DNA"不断被稀释掉,而"轻 DNA"的比例会越来越高。这些实验结果只能用半保留复制的方式才能解释(图 4-1)。

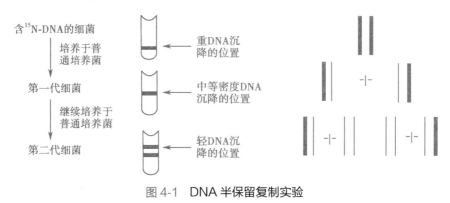

图 4-1　DNA 半保留复制实验

随后的许多实验研究也证明 DNA 的半保留复制机制是正确的,对于保证遗传信息传代的准确有着重要的意义。

二、DNA 复制的方向和方式

细胞的增殖有赖于基因组复制而使子代得到完整的遗传信息。原核生物基因组是环状 DNA,只有一个复制起点(origin)。复制从起点开始,向两个方向进行解链,进行的是单点起始双向复制(图 4-2a)。复制中的模板 DNA 形成 2 个延伸方向相反的开链区,称为复制叉(replication fork,图 4-3)。复制叉指的是正在进行复制的双链 DNA 分子所形成的 Y 形区域,其中,已解旋的两条模板单链以及正在进行合成的新链构成了 Y 形的头部,尚未解旋的 DNA 模板双链构成了 Y 形的尾部。

真核生物基因组庞大而复杂,由多个染色体组成,全部染色体均需复制,每个染色体又有多个起点,呈多起点双向复制特征(图 4-2b)。每个起点产生两个移动方向相反的复制叉,复制完成时,复制叉相遇并汇合连接。从一个 DNA 复制起点起始的 DNA 复制区域称为复制子(replicon)。复制子是含有一个复制起点的独立完成复制的功能单位。高等生物有数以万计的复制子,复制子间长度差别很大,在 13~900kb 之间。

三、半不连续复制

从 DNA 复制起始点上的复制泡看出,解链可向起始点的左右两个方向进行,形成两个复制叉,每个复制叉上的单链 DNA 均可作为模板指导新链合成。当双链 DNA 沿着一个复制叉进行解链,以方向为 3′→5′ 的单链作为模板时,新链的合成方向 5′→3′ 与复制叉前进的方向是一致的。而走向相反的另一条模板链指导的新链合成方向也是 5′→3′,但这一新链走向与复制叉前进的方向相反。

因此,必须等该复制叉向前移动一定距离后,所形成的单链足够长时,才能指导新链的合成。在这一模板链上,其互补链只能是分段合成,成为不连续的片段。这些不连续合成的片段首先被冈崎发现并加以命名,称之为冈崎片段(Okazaki fragment)。由于 DNA 分子的两条链是反向平行,而新链的合成总是按 5′ → 3′ 方向进行,因此,新合成的链中有一条链延伸方向与复制叉前进方向是一致的,能顺利地连续进行,称为前导链(leading strand);而另一条链延伸方向与复制叉前进方向相反,称后随链(lagging strand)。由于 DNA 分子中一条链可连续合成(前导链),而另一条链是分段合成(后随链),故称为半不连续复制(图 4-4)。原核生物冈崎片段长 1 000~2 000 个核苷酸残基,而真核生物是 100~200个核苷酸残基。

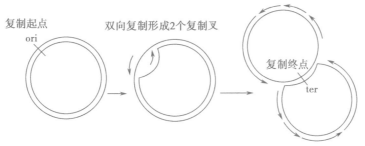

（a）原核生物环状DNA的单点起始双向复制

（b）真核生物DNA的多点起始双向复制

图 4-2　DNA 复制的起点和方向

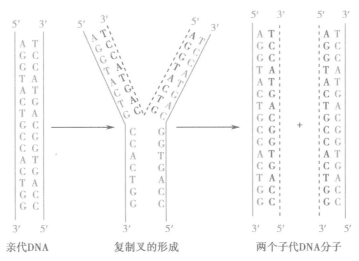

亲代DNA　　　　复制叉的形成　　　　两个子代DNA分子

图 4-3　DNA 复制叉及半保留复制

要保证遗传信息能稳定地延续传代,DNA 复制过程必须具有足够的保真性。复制保真性的实现包括:①新链的延伸过程严格遵守碱基配对的规律,即 A═T,G≡C;②DNA 聚合酶对碱基的选择能力,能选择与亲代模板链正确配对的碱基进入子链相应的位置;③校读修正错配碱基,通过 DNA聚合酶的 3′ → 5′ 外切酶活性,在碱基发生错配时,及时切除并更换上正确的碱基。通过上述机制,保证了 DNA 复制有序而精确地进行。

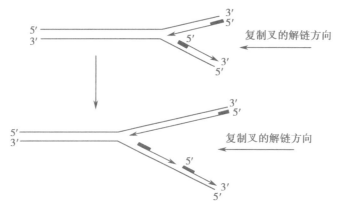

图 4-4　DNA 的半不连续复制

第二节　DNA 复制的反应体系

生物体内 DNA 的复制过程有多种成分参与,构成复杂的 DNA 复制反应体系。DNA 复制在特定的复制起始点上开始,经历复杂的脱氧核苷酸聚合过程。需要有关复制酶体系、蛋白质因子及相关物质参与,从而能够辨认复制的特异起始点,使 DNA 超螺旋结构松解,局部 DNA 双链解开成为单链并相对稳定,作为模板指导新链的合成。

DNA 复制的反应体系组成有:①模板(template),是以亲代 DNA 分子解开的两条单链作为模板,按碱基配对的原则指导 DNA 新链的延伸;②主要的复制酶,即 DNA 依赖的 DNA 聚合酶(DNA dependent DNA polymerase),缩写为 DDDP 或 DNA-pol,可催化脱氧核苷酸的聚合延伸;③底物(substrate),是四种脱氧三磷酸核苷(dNTP),包括 dATP、dGTP、dCTP 及 dTTP,属于高能底物;④引物(primer),是由引物酶催化合成的短链 RNA,提供 3'-OH 作为新链延伸的起点;⑤其他的酶和蛋白质因子,包括拓扑异构酶、解旋酶、DNA 单链结合蛋白、DNA 连接酶等。

一、DNA 聚合酶

DNA 聚合酶对碱基有一定的识别功能,在有模板 DNA 存在的情况下,能选择正确的底物 dNTP,并催化其沿着 5'→3' 方向聚合。即新链 3'-端上的脱氧核苷酸以 3'-OH 与下一个脱氧核苷酸的 5'-磷酸基共价结合,所形成的共价键也称为 3',5'-磷酸二酯键。模板链上的嘌呤碱基可与其互补链上的嘧啶碱基配对,反之亦然。即 A 对 T,G 对 C,配对碱基间的空间位置关系有利于形成氢键,A-T 之间形成两个氢键,G-C 之间形成三个氢键(图 4-5)。在空间位置关系上,A-T 或 G-C 碱基对之间的平面距离适合相互之间的氢键配对,因此可先形成氢键联系后再共价聚合。聚合反应过程中,dNTP 中的两个磷酸基脱落,因此是以 dNMP 通过 3',5'-磷酸二酯键依次相连。故 DNA 分子中的基本组成单位是 dNMP。在原核生物和真核生物中存在着不同类型的 DNA 聚合酶。

(一)原核生物至少有 5 种 DNA 聚合酶

1958 年,科恩伯格(Arthur Kornberg,1918—2007)发现了第一个来自 *E. coli* 的 DNA 聚合酶,即 DNA 聚合酶 I(DNA pol I)。DNA pol I 基因缺陷的菌株,经实验证明照样可进行 DNA 复制。DNA pol I 由 *pol A* 编码,主要在 DNA 损伤修复中发挥作用,在半保留复制中

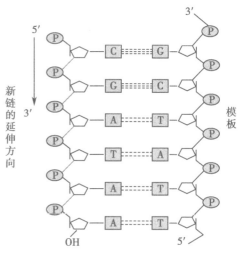

图 4-5　DNA 的聚合延伸方式

起到辅助作用。从其他变异菌株中相继提取到的其他 DNA pol 被分别称为 DNA pol Ⅱ 和 DNA pol Ⅲ。DNA pol Ⅱ 由 *pol B* 编码,当复制过程被损伤的 DNA 阻碍时重新启动复制叉。这三种聚合酶都有 5′→3′ 延长脱氧核苷酸链的聚合活性及 3′→5′ 核酸外切酶活性。DNA pol Ⅳ 和 DNA pol Ⅴ 分别由 *dinB* 和 *umuD'₂C* 编码,属于跨损伤合成 DNA 聚合酶。

DNA pol Ⅰ 为单一多肽链,分子量约为 102kD,有 5′→3′ 聚合活性及外切酶活性。DNA pol Ⅰ 的二级结构以 α- 螺旋为主,只能催化延长约 20 个核苷酸,说明它不是复制延长过程中起主要作用的酶。其 5′→3′ 聚合活性可催化 DNA 沿 5′→3′ 方向延长,主要用于填补 DNA 片段间的空隙,如引物切除后留下的空隙;外切酶活性包括 3′→5′ 及 5′→3′ 外切酶的活性。DNA pol Ⅰ 的 3′→5′ 外切酶活性能识别和切除正在延长着的子代链中错误配对的脱氧核苷酸,也称为校读作用(图 4-6),对 DNA 作为遗传物质所必需的稳定性和保真性具有重要意义;而 5′→3′ 外切酶活性,主要用于切除引物,或切除突变的片段,在 DNA 复制或损伤的修复过程中发挥作用。另外,用特异的蛋白酶可以将 DNA pol Ⅰ 水解为 2 个片段,小片段共 323 个氨基酸残基,有 5′→3′ 核酸外切酶活性。大片段共 604 个氨基酸残基,被称为 Klenow 片段,具有 DNA 聚合酶活性和 3′→5′ 核酸外切酶活性。Klenow 片段是实验室合成 DNA 和进行分子生物学研究常用的工具酶。

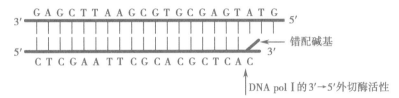

图 4-6　DNA 聚合酶 Ⅰ 的校读作用

1971 年后,DNA pol Ⅱ 及 DNA pol Ⅲ 陆续被发现。它们的性质和生物学功能的比较见表 4-1。

表 4-1　*E. coli* 中三种 DNA 聚合酶的比较

项目	DNA pol Ⅰ	DNA pol Ⅱ	DNA pol Ⅲ
分子组成	单一多肽链	不清	10 种亚基组成的不对称二聚体
生物学活性			
(1)5′→3′ 聚合活性	聚合活性低	有	聚合活性高
(2)3′→5′ 外切酶活性	有	有	有
(3)5′→3′ 外切酶活性	有	无	无
功能	①校读作用	复制中的校对,DNA 修复	①主要的复制酶
	②修复填补		②校读作用

DNA pol Ⅱ 的功能尚不十分清楚。DNA pol Ⅱ 基因发生突变,细菌依然能存活,推想它是在 pol Ⅰ 和 pol Ⅲ 缺失情况下暂时起作用的酶。DNA pol Ⅱ 对模板的特异性不高,即使在已发生损伤的 DNA 模板上,它也能催化核苷酸聚合。因此认为,它参与 DNA 损伤的应急状态修复。

DNA pol Ⅲ 由 *pol C* 编码,聚合反应比活性远高于 DNA pol Ⅰ,每分钟可催化多至 10^5 次聚合反应,因此 DNA pol Ⅲ 是原核生物复制延长中真正起催化作用的酶。DNA pol Ⅲ 是由 10 种(17 个)亚基组成的不对称异聚合体(图 4-7),由 2 个核心酶

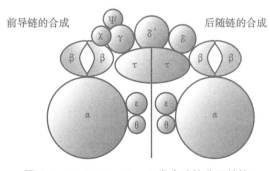

图 4-7　*E. Coli* DNA pol Ⅲ 全酶的分子结构

(core enzyme)通过 1 对 β 亚基构成的滑动夹(sliding clamp)与 γ- 复合物(γ-complex),即夹子加载复合体(clamp-loading complex)连接组成。核心酶由 α、ε、θ 亚基共同组成,主要作用是合成 DNA,兼有 5′→3′ 聚合活性;ε 亚基是复制保真性所必需;β 亚基发挥夹稳 DNA 模板链,并使酶沿模板滑动的作用;其余的 7 个亚基统称 γ- 复合物,包括 γ、δ、δ′、ψ、χ 和两个 τ,有促进滑动夹加载、全酶组装至模板上及增强核心酶活性的作用。

(二) 常见的真核细胞 DNA 聚合酶有 5 种

真核细胞的 DNA 聚合酶至少 15 种,主要常见的有 5 种,包括 DNA 聚合酶 α,β,γ,δ 和 ε。DNA 聚合酶 α 能引发复制的起始,并具有引物酶活性。然后迅速被具有连续合成能力的 DNA 聚合酶 δ 和 DNA 聚合酶 ε 所替换,这一过程称为聚合酶转换(polymerase switching)。DNA 聚合酶 δ 负责合成后随链,DNA 聚合酶 ε 负责合成前导链。增殖细胞核抗原(proliferation cell nuclear antigen,PCNA)对 DNA 聚合酶 δ 的功能有辅助作用,可协助 DNA 聚合酶 δ 向前快速移动。PCNA 的作用就像一个夹子,使 DNA 聚合酶 δ 被夹在 DNA 模板上,从而使其能不断阅读模板,催化聚合延伸。PCNA 在增殖细胞中含量丰富,是 DNA 复制所需要的。DNA pol β 复制的保真度低,可能是参与应急修复复制的酶。DNA pol ε 与原核生物的 DNA pol Ⅰ 相类似,在复制中起校对修复和填补引物去除后缺口的作用。DNA pol γ 是线粒体 DNA 复制的酶。

DNA 聚合酶催化的聚合方向为 5′→3′,需在引物的基础上延伸 DNA 链,而不能从头合成 DNA 链。DNA 聚合酶催化 5′→3′ 聚合延伸反应机制见图 4-8。

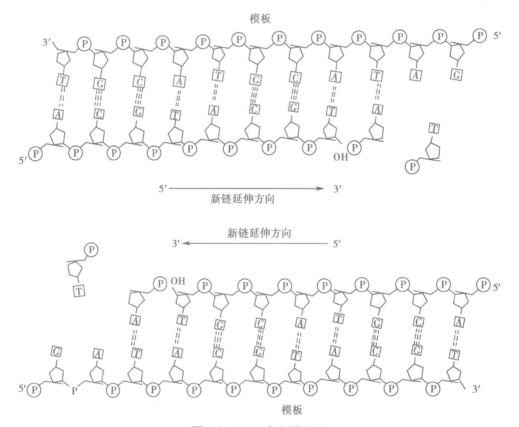

图 4-8　DNA 复制的机制

DNA 聚合酶对碱基的识别及选择功能以及 3′→5′ 的校读功能对保证复制的保真性非常重要。延伸时的错误率约有 10^{-5},而在校读后的错误率约为 10^{-10}。这种自发突变,是生物体适应环境变化所需的。

二、DNA 解旋酶、DNA 拓扑异构酶、单链 DNA 结合蛋白

DNA 复制时,必须将双链解开,成为单链后才能作为模板指导复制。在复制叉上利用 ATP 分解提供的能量使亲代 DNA 双链解开的酶称为解旋酶(helicase)。早年研究发现,DNA 复制时需要有一种 rep 蛋白参与,从复制起始点开始,利用 ATP 分解供能,使 DNA 双链在局部解开,形成 DNA 复制泡,这种 rep 蛋白就是一种解旋酶。每解开一对碱基,需消耗 2 分子 ATP。这种能将 DNA 解开为单链的 rep 解旋酶就是 Dna B,此过程需要蛋白质成分 Dna A、Dna C、Dna G 的共同参与。在带有温度敏感的 *dna B* 基因突变的 *E. coli* 中,温度上升至一个特定的水平时 DNA 合成就会停止。Dna G 是一种引物酶,与 Dna B 功能相关。目前在 *E. coli* 细胞中至少发现了 14 种 DNA 解旋酶。其中第一个即为 rep 解旋酶(Dna B),对其解螺旋的活性有了较为肯定的认识。

DNA 分子是一种高度螺旋化而卷曲压缩的结构。在 DNA 复制过程中,必须要解松其超螺旋结构,而且高速解旋时也会出现新的螺旋缠绕打结。当螺旋过度拧紧时,为正超螺旋;如果反向使螺旋旋松,为负超螺旋。拓扑异构酶(topoisomerase)是一类在复制过程中松解并理顺 DNA 超螺旋结构的酶,能够改变 DNA 的拓扑学构象。常见的有 I 型和 II 型拓扑异构酶,最近还发现了拓扑酶 III,对 DNA 分子兼有内切酶和连接酶的作用,且断裂和连接反应是相互偶联的。

拓扑一词,在物理学上是指物体或图像作弹性移位而保持物体原有的性质。DNA 双螺旋沿轴旋绕,复制解链也沿同一轴反向旋转,复制速度快,旋转达 100 次 /s,会造成复制叉前方的 DNA 分子打结、缠绕、连环现象。闭环状态的 DNA 也会按一定方向扭转形成超螺旋(图 4-9)。用一橡皮圈沿相同方向拧转,可体会这种状态。复制中的 DNA 分子也会遇到这种超螺旋及局部松弛等过渡状态,需要拓扑酶作用以改变 DNA 分子的拓扑构象,理顺 DNA 链结构来配合复制进程。

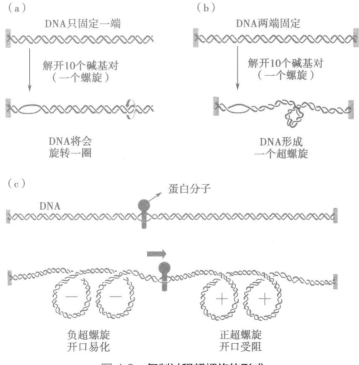

图 4-9　复制过程超螺旋的形成

(a)代表螺旋一端固定,通过自有旋转不形成超螺旋结构;(b)代表两端固定,螺旋局部解开后,形成一个超螺旋;(c)蛋白质分子参与 DNA 复制过程,在其前方形成正超螺旋,在其后方形成负超螺旋。

拓扑异构酶 I 可分为两个亚类,即 I A 型和 I B 型,能切断 DNA 双链中的一股,使 DNA 链末端沿松解的方向转动,DNA 分子变为松弛状态,然后再将切口封闭,不需要 ATP。*E. coli* 中的拓扑异构

酶Ⅰ有 topo Ⅰ 和 topo Ⅲ，均属于 A 亚类。*E. coli* 中的拓扑异构酶Ⅱ有两种，为 DNA gyrase 和 topo Ⅳ。拓扑异构酶Ⅱ在利用 ATP 的条件下，能同时切断 DNA 的双股链，使其变为松弛状态，然后再将切口封闭。通过拓扑异构酶的作用，协同 DNA 的解链，有利于复制的顺利进行。

DNA 解链后，仍有回复双螺旋结构的倾向。细胞内有单链 DNA 结合蛋白（single strand DNA binding protein, SSB），与解开的 DNA 单链结合，一方面防止单链重新形成双螺旋，保持模板的单链状态以便于复制，另一方面还可以防止单链模板被核酸酶水解。复制时，SSB 不断与 DNA 模板结合后又脱落，从而向前移动，不断发挥作用。因此，SSB 能稳定并保护 DNA 单链。

知 识 链 接

DNA 解旋酶（DNA helicase）

DNA 解旋酶是细胞内普遍存在的分子驱动蛋白，利用 ATP 分解提供的自由能驱动结构稳定的 DNA 双螺旋的解链，在 DNA 复制、修复、重组、转录过程中均发挥重要作用。1976 年在 *E. coli* 中发现第一个 DNA unwinding enzyme，1978 年从百合中分离得到第一个真核生物的 DNA 解旋酶。此后，来自不同生物的 DNA 解旋酶不断被分离报道，包括 *E. coli* 14 个，噬菌体 6 个，病毒 12 个，酵母 15 个，人类细胞 25 个。

大多数 DNA 解旋酶含有保守的模体，作为驱动 DNA 解链的"发动机"。解旋酶以环形的蛋白质复合体环绕在复制叉单链 - 双链接头的一条单链上，其共有的性质包括结合 DNA，结合 NTP，以 $3' \rightarrow 5'$ 或 $5' \rightarrow 3'$ 方向使 DNA 双螺旋解链等。微小染色体维持蛋白复合物 [minichromosome maintenance (MCM) protein complex] 在所有真核生物的复制子起始位点使 DNA 解链，作为 DNA 复制的一个必需因子。从细菌到人类，解旋酶中的 RecQ 家族高度保守，对维持基因组 DNA 的完整性具有重要作用。一旦发生异常，也与某些遗传病的发生关联，或与癌症相关，可作为抗癌药物作用的靶点。

三、引物酶和引发体

DNA 复制起始于 DNA 上特定的复制起始点，形成引发体（primosome），进行引物的合成。*E. coli* 的复制起始点称 ori C，Dna A 帮助 Dna B 结合到复制起始点上。Dna C 可结合在 Dna B 上，帮助转移 Dna B 至 ori C 区。故可形成一个由 ori C、Dna A、Dna B、Dna C 及 Dna G 组成的引发体。Dna G 为引物酶（primase），可催化一段短的 RNA 片段生成，作为引物。因此，引物酶也是一种特殊的 DNA 依赖的 RNA 聚合酶。需要强调的是，在复制的起始位点上，DNA 聚合酶不能直接催化游离的脱氧核苷酸的聚合，也就是说不能"从无到有"进行聚合，必须要一段 RNA 引物提供 3'-OH 末端，dNTP 才能加入参与聚合延伸。这是与 RNA 生物合成可以"从无到有"聚合明显不同的特点。

四、DNA 连接酶

DNA 连接酶（DNA ligase）可催化 DNA 分子中两段相邻单链片段的连接，但不能连接单独存在的 DNA 单链。DNA 连接酶催化磷酸二酯键的生成，从而将两个相邻的 DNA 片段连接起来。因为 DNA 的复制是半不连续的，在复制的一定阶段需要 DNA 连接酶将不连续的冈崎片段连接完整。DNA 连接酶催化的反应是耗能的，在真核生物中利用 ATP 供能，而在原核生物中则消耗 NAD⁺（图 4-10）。不仅

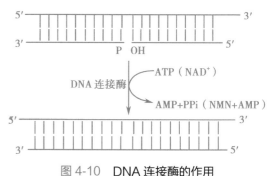

图 4-10 DNA 连接酶的作用

复制过程需要 DNA 连接酶,在 DNA 重组修复、剪接过程中,包括基因工程操作均需要 DNA 连接酶。

第三节 DNA 复制过程

生物体在细胞分裂之前要完成 DNA 复制。DNA 复制是一个连续酶促反应的复杂过程,大致分为复制的起始、延伸及终止三个阶段。原核生物的 DNA 与真核生物 DNA 的结构组成有较大区别,DNA 复制的体系组成及复制的具体步骤均有不同。

一、原核生物 DNA 复制的基本过程

(一) 复制的起始

起始是复制中较为复杂的环节,复制不是在基因组上的任何部位随机起始。*E. coli* 上有一个固定的复制起始点,称为 *oriC*,跨度为 245bp,碱基序列分析发现这段 DNA 上有 5 组由 9 个碱基对组成的串联重复序列形成 Dna A 结合位点,和 3 组由 13 个碱基对组成的串联重复序列的富含 AT(AT rich)区(图 4-11)。DNA 双链中,AT 间的配对只有 2 个氢键维系,故富含 AT 的部位容易发生解链。

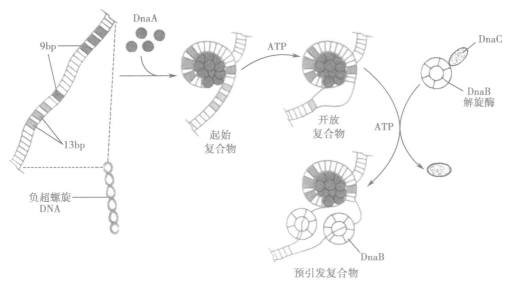

图 4-11 原核生物的复制起始部位及解链

原核生物 DNA 复制起始以形成引发体,催化引物的生成为标志,引物是由引物酶(primase)催化合成的短链 RNA 分子。母链 DNA 解成单链后,不会立即按照模板序列将 dNTP 聚合为 DNA 子链。这是因为 DNA pol 不具备催化两个游离 dNTP 之间形成磷酸二酯键的能力,只能催化核酸片段的 3′-OH 末端与 dNTP 间的聚合。为此,复制起始部位合成的引物只能是 RNA,引物酶属于 RNA 聚合酶。短链引物 RNA 为 DNA 的合成提供 3′-OH 末端,在 DNA pol 催化下逐一加入 dNTP 而形成 DNA 子链。

在 DNA 双链解链基础上,形成了 DnaB、DnaC 蛋白与 DNA 复制起点相结合的复合体,此时引物酶进入。此时形成含有解旋酶 DnaB、DnaC、引物酶和 DNA 的复制起始区域共同构成的复合结构,称为引发体(primosome)。引发体的蛋白质组分在 DNA 链上的移动需由 ATP 供给能量。在适当位置上,引物酶依据模板的碱基序列,从 5′ → 3′ 方向催化 NTP(不是 dNTP)的聚合,生成短链的 RNA 引物(图 4-12)。

Note:

引物长度为 5~10 个核苷酸不等。引物合成的方向也是自 5'- 端至 3'- 端。已合成的引物必然留有 3'-OH 末端，此时就可进入 DNA 的复制延长。在 DNA pol Ⅲ 催化下，引物末端与新配对进入的 dNTP 生成磷酸二酯键。新链每次反应后亦留有 3'-OH，复制就可进行下去。

(二) 复制的延长

复制中 DNA 链的延长在 DNA pol 催化下进行。原核生物催化延长反应的酶是 DNA pol Ⅲ。底物 dNTP 的 α- 磷酸基团与引物或延长中的子链上 3'-OH 反应后，dNMP 的 3'-OH 又成为链的末端，使下一个底物可以掺入。复制沿 5' → 3' 延长，指的是子链合成的方向。前导链沿着 5' → 3' 方向连续延长，后随链沿着 5' → 3' 方向呈不连续延长。

在同一个复制叉上，前导链的复制先于后随链，但两链是在同一个 DNA pol Ⅲ 催化下进行延长的。这是因为后随链的模板 DNA 可以折叠或绕成环状，进而与前导链正在延长的区域对齐 (图 4-13)。图中可见，由于后随链作 360° 的绕转，前导链和后随链的延长方向和延长点都处在 DNA pol Ⅲ 核心酶的催化位点上。解链方向就是酶的前进方向，亦即复制叉向待解开片段伸展的方向。因为复制叉上解开的模板单链走向相反，所以其中一股出现不连续复制的冈崎片段。

DNA 复制延长速度相当快。以 *E. coli* 为例，营养充足、生长条件适宜时，细菌 20min 即可繁殖一代。*E. coli* 基因组 DNA 全长约 4 600kb，依此计算，每秒钟能掺入的核苷酸达 3 800 个。

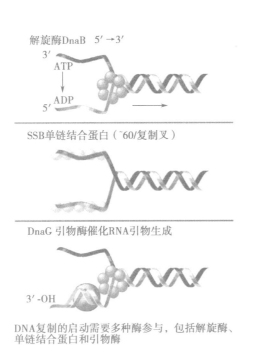

解旋酶DnaB　5' → 3'

SSB单链结合蛋白 (~60/复制叉)

DnaG 引物酶催化RNA引物生成

DNA复制的启动需要多种酶参与，包括解旋酶、单链结合蛋白和引物酶

图 4-12　起始复合物和复制叉的生成

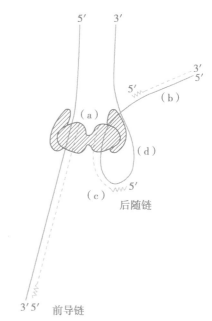

(a) DNA pol Ⅲ 的核心酶和 β 亚基；(b)(c)(d) 分别是后随链的已复制、正在复制和未复制的片段，实线是母链，虚线代表子链。

图 4-13　同一复制叉上前导链和后随链由相同的 DNA 聚合酶催化延长

(三) 复制的终止

复制的终止意味着从一个亲代 DNA 分子到两个子代 DNA 分子的合成结束，包括切除引物、填补空缺和连接切口。原核生物基因是环状 DNA，复制是双向复制，从起点开始各进行 180°，同时在终止点上汇合。

由于复制的半不连续性，在后随链上出现许多冈崎片段。每个冈崎片段上的引物是 RNA 而不是 DNA。复制的完成还包括去除 RNA 引物和换成 DNA，最后把 DNA 片段连接成完整的子链。实际上此过程在子链延长中已陆续进行，不必等到最后的终止才连接。

Note:

引物的水解需靠细胞核内的 DNA pol Ⅰ，水解后留下空隙（gap）。空隙的填补由 DNA pol Ⅰ 而不是 DNA pol Ⅲ 催化，从 5′- 端向 3′- 端用 dNTP 为原料生成相当于引物长度的 DNA 链。dNTP 的掺入要有 3′-OH，在原引物相邻的子链片段提供 3′-OH 继续延伸，就是说，由后复制的片段延长以填补先复制片段的引物空隙。填补至足够长度后，还是留下相邻的 3′-OH 和 5′-P 的缺口（nick）。缺口由连接酶连接。按照这种方式，所有的冈崎片段在环状 DNA 上连接成完整的 DNA 子链。前导链也有引物水解后的空隙，在环状 DNA 最后复制的 3′-OH 端继续延长，即可填补该空隙及连接，完成基因组 DNA 的整个复制过程。

二、滚环复制

一些简单的环状 DNA 如质粒、病毒 DNA 或 F 因子经接合作用转移 DNA 时，采用滚环复制（rolling circle replication）。

细菌质粒 DNA 在进行滚环复制时，亲代双链 DNA 的一条链在 DNA 复制起点处被切开，5′ 端游离出来。DNA 聚合酶Ⅲ可以将脱氧核苷酸聚合在 3′-OH 末端。这样，没有被切开的内环 DNA 可作为模板，由 DNA pol Ⅲ 在外环切口上的 3′-OH 末端开始进行聚合延伸。另外，外环的 5′- 端不断向外侧伸展，并且很快被单链结合蛋白所结合，作为模板指导另一条链的合成延伸。DNA 聚合酶Ⅰ切除RNA 引物，并填充间隙构成完整的 DNA 链。但以外环链解开形成的模板，只能使相应的互补链不连续地合成。随着以内环链作模板进行的复制，以及外环单链的展开，意味着整个质粒环要不断向前滚动，最终得到两个与亲代相同的子代环状 DNA 分子（图 4-14）。

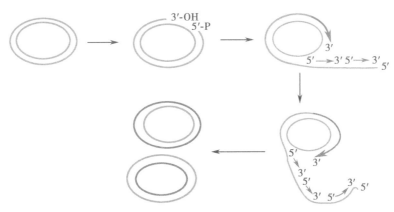

图 4-14　DNA 的滚环复制

三、真核生物 DNA 复制的特点

真核生物 DNA 复制的起始与原核生物基本相似，真核生物 DNA 分布在许多染色体上，各自进行复制。每个染色体有上千个复制子，复制的起始点很多。复制有时序性，就是说复制子以分组方式激活而不是同步启动。转录活性高的 DNA 在 S 期早期就进行复制。高度重复的序列如卫星 DNA、连接染色体双倍体的部位即中心体（centrosome）和线性染色体两端即端粒（telomere）都是 S 期的最后才复制的。

真核生物复制起始点序列一般情况下比 *E. coli* 的 *oriC* 短。酵母 DNA 复制起始点含 11bp 富含 AT 的核心序列：A（T）TTTATA（G）TTTA（T），称为自主复制序列（autonomous replication sequence，ARS）。

真核生物复制起始也是打开双链形成复制叉，形成引发体和合成 RNA 引物。但详细的机制，包括酶及各种辅助蛋白质起作用的先后，尚未完全明了。

复制的起始需要 DNA pol α、pol ε 和 pol δ 参与。此外还需解旋酶、拓扑酶和复制因子（replicator），如复制因子 A、复制因子 C 等。

复制后的染色质结构需要重新装配，原有组蛋白及新合成的组蛋白结合到复制叉后的 DNA 链上，真核生物 DNA 合成后立即组装成核小体。生化分析和复制叉的图像都表明核小体的破坏仅局限在紧邻复制叉的一段短的区域内，复制叉的移动使核小体破坏，但是复制叉向前移动时，核小体在子链上迅速形成。

核小体组蛋白八聚体的数量是同期合成一个核小体 DNA 长度的两倍，核素标记实验证明，原有组蛋白大部分可重新组装至 DNA 链上，但在 S 期细胞也大量、迅速地合成组蛋白。

真核生物线粒体内存在 DNA（mitochondria DNA，mtDNA），复制形式为 D- 环复制。mtDNA 为闭合环状双链，复制时，外环在第一个起始点打开，以内环单链为模板，合成第一个引物并进行延伸；当双链展开至第二个起始点时，以外环为模板合成另一个反向引物，并以外环为模板进行复制（图 4-15）。展开的局部形似大写的字母 D 而得名。其特点是内、外环复制的起始点不在同一位置上，复制时有时间差。

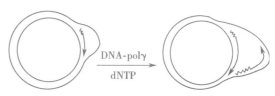

图 4-15　真核生物 mtDNA 的 D- 环复制

真核生物的 DNA pol γ 是线粒体催化 DNA 进行复制的 DNA 聚合酶。20 世纪 50 年代以前，只知道 DNA 存在于细胞核染色体。后来在细菌染色体外也发现有能进行自我复制的 DNA，例如质粒，以后就利用了质粒作为基因工程的常用载体。真核生物细胞器——线粒体，也发现存在 mtDNA。人类的 mtDNA 已知有 37 个基因。线粒体的功能是进行生物氧化和氧化磷酸化。其中 13 个 mtDNA 基因就是为 ATP 合成有关的蛋白质和酶编码的。其余 24 个基因转录为 tRNA（22 个）和 rRNA（2 个），参与线粒体蛋白质的合成。

mtDNA 容易发生突变，损伤后的修复又较困难。mtDNA 的突变与衰老等自然现象有关，也和一些疾病的发生有关。所以 mtDNA 的突变与修复，成为医学研究上引起广泛兴趣的问题。mtDNA 翻译时，使用的遗传密码和通用的密码有一些差别。

四、端粒 DNA 及端粒酶

染色体两端 DNA 子链上最后复制的 RNA 引物，去除后留下空隙。剩下的 DNA 单链母链如果不填补成双链，就会被核内 DNase 酶解。某些低等生物作为少数特例，染色体经多次复制会变得越来越短（图 4-16）。早期的研究者们在研究真核生物复制终止时，曾假定有一种过渡性的环状结构帮助染色体末端复制的完成，后来一直未能证实这种环状结构的存在。然而，染色体在正常生理状况下复制，是可以保持其应有长度的。

端粒（telomere）是真核生物染色体线性 DNA 分子末端的结构。形态学上，染色体 DNA 末端膨大成粒状，这是因为 DNA 和它的结合蛋白紧密结合，像两顶帽子那样盖在染色体两端，因而得名。在某些情况下，染色体可以断裂，这时，染色体断端之间会发生融合或断端被 DNA 酶降解。但正常染色体不会整体地互相融合，也不会在末端出现遗传信息的丢失。可见，端粒在维持染色体的稳定性和 DNA 复制的完整性中有着重要的作用。DNA 测序发现端粒结构的共同特点是富含 T-G 短序列的多次重复。如仓鼠和人类端粒 DNA 都有（Tn Gn）x 的重复序列，重复达数十至上百次，并能反折成二级结构。

20 世纪 80 年代中期发现了端粒酶（telomerase）。1997 年，人类端粒酶基因被克隆成功并鉴定了酶由三部分组成：约 150nt 的端粒酶 RNA（human telomerase RNA，hTR）、端粒酶协同蛋白 1（human telomerase associated protein 1，hTP1）和端粒酶逆转录酶（human telomerase reverse transcriptase，hTRT）。可见该酶兼有提供 RNA 模板和催化逆转录的功能。

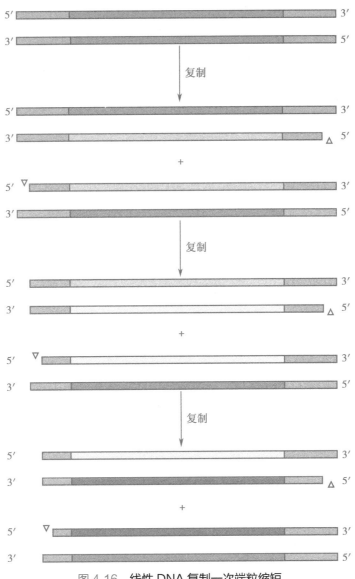

图 4-16　线性 DNA 复制一次端粒缩短

复制终止时，染色体端粒区域的 DNA 确有可能缩短或断裂。端粒酶通过一种称为爬行模型（inchworm model）（图 4-17）的机制合成端粒 DNA。端粒酶依靠 hTR（An Cn）x 辨认及结合母链 DNA（Tn Gn）x 的重复序列并移至其 3′ 端，开始以逆转录的方式复制；复制一段后，hTR（An Cn）x 爬行移位至新合成的母链 3′ 端，再以逆转录的方式复制延伸母链；延伸至足够长度后，端粒酶脱离母链，随后 RNA 引物酶以母链为模板合成引物，招募 DNA pol，以母链为模板，在 DNA pol 催化下填充子链，最后引物被去除。

研究发现，培养的人成纤维细胞随着培养传代次数增加，端粒长度逐渐缩短。生殖细胞端粒长于体细胞，成年人细胞端粒比胚胎细胞端粒短。据上述的实验结果，至少可以认为在细胞水平，老化是和端粒酶活性下降有关的。当然，生物作为个体的老化，受多种环境因素和体内生理条件的影响，不能简单地归结为某个单一因素的作用。

此外，在增殖活跃的肿瘤细胞中发现端粒酶活性增高。但在临床研究中也发现某些肿瘤细胞的端粒比正常同类细胞显著缩短。可见，端粒酶活性不一定与端粒的长度成正比。端粒和端粒酶的研究，在肿瘤学发病机制、寻找治疗靶点上，已经成为一个重要领域。

Note:

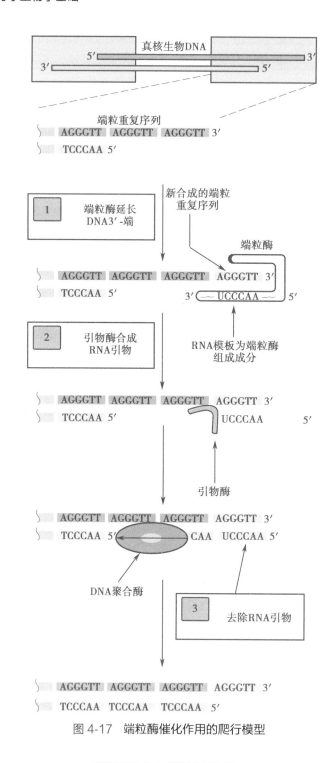

图 4-17　端粒酶催化作用的爬行模型

知 识 链 接

与诺贝尔奖擦肩而过

　　在 20 世纪 70 年代初,俄罗斯生物学家奥罗弗尼克夫 (Alexey Olovnikov, 1936—) 发现了 DNA 复制的"边缘效应",可用于解释体细胞有丝分裂的局限性。这种"边缘效应"是 DNA 作为模板复制时会产生"缩短",可能的机制之一是某些 DNA 聚合酶的活性需要 RNA 引物,DNA 缩短的长度就是这一 RNA 引物的长度。随着每次的有丝分裂,DNA 分子的"末端基因 (telogene)"会缩短。"末端基因"的功能是作为染色体末端复制子复制的起点,或复制的"缓冲区",会随有丝分裂世代而被"牺牲"掉。当一些定位在末端复制子的重要基因被耗竭后,细胞老化并被清除。因此,这种"边缘效应"与细胞的衰老、细胞生长停止或凋亡有关,是产生衰老及其相关性疾病的主要原因。

布莱克本(Elizabeth Blackburn)、格雷德(Carol Greider)和绍斯塔克(Jack Szostak)三位科学家由于在端粒、端粒酶及端粒酶生物学功能研究方面作出了重要贡献获得了 2009 年的诺贝尔生理学或医学奖,而奥罗弗尼克夫尽管已经预见了端粒酶的存在,但没有被授予诺贝尔奖。

第四节　DNA 损伤、突变和修复

DNA 突变或基因突变是指 DNA 分子中个别碱基或 DNA 片段在结构、序列方面的改变或表型功能的异常变化,也称 DNA 损伤(DNA damage)。DNA 是生物大分子,如人的基因组 DNA 可达 3×10^9 bp,尽管有严格的保真机制,由于生物细胞增殖速度很快,在遗传信息复制传代的过程中,仍不能保证百分之百的精确,避免不了一定低频率(约 10^{-9})的自发突变。突变也可以在某些因素诱导作用下发生,即诱发突变。不论是自发突变或是诱发突变,其效应可以累积。这些累积的结果,一方面是生物进化的基础;另一方面也是疾病的诱因,如遗传病的发生或癌变的形成等。

一、引起 DNA 损伤的因素

导致 DNA 碱基突变或损伤的因素,除自发突变外,尚有外界的物理、化学和生物因素。在这些内外因素作用下,可使 DNA 分子中碱基序列发生改变,包括碱基的置换、缺失、插入、断裂、重排、交联等。这些 DNA 突变或损伤若不能及时修正,将导致基因结构改变,从而影响 DNA 的正常功能,引起生物遗传性状的变化。

(一)物理因素

物理因素中主要是紫外线(UV)及各种辐射等。如紫外线可使 DNA 分子中相邻的两个嘧啶碱基发生共价交联形成嘧啶二聚体。最常见的是胸腺嘧啶二聚体 TT(图 4-18)。1986 年 4 月发生的切尔诺贝利核电站事故是人类历史上最严重的一次核灾难之一。其核辐射造成该地区生态严重破坏,动植物基因发生突变。有报告表明,污染严重的核电站周围 30km 区域至少 100 年内不适于人类居住。

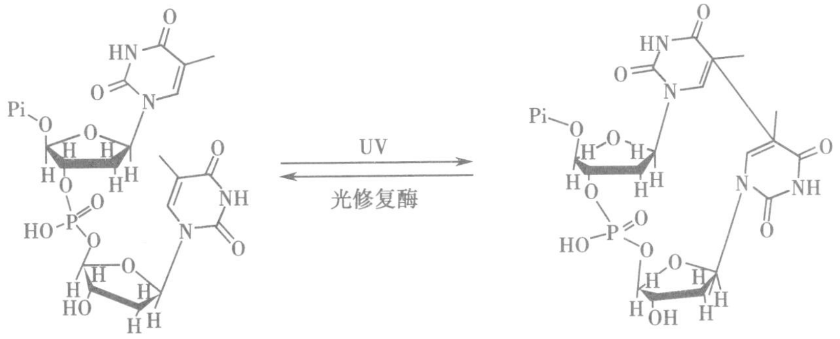

图 4-18　胸腺嘧啶二聚体的形成与解聚

(二)化学因素

化学物质也是引起 DNA 结构异常,导致基因突变的一个重要因素。现已知有 6 万多种化学物质可引起基因突变。包括一些药物、化学试剂、食品添加剂、工业排出废物、汽车排放废气、某些农药等,并且每年都有新的化学物质致癌的报告。一些亚硝酸盐或亚硝胺类可使碱基发生突变,如胞嘧啶

Note:

脱氨突变为尿嘧啶,腺嘌呤脱氨成为次黄嘌呤;氮芥类烷化剂能使碱基或核糖被烷基化;苯并芘类可使 DNA 中嘌呤碱基产生共价交联等。DNA 电泳时常用的一种染料溴乙锭能插入 DNA 双链中引起突变。

国际上广泛采用 Ames 试验用于新化学品、药物遗传毒性的初筛。Ames 试验是一种回复突变试验,利用组氨酸依赖性鼠沙门菌为检测菌株。在仅含微量组氨酸培养基中,只有那些回复突变为自养型的细菌才能形成肉眼可见菌落。受试物如有诱变性,可使回复突变菌落明显增加,并有剂量依赖性。

(三) 生物因素

某些病毒或噬菌体的感染,可导致基因的突变,与某些肿瘤或癌症的发生密切相关。如乙肝病毒为噬肝细胞的部分双链 DNA 病毒,可整合至宿主染色体 DNA,其整合及表达产物均可引起宿主细胞基因突变及表达失常,即原癌基因的活化或抑癌基因(如 p53、p16)的失活,从而影响细胞增殖及凋亡的平衡,细胞生长失控,导致肿瘤。有资料表明,乙肝病毒感染人群发生肝癌的危险度为非感染人群的 100 倍以上。

二、基因突变类型

根据 DNA 分子结构的改变,可把突变分为:

(一) 点突变

DNA 分子上的碱基发生错配称为点突变,包括碱基的转换、颠换。如果是同型碱基之间的改变称为转换,如腺嘌呤变鸟嘌呤或胞嘧啶变胸腺嘧啶;如果是不同型碱基之间的改变则为颠换,如嘌呤变嘧啶或嘧啶变嘌呤。镰状细胞贫血就是血红蛋白中 β- 多肽链 N 端第 6 位密码子的点突变,使原来编码亲水性 Glu 的密码子变为编码疏水性 Val 的密码子。抑癌基因 p53 的突变,造成其功能失常,常与癌症的发生相关。

(二) 缺失、插入及框移突变

本类突变包括多个碱基或一段核苷酸序列的缺失、插入。密码子的缺失或插入常可导致翻译读码框架的改变,使蛋白质分子氨基酸排列组成及功能发生改变,称框移突变。缺失或插入一段碱基序列对该基因的功能影响较大。如血红蛋白的 α- 基因缺失时,可造成 α- 珠蛋白生成障碍性贫血。

(三) 重排

DNA 分子中的某个片段从一位置转到另一个位置,或不同 DNA 分子间 DNA 片段的转移及重新组合,称为 DNA 重排。血红蛋白的 β- 亚基的基因与 δ- 亚基的基因进行重组交换,可导致 Hb Lepore 珠蛋白生成障碍性贫血的产生。

三、DNA 损伤的修复

突变的 DNA 需要细胞内一系列酶系统来进行修复,这些酶可以消除 DNA 分子上的突变部位,使其恢复正常结构。修复类型主要有光修复(light repair)、切除修复(excision repair)、重组修复(recombination repair)及 SOS 修复等。生物体能通过对损伤的 DNA 进行修复,在一定条件下保证 DNA 的正常功能及遗传的稳定性。

(一) 光修复

光修复酶普遍存在于生物体内。300~600nm 范围内的光波可激活细胞内的光修复酶(photolyase)。该酶能特异地识别共价交联的嘧啶二聚体,断裂两个嘧啶环间形成的共价键,使二聚体解聚,恢复 DNA 原来的结构。

(二) 切除修复

切除修复是一种重要的 DNA 修复机制。切除修复可分为碱基切除修复和核苷酸切除修复等方式,其基本过程包括识别、切除、修补和连接。

1. **碱基切除修复**（base excision repair,BER）　是指切除和替换由内源性化学物质作用产生的 DNA 碱基损伤。DNA 糖基化酶（DNA glycosylase）参与此过程,切掉突变碱基,随后糖 - 磷酸键断裂,并被水解去除,DNA 聚合酶及 DNA 连接酶填补并连接缺口,修复突变（图 4-19）。现已知有 4 种 DNA 糖基化酶,均可切除 DNA 上的尿嘧啶,其中 3 种参与修复氧化作用产生的 DNA 损伤,另一种主要切除烷基化嘌呤。

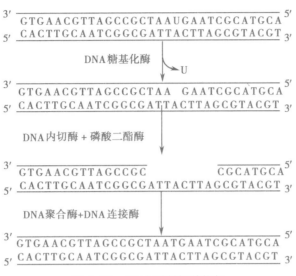

图 4-19　DNA 碱基切除修复

2. **核苷酸切除修复**（nucleotide excision repair,NER）　也是一种重要的 DNA 修复机制。原核细胞中,由 Uvr A、Uvr B 和 Uvr C 蛋白形成 ABC 切除核苷酸酶复合物,在损伤点 5′ 端第 8 个磷酸二酯键和 3′ 端第 15 个磷酸二酯键切除包括损伤部位在内的一段碱基,留下缺口由 DNA 聚合酶 I 和 DNA 连接酶来修补（图 4-20）。真核细胞切除修复发生在损伤点 3′ 端第 15 个磷酸二酯键到 5′ 端第 21~23 个磷酸二酯键。人类这种切除核苷酸酶活性由 8~10 个蛋白质协同完成。着色性干皮病（xeroderma pigmentosum,XP）基因产物为 XPA~XPG,切除修复交叉互补（excision repair cross-complementing,ERCC）系列有切除核苷酸酶活性。该系列基因如产生突变,可造成切除修复缺陷,对光尤其是紫外光非常敏感,癌变率很高。着色性干皮病基因 C（*XPC*）的等位基因 *XPC-PAT*⁺ 突变显著增加患者头颈部鳞状细胞癌的风险,着色性干皮病基因 D（*XPD*）312（312Asp/Asn 基因型）和 751 位点多态性（751Lys/Gln 或 Gln/Gln 基因型）可增加与吸烟有关的鳞状细胞肺癌的发病风险。

（三）重组修复

重组修复是当 DNA 分子损伤来不及修复完善时所采用的修复机制。需要以健康母链上的一段序列重组交换至有损伤部位的另一个 DNA 分子上,以弥补该损伤部位出现的缺口。因为该损伤部位不能作为模板指导子链的合成,在复制时会出现缺口。而交换后在正常母链上出现的缺口可以复原（图 4-21）。这种修复机制中,受损部位仍然保留,但随细胞的分裂增殖,DNA 复制

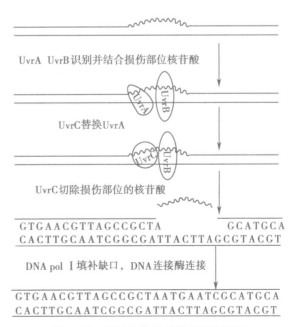

图 4-20　原核生物核苷酸的切除修复

错误的比率会逐渐减少,可合成得到正确的子代 DNA。

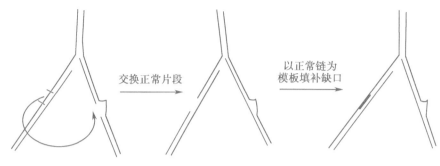

交换正常片段

以正常链为模板填补缺口

图 4-21　DNA 的重组修复

（四）SOS 修复

SOS 修复是在生物体内 DNA 损伤面较大的紧急状态下诱导产生的一种修复机制,故用国际海难信号 SOS 来表示。需要一系列调控蛋白质（如 Uvr、Rec、Lex A 等）组成的网络系统进行调节。当 DNA 两条链的损伤邻近时,损伤不能被切除修复或重组修复,这时在核酸内切酶、外切酶的作用下造成损伤处的 DNA 链空缺,再由损伤诱导产生的一整套特殊 SOS 修复酶类及蛋白质,催化空缺部位 DNA 的合成,这时补上去的核苷酸几乎是随机的,但保持了 DNA 双链的完整性。由于是紧急修复,不能将大范围内受损伤的 DNA 完全精确地修复,留下的错误较多,故也称为错误倾向修复（error-prone repair）。尽管如此,仍可以在一定程度下保证细胞的存活,但有较高的突变率。

DNA 修复能力的异常可能与衰老和某些疾病如肿瘤发生有关。例如,老龄动物修复 DNA 功能降低,这可能是发生衰老的原因之一。着色性干皮病是一种人类常染色体隐性遗传病,是第一个发现的 DNA 修复缺陷性遗传病。由于 DNA 切除修复功能缺陷,患者对紫外线照射引起的皮肤细胞 DNA 损伤不能修复,长期受日光或紫外线照射时易发生皮肤癌,常伴有神经系统障碍,智力低下等,患者的细胞对嘧啶二聚体和烷基化的清除能力降低。关于 DNA 的损伤与修复,已成为研究癌变机制的重要课题。

第五节　逆转录现象和逆转录酶

1970 年特明（Howard Temin,1934—1994）和巴尔的摩（David Baltimore,1938— ）同时从鸡肉瘤病毒颗粒中发现以 RNA 为模板合成 DNA 的逆转录酶,从而发现遗传信息也可以从 RNA 传递至 DNA,进一步补充和完善了遗传信息传递的中心法则。这些含有逆转录酶的 RNA 病毒是通过逆转录过程传递遗传信息的,即以 RNA 为模板,指导 DNA 的合成,也称为逆转录（reverse transcription）。这一逆转录过程需要逆转录酶（reverse transcriptase）的催化。逆转录酶是一种依赖 RNA 的 DNA 聚合酶（RNA dependent DNA polymerase,RDDP）,是一多功能酶。大多数逆转录病毒有致癌作用,因而将其称之为 RNA 肿瘤病毒,在自然界分布普遍,对动物的致瘤作用非常广泛,包括从爬虫类（蛇）、禽类直到哺乳类和灵长类动物,可诱发白血病、肉瘤、淋巴瘤和乳腺瘤等。能够引起艾滋病的人类免疫缺陷病毒（human immuno-deficiency virus,HIV）、引起淋巴瘤及白血病的小鼠白血病病毒 MuLV 等均属于逆转录病毒。

从单链 RNA 到双链 DNA 的生成可分为三步（图 4-22）：首先是逆转录酶以病毒基因组 RNA 为模板,催化 dNTP 聚合生成 DNA 互补链,产物是 RNA/DNA 杂化双链。然后,杂化双链中的 RNA 被逆转录酶中有 RNase 活性的组分水解,被感染细胞内的 RNase H（H=Hybrid）也可水解 RNA 链。RNA 分解后剩下的单链 DNA 再用作模板,由逆转录酶催化合成第二条 DNA 互补链。逆转录酶有三种活性：RNA 指导的 DNA 聚合酶活性,DNA 指导的 DNA 聚合酶活性和 RNase H 活性,作用需

Zn^{2+} 为辅因子。合成反应也按照 5′ → 3′ 延长的规律。有研究发现,病毒自身的 tRNA 可用作复制引物。

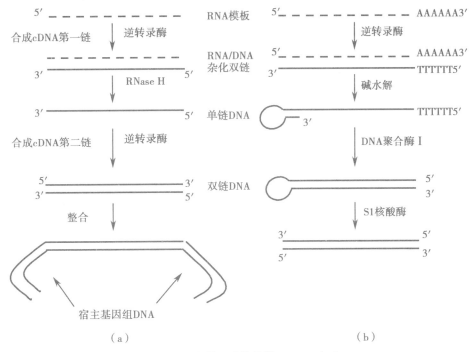

图 4-22　逆转录酶催化的 cDNA 合成

(a)逆转录病毒细胞内复制。病毒的 tRNA 可作为 cDNA 第二链合成的引物;(b)试管内合成 cDNA。单链 cDNA 的 3′ 端能够形成发夹状的结构作为引物,在大肠埃希菌 DNA 聚合酶 I Klenow 作用下,合成 cDNA 的第二链。

按上述方式,RNA 病毒在细胞内复制成双链 DNA 的前病毒(provirus)。前病毒保留了 RNA 病毒全部遗传信息,并可在细胞内独立繁殖。在某些情况下,前病毒基因组通过基因重组(gene recombination),插入到细胞基因组内,并随宿主基因一起复制和表达。这种重组方式称为整合(integration)。前病毒独立繁殖或整合,都可成为致病的原因。

逆转录酶缺乏 3′ → 5′ 外切酶活性,因此没有校读功能,逆转录的错误率相对较高。目前,在分子生物学研究中,逆转录酶得到了广泛应用。在试管中利用逆转录酶将 mRNA 逆转录合成 cDNA,这是进行基因工程操作时,获得目的 DNA 的常用方法之一。

(高国全　齐炜炜)

思 考 题

1. DNA 复制为什么要半保留? 人们是如何证明 DNA 半保留复制方式的?
2. 原核生物 DNA 的复制体系有哪些酶及蛋白质成分? 各有何作用?
3. 真核生物的 DNA 复制如何实现高速及保真性?
4. 如果没有端粒,人的基因组会发生什么变化? 为什么?
5. 如果发生了碱基对的错配,如何被有效修复?

Note:

RNA 的生物合成

05章 数字内容

章 前 导 言

生物体的遗传信息大多储存于染色体 DNA 分子中,遗传信息的表达产物蛋白质则体现多种生理功能及生物性状。RNA 为遗传信息从 DNA 分子传递到蛋白质过程的中介体。DNA 的碱基序列是决定蛋白质氨基酸序列的原始模板,mRNA 是蛋白质合成的直接模板。遗传信息从 DNA 传递到 RNA 的过程,称为转录(transcription)。通过转录,遗传信息由 RNA 从染色体转送至细胞质,把 DNA 和蛋白质这两种生物大分子从功能上衔接起来。转录是生物体内合成 RNA 的主要方式。此外,生物界还存在 RNA 指导的 RNA 合成,称为 RNA 复制(RNA replication),常见于某些病毒的 RNA 合成。

几乎所有真核生物的初级转录本都要经过转录后加工(processing)才能成为有功能的成熟 RNA 分子。原核生物的 mRNA 初级转录本一般无须加工即可作为翻译的模板,而 rRNA 和 tRNA 的初级转录本则需要进行加工。本章将主要介绍转录作用及 RNA 的加工过程。

学习目标

- 知识目标
  1. 掌握转录体系的主要成分；转录的基本过程；RNA 转录后加工的主要方式和 mRNA 前体的加工特点。
  2. 熟悉 tRNA 和 rRNA 前体加工的主要方式。
  3. 了解 RNA 的复制。
- 能力目标
  1. 能够利用转录调控机制，解释抗生素的作用原理。
  2. 能依据 mRNA 前体加工的方式和原理，解释生物蛋白质的多样性。
- 素质目标
  结合中国科学家人工合成 tRNA，扩展思路，引导学生思考基础理论如何在实践中应用的能力。

第一节　转录体系

转录是以 DNA 的一条链为模板，以 ATP、GTP、CTP 及 UTP（简称 NTP）为原料，在依赖 DNA 的 RNA 聚合酶的催化下，各种三磷酸核苷以 3′,5′- 磷酸二酯键相连合成 RNA 的过程，合成方向为 5′→3′。转录体系主要包括转录模板 DNA、转录原料三磷酸核苷以及依赖 DNA 的 RNA 聚合酶。此外，反应体系中还存在 Mg^{2+}、Mn^{2+} 等金属离子。和 DNA 生物合成不同的是，转录过程不需要引物参与。

一、转录模板

和 DNA 复制类似，转录产物 RNA 的序列也是依据碱基互补配对原则由模板 DNA 序列决定的，即 T-A，C-G。如果 DNA 模板上出现了 A，对应 RNA 链上则是 U，即在 RNA 分子中由 U 代替了 T 与模板 DNA 的 A 互补。

DNA 复制时 DNA 双链均作为模板，而进行转录时，只有其中一条链作为 RNA 合成的模板，此 DNA 链称为模板链（template strand）；与模板链互补的另一条链，因不作为转录的模板而被称为非模板链（non-template strand）。非模板链的序列与转录本 RNA 的序列基本相同（仅 T 代替 U），由于转录本 mRNA 对基因表达产物有编码功能，非模板链也由此命名为编码链（coding strand）（图 5-1）。

在真核生物庞大的基因组中，按细胞不同的发育时序、生存条件和生理需要，只有少部分的基因发生转录。例如，人类基因组编码蛋白质的基因约为 2.5 万个，其中只有 2%~15% 的基因处于转录活性状态。在 DNA 双链中，能转录出 RNA 的 DNA 区段，称为结构基因（structural gene）。结构基因的模板链在 DNA 分子中并不固定，对同一条 DNA 单链而言，在某个基因区段可作为模板链，而在另一个基因区段则可能是编码链，这种现象称为不对称转录（asymmetric transcription）。不在同一 DNA 链的模板链，其转录产物生成的方向相反（图 5-2）。

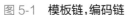

```
5′-CGCATATTGCGTTAA-3′    DNA 编码链（非模板链）
3′-GCGTATAACGCAATT-5′    DNA 模板链
5′-CGCAUAUUGCGUUAA-3′    RNA 转录本
```

图 5-1　模板链，编码链

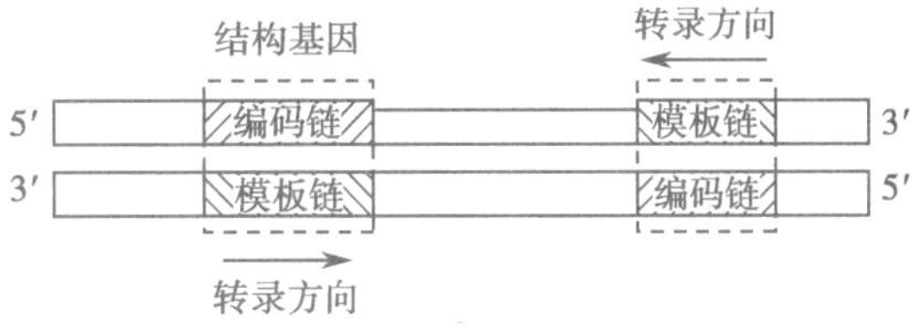

图 5-2　不对称转录

Note:

转录开始时,RNA 聚合酶结合于基因的特定部位,在此附近 DNA 双链打开约 17bp,形成一转录泡(transcription bubble)。随着 RNA 聚合酶沿着 DNA 模板链向其 5′ 端方向移动,核苷酸的聚合反应持续进行(图 5-3)。

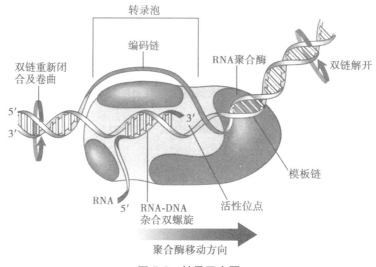

图 5-3　转录示意图

二、RNA 聚合酶

催化转录作用的酶是 RNA 聚合酶(RNA polymerase,RNA pol),也称 DNA 依赖的 RNA 聚合酶(DNA-dependent RNA polymerase,DDRP)。RNA 聚合酶催化的反应以 DNA 为模板,以四种三磷酸核苷为原料,且需要二价金属离子如 Mg^{2+}、Zn^{2+} 的参与。RNA 聚合酶与 DNA 聚合酶相似,都具有 $5′ \rightarrow 3′$ 的聚合功能。与 DNA 复制不同的是,RNA 聚合酶不需要引物即可启动 RNA 链的延长。总的反应可表示为:

$$(NMP)_n + NTP \rightarrow (NMP)_{n+1} + PPi$$
$$\text{RNA} \qquad\qquad \text{延长的 RNA}$$

原核生物的 RNA 聚合酶只有一种,为多亚基蛋白质,可催化 mRNA、tRNA 及 rRNA 的合成。真核生物的 RNA 聚合酶主要有三种,分别转录不同种类的 RNA。

(一)原核生物的 RNA 聚合酶

大肠埃希菌(E. coli)RNA 聚合酶是目前研究得较为透彻的一种酶,含 6 个亚基,分别是两个相同的 α 亚基、一个 β 亚基、一个 β′ 亚基、一个 ω 亚基以及 1 个 σ 亚基,其中 $\alpha_2\beta\beta'\omega$ 称为核心酶(core enzyme),其形状类似于蟹夹,由 β 亚基和 β′ 亚基构成蟹钳。核心酶加上 σ 亚基称为全酶(holoenzyme)。σ 亚基与核心酶结合较为疏松,很容易与全酶分离。真核 RNA 聚合酶的核心酶也有类似的结构(图 5-4)。

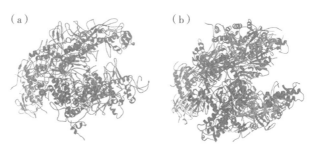

图 5-4　RNA 聚合酶核心酶的晶体结构示意图
(a)水生嗜热菌(原核生物);(b)酿酒酵母(真核生物)。

Note:

σ 亚基的功能是识别启动子,启动转录,并参与 RNA 聚合酶和部分调节因子的相互作用,在某些情况下,也能与 DNA 相互作用控制转录的速率。核心酶的作用是延长 RNA 链,其中 α 亚基参与转录速率的调控;β 亚基结合转录原料 NTP,催化聚合反应;β′ 亚基与 DNA 模板结合,解链双螺旋;ω 亚基的作用是促进组装和稳定 RNA 聚合酶。转录的起始需要 RNA 聚合酶的全酶参与(图 5-5),转录过程一旦被启动,σ 亚基必须从全酶脱落,仅由核心酶参与转录的延长过程。已发现 *E. coli* 有多种 σ 亚基,用其分子量命名区别,如 σ⁷⁰(分子量 70kD)是辨认典型转录起始点的蛋白质。RNA 聚合酶可与不同 σ 亚基结合识别不同基因的启动子,启动不同基因的转录。

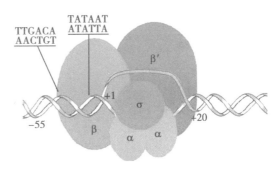

图 5-5　原核生物的 RNA 聚合酶全酶及其在转录起始区的结合

DNA 双链已打开,σ 因子尚未脱落。

知识链接

RNA 聚合酶的发现

1955 年,M. Grunberg-Manago 和 S. Ochoa 分离得到催化合成 RNA 的酶,S. Ochoa 因阐明 RNA 生物合成机制而获得 1959 年诺贝尔生理学或医学奖。1959 年,美国科学家 J. Hurwitz 在此工作基础上,在大肠埃希菌的抽提液中找到了 RNA 聚合酶。与此同时,S. B. Weiss 在大鼠肝细胞核提取物中也发现了参与 RNA 合成的物质。J. Hurwitz 等人发现,提纯的 RNA 聚合酶在体外能够以 DNA 为模板,在加入 ATP、GTP、CTP、UTP 及 Mg²⁺ 后合成 RNA,合成的 RNA 与 DNA 模板链完全互补。

其他原核生物的 RNA 聚合酶,在结构、组成及功能上均与 *E. coli* 的 RNA 聚合酶相似。原核生物 RNA 聚合酶的活性可被某些药物如利福霉素特异性抑制,利福霉素与 RNA 聚合酶的 β 亚基结合而影响其活性,临床上将其应用于抗结核分枝杆菌。

转录的错误发生率为 $10^{-4} \sim 10^{-5}$,比染色体 DNA 复制的错误发生率($10^{-9} \sim 10^{-10}$)要高很多。因为单个基因可以转录产生许多 RNA 拷贝,并且 RNA 最终要被降解和替换,所以转录产生的错误 RNA 远没有复制所产生的 DNA 错误对细胞的影响大。实际上,RNA 聚合酶也有一定的校正功能,可以将转录过程中错误加入的核苷酸切除。

(二) 真核生物的 RNA 聚合酶

真核生物的转录机制比原核生物更为复杂。真核生物的细胞核内主要有 3 种 RNA 聚合酶,被分别命名为 RNA 聚合酶 Ⅰ、Ⅱ 和 Ⅲ(RNA pol Ⅰ、Ⅱ、Ⅲ)。每种 RNA 聚合酶都各自有十几个亚基,其结构远比原核生物复杂。例如 RNA pol Ⅱ 至少由 12 个亚基组成,其中有 2 个大亚基,最大的亚基称为 RBP1,相对分子量为 2.4×10^5,与 *E. coli* 的 RNA 聚合酶 β′ 亚基具有高度同源性;第二大亚基 RBP2 的相对分子量为 1.4×10^5,与 *E. coli* 的 RNA 聚合酶 β 亚基有同源性。虽然 RNA 聚合酶各亚基的具体作用还没有完全阐明,但是每一种亚基对真核生物 RNA 聚合酶发挥正常功能都是必需的。表 5-1 列出了原核和真核 RNA 聚合酶核心亚基的种类(按分子量从大到小的顺序自上而下排列)。

RNA Pol Ⅱ 最大亚基的羧基末端有一段由 7 个氨基酸残基(Tyr-Ser-Pro-Thr-Ser-Pro-Ser)构成的重复序列,称为羧基末端结构域(carboxyl-terminal domain,CTD)。所有真核生物的 RNA pol Ⅱ 都具有 CTD 结构,只是 7 氨基酸序列的重复程度不同,如酵母 RNA pol Ⅱ 的 CTD 有 27 个重复序列,其中

Note:

18 个与上述 7 氨基酸序列完全一致；哺乳动物 RNA pol Ⅱ 的 CTD 有 52 个重复序列，其中 21 个与上述 7 氨基酸序列完全一致。转录起始阶段，RNA pol Ⅱ 的 CTD 处于非磷酸化状态，当转录进入延长阶段后，CTD 的许多 Ser 和一些 Tyr 残基被磷酸化。

表 5-1　原核生物和真核生物 RNA 聚合酶的亚基种类

E. coli（核心酶）	真核 RNA pol Ⅰ	真核 RNA pol Ⅱ	真核 RNA pol Ⅲ
β′	RPA1	RBP1	RPC1
β	RPA2	RBP2	RPC2
α^{I}	RPC5	RBP3	RPC5
α^{II}	RPC9	RBP11	RPC9
ω	RBP6	RBP6	RBP6
	［＋其他 9 种］	［＋其他 7 种］	［＋其他 11 种］

真核生物的 3 种 RNA 聚合酶分布于细胞核的不同部位，分别催化不同的基因转录，合成不同种类的 RNA。RNA pol Ⅰ 位于核仁，催化合成 45S rRNA（18S、5.8S 和 28S rRNA 前体）；RNA pol Ⅱ 位于核质，催化合成 mRNA 前体分子核不均一 RNA（hnRNA）；RNA pol Ⅲ 也位于核质，催化合成 tRNA、5S rRNA 和一些小核 RNA（snRNA）。此外，3 种 RNA 聚合酶对 α- 鹅膏蕈碱（一种毒蘑菇含有的环八肽毒素）的敏感性也不同。最敏感的是 RNA pol Ⅱ，其次是 RNA pol Ⅲ，最不敏感的是 RNA pol Ⅰ（表 5-2）。近年在植物中还发现了另外两种 RNA 聚合酶，即 Ⅳ 和 Ⅴ，它们催化小干扰 RNA（small interfering RNA，siRNA）合成。

表 5-2　各类真核 RNA 聚合酶的特点

种类	Ⅰ	Ⅱ	Ⅲ
转录产物	45S rRNA	hnRNA,lncRNA,piRNA,miRNA	5S rRNA,tRNA,snRNA
对 α- 鹅膏蕈碱的反应	耐受	极敏感	中度敏感
细胞内定位	核仁	核质	核质

三、转录模板与酶的辨认结合

RNA 聚合酶通过识别并结合待转录基因的特定部位而启动基因转录，此特定部位的 DNA 序列称为启动子（promoter）。DNA 模板链上开始转录的部位称转录起始点（transcription start site），通常标记为 +1。从转录起始点开始顺转录方向的区域称为下游，核苷酸序号以正数表示，如 +2、+3、+4 等；从起始点反方向的区域称为上游，核苷酸序号以负数表示，如 –1、–2、–3 等。

（一）启动子

启动子一般位于转录起始点的上游，只有真核生物 RNA pol Ⅲ 的启动子位于转录起始点的下游序列中。启动子具有方向性，决定着转录的方向，并在转录调节中发挥重要作用。每一个基因均有自己特异的启动子。

在 E. coli 中，含有 σ^{70} 亚基的 RNA 聚合酶最为常见，其识别、结合的启动子通常包含两段 6bp 的一致序列（consensus sequence），分别位于 –35 位和 –10 位，因此被命名为 –35 区和 –10 区，两者以 17~19bp 非特异序列间隔。–35 区的一致序列为 TTGACA，RNA 聚合酶的 σ 亚基能识别此区并使核心酶与启动子结合，故 –35 区是 RNA 聚合酶的识别部位。–10 区的一致序列为 TATAAT，又称

Pribnow 盒(Pribnow box),由 D. Pribnow 于 1975 年首先发现而得名,是 RNA 聚合酶的结合部位。转录起始时,RNA 聚合酶结合于 Pribnow 盒并将 DNA 双链打开,形成开放转录复合体。

　　有些基因的启动子还存在其他种类的一致序列,如 rRNA 编码基因启动子含有上游启动子元件(upstream promoter element,UP element),可增强 RNA 聚合酶与 DNA 的结合。有些启动子缺乏 –35 区,而以 –10 区上游的 "extended-10" 元件取代。还有些启动子一致序列存在于 –10 区的下游,称为识别器(discriminator),它与 RNA 聚合酶相互作用的强度影响转录起始复合物的稳定性(图 5-6)。

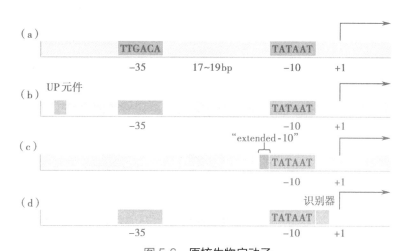

图 5-6　原核生物启动子

(a)典型启动子;(b)含 UP 元件的启动子;(c)含 "extended-10" 元件的启动子;
(d)含识别器的启动子。

　　真核生物 RNA 聚合酶有多种类型,它们识别的启动子也各有特点。RNA pol Ⅱ 识别的核心启动子位于转录起始点附近,长度为 40~60bp。核心启动子包括 TF Ⅱ B 识别元件(TF Ⅱ B recognition element,BRE)、TATA 盒(TATA box)、起始子(initiator,Inr)以及转录起始点下游的一些元件,如下游启动子元件(downstream promoter element,DPE)、下游核心元件(downstream core element,DCE)等。多数基因的核心启动子包括 Inr、TATA 盒、DPE 和 DCE 等。

　　RNA pol Ⅱ 启动转录时需要一些蛋白质辅助,才能形成有活性的转录复合体,这些蛋白质称为转录因子(transcription factor,TF)。所有 RNA pol Ⅱ 启动转录都需要的转录因子称为通用转录因子(general transcription factor,GTF),包括 TF Ⅱ A、TF Ⅱ B、TF Ⅱ D、TF Ⅱ F、TF Ⅱ H 等,它们在生物进化过程中高度保守。通用转录因子与 RNA pol Ⅱ 组成任何基因转录所需的基本转录装置。

　　RNA pol Ⅰ 和 pol Ⅲ 参与形成转录起始复合体的过程和 pol Ⅱ 在许多方面都很相似,它们也有各自特异的通用转录因子,识别各自特异的 DNA 调控元件。另外,RNA pol Ⅰ 和Ⅲ启动转录不需要水解 ATP,而 pol Ⅱ 则需要水解 ATP。

　　(二) 终止子

　　转录模板除了具有启动子结构外,还有终止转录的特殊部位,称为终止子(terminator)。原核生物基因转录终止的方式有两种,即依赖 ρ 因子的终止和不依赖 ρ 因子的终止。ρ 因子又称终止因子(termination factor),是一种含 6 个亚基的环状蛋白,具有 ATP 酶活性,可通过水解 ATP 释放能量,使转录产物从复合体释放,从而终止转录。

　　不依赖 ρ 因子的终止子,也称内在终止子(intrinsic terminator),包含一段约 20bp 的反转重复序列,后接 8 个 A/T 碱基对。反转重复序列的转录产物因自身碱基配对而呈发夹结构,该结构通过阻断转录复合体前进而终止转录(图 5-7)。

终止子的
DNA序列

终止子的
RNA序列

5'-CCCAGCCCGCCUAAUGAGCGCGCCUUUUUUUU-3'

终止子的
发夹结构

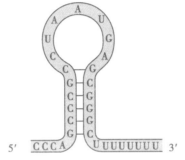

图 5-7 原核生物转录作用的终止信号

第二节 转 录 过 程

原核生物和真核生物的转录过程都可分为起始、延长和终止三个阶段,但两者所需的 RNA 聚合酶种类不同,结合模板的特性也不一样。原核生物 RNA 聚合酶可直接结合转录模板的启动子而起始转录,而真核生物 RNA 聚合酶需与转录因子结合形成复合体后才能结合模板,所以两者的转录起始过程有较大区别。

一、原核生物的转录过程

原核生物转录全过程均需 RNA 聚合酶催化。转录起始阶段需 RNA 聚合酶的全酶参与,由 σ 亚基辨认起始点,延长阶段仅需核心酶催化核苷酸聚合反应,终止阶段包括依赖 ρ(Rho)因子的转录终止和非依赖 ρ 因子的转录终止两种机制(图 5-8)。

(一) 转录起始

在转录起始阶段,RNA 聚合酶的 σ 因子首先识别 DNA 启动子的识别部位,即 –35 区。这一区段 A-T 配对相对集中,因此 DNA 容易解链。RNA 聚合酶全酶则结合在启动子的结合部位,即 –10 区。在此 DNA 双链的局部区域发生构象变化,结构变得较为松散,特别是结合了 RNA 聚合酶全酶的 Pribnow 盒附近,双链暂时打开约 13bp(从 –11 到 +2),暴露出 DNA 模板链,有利于 RNA 聚合酶进入转录泡,催化 RNA 聚合作用。

转录起始不需引物,两个与模板配对的相邻核苷酸,在 RNA 聚合酶催化下直接生成 3′,5′- 磷酸二酯键即可相连,这是 RNA 聚合酶与 DNA 聚合酶的作用明显不同之处。转录产物的第一位核苷酸为 GTP 或 ATP,又以 GTP 更为常见。当 5′-GTP(5′-pppG-OH)与第二位 NTP 聚合生成磷酸二酯键后,仍保留其 5′ 端三个磷酸基团,生成 5′pppGpN-OH3′ 此结构在转录延长中一直保留至转录完成,RNA 脱落。第一个磷酸二酯键生成后,σ 因子从模板及 RNA 聚合酶上脱落,核心酶沿着模板向下游移动,转录作用进入延长阶段。σ 亚基若不脱落,RNA 聚合酶则停留在起始位置,转录不能继续进行。脱落下的 σ 因子可以再次与核心酶结合而循环使用。

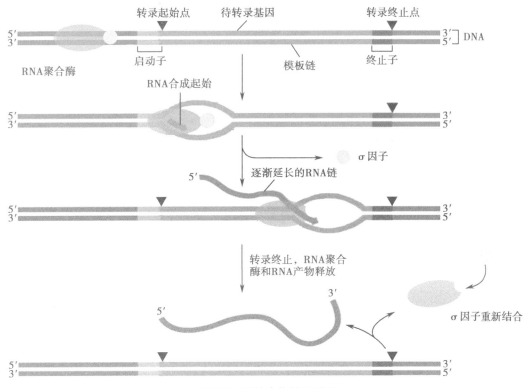

图 5-8　原核生物转录过程

原核 RNA 聚合酶在脱离启动子进入延长阶段前,合成并释放一系列长度小于 10 个核苷酸的转录本,称为流产性起始(abortive initiation)。转录本长度超过 10 个核苷酸才有可能进入延长阶段继续合成。目前尚不清楚 RNA 聚合酶脱离启动子前为何需经历流产性起始阶段。

(二) 转录延长

在转录起始阶段第一个磷酸二酯键形成后,σ 因子脱离转录模板及 RNA 聚合酶。RNA 聚合酶的核心酶沿着转录模板向下游移动。与转录模板链序列相互补的核苷酸,按碱基互补配对规律(G-C,C-G,T-A,A-U)逐一进入反应体系。在 RNA 聚合酶的催化下,相邻核苷酸以 3′,5′- 磷酸二酯键相连,合成方向为 5′ → 3′。如此,转录本 RNA 从 3′ 端逐步延长。此反应与复制的延长基本相似:

$$(NMP)_n + NTP \rightarrow (NMP)_{n+1} + PPi$$

转录过程中,新合成的 RNA 链仅有 8~9 个核苷酸暂时与模板链形成 DNA-RNA 杂化链,此结构中的 DNA 与 RNA 的结合并不紧密,RNA 链很容易脱离 DNA 模板链。RNA 链脱离后,DNA 模板链与编码链重新形成 DNA 双链分子。

在延长过程中,局部打开的 DNA 双链、RNA 聚合酶及新生成转录本 RNA 局部形成转录复合物,也称转录泡。转录泡中 RNA 产物 3′- 端结合在模板链上,随着 RNA 链不断延长,转录产物 5′ 端脱离模板向转录泡外伸展。因 DNA/DNA 双链的结构比 DNA/RNA 形成的杂化双链稳定,所以已完成转录的局部 DNA 双链就会自然恢复成双链,转录产物则自动与模板分离而伸出转录泡之外。随着 RNA 聚合酶的移动,转录泡行进而贯穿于延长过程的始终(图 5-9)。

原核生物的转录与翻译过程是同步进行的。电镜观察原核生物的转录过程可见到羽毛状现象,说明在同一 DNA 模板上,有多个转录过程同时进行。随着核心酶的前移,转录生成的 RNA 链不断延长。在转录产物 mRNA 链上还可见多个核糖体,即转录尚未完成,翻译过程即已开始(图 5-10)。原核生物转录过程呈现羽毛状,也说明了原核 mRNA 的转录不需加工修饰。而真核生物有核膜将转录和翻译隔离在细胞内不同的部位进行,因此不出现羽毛状现象。

Note:

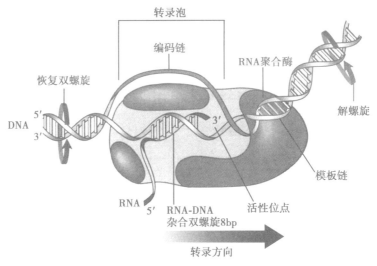

图 5-9　延长过程的转录泡

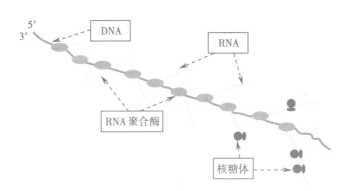

图 5-10　原核生物的羽毛状转录现象

(三) 转录终止

RNA 聚合酶的核心酶在模板上滑行到转录终止子部位时,即停顿下来不再前进,转录产物 RNA 链从转录复合物上脱落下来,即转录终止。依据是否需要蛋白质因子的参与,原核生物的转录终止分为非依赖 ρ 因子与依赖 ρ 因子两种方式。

1. 非依赖 ρ 因子的转录终止　由终止子中 GC 富含区组成的反转重复序列,其转录产物有相应的发卡结构,此发卡结构可阻碍 RNA 聚合酶的行进,由此停止 RNA 聚合作用,这就是非依赖 ρ 因子的转录终止(图 5-11)。终止子中还有 AT 富集区,其转录产物末端有多个 U 残基,在碱基配对中 U:A 配对最不稳定,致使新合成的 RNA 与 DNA 的杂化链解离,转录终止。

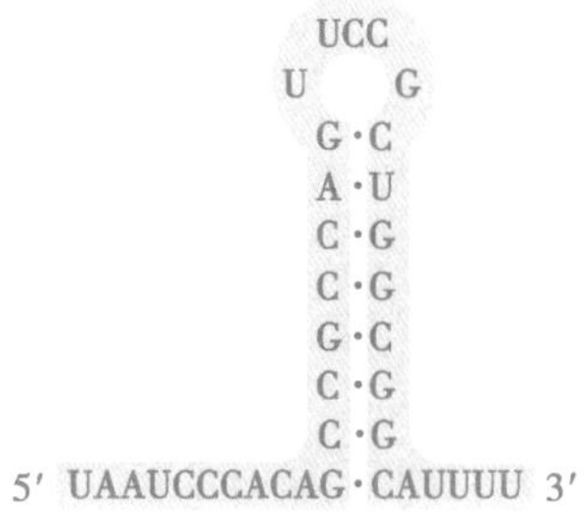

2. 依赖 ρ 因子的转录终止　有些原核基因的转录终止需要 ρ 因子参与。ρ 因子是由相同亚基组成的六聚体蛋白质,亚基分子量 46kD。ρ 因子能结合 RNA,又以对 poly C 的结合力最强。此外,ρ 因子还有解旋酶(helicase)活性和 ATP 酶活性。目前认为依赖 ρ 因子的转录终止机制是,当 ρ 因子与 RNA 转录产物结合时,ρ 因子和核心酶都可能发生构象改变,从而使核心酶停顿,ρ 因子的解旋酶活性使 DNA/RNA 杂化双链分离。ρ 因子的 ATP 酶活性水解 ATP,所释放的能量使产物从转录复合物中释放,转录终止(图 5-12)。

图 5-11　非依赖 ρ 因子的
转录终止

显示其转录产物有相应的发卡结构。

```
      UCC
    U     G
    G·C
    A·U
    C·G
    C·G
    G·C
    C·G
    C·G
5' UAAUCCCACAG·CAUUUU 3'
```

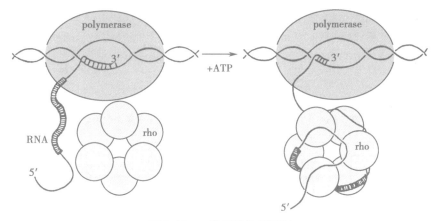

图 5-12　ρ 因子的作用原理

知 识 链 接

真核生物转录过程的阐明

在原核生物的 RNA 聚合酶被发现后,科学家们逐渐推导出了真核生物的转录过程,但一直不清楚转录的具体细节。直到 2001 年美国科学家 R. D. Kornberg 在《科学》杂志上发表了第一张 RNA 聚合酶的全动态晶体图片,才解决了这一难题。Kornberg 小组利用 X 射线和计算机技术测算并描绘出 RNA 聚合酶中各原子的真正位置,构建出了真核生物转录机构整个活动的晶体图片。Kornberg 因此获得 2006 年诺贝尔化学奖。有趣的是,他的父亲 A. Kornberg 找到了 DNA 复制所需的 DNA 聚合酶而获得了 1959 年诺贝尔生理学或医学奖。

二、真核生物的转录过程

真核生物的转录过程与原核生物基本相似,但更为复杂。真核生物与原核生物的 RNA 聚合酶种类不同,结合模板的特性也不同。原核生物 RNA 聚合酶可直接结合转录模板,而真核生物的 RNA 聚合酶需与转录因子结合后才能结合模板,所以两者的转录起始过程有较大区别。真核生物和原核生物的转录终止过程也不相同。转录调控是真核基因表达调控的关键环节(详见第七章),了解真核生物的转录过程,是研究转录调控的重要基础。

（一）转录起始

真核生物的转录起始上游区段比原核生物多样化。转录起始时,RNA 聚合酶不直接结合模板,其起始过程远比原核生物复杂。

1. **启动子**　真核生物转录起始点上游有多种与转录有关的特异 DNA 序列,包括启动子、增强子等,统称为顺式作用元件(cis-acting element)(详见第七章)。与转录起始有关的顺式作用元件称为启动子。真核生物转录起始点上游 –25bp 区段多有典型的 TATA 序列,称为 Hogness 盒或 TATA 盒,是启动子的核心序列,为 RNA pol II 结合的部位,多数基因启动子含有此元件。此外,在启动子的上游更远端,多在 –110~–40bp 处,还有一些上游元件,比较常见的是 CAAT、GC 盒。另外,在起始点附近通常还有一个起始子。典型的启动子由 TATA 盒、CAAT 盒和 GC 盒组成。基因的启动子由若干顺式作用元件组合而成,以多样化的形式起始转录(图 5-13)。

2. **基本转录因子**　真核生物转录起始阶段,需要各种转录因子与顺式作用元件相互结合,同时转录因子之间也要相互识别、结合。能直接或间接与 RNA 聚合酶结合的转录因子,称为通用转录因子或基本转录因子。相应于 RNA pol I、II、III 的转录因子,分别称为 TF I、TF II、TF III。例如,真核生物 mRNA 的转录起始,首先由 TF II D 识别 TATA 盒。TF II D 是一个多亚基复合物,其中与 TATA

盒结合的部分称为 TATA 盒结合蛋白(TATA-binding protein,TBP),其他亚基称为 TBP 相关因子(TBP-associated factor,TAFs)。有些 TAFs 识别 Inr、DPE 和 DCE 等启动子元件。TBP-DNA 复合物形成后,可作为募集其他转录因子和 RNA 聚合酶加入复合物的平台。主要的 TF Ⅱ的功能见表 5-3。

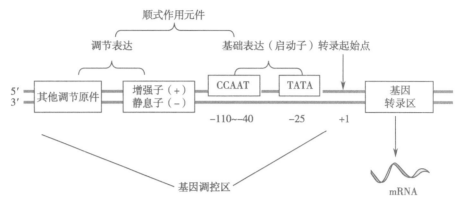

图 5-13 真核生物转录起始上游区段

表 5-3 主要的 TF Ⅱ的功能

转录因子	功能
TF ⅡD	含 TBP 亚基,结合 TATA 盒
TF ⅡA	辅助 TBP-DNA 结合
TF ⅡB	稳定 TF ⅡD-DNA 复合物,结合 RNA pol Ⅱ
TF ⅡE	解旋酶;结合 TF ⅡH
TF ⅡF	促进 RNA pol Ⅱ结合;作为其他因子结合的桥梁
TF ⅡH	解旋酶;作为蛋白激酶催化 CTD 磷酸化

3. 转录前起始复合物 转录起始阶段,真核生物 RNA 聚合酶不与转录模板直接结合,而需依赖多个通用转录因子与启动子结合,以及转录因子之间相互识别与结合,形成转录前起始复合物(pre-initiation complex,PIC),才能启动转录。例如,RNA pol Ⅱ催化的转录过程,首先由 TF ⅡD 的 TBP 亚基结合到 TATA 盒上,然后 TF ⅡB 与 TBP 结合,TF ⅡB 也能与 DNA 结合。TF ⅡA 虽然不是必需的,但它能稳定已与 DNA 结合的 TF ⅡB-TBP 复合物,形成 TF ⅡD- ⅡA- ⅡB-DNA 复合体。TF ⅡB 促使与 TF ⅡF 结合的 RNA pol Ⅱ进入启动子的核心区 TATA。接着进入的 TF ⅡE 具有 ATPase 活性能协同解开 DNA 双链的局部,TF ⅡH 也进入形成闭合复合物,完成转录前起始复合物的装配(图 5-14)。

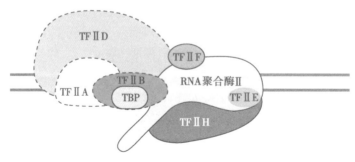

图 5-14 真核生物转录前起始复合物

TF ⅡH 具有解旋酶活性,能使转录起始点附近的 DNA 双螺旋解开,使闭合复合体转变为可转录复合体。TF ⅡH 还具有激酶活性,它的一个亚基能使 RNA pol Ⅱ的 CTD 磷酸化。CTD 磷酸化不

Note:

仅能使开放复合体的构象发生改变而启动转录,而且在转录延长阶段和转录后加工过程也发挥重要作用。当合成一段含有 60~70 个核苷酸的 RNA 时,TF ⅡE 和 TF ⅡH 释放,RNA pol Ⅱ 进入转录延长阶段。RNA pol Ⅰ、Ⅲ 的转录起始与此大致相似。

随着不同基因转录特性的研究,所发现的转录因子数量在不断增加,现已发现有上百个转录因子的组合。人类基因约有 2.5 万个,为了保证转录的准确性,不同基因需不同转录因子组合。公认的拼板理论认为,一个真核基因的转录需要 3~5 个转录因子,因子之间互相结合,就如图 5-14 那样的形式,生成有活性、有专一性的复合物,再与 RNA 聚合酶搭配而有针对性地结合、转录相应的基因。转录因子的相互辨认结合,恰如儿童玩具七巧板那样,匹配得当就能拼出多种不同的图形。按照拼板理论,尽管人类基因虽数以万计,但可能需要 300 多个转录因子就能满足不同类型基因的表达。

（二）转录延长

真核生物转录延长过程与原核生物大致相似。RNA 聚合酶沿着 DNA 模板链的 3′→ 5′ 方向移动,并按照模板 DNA 链上的碱基序列催化 RNA 链的延长,RNA 链延伸的方向为 5′→ 3′。但真核细胞因有核膜相隔,没有转录与翻译同步的现象。真核基因组 DNA 在双螺旋结构的基础上,与多种组蛋白组成核小体高级结构。RNA 聚合酶前移时要遇到核小体结构,因此真核生物转录延长阶段可以观察到核小体解聚和移位现象（图 5-15）。

（三）转录终止

真核生物的转录终止是和转录后加工修饰密切相关的。例如,真核生物 mRNA 所特有的多聚腺苷酸（poly A）尾结构,是转录后才加上的,因为

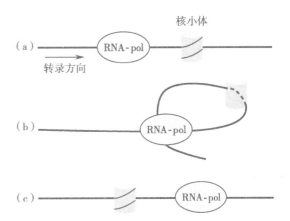

图 5-15　真核生物转录延长中核小体的解聚和移位
(a) RNA pol 前移将遇到核小体;(b) 原来绕在组蛋白上的 DNA 解聚及弯曲;(c) 一个区段转录完毕,核小体移位。

在模板链上没有相应的多聚胸苷酸（poly dT）。分析 mRNA 所对应的 DNA 模板序列,发现在密码子编码区的下游,常有一组共同序列 AATAAA,再远处的下游还有相当多的 GT 序列。这些序列就是 mRNA 前体分子 hnRNA 的转录终止相关信号,被称为转录终止修饰点。RNA pol Ⅱ 所催化的转录会越过这一修饰点并将其转录下来,hnRNA 中与修饰点所对应的序列会被特异的核酸酶识别并切断,随即在断端的 3′-OH 上,由 poly A 聚合酶加入 poly A 尾结构。断端下游的 RNA 虽继续转录,但很快被 RNA 酶降解。由此可推断,poly A 尾结构有保护 RNA 免受降解的功能（图 5-16）。

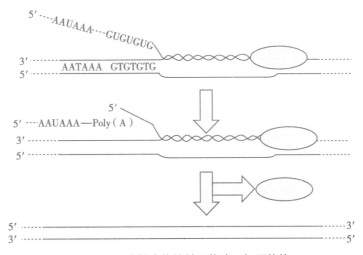

图 5-16　真核生物的转录终止及加尾修饰

第三节 真核 RNA 的转录后加工

由 RNA 聚合酶转录产生的新生 RNA 分子称为初级 RNA 转录本（primary RNA transcript），一般需要经过加工才能成为有功能的成熟 RNA 分子。在真核细胞中，几乎所有的初级转录本都需要经过转录后加工过程。真核生物的 RNA 加工主要在细胞核内进行，也有少数反应在胞质中进行。原核生物没有核膜的间隔，转录和翻译是偶联进行的，其 mRNA 初级转录本一般无须加工即可作为翻译的模板，而 rRNA 和 tRNA 的初级转录本则需要进行加工，才能成为有功能活性的成熟分子。本节主要介绍真核生物的转录后加工过程。

一、mRNA 的转录后加工

mRNA 可以通过转录获得储存于 DNA 分子的遗传信息，又可以通过翻译将携带的遗传信息传递到蛋白质分子中。因此，它是遗传信息传递的中介物，具有重要生物学意义。前已述及，原核 mRNA 一般不需加工即可直接作为翻译的模板，而真核 mRNA 初级转录本则需经过复杂的加工过程，才能成为有活性的成熟 mRNA 分子。

（一）mRNA 生成的特点

1. **原核生物 mRNA** 原核生物转录生成的 mRNA 属于多顺反子 mRNA（polycistronic mRNA），即几个结构基因，利用共同的启动子及共同的终止信号，经转录生成的 mRNA 分子，可编码几种不同的蛋白质。例如乳糖操纵子上的 *lacZ*、*lacY* 及 *lacA* 基因转录产物位于同一条 mRNA 上，可翻译生成 3 种酶，即 β- 半乳糖苷酶、透酶及乙酰基转移酶（详见第七章）。

原核生物的细胞没有核膜，所以转录与翻译进行的场所没有明显的屏障。在转录尚未完成时，翻译就已开始了。mRNA 的寿命很短，例如 *E. coli* 的 mRNA 半衰期仅为几分钟。

2. **真核生物 mRNA** 真核生物基因转录生成单顺反子 mRNA（monocistronic mRNA），即一个 mRNA 分子只编码一条多肽链（图 5-17）。

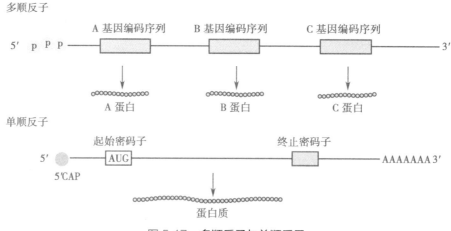

图 5-17 多顺反子与单顺反子

真核生物的结构基因中包含编码蛋白质的序列，称为外显子（exon）；外显子之间的非蛋白质编码序列，称为内含子（intron）。转录生成的 mRNA 前体中有来自外显子部分的序列，也有来自内含子部分的序列，在加工时需要对 RNA 前体进行剪接，即切除内含子，连接相邻外显子。有些非编码序列，虽然不编码蛋白质，但转录后的序列出现于成熟 RNA，称为非编码外显子（non-coding exon），如 mRNA 的 5′ 非编码区、3′ 非编码区、microRNA 编码基因等。

Note:

（二）真核生物 mRNA 前体的加工

真核生物细胞 mRNA 的初级转录本称为核不均一 RNA（heterogeneous nuclear RNA，hnRNA），需经过 5′ 端加帽、3′ 端加尾、剪去内含子并连接外显子、甲基化修饰以及核苷酸编辑等复杂的加工过程，才能成为成熟的 mRNA。

1. 5′ 端加帽　大多数真核生物 mRNA 的 5′ 端有 7- 甲基鸟嘌呤的帽结构（m^{7}G-5′ppp5′-N-3′），即 5′ 端的核苷酸与 7- 甲基鸟嘌呤核苷通过不常见的 5′,5′- 三磷酸连接键相连。5′ 帽结构形成的基本

过程是：当新生 RNA 链的长度达 20~30 个核苷酸时，首先由 RNA 三磷酸酶移去 RNA 链 5′ 端第一个核苷酸的 γ- 磷酸基，然后由鸟苷转移酶催化 GMP（GTP 水解产物）与 RNA 的 5′ 端 β- 磷酸基相连，最后由 S- 腺苷甲硫氨酸提供甲基，使帽结构中 GMP 的鸟嘌呤 N7 甲基化。通常与帽结构紧密相邻的第一和第二个核苷酸的核糖 2′-O 也发生甲基化，这两步甲基化反应由不同的甲基转移酶催化完成（图 5-18）。

帽子结构常出现于核内的 hnRNA，说明 5′- 端的修饰是在核内完成的，而且先于 mRNA 链中段的剪接过程。5′ 帽结构有保护新生成的 mRNA 不被降解、参与第一个内含子的剪接、协助 mRNA 转移至细胞质并准确定位于核糖体、增强翻译活性等功能。

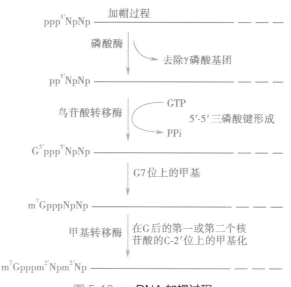

图 5-18　mRNA 加帽过程

2. 3′ 端加尾　真核 mRNA 的加工还包括在 3′ 端添加多聚腺苷酸（poly A）尾结构，这一过程涉及多个步骤，并且有多种酶和多亚基蛋白组成的复合体参与。mRNA 前体在 3′ 端有切割信号序列（cleavage signal sequence，CSE）：一般在切割位点的上游 10~30 核苷酸处有高度保守的 5′-AAUAAA-3′ 信号序列，切割位点的下游 20~40 核苷酸处有富含 G 和 U 序列。首先由聚腺苷酸化特异因子复合体识别并结合切割信号序列，复合体中的核酸内切酶在 mRNA 前体的 3′ 端进行切割，所产生的断裂点即为多聚腺苷化的起始点。随后复合体中的多聚腺苷酸聚合酶在 mRNA 断裂产生的游离 3′ 端羟基上进行多聚腺苷酸化，形成含 80~250 个腺苷酸的尾结构。

多聚腺苷酸聚合酶催化的反应不需要 DNA 模板。因 hnRNA 上即含 polyA 尾结构，所以 mRNA 的加尾过程也是在核内完成的，同样先于 mRNA 中段的剪接。

Poly A 的长度很难确定，一方面细胞内的 mRNA 的 poly A 会随着时间不断缩短；另一方面 RNA 的提取操作过程也会存在持续降解，故很难准确反映体内 mRNA 的 poly A 长度。随着 poly A 缩短，其翻译活性逐步下降。因此推测，poly A 是维持 mRNA 作为翻译模板的活性，以及增加 mRNA 本身稳定性的重要因素。一般真核生物在细胞质内出现的 mRNA，其 poly A 长度为 100~200 个核苷酸，也有少数例外，如组蛋白基因的转录产物，无论是初级转录本还是成熟 mRNA，都没有 poly A 结构。

3. 剪接作用　真核基因结构最突出的特点是其不连续性，即如果将成熟的 mRNA 分子序列与其基因序列比较，可以发现并不是全部的基因序列都保留在成熟的 mRNA 分子中，有一些区段被去除了，因此真核基因又称为断裂基因（split gene）。实际上，在细胞核内出现的 mRNA 初级转录本，分子量往往比在胞质内出现的成熟 mRNA 大几倍，甚至数十倍。核酸序列分析表明，成熟 mRNA 来自 hnRNA，而 hnRNA 和 DNA 模板链可以完全配对。hnRNA 中被剪切去除的核酸序列称为内含子，而出现在成熟 mRNA 分子中，作为模板指导蛋白质翻译的序列称为外显子。将内含子剪切除去，将外显子连接起来，这种 mRNA 前体的加工过程称为剪接（splicing）。mRNA 前体中内含子和外显子的连接部位，称为剪接位点。剪接位点必须十分精确，相差一个核苷酸即可导致剪接位点 3′- 端下游整

Note:

个读码框的移位,从而导致 mRNA 编码完全不同的氨基酸序列。因此剪接位点必须有明确的标志。

(1)剪接部位的结构特点:真核生物大多数内含子剪接部位具有共同的结构:5'- 端从 GU 开始,3'- 端终止于 AG,分别称为 5' 剪接位点和 3' 剪接位点。内含子内部还有一个重要的位点,称为分支点位点(branch-point site),位于 3' 剪接位点上游 20~50 核苷酸处,通常是 A(图 5-19)。内含子序列中,除了 5'- 端、3'- 端及分支点位点外,其他部分的序列变异对于剪接的准确性一般影响较小。

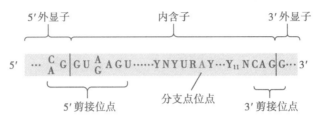

图 5-19　mRNA 剪接位点的结构特点

(2)转酯反应切除内含子:mRNA 前体中的内含子经两步连续转酯反应而被切除:①内含子序列中分支点 A 的 2'-OH 作为亲核基团,攻击内含子 5' 剪接位点的磷酸基团,外显子 1 与内含子相连的磷酸二酯键断裂,内含子游离的 5'- 端与分支点 A 相连,形成套索状(lariat)结构;②已被剪切下的外显子 1 的 3'- 端—OH 作为亲核基团,攻击内含子 3' 剪接位点的磷酸基团,此处的磷酸二酯键断裂,内含子以套索形式被剪切下来,同时外显子 1 与外显子 2 相连接(图 5-20)。

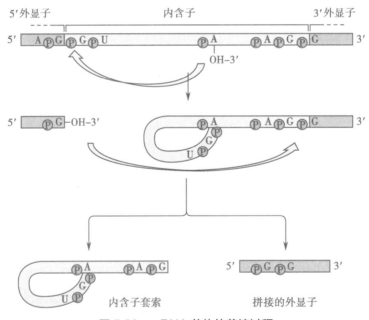

图 5-20　mRNA 前体的剪接过程

(3)剪接体:mRNA 前体剪接过程的转酯反应在一个被称为剪接体(spliceosome)的复合体中进行。这个复合体包含大约 150 种蛋白质和 5 种 RNA,与核糖体的大小相当。5 种 RNA 分别是 U1、U2、U4、U5 和 U6,统称为小核 RNA(small nuclear RNA,snRNA),它们的长度在 100~300 核苷酸之间,各自与多个蛋白质结合为小核糖核蛋白(small nuclear ribonuclear protein,snRNP)。剪接反应需要消耗较多分子的 ATP,而且起催化作用的多为 snRNP 中的 RNA 组分。

snRNP 至少发挥 3 项功能:识别 5' 剪接位点和分支位点;将这些位点聚拢;催化 RNA 链断裂及连接相邻外显子,期间涉及 RNA-RNA、RNA- 蛋白质和蛋白质 - 蛋白质相互作用。例如,U1 snRNA 通过碱基互补与 5' 剪接位点配对,由 U6 snRNA 识别剪接位点;U2 snRNA 和 U6 snRNA 相互作用,

Note:

将 5′ 剪接位点和分支点聚拢。

（4）可变剪接：一个相同的初级转录本，在不同的组织中由于剪接作用的差异，可以产生具有不同编码信息的 mRNA，导致翻译生成不同的蛋白质产物，这种剪接方式称为可变剪接（alternative splicing），又称选择性剪接。据估计，人类基因组中 90% 以上的蛋白质编码基因以可变剪接方式产生一种以上的亚型。例如甲状腺中降钙素及脑中的降钙素基因相关肽（calcitonin gene-related peptide，CGRP）就是来自同一个初级转录本。在甲状腺中，初级转录本进行剪接后，由外显子 1、2、3、4 连接而成的 mRNA，翻译的产物为降钙素。而在脑中，经剪接作用由外显子 1、2、3、5、6 连接而成的 mRNA，翻译后的产物为 CGRP（图 5-21）。

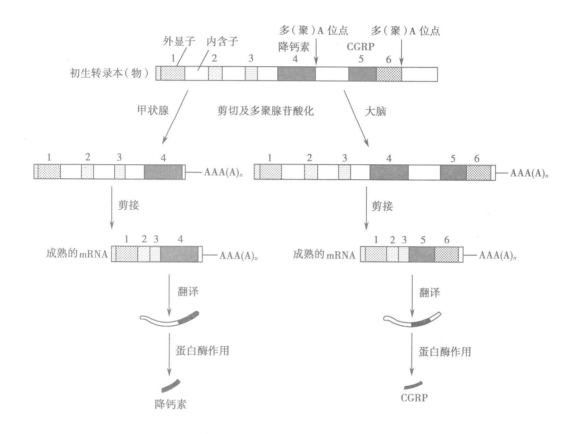

图 5-21　大鼠降钙素基因转录本在甲状腺及脑中的不同剪接作用

4. RNA 编辑　另有一种加工方式也可以改变 mRNA 初级转录本的序列，称为 RNA 编辑（RNA editing），包括单个碱基的插入、缺失或改变。常见的 RNA 编辑包括两种方式：特异位点的腺嘌呤（A）或胞嘧啶（C）的脱氨基，分别变为次黄嘌呤（I）和尿嘧啶（U）；向导 RNA（guide RNA）介导的尿苷插入或缺失。如此，经 RNA 编辑产生的 mRNA 模板，其携带的编码信息就发生了改变。

哺乳动物的载脂蛋白 B（apolipoprotein B，apo B）mRNA 就存在 C → U 转换。apo B 有 apo B100（分子量为 511kD）和 apo B48（分子量 240kD）两种形式。分子较大的 apo B100 在肝内合成；分子较小的 apo B48 含有与 apo B100 完全相同的 N 端 2 152 个氨基酸残基，在小肠中合成。apo B 基因在小肠转录生成 mRNA 前体后，第 26 个外显子上某位点的 C 经脱氨基反应变为 U，使得原来 2 153 位上谷氨酰胺的密码子由 CAA 变为终止密码子 UAA，从而生成较短的 apo B48（图 5-22）。催化这一反应的脱氨酶仅存在于小肠，肝细胞不含此酶。

人类基因组计划执行中曾估计人类基因总数在 5 万 ~10 万个甚至 10 万个以上。至 2004 年完成测序后，人类基因的数目估计仅约 2.5 万个。可变剪接和 RNA 编辑的存在，说明有限的基因数量被高效利用，这些加工方式被认为是增加生物蛋白质多样性的机制之一。

Note:

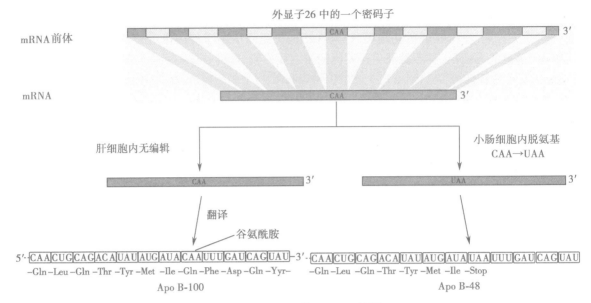

图 5-22 apo B 的 mRNA 编辑

mRNA 前体的加工过程,可简单总结于图 5-23。

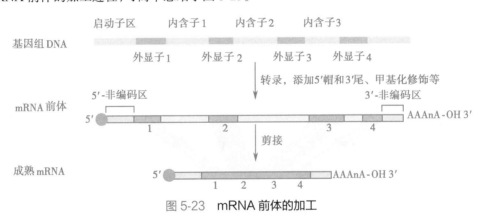

图 5-23 mRNA 前体的加工

二、tRNA 的转录后加工

原核生物和真核生物的大多数细胞有 40~50 种不同的 tRNA 分子。真核生物 tRNA 编码基因一般具有多个拷贝。成熟的 tRNA 分子来自 tRNA 前体的加工,主要由酶切除 tRNA 前体的 5'- 端和 3'-端的一些核苷酸序列。有些真核生物 tRNA 前体包含内含子序列,在加工过程需被切除。有的 tRNA 前体包含 2 种或 2 种以上 tRNA,加工时由酶切分开。tRNA 前体分子加工时,5'- 端核苷酸序列的切除由内切酶 RNase P 完成。RNase P 在所有生物中广泛存在,由蛋白质和 RNA 组成,其中 RNA 组分为酶活性所必需,并且在细菌中无须蛋白质参与即可进行精确地加工,因此 RNase P 被看成是 RNA 具有催化活性的又一个例证。tRNA 前体的 3'- 端核苷酸序列由内切酶 RNase D 等切除。

tRNA 前体加工的第二种形式是在 3'- 端添加 CCA 序列,该序列在有些细菌及所有真核生物的 tRNA 初级转录本并不存在,而是在加工时添加。首先由 tRNA 核苷酸转移酶催化三个游离的三磷酸核苷缩合成 CCA 序列,然后添加于 tRNA 前体 3'- 端,此过程不依赖 DNA 或 RNA 模板。

tRNA 前体加工的第三种形式是将有些碱基修饰为稀有碱基,包括甲基化、脱氨基、还原反应等。例如,尿苷的核糖从 N-1 转至 C-5 位上,就变成了假尿苷,由异构酶催化;尿苷 C5、C6 之间的双键还原后变为双氢尿苷(图 5-24)。其他的稀有碱基还包括次黄嘌呤、胸腺嘧啶和甲基化鸟嘌呤等。

tRNA 前体的主要加工形式总结于图 5-25。

Note:

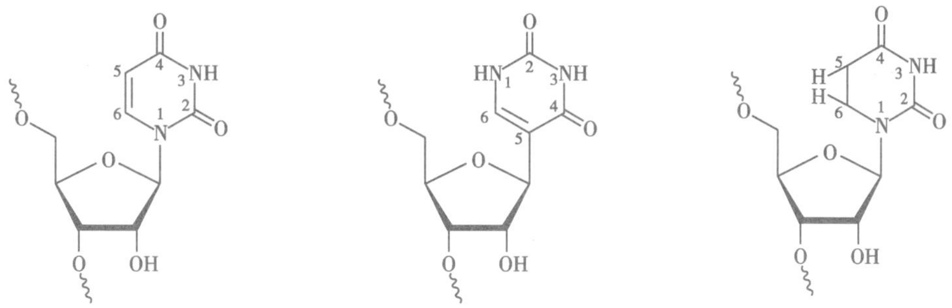

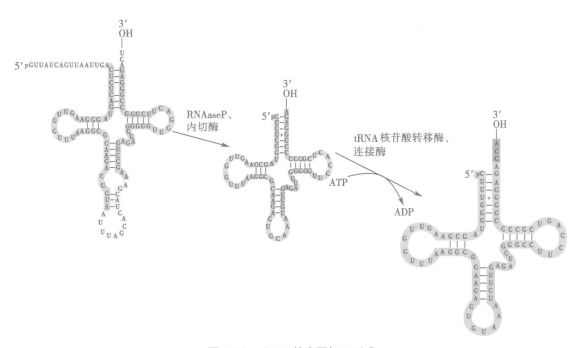

图 5-24　稀有碱基的生成

图 5-25　tRNA 的主要加工形式

三、rRNA 的转录后加工

原核生物和真核生物的 rRNA 转录本也需要进行加工。在细菌中，16S、23S 和 5S rRNA 以及某些 tRNA 序列来源于约有 6 500 个核苷酸的 30S rRNA 前体。30S rRNA 前体分子两端的序列以及 rRNA 之间的内含子序列在加工中被去除。E. coli 的基因组共有 7 个 rRNA 前体分子的基因拷贝，这些基因中编码 rRNA 的区域序列相同，而内含子间隔区则不同。在 16S rRNA 和 23S rRNA 之间有 1 个或 2 个编码 tRNA 的序列。不同 rRNA 前体分子所含的 tRNA 种类也不同。有些 rRNA 前体分子的 5S rRNA 的 3′- 端也有 tRNA 序列。

原核生物 30S rRNA 前体分子的加工可分为 3 个阶段：首先是一些特异核苷酸的甲基化，其中核糖 2′ 位羟基的甲基化最为常见；然后分别通过 RNase Ⅲ、RNase P 和 RNase E 的作用，产生 rRNA 和 tRNA 前体分子；最后通过各种特异的核酸酶作用，产生 16S、23S 和 5S rRNA 及 tRNA（图 5-26）。

真核生物 rRNA 基因的转录初级产物为 45S rRNA，由 RNA 聚合酶Ⅰ催化合成，在核仁中经甲基化、剪切等方式加工为核糖体的 18S、28S 和 5.8S rRNA；而核糖体的另一组分 5S rRNA 则来源于由 RNA 聚合酶Ⅲ催化合成的转录产物。45S rRNA 的甲基化和断裂反应都需要小核仁 RNA（small nucleolar RNAs，snoRNAs）参与，snoRNAs 和蛋白质形成小核仁核糖核蛋白颗粒（small nucleolar

Note:

ribonucleo-protein particles，snoRNPs）。45S rRNA 前体分子合成后很快就与核糖体蛋白和核仁蛋白结合，形成 90S 前核糖核蛋白颗粒，在细胞核内的加工过程中形成一系列中间核糖核蛋白颗粒，最后在细胞质内形成核糖体的大亚基和小亚基（图 5-27）。

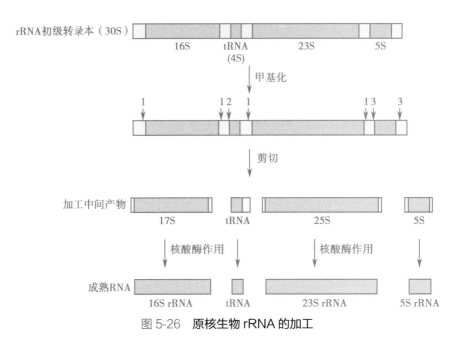

图 5-26　原核生物 rRNA 的加工

四、RNA 催化的自剪接

1982 年美国科学家 T. Cech 等发现，四膜虫编码 rRNA 前体的 DNA 序列含有间隔内含子序列。他们在体外利用从细菌提取的 RNA 聚合酶转录四膜虫编码 rRNA 前体的 DNA 后发现，转录体系不含任何来自四膜虫的蛋白质情况下，rRNA 前体能准确地去除内含子并进行剪接，说明 rRNA 分子能催化自身内含子的剪接，这种反应称为自剪接（self-splicing）。随后在其他单细胞生物、线粒体、叶绿体的 rRNA 前体，一些噬菌体的 mRNA 前体及细菌 tRNA 前体也发现有这类自身剪接功能的内含子，称为组 I 型内含子。组 I 型内含子以鸟嘌呤核苷或鸟嘌呤核苷酸作为辅因子（cofactor）。这种辅因子并不是组 I 型内含子 RNA 链的组成部分，而且也不是能量分子。鸟嘌呤核苷或鸟嘌呤核苷酸的 3′-OH 与内含子的 5′- 磷酸参与转酯反应，这种转酯反应与前面介绍的前体 mRNA 内含子剪接的转酯反应类似，不过后者参与反应的是分支点 A 的 2′-OH，切除的内含子是线状，而不是 "套索" 状。某些线粒体和叶绿体的 mRNA 前体和 tRNA 前体具有另一类自身剪接的内含子，称为组 II 型内含子，这类内含子的剪接与前面介绍

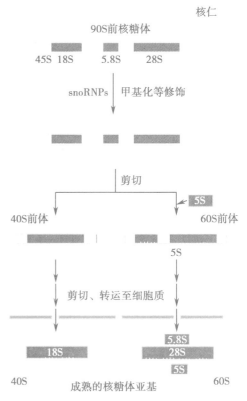

图 5-27　真核生物 rRNA 前体的加工

的前体 mRNA 内含子剪接相同，但是没有剪接体参与。自身剪接内含子的 RNA 具有催化功能，是一种核酶（ribozyme）。有关核酶的具体内容，可参见第三章。

第四节　RNA 的复制

有些病毒或噬菌体具有 RNA 基因组,被称为 RNA 病毒,例如流感病毒、噬菌体 f2、MS2、R17 和 Qβ 等。RNA 病毒的基因组 RNA 在病毒蛋白质的合成中具有 mRNA 的功能。病毒 RNA 进入宿主细胞后,还可进行复制,即在 RNA 指导的 RNA 聚合酶(RNA-dependent RNA polymerase)或称 RNA 复制酶(RNA replicase)的催化下进行 RNA 合成反应。

大多数 RNA 噬菌体的 RNA 复制酶由四个亚基组成,其中有一个分子量为 65kD 的亚基,是病毒 RNA 复制酶基因的产物,其结构中具有复制酶的活性位点,其他三个亚基由宿主细胞合成,它们是延长因子 Tu(分子量 30kD)、Ts(分子量 45kD)以及 S1(分子量 70kD),可能起帮助 RNA 复制酶定位于病毒 RNA 的作用。

RNA 复制酶催化的合成反应是以 RNA 为模板,由 5′ → 3′ 方向进行 RNA 链的合成。反应机制与其他核酸模板指导的核酸合成反应相似。RNA 复制酶缺乏校对活性,因此 RNA 复制的错误率较高。RNA 复制酶只是特异地对病毒的 RNA 起作用,而宿主细胞 RNA 一般并不进行复制。这就可以解释在宿主细胞中虽含有多种类型的 RNA,但病毒 RNA 被优先进行复制。

（赵　颖）

思 考 题

1. 在遗传信息流动中,转录有何重要意义?
2. DNA 聚合酶、RNA 聚合酶及 RNA 复制酶的作用特点有何异同?
3. 原核生物与真核生物的转录有何异同?
4. 为什么转录生成错误 RNA 远没有复制产生错误 DNA 对细胞的影响大?

蛋白质的生物合成

06章 数字内容

—— 章 前 导 言 ——

　　蛋白质是遗传信息表现的功能形式,是生命活动的物质基础,在生物体的整个生命过程中发挥重要作用。蛋白质生物合成也称为翻译(translation),是指以 mRNA 为直接模板合成具有特定序列多肽链的过程。生物体遗传信息传递的规律是复制→转录→翻译,DNA 分子上的脱氧核苷酸序列携带着遗传信息,通过 RNA 将其传递,指导蛋白质的生物合成。因此,蛋白质是遗传信息的主要执行者。

　　蛋白质的合成,需要 20 种氨基酸为原料,同时还需要三种 RNA、与合成有关的酶、相应的蛋白质因子、无机离子以及供能物质 ATP、GTP 等。mRNA 是蛋白质合成的信息模板;tRNA 是氨基酸的转运工具,也是衔接氨基酸与 mRNA 的分子适配器;rRNA 与多种蛋白质组成核糖体,构成蛋白质生物合成的场所。翻译过程包括起始、延长和终止三个阶段。新合成的多肽链没有生物学活性,经过翻译后加工成为有活性的成熟蛋白质或多肽,并依靠信号肽等信号序列完成在细胞内外的靶向分送。蛋白质的生物合成过程是许多药物和毒素作用的靶点,这些药物和毒素可以通过阻断真核和原核生物蛋白质合成体系中某组分的功能,从而干扰和抑制蛋白质生物合成过程。很多抗生素就是通过抑制蛋白质的生物合成而发挥杀菌或抑菌作用。

学习目标

- 知识目标
  1. 掌握翻译的概念；参与蛋白质生物合成的各种物质（氨基酸、mRNA、核糖体、tRNA、有关的酶与蛋白质因子）及其在蛋白质生物合成中的作用；遗传密码的概念及特点；核糖体循环的概念及步骤。
  2. 熟悉肽链的生物合成过程；原核生物与真核生物肽链合成的异同；蛋白质生物合成后修饰加工方式；蛋白质生物合成的干扰和抑制；
  3. 了解蛋白质合成后的靶向分送。

- 能力目标
  1. 通过学习三种主要 RNA 及核糖体在多肽链合成中的共同功能，提高学生的抽象思维能力和空间想象能力，并对所学知识进行总结、比较和联系的能力。
  2. 掌握多种常用抗生素、毒素作用于蛋白质生物合成的各个环节，以阻断细菌和肿瘤细胞的蛋白质合成的基础知识，提高临床用药理论基础和实践技能。

- 素质目标

  结合获得 1968 年诺贝尔生理学或医学奖的"遗传密码的破译"以及获得 2009 年诺贝尔化学奖的"核糖体的结构与功能"，点燃学生们探索知识的热情。科学家们在对遗传密码和核糖体的研究过程中具有独到的见解、巧妙的构思及执着的坚持，能够让学生们在学习知识的同时，也了解优秀科学家科研的态度和方法，进而启迪他们的批判性和创新性思维。

第一节　RNA 在蛋白质合成中的作用

蛋白质的生物合成，以 mRNA 为模板，tRNA 为运载工具，核糖体为装配场所，共同协调完成。因此，RNA 在蛋白质生物合成中起到重要作用。

一、翻译模板 mRNA 及遗传密码

（一）翻译模板 mRNA

信使 RNA（messenger RNA，mRNA）种类很多，分子大小不一。在各种 RNA 中，mRNA 的半衰期最短，说明 mRNA 在生命活动中是非常活跃的大分子物质。蛋白质是由氨基酸组成的生物大分子，不同蛋白质分子中氨基酸特定的排列是由结构基因中碱基的排列顺序决定的。mRNA 是结构基因转录的产物，含有 DNA 携带的遗传信息，是蛋白质生物合成的直接模板，决定蛋白质分子中氨基酸的排列顺序。作为翻译的模板，mRNA 编码区至少含有一个可读框（open reading frame，ORF），即以起始密码子开始，以终止密码子结束的一段连续的核苷酸序列。mRNA 除含有编码区外，两端还有非编码区，又称为非翻译区（untranslated region，UTR）。UTR 对于 mRNA 的模板活性是必需的，特别是 5′- 端非编码区在蛋白质合成中被认为是与核糖体结合的部位（图 6-1）。原核细胞中每种 mRNA 分子常带有多个功能相关蛋白质的 ORF，以一种多顺反子的形式排列，在翻译过程中可同时合成几种蛋白质；而真核细胞中，每种 mRNA 一般只带有一种 ORF，是单顺反子的形式。

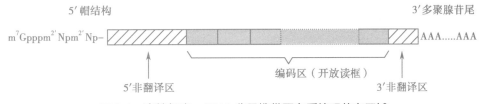

图 6-1　真核细胞 mRNA 分子携带蛋白质编码信息区域

Note:

（二）遗传密码

知 识 链 接

遗传密码的确定

1966 年 M W Nirenberg、H G Khorana、R W Holley 三位美国科学家经过 4 年的潜心研究,确定了 64 个遗传密码及其意义,因此三人共同荣获 1968 年诺贝尔生理或医学奖,谱写出了现代生物学激动人心的篇章。

mRNA 分子以 5′ → 3′ 方向,从 AUG 开始每三个连续的核苷酸组成一个遗传密码子(genetic codon),mRNA 中的四种碱基可以组成 64 种密码子。这些密码子不仅编码了 20 种常见的编码氨基酸,还决定了翻译过程的起始与终止位置。每种氨基酸对应至少有一种密码子,最多的有 6 种密码子。从对遗传密码性质的推论到决定各个密码子的含义,进而全部阐明遗传密码,是科学上最杰出的成就之一。遗传密码子见表 6-1。

表 6-1　遗传密码子表

第一个核苷酸 (5′)	第二个核苷酸				第三个核苷酸 (3′)
	U	C	A	G	
U	苯丙氨酸	丝氨酸	酪氨酸	半胱氨酸	U
	苯丙氨酸	丝氨酸	酪氨酸	半胱氨酸	C
	亮氨酸	丝氨酸	无意义(终止密码)	无意义(终止密码)	A
	亮氨酸	丝氨酸	无意义(终止密码)	色氨酸	G
C	亮氨酸	脯氨酸	组氨酸	精氨酸	U
	亮氨酸	脯氨酸	组氨酸	精氨酸	C
	亮氨酸	脯氨酸	谷氨酸胺	精氨酸	A
	亮氨酸	脯氨酸	谷氨酸胺	精氨酸	G
A	异亮氨酸	苏氨酸	天冬酸胺	丝氨酸	U
	异亮氨酸	苏氨酸	天冬酸胺	丝氨酸	C
	异亮氨酸	苏氨酸	赖氨酸	精氨酸	A
	甲硫氨酸	苏氨酸	赖氨酸	精氨酸	G
G	缬氨酸	丙氨酸	天冬氨酸	甘氨酸	U
	缬氨酸	丙氨酸	天冬氨酸	甘氨酸	C
	缬氨酸	丙氨酸	谷氨酸	甘氨酸	A
	缬氨酸	丙氨酸	谷氨酸	甘氨酸	G

AUG 位于 mRNA 起始部位时为起始密码子,此密码子在真核生物中代表甲硫氨酸,原核生物中代表甲酰甲硫氨酸。

64 个遗传密码子中,有 61 个编码 20 种氨基酸;另有 3 个密码子 UAA、UAG、UGA 不编码任何氨基酸,而是作为肽链合成的终止密码子(termination codon),它们单独或共同存在于 mRNA 链的 3′-

端。在真核生物中,AUG 不仅编码甲硫氨酸,并且兼做起始密码子;在原核生物中,AUG 同样编码内部的甲硫氨酸,并兼做起始密码,但是与真核生物不同,AUG 作为原核基因的起始密码子时,编码的是甲酰甲硫氨酸。因此,AUG 又被称为起始密码子。

此外,遗传密码具有以下几个重要特点:

1. **方向性**　遗传密码的方向性(direction)是指蛋白质合成过程是从 mRNA 分子的 5′- 端向 3′- 端方向阅读密码,即起始密码子位于 mRNA 的 5′- 端,终止密码子位于 mRNA 的 3′- 端,每个密码子的 3 个核苷酸也是按照 5′→3′ 的方向识别阅读,多肽链的延伸方向是从 N- 端→C- 端(图 6-2a)。

2. **连续性**　在 mRNA 分子的 ORF 中,靠近 5′- 端有起始密码子 AUG,靠近 3′- 端有终止密码子 UAA、UAG 或 UGA。阅读 mRNA 分子中遗传密码是从 5′- 端开始每三个碱基为一组,密码子连续不断地向 3′- 端阅读,直至终止密码子出现。由于遗传密码之间没有停顿,如果在 mRNA 的 ORF 内缺失或增加的核苷酸数目不是 3 的倍数,都可能会导致可读框改变,称为移码突变(frameshift mutation),可导致翻译出错误的氨基酸排列顺序或者使翻译提前终止(图 6-2b)。

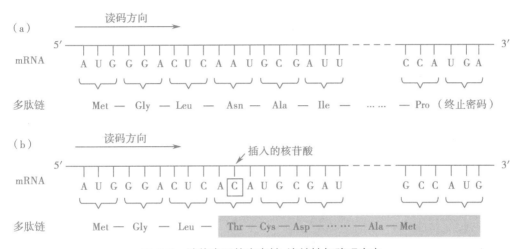

图 6-2　**遗传密码的方向性、连续性与移码突变**
(a)氨基酸的排列顺序对应于 mRNA 序列中密码子的排列顺序;(b)核苷酸插入导致移码突变。

3. **简并性**　组成蛋白质的氨基酸只有 20 种,而 64 个遗传密码子中有 61 个可以编码氨基酸,说明有的氨基酸有多个密码子编码。一种氨基酸有多个密码子,或者多个密码子编码一种氨基酸的现象称为密码子的简并性(degeneracy)。如异亮氨酸有 3 个密码子,亮氨酸、精氨酸、丝氨酸各有 6 个密码子。这种简并性主要是由于密码子的第三个碱基发生摆动现象形成的,也就是说密码子的专一性主要由前两个碱基决定,即使第三个碱基发生突变也能翻译出正确的氨基酸,如甘氨酸的密码子是 GGU、GGC、GGA、GGG,丙氨酸的密码子是 GCU、GCC、GCA、GCG。因此当这些密码的第 3 位碱基突变或异常,不一定影响翻译的氨基酸种类,这在减少突变的有害效应方面具有重要意义。

4. **通用性**　从低等生物到高等生物,都使用一套遗传密码,即遗传密码在很长的进化时期中保持不变。因此密码表是生物界通用的,即遗传密码具有通用性(universal)。然而,出乎人们预料的是,真核生物线粒体的许多密码子不同于通用密码,例如哺乳动物线粒体中,UGA 不是终止密码子,而是色氨酸的密码子;AGA、AGG 不是精氨酸的密码子,而是终止密码子,加上通用密码中的 UAA 和 UAG,线粒体中共有四组终止密码子;AUA 不是异亮氨酸的密码子,而是甲硫氨酸的密码子。叶绿体的遗传密码与通用密码也有一些差别。遗传密码基本上通用于生物界,说明物种有共同的进化起源,同时在生产实践中可利用细菌等生物来制造人体所需要的各种蛋白质。

5. **摆动性**　遗传密码子与反密码子配对有时会出现不遵守碱基配对规律的情况,这种不严格的碱基配对现象被称为遗传密码的摆动配对,或称为不稳定配对,也叫摆动性(wobble)。遗传密码的摆动性,常常发生在反密码子的第 1 位碱基与密码子的第 3 位碱基配对时,可以不严格按 A-U、C-G 配对,即除了 A-U、C-G 的严格配对规律外,还可以有 I-U、I-C 或 I-A 等最常见的摆动配对,以及 U-G、G-U 的摆动配对(表 6-2)。

表 6-2　密码子的摆动配对规律

tRNA 反密码子第 1 位碱基	I	U	G
mRNA 密码子第 3 位碱基	U、C、A	G	U

二、tRNA 和氨酰 -tRNA

(一) tRNA 的作用

tRNA 是一类小分子 RNA,长度为 73~94 个核苷酸。作为接头分子,tRNA 的一头为 CCA 序列,与氨基酸结合,称为氨基酸臂;另一头通过其反密码子环上的反密码子与 mRNA 的密码子结合,对 mRNA 进行解码(图 6-3)。合成过程中特异识别 mRNA 上起始密码子 AUG 的 tRNA 称为起始 tRNA,用 Met-tRNA$_i^{Met}$(真核生物) 或者 fMet-tRNA^{fMet}(原核生物)表示,它只在每条多肽链合成的起始阶段发挥作用。在多肽链延伸过程中运载氨基酸的 tRNA 统称为普通 tRNA,它们参加多肽链的延长。携带相同氨基酸而反密码子不同的一组 tRNA 称为同工 tRNA,它们在细胞内合成的数量上有差别。

每一种氨基酸可以由 2~6 种相应的 tRNA 转运,而每一种 tRNA 仅能转运某一种特定的氨基酸。mRNA 上的密码子与 tRNA 上的反密码子结合时具有一定摆动性(图 6-4),这种摆动现象使得携带同一种氨基酸的 tRNA 可结合在 2~3 个不同的密码子上。因此当密码子的第 3 位碱基发生突变时并不影响 tRNA 带入正确的氨基酸。

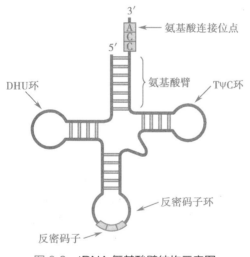

图 6-3　tRNA 氨基酸臂结构示意图

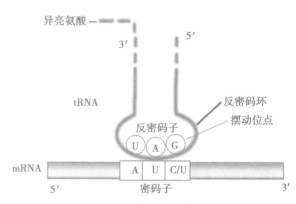

图 6-4　密码子摆动配对

(二) 氨酰 -tRNA

氨基酸在掺入到多肽链之前,必须先被活化,该过程经特定的氨酰 -tRNA 合成酶(aminoacyl-tRNA synthetase,aaRS)催化,由 ATP 供能,氨基酸分子上的 α- 羧基与其相应的 tRNA 分子的 3'- 端的相连,形成氨酰 -tRNA,即活化型的氨基酸。氨基酸活化后可按照 mRNA 遗传密码的指导,通过 tRNA 反密码子与 mRNA 序列中相应的密码子配对将氨酰基转运到核糖体的特定部位,参与肽链的合成。氨酰 -tRNA 合成酶催化的反应分为两步:

$$氨基酸 + ATP + E \longrightarrow 氨酰 - AMP - E + PP_i$$

$$氨酰 - AMP - E + tRNA \longrightarrow 氨酰 - tRNA + AMP + E$$

Note:

　　原核生物蛋白质合成起始时,第 1 个氨基酸甲硫氨酸活化后还要在甲酰转移酶催化下甲酰化,形成甲酰甲硫氨酰 -tRNA(fMet-tRNA^{fMet},f 是甲酰化 formy 的缩写),其甲酰基由 N^{10}- 甲酰四氢叶酸提供,而真核生物没有此过程。

　　同工 tRNA 由同一种氨酰 -tRNA 合成酶催化。氨酰 -tRNA 合成酶具有高度专一性,每一种氨酰 -tRNA 合成酶只特异地催化一种 tRNA 转运特定的一种氨基酸。氨酰 -tRNA 合成酶也属于多功能酶,它既能识别特异的氨基酸,又能识别相应的 tRNA,并将氨基酸连接在对应的 tRNA 分子上以保证遗传信息的准确传递。当 tRNA 携带了错误的氨基酸时,氨酰 -tRNA 合成酶还具有校正功能,能将错误结合的氨基酸水解释放,再换上与密码子相对应的正确氨基酸。

三、rRNA 和翻译场所核糖体

　　rRNA 与多种核糖体蛋白组成核糖体,是肽链合成的场所。核糖体由大小亚基组成,各亚基又分别由不同的 rRNA 分子与多种蛋白质分子构成,原核生物和真核生物的组成及大小又有不同(见表 2-2)。原核生物,如细菌,其核糖体为大小 70S,其中小亚基为 30S,大亚基为 50S。真核生物细胞质核糖体大小为 80S,其中小亚基为 40S,大亚基为 60S。在核糖体大、小亚基之间有结合 mRNA 的部位,核糖体能沿着 mRNA 的 5′→ 3′ 方向阅读遗传密码。

　　核糖体是高度复杂的体系,作为蛋白质合成的场所,它具有以下结构特点和作用(图 6-5):

　　1. **具有 mRNA 结合位点**　原核生物核糖体 mRNA 结合位点位于 30S 小亚基头部,其中 16S rRNA 3′- 端与 mRNA 的 AUG 之前一段序列互补,是结合所必不可少的。

　　2. **具有 P 位点**　P 位点(peptidyl-tRNA site)又称肽酰基 -tRNA 位或给位(donor site)。P 位点大部分位于小亚基,小部分位于大亚基,它是结合起始氨酰 -tRNA 并向 A 位给出氨基酸的位置。

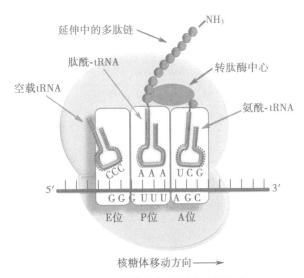

图 6-5　**核糖体在翻译中功能位点**

　　3. **具有 A 位点**　A 位点(aminoacyl-tRNA site)又称氨酰 -tRNA 位或受位(acceptor site)。A 位点大部分位于大亚基而小部分位于小亚基,接受新进入的氨酰 -tRNA,也接受肽酰转移酶转来的肽酰基。

　　4. **具有 E 位点**　E 位点(exit site)是空载 tRNA 临时结合并脱离核糖体的部位。

　　5. **具有肽酰转移酶活性部位**　肽酰转移酶活性部位位于 P 位和 A 位的连接处,催化两个氨基酸分子间肽键的形成。

　　6. **结合参与蛋白质合成的因子**　结合起始因子(initiation factor,IF)、延长因子(elongation factor,EF)和终止因子或释放因子(release factor,RF),它们分别在蛋白质合成的起始、延长及终止过程中发挥重要作用(表 6-3,表 6-4)。

Note:

表 6-3 原核生物肽链合成所需蛋白质因子

项目	种类	生物学功能
起始因子	IF-1	占据核糖体 A 位，防止 A 位结合其他 tRNA
	IF-2	促进 fMet-tRNA^{fMet} 与小亚基结合
	IF-3	促进大、小亚基分离；提高 P 位对结合 fMet-tRNA^{fMet} 的敏感性
延长因子	EF-Tu	促进氨酰 -tRNA 进入 A 位，结合并分解 CTP
	EF-Ts	EF-Tu 的调节亚基
	EF-G	有转位酶活性，促进 mRNA- 肽酰 -tRNA 由 A 位移至 P 位；促进 tRNA 卸载与释放
释放因子	RF-1	特异识别终止密码子 UAA、UAG；诱导肽酰转移酶转变为酯酶
	RF-2	特异识别终止密码子 UAA、UGA；诱导肽酰转移酶转变为酯酶
	RF-3	具有 GTP 酶活性，介导 RF-1 及 RF-2 与核糖体的相互作用

表 6-4 真核生物肽链合成所需蛋白质因子

项目	种类	生物学功能
起始因子	eIF-1	多功能因子，参与翻译的多个步骤
	eIF-2	促进 Met-RNA$_i^{Met}$ 与小亚基结合
	eIF-2B	结合小亚基，促进大、小亚基分离
	eIF-3	结合小亚基，促进大、小亚基分离；介导 eIF-4F 复合物 -mRNA 与小亚基结合
	eIF-4A	eIF-4F 复合物成分：有 RNA 解旋酶活性，解除 mRNA 5′- 端的发夹结构，使其与小亚基结合
	eIF-4B	结合 mRNA，协助 mRNA 扫描定位起始 AUG
	eIF-4E	eIF-4F 复合物成分，识别结合 mRNA 的 5′- 帽结构
	eIF-4G	eIF-4F 复合物成分，结合 eIF-4E、eIF-3 和 PAB
	eIF-5	促进各种起始因于从小亚基解离
	eIF-6	促进大、小亚基分离
延长因子	eEF1-α	促进氨酰 -tRNA 进入 A 位：结合分解 CTP，相当于 EF-Tu
	eEF1-βγ	调节亚基，相当于 EF-Ts
	eEF-2	有转位酶活性，促进 mRNA- 肽酰 -tRNA 由 A 位移至 P 位：促进 tRNA 卸载与释放，相当于 EF-G
释放因子	eRF	识别所有终止密码子，具有原核生物各类 RF 的功能

第二节 蛋白质生物合成过程

蛋白质的生物合成即翻译，是在多种因子辅助下，核糖体结合 mRNA 模板，通过 tRNA 识别该 mRNA 的三联体密码子和转移相应氨基酸，进而按照模板 mRNA 信息依次连续合成肽链的过程。蛋白质生物合成过程十分复杂，可概括为氨基酸活化、多肽链合成的起始、延长、终止及释放、合成后修饰加工五个环节。

一、翻译起始

蛋白质合成的起始是将带有起始甲硫氨酸的 tRNA 与 mRNA 结合到核糖体上形成起始复合物

Note:

的过程。参与形成起始复合物的物质有核糖体大亚基及小亚基、mRNA、起始氨酰 -tRNA 和各种起始因子等。原核生物与真核生物的起始复合物形成过程类似,但不完全相同。

（一）原核生物翻译起始复合物形成过程

对原核生物翻译过程的认识主要是在大肠埃希菌的研究中完成的。原核生物蛋白质合成首先形成由核糖体大亚基及小亚基、mRNA、甲酰甲硫氨酰 -tRNA 共同组成的起始复合物,此过程需要起始因子如 IF-1、IF-2、IF-3、GTP 和 Mg^{2+} 参与,具体过程如下:

1. 核糖体大小亚基分离　蛋白质合成第一步是完整的核糖体大、小亚基分离,这样才能结合 mRNA 和起始氨酰 -tRNA,此环节需要 IF-3 和 IF-1 参与。蛋白质合成是连续进行的,上一轮合成结束,下一轮合成就可以开始。IF-3 在前一循环翻译终止时就结合到小亚基近大亚基部位,促进核糖体大、小亚基解离。而 IF-1 的作用是促进 IF-3 结合到核糖体上发挥作用,IF-1 还促进小亚基与 mRNA 和起始氨酰 -tRNA 结合。

2. 核糖体 30S 小亚基附着于 mRNA 的起始信号部位　原核生物中参与蛋白质合成的每一个 mRNA 分子都具有与核糖体结合的位点,该位点是位于起始密码 AUG 上游 8~13 个核苷酸处的短片段。在此片段中存在 4~6 个富含嘌呤碱基的核苷酸序列,如 5'-AGGAGG-3',称作 S-D 序列(Shine-Dalgarno sequence)(图 6-6)。这段序列正好与核糖体 30S 小亚基中 16S rRNA 3' 端一段富含嘧啶核苷酸的序列互补,如 5'-CCUCC-3'。通过 S-D 序列的碱基配对使 mRNA 与小亚基结合,因此 S-D 序列也称为核糖体结合序列(ribosome binding sequence,RBS)。此外在 mRNA 分子紧靠 S-D 序列后有一小段核苷酸序列可以被核糖体小亚基蛋白 rps-1 识别并结合(图 6-6),通过上述 RNA-RNA、RNA- 蛋白质相互作用使核糖体能精确定位于 mRNA 起始密码 AUG,启动肽链的合成。该结合反应需要 IF-3 介导,IF-1 则促进 IF-3 与小亚基结合,故先形成 IF-3·30S 亚基·mRNA 三元复合物。

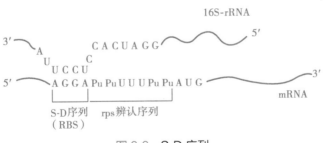

图 6-6　S-D 序列

3. 30S 前起始复合物形成　在 IF-2 作用下,通过 mRNA 分子中的 AUG 起始密码子与甲酰甲硫氨酰 -tRNA 的反密码子配对,起始氨酰 -tRNA(fMet-tRNA^{fMet})与 mRNA 结合,形成 IF-2·30S 小亚基·mRNA·fMet-tRNA^{fMet} 组成的 30S 前起始复合物,同时 IF-3 从三元复合物中脱落,此环节还需要 GTP 和 Mg^{2+} 参与。此过程是起始氨酰 -tRNA 和 GTP、IF-2 一起识别小亚基 P 位上的 mRNA 起始密码,而核糖体 A 位则被 IF-1 占据,不结合任何氨酰 -tRNA。

4. 70S 起始复合物的形成　50S 大亚基与 30S 前起始复合物结合形成 30S 小亚基·mRNA·50S 大亚基·fMet-tRNA^{fMet} 组成的起始复合物,此过程由 IF-2 结合的 GTP 水解成 GDP 供能,随之 3 种 IF 脱落,GDP 释放。在起始复合物上,fMet-tRNA^{fMet} 占据着大亚基上的 P 位,而 A 位则空着有待于对应 mRNA 中第二个密码子的相应氨酰 -tRNA 进入,从而进入多肽链合成的延长阶段。

原核生物蛋白质合成起始阶段全过程总结如图 6-7。

（二）真核生物翻译起始复合物形成过程

真核细胞蛋白质合成起始复合物的形成方式与原核生物相似,但具体过程更复杂,参与的成分也有较大差别。参与真核细胞翻译的组分,其主要特点如下:①已发现的真核起始因子(eukaryote

Note:

initiation factor,eIF)有近 10 种,有些起始因子与原核细胞中的 IF 功能相似,但结构差别很大;②mRNA 有 5′ 帽子和 3′ 多聚腺嘌呤核苷酸(polyA)尾巴结构;③AUG 既代表起始密码,又代表甲硫氨酸密码,起始甲硫氨酰 -tRNA$_i^{Met}$ 不进行甲酰化;④参与真核生物蛋白质合成的核糖体是由 40S 小亚基和 60S 大亚基组成的 80S 核糖体;⑤ATP 水解为 ADP 和 Pi 供给 mRNA 在小亚基进位结合核糖体所需要的能量。

真核细胞蛋白质合成起始复合物的形成过程如下:

1. 首先 eIF-3 结合在 40S 小亚基上,进而促进 80S 核糖体解离出 60S 大亚基,同时 eIF-2 在辅 eIF-2 作用下,与 Met-tRNA$_i^{Met}$ 及 GTP 结合,再通过 eIF-3 及 eIF-4C 的作用,先结合到 40S 小亚基,然后再与 mRNA 结合。

2. mRNA 结合到 40S 小亚基时,除了 eIF-3 参加外,还需要 eIF-1、eIF-4A 及 eIF-4B,并由 ATP 水解为 ADP 及 P$_i$ 来供能,通过帽子结合因子(或称为 eIF-4E)与 mRNA 的帽子结合而转移到小亚基上。目前认为通过与帽子结合后,mRNA 在小亚基上往下游进行扫描移动,可使 mRNA 上的起始密码 AUG 在 Met-tRNA$_i^{Met}$ 的反密码子位置固定下来,进行翻译起始。

3. 通过 eIF-5 的作用,可使结合 Met-tRNA$_i^{Met}$·GTP 及 mRNA 的 40S 小亚基与 60S 大亚基结合,形成 80S 起始复合物。eIF-5 具有 GTP 酶活性,催化 GTP 水解为 GDP 及 Pi,并有利于其他起始因子从 40S 小亚基表面脱落,从而促进 40S 与 60S 两个亚基结合,最后经 eIF-4D 激活成具有活性的 80S·Met-tRNA$_i^{Met}$·mRNA 起始复合物。

真核细胞翻译起始复合物的形成见图 6-8。

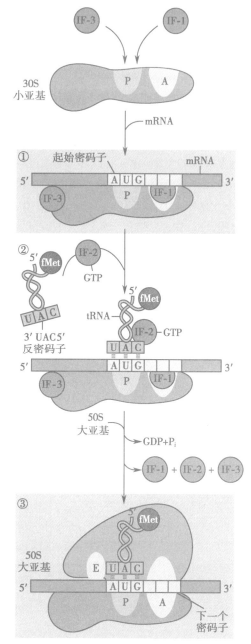

图 6-7　原核生物蛋白质合成起始复合物的形成

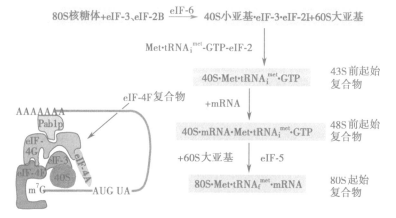

图 6-8　真核细胞翻译起始复合物的形成

二、多肽链合成延长

多肽链延长是在核糖体上连续循环进行,核糖体从 RNA 的 5′- 端向 3′- 端移动,依据密码子顺序,从 N 端开始向 C 端合成多肽链,又称为核糖体循环(ribosome cycle)。当与 mRNA 链上第二个密码子对应的氨酰 -tRNA 进入 A 位,肽链的合成即进入延长阶段。参与此阶段的主要物质除了多种氨酰 -tRNA 外,还需要延长因子辅助、GTP 供能、Mg^{2+} 和 K^+ 参与。真核细胞肽链延长的过程与原核细胞基本相似,所不同的是反应体系和参加的延长因子不一样。原核生物的延长因子有 EF-Tu、EF-Ts、EF-G 三种,真核生物的延长因子是 eEF-1α、eEF-1β、eEF-1γ、eEF-2 等。

在肽链延长阶段,每形成一个肽键要经过进位、成肽、转位三个步骤,肽链因此延长了一个氨基酸,如此反复直至肽链合成终止(图 6-9),为狭义的核糖体循环,而广义的核糖体循环包括翻译全过程。

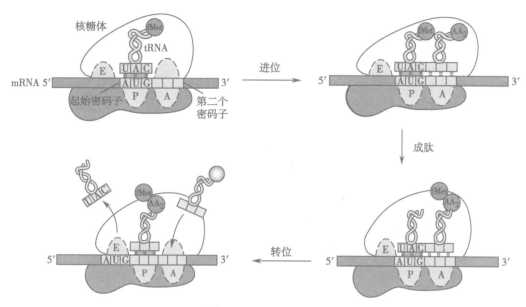

图 6-9　肽链延长过程

(一) 进位

核糖体 A 位 mRNA 上的密码子决定相应氨酰 -tRNA 进入核糖体 A 位的过程即为进位(positioning),也称为注册(registration)。在原核生物起始复合物中,甲酰甲硫氨酰 -tRNA 占据着核糖体的 P 位(给位),而 A 位(受位)空着。而在肽链延长阶段则由 A 位上对应的密码子指导,相应的氨基酸由 tRNA 携带,以氨酰 -tRNA 的形式进入 A 位。此过程需要众多延长因子以及 GTP 参与。

原核生物进位时需要 EF-Tu 和 EF-Ts,EF-Tu 首先与 GTP 结合,然后再与氨酰 -tRNA 结合形成氨酰 -tRNA·EF-Tu·GTP 三元复合物才能进入 A 位。EF-Tu 具有 GTP 酶活性,能使 GTP 水解成 GDP 供给进位需要的能量,并在完成进位后释放出 EF-Tu 和 GDP,而 EF-Ts 则促进 EF-Tu 释放出 GDP。

核糖体对氨酰 -tRNA 的进位有校正作用,在肽链合成的高速过程中能保证只有正确的氨酰 -tRNA 通过反密码子与密码子发生迅速碱基配对,形成正确的氨基酸排列顺序;反之,错误的氨酰 -tRNA 因反密码子与密码子不能配对结合,而从 A 位解离。这是蛋白质合成过程维持高度保真性的又一有益措施。

(二) 成肽

成肽(peptide bond formation)是指肽酰转移酶(transpeptidase)催化两个氨基酸间肽键形成的反应。成肽的过程首先是 P 位上的甲硫氨酰 -tRNA 所携带的甲硫氨酰与 A 位上新进入的氨酰 -tRNA

Note:

的 α- 氨基结合形成二肽。第一个肽键形成后，二肽酰 -tRNA 占据着核糖体的 A 位，而卸载了氨基酸的 tRNA 仍在 P 位。从第三个氨基酸开始，肽酰转移酶催化 P 位上的 tRNA 所连接的肽酰基与 A 位氨酰基间的肽键形成。此时含有肽键的肽酰 -tRNA 位于 A 位，P 位仅卸掉氨基酸的空载 tRNA，将从核糖体迅速脱落。肽酰转移酶存在于核糖体大亚基，其化学本质是 RNA。真核生物肽酰转移酶位于大亚基的 28S rRNA 中；原核生物核糖体大亚基中的 23S rRNA 具有肽酰转移酶活性。

（三）转位

在转位酶（translocase）作用下，整个核糖体沿 mRNA 链 5′- 端向 3′- 端方向挪动一个密码子距离，使原来 A 位上的肽酰 -tRNA 移到 P 位，A 位空出，所以此过程也叫移位。转位需要 GTP 以及延长因子的辅助。真核生物的转位过程需要的延长因子是 eEF-2，该延长因子的含量和活性直接影响蛋白质的合成速度，也使其成为某些毒素干扰真核生物蛋白质合成的作用靶点（见下节）。原核细胞核糖体除了 A 位、P 位外，还有位于 P 位上游的 E 位。成肽反应后位于 P 位的空载 tRNA 随着核糖体在 mRNA 链上的移位由 P 位进入 E 位，然后再脱落。原核生物的转位还需要 EF-G、GTP、Mg^{2+} 参与。

在多肽链上每增加一个氨基酸都需要经过进位、成肽和转位三个步骤，进位→成肽→转位每循环一次就新形成一个肽键，在肽链中新增加一个氨基酸残基，如此周而复始地进行，肽链就按遗传密码的顺序不断延长，直至终止密码子出现。

三、多肽链合成终止

无论原核生物还是真核生物都有三个终止密码子 UAA、UAG 和 UGA。终止密码子不被任何氨酰 -tRNA 识别，蛋白质合成的停止需要特殊的蛋白质因子，即释放因子。原核生物有 RF-1、RF-2、RF-3 三种释放因子，RF-1 可识别终止密码子 UAA 和 UAG；RF-2 能识别 UAA 和 UGA；RF-3 结合 GTP，并能促进 RF-1 及 RF-2 对核糖体的结合。真核生物只有一种释放因子 eRF，能识别三种终止密码子。无论是原核生物还是真核生物，其释放因子都作用于核糖体 A 位，使肽酰转移酶活性变为水解酶活性，将肽链从 tRNA 的 3′- 端水解下来。真核生物肽链合成完成后的水解释放过程尚未完全阐明，推测可能有其他的蛋白质分子参与这一过程。原核生物多肽链合成的终止包括终止密码子的辨认，在释放因子的作用下肽链从肽酰 -tRNA 上水解，mRNA 从核糖体中分离，核糖体在 IF-3 作用下解离成大、小亚基。原核生物多肽链合成的终止过程具体如下：

1. 当肽链合成至 A 位出现 mRNA 的终止密码子时，因无氨酰 -tRNA 与之对应，由 RF-1 或 RF-2 识别终止密码子，进入 A 位，RF-3 则加 s 强此作用。

2. RF 与 A 位结合可诱导核糖体大亚基上肽酰转移酶构象发生变化，催化 P 位上肽酰 -tRNA 的 tRNA 与肽链间的酯键水解，将 P 位上的肽链（蛋白质合成初级产物）从 tRNA 上解离出来。

3. 通过 GTP 水解为 GDP 及 Pi，使残留在核糖体上的 tRNA 和 RF 也释放，核糖体与 mRNA 分离，最后核糖体解离成大、小亚基，原核生物翻译终止及多肽链释放（图 6-10）。

从氨基酸活化到核糖体循环均需大量能量供应，估计每形成一个肽键要消耗 4 个以上高能磷酸键，所以蛋白质生物合成是一个复杂的不可逆过程。

上述是单个核糖体循环，而原核细胞合成蛋白质时，常常一条 mRNA 链上同时结合多个核糖体（可多达几百个）进行多聚核糖体（polyribosome 或 polysome）循环，同时合成多条多肽链。当第 1 个核糖体向 mRNA 的 3′- 端移动一定距离（约离 mRNA 起始部位 80 个核苷酸以上），第 2 个核糖体又与 mRNA 的起始部位结合形成新的起始复合物，进行另一条多肽链的合成。核糖体再向前移动一定距离后，mRNA 起始部位又结合第 3 个核糖体，如此进行就在 mRNA 链上形成了类似串珠状的排列（图 6-11）。在多核糖体循环中一条 mRNA 链上可同时翻译合成多条肽链，大大提高了翻译效率，mRNA 资源也得到了充分利用。

多聚核糖体循环的核糖体个数与模板 mRNA 长度有关，如编码血红蛋白多肽链的 mRNA 编码

Note:

区由 450 个核苷酸组成,长约 150nm,上面串联有 5~6 个核糖体,而肌凝蛋白重链 mRNA 由 5 400 个核苷酸组成,由 60 多个核糖体构成多聚核糖体完成多肽链的合成。

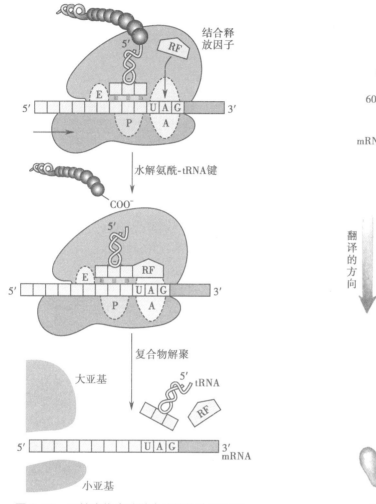

图 6-10 原核生物多肽链合成的终止及释放

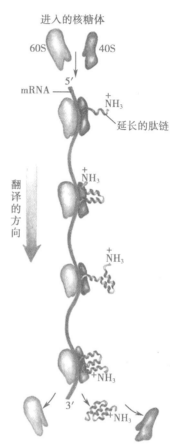

图 6-11 多聚核糖体

第三节 蛋白质合成后修饰加工

新合成的肽链从核糖体上释放出来并不具备生理活性,在细胞内修饰加工后才能成为具有生物学功能的成熟蛋白质或多肽。没有生物学活性的蛋白质前体经加工修饰后,转变成具有生理功能的蛋白质的过程称为蛋白质翻译后加工(post-translational processing)。蛋白质翻译后加工方式包括肽链折叠、一级结构修饰、高级结构修饰及靶向分选或输送四个方面。不同蛋白质修饰加工方式各异。

一、新生肽链的折叠

成熟的蛋白质具有特定的空间构象。新生肽链折叠成一定空间构象的过程往往需要其他蛋白质的帮助。根据目前的认识,帮助新生肽链折叠的蛋白质可以分为分子伴侣和折叠酶两大类。

(一)分子伴侣

分子伴侣(molecular chaperone)是一类辅助性蛋白质,其功能帮助新生肽链正确折叠,形成具有功能的空间结构,其本身并不参与装配产物的组成。分子伴侣有两类:一类是核糖体结合性分子伴侣,包括触发因子和新生链相关复合物;另一类是非核糖体结合性分子伴侣,包括热休克蛋白

Note:

HSP70、伴侣蛋白 GroEL/GroES 等。目前肽链折叠主要集中在对大肠埃希菌等的研究，真核生物的肽链折叠机制尚有待阐明。

（二）折叠酶

折叠酶（foldase）指催化蛋白质功能构象形成所必需的酶，如存在于内质网的二硫键异构酶，可促进多肽链中某些半胱氨酸残基脱氢氧化，从而正确配对并最终形成热力学上最稳定的功能构象。例如，肽酰 - 脯氨酸顺反异构酶可催化多肽链因有脯氨酸残基而发生的顺反异构转换，形成正确折叠的异构体。折叠酶对于蛋白质形成正确的空间结构至关重要，可以帮助细胞内新生肽链折叠为具有功能的蛋白质。

二、一级结构的修饰

蛋白质一级结构常见修饰方式有以下三大类。

（一）氨基端修饰

在肽链合成初期，肽链的氨基末端均为甲酰甲硫氨酸（原核生物）或甲硫氨酸（真核生物）残基，当肽链延长到一定程度，在脱甲酰基酶或甲硫氨酸氨肽酶作用下，它们都将被切除，暴露肽链真正的 N- 端氨基酸。因此，成熟的蛋白质分子 N- 端无甲酰基，或没有甲硫氨酸。氨基端的另外一些氨基酸残基，包括信号肽序列，常常也由氨肽酶催化去除。此外，某些蛋白质氨基端需经乙酰化修饰才具有生物学活性。

（二）化学修饰

在成熟蛋白质分子中可以见到一些修饰性氨基酸，例如结缔组织胶原蛋白内的羟脯氨酸、羟赖氨酸，酶活性中心磷酸化的丝氨酸、苏氨酸或酪氨酸等，它们都是多肽链合成后经酶促反应化学修饰而成，蛋白激酶、糖基转移酶、羟化酶、甲基转移酶等都在这一过程中发挥重要作用。

1. **磷酸化修饰**　蛋白质磷酸化修饰多发生在多肽链含有羟基的丝氨酸、苏氨酸残基分子上，偶尔也发生在酪氨酸残基上，此类修饰主要与酶活性调节有关。磷酸化修饰受细胞内蛋白激酶的催化。

2. **羟基化修饰**　结缔组织中胶原蛋白的脯氨酸和赖氨酸残基在内质网中经羟化酶、分子氧和维生素 C 作用发生羟基化修饰，产生羟脯氨酸和羟赖氨酸。如果此过程发生障碍，则胶原纤维将不能交联，将极大程度地降低胶原纤维的抗张力作用。

3. **糖基化修饰**　蛋白质分子中丝氨酸或苏氨酸残基的—OH 能够与 O- 糖链进行共价连接，发生糖基化修饰。许多细胞膜蛋白和分泌型蛋白质都含有寡糖链，如红细胞膜上 ABO 血型决定簇等。此外蛋白质分子中天冬酰胺的—NH₂ 也可与糖链以 N 型连接方式结合，从而发生糖基化修饰，这种寡糖链的加入发生在内质网或高尔基复合体中。

4. **形成二硫键**　mRNA 分子上没有胱氨酸遗传密码，蛋白质分子中的二硫键是在肽链合成后经二硫键异构酶催化，将两个特定的半胱氨酸巯基脱氢氧化得以形成，常作为酶活性中心外的必需基团，这在稳定酶和蛋白质空间结构方面具有重要作用。

（三）水解修饰

某些不具有生物学活性的新生肽链，需要在特异蛋白水解酶催化下去除其中部分肽段或氨基酸残基才成为有生物活性的蛋白质。例如，甲状旁腺素、生长激素等激素初合成时是无活性的前体，需经水解剪去部分肽段而成为有活性的激素。刚合成的前胰岛素原为无活性的胰岛素前体，需要水解切除 N- 端的信号肽、A 链与 B 链中间的 C 肽等肽段和一些氨基酸后才具有生物学活性，才能发挥其对代谢的调节作用。各种酶原的激活过程也属于此类修饰加工。

一般真核细胞一个基因转录出一个 mRNA 分子，指导翻译出对应的一条多肽链。但有少数例外，即翻译出的一条多肽链可经不同的水解方式产生几种不同的蛋白质或多肽，如阿黑皮素原（proopiomelanocortin，POMC）。哺乳动物的阿黑皮素原初翻译产物含 265 个氨基酸残基，可在脑垂体不同细胞中切割生成 β- 促脂酸释放激素（91 肽）、促肾上腺皮质激素 ACTH（39 肽）、β- 内啡肽

（11 肽）、α- 促黑激素（α-MSH，13 肽）、β- 促黑激素（β-MSH，18 肽）等至少 9 种不同活性的肽类激素（图 6-12）。

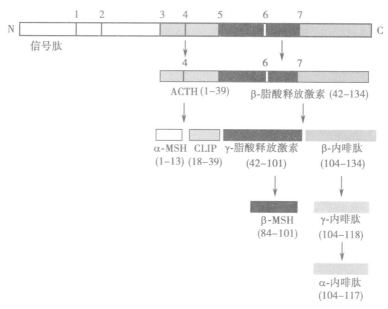

图 6-12　阿黑皮素原的水解修饰

三、高级结构的修饰

蛋白质翻译后加工除了需要形成正确折叠的空间构象外，还需要经过亚基聚合、辅基连接等修饰方式，才能成为有完整天然构象和生物学功能的蛋白质。蛋白质高级结构的修饰方式主要有：

（一）亚基聚合

具有四级结构的蛋白质由 2 条或 2 条以上多肽链构成，每条多肽链称为亚基（subunit），各亚基分别经蛋白质合成途径合成多肽链后，再通过非共价键聚合成具有完整四级结构的多聚体，这才能表现出生物学活性。蛋白质亚基聚合过程有一定的顺序，而亚基聚合方式及次序则由各亚基的氨基酸序列决定。例如正常成人血红蛋白由两条 α 链、两条 β 链和 4 分子血红素组成，α 链在核糖体合成后自行释放，并与尚未从核糖体上释放的 β 链相连，然后以 αβ 二聚体形式从核糖体脱落，此二聚体再与线粒体内生成的两个血红素结合，最后两个与血红素结合的二聚体形成由 4 条肽链和 4 个血红素构成的有功能的血红蛋白分子。

（二）辅基连接

细胞内多种结合蛋白质如脂蛋白、色蛋白、核蛋白、糖蛋白等肽链合成后，需与相应的非蛋白质部分（辅基）结合才形成完整分子。如血红蛋白需要结合辅基血红素，核蛋白需要结合辅基核酸，糖蛋白需要在内质网和高尔基复合体中，经过多种糖基转移酶催化添加辅基糖链。质膜蛋白质和许多分泌型蛋白质都具有糖链，这些寡糖链结合在丝氨酸或苏氨酸的羟基上，例如红细胞膜上的 ABO 血型抗原决定簇是存在于红细胞膜表面糖蛋白的糖链。这些寡糖链是在内质网或高尔基复合体中加入的，结合蛋白质的合成十分复杂，辅基与多肽链结合的具体过程和时间亦各不相同，有的在肽链合成阶段就开始，肽链合成结束后还要继续加工。

四、蛋白质合成后靶向分送

蛋白质合成后会被定向输送到其发挥作用的特定细胞部位，这称为蛋白质合成后靶向分送（targeted transport）。在原核生物如细菌细胞内，新合成的蛋白质一般靠简单扩散方式实现靶向分送。

Note:

真核细胞结构复杂,不仅有多种细胞器,而且有各不相同的生物膜结构,因此新合成的蛋白质需要跨越不同的膜结构才能到达其发挥作用的场所。蛋白质靶向分送有三种去向:保留在胞质;进入线粒体、细胞核或其他细胞器;分泌入体液,再输送至该蛋白质行使功能的区域。所有靶向分送的蛋白质一级结构中都存在信号序列(signal sequence),这些序列有的在肽链的 N- 端,有的在 C- 端,有的在肽链内部;有的在分送完成后切除,有的继续保留。

（一）分泌型蛋白质靶向分送

合成后分泌到细胞外的蛋白质称分泌型蛋白质,如体内各种肽类激素、各种血浆蛋白、凝血因子及抗体蛋白等。细胞内分泌型蛋白质的合成与转运同时进行。分泌型蛋白质的信号序列是位于 N- 端的信号肽(signal peptide),它能形成两个 α- 螺旋发夹结构,帮助它插入到内质网膜,将正在合成的多肽链带入内质网腔。胞质中有一种由小分子 RNA 和蛋白质共同组成的复合物,能特异地识别信号肽,称为信号识别颗粒(signal recognition particle, SRP)。其作用是识别信号肽,并与核糖体结合,以暂时阻断多肽链合成。当分泌的新生肽与内质网外膜上的 SRP 受体结合后,信号肽就插入内质网进入内质网腔,被内质网腔壁上的信号肽酶水解除去,SRP 与受体解离进入新循环,而信号肽之后的肽段随之也进入内质网腔,继续合成多肽链(图 6-13)。SRP 在翻译阶段的重要生理意义是能使分泌型蛋白质及早进入细胞的膜性结构,进行正确折叠以及必要的后期加工修饰,最终顺利分泌出细胞。例如在麦胚合成的前胰岛素原,由 110 个氨基酸残基组成,N- 端有一段富含疏水氨基酸的肽段作为信号肽,使前胰岛素原能穿越内质网膜进入内质网腔。随后信号肽在内质网腔被水解,最后修饰加工成由 51 个氨基酸残基组成的成熟胰岛素。哺乳动物细胞内胰岛素合成完成时前胰岛素原已修饰加工为胰岛素原,然后胰岛素原被运到高尔基复合体,切去 C 肽成为有生物学活性的胰岛素,最终排出细胞外。真核细胞的前清蛋白、免疫球蛋白轻链、催乳素等蛋白质和多肽合成都有相似的分泌过程。

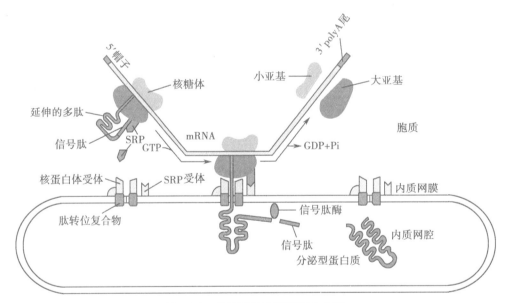

图 6-13　分泌型蛋白质的靶向分送

（二）线粒体蛋白质靶向分送

线粒体虽然含有蛋白质生物合成的所有成分,但是绝大部分线粒体蛋白质是由细胞核基因组的基因所编码,并在细胞质中游离的核糖体上合成,然后再定向转运到线粒体内。这些蛋白质在运输以前,是以未折叠的前体形式存在。位于基质的线粒体前体蛋白质通常在 N- 端有一段信号序列称为导肽、前导肽或转运肽,由 20~35 个氨基酸残基构成,富含丝氨酸、苏氨酸及碱性氨基酸残基。线粒体前体蛋白质在完成转运后进入线粒体基质,导肽被蛋白酶切除,剩余部分在分子伴侣的帮助下折叠,形成正确的空间结构,成为成熟的蛋白质。分送到线粒体内膜或膜间腔的蛋白质除了具有 N- 端的导肽外,还含有另一段信号序列,帮助引导蛋白质由基质分送到线粒体内膜或穿过内膜进入膜间腔。

（三）细胞核蛋白质靶向分送

定位于细胞核的蛋白质在细胞质中合成,通过核孔进入细胞核,如 RNA 聚合酶、DNA 聚合酶、组蛋白、拓扑异构酶及大量转录复制调控因子等,它们都必须从细胞质进入细胞核才能正常发挥功能。所有被靶向分送的细胞核蛋白质其肽链内部都含有 4~8 个氨基酸残基组成的信号序列称为核定位信号(nuclear localization signal,NLS)。在细胞质中合成的细胞核蛋白质与核输入因子(nuclear importin)αβ 异二聚体结合,形成复合物,导向核孔。该过程由低分子量的 G 蛋白 Ran 水解 GTP 供能。由于 NLS 位于肽链内部,所以最后保留在核基质中,不被切除(图 6-14)。

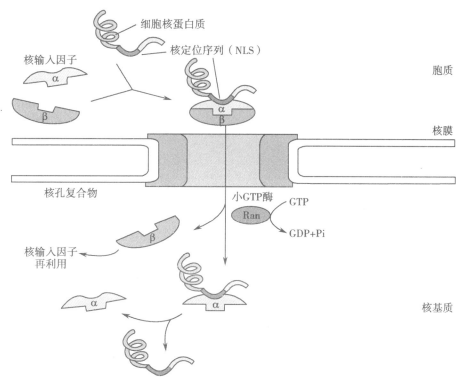

图 6-14　细胞核蛋白质的靶向分送

第四节　蛋白质生物合成与医学

蛋白质生物合成与生物体遗传、代谢、分化、免疫等生命活动密切相关。影响蛋白质生物合成的物质很多,它们可以作用于 DNA 复制和 RNA 转录,或者直接作用于翻译过程中起始、延长、终止与释放的某一阶段,从而对蛋白质的生物合成产生重要影响。临床所用的抗生素类药物能够通过干扰细菌蛋白质的合成,来阻止细菌生长、繁殖,以达到抑制微生物生长的治疗目的。某些毒素也可作用于真核生物蛋白质的合成而呈现毒性作用。对其致病机制的研究,可为临床治疗提供理论依据。因此学习蛋白质合成的知识对理解某些医药学问题十分重要。

一、抗生素与蛋白质合成

抗生素由某些真菌、细菌等微生物产生,可阻断细菌蛋白质合成而抑制细菌生长和繁殖,对宿主无毒性的抗生素可用于预防和治疗人、动物和植物的感染性疾病。抗生素可通过影响翻译过程的不同阶段,达到抑菌的作用(表 6-5)。

Note：

表 6-5 常用抗生素抑制蛋白质生物合成的原理及应用

抗生素	作用位点	作用原理	应用
氨基糖苷类抗生素	原核核糖体小亚基	改变构象引起读码错误、抑制翻译起始	抗菌药
四环素类抗生素	原核核糖体小亚基	抑制氨酰 -tRNA 与小亚基结合	抗菌药
氯霉素类抗生素	原核核糖体大亚基	抑制肽酰转移酶、阻断肽链延长	抗菌药
嘌呤霉素类抗生素	原核、真核核糖体	使肽酰基转移到它的氨基上后脱落	抗肿瘤药
放线菌酮类抗生素	真核核糖体大亚基	抑制肽酰转移酶、阻断肽链延长	医学研究

（一）氨基糖苷类抗生素

氨基糖苷类抗生素（aminoglycoside antibiotics）主要指链霉素、卡那霉素、庆大霉素等，这类抗生素主要抑制革兰阴性细菌蛋白质合成，在蛋白质合成的 3 个阶段均发挥作用：①高浓度时可使氨酰 -tRNA 从起始复合物中脱落，干扰起始复合物的形成。②在肽链延长阶段使氨酰 -tRNA 与 mRNA 错配，影响细菌蛋白质合成。链霉素和卡那霉素可与 30S 亚基结合，使氨酰 -tRNA 上的反密码子与 mRNA 的密码子结合松弛，甚至引起读码错误，最终导致合成异常蛋白质。③在肽链合成的终止阶段阻碍终止因子与核糖体结合，使已合成的多肽链无法释放。同时还抑制 70S 核糖体解离，妨碍蛋白质合成。

（二）四环素类抗生素

四环素类抗生素（tetracycline antibiotic）是由放线菌产生的一类广谱抗生素，包括金霉素、土霉素、四环素等，主要对原核生物核糖体小亚基发挥作用：①与 30S 小亚基结合，抑制起始复合物的形成；②抑制氨酰 -tRNA 进入核糖体 A 位，阻碍肽链的延伸；③影响终止因子与核糖体的结合，使已合成的多肽链不能从核糖体脱落。虽然四环素类抗生素对人体细胞 80S 核糖体也有抑制作用，但对细菌 70S 核糖体的抑制作用更显著，因此对细菌蛋白质合成抑制作用更强。

（三）氯霉素类抗生素

氯霉素（chloramphenicol）具有广谱抗菌作用，通过影响肽链延伸抑制蛋白质合成，主要从以下两个方面发挥作用：①与核糖体 A 位紧密结合，阻碍氨酰 -tRNA 进入 A 位；②与核糖体大亚基结合，抑制肽酰转移酶活性，使细菌蛋白质不能合成。由于氯霉素还可与人体线粒体的核糖体结合，因而也可抑制人体线粒体的蛋白质合成，对人体具有一定毒性。

（四）嘌呤霉素类抗生素

嘌呤霉素（puromycin）结构与酪氨酰 -tRNA 相似。蛋白质合成过程中，嘌呤霉素能取代部分氨酰 -tRNA 进入核糖体 A 位，当延长中的肽链转入此异常 A 位时，容易脱落，终止肽链合成。由于嘌呤霉素对原核生物和真核生物的翻译过程均有干扰作用，故不宜用作抗菌药物，目前多用于肿瘤治疗。

（五）放线菌酮类抗生素

放线菌酮（cycloheximide）是从放线菌发酵液中提取的一种抗生素，可特异抑制真核生物核糖体肽酰转移酶活性，阻断真核生物蛋白质的合成。由于其作用对象是真核生物，限制其用于临床，仅在研究室作为试剂使用。

二、其他干扰蛋白质合成的物质

（一）干扰素

干扰素（interferon，IFN）是真核细胞感染病毒后合成和分泌的一类具有很强抗病毒作用的小分子蛋白质，在临床有重要的应用价值。从白细胞中获得的干扰素称为 α- 干扰素；从成纤维细胞分离得到的干扰素属于 β- 干扰素；从免疫细胞中得到的干扰素叫 γ- 干扰素。

目前已知干扰素抗病毒机制有两种，即诱导翻译起始因子磷酸化和诱导病毒 RNA 降解：①当某些病毒双链 RNA 存在时,干扰素能够活化特异蛋白激酶,使起始因子 eIF-2 被磷酸化而失活,从而抑制病毒蛋白质合成;②干扰素与双链 RNA 共同活化特殊的 2′,5′- 腺嘌呤寡聚核苷酸合成酶,生成 2′,5′- 寡聚腺苷酸,再活化核酸内切酶 RNase L,降解病毒 RNA,从而阻断病毒蛋白质的合成。

干扰素除具有抗病毒作用外,还具有调节细胞生长分化、激活免疫系统等作用,因此在医学上具有重要的实用价值。现在通过基因工程技术合成的干扰素已经被普遍应用于临床治疗与研究。

(二) 毒素

毒素(toxin)是指生物体在生长代谢过程中产生的对宿主细胞具有毒性的化学物质。这些毒素可通过干扰真核生物蛋白质合成而呈现毒性作用,比如在肽链延长阶段阻断蛋白质合成。例如,白喉毒素是由白喉杆菌所产生的真核细胞蛋白质合成抑制剂,由寄生于白喉杆菌体内的溶原性噬菌体 β 基因所编码,能对真核生物蛋白质合成的 eEF-2 进行 ADP 糖基化共价修饰,生成的 eEF-2- 腺苷二磷酸核糖衍生物可使 eEF-2 失活(图 6-15)。白喉毒素的催化效率极高,只需微量就能有效地抑制细胞整个蛋白质的合成,从而导致细胞死亡。

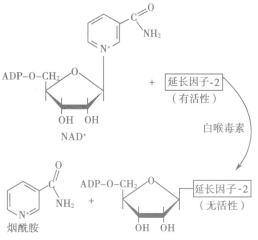

图 6-15　白喉毒素的作用原理

(费小雯)

思 考 题

1. 简述三类 RNA 在蛋白质合成中的作用。
2. 遗传密码有哪些特点?
3. 比较原核生物与真核生物在翻译起始阶段的异同。
4. 蛋白质翻译后的加工方式有哪些?

NURSING

第七章

基因表达调控

07章　数字内容

─── 章 前 导 言 ───

　　基因表达调控是指生物体细胞中基因表达的调节和控制机制,是生物体内细胞分化和个体发育的分子基础。20世纪50年代末,生物科学家们通过"中心法则"揭示了遗传信息从DNA传递到蛋白质的规律;1961年,F. Jacob和J. Monod提出了著名的操纵子学说,开创了基因表达调控研究的新纪元。此后,科学家们一直在探索调控遗传信息传递的机制,并揭示了诸多之前未曾认识的新机制。如今,基因表达调控已成为现代分子生物学研究的前沿领域之一。

　　基因表达调控研究使人们了解到多细胞生物是如何从一个受精卵及所具有的一套遗传基因组,最终形成具有不同形态和功能的多组织、多器官的个体;也使人们初步认识到,为何同一个体中不同的组织细胞虽然拥有相同的遗传信息,却可以产生各自专一的蛋白质产物,从而具有完全不同的生物学功能。因此,了解基因表达调控的机制是认识生命体和疾病不可或缺的重要内容。

　　本章主要介绍基因表达调控相关的基本概念及原理,并分别介绍原核生物和真核生物基因表达调控的机制与特点。

── 学 习 目 标 ──

- 知识目标

  1. 掌握基因表达及基因表达调控的概念和方式；基因表达调控的意义及特点；原核基因表达调控的特点及乳糖操纵子的调节机制；真核基因在转录水平的表达调控机制。

  2. 熟悉原核基因组和真核基因组的结构特点；转录因子的结构特点。

  3. 了解色氨酸操纵子的调节机制；真核基因转录后、翻译及翻译后水平调节特点；非编码 RNA 对基因表达的调节。

- 能力目标

  1. 能利用原核基因表达调控原理，解释某些抗生素的作用原理。

  2. 能根据真核基因表达调控的原理及机制，对疾病相关基因的异常表达原因进行分析。

- 素质目标

  与临床相结合，认识生命体和疾病与基因表达调控的重要联系，形成从不同层次理解疾病相关基因表达异常的基本科学思维，培养创新思维及理论联系实际的应用能力。

第一节　基因表达调控的基本原理

一、基因表达的概念

基因（gene）是能够编码蛋白质或 RNA 等具有特定功能产物的、负载遗传信息的一段 DNA 序列。从遗传学角度看，基因是遗传的基本单元；从分子生物学角度看，基因是编码 RNA 或一条多肽链的 DNA 片段，其包括编码序列（外显子）、编码序列间的间隔序列（内含子）和编码序列外的调控序列。在某些特定的生物体内，如病毒或者类病毒，RNA 也可作为遗传信息的携带者。

基因组（genome）是指一个生物体内所有遗传信息的总和。原核细胞和噬菌体的基因组就是单个环状染色体所含的全部基因；真核生物基因组通常是指一个生物体的染色体所包含的全部 DNA，称为染色体基因组或细胞核基因组，是真核生物主要的遗传物质基础。此外，真核细胞的线粒体含有线粒体 DNA，其属核外遗传物质，称为线粒体基因组。人类基因组包含细胞核基因组和线粒体基因组携带的遗传信息，所含基因总数约 2 万~2.5 万。

基因表达（gene expression）是指基因携带的遗传信息，通过转录和翻译表现出具有生物功能的 RNA 或蛋白质产物的过程。典型的基因表达是基因在一定调节机制控制下，经历基因激活、转录及翻译等过程，产生具有特异生物学功能的蛋白质分子，赋予细胞或个体一定的功能或形态表型。但并非所有基因表达过程都产生蛋白质，rRNA、tRNA 的编码基因经过转录及转录后加工修饰产生的成熟 rRNA、tRNA 的过程也属于基因表达。

基因表达调控（gene expression regulation）是指细胞或生物体在接受内外环境信号刺激时，或适应环境变化过程中，在基因表达水平上作出应答的分子机制。通过一定的调节机制，控制基因组中哪些基因开启，哪些基因关闭，以及它们表达的强度，从而使生物体随时调整不同基因的表达状态，以适应环境，维持生长和发育的需要。不同生物的基因组含有基因的数量不同，例如，大肠埃希菌（E. coli）基因组含有 4 000 多个基因，通常只有约 5% 的基因处于高水平转录活性状态，其余大多数基因不表达或表达水平极低。对于复杂的哺乳类基因组更是如此，人类基因组在某一特定时期或生长阶段，也只有一小部分基因处于表达状态。对于代谢最为活跃的肝细胞，一般也只有不超过 20% 的基因处于表达状态。基因表达调控可在基因水平、转录水平、转录后水平、翻译水平和翻译后水平等多个层次上进行，是生物体内细胞分化、形态发生和个体发育的分子基础。

Note:

二、基因表达的规律

原核生物和真核生物完整的生命过程是基因组中的各基因按照一定的时间、空间有序开关的结果,它们的基因表达都具有严格的规律性,表现为时间特异性和空间特异性。生物物种越高级,基因表达规律越复杂、越精细,这是生物进化的需要。基因表达的时间、空间特异性是由特异的基因启动子和/或调节序列与调节蛋白相互作用决定。

(一)时间特异性

按功能需要,某一特定基因的表达严格按一定的时间顺序发生,这就是基因表达的时间特异性(temporal specificity)。通常,各组织细胞在特定的时段中只合成维持其结构和功能所需蛋白质,即使是最简单的病毒,其基因组所含基因也非同时表达的。如噬菌体、病毒或细菌入侵宿主后,呈现一定的感染阶段。随感染阶段发展、生长环境变化,这些病原体以及宿主的基因表达都可能发生改变。例如霍乱弧菌在感染宿主细胞后,有44种基因表达上调,193种基因表达受到抑制,而相伴随的是这些细菌呈现高传染状态。又如编码甲胎蛋白的基因在胎儿肝细胞中活跃表达,因此合成大量的甲胎蛋白;成年后这一基因的表达水平很低,血浆中几乎检测不到甲胎蛋白。但是,当肝细胞发生恶性转化时,编码甲胎蛋白的基因又被重新激活,有大量的甲胎蛋白合成。因此,血浆中甲胎蛋白水平可以作为肝癌早期诊断的一个重要指标。

多细胞生物从受精卵发育成为一个成熟个体,需经历多个发育阶段。在个体发育的不同阶段,各种基因严格按照自己特定的时间顺序开启或关闭,开放的基因及其开放的程度不一样,合成蛋白质的种类和数量也不相同,表现为与分化、发育阶段一致的时间性。因此,多细胞生物基因表达的时间特异性又称阶段特异性(stage specificity)。与生命周期其他阶段比较,一般在胚胎时期的基因开放的数量相对较多。即使是同一细胞,在不同的细胞周期其基因表达情况也不相同,这种细胞生长发育过程中基因表达调控的变化,是细胞生长、发育、繁殖的基础,也是多细胞生物赖以存在的前提。

(二)空间特异性

在多细胞生物个体生长、发育的某一阶段,同一基因产物在不同的组织器官表达水平也可能不同。在个体某一生长、发育阶段,一种基因产物在不同组织或器官表达,即在个体的不同空间出现,这就是基因表达的空间特异性(spatial specificity)。如编码胰岛素的基因只在胰岛的β细胞表达;编码肌浆蛋白的基因在成纤维细胞和成肌细胞中几乎不表达,而在肌原纤维中有高水平表达。基因表达伴随时间或阶段顺序所表现出的这种空间分布差异,实际上是由细胞在器官的分布所决定的,因此基因表达的空间特异性又称细胞特异性(cell specificity)或组织特异性(tissue specificity)。

同一个体内的不同器官、组织、细胞的差异性源于基因表达的差异,即差异基因表达。细胞的基因表达谱(gene expression profile),即基因表达的种类和强度决定了细胞的分化状态和功能。换言之,同一个体内决定细胞类型的不是基因本身,而是基因表达模式(gene expression pattern)。

三、基因表达的方式

不同种类的生物遗传背景不同,同种生物不同个体生活环境也不完全相同,不同基因的功能和性质也不相同。不同的基因对生物体内、外环境信号刺激的反应性不同,其表达方式也会不同。有些基因在生命全过程中持续表达,有些基因的表达则随环境的变化而变化。生物体只有适应环境才能生存,根据基因对外界信号的反应性,基因表达的方式可分成两种:组成性表达(constitutive expression)和适应性表达(adaptive expression)。

(一)组成性表达

某些基因产物对生物体的整个生命过程中都是必不可少的,这类基因在生物体的几乎所有细胞中持续表达且表达变化很小,较少受环境因素的影响。这类基因通常被称为管家基因(housekeeping gene)。例如rRNA和tRNA基因、三羧酸循环中各种酶的编码基因、DNA复制过程中必需蛋白质的

Note:

编码基因等。这些基因在组织细胞中呈现持续表达,维持细胞基本生存的需要。这类基因的表达方式被称为组成性表达(constitutive expression)或基本表达。基因的组成性表达通常只受启动子与RNA聚合酶相互作用的影响,几乎不受其他机制调节。但值得一提的是,基因的组成性表达虽然持续进行,但也是相对的,并非一成不变的,其表达水平也受一定机制的调控而变化。

（二）适应性表达

随外界环境信号变化,基因表达水平可以出现升高或降低的现象,称为适应性表达(adaptive expression)。在特定环境信号刺激下,相应的基因被激活,基因表达产物增加,这类基因被称为可诱导基因(inducible gene),这种表达方式称为诱导表达。例如编码DNA修复酶的基因在DNA未受损伤时不表达,当DNA发生损伤时则被诱导激活,表达增加。相反,随环境条件变化,基因对环境信号应答是表达水平降低,这类基因被称为可阻遏基因(repressible gene),这种表达方式称为阻遏表达。例如,培养细菌过程中,当培养基中色氨酸含量充足时,细菌中色氨酸合成相关酶的编码基因的表达就会被阻遏。

诱导表达和阻遏表达在生物界普遍存在,是生物体适应环境的基本途径。可诱导或可阻遏基因除受启动子与RNA聚合酶相互作用的影响外,还受其他机制调节,这类基因的调控序列通常含有针对特异刺激的反应元件。乳糖操纵子机制是理解诱导和阻遏表达的经典模型(见本章第二节)。

（三）不同基因的表达受到协调调节

在生物体内,一个代谢途径通常是由一系列化学反应组成,需要多种酶参与。此外,还需要很多蛋白质参与反应底物在细胞各区域的转运。这些酶及转运蛋白等编码基因被统一调节,使参与同一代谢途径的所有蛋白质分子比例适当,以确保代谢途径有条不紊地进行。在一定机制控制下,功能上相关的一组基因,无论其为何种表达方式,均需协调一致,共同表达,即为协调表达(coordinate expression),这种调节称为协调调节(coordinate regulation)。

生物体为了更好地适应内、外环境的变化,其所有活细胞必须对环境的变化作出适当的反应。生物体这种适应环境的能力是与某种或某些蛋白质分子功能有关,而这些蛋白质分子的有无或多少的变化则由编码这些蛋白质分子的基因表达与否、表达水平高低等状况决定。通过一定的程序调控基因的表达,可使生物体表达出合适的蛋白质分子,以便更好地适应环境,维持其生长。例如,当葡萄糖供应充足时,编码细菌中与葡萄糖代谢有关的酶基因表达增强,其他糖类代谢有关的酶基因关闭;当葡萄糖耗尽但有乳糖存在时,编码与乳糖代谢有关的酶基因则表达,此时细菌可利用乳糖作为碳源,维持生长和增殖。因此,基因的协调表达体现在生物体的生长发育全过程。

四、基因表达调控的特点

（一）多层次和复杂性

无论是原核生物还是真核生物,基因表达调控均贯穿于基因表达的全过程,即在转录合成RNA和翻译合成蛋白质两个阶段都有控制其表达的机制。因此基因表达的调控是多层次的复杂过程,改变其中任何环节均会导致基因表达的变化。

首先,遗传信息以基因的形式贮存于DNA分子中,基因拷贝数越多,其表达产物也会越多,因此基因组DNA的部分扩增可影响基因表达水平。在多细胞生物,某一特定类型细胞选择性扩增可能就是通过这种机制使某种或某些蛋白质分子高表达的结果。为适应某种特定需要而进行的DNA重排,以及DNA甲基化等均可在遗传信息水平上影响基因表达。

其次,遗传信息经转录由DNA传向RNA过程中的诸多环节,是基因表达调控最重要、最复杂的一个层次。在真核细胞,初始转录产物需经转录后加工修饰才能成为有功能的成熟RNA,并由细胞核转运至细胞质,对这些转录后加工修饰以及转运过程的控制是调节某些基因表达的重要方式,如mRNA的选择性剪接,RNA编辑等。

Note:

蛋白质生物合成即翻译是基因表达的最后一步,影响蛋白质合成的因素同样也能调节基因表达。并且,翻译与翻译后加工可直接、快速地改变蛋白质的结构与功能,因而对此过程的调控是细胞对外环境变化或某些特异刺激应答时的快速反应机制。

近年来,非编码 RNA(non-coding RNA,ncRNA)对基因表达的调控是分子生物学研究热点,其可在转录及翻译等多个层次参与基因表达的调控,并在生物体中发挥了重要的作用。总之,在遗传信息传递的各个水平上均可进行基因表达调控。

（二）转录激活受顺式作用元件和转录调节蛋白共同调节

尽管基因表达调控可发生在遗传信息传递的任何环节,但发生在转录水平,尤其是转录起始水平的调节,对基因表达起着至关重要的作用,即转录起始是基因表达的基本控制点。基因表达的转录激活受顺式作用元件和转录调节蛋白相互作用的调节。

1. **顺式作用元件**　基因的表达方式与其结构密切有关,该结构主要指具有调节功能的 DNA 序列。一般来说,调控序列与被调控的编码序列位于同一条 DNA 链上。真核基因中具有调节功能的 DNA 序列称为顺式作用元件(cis-acting element)。顺式作用元件通过与调节蛋白结合而影响基因表达,其通常是非编码序列,本身并不出现在编码蛋白中。根据顺式作用元件在基因中的位置、转录激活作用的性质及发挥作用的方式,可将其分为启动子(promoter)、增强子(enhancer)、沉默子(silencer)等。原核生物大多数基因的表达调控通过操纵子机制实现。操纵子(operon)由启动子、操纵序列(operator)以及下游的结构基因串联组成。

2. **转录调节蛋白**　原核基因转录调节蛋白分为特异因子、阻遏蛋白和激活蛋白三类。特异因子决定 RNA 聚合酶对启动子的特异性识别及结合能力。例如,大肠埃希菌 RNA 聚合酶的 σ 亚基就是一种典型的特异因子。阻遏蛋白通过识别、结合操纵序列,抑制基因转录,介导负性调节。激活蛋白可结合启动子邻近的 DNA 序列,促进 RNA 聚合酶与启动子的结合,增强 RNA 聚合酶活性,介导正性调节。

真核基因调节蛋白又称转录因子(transcription factor)或反式作用因子(trans-acting factor),其可分为基本转录因子、增强子结合因子和转录抑制因子三类。这些反式作用因子通常远离被调控的编码序列,其实际上是由其他基因表达后,通过 DNA- 蛋白质或蛋白质 - 蛋白质相互作用控制另一基因的转录。这些反式作用因子以特定的方式识别和结合在顺式作用元件上,实施精确的基因表达调控。此外,还有非编码蛋白的调节 RNA 可调控基因表达,这些 RNA 分子以不同的作用方式对基因表达进行精细调节。

作为反式作用因子的调节蛋白具有特定的空间结构,通过特异性地识别某些 DNA 序列与顺式作用元件发生相互作用。例如,DNA 双螺旋结构的大沟是调节蛋白最容易与 DNA 序列发生相互作用的部位。真核生物基因组结构比较复杂,使得有些调节蛋白不能直接与 DNA 相互作用,而是首先形成蛋白质 - 蛋白质的复合物,然后再与 DNA 结合参与基因表达的调控。蛋白质 -DNA 以及蛋白质 - 蛋白质的相互作用是基因表达调控的分子基础。

五、基因表达调控的意义

基因表达是一个非常复杂的过程,尤其是在高等真核生物体内,因此对于基因表达的精确调控具有重要意义。基因表达调控的生物学意义在于:适应环境、维持生长和增殖、维持细胞分化与个体发育。

在生物体生存的内外环境不断变化过程中,所有活细胞都必须对变化的环境作出适当反应,作出该反应是由不同蛋白质的不同功能予以实现。细胞内某种功能蛋白的有无和多少的变化则由编码这些蛋白质分子的基因表达与否、表达水平高低等决定。通过一定的机制调控基因的表达,可使生物体表达出合适及适量的蛋白质分子,以更好地适应环境,维持其生长。

在多细胞生物,个体生长、发育的不同阶段,细胞中的蛋白质分子种类和含量变化很大。即使在同一生长发育阶段,不同组织器官内蛋白质分子分布也存在很大差异,这些差异是控制细胞表型的关键。高等哺乳类动物的细胞分化,各种组织、器官的发育都是由一些特定基因控制的。当某种基因缺陷或表达异常时,则会出现相应组织或器官的发育异常。

第二节 原核基因表达调控

一、原核基因组结构特点

原核生物的基因组是具有超螺旋结构的闭合环状 DNA 分子,在结构上主要有以下特点:①基因组相对较小,只含有一个染色体和一个复制起点,一个基因组就是一个复制子;②基因组中很少有重复序列;③编码蛋白质的结构基因为连续编码,中间不被非编码序列所隔断,且多为单拷贝基因,但编码 rRNA 的基因仍然是多拷贝基因;④结构基因在基因组中所占的比例(约占 50%)远远大于真核基因组(约占 10%);⑤许多功能相关的基因在基因组中大多以操纵子为单位排列,操纵子是原核基因表达和调控的一个完整单位;⑥原核生物没有细胞核,转录和翻译在同一时间和空间进行,即转录和翻译过程是偶联的。在转录过程终止之前,mRNA 已经结合于核糖体开始蛋白质的生物合成。

二、原核基因转录调节特点

原核基因的表达受多级调控,如转录起始、转录终止、翻译及 RNA 和蛋白质的稳定性等,但其表达调控的关键环节发生在转录起始。

原核基因转录调控具有下述特点:

(一) σ 因子决定 RNA 聚合酶识别的特异性

原核生物的 RNA 聚合酶全酶由 σ 因子和核心酶组成,核心酶参与转录延长,全酶在转录起始起重要作用。在转录起始阶段,σ 因子识别特异启动子,启动基因转录。不同的 σ 因子决定不同基因的转录激活。例如,当细菌发生热应激时,RNA 聚合酶全酶中的 σ^{70} 通常被 σ^{32} 取代,这时 RNA 聚合酶就会改变其对常规启动子的识别,结合另一套启动子,启动另一套基因的表达。

(二) 操纵子是原核基因转录调控的基本单位

原核生物大多数基因按功能相关性成簇串联于染色体上,共同组成一个转录单位—操纵子,如乳糖操纵子(lac operon)、阿拉伯糖操纵子(ara operon)及色氨酸操纵子(trp operon)等。原核生物基因表达调控是通过操纵子机制实现的。操纵子由结构基因与调控序列组成。

1. 结构基因 通常包括 2~6 个功能相关的基因串联排列,共同构成编码区。这些结构基因共用一个启动子和一个转录终止信号序列,因此转录合成时仅产生一条 mRNA 链,但编码几种不同的蛋白质,即一种 mRNA 分子携带了几种多肽链的编码信息,被称为多顺反子(polycistron)mRNA。原核基因的协调表达就是通过调控单个启动子的活性来实现的。

2. 调控序列 原核生物操纵子的调控序列包括启动子、操纵序列以及调节基因。

启动子是 RNA 聚合酶结合并启动转录的特异 DNA 序列,也是各种调节蛋白作用的部位,是决定基因表达效率的关键元件。在原核启动子的转录起始点上游往往存在一些相似序列,称为共有序列(consensus sequence)。例如,E. coli 启动子的 –10 区域是 TATAAT 一致序列,又称 Pribnow 盒;在 –35 区域为 TTGACA 一致序列(图 7-1)。这些共有序列中的任一碱基突变或变异都会影响 RNA 聚合酶与启动子的结合及转录起始。因此,共有序列决定着启动子的转录活性的大小。

操纵序列是一段能被特异的阻遏蛋白识别和结合的 DNA 序列。操纵序列一般与启动子毗邻或接近,其 DNA 序列常与启动子交错、重叠。当操纵序列与阻遏蛋白结合时会阻碍 RNA 聚合酶与启动子的结合,或使 RNA 聚合酶不能沿 DNA 向前移动,从而抑制转录,发挥负性调节(negative regulation)

作用。原核操纵子调节序列中还有一种特异 DNA 序列可结合激活剂（activator），结合后 RNA 聚合酶活性增强，使转录激活，介导正性调节（positive regulation）。

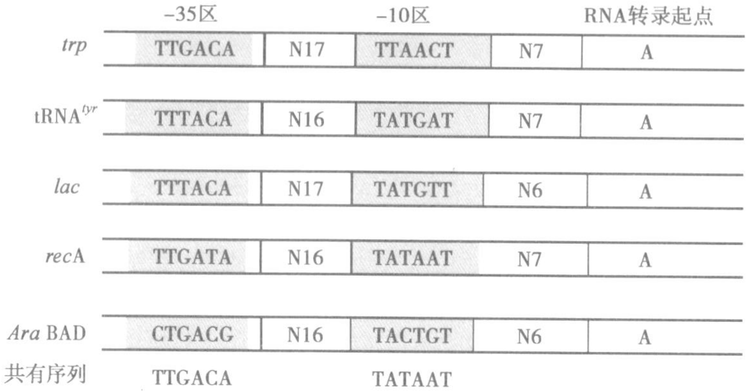

		−35区			−10区		RNA转录起点
trp		TTGACA	N17		TTAACT	N7	A
tRNA^{tyr}		TTTACA	N16		TATGAT	N7	A
lac		TTTACA	N17		TATGTT	N6	A
*rec*A		TTGATA	N16		TATAAT	N7	A
Ara BAD		CTGACG	N16		TACTGT	N6	A
共有序列		TTGACA			TATAAT		

图 7-1　5 种 *E. coli* 启动子的共有序列
−10 区域的 TATAAT 和 −35 区域的 TTGACA 为共有序列。

调节基因（regulatory gene）编码能够与操纵序列结合的调控蛋白，可分为特异因子、阻遏蛋白和激活蛋白三类，它们均为 DNA 结合蛋白。这些调控蛋白的作用分别是：①特异因子决定 RNA 聚合酶对一个或一套启动子的特异识别和结合能力；②阻遏蛋白通过识别、结合操纵序列，使 RNA 聚合酶与启动子结合受阻而抑制基因转录，导致受调控的结构基因不表达或极低水平表达，基因处于阻遏状态。这种负性调节机制在原核生物中普遍存在；③激活蛋白可结合启动子邻近的 DNA 序列，提高 RNA 聚合酶与启动子的结合能力，从而增强 RNA 聚合酶的转录活性，属正性调节。

知 识 链 接

操纵子学说的提出

　　1961 年，法国科学家 F. Jacob 和 J. L. Monod 在研究大肠埃希菌乳糖代谢的调节机制时发现，有些基因并没有编码蛋白质的功能，只是起调节或操纵基因表达的作用，故提出了操纵子学说，并根据功能的不同把基因分为结构基因、调节基因和操纵基因。1965 年，F. Jacob 和 J. L. Monod 荣获诺贝尔生理学或医学奖。1969 年，J. R. Beckwith 从大肠埃希菌分离得到乳糖操纵子，证实了 F. Jacob 和 J. L. Monod 提出的模型及理论。

三、乳糖操纵子

操纵子在原核基因表达调控中具有普遍意义。大肠埃希菌的乳糖操纵子是最早发现的原核生物典型的转录调控模式。大肠埃希菌中，乳糖代谢相关酶基因的表达特点是：当生长环境中没有乳糖时，这些基因处于关闭状态；只有当环境中有乳糖时，这些基因才被诱导，合成代谢乳糖所需要的酶。这些基因的表达与否由乳糖操纵子调控。

（一）乳糖操纵子的结构

E. coli 的乳糖操纵子含 Z、Y 及 A 三个结构基因，分别编码 β- 半乳糖苷酶（β-galactosidase）、通透酶（permease）和乙酰基转移酶（acetyltransferase）。此外，还有一个操纵序列（operator，O）、一个启动子（promoter，P）及一个调节基因 I（图 7-2）。I 基因编码一种阻遏蛋白，后者与操纵序列 O 结合，使操纵子受阻遏而处于关闭状态。在启动子 P 上游还有一个分解代谢基因激活蛋白（catabolite gene activator protein，CAP）结合位点。由 O 序列、P 序列和 CAP 结合位点共同构成乳糖操纵子的调控区。三个酶的编码基因 Z、Y 和 A 即由同一调控区调节，体现基因产物的协调表达。

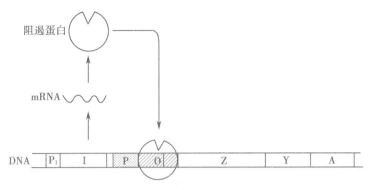

图 7-2　乳糖操纵子的结构

（二）乳糖操纵子的调节机制

1. **阻遏蛋白的负性调节**　当细菌生长的环境中没有乳糖存在时，乳糖（*lac*）操纵子处于阻遏状态。此时，调节基因 I 表达出阻遏蛋白，该阻遏蛋白与操纵序列 O 结合，阻碍 RNA 聚合酶与启动子 P 结合，抑制转录起始，使操纵子受到抑制处于关闭状态。但是，阻遏蛋白的抑制作用并非绝对，偶尔也有阻遏蛋白与 O 序列解聚。故每个细胞中也会有量很少的 β- 半乳糖苷酶、通透酶生成。

当细菌生长的环境中有乳糖存在时，*lac* 操纵子即可被诱导。在该操纵子系统中，真正的诱导剂并非乳糖本身。乳糖经原先存在的透酶催化、转运进入细胞，再经原先存在于细胞中少数 β- 半乳糖苷酶的催化，转变为别乳糖。别乳糖作为一种诱导分子与阻遏蛋白结合，使阻遏蛋白构象发生变化，导致阻遏蛋白与操纵序列 O 解离，转录被激活，操纵子开放，使 β- 半乳糖苷酶分子表达增加可达1 000 倍（图 7-3）。

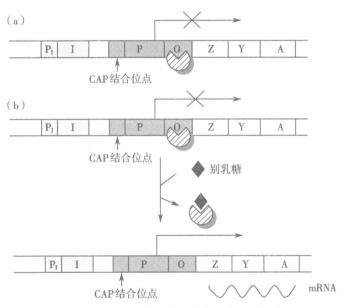

图 7-3　阻遏蛋白对乳糖操纵子的负性调节
（a）操纵子处于阻遏状态；（b）操纵子去阻遏。

2. **CAP 的正性调节**　分解代谢基因激活蛋白 CAP 对乳糖操纵子起正性调节作用，CAP 是同源二聚体，其分子内有 DNA 结合区及 cAMP 结合位点。当细菌生长环境中缺乏葡萄糖时，细胞内 cAMP 浓度较高，cAMP 与 CAP 结合，这时 CAP 结合在启动子附近的 CAP 位点，可刺激 RNA 转录活性，使之提高约 50 倍；当有葡萄糖存在时，cAMP 浓度降低，cAMP 与 CAP 结合受阻，因此乳糖操纵子表达下降（图 7-4）。

Note:

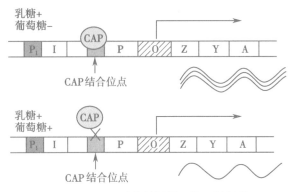

图 7-4　CAP 对乳糖操纵子的正性调节

3. 协调调节　对乳糖操纵子而言,CAP 是正性调节而阻遏蛋白是负性调节,且负性调节与正性调节机制相互协调、相互制约。

阻遏蛋白负性调节很好地解释了单独乳糖存在时,细菌如何利用乳糖作为碳源。但如果细菌的生长环境有葡萄糖或葡萄糖/乳糖共同存在时,细菌首先利用葡萄糖才是最节能的。此时,葡萄糖通过降低 cAMP 浓度,阻碍 cAMP 与 CAP 结合而抑制乳糖操纵子转录,使细菌优先利用葡萄糖。这种葡萄糖对乳糖操纵子的阻遏作用称为分解代谢阻遏(catabolic repression)。因此,乳糖操纵子强的诱导作用既需要乳糖存在,又需要缺乏葡萄糖。乳糖存在,可以使操纵子去阻遏;缺乏葡萄糖则可以增强 RNA 转录活性。乳糖操纵子协同调节的机制如图 7-5 所示。

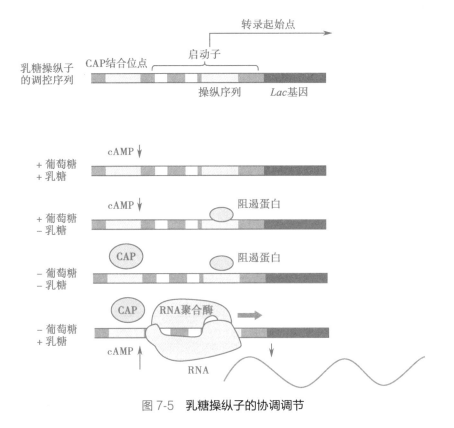

图 7-5　乳糖操纵子的协调调节

四、色氨酸操纵子

原核生物受环境影响大,在生存中需要最大限度减少能量消耗,对非必需蛋白而言其编码基因通常处于关闭状态。例如,只要环境中有相应的氨基酸供给,细菌就不会自己去合成,而是将相应氨基酸的合成代谢酶编码基因全部关闭。比如,大肠埃希菌有合成色氨酸所需催化酶的基因,编码这些酶的结构基因串联排列在一起,共同组成一个转录单位,即色氨酸操纵子(trp operon),负责 Trp 合成的调节。在色氨酸操纵子调控下,细菌可经多步酶促反应自身合成色氨酸。但是一旦环境能够提供色氨酸,细菌就会充分利用外源的色氨酸,而减少或停止合成色氨酸酶系的表达。

（一）色氨酸操纵子的结构

色氨酸操纵子含 A、B、C、D 和 E 五个结构基因,编码 5 种色氨酸合成相关酶。此外,结构基因上游依次有一个前导序列 L 的编码基因 *trpL*、一个操纵序列 O、一个启动子 P 及一个相距较远的调节基因(*trpR*),结构基因及其上游原件共同组成色氨酸操纵子(图 7-6)。调节基因 *trpR* 的表达产物为 Trp 阻遏蛋白。

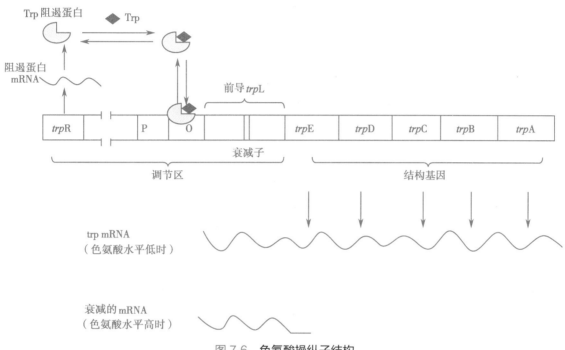

图 7-6　色氨酸操纵子结构

（二）色氨酸操纵子的调节机制

色氨酸合成途径较多,需要消耗大量能量和前体物,如丝氨酸、谷氨酰胺等,是细胞内耗费昂贵的代谢途径之一,因此其生物合成受到严格调控,色氨酸操纵子在其合成过程中发挥着关键作用。色氨酸操纵子调控作用主要有阻遏作用、转录衰减以及终产物色氨酸对合成酶的反馈抑制作用 3 种,其中前两者更为关键。

1. 阻遏蛋白的负性调节　在色氨酸操纵子中,调节基因 *trpR* 编码的阻遏蛋白并未与色氨酸操纵子串联在一起,其可作为反式作用因子与操纵序列特异性结合,抑制色氨酸操纵子的转录起始,故色氨酸操纵子也是一种阻遏型操纵子。

当细菌生长的环境中无色氨酸时,由于没有色氨酸与阻遏蛋白结合,阻遏蛋白的构象不改变,因而不能与操纵序列 O 结合,此时色氨酸操纵子处于开放状态,转录不受抑制,结构基因(即参与合成色氨酸的酶)得以表达。当环境中色氨酸浓度较高时,色氨酸与阻遏蛋白结合,使其构象发生改变。变构后的阻遏蛋白与操纵序列 O 紧密结合,此时色氨酸操纵子处于关闭状态,抑制其转录,下游结构基因不表达(图 7-7)。这样,色氨酸操纵子根据环境中色氨酸的有无,通过阻遏蛋白的负性调节机制,使细菌及时关闭或开放色氨酸合成代谢酶基因的表达,最大限度减少了能源消耗。在色氨酸操纵子中,阻遏蛋白的负性调节起粗调作用。根据色氨酸浓度是否处于临界状态,色氨酸操纵子还存在转录衰减(transcription attenuation)调节方式。

Note:

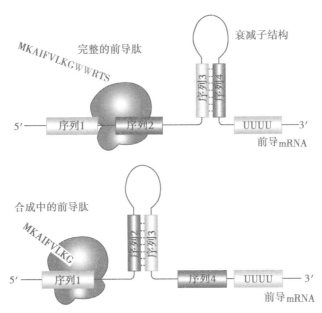

图 7-7　色氨酸操纵子的转录衰减机制

2. 转录衰减　色氨酸操纵子的转录衰减调节与前导序列编码基因 *trpL* 有关。转录衰减可抑制基因表达,其是利用原核生物转录与翻译同时进行的特征,在转录时先合成一段前导序列 L 来实现的。

前导序列 L 的编码基因 *trpL* 位于结构基因 *trpE* 与操纵序列 O 序列之间,其有如下特点:①长度 162bp,转录生成的 mRNA 含 4 个特殊短序列;②序列 1 有独立的起始密码子和终止密码子,可翻译成由 14 个氨基酸残基组成的前导肽,且第 10、第 11 位为色氨酸密码子,可很灵敏捕获细胞内色氨酸浓度;③序列 1 和序列 2 之间、序列 2 和序列 3 之间、序列 3 和序列 4 之间存在一些互补序列,可分别形成发夹结构,形成发夹结构的能力依次是 1/2 发夹 > 2/3 发夹 > 3/4 发夹,但只有序列 3 和序列 4 之间形成发夹结构时,才能终止转录;④序列 4 的下游有一个连续的 U 序列,是不依赖于 ρ 因子的转录终止信号。

色氨酸操纵子的转录衰减调节机制是:①当色氨酸浓度较低时,由于色氨酰 -tRNA 不足,前导肽的翻译受阻而停止在第 10/11 色氨酸密码子部位,核糖体结合在序列 1 上,此时前导 mRNA 倾向于形成 2/3 发夹结构,转录可继续进行,最终转录出一条完整的 mRNA,合成色氨酸相关酶得以表达;②当色氨酸浓度较高时,前导肽的翻译可顺利完成,核糖体前进后结合在序列 2 上,因此在序列 3 和序列 4 间形成发夹结构,连同序列 4 下游的多聚 U 序列使转录终止,即转录衰减。原核生物这种在色氨酸高浓度时通过阻遏作用和转录衰减机制共同关闭基因表达的方式,保证了营养物质和能量的合理利用。

第三节　真核基因表达调控

虽然原核生物的基因表达调控机制已经比较复杂,但真核生物的基因组不仅比原核生物大,而且结构、功能更复杂。因此,真核基因表达调控的环节更多,机制更复杂。原核生物的基因表达调控规律的阐明为了解真核生物基因表达调控奠定了重要基础。

一、真核生物基因组结构特点

(一) 基因组庞大
真核基因组比原核基因组大很多,例如人基因组约由 3.0×10^9bp 组成,而 *E. coli* 基因组仅为

4.0×10^6 bp。如此庞大的真核基因组,具有以下结构特点:①真核基因组中基因编码序列所占比例远小于非编码序列。人基因组 DNA 中编码序列仅占全基因组的 1%~2%,很大部分的序列无编码功能,这些非编码序列包括基因的内含子、调控序列以及重复序列等。②高等真核生物基因组含有大量的重复序列,可占到全基因组的 80% 以上,人基因组中重复序列达 50% 以上。③真核基因组中存在多基因家族和假基因。人的染色体基因组 DNA 编码约 2 万个基因,存在着 1.5 万个基因家族,且一个基因家族中,并非所有成员都具有功能,不具备正常功能的家族成员被称为假基因。④人的基因大约 60% 在转录后发生可变剪接,80% 的可变剪接会使蛋白质的序列发生改变。⑤真核基因组 DNA 在细胞核内与多种蛋白质结合构成染色质,储存于细胞核内,这种复杂的结构与真核基因表达调控密切相关。并且,真核生物的遗传信息不仅存在于细胞核 DNA 上,还存在于线粒体及 / 或叶绿体 DNA 上,核内基因与线粒体基因的表达调控既相互独立又相互协调。

（二）存在大量重复序列

重复序列是指在整个基因组中重复出现多次的核苷酸序列。原核基因组也存在重复序列,但在真核基因中重复序列更多、更普遍。真核细胞基因组中,重复序列的长度不等,短的在 10 个核苷酸以下,甚至仅含两个碱基,长的可达数百乃至上千个碱基。根据,重复序列的重复频率不同,可以分为高度重复序列(highly repetitive sequence)、中度重复序列(moderately repetitive sequence)及单拷贝序列(single-copy sequence)(也可叫低度重复序列)3 种。

高度重复序列是重复频率可达 10^6 以上的长度为 6~200bp 核苷酸重复序列,不编码蛋白质或 RNA,约占基因组长度的 20%。高度重复序列可参与基因复制和转录水平的调节。中度重复序列是重复数十次至数千次的核苷酸序列,其在基因组中所占比例在不同种属间差异很大,一般占 10%~40%,在人约为 12%。其功能可能类似于高度重复序列。单拷贝序列在单倍体基因组中只出现一次或数次,大多数编码蛋白质的基因属于这一类。在基因组中,单拷贝序列的两侧往往为散在分布的重复序列。单拷贝序列编码的蛋白质在很大程度上体现了生物的各种功能,因此针对这些序列的研究对医学实践有特别重要的意义。

（三）存在大量的多基因家族与假基因

基因组中由某一祖先基因经过重复和变异所产生的一组在结构上相似、功能相关的基因构成一个基因家族,叫多基因家族。多基因家族是真核基因组的另一结构特点,同一家族的基因其外显子具有相关性。

多基因家族大致可分为两类:一类是基因家族成簇地分布在某一条染色体上,它们可同时发挥作用,合成某些蛋白质,如组蛋白基因家族就成簇地集中在第 7 号染色体长臂 3 区 2 带到 3 区 6 带区域内;另一类是一个基因家族的不同成员成簇地分布于不同染色体上,这些不同成员编码一组功能上紧密相关的蛋白质,如人类珠蛋白基因家族分为 α 珠蛋白和 β 珠蛋白两个基因簇,α 珠蛋白基因簇β 珠蛋白基因簇分别位于第 16 号和第 11 号染色体。

人的基因组中存在假基因(pseudogene),其以 ψ 来表示。假基因是基因组中存在的一段与正常基因非常相似但一般不能表达出蛋白质的 DNA 序列。假基因根据其来源分为经过加工的假基因和未经过加工的假基因 2 种类型,前者没有内含子,后者含有内含子。这类基因可能曾经有过功能,但在进化中获得一个或几个突变,造成了序列上的细微改变从而阻碍了正常的转录和翻译功能,使它们不能再编码 RNA 和蛋白质产物。人基因组中大约有 2 万个假基因,其中约 2 000 个为核糖体蛋白的假基因。近些年发现,假基因也表达有功能的非编码 RNA(non-coding RNA,ncRNA)。

（四）线粒体有其自身的基因组

线粒体是真核细胞内能通过半自主复制进行繁殖的一种重要细胞器,是生物氧化的场所,一个细胞可拥有数百至上千个线粒体,线粒体有它自己的基因组,称为线粒体基因组。线粒体基因组中非编码区远远小于真核细胞核中的基因组,且其遗传物质的组成在结构上与原核生物相似。线粒体 DNA(mitochondrial DNA,mtDNA)可以独立编码线粒体中的一些蛋白质,因此 mtDNA 是核外遗传物质。

Note:

mtDNA 的结构与原核生物的 DNA 类似,一般都是环状 DNA 分子。线粒体基因组的结构特点也与原核生物基因的结构特点相似。

人的线粒体基因组全长 16 569bp,编码 13 个呼吸链多酶体相关的蛋白、22 个线粒体 tRNA、2 个线粒体 rRNA。

二、真核基因表达调控特点

真核基因的表达调控过程包括染色质激活、转录起始、转录后修饰、转录产物的细胞内转运、翻译起始、翻译后修饰等多个步骤(图 7-8)。这些步骤的每一个环节都可以对基因表达进行干预,从而使得基因表达调控呈现出多层次和综合性的特点。但是,转录起始的调控是基因表达调控最为关键的环节。

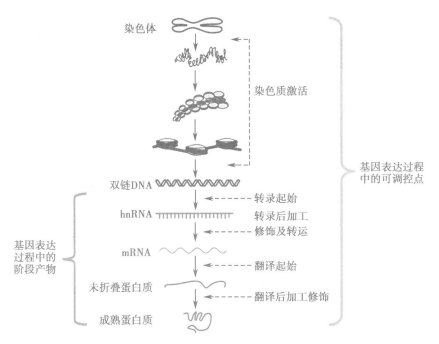

图 7-8　真核生物基因表达调控的多层次

(一) 染色体结构与表达活化密切相关

以染色质形式组装在细胞核内的 DNA 所携带的遗传信息,其表达直接受到染色质结构的制约。当基因被激活时,染色质相应区域会发生某些结构和性质的变化。具有转录活性的染色质被称为活性染色质(active chromatin)。

1. **活性染色质对核酸酶极为敏感**　当染色质活化后,由于活性染色质结构松弛,常出现一些对核酸酶(如 DNase Ⅰ)高度敏感的位点,称为超敏位点(hypersensitive site)。超敏位点通常位于被活化基因的 5′ 侧翼区 1 000bp 内,但有时也会在更远的 5′ 侧翼区或 3′ 侧翼区出现一些超敏位点。在活性染色质区域,缺乏或完全没有核小体结构,DNA 呈裸露状态。此外,在活性染色质区域还会发生组蛋白修饰、DNA 甲基化修饰等染色质水平的基因表达调控,是近年表观遗传学(epigenetics)的热点研究领域。

2. **活性染色质的组蛋白发生各种修饰**　在真核细胞中,核小体是染色质的主要结构元件,组蛋白 H2A,H2B,H3 和 H4 各 2 个分子组成的八聚体构成核小体的核心区,其外面盘绕着 DNA 双螺旋链。每个组蛋白的氨基末端都会伸出核小体外,形成组蛋白尾巴,这些尾巴可以形成核小体间相互作用的纽带,同时也是发生组蛋白修饰的位点(图 7-9)。各种组蛋白均可发生不同的化学修饰,包括乙酰化(acetylation)、磷酸化(phosphorylation)、甲基化(methylation)、泛素化(ubiquitination)以及多聚 ADP- 核糖基化[poly (ADP-ribosyl) ation]等。

Note:

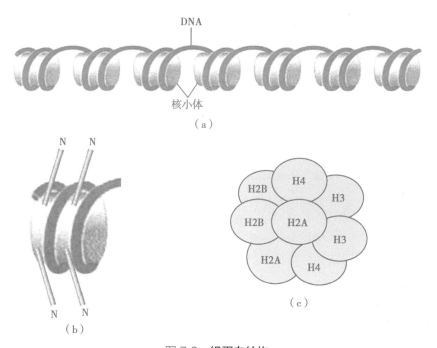

图 7-9 组蛋白结构

(a)组蛋白与 DNA 组成的核小体;(b)组蛋白的 N- 端伸出核小体,形成组蛋白尾巴;
(c)四种组蛋白组成的八聚体。

活性染色质中,组蛋白有如下特点:①富含赖氨酸的组蛋白 H1 含量降低;②组蛋白 H2A-H2B 二聚体的不稳定性增加,易从核小体的核心组蛋白中被置换出来;③核心组蛋白 H3、H4 可发生乙酰化、磷酸化、泛素化等修饰。组蛋白的这些特点使得核小体结构变得松弛,降低核小体对 DNA 的亲和力,从而易于基因转录。

组蛋白修饰常发生在组蛋白中富含的赖氨酸、精氨酸、组氨酸等带有正电荷的碱性氨基酸残基部位。通常,乙酰化修饰能够中和组蛋白尾部碱性氨基酸残基的正电荷,减弱组蛋白与带有负电荷的 DNA 之间的结合,使某些染色质区域结构松弛,利于转录因子与 DNA 结合,从而开放某些基因的转录,增强其表达水平。而组蛋白甲基化则能够增加其碱性度和疏水性,进而增强其与 DNA 的亲和力,不利于转录因子与 DNA 结合。乙酰化修饰和甲基化修饰都是通过改变组蛋白尾巴与 DNA 之间的相互作用发挥基因表达调控的功能,这两种修饰方式往往又是相互排斥的。

组蛋白各种不同修饰的效应可能是协同的,也可能是相反的;可能是同时发生,也可能是在不同时刻;修饰的组蛋白底物可能相同,也可能不同。组蛋白修饰对于基因表达影响的机制也包括两种相互包容的理论,即组蛋白的修饰直接影响染色质或核小体的结构,以及化学修饰征集了其他调控基因转录的蛋白质,为其他功能分子与组蛋白结合搭建一个平台。这些多样化的修饰以及各种修饰在时间、空间上的组合与生物学功能的关系被视为一种重要的标志或语言,称为组蛋白密码(histone code),这些理论构成了"组蛋白密码"的假说。相同组蛋白氨基酸残基的乙酰化与去乙酰化、磷酸化与去磷酸化、甲基化与去甲基化等,以及不同组蛋白氨基酸残基的上述各种修饰之间既可相互协同,又可互相拮抗,形成了一个复杂的调节网络。组蛋白修饰对基因表达调控的研究还有许多问题有待解决。

3. CpG 岛甲基化水平降低 DNA 甲基化(DNA methylation)是真核生物在染色质水平控制基因转录的重要机制。真核基因组中胞嘧啶的第五位碳原子可以在 DNA 甲基转移酶(DNA methyltransferase)的作用下被甲基化修饰为 5- 甲基胞嘧啶(5-methylcytosine,m^5C),该修饰常发生在基因上游调控序列的 CpG 岛(CpG island)。CpG 岛是真核基因组中含 CG 序列的区段,主要位于基因的启动子和第一外显子区域,约有 60% 以上基因的启动子含有 CpG 岛。这些区段 GC 含量达

Note:

60%,长度为300~3 000bp。CpG岛的高甲基化促进染色质形成致密结构,因而不利于基因表达,而处于转录活性状态的染色质中CpG岛的甲基化程度通常明显下降。因此,CpG岛甲基化修饰的范围、程度通常与基因的表达水平呈反比关系。

染色质结构变化对基因表达的影响可以遗传给子代细胞,其机制是细胞内存在着具有维持甲基化作用的DNA甲基转移酶,可以在DNA复制后,依照亲本DNA链的甲基化位置催化子链DNA在相同位置发生甲基化,这种现象称为表观遗传(epigenetic inheritance)。这种遗传信息不是蕴藏在DNA序列中,而是通过对染色质结构的影响及基因表达变化而实现的。表观遗传对基因表达的调控不仅体现在DNA甲基化上,组蛋白的乙酰化、甲基化以及非编码小RNA的调控等都属于表观遗传调控的范畴。

(二) 真核基因组正性调节占主导

尽管某些真核基因含有负性顺式作用元件存在,但真核基因组以正性调节为主。真核生物的RNA聚合酶对启动子的亲和力很低,仅靠RNA聚合酶与启动子结合不能启动基因转录,需要依赖多种激活蛋白的协同作用。真核基因中虽然也存在负性调控元件,但其存在并不普遍。参与真核基因转录调控的蛋白质以激活蛋白为主,即多数真核基因在没有调控蛋白作用时是不转录的,基因表达的启动需要转录激活蛋白存在,因此真核基因表达以正性调节为主。由于转录调节蛋白与DNA特异序列作用的特异性很强,而多种激活蛋白与DNA同时特异相互作用,使非特异作用更加降低,可使数目巨大的真核基因的调控更特异更精确。另外正性调控方式可避免合成数量众多的阻遏蛋白,用于阻遏不表达基因的转录,因此对于真核基因来说,正性调控是更经济有效的调控方式。

(三) 转录和翻译分隔进行

真核生物有三种RNA聚合酶(RNA pol),不同类型的基因由RNA pol Ⅰ、RNA pol Ⅱ、RNA pol Ⅲ分别负责转录,各类基因启动子有不同特点,各种RNA聚合酶的结构也各异,这就使得真核基因的调控远比原核复杂。此外,真核细胞的转录和翻译分别在细胞核和细胞质中进行,这种间隔分布使真核基因的调控更为复杂和有序。

三、真核基因转录起始调节

虽然真核基因表达调控的环节很多,但与原核生物一样,转录起始也是真核生物基因表达调控的最重要环节。由于真核生物基因组结构复杂,多种RNA聚合酶参与转录,转录因子的种类繁多,RNA聚合酶需要与多个转录因子相互作用形成转录起始复合物,因此真核基因的转录起始要比原核细胞复杂得多。参与真核基因转录起始调节的因素主要是顺式作用元件和转录因子,两者通过相互作用,最终影响RNA聚合酶活性而调控基因表达。

(一) 顺式作用元件的调节

顺式作用元件是指能与特异转录因子结合并影响自身基因表达活性的特异DNA序列(图7-10)。不同基因具有各自特异的顺式作用元件。顺式作用元件通常是非编码序列,但是并非都位于转录起始点上游。根据顺式作用元件在基因中的位置、转录激活作用的性质及发挥作用的方式,可将真核基因的这些功能元件分为启动子、增强子及沉默子等。

1. **启动子**　真核基因启动子的序列一致性不像原核生物那样明显,而且RNA聚合酶与DNA的结合需要多种蛋白质的相互协调作用。因此,真核生物的启动子要比原核生物复杂得多。真核生物启动子一般包括转录起始点及其上游100~200bp序列,这段序列通常含有若干具有独立转录调控功能的DNA元件,每个元件长7~30bp。其中,核心启动子元件是保证RNA聚合酶起始转录所必需的、最小的DNA序列,最具典型意义的功能组件就是TATA盒(TATA box),通常位于转录起始点上游-30~-25bp区域,其共有序列是TATAAAA,是基本转录因子TF Ⅱ D的识别和结合位点,控制转录起始的准确性及频率。此外,上游启动子元件还包括CAAT盒(GGCCAATCT)、GC盒(GGGCGG)、八联体元件（ATTTGCAT）等，它们通常位于转录起始点上游 –110~–30bp 区域，以及距转录起始点更远的上游元件，相应的蛋白因子通过结合这些元件可调节转录起始的频率，从而影响转录效率。

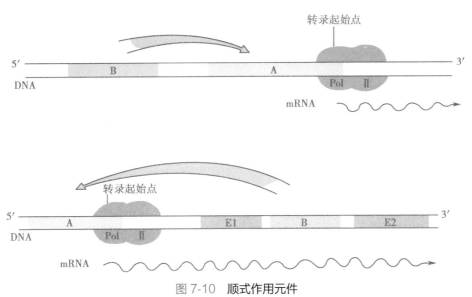

图 7-10　顺式作用元件

图中 A、B 分别代表同一基因中的两段特异 DNA 序列。B 序列通过一定机制影响 A 序列，并通过 A 序列控制该基因的转录起始准确性及频率。A、B 序列就是调节该基因转录活性的顺式作用元件。

典型的启动子由 TATA 盒及上游的 CAAT 盒和 / 或 GC 盒组成，这类启动子通常具有一个转录起始点及较高的转录活性（图 7-11）。事实上，有很多启动子并不含 TATA 盒，主要包括：①富含 GC 的启动子：最初发现于一些管家基因，这类启动子一般含数个分离的转录起始点，并有数个转录因子 SP1 结合位点，对基本转录活化有重要作用；②既无 TATA 盒，又无 GC 富含区的启动子：这类启动子可有一个或多个转录起始点，其转录活性大多很低或根本没有转录活性，主要在胚胎发育、组织分化，或再生过程中发挥作用。

真核生物有三种 RNA 聚合酶，它们分别结合在三类不同的启动子上负责转录不同的 RNA。

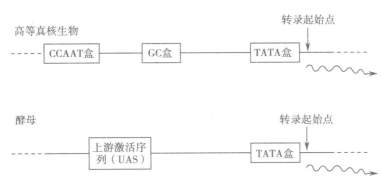

图 7-11　真核基因启动子的典型结构

2. 增强子　是指远离转录起始点、决定组织特异性表达、增强启动子转录活性的特异 DNA 序列，其可被特定的转录激活因子识别和结合，发挥作用的方式与方向、距离无关。同启动子一样，增强子也由若干短序列功能元件组成，基本核心组件常为 8~12bp，以单拷贝或多拷贝串联的形式存在。从功能上讲，没有启动子，增强子无法发挥作用；另一方面，没有增强子，启动子通常不能表现活性或活性很低。增强子的作用主要是提高启动子的活性。

增强子有以下作用特点：①增强子对启动子没有严格的专一性，同一增强子可以影响不同类型启动子的转录活性；②增强子的位置不固定,既可位于启动子的上游,也可位于启动子下游,甚至在某些情况下可以调控 30kb 以外的基因；③增强子发挥作用与其序列的正反方向无关,增强子的序列颠倒后仍能起作用；④增强子常具有组织或细胞特异性,其活性的表现由这些细胞或组织中特异性转录激活因子来决定,因此,增强子及其相关的特异性转录激活因子决定了基因的时空特异性表达。

3. 沉默子　沉默子是基因表达的负性调节元件,是指位于某些真核基因转录调控区中的、能抑制或阻遏其转录的一段 DNA 序列。沉默子能与反式作用因子结合,阻断增强子及反式激活因子的作用,从而抑制基因的转录活性。有的沉默子与增强子相似,作用可不受序列方向的影响,也能远距离发挥作用,并可对异源基因的表达起调控作用。此外,有些 DNA 顺式作用元件有时作为增强子发挥作用,有时又可作为沉默子发挥转录调节作用,这取决于与之结合的转录因子是激活蛋白还是抑制蛋白。

（二）转录因子的调节

真核基因转录调节蛋白又称转录调节因子或转录因子（transcription factor, TF）,其是能够帮助 RNA 聚合酶转录 RNA 的蛋白质。绝大多数真核转录因子由它的编码基因表达后,进入细胞核,通过识别、结合特异的顺式作用元件,反式激活另一基因的转录,这种调节方式称为反式调节,参与反式调节的转录因子又称反式作用因子（trans-acting factor）。并不是所有真核转录因子都起反式作用,有些基因产物可特异识别、结合自身基因的调节序列,调节自身基因的开启或关闭,这就是顺式调节作用,以顺式作用方式调节基因转录的转录因子称为顺式作用蛋白,顺式作用蛋白仅占转录因子的一小部分（图 7-12）。

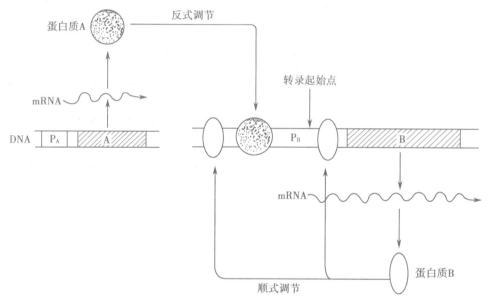

图 7-12　反式与顺式作用蛋白

蛋白质 A 由其编码基因表达后,通过与 B 基因特异的顺式作用元件识别和结合,反式激活 B 基因的转录,蛋白 A 即反式作用因子或反式作用蛋白。B 基因表达的蛋白质 B 也可特异识别和结合自身基因的调节序列,顺式调节自身基因的开启或关闭,因此,蛋白质 B 即顺式作用蛋白,发挥顺式调节作用。

1. 转录因子的类型　按功能特性,转录因子可分为通用转录因子（general transcription factor）和特异转录因子（special transcription factor）。①通用转录因子是 RNA 聚合酶介导转录基因时所必需的一类辅因子,帮助 RNA 聚合酶与启动子结合并起始转录,对所有基因转录都是必需的,故又称基本转录因子。对三种真核 RNA 聚合酶来说,除个别基本转录因子成分通用（如 TF ⅡD）,大多数成分为不同 RNA 聚合酶所特有。例如 TF ⅡA、TF ⅡB、TF ⅡE、TF ⅡF 及 TF ⅡH 为 RNA 聚合酶Ⅱ催化所有 mRNA 转录所必需。通用转录因子没有组织特异性,因而对于基因表达的时空选择性并不重要。②特异转录因子,为基因特异转录所必需,决定该基因的时空特异性表达。此类转录因子有的起转录激活作用,称转录激活因子(transcription activator);有的起转录抑制作用,称转录抑制因子(transcription inhibitor)。转录激活因子通常是一些增强子结合蛋白,多数转录抑制因子是沉默子结合蛋白,但也有抑制因子以不依赖 DNA 的方式起作用,而是通过蛋白质 - 蛋白质相互作用"中和"转录激活因子或 TF Ⅱ D,降低它们在细胞内的有效浓度,抑制基因转录。不同组织或细胞中特异转录因子含量或分布不同,所以基因表达呈现组织或细胞特异性。特异转录因子的含量、活性及细胞内定位随时都受到细胞所处环境的影响,是环境变化引起基因表达水平变化的关键分子。

知 识 链 接

关键转录因子可以改变一个细胞的命运

2006 年日本京都大学 Yamanaka S 课题组在 *Cell* 杂志上报道了诱导多能干细胞(induced pluripotent stem cell, iPS cell)的研究。他们把 Oct3/4、Sox2、c-Myc 和 Klf4 这四种转录因子的基因克隆入病毒载体,然后引入小鼠成纤维细胞,发现可诱导细胞核重新编程并使细胞发生转化,产生的细胞在形态、基因表达、表观遗传修饰状态、细胞倍增能力、类胚体和畸形瘤生成能力、分化能力等方面都与胚胎干细胞相似,因此称其为诱导多能干细胞。2007 年 11 月,Yamanaka S 课题组和美国 Thompson J 的实验室几乎同时报道,利用这种技术诱导人的皮肤纤维细胞成为 iPS 细胞。2012 年 10 月 8 日,Yamanaka S 与英国发育生物学家 Gurdon JB 因在细胞核重新编程研究领域的杰出贡献而获得诺贝尔生理学或医学奖。

2. 转录因子的结构特点 典型的转录因子含有 DNA 结合结构域(DNA-binding domain,DBD)、转录激活结构域(transcription-activating domain,TAD)、蛋白质 - 蛋白质相互作用结构域以及核输入信号结构域等,其中最基本的是 DNA 结合结构域和转录激活结构域。

(1)转录因子的 DNA 结合结构域:转录因子的 DNA 结合结构域的主要作用是结合 DNA,并将转录激活结构域带到基础转录装置的邻近区域。DNA 结合结构域主要有以下几种:

1)锌指(zinc finger)模体结构:是一类含锌离子的形似手指的蛋白模体,每个重复的"指"状结构约含 23 个氨基酸残基,由 1 个 α- 螺旋和 2 个反向平行的 β- 折叠组成。每个 β- 折叠上有 1 个半胱氨酸残基,而 α- 螺旋上有 2 个组氨酸或半胱氨酸残基,这 4 个氨基酸残基与二价锌离子之间形成配位键(图 7-13)。一个转录因子分子可有多个这样的锌指重复单位,每一个单位可将其指部伸入 DNA 双螺旋的大沟内,接触 5 个核苷酸。例如,与 GC 盒结合的人成纤维细胞转录因子 SP1 中就有 3 个锌指重复结构。

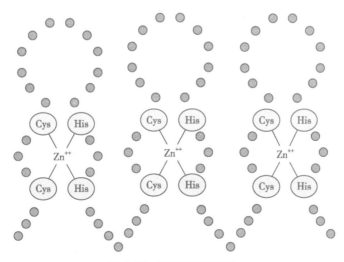

图 7-13 锌指模体的结构

2）碱性亮氨酸拉链（basic leucine zipper，bZIP）模体结构：其特点是在蛋白质 C- 端的氨基酸序列中，每隔 6 个氨基酸残基含一个疏水性的亮氨酸残基。当 C- 端形成 α- 螺旋结构时，肽链每旋转两周就出现一个亮氨酸残基，并且都出现在 α- 螺旋的同一侧。这样的两条肽链能借助疏水力形成二聚体，形似拉链（图 7-14）。该二聚体的 N- 端是富含碱性氨基酸的区域，可借助其正电荷与 DNA 骨架上的磷酸基团结合。

3）碱性螺旋 - 环 - 螺旋（basic helix-loop-helix，bHLH）模体结构：该结构至少含两个 α- 螺旋，两个 α- 螺旋间由一个短肽段形成的环连接，其中一个 α- 螺旋的 N- 端富含碱性氨基酸残基，是与 DNA 结合的结合域（图 7-15）。bHLH 模体通常以二聚体形式存在，而且两个 α- 螺旋的碱性区之间的距离大约与 DNA 双螺旋的一个螺距相近（3.4nm），使两个 α- 螺旋的碱性区刚好分别嵌入 DNA 双螺旋的大沟内。

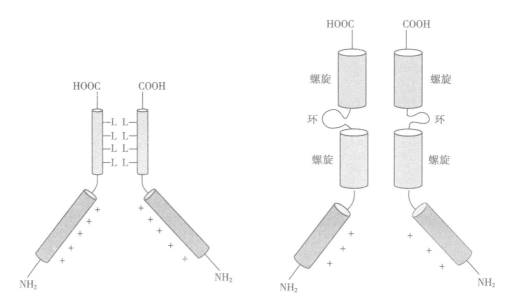

图 7-14　碱性亮氨酸拉链模体结构　　　　图 7-15　碱性螺旋 - 环 - 螺旋模体结构

（2）转录因子的转录激活结构域：转录因子的转录激活结构域可增强基因的转录活性。不同的转录因子具有不同的转录激活结构域。根据氨基酸的组成特点，转录激活结构域可分为 3 类：

1）酸性激活结构域（acidic activation domain）：是一段富含酸性氨基酸的保守序列，常形成带负电荷的 β- 折叠，通过与 TF ⅡD 相互作用协助转录起始复合物的组装，促进转录。

2）富含谷氨酰胺结构域（glutamine-rich domain）：这类结构域 N- 端的谷氨酰胺残基含量可高达 25% 左右，通过与 GC 盒结合发挥转录激活作用。

3）富含脯氨酸结构域（proline-rich domain）：其 C- 端的脯氨酸残基含量可高达 20%~30%，通过与 CAAT 盒结合来激活转录。

二聚化是常见的蛋白质 - 蛋白质相互作用方式，二聚化结构域是介导转录因子相互作用最常见的结构域。二聚化作用与 bZIP 的亮氨酸拉链、bHLH 的螺旋 - 环 - 螺旋结构有关（图 7-16）。

顺式作用元件与反式作用因子之间的相互作用、反式作用因子之间的相互作用是真核基因转录调节的重要形式。这样，对于某一特定的基因而言，转录因子，尤其是特异转录因子的性质、存在数量的多少或有无即成为调节 RNA 聚合酶活性的关键。

（三）转录起始复合物的调节

DNA 顺式作用元件与转录因子对转录起始的调节最终由 RNA 聚合酶活性体现，其中最关键的环节是转录起始复合物的形成。真核生物有 3 种 RNA 聚合酶。RNA pol Ⅰ催化生成的基因转录产物为 45S rRNA 前体，RNA pol Ⅲ催化生成的基因转录产物为 tRNA 前体及 5S rRNA 等，对它们的调节相对简单。RNA pol Ⅱ参与转录生成所有 mRNA 前体及大部分 snRNA。参与 RNA pol Ⅱ转录起始的 DNA 调控序列及转录因子最为复杂,以满足 RNA pol Ⅱ转录成千上万种处于不同表达水平基因的需要。以下主要介绍 RNA pol Ⅱ的活性调节。

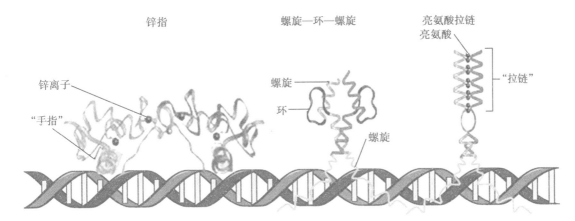

图 7-16 转录因子的二聚化

1. **启动子与 RNA 聚合酶活性** 真核生物启动子的核苷酸序列会影响其与 RNA 聚合酶的亲和力,而亲和力大小则直接影响转录起始的频率。但真核 RNA 聚合酶单独存在时与启动子的亲和力极低或无亲和力,必须与基本转录因子形成复合物才能与启动子结合。因此,对于真核 RNA 聚合酶活性的调节,除启动子序列外,与所存在的基本转录因子有关。

2. **转录因子与 RNA 聚合酶活性** 真核 RNA pol Ⅱ不能单独识别、结合启动子,而是先由基本转录因子 TF ⅡD 的组成成分 TATA 盒结合蛋白(TATA box binding protein,TBP)识别 TATA 盒或起始子(initiator,Inr),并有 TBP 相关因子(TBP-associate factor,TAF)参与结合,形成 TF ⅡD-启动子复合物;继而在 TF ⅡA~F 等基本转录因子的参与下,RNA pol Ⅱ与 TF ⅡD、TF ⅡB 聚合,形成一个功能性的前起始复合物(preinitiation complex,PIC)。在几种基本转录因子中,TF ⅡD 是唯一具有位点特异的 DNA 结合能力的因子,在上述有序的组装过程中起关键作用。前起始复合物结构尚不稳定,也不能有效启动 mRNA 转录。在迂回折叠的 DNA 构象中,结合了增强子的转录激活因子与前起始复合物中的 TBP 接近,或通过特异的 TAF 与 TBP 联系,形成稳定的转录起始复合物(图 7-17)。此时,RNA pol Ⅱ才能真正启动 mRNA 转录。TAF 具有组织特异性,与转录激活因子共同决定组织特异性转录。

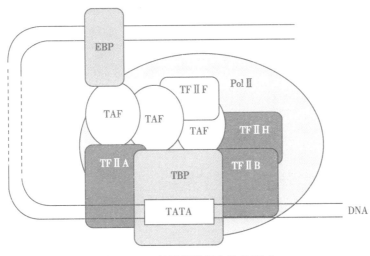

图 7-17 转录起始复合物的形成

正是由于这些基本转录因子和特异性转录因子决定了 RNA pol Ⅱ 的转录活性,这些调节蛋白的浓度与分布将直接影响相关基因的表达。如前所述,特异性转录因子的表达具有时间或空间特异性,因此,由它们所参与组成的转录起始复合物也将呈现一种动态变化。

四、转录后调控

真核基因转录生成的大分子前体 mRNA,需经历转录后加工过程才能转变为成熟 mRNA,并运送于细胞质而执行功能。mRNA 的加工、转运、细胞质定位以及稳定性有多种因素参与调控,这些转录后环节都可以影响基因表达的最终结果。

(一) mRNA 前体选择性剪接的调控

真核基因所转录出的 mRNA 前体(hnRNA)含有间隔排列的外显子和内含子。通常情况下,通过剪接可使 hnRNA 转变为成熟 mRNA,并被翻译成为一条相应的多肽链。但是,该过程受到多种因素的调控,参与拼接的外显子可以不按照其在基因组内的线性分布次序拼接,内含子也可以不完全被切除,由此产生了选择性剪接。选择性剪接的结果是由同一条 mRNA 前体产生了不同的成熟 mRNA,并由此产生了完全不同的蛋白质。这些蛋白质的功能可以完全不同,显示了基因调控对生物多样性的决定作用。近年,被切除的内含子是否具有功能成为研究的热点。有学者认为:内含子是在进化中出现或消失的,其功能可能是有利于物种的进化选择。例如细菌丢失了内含子,可以使染色体变小和复制速度加快。真核生物保留内含子,则可以产生外显子移动,有利于真核生物在适应环境改变时能合成功能不同而结构上只有微小差异的蛋白质。但也有学者认为内含子具有基因表达调控的功能。例如,现在已知某些遗传性疾病,其变异是发生在内含子而不在外显子。有些内含子在调控基因表达的过程中起作用,有些内含子还编码核酸内切酶或含有小分子 RNA 序列等。

(二) mRNA 稳定性对基因表达的影响

mRNA 是蛋白质生物合成的模板,mRNA 的稳定性(即 mRNA 的半衰期)可显著影响基因表达,直接影响到基因表达终产物的数量,是转录后调控的重要因素。mRNA 半衰期的微弱变化可在短时间内使 mRNA 的丰度发生上千倍的改变,因此,调节 mRNA 的稳定性是调节基因表达的重要机制之一。真核生物 mRNA 分子的半衰期差别很大,有的只有几十分钟甚至更短,有的可长达数十小时以上。半衰期短的 mRNA 通常编码调节蛋白,这些蛋白质的水平可以随着环境的变化而迅速改变,从而达到调控其他基因表达的目的。mRNA 5′-端的帽子及 3′-端的 poly(A)尾是维持其稳定性的重要结构。

1. 5′-端的帽结构可增加 mRNA 稳定性 5′-端的帽结构可以使得 mRNA 免于在 5′-核酸外切酶的作用下被降解,从而延长了 mRNA 的半衰期。帽结构还可以通过与相应的帽结合蛋白结合而提高翻译的效率,并参与 mRNA 从细胞核向细胞质的转运。

此外,由于翻译起始依赖于 mRNA 5′-端帽结构的存在,脱帽便成为抑制 mRNA 翻译的重要机制。mRNA 的脱帽受脱帽酶和其他多种蛋白质的调控。带帽的 mRNA 经脱帽形成 5′-单磷酸 mRNA,后者可激活具有 5′ → 3′ 外切核酸酶活性的 Xrn1p(exoribonuclease 1),从而使 mRNA 降解。另一方面,也有一些蛋白可抑制脱帽过程,如 poly(A)结合蛋白 Ⅰ(poly(A)binding protein Ⅰ,PABP Ⅰ)可显著抑制脱帽的发生。此外,翻译起始复合体的成员(如 eIF4E)也能抑制脱帽。这些抑制脱帽的机制可促进 mRNA 的翻译。

2. 3′-端的 poly A 尾结构防止 mRNA 降解 Poly A 及其结合蛋白可以防止 3′ → 5′ 核酸外切酶降解 mRNA,从而增加 mRNA 的稳定性。如果将 mRNA 3′-端 poly(A)去除,mRNA 分子将很快降解。通常在 poly(A)尾剩下不足 10 个 A 时,mRNA 便开始降解,因为少于 10 个 A 的序列长度无法与结合蛋白稳定结合。此外,3′-poly(A)尾结构还参与了翻译的起始过程。组蛋白 mRNA 没有 3′-poly A 尾的结构,但它的 3′-端会形成一种发夹结构,使其免受核酸酶的攻击。还有些 mRNA 的 3′- 非翻译区存在一个约 50 核苷酸长的 AU 富含元件（AU-rich element，ARE）与 ARE 结合蛋白结合，促使 poly A 核酸酶切除 poly A 尾，使 mRNA 降解。因此含有 ARE 的 mRNA 通常不稳定。

除了 mRNA 5′- 端的帽结构和 3′- 端的 poly A 尾可直接影响 mRNA 的稳定性，还有 RNA 结合蛋白（RNA binding protein，RBP）、一些基因自身的翻译产物以及其他许多因素（激素、病毒、核酸酶、离子等）也可调控 mRNA 稳定性。

（三）mRNA 的转运及细胞质定位的调控

mRNA 在核内完成转录和加工后，需经核孔运输到细胞质，进而定位至正确的地点，而后作为模板翻译成蛋白质。mRNA 在核输出及胞质运输过程中，都是通过与蛋白质结合形成核糖核蛋白（ribonucleoprotein，RNP）复合体进行的。因此，mRNA 的核输出需要运送载体与核孔复合体相互作用，它们的相互作用可调控 mRNA 的转运。

五、翻译及翻译后调控

蛋白质翻译过程复杂，涉及众多成分，通过调节这些成分的作用可使基因表达在翻译及翻译后水平得到控制。翻译水平的调节点主要在起始阶段和延长阶段，起始阶段尤为重要，如对起始因子活性的调节、Met-tRNA^{met} 与小亚基结合的调节、mRNA 与小亚基结合的调节等。其中通过磷酸化作用改变起始因子活性这一点备受关注。mRNA 与小亚基结合的调节对某些 mRNA 的翻译控制也具有重要意义。翻译水平的调控主要是通过蛋白质与 mRNA 相互作用而实现。

（一）翻译起始因子的磷酸化调节蛋白质翻译

翻译起始的快慢在很大程度上决定着蛋白质合成的速率，蛋白质合成速率的快速变化在很大程度上取决于起始水平，而翻译起始因子（eIF）的磷酸化修饰是起始阶段的重要调控形式。

1. **eIF-2α 亚基的磷酸化抑制翻译起始**　eIF-2 由 α、β、γ 三个亚基组成，主要参与起始氨酰 -tRNA（Met-tRNAi）的进位过程，其 α 亚基的活性可因磷酸化而降低，导致蛋白质合成的抑制。在哺乳动物细胞中，eIF-2 活性的调节十分重要。例如，血红素对珠蛋白合成的调节，就是由于血红素能抑制 cAMP 依赖性蛋白激酶的活化，从而防止或减少了 eIF-2 α 亚基的磷酸化，进而促进了蛋白质的合成。在病毒感染的细胞中，细胞抗病毒机制之一即是通过双链 RNA 激活一种蛋白激酶，使 eIF-2α 的 α 亚基磷酸化，从而抑制病毒蛋白质合成的起始。

2. **eIF-4E 的磷酸化激活翻译起始**　eIF-4E 为 mRNA 5′- 帽结合蛋白，其与 mRNA 帽结构的结合是翻译的限速步骤。磷酸化修饰可增加 eIF-4E 的活性（磷酸化 eIF-4E 与帽结构的结合是非磷酸化 eIF-4E 的 4 倍），从而提高翻译效率。此外，eIF-4E 结合蛋白（eIF-4E binding protein，4E-BP）可通过与 eIF-4E 结合而抑制 eIF-4E 的活性；而 4E-BP 的磷酸化可降低其与 eIF-4E 的亲和力，使 eIF-4E 得以释放，从而增加 eIF-4E 的活性，加速翻译起始。胰岛素及其他一些生长因子均可增加 eIF-4E 的磷酸化从而加快蛋白质翻译，促进细胞生长。同时，胰岛素还可通过激活相应的蛋白激酶而使 4E-BP 磷酸化，磷酸化后的 4E-BP 与 eIF-4E 解离，从而激活 eIF-4E。

（二）某些 RNA 结合蛋白对翻译起始的调节

基因表达调控的多个环节都有 RNA 结合蛋白（RBP）的参与，如转录终止、RNA 加工、RNA 转运、RNA 稳定性控制以及翻译起始等。有些 RBP 为翻译阻遏蛋白，在这些 RBP 中，有的可通过结合 mRNA 的 5′-UTR 而抑制翻译的起始；而有的则可与 3′-UTR 中的特异位点结合，干扰 3′- 端 poly（A）尾与 5′- 端帽结构之间的联系，从而抑制翻译起始。例如，铁蛋白相关基因 mRNA 的翻译调节就是 RBP 参与基因表达调控的典型例子。

铁反应元件结合蛋白（IRE-BP）是一种特异 RNA 结合蛋白，可通过与铁蛋白 mRNA 5′-UTR 中的铁反应元件 IRE 结合而抑制翻译的起始：当细胞内铁离子浓度低时，IRE-BP 未结合铁离子而处于活化状态，被激活的 IRE-BP 与 IRE 结合，通过阻碍 40S 小亚基与 mRNA 5′- 端起始部位结合，抑制铁蛋白的翻译起始；当细胞内铁离子浓度升高时，铁离子结合 IRE-BP 后使其失活，IRE-BP 从 mRNA 5′-UTR 中的 IRE 上脱落，蛋白质翻译抑制被解除，翻译速率增加上百倍。

（三）翻译产物含量及活性调控基因表达

新合成蛋白质的半衰期长短是决定蛋白质生物学功能的重要影响因素。因此，通过对新生肽链的水解和运输，可以将蛋白质的含量在特定部位或亚细胞器控制在合适的水平。此外，许多蛋白质需要在合成后经过特定的修饰才具有功能活性。通过对蛋白质进行可逆的磷酸化、甲基化、乙酰化等修饰，可以达到调节蛋白质功能的作用，是基因表达的快速调节方式。

六、非编码 RNA 对基因表达的调节

人类基因组的转录产物能够稳定存在的编码蛋白的 mRNA 大约占基因组序列的 2%，其余绝大部分为各种不翻译成蛋白质的 RNA 分子，即非编码 RNA（non-coding RNA，ncRNA）。ncRNA 种类繁多，近年，包括小分子 RNA（如 microRNA 和 siRNA）和 lncRNA 对基因表达调控的影响成为新的研究热点。

microRNA 由一段具有发夹环结构，长度为 70~90 个核苷酸的单链 RNA 前体（pre-miRNA）经 Dicer 酶剪切后形成。siRNA 是细胞内的一类双链 RNA，在特定情况下通过一定酶切机制，转变为具有特定长度（21~23 个核苷酸）和特定序列的小片段 RNA。miRNA 和 siRNA 都属于小分子非编码 RNA，它们具有一些共同的特点：均由 Dicer 切割产生，都通过与 RISC 形成复合体后与 mRNA 作用而引起基因沉默。由 siRNA 介导的基因表达抑制作用被称为 RNA 干扰（RNA interference，RNAi）（图 7-18）。lncRNA 不编码蛋白质，在体内参与细胞内多种过程调控。lncRNA 具有 mRNA 样结构，经过剪接，具有 polyA 尾巴与启动子结构，分化过程中有动态的表达与不同的剪接方式。这几种 ncRNA 在基因表达调控的各个阶段，有其各自调控基因表达的机制。

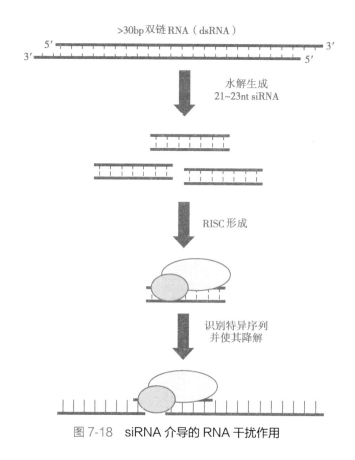

图 7-18　siRNA 介导的 RNA 干扰作用

RNA 干扰现象的发现

科学家们最早在植物中发现了 dsRNA 诱导的 RNA 沉默现象。1995 年，Guo 和 Kemphues 在线虫中利用反义 RNA 技术特异性地阻断 *par-1* 基因表达的同时，在对照实验中给线虫注射正义 RNA 以期观察到基因表达的增强。但发现两者都同样抑制了 *par-1* 基因的表达。A. Fire 和 C. C. Mello 等后来通过实验阐明了这一反常现象：将反义 RNA 和正义 RNA 同时注射到秀丽隐杆线虫（*Caenorhabditis elegans*）比单独注射反义 RNA 或正义 RNA 能够更有效地诱导基因沉默。由此推断，反义 RNA 和正义 RNA 形成的 dsRNA 触发了高效的基因沉默机制并极大降低了靶 mRNA 水平。这一现象被称为 RNA 干扰（RNA interference，RNAi）。1998 年，他们将其研究成果发表在 *Nature* 杂志上。这一发现揭示了双链 RNA 基因剪切的原理。为此，A. Fire 和 C. C. Mello 荣获 2006 年度诺贝尔生理学或医学奖。

（一）非编码 RNA 参与调控染色质结构

细胞质中成熟的 miRNA 分子可通过特异的六核苷酸序列（AGUGUU）作为核定位信号进入细胞核，而影响表观遗传调控蛋白的表达，从而间接影响基因表达的表观遗传调控（如组蛋白修饰）。miRNA 可通过调控甲基转移酶的表达而调控 DNA 甲基化。

lncRNA 可通过与 DNA 相互作用或与染色质蛋白相互作用而结合到染色质上，并进一步募集调控染色质结构的蛋白质，改变染色质的结构和活性。lncRNA 还可以通过调控组蛋白修饰而调控 DNA 的甲基化状态。

（二）非编码 RNA 在转录及转录后水平的调控

某些 lncRNA 具有类似增强子的作用，可激活邻近基因的表达。lncRNA 还可以调节转录因子和 RNA 聚合酶的活性，作为转录激活因子而调控基因表达。

长链和短链非编码 RNA 都可以通过促进 mRNA 降解而调控 mRNA 稳定性，进而调控相应蛋白编码基因的表达：细胞内的许多 mRNA 通过结合特定的 RBP 而保持其稳定性，一些 lncRNA 可竞争结合 RBP，使 RBP 不能结合靶基因的 mRNA，从而加速靶基因 mRNA 的降解。miRNA 和 siRNA 可影响 mRNA 的稳定性，其作用主要是与其他蛋白质一起组成 RNA 诱导的沉默复合体（RNA-induced silencing complex，RISC），通过与其靶 mRNA 分子的 3′- 非翻译区（3′-untranslatedregion，3′-UTR）互补匹配，而促进 mRNA 降解或抑制该 mRNA 分子的翻译。

（三）非编码 RNA 在翻译水平对基因的调控

如上所述，miRNA 可通过与蛋白质结合形成 miRISC 而对翻译过程产生抑制作用，这是 miRNA 的主要功能。lncRNA 调控翻译的机制复杂多样，有的 lncRNA 可抑制翻译，而有的 lncRNA 则可促进翻译。

某些 lncRNA 可通过直接结合 eIF-4E 而抑制其功能，进而抑制翻译起始复合体的组装，抑制翻译。一些 lncRNA 可通过互补序列与靶 mRNA 结合，形成双链结构，从而被特定的翻译阻遏蛋白识别与结合，抑制翻译。另一方面，有些 lncRNA 对翻译具有促进作用，其促进翻译的主要机制如下：①有些 lncRNA 与 mRNA 的 5′- 端结合时，可促进 mRNA 与核糖体的相互作用，从而促进翻译；②lncRNA 通过结合 mRNA 而防止 miRNA 的抑制作用：lncRNA 与 mRNA 的互补结合可能封闭 miRNA 的识别位点，从而防止 miRNA 对翻译的抑制作用；③一些 lncRNA 中存在与 miRNA 互补的序列，这些 lncRNA 能竞争性结合 miRNA 及其形成的 miRISC，使 miRISC 不能抑制其靶 mRNA，这种吸收内源性 miRNA 作用称为 "海绵" 效应。此外，lncRNA 与 miRNA 的结合也可加速 miRNA 的降解。

目前，ncRNA 在诸多生命活动中发挥举足轻重的作用，与机体的许多生理和病理过程密切相关，对 ncRNA 的研究已经成为当今分子生物学最热门的前沿研究领域之一。

（黄　刚）

Note:

思　考　题

1. 基因表达的规律、方式和特点是什么？

2. 原核生物的乳糖操纵子如何调控基因表达？

3. 何谓顺式作用元件和反式作用因子？简述顺式作用元件与转录因子在真核基因转录激活的调控作用。

4. 非编码 RNA 在真核基因表达中有何调控作用？

URSING

第八章

基因重组与分子生物学技术

08章 数字内容

—— 章 前 导 言 ——

　　分子生物学是生命科学和医学领域发展最快的学科之一,其日新月异的技术发展是该学科的重要特征。目前分子生物学技术被广泛应用于医学研究以及疾病的预防与治疗,成为推动医学进步和发展的重要工具。基因工程(genetic engineering)又称基因拼接技术或DNA重组技术,是以遗传学为理论基础,以分子生物学和微生物学的现代方法为手段,将不同来源的基因按预先设计的蓝图,在体外构建杂合DNA分子,然后导入活细胞,以改变生物原有的遗传特性、获得新品种、生产新产品的现代技术。基因工程技术为基因的结构和功能研究提供了有力的手段。核酸分子杂交是分子生物学领域应用最为广泛的技术之一,其主要原理涉及分子杂交、探针技术和分子印迹技术。随着与疾病发生发展相关的基因被不断地发现和克隆,人们对疾病的认识也不断深入,而这些重大的医学进步离不开技术上的更新和发展。深刻理解分子生物学技术的发展与治愈疾病能力进步的密切相关性,将有助于提高分子生物学理论和技术在医学学习与实践中的主动性和自觉性。

学习目标

● 知识目标

1. 掌握 DNA 克隆、基因工程、目的基因、基因载体的概念；基因工程的操作过程。

2. 熟悉工具酶及限制性核酸内切酶的概念和作用特点。

3. 了解重组 DNA 技术在疾病基因的发现、生物制药、转基因、基因沉默、基因诊断、基因治疗及遗传病预防中的应用。

● 能力目标

1. 提高学生运用基因工程及其他分子生物学技术基本知识归纳、总结其在医学/生命科学领域中应用的能力。

2. 能依据基因工程的原理理解与实践基因工程疫苗及其他生物制品的制备。

3. 培养学生掌握分子生物学前沿技术的基本原理，为其在疾病的预防、诊断、治疗等方面的应用奠定基础。

● 素质目标

1. 通过基因工程的学习培养学生科学思维以及转化应用的科学理念。

2. 增强学生利用分子生物学前沿技术为人类健康服务的意识。

基因重组（gene recombination）是指基因在染色体分子内或分子间的重新排布。基因重组是由于不同 DNA 链的断裂、连接，形成新 DNA 分子的过程，是发生在生物体内基因的交换或重新组合。从广义上说，DNA 片段可以在细胞内或细胞间，乃至不同物种之间发生交换，进而在新的位置上表达其所携带的遗传信息。发生在生物体内基因的交换或重新组合，包括同源重组、位点特异重组、转座作用和异常重组四大类，是生物遗传变异的一种机制。

1973 年 Stanley Cohen 等人首次在体外按照人为的设计实施基因重组，并扩增形成无性繁殖系，该方法称为基因工程（genetic engineering）。基因工程是生物工程的一个重要分支，它和细胞工程、酶工程、蛋白质工程和微生物工程共同组成了生物工程。所谓基因工程是在分子水平上对基因进行操作的复杂技术，是将外源基因通过体外重组后导入受体细胞内，使这个基因能在受体细胞内复制、转录、翻译表达的技术。它是用人为的方法将所需要的某一供体生物的遗传物质 DNA 提取出来，在离体条件下用适当的工具酶进行切割后，与载体 DNA 分子连接起来，然后与载体一起导入受体细胞中，让外源 DNA 在其中"安家落户"，进行正常的复制和表达，从而获得单一 DNA 分子的大量拷贝。实现该过程所采用的方法以及与其相关的工作，也通称为重组 DNA 技术（recombinant DNA technology）或基因克隆（gene cloning）。如今，重组 DNA 技术已被广泛应用于基因修饰和改造、克隆动物、培育抗病植物、开发新药及临床诊断等领域，蕴藏着巨大的应用价值和广阔的发展前景。

分子生物学理论研究的种种突破无一不与分子生物学技术的产生和发展息息相关，可以说两者是科学与技术相互促进的最好例证。掌握分子生物学技术原理及其应用，对于加深理解现代分子生物学的基本理论和研究现状，深入认识疾病的发生和发展机制，实施不断出现的新的诊断和治疗方法极有帮助。本章将重点讲述重组 DNA 技术、概括介绍目前医学分子生物学中的一些其他常用技术。

第一节 基因重组技术——基因工程

基因工程始于 20 世纪 70 年代初。1973 年美国斯坦福大学的科恩（Stanley Cohen）研究小组首次将大肠埃希菌中两个具有不同抗药性的质粒（一种在细菌染色体以外的遗传单元，通常由环形双链 DNA 构成）结合在一起，构成一个杂合质粒，再引入大肠埃希菌。结果发现这种杂合质粒不但复制，而且能够同时表达出原来的两种抗药性。第二年科恩等人又用金黄色葡萄球菌中的抗药性质粒与大肠埃希菌的抗药性质粒结合，得到了同样结果。接着他们又进一步用高等动物非洲爪蛙的核糖体 RNA(rRNA)基因与大肠埃希菌的质粒重组到一起,并转化到大肠埃希菌中去,结果发现爪蟾的 rRNA 基因在细菌细胞中同样可以复制与表达,产生出与爪蟾 rRNA 完全一样的 RNA。由此可见,在不违反伦理准则的前提下,人们可以根据自己的意愿、目的,通过对基因的直接改变而达到定向改造生物遗传特性。除此之外,人类还可以利用该技术对疾病进行诊断和治疗。重组 DNA 技术为生命科学的深入研究提供了新的技术手段,并且为工农业生产和医学领域的发展开辟了广阔的前景。

 ———————————————— 基因工程的发现 ————————————————

　　1973 年斯坦福大学 S.Cohen 小组将含有卡那霉素抗性基因的大肠埃希菌 R6-5 质粒与含有四环素抗性基因的大肠埃希菌另一种质粒 pSC101 连接成重组质粒,第一次成功地实现了基因克隆实验,这一年被认为是基因工程诞生的元年。理论上的三大发现和技术上的三大发明对于基因工程的诞生起到了决定性的作用。理论的三大发现:一是 1944 年艾弗里(O.Avery)等人通过肺炎球菌的转化试验证明了生物的遗传物质是 DNA,且证明了通过 DNA 可以把一个细菌的性状转移给另一个细菌;二是 1953 年沃森(J.D.Watson)和克里克(F.Crick)发现了 DNA 分子的双螺旋结构及 DNA 半保留复制机制;三是 1960 年关于遗传信息中心法则的确立。技术的三大发现则是限制性核酸内切酶、DNA 连接酶和基因载体的发现与应用,奠定了基因工程的技术基础。

一、基因重组基本过程

(一) 获得目的基因

目的基因是指与重组 DNA 工作最终目的相关的基因。重组 DNA 工作最终目的有时为获取某一感兴趣基因,有时则为获得某一基因表达的蛋白质。目的基因有基因组 DNA 和逆转录合成的双链 cDNA 两大类。它们可以是同源的或异源的,原核的或真核的,天然的或人工合成的 DNA,又称外源 DNA。

(二) 目的基因与载体的切割连接

在体外将目的基因与适宜的载体 DNA 切割并连接形成重组体,该重组体有自我复制的能力。

(三) 重组 DNA 导入宿主细胞

通过转化或转染等方法将重组 DNA 引入宿主细胞。

(四) 重组体的筛选

筛选出成功转化带有重组体的阳性细胞克隆。转化后的细胞进行扩增、繁殖,获得大量带重组体 DNA 的细胞繁殖群体。这样通过无性繁殖获得的大量 DNA 分子都是同一祖先的相同拷贝,称 DNA 克隆(clone)。

(五) 克隆基因的表达

重组蛋白质在宿主细胞的表达(即目的基因的表达)。

二、工具酶

基因重组技术是以 DNA 分子为工作对象,而对 DNA 分子进行切割、连接、聚合等各种操作都是酶促反应过程,常需要一些基本的工具酶。例如,对基因或 DNA 进行处理时需利用序列特异的限制性核酸内切酶在准确的位置切割 DNA,有时需在连接酶的催化下使目的基因与载体连接。此外,DNA 聚合酶、末端转移酶、逆转录酶等也是 DNA 重组技术中常用的工具酶(表 8-1)。

限制性核酸内切酶(restriction endonuclease,RE)可以识别 DNA 的特异序列,并在识别位点或其周围切割双链 DNA,被称为基因工程的手术刀,目前被广泛使用。已发现多种细菌都含有这类限制 -

Note:

修饰酶体系。该体系通过限制酶降解外来 DNA 分子,"限制"其功能。而细菌自身 DNA 以及留居的质粒 DNA 上的特异序列,因受甲基化酶的甲基化修饰保护而免于切割。

现在发现的限制性核酸内切酶有 1 800 种以上。根据其识别和切割序列的特性、催化条件及修饰活性等,一般将限制性核酸内切酶分为 Ⅰ、Ⅱ、Ⅲ 三大类。

表 8-1　重组 DNA 技术中常用的工具酶

工具酶	功能
限制性核酸内切酶	识别特异序列,切割 DNA
DNA 连接酶	催化 DNA 中相邻的 5′-磷酸基和 3′-羟基末端之间形成磷酸二酯键使 DNA 切口封合或使两个 DNA 分子或片段连接
DNA 聚合酶 Ⅰ	①合成双链 cDNA 的第二条链 ②缺口平移法制作高比活探针 ③ DNA 序列分析 ④填补 3′-端
逆转录酶	①合成 cDNA ②替代 DNA 聚合酶 Ⅰ 进行填补,标记或 DNA 序列分析
多聚核苷酸激酶	催化多聚核苷酸 5′-羟基末端磷酸化或标记探针
末端核苷酸转移酶	在 3′-羟基末端进行同质多聚物加尾
碱性磷酸酶	切除末端磷酸基

Ⅱ 类限制性核酸内切酶非常严格地识别特定序列和作用于特定切割位点,大部分 Ⅱ 类酶识别回文序列,该序列是具有反转对称的序列。识别位点通常是 DNA 中 4~8bp。它作用的切割位点所要求的序列中如果有一个碱基的变异、缺失或修饰都不能被水解。大多数 Ⅱ 类限制性核酸内切酶可用于分子克隆,使得分子生物学的实验结果具有高度的精确性,例如 *Eco*R Ⅰ、*Bam*H Ⅰ、*Hind* Ⅲ 等。有些酶在识别序列内的对称轴上切割,其切割产物的断端双股平齐称为钝端或平端(blunt end)。而很多限制性核酸内切酶切割后在断端形成一个短的单股突出的不齐末端,称为黏性末端(sticky end)。表 8-2 为几种常用的限制性核酸内切酶的识别位点及切割方式。

表 8-2　几种常用的限制性核酸内切酶

名称	识别序列及切割位点
切割后产生 5′ 突出末端	
*Bam*H Ⅰ	5′...G ▼ GATCC...3′
Bgl Ⅱ	5′...A ▼ GATCT...3′
*Eco*R Ⅰ	5′...G ▼ AATTC...3′
Hind Ⅲ	5′...A ▼ AGCTT...3′
Hpa Ⅱ	5′...C ▼ CGG...3′
Mbo Ⅰ	5′...　▼ GATC...3′
Nde Ⅰ	5′...CA ▼ TATG...3′

续表

名称	识别序列及切割位点
切割后产生 3′ 突出末端	
Apa I	5′...GGGCC ▼ C...3′
Hae II	5′...PuGCGC ▼ Py...3′
Kpn I	5′...GGTAC ▼ C...3′
Pst I	5′...CTGCA ▼ G...3′
Sph I	5′...GCATG ▼ C...3′
切割后产生平末端	
Alu I	5′...AG ▼ CT...3′
*Eco*R V	5′...GAT ▼ ATC...3′
Hae III	5′...GG ▼ CC...3′
Pvu II	5′...CAG ▼ CTG...3′
Sma I	5′...CCC ▼ GGG...3′

三、基因载体

游离的外源 DNA 不能自我复制。将外源基因连接到具有自我复制及表达能力的 DNA 分子上，可实现外源基因的复制或表达。这种携带外源基因的复制子称为基因载体或克隆载体（cloning vector）。其中可使插入的外源 DNA 序列发生转录，进而翻译成多肽或蛋白质的克隆载体又称表达载体（expression vector），常用的载体有质粒、噬菌体、病毒等。

（一）质粒

质粒（plasmid）是存在于细菌拟核之外的共价、闭环、小分子双链 DNA。质粒能在宿主细胞内独立进行复制，在细胞分裂时与拟核一起分配到子细胞。质粒携带某些遗传信息，赋予宿主细胞一些遗传性状，如对青霉素或重金属的抗性以及某些代谢补偿能力等。根据质粒赋予细菌的额外遗传表型可以作为筛选标记用于识别质粒的存在。另外，质粒有限制性核酸内切酶切割位点用于插入外源基因。目前广泛使用的 pBR322 系列及 pGEM 系列等，都是人工改造过的质粒。如图 8-1 上图所示，pBR322 具有复制起始点及调节 DNA 复制序列，有复制子特性，具有 *Eco*R I 等数种内切酶单一切点及编码抗氨苄西林（*amp*ʳ）和抗四环素（*ter*ʳ）基因等结构特性。

（二）噬菌体 DNA

常用作克隆载体的噬菌体 DNA 有 λ 噬菌体和 M13 噬菌体。重组噬菌体 DNA 可在体外被蛋白质包裹成噬菌体颗粒后才能转染宿主菌导入外源 DNA。噬菌体 λ 和 M13 都容易感染大肠埃希菌。改造后的 λ 噬菌体载体只保留同一种限制性核酸内切酶的单个或两个切点，作为插入型载体允许在切口处插入长 5~7kb 外源 DNA 片段，适用于 cDNA 的克隆；作为置换型的载体，其两切点间的片段，可以用 5~20kb 的外源 DNA 替换，适用于基因组 DNA 克隆。M13 是环状单链 DNA，其在宿主内复制时形成双链 DNA，称为复制型。改造后的 M13 载体有 M13mp 和 pUC 系列（图 8-1 下图）。在它们的基因间隔区插入大肠埃希菌一段调节基因和 β- 半乳糖苷酶（*lac*Z）的 N 端上游片段，该片段可编码 *lac*Z 的 α 链，作为载体上的筛选标志。突变型 *lac E.coli* 可表达该酶的 ω 片段（*lac*Z 的 C 端区）。当宿主和转入载体同时表达 α、ω 两个片段时，显示 β- 半乳糖苷酶活性，可使人工底物 X-gal 转变为蓝色。如果插入的外源基因是在载体 *lac*Z α 链基因内，则会干扰 *lac*Z 的表达，利用 *lac E.coli* 为转染或感染细胞，在含 X-gal 的培养基上生长时会出现白色菌落，这一现象称 α- 互补。α- 互补可用于重组体筛选，又称蓝白斑实验（图 8-2）。

Note:

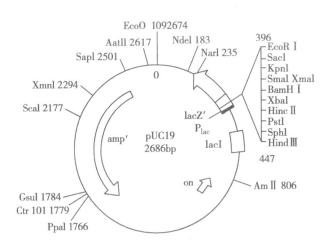

图 8-1　质粒 pBR322 和 pUC19

（三）柯斯质粒载体

柯斯质粒载体（cosmid vector）又称黏粒，是经改造过的质粒，具有质粒和噬菌体载体双重特点的大容量载体，既含有质粒的复制位点、抗药标记及限制性核酸内切酶位点，又含有为包装 DNA 进入噬菌体颗粒的 DNA 序列，即 COS 位点（COS site）。因此，能如对待质粒一样用常规的转化方法把它引入大肠埃希菌并在其中繁殖扩增。用柯斯质粒克隆时，35~45kb 的外源 DNA 连接到线性载体 DNA，形成柯斯位点作为外源 DNA 两侧翼的结构，且两个的方向相同，即两个黏性位点之间是完整的质粒基因和外源 DNA。进行体外包装时，黏性位点被 λ 噬菌体的 A 蛋白切断，两个柯斯位点之间的 DNA 包装为成熟的 λ 噬菌体颗粒。转染大肠埃希菌时，线状的重组 DNA 被注入细胞内，并通过黏性末端而环化。环化后的分子含有完整的柯斯质粒载体，像质粒一样繁殖并使宿主菌表现抗药性，可用含相应抗生素的培养基进行培养。

（四）动物病毒载体

动物病毒载体是高等生物基因表达的比较理想的载体体系。它具有一套在动物细胞中被识别的复制表达体系，可用于真核细胞的基因转移，尤其是运用于以基因治疗为目的的系统。其运用于高等生物基因表达的主要原因是病毒基因组的结构相对简单，分子背景清楚，易于改造和操作，且转染率高。现在较为常用的病毒载体有逆转录病毒载体、腺病毒载体和痘苗病毒载体等。

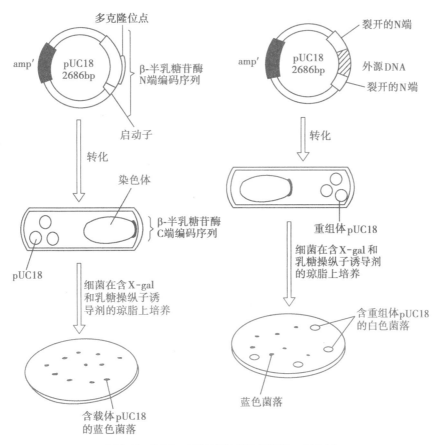

图 8-2　利用 α 互补原理筛选重组体 pUC18

另外,能携带更大分子外源 DNA 的载体有酵母人工染色体、细菌人工载体等。

第二节　基因工程操作步骤

一、目的基因的获得

重组 DNA 需要有纯化的特定基因,即目的基因或靶基因。目前分离获取目的基因的方法大致有以下几种:

(一) 化学合成法

由于核酸的化学合成技术不断完善,DNA 的人工合成发挥着越来越重要的作用。可以根据某种基因已知的核苷酸序列,或根据某种基因产物的氨基酸序列推导出编码该多肽链的核苷酸序列,利用 DNA 合成仪通过化学合成原理合成目的基因。对于特别长的基因,可以分成几段合成,然后连接在一起。

(二) 从基因组 DNA 分离

基因是包含了生物体某种蛋白质或 RNA 的完整遗传信息的一段特定的基因组 DNA 序列。基因组含有包括目的基因在内的所有基因,因此可以采用一定的方法,直接从基因组中获取基因。低等生物的基因组 DNA 比较简单,且有不少基因已知其准确定位,可从基因组中直接分离得到目的基因。对高等生物基因组,可用限制性核酸内切酶将基因组 DNA 作不完全酶解,或超声波等机械法切割,将整个基因组 DNA 转变为许多较小的片段,经梯度离心或电泳回收适合于插入载体的片段。将这些片段与克隆载体拼接成重组 DNA 分子,继而转入受体菌扩增,使每个细菌内都携带一种重组 DNA 分子的多个拷贝。这样由某种克隆载体携带的所有基因组 DNA 的

Note:

集合称为基因组 DNA 文库(genome DNA library),其在理论上包含了基因组全部遗传信息。建立基因组文库后,采用适当的筛选方法可从中选筛出含有感兴趣基因的菌株,再进行扩增,将重组 DNA 分离、回收、以获得目的基因克隆。

(三) 从 cDNA 文库中筛选

由于真核生物的基因常常是不连续基因,而转录加工后的 mRNA 只含有编码意义的核苷酸序列。用逆转录酶可合成与 mRNA 互补的 DNA(即 cDNA),相当于只有编码序列的基因组 DNA。可以先从细胞中提取总 mRNA,然后通过逆转录酶合成与其互补的一条 DNA 链(即 cDNA),再以此单链 cDNA 为模板合成第二链 cDNA,然后将得到的双链 cDNA 插入载体中并克隆化。这样得到的一套 DNA 片段的克隆称为 cDNA 文库(complementary DNA library)。该文库包含细胞表达的各种 mRNA 信息。采用标记的目的基因探针,从 cDNA 文库中就可直接筛选到连续编码的目的基因,可用于生产某些蛋白质。

(四) 聚合酶链反应(polymerase chain reaction,PCR)

PCR 是一种 DNA 在体外利用聚合酶促反应的专门技术,能简便迅速扩增特异序列的基因组 DNA 或 cDNA(详见本章第三节)。若已获悉待扩增目的基因片段两侧或附近的 DNA 序列,据此合成互补引物,通过 PCR 进行目的基因扩增。可以直接以染色体 DNA 为模板进行扩增,也可用 RNA 为起始模板进行扩增,后者称逆转录 PCR(RT-PCR)。其基本过程为:分离、纯化 mRNA,利用逆转录酶合成单链 cDNA;杂合双链中的 RNA 用碱或 RNase H 消化 mRNA,剩下的 cDNA 为模板,由 DNA 聚合酶 I 催化合成双链 cDNA。应用 PCR 技术可把极微量生物材料中的 DNA 扩增至足够使用量。

二、基因载体的选择和构建

基因重组的目的不同,操作基因的性质不同,载体的选择和改建方法也就不同。选择改建后的载体,通常应符合以下几个条件:①有多种限制性核酸内切酶的单一酶切位点以便外源基因插入;②本身的分子量不宜太大,但可容纳较大的外源 DNA 片段,拷贝数高、易与宿主 DNA 分离;③在宿主细胞中能独立地自我复制,并在传代时稳定地保存;④有遗传标记可用于重组体的筛选。此外,对克隆表达载体需要在载体的克隆位点上游加上强启动子序列,下游加上终止密码子等,使载体具有更高的表达克隆基因的能力,又不至于失去控制。还有一些不同类型的载体,用于克隆分子量范围不同、性质不同的 DNA 分子(详见本章第一节)。

三、目的基因和载体的连接

待研究的 DNA 片段(目的基因)与载体 DNA 依靠 DNA 连接酶催化共价接合形成一个完整的重组体分子的过程称为连接(ligation)。连接不同的 DNA 分子有很多方案可供选择,需要根据具体情况来判断。DNA 连接酶有两种,一种是 T_4 DNA 连接酶,是从噬菌体 T_4 感染的大肠埃希菌中分离纯化获得的;另一种是大肠埃希菌 DNA 连接酶,是直接从大肠埃希菌中分离纯化的连接酶。这两种连接酶催化连接反应的机制是类似的,都能把双链 DNA 中一条单链上相邻两核苷酸断开的磷酸二酯键重新闭合。目的基因与载体在重组连接前,涉及限制性核酸内切酶的灵活使用。连接方式与切割载体 DNA 和目的 DNA 时产生末端的性质有关。黏端连接效率比平端连接高。

(一) 黏性末端连接法

选用同一种或两种限制性核酸内切酶切割目的基因和载体,切开的线性 DNA 两侧产生黏性末端。由于黏性末端的单链间碱基配对,退火后两者互补黏合,然后在 DNA 连接酶催化作用下形成共价结合的重组 DNA 分子。

(二) 平端连接

用相同和不同限制性核酸内切酶切割的平端 DNA,或将酶切产生不能互补的黏性末端,经特殊酶处理,使单链突出处被聚合酶补平,变为平端,可用 DNA 连接酶催化施行平端连接。

（三）同聚物加尾法

在上述方法下目的基因和载体 DNA 产生的平端 DNA，利用末端转移酶催化分别在目的基因和载体 DNA 3′-OH 末端加上同聚脱氧核苷酸如 A 或 T，制造出相互配对的黏性末端，用连接酶连接。

（四）人工接头法

人工接头是含有 1~2 种限制性核酸内切酶酶切位点的人工合成的寡核苷酸链。将人工接头磷酸化后连接到目的基因或载体 DNA 平端，使之引入新的酶切位点。连上接头后，再用相应的限制性核酸内切酶切割产生匹配的黏性末端，然后进行目的基因与载体 DNA 的连接。

四、重组 DNA 分子导入受体细胞

体外连接的重组 DNA 分子，需将其导入受体细胞使其随受体细胞生长、增殖而得以复制扩增或表达蛋白质产物。由于各种载体构建的重组 DNA 分子性质不同，引入至受体细胞的方法也不尽相同。

经常使用的受体细胞是大肠埃希菌等原核细胞。在 0~4℃下用氯化钙处理增加细胞膜的通透性，称为感受态细胞（competent cell）。然后将重组质粒载体 DNA 分子与受体细胞一起温育，促进其导入。感受态细菌捕获质粒 DNA 的过程称为转化（transformation）。携带外源 DNA 的噬菌体要引入受体菌，主要方式是在体外将重组 DNA 分子与噬菌体包装蛋白包装成为具有感染能力的完整噬菌体颗粒，完成重组 DNA 的导入，该过程称为转染（transfection）。近年来发展的将重组 DNA 分子导入哺乳动物细胞的方法包括脂质体转染法、电穿孔 DNA 转染技术、DNA- 磷酸钙沉淀法、基因显微注射技术等。

五、重组体筛选

通过转化、转染或感染，外源重组 DNA 被导入受体细胞，经适当培养基培养得到大量转化菌落或转染噬菌斑。重组体的筛选是指从大量的菌落或菌斑中选择和鉴定出含有目的基因的阳性菌株。根据载体体系，受体细胞特性以及外源基因在受体细胞内表达情况的不同，可采取直接选择法和非直接选择法。

（一）直接选择法

针对载体携带某种或某些标志基因和目的基因而设计的筛选方法，称为直接选择法（direct selection），其特点是直接测定基因或基因表型。

1. **抗药性标志选择**　是筛选重组质粒的最常用方法。如果重组质粒携带有某种抗药性标志基因，如 *amp*ʳ、*tet*ʳ 或 *kan*ʳ，只有含这种抗药性基因转化的细菌才能在含有该抗生素的培养基中生存并形成菌落，据此可筛选出转化菌。相反，如将外源基因插入以上抗药性基因，使标志基因失活，转化菌将失去抗药表型，只能在无此抗生素培养基中生存。

2. **标志补救**　转化或转染的外源基因表达产物可弥补基因缺陷性宿主菌的性状，可以利用营养突变菌株进行筛选，即标志补救。例如改造后的 λ 噬菌体载体可表达酵母组氨酸合成的咪唑甘油磷酸脱水酶，携带外源目的基因的这种 λ 噬菌体重组子转染导入组氨酸缺陷型大肠埃希菌，在无组氨酸的培养基中培养。只有带有重组基因的菌株因含有咪唑甘油磷酸脱水酶才能在此培养基中生长，利用此特性可进行筛选。pUC 系列 λ 噬菌体载体重组子可用上述的 α- 互补筛选。这也属于标志补救，见图 8-2。

3. **分子杂交法**　用与外源 DNA 互补的核素标记探针与重组子 DNA 进行杂交筛选。将待测核酸样品结合在硝酸纤维素膜上，再与溶液中的标记探针杂交。含有目的基因的重组 DNA 与探针结合后被放射性核素标记而示踪出来。利用这种方法可以直接选择并鉴定目的基因。根据目的基因的种类及反应形式的不同，分子杂交法可以分为斑点杂交、Southern 印迹杂交、Northern 印迹杂交、原位杂交等多种方法。

Note:

（二）免疫学方法筛选

这是利用特异抗体与目的基因的表达产物（作为抗原）之间相互作用进行筛选，而不是直接去鉴定靶基因。免疫学方法又可分为酶免疫检测分析、放射免疫方法等。后者针对所要研究的蛋白质预先制备其相应的抗体，再用放射性核素标记该抗体。将转化细菌菌落转移至硝酸纤维素膜上，加入标记抗体进行结合反应，经放射自显影后，即可能得到显示抗体所结合的特异蛋白质的区带，从而选择出产生该蛋白质的菌落。免疫学方法特异性强、灵敏度高，尤其适宜于筛选无任何选择标志的基因。

以上所述的目的基因的分离、载体选择、重组 DNA 构建与导入、筛选重组体等即为基因克隆，是基本的重组 DNA 技术操作过程，也可形象地归纳为"分、切、接、转、筛"，即分离目的基因，限制性核酸内切酶切割目的基因与载体，拼接重组体，转入受体菌，筛选重组体。而作为基因工程的最终目的，是要利用重组 DNA 技术获得目的基因的表达产物，故还需进一步进行克隆基因的表达。

六、克隆基因表达

基因工程的最终目标是进行目的基因的表达，实现生命科学研究、医药或商业目的。克隆的目的基因在受体细胞表达生物活性蛋白质需要有效的基因转录、蛋白质翻译和正确的转录、翻译后加工的过程。这些过程在不同的表达体系中是不一样的。基因工程根据宿主细胞性质的不同，分为原核表达体系与真核表达体系。

（一）原核表达体系

原核表达系统包括大肠埃希菌（*E.coli*）系统和枯草杆菌（*Bacillus subtilis*）系统，其中 *E.coli* 是当前采用最多的原核表达体系。运用 *E.coli* 表达有用的蛋白质必须使构建的表达载体符合下述标准：①含 *E.coli* 适宜的选择标志；②具有能调控转录、产生大量 mRNA 的强启动子，如 *lac*、*tac* 启动子或其他启动子序列，要表达的外源基因编码区不能含有插入序列，外源基因位于启动子下游；③含适当的翻译调控序列，如核糖体结合位点和翻译起始点等；④含有设计合理的，以确保目的基因按一定方向与载体正确衔接。将目的基因插入适当表达载体后，经过转化、筛选获得正确的转化子细菌即可直接用于蛋白质的表达。生产的蛋白质的目的不同，设计的表达策略也不尽相同。除考虑目的蛋白分离、纯化的方便，更重要的是考虑表达蛋白质的功能或生物学活性。

由于原核细胞和真核细胞的转录、翻译及翻译后加工体系的不同，用原核表达体系表达真核蛋白质时存在一些不足之处，例如由于缺乏适当的翻译后加工机制，*E.coli* 表达体系表达的真核蛋白质不能形成正确的折叠或进行糖基化修饰。因此，在实际操作中应充分考虑这些差别。

（二）真核表达体系

对表达真核细胞蛋白质而言，真核表达体系如酵母、昆虫及哺乳动物细胞表达体系显示了比原核表达体系更大优越性。尤其是哺乳类动物细胞表达体系具有许多优点：①该体系能识别和除去外源基因的内含子，将外源基因剪接加工成成熟的 mRNA；②该体系表达的蛋白质在翻译后加工的机会较多（如糖基化修饰），可提高产品的生物学活性及免疫活性；③用作受体的动物细胞，都是用缺陷的病毒基因组如 SV40 等转化的细胞，能稳定传代；④使经转化的哺乳动物细胞将表达产物分泌到培养基中，其提纯工艺简单。但操作技术难、费时、不经济是哺乳类动物细胞表达体系的缺点。如何将克隆的重组 DNA 分子导入真核细胞是关键步骤。常用于细胞转染的方法有：磷酸钙转染（calcium phosphate transfection）、DEAE 葡聚糖介导转染（DEAE dextran-mediated transfection）、电穿孔（electroporation）、脂质体转染（lipofectin transfection）及显微注射（microinjection）等。

基因工程上述六个主要操作步骤大致上可归纳为三个基本步骤，即构建重组 DNA 分子、引入受体细胞和筛选克隆，见图 8-3。

Note:

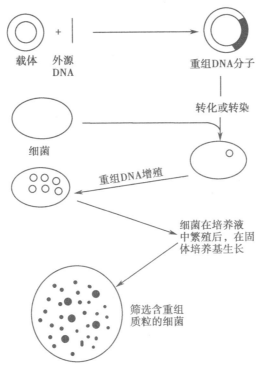

图 8-3　以质粒为载体的 DNA 克隆过程

第三节　分子生物学常用技术

分子生物学是理论与技术并重的学科,两者的发展互相联系又相互促进,理论上的发现为新技术的产生提供思路,而新技术的产生又为证实原有理论和发展新的理论提供有力的工具。分子生物学技术已经被广泛应用于生命科学各个领域,是医药学研究和临床实践不可缺少的工具和手段,同时这些技术和方法也已形成独立和完整的知识体系。因此,了解分子生物学常用技术的基本原理、应用及其研究进展对于完善医学生的知识结构、帮助医学生深入认识疾病的发生机制及掌握新的诊治方法,以及提高医学生实践和研究水平是十分必要的。本节主要概括介绍目前医学分子生物学中一些常用技术和方法,同时对前沿技术也略加介绍。

一、核酸分子杂交与探针技术

分子杂交是分子生物学领域应用最为广泛的技术之一。其基本原理是:把异源的 DNA 分子,或者 DNA 与 RNA 放在一起,加热使 DNA 分子解开成单链后,在缓慢降温复性过程中,只要 DNA 或 RNA 的单链分子之间存在着一定程度的碱基配对关系,就可以在不同的分子间形成杂化双链(heteroduplex),这种现象称为核酸分子杂交(nucleic acid hybridization)。核酸分子杂交主要应用于:①对特定 DNA 或 RNA 顺序进行定性和定量检测;②测定特定 DNA 序列的限制性核酸内切酶图谱,以判断是否存在 DNA 序列缺失、插入及重排等现象;③ RNA 结构的初步分析;④特定基因克隆的筛选;⑤用末端标记人工合成寡核苷酸探针检查基因的特定点突变。图 8-4 是分子杂交的示意图。

探针(probe)是指经过特殊标记的核酸片段,它具有特定的序列,能够与待测的核酸片段互补结合,在研究和诊断中用于检测核酸样品中特定的基因。探针可以是人工合成的寡核苷酸片段,也可以是 DNA、cDNA 或 RNA 片段。常用放射性核素、生物素或荧光染料来标记探针。

在分子生物学的研究和应用中探针技术和核酸分子杂交技术是结合在一起的。进行核酸检测时,使待测核酸变性成两条单链,变性 DNA 固定于支持物上,与含有标记探针溶液共温浴进行杂交,

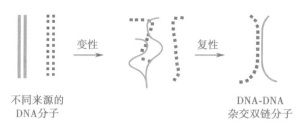

图 8-4 核酸分子杂交示意图

在碱基配对的前提下,探针与具有互补序列的 DNA 片段结合,使杂交链显示识别标记,而被检测确定。分子杂交确定待测核酸是否与探针的序列具有同源性,从而达到鉴定靶核酸性质的目的。探针还可以用于基因工程中阳性克隆的筛选,遗传病的产前诊断,肿瘤的分子诊断、分类、分型和预后以及传染性流行病病原体的检测等。

二、分子印迹技术

印迹技术(blotting)是 20 世纪 70 年代后期出现的分子检测技术,是指将分离的生物大分子如核酸、蛋白质等转移到固相支持物并加以检测分析的技术。这个过程类似于用吸墨纸吸收纸张上的墨迹,因此称之为 "blotting"。目前这种技术广泛应用于 DNA、RNA、蛋白质、抗原、受体糖蛋白等多种生物大分子的研究。印迹法基本过程包括:生物样品凝胶电泳分离、分离后的样品转移到固相支持物上、检测分析等三大部分组成。图 8-5 示意 blotting 的大致过程。

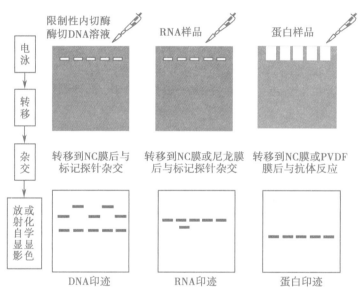

图 8-5 印迹技术示意图

(一) DNA 印迹技术

是由 Edwin Southern 1975 年创立,进行 DNA 片段的检测,被称为 Southern blotting,即 DNA 印迹。其基本过程是用某种限制性核酸内切酶消化靶 DNA,经琼脂糖凝胶电泳后,放入碱性溶液中使 DNA 变性,然后将变性的单链 DNA 从凝胶中按原来的位置和顺序经过一定的方法吸印转移到硝酸纤维素膜(nitrocellulose membrane,NC)上,固定后再与标记的核酸探针杂交,并显示杂交信号。DNA 印迹技术主要用于基因组中特异基因的定位与检测等。还可用于分析重组质粒和噬菌体。

(二) RNA 印迹技术

RNA 印迹技术又称为 Northern blotting。其基本过程与 Southern 印迹技术相同,先用乙二醛等变性剂处理 RNA,消除 RNA 的二级结构,然后采用合适的条件凝胶电泳,再将 RNA 转移到 NC 膜上,固定后就可进行杂交显影。RNA 印迹技术目前主要用于检测某一组织或细胞中已知的特异mRNA 的表达水平,或比较不同组织和细胞中的同一基因的表达情况,也可以用于分析基因转录本的大小,被认为是目前最可靠的 mRNA 水平分析方法之一。

(三) 蛋白质的印迹分析

蛋白质在电泳之后也可以固定于膜上,再与溶液中的其他蛋白质分子相互结合,目的蛋白最常用的是用抗体来检测,因此也称为免疫印迹技术(immunoblotting),也被称为蛋白质印迹(Western blotting)。蛋白质印迹技术用于检测样品中特异性蛋白质的存在、细胞中特异蛋白质的半定量分析以及蛋白质相互作用的研究。将样品蛋白质用聚丙烯酰胺凝胶电泳按分子量大小分开,用电转移方法定向将蛋白质转移到 NC 膜或其他膜上。印迹在膜上的特异抗原的检出依赖于抗原抗体的结合反应。反应时能与特异性一抗结合的二抗常用辣根过氧化物酶、碱性磷酸酶、荧光素或放射性核素标记,后者催化某些底物反应后产生示踪信号,能通过底物显色或放射自显影来检测蛋白质区带的信号,找出能和抗体特异性结合的抗原蛋白。

除了这三种印迹技术外,还有其他的一些方法用于核酸和蛋白质的分析。例如斑点印迹、原位杂交、DNA 芯片等技术,特别是 DNA 芯片技术的应用对核酸的研究工作以及未来的基因诊断技术将会产生重大的影响。图 8-6 示原位杂交法筛选阳性克隆。

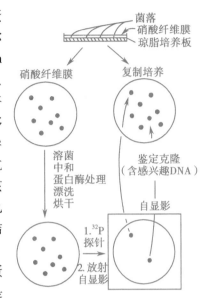

图 8-6 原位杂交法筛选阳性克隆

三、聚合酶链反应技术

聚合酶链反应(polymerase chain reaction,PCR)是 DNA 的体外酶促扩增反应,是指在体外通过 DNA 聚合酶反应模拟体内 DNA 复制来合成 DNA 的过程,该技术是由 Mullis K. 在 1985 年建立。PCR 技术能快速特异地扩增待测目的基因或 DNA 片段,将所要研究的一个目的基因或某一 DNA 片段,在数小时内扩增至百万乃至千百万倍,使得皮克(pg)水平的起始物达到微克(μg)水平的量。只要一根毛发、一个精子、一滴血中的 DNA 样本,甚至甲醛溶液固定、石蜡包埋、冷冻数万年的组织,都可用于基因结构的分析。PCR 技术具有敏感性高、特异性强、重复性好、产率高以及快速简便等优点。使其迅速成为分子生物学研究中最为广泛应用的方法,被认为是分子生物学里程碑式的发现,其创建者 Mullis K. 也因此荣获 1993 年度诺贝尔化学奖。图 8-7 为 PCR 工作原理。

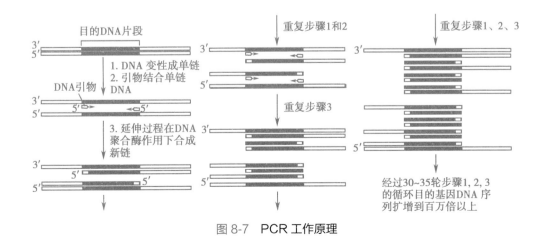

图 8-7 PCR 工作原理

Note:

（一）PCR 反应体系及过程

1. PCR 技术的反应体系　耐热 DNA 聚合酶,其中 *Taq* DNA 聚合酶应用最广泛;模板 DNA,通常小片段模板 DNA 的 PCR 效率要高于大分子 DNA;一对特异性引物,一般引物长 18~25 个碱基;dNTP,4 种 dNTP 的终浓度相等;含有 Mg^{2+} 的缓冲液。

2. PCR 反应的过程

（1）变性:将反应系统加热至 95℃,15~45s,使模板 DNA 完全变性成为单链,并消除引物自身和引物之间存在的局部双链。

（2）退火:将温度下降至适宜温度,约 50℃,15~45s,使引物与模板 DNA 退火结合。

（3）延伸:将温度升至 72℃,在此温度下,*Taq* DNA 聚合酶以 dNTP 为底物催化 DNA 的合成反应。根据扩增片段长短,时间 30~60s。

上述三个步骤为一个循环,新合成的 DNA 分子能继续作为下一轮循环的模板,经多次循环(30~35 次)后即可达到扩增 DNA 片段的目的。

（二）几种常见的 PCR 衍生技术

1. 逆转录 PCR 技术　逆转录 PCR 技术(reverse transcription-polymerase chain reaction,RT-PCR),是将 RNA 的逆转录反应和 PCR 联合应用的一种技术,原理是:提取组织或细胞中的总 RNA,以其中的 mRNA 作为模板,在逆转录酶作用下生成 cDNA,再以 cDNA 为模板进行 PCR 扩增,而获得目的基因或检测基因表达。RT-PCR 使 RNA 检测的灵敏性提高了几个数量级,使一些极为微量 RNA 样品分析成为可能,该技术是目前从组织或细胞中获得目的基因以及对已知序列的 RNA 进行定性定量分析的有效方法。

2. 原位 PCR 技术　原位 PCR 就是在组织细胞里进行 PCR 反应,它结合了具有细胞定位能力的原位杂交和高度特异敏感的 PCR 技术的优点。

3. 实时 PCR 技术(real time PCR)　又称为荧光定量 PCR。该技术在常规 PCR 基础上运用荧光能量传递技术,加入荧光标记探针,使得在 PCR 反应中产生的荧光信号与 PCR 产物量成正比,对每一时刻的荧光信号进行实时分析,计算出 PCR 产物量,根据动态变化数据,可以精确计算样品中原有模板的含量(图 8-8)。

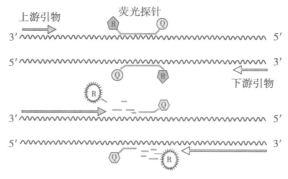

图 8-8　实时 PCR 工作原理

（三）PCR 的应用

由于 PCR 反应具有敏感性高、特异性强、操作简单等优点,广泛应用于分子生物学研究许多领域中,包括分子克隆、基因诊断、肿瘤发病机制研究、法医学鉴定等。PCR 技术目前主要应用于以下三个方面:①目的基因的克隆,PCR 技术可用于快速方便地获得目的基因,包括利用特异性引物以 cDNA 或基因组 DNA 为模板获得已知的目的基因片段;利用简并引物从 cDNA 文库或基因组文库中获得具有一定同源性的基因片段;利用随机引物从 cDNA 文库或基因组文库中随机克隆基因。②基因的体外突变,利用 PCR 技术可以随意设计包含突变序列引物在体外进行基因的嵌合、缺失、点突变等改造。③ DNA 的微量分析,PCR 技术能快速敏感地扩增被测试的目的基因,只需微量 DNA 模板,是 DNA 微量分析的最好方法。可应用于各种病原微生物感染的基因检测、遗传病相关突变基因、癌基因的基因诊断、法医学鉴定及 DNA 序列分析。

四、DNA 序列分析技术

DNA 序列分析技术是现代生命科学研究的核心技术之一,是分析生物体遗传信息和揭示生物体遗传本质的最根本手段和方法。1977 年,英国科学家 Sanger 首创了双脱氧链末端合成终止法进行 DNA 测序,同年美国的 Maxam 和 Gilbert 创立了化学裂解 DNA 测序法。此后,DNA 序列分析技术以此两种方法为基础,不断地改进和创新,使 DNA 测序可实现自动化,分析速度大大加快。这里主要介绍 DNA 链末端合成终止法测序的原理。

DNA 末端合成终止法也称 Sanger 双脱氧终止法。Sanger 在双脱氧终止法中独创性地使用了特异引物,在 DNA 聚合酶的作用下进行延伸反应。正常的体外合成体系中,DNA 聚合酶在引物的引导下,沿模板链 3′ → 5′ 方向,利用 4 种 dNTP 聚合互补新链。如果在体系中加入 2′,3′- 双脱氧核苷三磷酸(ddNTP),当它们掺入正在合成的新链 DNA 后,由于其缺少脱氧核糖的 3′ 位羟基,因而不能与后续 dNTP 形成磷酸二酯键,新链合成中断。图 8-9 为脱氧核糖与双脱氧核糖示意图。

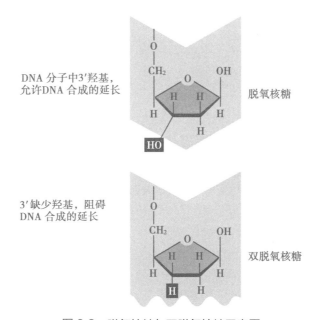

图 8-9　脱氧核糖与双脱氧核糖示意图

通常在一次测序反应中,设置 4 组反应,每一组反应体系分别加入一种 ddNTP 和适当比例的四种 dNTP,其余成分与正常合成体系相同。dNTP 保证一部分 DNA 链的连续合成,而各组中适量的一种 ddNTP 将分别在与模板链互补的每一个 A,C,G 或 T 的位置上终止新链合成,产生大小不同的 DNA 片段,这些片段的 5′- 端引物端是固定的,而终点(ddNTP 加入的位置)随模板链碱基序列而改变。经聚丙烯酰胺凝胶电泳可分离这些只有 1 个核苷酸差别的 DNA 单链。由于在反应体系中某些 dNTP(其中一种)事先用放射性核素(^{32}P 或 ^{35}S)标记,经过放射自显影就可在感光底片上判读出与模板互补的新生链序列,再根据碱基互补规则就可以反推出待测模板 DNA 序列。其过程简要如图 8-10 所示。

Note:

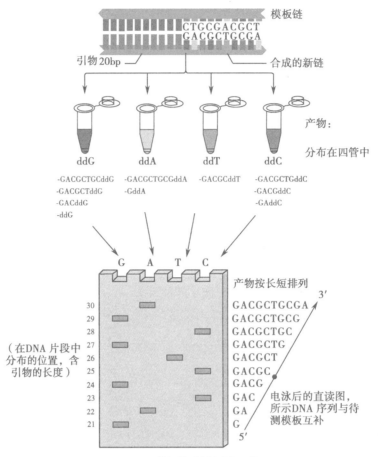

图 8-10 双脱氧终止法测序工作原理

焦磷酸测序技术

焦磷酸测序(pyrosequencing)技术是新一代 DNA 序列分析技术,是由 DNA 聚合酶(DNA polymerase)、ATP 硫酸化酶(ATP sulfurylase)、荧光素酶(luciferase)和三磷酸腺苷双磷酸酶(apyrase)催化的同一反应体系中的酶级联化学发光反应。

基本过程:①每轮测序反应中,加入一种 dNTP,若该 dNTP 与模板配对,DNA 聚合酶就可将其掺入到引物链中并释放出焦磷酸基团(PPi),掺入的 dNTP 和释放的 PPi 是等量的;② ATP 硫酸化酶催化 PPi 与 5'- 磷酰硫酸结合形成 ATP;③在荧光素酶的催化作用下,生成的 ATP 和荧光素(fluciferin)结合形成氧化荧光素,同时产生可见光;④检测到的光信号通过软件转化为检测峰,且每个峰的高度和掺入的核苷酸数目成正比;⑤反应体系中剩余的 dNTP 和残留的少量 ATP 在 Apyrase 的作用下发生降解。待上一轮反应完成后,加入另一种 dNTP,使上述反应重复进行,根据获得的峰值图即可读取准确的 DNA 序列信息。

目前 DNA 序列分析基本实现自动化,使 DNA 测序速度大大加快,这一发展与人类基因组计划(Human Genome Project, HGP)的实施和需求是密不可分的。人类基因组计划是在 1985 年由美国学者提出的,它的最终目的是测定总长度约 1.7m,由近 30 亿个核苷酸组成的人基因组 DNA 全序列,它的实施将会为认识疾病的分子机制以及诊断和治疗提供重要的依据。在人类基因组计划起步阶段,采用的还是传统 Sanger 双脱氧终止法和聚丙烯酰胺凝胶电泳进行 DNA 序列分析,基本上还是手工运作。在 20 世纪 90 年代中期对 Sanger 双脱氧终止法进行改进,采用荧光素代替放射性核素标记,被荧光标记的反应产物经毛细管电泳分离后,通过四种激光激发不同大小 DNA 片段上的荧光分子

Note:

使之发射出四种不同波长荧光,检测器采集荧光信号,并依此确定 DNA 碱基排列顺序。这种方法使 DNA 测序速度大大加快,也促使了人类基因组计划的提前完成。

第四节　分子生物学技术进展

一、生物芯片技术

生物芯片(biochip)技术是 20 世纪 90 年代中期以来影响最深远的重大科技进展之一,它是指采用光导原位合成或微量点样等方法,将大量生物大分子比如核酸片段、多肽分子甚至细胞、组织等生物样品有序地固化于支持物(如玻片、硅片、聚丙烯酰胺凝胶、尼龙膜等载体)的表面,组成密集二维分子排列,然后与已标记的待测生物样品中靶分子杂交,通过特定的仪器比如激光共聚焦扫描或电荷偶联摄影像机(CCD)对杂交信号的强度进行快速、并行、高效地检测分析,从而判断样品中靶分子的数量。由于常用玻片 / 硅片作为固相支持物,且在制备过程模拟计算机芯片的制备技术,所以称之为生物芯片技术。相对于传统核酸 / 蛋白质印迹技术,生物芯片技术具有简便、自动化程度高、检测目的分子数量多及高通量等优点,能广泛应用于基因表达谱分析、突变检测、多态性分析、基因组文库作图及杂交测序等,为“后基因组时代”基因功能的研究、现代医学科学研究及诊断学的发展提供了强有力的工具。根据芯片上的固定的探针不同,生物芯片包括基因芯片(也称 cDNA 微阵列)、蛋白质芯片、细胞芯片、组织芯片等(图 8-11)。

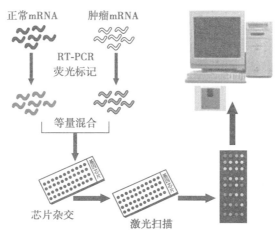

图 8-11　基因芯片工作原理示意图

(一) 基因芯片

基因芯片(gene chip)包括 DNA 芯片和 cDNA 芯片,是指将许多特定的 DNA 片段或 cDNA 片段作为探针,有规律地紧密排列固定于单位面积的支持物上,然后与待检测的荧光标记样品进行杂交,杂交后用激光共聚焦荧光检测系统对芯片进行扫描,通过计算机系统对每一探针位点的荧光信号作出检测、比较和分析,从而迅速得出定性和定量的结果,该技术亦称为 DNA 微阵列(DNA microarray)。基因芯片可在同一时间内分析大量的基因,高密度基因芯片可在 $1cm^2$ 面积内排列 20 000 个基因用于分析,实现基因信息的大规模检测。

基因芯片主要应用于:① DNA 序列分析:基因芯片利用固定探针与样品进行分子杂交产生的杂交图谱而排列出待测样品的序列。②基因表达水平的检测:基因芯片特别适用于分析不同组织细胞或同一细胞不同状态下的基因差异表达,其原理是基于双色荧光探针杂交系统的应用,该系统将两个不同来源样品的 mRNA 逆转录合成 cDNA 时用不同的荧光分子(如正常用红色、肿瘤用绿色)进行标记,两组分别标记的 cDNA 等量混合后与基因芯片杂交,在两组不同的激发光下检测,获得两个不同样品在芯片上的全部杂交信号,呈现绿色荧光的位点代表该基因只在肿瘤组织表达,呈现红色信号的位点代表该基因只在正常组织表达,呈现两种荧光混合后的黄色位点则表明该基因在两种组织中均有表达。③基因诊断:从正常人的基因组中分离出 DNA 与 DNA 芯片杂交就可以得出标准图谱,从患者的基因组中分离出 DNA 与 DNA 芯片杂交就可以得出病变图谱。通过比较、分析这两种图谱,就可以得出病变的 DNA 信息。这种基因芯片诊断技术以其快速、高效、敏感、经济、平行化、自动化等特点,将成为一项现代化诊断新技术。④药物筛选:利用基因芯片分析用药前后机体的不同组织、器官基因表达的差异,可以从众多的药物成分中筛选到起作用的部分物质。⑤给药个性化:由于不同个体遗传学上存在差异,药物作用的效果和不良反应不同,如果利用基因芯片技术对患者先进行诊断,再开处方,就可对患者实施个体优化治疗,对指导治疗和预后有很大的意义。⑥此外,基因芯片在新基因发现、药物基因组图、中药物种鉴定、DNA 计算机研究等方面都有应用价值。

(二) 蛋白质芯片

蛋白质芯片技术(protein chip)是将高度密集排列的蛋白质分子作为探针点阵固定在固相支持物上,当与待测蛋白质样品反应时,可捕获样品的靶蛋白,再经检测系统对靶蛋白进行定性和定量分析的一种技术。

蛋白质芯片基本原理是将各种蛋白质有序地固定于滴定板、滤膜或载玻片等各种载体上成为检测用的芯片,利用蛋白质分子间的亲和作用,用标记了荧光素的蛋白质或其他成分与芯片结合,经漂洗将未能与芯片上的蛋白质互补结合的成分洗去,再利用荧光扫描仪或激光共聚焦扫描技术,测定芯片上各点的荧光强度,通过荧光强度分析蛋白质与蛋白质之间相互作用的关系,由此达到测定各种蛋白质功能的目的。

蛋白质芯片技术具有快速和高通量等特点,它可以对上千种蛋白质同时进行分析,是蛋白质组学研究的重要手段之一,已广泛应用于蛋白质表达谱、蛋白质功能、蛋白质相互作用的研究,在临床疾病诊断和新药开发的筛选上也有很大的应用潜力。

二、生物大分子相互作用研究技术

生物大分子之间可相互作用并形成各种复合物,体内重要的生命活动,包括 DNA 复制、转录、蛋白质的合成与分泌、信号转导和代谢等,都是由这些复合物所完成。研究细胞内各种生物大分子相互作用方式,是理解生命活动基本机制的基础。有关研究技术发展迅速,本节选择性介绍蛋白质 - 蛋白质、蛋白质 -DNA 相互作用研究技术的原理和用途。

(一) 蛋白质相互作用研究技术

目前常用的研究蛋白质相互作用的技术包括酵母双杂交、各种亲和分离分析(亲和色谱、免疫共沉淀、标签蛋白沉淀等)、噬菌体显示系统筛选等。本部分主要介绍应用最广泛的酵母双杂交技术(yeast two-hybrid system)。

酵母双杂交系统目前已经成为分析细胞内未知蛋白质相互作用的主要手段之一。1989 年,Song 和 Field 建立了第一个基于酵母的细胞内检测蛋白质间相互作用的遗传系统。很多真核生物的位点特异转录激活因子通常具有两个可分割开的结构域,即 DNA 特异结合结构域(DNA-binding domain,DBD)与转录激活结构域(transcriptional activation domain,TAD)。这两个结构域各具功能,互不影响。但一个完整的激活特定基因表达的激活因子,必须同时含有这两个结构域,否则无法完成激活功能。不同来源激活因子的 DBD 区与 TAD 结合后则特异地激活被 DBD 结合的基因表达。基于这个原理,可将两个待测蛋白质分别与这两个结构域重组为融合蛋白,并共表达于同一个酵母细胞内。如果两个待测蛋白质间能发生相互作用,就会通过待测蛋白的桥梁作用使 TAD 与 DBD 形成一个完整的转录激活因子并激活相应的报告基因表达。通过对报告基因表型的测定可以很容易地知道待测蛋白分子间是否发生了相互作用。

酵母双杂交系统由三个部分组成:①与 DBD 融合的蛋白表达载体,被表达的蛋白质称诱饵蛋白(bait)。②与 TAD 融合的蛋白表达载体,被其表达的蛋白质称靶蛋白(prey)。③带有一个或多个报告基因的宿主菌株。常用的报告基因有 HIS3、URA3、LacZ 和 ADE2 等。而菌株则具有相应的缺陷型。双杂交质粒上分别带有不同的抗性基因和营养标记基因。这些有利于实验后期杂交质粒的鉴定与分离。根据目前通用的系统中 DBD 来源的不同主要分为 GAL4 系统和 LexA 系统。后者因其 DBD 来源于原核生物,在真核生物内缺少同源性,因此可以减少假阳性的出现。

酵母双杂交技术产生以来,它主要应用在以下几方面:①检验一对功能已知蛋白质间的相互作用。②研究一对蛋白质间发生相互作用所必需的结构域。通常需对待测蛋白质做点突变或缺失突变的处理。其结果若与结构生物学研究结合则可以极大地促进后者的发展。③用已知功能的蛋白质基因筛选双杂交 cDNA 文库,以研究蛋白质之间相互作用的传递途径。④分析新基因的生物学功能。即以功能未知的新基因去筛选文库。然后根据筛选到的已知基因的功能推测该新基因的功能。

(二) DNA- 蛋白质相互作用分析技术

蛋白质与 DNA 相互作用是基因表达及其调控的基本机制。分析各种转录因子所结合的特定 DNA 序列及基因的调控序列所结合的蛋白质,是阐明基因表达调控机制的主要研究内容。这里简要介绍两种目前常用的研究 DNA 与蛋白质相互作用的技术。

1. 电泳迁移率变动分析 电泳迁移率变动分析(electrophoretic mobility shift assay,EMSA)或称凝胶迁移变动分析(gel shift assay)最初用于研究 DNA 结合蛋白与相应 DNA 序列间的相互作用,可用于定性和定量分析,已经成为转录因子研究的经典方法。

DNA 结合蛋白与特定 DNA 探针片段的结合会增大其分子量,在凝胶中的电泳速度慢于游离探针,即表现为条带相对滞后。在实验中预先用放射性核素或生物素标记待检测的 DNA 探针,再将标记好的探针与细胞核提取物温育一定时间,使其形成 DNA- 蛋白质复合物,然后将温育后的反应液进行非变性(不加 SDS,以免形成的复合物解离)聚丙烯凝胶酰胺电泳,最后用放射自显影等技术显示出标记 DNA 探针的条带位置。

2. 染色质免疫沉淀技术 真核生物的基因组 DNA 以染色质的形式存在。因此,研究蛋白质与 DNA 在染色质环境下的相互作用是阐明真核生物基因表达机制的重要途径。染色质免疫沉淀技术(chromatin immunoprecipitation assay,ChIP)是目前研究体内 DNA 与蛋白质相互作用的主要方法。它的基本原理是在活细胞状态下,用化学交联试剂固定蛋白质 -DNA 复合物,并将其随机切断为一定长度范围内的染色质小片段,然后通过免疫学方法沉淀此复合体,再利用 PCR 技术特异性富集目的蛋白结合的 DNA 片段,从而获得蛋白质与 DNA 相互作用的信息。

三、转基因技术和核转移技术

(一) 转基因技术

基因转移技术的发展使得人们不仅可以在细胞水平进行基因转移,而且可以使目的基因整合入受精卵或胚胎干细胞,然后将细胞导入动物子宫,使之发育成个体。这个个体能够把目的基因继续传给子代,该技术被称为转基因技术。被导入的目的基因称为转基因(transgene),经转基因技术修饰的动物常被称为转基因动物(transgenic animal)。目前已经建成很多用于研究的转基因动物模型,如转基因小鼠(图 8-12)、转基因羊等。

一般而言,转基因动物的建成,可分为目的基因选择、制备载体、扩增目的基因、将目的基因导入胚胎干细胞或受精卵、转入母体子宫发育成个体和转基因动物的检测等阶段。而这些过程涉及诸多分子生物学和分子遗传学的技术和方法,如获取目的基因常用的聚合酶链反应、基因组及 cDNA 文库筛选等;基因转染方法如精子载体法、脂质体转染法、逆转录病毒载体法、显微注射法、细胞核移植法、细胞融合法等;转基因生物检测方法如 DNA 印迹技术、斑点杂交和 PCR 技术等。

Note:

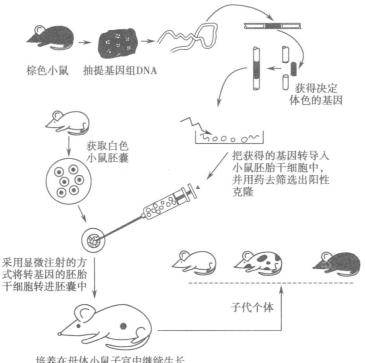

棕色小鼠　抽提基因组DNA

获得决定
体色的基因

获取白色
小鼠胚囊

把获得的基因转导入
小鼠胚胎干细胞中，
并用药去筛选出阳性
克隆

采用显微注射的方
式将转基因的胚胎
干细胞转进胚囊中

子代个体

培养在母体小鼠子宫中继续生长

图 8-12　转基因小鼠工作示意图

（二）核转移技术

核转移（nuclear transplantation，NT）技术即所谓动物整体克隆技术，是指将动物早期胚胎或体细胞核移植到去核受精卵或成熟卵母细胞中，重新构建新的胚胎，重构胚胎发育成与供核细胞基因型完全相同后代的技术。这样产生的个体所携带的遗传性状仅来自一个父亲或母亲个体，是无性繁殖的方式，从遗传角度讲是一个个体的完全拷贝，即克隆（clone）。第一个核移植成功的动物是 1997 年诞生的克隆羊多莉（图 8-13）。

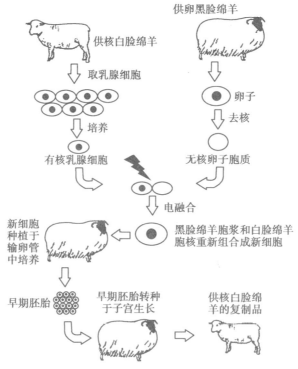

供核白脸绵羊　　供卵黑脸绵羊

取乳腺细胞　　卵子

培养　　去核

有核乳腺细胞　　无核卵子胞质

电融合

新细胞
种植于
输卵管
中培养

黑脸绵羊胞浆和白脸绵羊
胞核重新组合成新细胞

早期胚胎　早期胚胎转种
于子宫生长

供核白脸绵
羊的复制品

图 8-13　动物整体克隆技术

四、基因沉默技术

基因沉默（gene silencing）是指基因组中的基因由于受内在遗传因素或外源基因的影响而表达降低或完全不表达的现象。基因沉默是一种普遍存在的基因调控机制，广泛存在于真菌、植物和动物中。

对基因沉默的研究具有重要的生物学意义。基因沉默是基因表达调控的一种重要方式，是生物体的本能反应，基因沉默可使生物体在基因调控水平上限制外源核酸的入侵；基因沉默还与个体生长发育有关，它可能通过控制内源基因的表达来调控生长发育。在实际应用方面也有重要价值：如在基因工程中克服基因沉默，使外源基因能更好地进行表达；可以利用基因沉默使人们有意识地抑制某些有害基因的表达，对疾病的治疗具有重要意义；在功能基因组方面，通过有选择地使某些基因沉默，可以测知这些基因在生物体基因组中的功能；通过抑制生物代谢过程中的某个环节，可以获得特定的代谢产物等。

常见基因沉默技术包括反义 RNA 技术、核酶技术、三链 DNA 技术、肽核酸（peptide nucleic acid，PNA）和 RNA 干扰（RNA interference，RNAi）技术等。和其他基因沉默技术相比，RNAi 是日益被重视的新兴反基因策略。RNAi 是指在特定因子作用下，导入或细胞内生成的双链 RNA（dsRNA）降解生成 21~23 个核苷酸长度的干扰片段（small interference RNA，siRNA），后者能通过碱基互补配对原则和靶 mRNA 结合，诱导靶 mRNA 降解，同时还可以利用体内转录系统生成下一代 siRNA，从而产生放大效应和长期效应。

RNAi 是一个依赖 ATP 的过程，由 dsRNA 介导的同源序列 RNA 的降解可分为两步：首先，较长的 dsRNA 裂解成长度为 21~23 核苷酸较小的干扰片段（siRNA），这一裂解过程需要 ATP 的参与。在 RNAi 过程中一种称为 Dicer 的核酸酶负责将 dsRNA 转化为 siRNA，它属于 RNase Ⅲ 家族；第 2 步，由 siRNA 与一系列特异性蛋白质结合形成 siRNA 诱导沉默复合体（RNA-induced silencing complex，RISC），RISC 被激活后能依靠 siRNA 的反义链识别 mRNA 分子的互补区域（靶 mRNA）并使其降解，从而导致特定基因沉默，干扰基因的正常表达（图 8-14）。

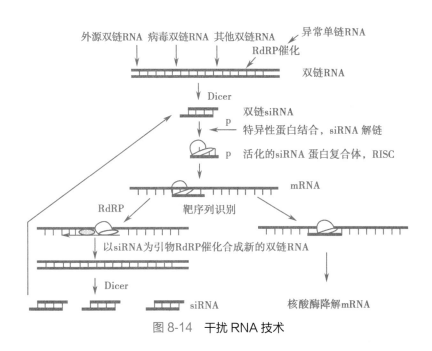

图 8-14　干扰 RNA 技术

RNAi 主要特点包括：干扰因子前身为双链 RNA 不是单链 RNA，因而比较稳定，不易降解；是转录后水平的基因沉默机制，对 DNA 序列没有影响；能高度特异性抑制 mRNA 和蛋白质的表达；只作

Note:

用于外显子,对内含子无影响;具有放大效应和长期作用;其效应可以穿过细胞界限,在不同细胞间长距离传递和维持。

五、基因敲除技术

借助基因修饰动物来研究基因功能,通过转基因技术或基因敲除技术建立特定的动物模型,研究目的基因功能。基因打靶(gene targeting)技术通过同源重组定向地从染色体上移除或移入特定基因。在动物(主要是小鼠)受精卵或胚胎干细胞中表达外源性基因、敲入(knock-in)或敲除(knock-out)基因,即可获得基因修饰动物品系。

将外源重组基因转染并整合到动物受体细胞基因组中,从而形成在受体表达外源基因的动物,称为转基因动物。为了研究感兴趣的目的基因在动物或人体的生长发育过程中的作用,目的基因需要导入并整合到受精卵基因组中。

为了得到选择性地敲除目的基因,并使其在体内任何细胞中均不表达的动物,就需要用到基因敲除技术。基因敲除技术是 20 世纪 80 年代发展起来的,是建立在基因同源重组和胚胎干细胞技术基础上的一种新分子生物学技术。胚胎干细胞(embryonic stem cell,ES)是从着床前胚胎分离出的内细胞团(inner cell mass,ICM)细胞,它具有向各种组织细胞分化的潜能,能在体外培养并保留发育的全能性。将 ES 在体外进行遗传操作后,重新植回小鼠胚胎,它能发育成胚胎的各种组织(图8-15)。基因同源重组是指当外源 DNA 片段大且与宿主基因片段同源性强并互补结合时,结合区的任何部分都有与宿主的相应片段发生交换(即重组)的可能,这种重组称为同源重组。

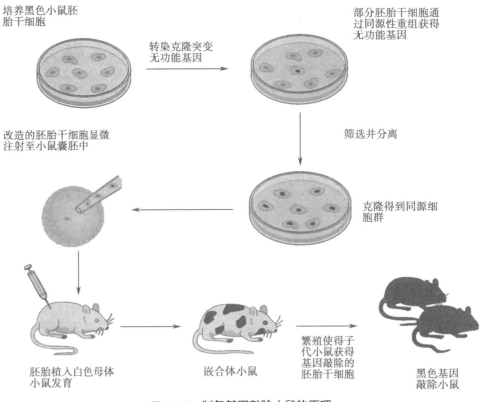

图 8-15　制备基因敲除小鼠的原理

然而,有些基因被完全敲除后会使表型分析受到很多限制,因此,条件性基因敲除(conditional gene knockout)技术应运而生。该技术可以更加明确地在时间和空间上操作基因靶位,敲除效果更加精确可靠,理论上可达到对任何基因在不同发育阶段和不同组织、器官的选择性敲除。

第五节　分子生物学技术与医学应用

1990 年诞生的分子医学(molecular medicine)是重组 DNA 技术与医学实践相结合的结果。由于基因克隆技术、基因转移技术、PCR 技术、核酸分子杂交等方法在临床上的应用,产生了一些与基因诊断、基因治疗和基因预防相关的新方法,在此基础上开拓了分子医学。分子医学所包含的领域及内容概括如下:

一、疾病基因的发现与克隆

重组 DNA 技术的应用使分子遗传学家有可能根据基因定位,而不是它的功能来克隆一个基因。基因定位克隆的起点首先是基因定位,即确定疾病相关基因在染色体上的位置,然后根据这一位置信息,应用分子生物学技术通过染色体上 DNA 标记筛选候选基因,最后比较患者和正常人这些基因的差异,确定基因和疾病的关系。根据克隆基因的定位和性质的研究所提供的线索,可进一步确定克隆的基因在分子遗传病中的作用。因此,一个疾病相关基因的发现不仅可导致新的遗传病的发现,而且对遗传病的诊断和治疗都是极有价值的。人类基因组计划(Human Genome Project,HGP)后所进行的定位候选克隆,是将疾病相关位点定位于某一染色体区域后,根据该区域的基因、EST 或模式生物对应的同源区的已知基因等有关信息,直接进行基因突变筛查,通过多次重复,最终确定疾病相关基因。目前随着人类基因组计划的完成,疾病基因的发现也将越来越多。

二、生物制药

重组蛋白药物生产是在功能研究、基因克隆基础上,构建适当的表达体系表达有生物活性的蛋白质、多肽;再经过科学的动物实验、严格的临床试验和药物审查,发展为新药物。利用重组 DNA 技术生产有药用价值的蛋白质/多肽及疫苗抗原等产品已成为当今世界一项重大产业,并将有望成为 21世纪的支柱产业。该技术也用于改造传统的制药工业,如改造制药所需要的工程菌种或创建新的工程菌种,从而提高抗生素、维生素、氨基酸等药物的产量。重组人胰岛素是利用重组 DNA 技术生产的世界上第一个基因工程产品。利用重组 DNA 技术,可以让细菌、酵母等低等生物成为制药工厂,也使基因工程细菌成为多种多样生物基因的储藏所;可以使小鼠杂交瘤细胞人源化,生产人源化抗体;可以制造基因工程病毒,使病毒不具有感染性但保留其免疫原性等。

三、遗传病的预防

疾病基因克隆不仅为医学家提供了重要工具,使他们能深入地认识、理解一种遗传病的发生机制,为寻求可能的治疗途径提供了有力手段;更重要的是,利用这些成果进行极有意义的产前诊断和症候前诊断,而后通过预防与治疗措施的实施,从根本上杜绝遗传性疾病的发生和流行(详见本节基因诊断部分)。

四、基因诊断

基因诊断(genetic diagnosis)是指利用分子生物学及分子遗传学的技术和原理,直接检测基因结构及其表达水平是否正常,从而对疾病作出诊断的方法。通常以 DNA 和 RNA 为诊断材料,DNA 能反映基因的存在状态(结构和数量),RNA 反映了基因的表达状态(功能),检测这些分子的异常变化作为疾病确诊的依据。基因诊断不仅能对疾病作出早期、确切的诊断,而且也能确定个体对疾病的易感性及疾病的分期分型、疗效监测、预后判断等,应用广泛。基因诊断又称 DNA 诊断,目前已发展成为一门独具特色的诊断学科。用于 DNA 诊断的方法很多,但其基本过程相似。首先分离、扩增待测的DNA 片段,然后利用适当分析手段,区分或鉴定 DNA 的异常。按现代遗传病诊断标准,一种可靠的

Note:

DNA诊断学方法必须符合：①能正确扩增靶基因；②能准确区分单个碱基的差别；③本底或噪声低，不干扰DNA的鉴定；④便于完全自动化操作，适合大面积、大人群普查。随着人类基因组计划和重要病原体、微生物等基因组测序工作的相继完成，为我们提供了更多可供检测的基因，将促进基因诊断向临床应用快速发展。

（一）基因诊断的常用技术

检测基因的基本方法归纳起来主要有核酸分子杂交技术、聚合酶链反应、基因测序和基因芯片4种，这些方法已在前面的内容中述及。在基因诊断中通常是多种检测方法相结合，从而衍生出其他的诊断方法如：单链构象多态性分析法、DNA限制性片段长度多态性分析法、限制性核酸内切酶酶谱分析法、等位基因特异寡核苷酸探针杂交法（ASO）等。在遗传病的基因诊断中，只是要检测出突变异常的致病基因，当利用DNA突变区域两侧3′和5′端互补的特异引物进行PCR扩增时，对扩增产物进行凝胶电泳，可根据片段大小检测缺失性突变。如扩增单链DNA存在单碱基突变时，将PCR产物变性后进行聚丙烯酰胺凝胶电泳，正常基因与单碱基突变基因形成不同空间构象而表现不同迁移率，可确定致病基因，称PCR/单链构象多态性分析（SSCP）。由于进化过程中基因产生中性突变，可使人类基因组核苷酸序列间存在个体差异，称DNA的多态性。除用DNA测序分析DNA序列差异外，由于不少DNA多态性发生在限制性核酸内切酶位点，使酶切位点产生或消除，可用DNA酶切后电泳图谱改变检测，称DNA限制性片段长度多态性分析（RFLP）。而有些致病基因和特异的多态性片段紧密连锁，可作为该病的遗传标记，因此可用DNA限制性片段长度多态性分析进行基因诊断。另外，利用已知的遗传病相关基因突变位点序列制备相应探针，和正常该序列探针一起对受检者的基因组DNA进行分子杂交，可检测突变基因的存在及确定纯合子或杂合子个体。

（二）基因诊断的应用

DNA诊断是利用分子生物学及分子遗传学的技术和原理，在DNA水平分析、鉴定遗传性疾病所涉及基因的置换、缺失或插入等突变。目前基因诊断主要应用在几个方面：

1. 遗传病的基因诊断

（1）产前诊断：自从分子生物学技术应用于疾病的诊断领域以来，严重的遗传性疾病的产前诊断已成为可能。采用PCR技术，以胚胎组织、绒毛组织、羊水细胞都可以作为检查材料，通过扩增致病基因诊断出有遗传病危险的胎儿，例如镰状细胞贫血、珠蛋白生成障碍性贫血、抗凝血酶Ⅲ缺乏、甲型血友病、假肥大性肌营养不良、囊性纤维病等疾病等都可按上述方法作产前诊断。产前诊断可以通过胎儿组织活检、羊膜腔穿刺、羊膜绒毛样品及母体血液循环中的胎儿细胞进行。从安全角度考虑，无疑对母体血液循环中的胎儿细胞进行产前诊断是最值得提倡的。从方法学考虑，尽管可进行染色体组型分析，发现染色体异常，但利用PCR技术结合DNA诊断学方法分析特异基因缺陷更易推广。由于有少量胎儿细胞运行到母体血液循环中，有可能利用细胞表面标志和荧光活化细胞分选仪（fluorescence activated cell sorter，FACS）分离母体血中的胎儿细胞。随后利用这些少量细胞进行PCR扩增，这样就不必破坏或干扰妊娠而进行产前诊断。这是近年产前诊断一大发展。

（2）携带者测试：基因测试常用于检出隐性遗传病携带者，包括隐性遗传病受累个体家庭的其他成员和有特殊遗传病死亡家庭中的危险人群。例如囊性纤维变性是白种人儿童中最常流行的常染色体隐性遗传病，发病率为1/2 500；携带者普查阳性的夫妇生育受累儿童的危险性为1/4；双亲阴性者为1/109 200；若配偶一方为阳性、另一方为阴性，其危险性为1/661。由此可见，如果能建立可行的携带者测试方法，并能检出其绝大多数携带者，这对指导婚姻和生育是很有价值的。

（3）症候前诊断：对于某些单基因紊乱所引起的综合征，仅至晚年才会有明显表现，如成年多囊性肾病和Huntington病。由于对某些成年发病的有关基因已有所掌握，故可在综合征发生前作出预测。

（4）遗传病易感性：很多遗传病并非限于单基因缺陷，而是由多基因受累或者是由遗传和环境因素综合作用引起的。在这种情况下，一个或多基因缺陷的存在会使个体对发病诱因极度敏感而易于发病。比如,有 LDL 受体基因缺陷的个体同时有高胆固醇血症,其冠状动脉患病率要比单纯高胆固醇血症者为高。一个发病个体的最终情况也依赖于其他基因缺陷和环境因素、生活习惯的影响。因此,根据 DNA 诊断,做好疾病的早期预防并注意环境卫生和个人生活方式,可以达到预防的目的。

2. 恶性肿瘤的基因诊断 恶性肿瘤是危害人类健康的主要疾病之一,其发生和发展是一个多因素、多步骤的过程。包括癌基因、抑癌基因在内的多基因结构和表达的异常是肿瘤病变的主要因素之一。RFLP 技术、PCR-RFLP 技术和寡核苷酸杂交法等都可以用于肿瘤相关基因诊断。

3. 病原体的基因诊断 由某种病原体侵入人体引起的疾病占有相当数量,这些病原体包括病毒、细菌、衣原体等。使用 PCR 技术直接检测这些病原体特异基因的存在,以诊断各种感染性疾病,具有方法简便、结果可靠、快速等优点。

4. 除了上述几个方面外,基因诊断在判定个体对重大疾病易感性、组织配型及在免疫学和法医学等多个领域都有着广泛的应用。

五、基因治疗

基因治疗(gene therapy),初始概念可以理解为用正常有功能的基因置换或增补缺陷基因的方法。但目前也常利用基因转移技术使目的基因不整合进基因组,只在体内短暂表达,如纤溶酶基因治疗心血管疾病。因此,基因治疗广义地说是将某种遗传物质转移到患者细胞内,使其在体内发挥作用,以达到治疗疾病的目的。要实现基因治疗必须已知该病在 DNA 水平上的发病机制,并能获得用于弥补缺陷基因的外源正常基因(或称目的基因),然后通过选择基因表达载体和靶细胞使目的基因转移进入靶细胞并进行表达。将治疗性基因修饰细胞以不同方式输入患者体内,在体内有效地适度表达,产生目的基因的表达产物 mRNA 或蛋白质,以替代缺陷基因的表达产物,或调控缺陷基因的表达。

基因治疗包括体细胞基因治疗和性细胞基因治疗。针对体细胞进行基因改良的基因治疗称体细胞基因治疗(somatic cell gene therapy),这类基因治疗仅单独治疗受累组织。性细胞基因治疗(germ line gene therapy)因对后代遗传性状有影响,目前仅限于动物实验(转基因动物),用于测试各种重组 DNA 在矫正遗传病方面是否有效。

对某种基因结构改变或其调控机制缺陷导致表达异常的疾病,从基因上可进行基因矫正和基因调控两种类型的治疗。

(一)基因矫正治疗

基因矫正治疗是指将致病基因的异常碱基进行纠正,而正常部分予以保留。基因矫正治疗包括基因增补、基因替换和基因修复三种类型。①基因增补:不清除异常基因,将正常的目的基因输入患者体内,以使其基因表达产物能补偿缺陷基因的功能或使原有的功能得以加强。②基因替换:用正常的基因通过体内同源重组的方式,原位替换病变细胞内的致病基因,使细胞内 DNA 的功能完全恢复正常。这一技术的难点在于体内同源重组的频率很低,尚待技术上的突破。③基因修复:是对异常基因在原位进行特异的修复,理论上是最为理想的治疗方法,但其技术尚待突破。

(二)基因调控治疗

基因调控治疗试图从基因水平调控细胞中某些缺陷基因的表达,以达到改善症状的目的。例如,在肿瘤的实验治疗上,采用具有抑制基因表达的 siRNA、反义 RNA 以及能切割 RNA 的核酶(ribozyme),在基因转录水平阻断肿瘤细胞基因表达,抑制肿瘤细胞的恶性增殖和诱导肿瘤细胞逆转。另外,三链 DNA 技术、基因敲除技术也可使有害基因表达抑制或灭活。三链 DNA 技术也称为反基因策略,利用脱氧寡核苷酸能与双螺旋双链 DNA 专一性序列结合,形成三链 DNA,从而在转录水平或复制水平阻止基因转录或 DNA 复制。而基因敲除技术是将灭活的基因导入胚胎干细胞(embryonic stem cell),使这一灭活基因以同源重组方式取代原有目的基因,即有目的地去除动物细胞中某种基因。尚可将已定点灭活基因的细胞显微注射入小鼠囊胚,形成嵌合体小鼠并通过小鼠培育

Note:

获得纯合子基因敲除小鼠。

　　基因治疗这一全新的技术,将成为医治人类疾病的重要手段。一旦基因治疗成为现实,对基因缺陷所致的遗传病、免疫缺陷或肿瘤的潜伏期患者,可在家系调查基因诊断明确的基础上,采取预防性治疗,进而达到预防的目的。目前,基因治疗在遗传性疾病如心血管疾病、肿瘤、感染性疾病等多种病种中都取得了突破性进展。对于一些发病机制较为复杂的疾病,研究者采用多种不同的策略进行基因治疗。例如,在肿瘤的基因治疗中常用策略包括:输入 IL-2、IL-4、肿瘤坏死因子等细胞因子基因用来增强机体免疫功能,输入白细胞表面抗原基因能引发强烈的免疫反应,使肿瘤消退;导入"自杀"基因,这种基因的表达产物能够把无毒性的药物前体转变成细胞毒性药物,从而达到对肿瘤的杀伤作用;输入重组的肿瘤相关抗原基因;使用多药抗药基因的抑制剂等。

　　像任何新技术一样,基因治疗会给人类带来福音也可能存在着目前尚未预见的风险,在实施过程中须格外留意。另外,基因治疗尚存在着许多理论和技术上的问题,有待在发展过程中进一步完善。

（汤立军）

思 考 题

1. 基因工程中获取目的基因的途径有哪些?
2. 简述聚合酶链反应(PCR)的基本原理和过程,并简单举出应用实例。
3. 简述原核和真核表达体系的优缺点。
4. 举例说明基因诊断的应用。
5. 简述基因治疗的几种策略。

第三篇

物质代谢及其调节

NURSING

第九章

糖 代 谢

09章 数字内容

━━━━━ 章 前 导 言 ━━━━━

　　糖是一类对人类十分重要的有机化合物,在体内主要以葡萄糖(glucose)和糖原(glycogen)的形式存在。葡萄糖是糖在血液中的运输形式,在机体糖代谢中占据主要地位。糖原是糖在体内的储存形式,主要储存于肝脏和肌肉组织中。糖在生命活动中的主要生理作用是提供能源和碳源。人体所需 50%~70% 的能量由糖类提供。1mol 葡萄糖彻底氧化可释放 2 840kJ 的能量,其中约 34% 转化储存于 ATP,以供应机体生理活动所需的能量。糖作为机体内重要的碳源,可以代谢转化为其他含碳化合物,如脂肪酸、非必需氨基酸与核苷酸等。此外,糖还参与组成糖脂或糖蛋白,调节细胞信息传递;参与构成体内多种重要的生物活性物质等。

　　细胞内葡萄糖的代谢包括分解、储存与合成三个方面,各代谢途径是由细胞内酶催化的一系列化学反应组成。这些代谢途径在机体神经和多种激素的调控下相互协调、相互制约,使血糖浓度维持恒定。本章主要介绍葡萄糖在体内的重要代谢途径、生理意义和调控机制。

─── 学 习 目 标 ───

- 知识目标
  1. 掌握葡萄糖的无氧氧化、有氧氧化和磷酸戊糖途径的基本过程以及代谢调节、生理意义。
  2. 熟悉糖原合成与分解、糖异生和乳酸循环的基本过程以及代谢调节的基本原理；血糖的来源和去路。
  3. 了解血糖以及血糖水平的调节方式。
- 能力目标
  1. 能运用糖代谢相关知识解释某些疾病的发生原因并可根据血糖指标进行临床疾病的辅助诊断。
  2. 能将血糖来源与去路的相关知识与生活实际联系，培养学生追求健康的生活方式、养成良好的生活习惯。
- 素质目标
  在了解科学家发现三羧酸循环的过程中，培养学生刻苦钻研、勤于思考、遇到困难不退缩的科学精神。

糖的化学本质为多羟醛或多羟酮及其衍生物，是人类食物的主要成分。食物中的糖类有植物淀粉、动物糖原、纤维素以及麦芽糖、乳糖、蔗糖和葡萄糖等，其中以淀粉为主。淀粉中的葡萄糖单位由 α-1,4- 糖苷键连接形成直链，由 α-1,6- 糖苷键形成分支。唾液中有 α- 淀粉酶，可水解淀粉分子中的 α-1,4- 糖苷键，但由于食物在口腔中停留的时间短，所以淀粉的主要消化部位在小肠。小肠中含有胰液分泌的 α- 淀粉酶，催化淀粉水解成麦芽糖、麦芽三糖、含分支的异麦芽糖和 α- 极限糊精，这些寡糖的进一步消化在小肠黏膜刷状缘进行。α- 糖苷酶水解麦芽糖和麦芽三糖，α- 极限糊精酶水解 α- 极限糊精和异麦芽糖的 α-1,4- 糖苷键及 α-1,6- 糖苷键，最终将这些寡糖水解为葡萄糖。

肠黏膜细胞的蔗糖酶和乳糖酶分别水解蔗糖和乳糖。有些人由于乳糖酶缺乏，不能有效地消化奶制品中的乳糖，食用牛奶后发生乳糖消化吸收障碍，引起腹胀、腹泻等症状，称为乳糖不耐症。此外，由于人体消化道内无水解纤维素的 β- 糖苷酶，故纤维素不能被消化，但其有刺激肠蠕动等作用，也是维持健康所必需的。

糖类被消化成单糖后在小肠吸收。葡萄糖被小肠黏膜细胞摄取是一个主动耗能过程，需要 Na^+ 依赖型葡萄糖转运蛋白（sodium-dependent glucose transporter，SGLT）的参与。当葡萄糖被小肠黏膜细胞吸收后经门静脉入肝，再经血液循环供机体组织细胞摄取利用。血液中的葡萄糖进入组织细胞是通过细胞膜上的一类葡萄糖转运蛋白（glucose transporter，GLUT）以易化扩散的方式实现的，不同的 GLUT 结构类似，但功能特性和组织分布各不相同，使不同组织中的葡萄糖代谢各具特色。

第一节　糖的无氧氧化

糖的无氧氧化指机体处于不能利用氧或氧供不足时，葡萄糖或糖原分解生成丙酮酸进而还原生成乳酸的过程，其中葡萄糖分解生成丙酮酸的过程称为糖酵解（glycolysis）。在缺氧状态下，丙酮酸还原为乳酸完成糖的无氧氧化；在有氧状态下，丙酮酸氧化为乙酰 CoA，进入三羧酸循环彻底氧化为 CO_2 和 H_2O。

一、糖无氧氧化的过程

糖无氧氧化的代谢过程分为两个阶段：第一阶段是由葡萄糖分解为丙酮酸，即糖酵解；第二阶段

Note:

是丙酮酸还原生成乳酸。参与无氧氧化的一系列酶均存在于细胞质中,因此糖无氧氧化的全部反应在细胞质中进行(图 9-1)。

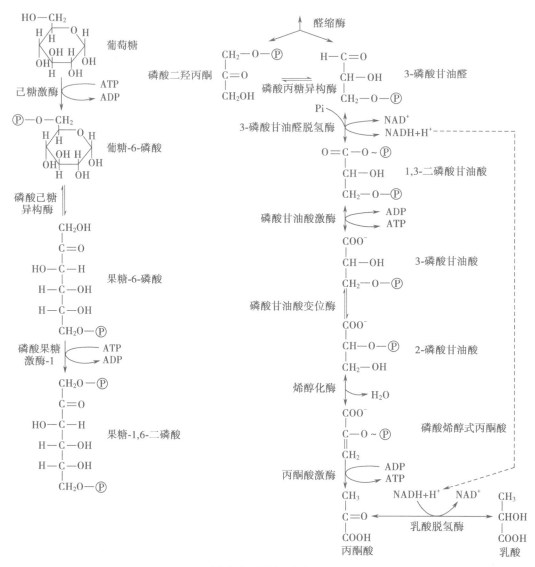

图 9-1　糖的无氧氧化

(一) 葡萄糖经糖酵解生成丙酮酸

1. 葡萄糖磷酸化生成葡糖 -6- 磷酸　葡萄糖进入细胞后首先发生磷酸化反应,生成葡糖 -6- 磷酸(glucose-6-phosphate,G-6-P),该反应不可逆,需要 ATP 与 Mg^{2+} 参与,是糖酵解的第一个限速步骤。催化该反应的酶是己糖激酶(hexokinase),是糖酵解的关键酶。哺乳动物体内有 4 种己糖激酶的同工酶(Ⅰ~Ⅳ型),肝脏中存在的是Ⅳ型,又称葡糖激酶(glucokinase)。葡糖激酶对葡萄糖的亲和力低,其 K_m 值约为 10mmol/L,而其他己糖激酶的 K_m 值在 0.1mmol/L 左右;葡糖激酶的另一个特点是受激素调控,它对葡糖 -6- 磷酸的反馈抑制并不敏感。这种差别导致肝细胞与其他细胞在糖代谢上的不同,肝外其他细胞代谢葡萄糖主要满足本细胞的能量需求,而肝细胞只当血糖显著升高时才加快对葡萄糖的利用,在维持血糖浓度恒定中发挥重要作用。

2. 葡糖 -6- 磷酸转变为果糖 -6- 磷酸　葡糖 -6- 磷酸转变为果糖 -6- 磷酸(fructose-6-phosphate,F-6-P)是由磷酸己糖异构酶催化的醛 - 酮异构反应。该反应可逆,需要 Mg^{2+} 参与。

3. 果糖 -6- 磷酸磷酸化成果糖 -1,6- 二磷酸　在磷酸果糖激酶 -1(phosphofructokinase-1,PFK-1)

的催化下,果糖 -6- 磷酸磷酸化生成果糖 -1,6- 二磷酸(fructose-1,6-bisphosphate,F-1,6-BP)。这是第二次磷酸化反应,反应不可逆,需要 ATP 与 Mg^{2+} 参与,是糖酵解的第二个限速步骤。

4. 果糖 -1,6- 二磷酸裂解成 2 分子磷酸丙糖　此反应由醛缩酶(aldolase)催化,反应生成 2 分子磷酸丙糖,即 3- 磷酸甘油醛和磷酸二羟丙酮。该反应可逆。

5. 磷酸二羟丙酮转变为 3- 磷酸甘油醛　3- 磷酸甘油醛和磷酸二羟丙酮为同分异构体,在磷酸丙糖异构酶(triosephosphate isomerase)催化下可互相转变。3- 磷酸甘油醛在后续反应中不断被消耗,磷酸二羟丙酮可迅速转变为 3- 磷酸甘油醛,继续进行分解。磷酸二羟丙酮还可以转变为 3- 磷酸甘油,是联系糖代谢和脂代谢的重要枢纽物质。

上述 5 步反应为糖酵解的耗能阶段,1 分子葡萄糖经两次磷酸化反应消耗了 2 分子 ATP,产生了 2 分子 3- 磷酸甘油醛。而之后的 5 步反应才开始产生 ATP。

6. 3- 磷酸甘油醛氧化为 1,3- 二磷酸甘油酸　反应由 3- 磷酸甘油醛脱氢酶(glyceraldehyde-3-phosphate dehydrogenase)催化脱氢,以 NAD^+ 为辅酶接受氢和电子,生成 1,3- 二磷酸甘油酸。1,3- 二磷酸甘油酸是一种高能磷酸化合物,其高能磷酸键水解时可将能量转移给 ADP 生成 ATP。

7. 1,3- 二磷酸甘油酸转变成 3- 磷酸甘油酸　在磷酸甘油酸激酶(phosphoglycerate kinase,PGK)催化下,1,3- 二磷酸甘油酸的高能磷酸基转移到 ADP,生成 ATP 和 3- 磷酸甘油酸,这是糖酵解过程中第一个产生 ATP 的反应。这种 ADP 或其他核苷二磷酸的磷酸化作用与高能化合物的高能键水解直接相偶联的产能方式称为底物水平磷酸化(substrate-level phosphorylation),是机体产生 ATP 的方式之一。

8. 3- 磷酸甘油酸转变为 2- 磷酸甘油酸　反应由磷酸甘油酸变位酶(phosphoglycerate mutase)催化,磷酸基团从 3- 磷酸甘油酸的 C_3 转移到 C_2 位。

9. 2- 磷酸甘油酸脱水生成磷酸烯醇式丙酮酸　在烯醇化酶(enolase)催化下,2- 磷酸甘油酸脱水生成磷酸烯醇式丙酮酸(phosphoenolpyruvate,PEP)。此反应引起分子内部能量重新分布,形成一个高能磷酸键,这就为下一步反应作了准备。

10. 磷酸烯醇式丙酮酸转变成丙酮酸　此反应由丙酮酸激酶(pyruvate kinase)催化,需 K^+ 和 Mg^{2+} 参与,反应不可逆。这是糖酵解的第三个限速步骤,也是糖酵解过程中第二次以底物水平磷酸化方式生成 ATP 的反应。

（二）丙酮酸还原为乳酸

此反应由乳酸脱氢酶(lactate dehydrogenase,LDH)催化,还原反应所需的 $NADH+H^+$ 来自上述第六步反应中的 3- 磷酸甘油醛的脱氢反应。在缺氧情况下,这对氢用于还原丙酮酸生成乳酸,$NADH+H^+$ 重新转变为 NAD^+,再作为 3- 磷酸甘油醛脱氢酶的辅酶,使糖酵解过程能重复进行。

除葡萄糖外,其他己糖也可转变成磷酸己糖而进入糖酵解进行代谢。

二、糖无氧氧化的生理意义

糖无氧氧化最重要的生理意义是不利用氧为机体迅速提供能量。在糖的无氧氧化过程中,1mol 的磷酸丙糖经 2 次底物水平磷酸化,可生成 2mol ATP。由于 1mol 葡萄糖可裂解为 2mol 磷酸丙糖,因此 1mol 葡萄糖经无氧分解共生成 4mol ATP,扣除葡萄糖和果糖 -6- 磷酸磷酸化时消耗的 2mol ATP,最终净生成 2mol ATP。产生的能量虽然不多,但在某些情况下具有重要意义。

剧烈运动时,能量需求增加,糖分解加速,即使呼吸和循环加快以增加氧的供应量,仍不能满足机体对能量的需求,此时肌肉处于相对缺氧状态,需通过糖的无氧氧化快速补充所需的能量。剧烈运动后,血中乳酸堆积就是糖无氧氧化加强的结果。人们从平原地区进入高原的初期,机体相对缺氧,组织细胞也往往通过增强糖的无氧氧化获得能量。

少数组织如视网膜、睾丸、肾髓质等组织细胞,代谢极为活跃,在不缺氧的情况下也常通过糖无氧氧化的方式获得能量。成熟红细胞无线粒体,只能依赖糖的无氧氧化提供能量。在某些病理情况下,如严重贫血、大量失血、呼吸障碍、肿瘤等,组织细胞也需通过糖的无氧氧化来获取能量。

三、糖无氧氧化的调节

糖无氧氧化的多数反应是可逆的,而己糖激酶、磷酸果糖激酶 -1 与丙酮酸激酶催化的反应是不可逆的。这三种酶是控制糖酵解的关键酶,活性受到别构效应剂和激素的调节。

(一)磷酸果糖激酶 -1

磷酸果糖激酶 -1 是控制糖酵解最重要的关键酶,该酶是四聚体的别构酶,受多种别构效应剂的调节(图 9-2)。

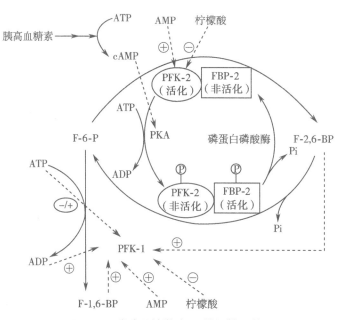

图 9-2　磷酸果糖激酶 -1 的活性调节

ATP 和柠檬酸是磷酸果糖激酶 -1 的别构抑制剂。ATP 既是磷酸果糖激酶 -1 的反应底物,又是该酶的别构抑制剂。原因在于磷酸果糖激酶 -1 有两个 ATP 结合位点,一个是作为底物的 ATP 结合位点,另一个是作为别构抑制剂的 ATP 结合位点。两个位点与 ATP 的亲和力不同,作为底物的 ATP 结合位点与 ATP 的亲和力高,作为别构抑制剂的 ATP 结合位点与 ATP 的亲和力低。当细胞 ATP 含量较低时,ATP 主要作为底物参与酶促反应过程;细胞内 ATP 浓度较高时,ATP 才能作为抑制剂与磷酸果糖激酶 -1 结合并抑制酶的活性。磷酸果糖激酶 -1 的别构激活剂有 ADP、AMP、果糖 -1,6- 二磷酸和果糖 -2,6- 二磷酸(fructose-2,6-bisphosphate,F-2,6-BP)。AMP 可与 ATP 竞争结合酶的别构结合部位,抵消 ATP 的抑制作用。果糖 -1,6- 二磷酸是磷酸果糖激酶 -1 的产物,又是该酶的别构激活剂,这种产物正反馈调节方式比较少见,它有利于糖的分解。

果糖 -2,6- 二磷酸是磷酸果糖激酶 -1 最强的别构激活剂,其作用是与 AMP 一起取消 ATP、柠檬酸对磷酸果糖激酶 -1 的别构抑制作用。果糖 -2,6- 二磷酸是以果糖 -6- 磷酸为底物由磷酸果糖激酶 -2(phosphofructokinase-2,PFK-2)催化产生。磷酸果糖激酶 -2 是双功能酶,具有两个分开的催化中心,兼有果糖二磷酸酶 -2(fructose bisphosphatase-2)的活性,能够催化果糖 -2,6- 二磷酸转变为果糖 -6- 磷酸。

(二)丙酮酸激酶

丙酮酸激酶的别构激活剂是果糖 -1,6- 二磷酸;别构抑制剂是 ATP、乙酰 CoA、长链脂肪酸和肝内丙氨酸。丙酮酸激酶还受共价修饰的调节,胰高血糖素通过 cAMP- 蛋白激酶 A 途径使丙酮酸激酶磷酸化而失活。

（三）己糖激酶或葡糖激酶

己糖激酶活性受反应产物葡糖 -6- 磷酸的别构抑制,而葡糖激酶不存在葡糖 -6- 磷酸的别构部位,活性不受葡糖 -6- 磷酸的调节。饥饿时长链脂酰 CoA 对其也具有别构抑制作用,从而减少肝和其他组织对葡萄糖的摄取利用。胰岛素可诱导葡糖激酶基因的转录,使该酶的合成量增加。

第二节　糖的有氧氧化

糖的有氧氧化(aerobic oxidation)是指机体利用氧将葡萄糖彻底氧化成 CO_2 和 H_2O 的过程。有氧氧化是葡萄糖氧化分解供能的主要方式,也是人体获得能量的主要途径。糖的有氧氧化可概括如图 9-3。

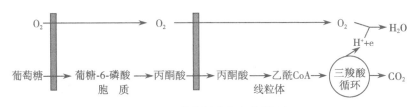

图 9-3　葡萄糖有氧氧化概况

一、糖的有氧氧化过程

糖的有氧氧化分为三个阶段:第一阶段是葡萄糖在细胞质中经糖酵解分解生成丙酮酸;第二阶段为丙酮酸进入线粒体氧化脱酸生成乙酰 CoA;第三阶段为乙酰 CoA 进入三羧酸循环,并通过氧化磷酸化作用产生 ATP,为机体生命活动提供能量。

（一）葡萄糖经糖酵解生成丙酮酸

同糖无氧氧化的第一阶段。

（二）丙酮酸进入线粒体氧化脱羧生成乙酰 CoA

进入线粒体的丙酮酸在丙酮酸脱氢酶复合体(pyruvate dehydrogenase complex)的催化下,氧化脱羧生成乙酰 CoA,总反应式为:

$$丙酮酸 +NAD^++HS\text{-}CoA \rightarrow 乙酰 CoA+NADH+H^++CO_2$$

丙酮酸脱氢酶复合体是糖有氧氧化的关键酶,催化的反应不可逆。真核细胞中,该复合体存在于线粒体,由丙酮酸脱氢酶(E_1)、二氢硫辛酰胺转乙酰酶(E_2)和二氢硫辛酰胺脱氢酶(E_3)按一定比例组合而成。参与的辅酶有焦磷酸硫胺素(TPP)、硫辛酸、FAD、NAD^+ 和 CoA,这五种辅酶均为 B 族维生素衍生物,当相应维生素缺乏时会导致糖代谢障碍。该酶复合体催化的多步反应过程中,中间产物始终不离开酶复合体,形成紧密相连的连锁反应,提高了催化效率。

丙酮酸脱氢酶复合体催化的反应分为 5 步:① E_1 催化丙酮酸脱羧形成羟乙基 -TPP;②在 E_2 催化下,羟乙基被氧化成乙酰基,同时转移给硫辛酰胺,形成乙酰硫辛酰胺;③ E_2 继续催化使乙酰硫辛酰胺的乙酰基转给 CoA 生成乙酰 CoA,同时硫辛酰胺还原成二氢硫辛酰胺;④ E_3 催化二氢硫辛酰胺脱氢重新生成硫辛酰胺,脱下的氢传递给 FAD,生成 $FADH_2$;⑤ E_3 催化 $FADH_2$ 将氢转移给 NAD^+,形成 $NADH+H^+$(图 9-4)。

（三）乙酰 CoA 经三羧酸循环及氧化磷酸化提供能量

三羧酸循环的第一步是乙酰 CoA 与草酰乙酸缩合生成含有 3 个羧基的柠檬酸,再经过一系列酶促反应重新生成草酰乙酸,完成一轮循环。其中氧化反应脱下的氢经呼吸链传递至 O_2 生成 H_2O,并释放出能量,使 ADP 磷酸化生成 ATP(见第十一章)。至此,细胞中葡萄糖或糖原中的葡萄糖单位,在有氧条件下彻底氧化为 CO_2 和 H_2O。

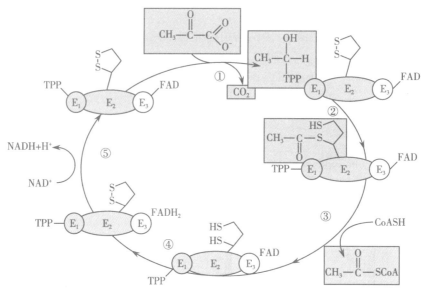

图 9-4　丙酮酸脱氢酶复合体的作用机制

二、三羧酸循环

三羧酸循环(tricarboxylic acid cycle,TCA cycle)是线粒体内一系列酶促反应构成的循环反应系统,首先由 Krebs 于 1937 年提出,因此称为 Krebs 循环。循环中第一个中间产物是柠檬酸(citric acid),又称柠檬酸循环(citric acid cycle)。三羧酸循环在线粒体基质中进行,全过程包括 8 步酶促反应。

> **知 识 链 接**
>
> ### Krebs 与三羧酸循环
>
> H.A.Krebs(1900—1981),英籍德裔生物化学家。1925 年在汉堡大学获医学博士学位。在代谢研究方面有两项杰出成就:1932 年,与同事共同发现了尿素循环,阐明了人体内尿素生成的途径;1937 年,提出了著名的三羧酸循环。三羧酸循环是糖类、脂质、氨基酸的最终代谢通路,也是糖类、脂质、氨基酸代谢联系的枢纽,被称为 Krebs 循环。这是代谢研究领域的里程碑式重大发现。1953 年,Krebs 因这两个重要循环的发现荣获诺贝尔生理学或医学奖。

(一)三羧酸循环的反应过程

1. 柠檬酸的生成　乙酰 CoA 在柠檬酸合酶(citrate synthase)催化下,与草酰乙酸缩合成柠檬酸,并释放出 HSCoA。此反应是三羧酸循环的第一个限速步骤,反应不可逆,所需能量来自乙酰 CoA 高能硫酯键的水解。

$$O=C-COOH \quad\quad O \quad\quad\quad\quad\quad\quad CH_2COOH$$
$$| \quad\quad\quad\quad\quad\quad || \quad\quad\quad\quad\quad\quad\quad\quad |$$
$$CH_2 \quad + \quad C-CH_3 + H_2O \longrightarrow HO-C-COO^- + HSCoA + H^+$$
$$| \quad\quad\quad\quad\quad\quad | \quad\quad\quad\quad\quad\quad\quad\quad |$$
$$COOH \quad\quad\quad\quad SCoA \quad\quad\quad\quad\quad\quad CH_2COOH$$

草酰乙酸　　　　乙酰CoA　　　　　　　柠檬酸　　辅酶A

2. 异柠檬酸的形成　柠檬酸与异柠檬酸(isocitrate)为同分异构体。柠檬酸在顺乌头酸酶催化下,将 C_3 的羟基转移至 C_2,生成异柠檬酸。顺乌头酸作为反应的中间产物,与酶结合以复合物的形式存在。

Note:

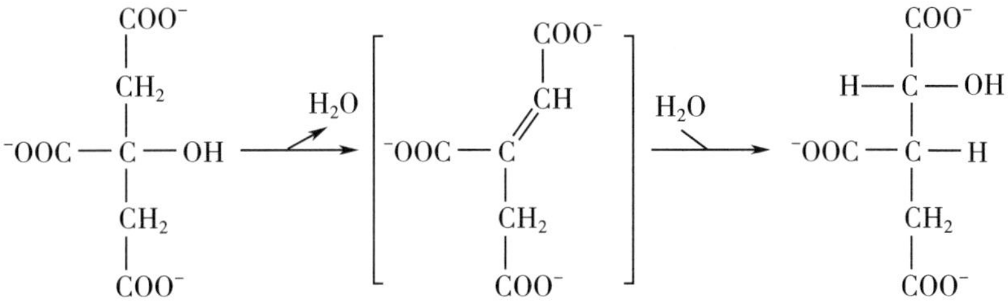

柠檬酸 　　　 [酶-顺乌头酸]复合物 　　　 异柠檬酸

3. 异柠檬酸氧化脱羧 异柠檬酸在异柠檬酸脱氢酶(isocitrate dehydrogenase)的催化下氧化脱羧生成 CO_2，脱下的氢由 NAD^+ 接受，生成 $NADH+H^+$，其余碳链骨架部分转变为 α-酮戊二酸(α-ketoglutarate)。这是三羧酸循环中的第一次氧化脱羧反应，也是第二个限速步骤，反应不可逆。

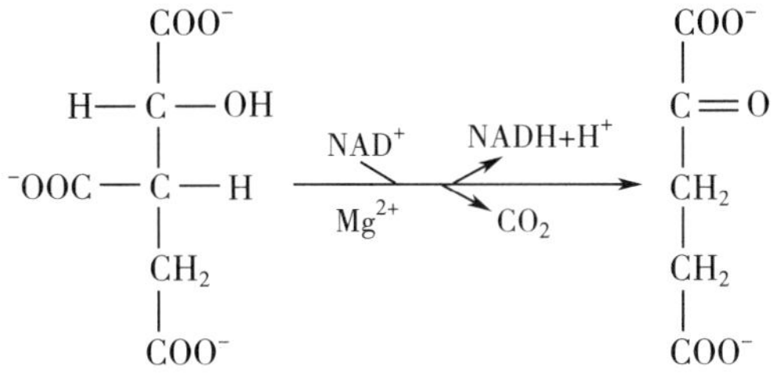

异柠檬酸 　　　 　　　 α-酮戊二酸

4. α-酮戊二酸氧化脱羧 α-酮戊二酸氧化脱羧生成琥珀酰 CoA(succinyl CoA)，催化该反应的酶是 α-酮戊二酸脱氢酶复合体(α-ketoglutaratedehydrogenase complex)，这种多酶复合体的组成和催化反应方式都与丙酮酸脱氢酶复合体相似。这是三羧酸循环中的第二次氧化脱羧反应，也是第三个限速步骤。反应不可逆，反应脱下的氢由 NAD^+ 接受，生成 $NADH+H^+$。α-酮戊二酸氧化脱羧时释放较多的自由能，一部分以高能硫酯键形式储存在琥珀酰 CoA 内。

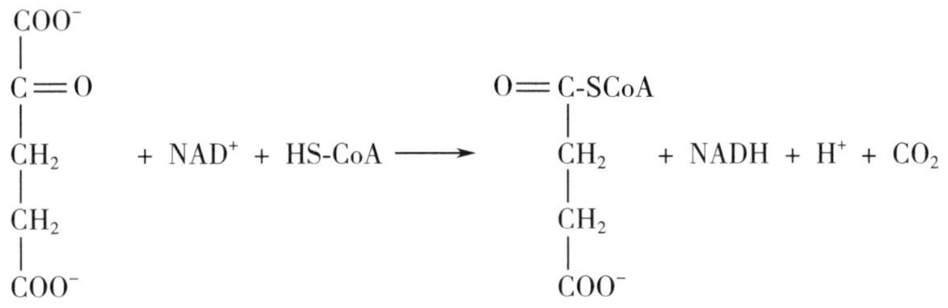

α-酮戊二酸 　　　 　　　 琥珀酰CoA

5. 琥珀酰 CoA 转变为琥珀酸 琥珀酰 CoA 在水解成琥珀酸(succinic acid)的同时，可与核苷二磷酸的磷酸化偶联生成高能磷酸键，这是三羧酸循环中唯一的一次底物水平磷酸化反应。此反应可逆，由琥珀酰 CoA 合成酶(succinyl CoA synthetase)催化。该酶在哺乳动物体内有两种同工酶，分别以 GDP 或 ADP 作为辅因子，生成 GTP 或 ATP。两者具有不同的组织分布特点，与不同组织的代谢偏好相适应。

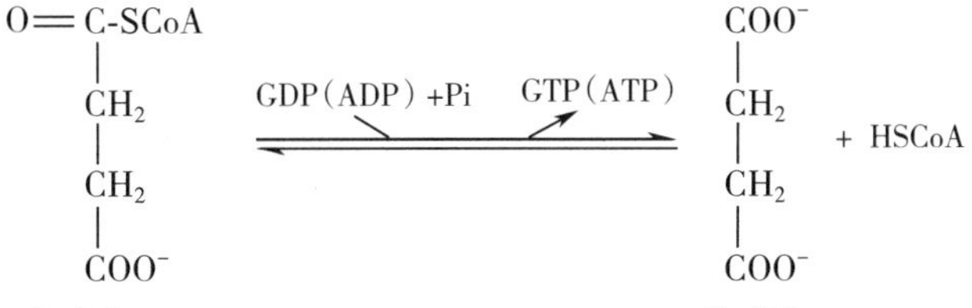

琥珀酰CoA 　　　 　　　 琥珀酸

6. 琥珀酸脱氢生成延胡索酸 琥珀酸(succinic acid)在琥珀酸脱氢酶(succinate dehydrogenase)催化下脱氢生成延胡索酸。反应脱下的氢由 FAD 接受，生成 $FADH_2$。琥珀酸脱氢酶结合在线粒体内膜上，是三羧酸循环中唯一一与线粒体内膜结合的酶。

Note:

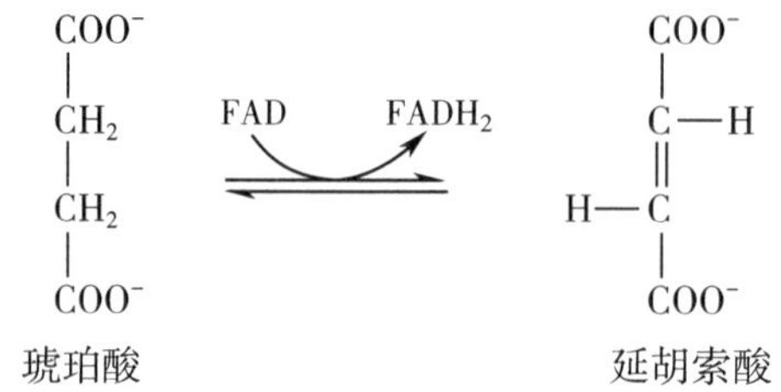

琥珀酸   延胡索酸

7. 延胡索酸加水生成苹果酸 在延胡索酸酶(fumarate hydratase)催化下,延胡索酸加水生成苹果酸。

延胡索酸   苹果酸

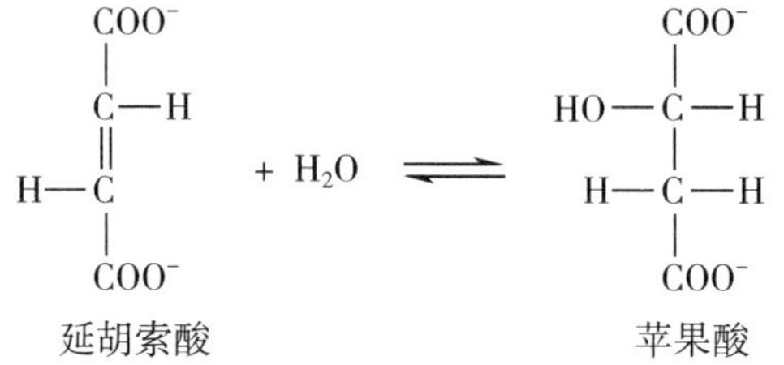

8. 苹果酸脱氢生成草酰乙酸 苹果酸经苹果酸脱氢酶(malate dehydrogenase)催化,脱氢生成草酰乙酸。脱下的氢由辅酶 NAD^+ 接受,生成 $NADH+H^+$。细胞内的草酰乙酸不断用于合成柠檬酸,故这一可逆反应总是向生成草酰乙酸的方向进行。

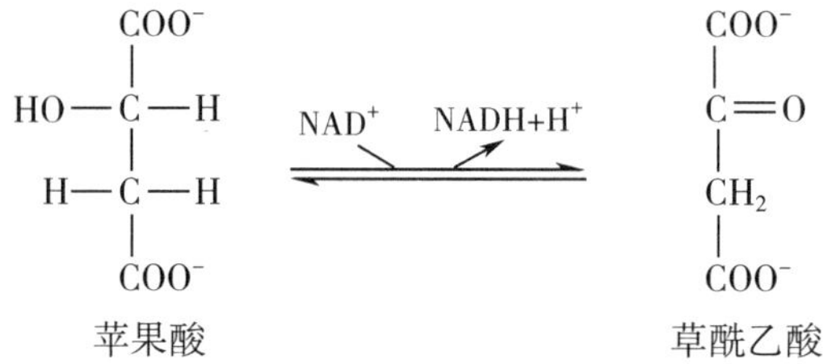

苹果酸   草酰乙酸

三羧酸循环反应过程总结于图 9-5。

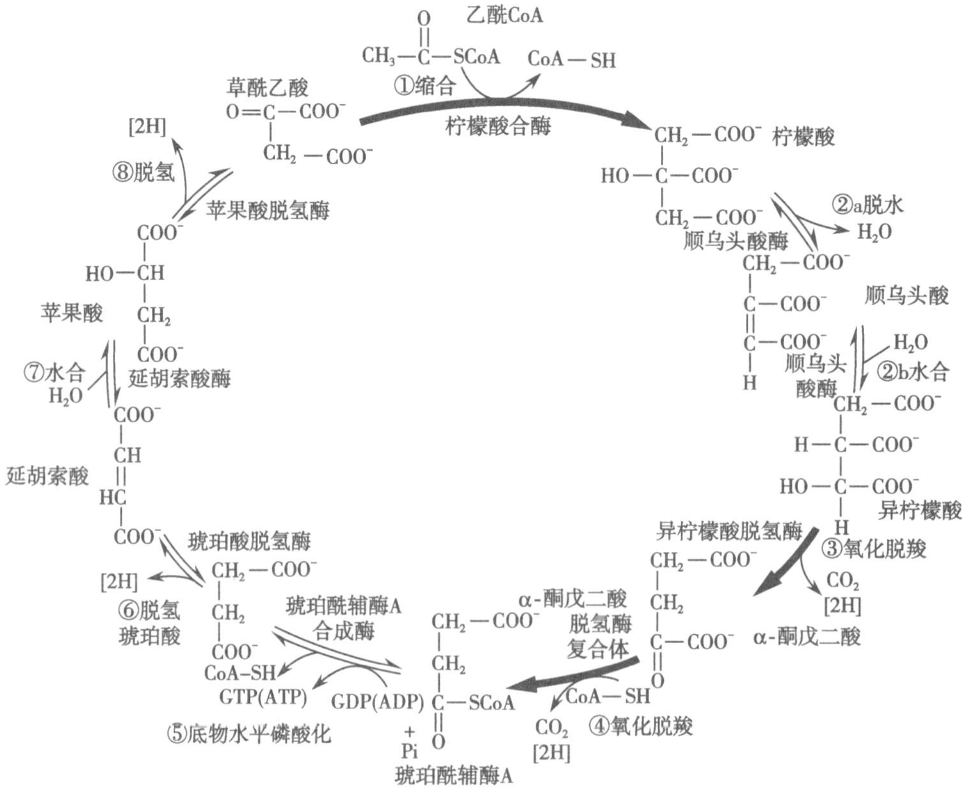

图 9-5 三羧酸循环

三羧酸循环的总反应为：

$$CH_3CO\sim SCoA+3NAD^++FAD+GDP/ADP+Pi+2H_2O \rightarrow 2CO_2+3NADH+3H^++FADH_2+HS\text{-}CoA+GTP/ATP$$

（二）三羧酸循环的特点

1. 三羧酸循环由草酰乙酸和乙酰 CoA 缩合生成柠檬酸开始，经多次氧化脱氢反应，重新生成草酰乙酸而形成循环，每经过一次循环消耗一个乙酰 CoA。三羧酸循环反应过程中有 2 次脱羧反应，生成 2 分子 CO_2，这是体内 CO_2 的主要来源。

2. 三羧酸循环中有 4 次脱氢反应，生成 3 分子 $NADH+H^+$ 和 1 分子 $FADH_2$。1 分子 $NADH+H^+$ 经氧化磷酸化将电子传递给氧可生成 2.5 分子 ATP，1 分子 $FADH_2$ 经氧化磷酸化将电子传递给氧时生成 1.5 分子 ATP。

3. 三羧酸循环中有 3 步不可逆反应，分别由柠檬酸合酶、异柠檬酸脱氢酶和 α- 酮戊二酸脱氢酶复合体所催化，所以整个循环过程不可逆，这三种酶也是三羧酸循环的关键酶。

4. 三羧酸循环的中间产物在反应前后并无量的变化，不可能通过三羧酸循环直接从乙酰 CoA 合成草酰乙酸或三羧酸循环中其他产物，中间产物也不能直接在三羧酸循环中被氧化为 CO_2 及 H_2O。

（三）三羧酸循环的生理意义

1. **三羧酸循环是三大营养物质分解产能的共同通路** 糖、脂肪和氨基酸都是能源物质，它们在体内分解最终都将产生乙酰 CoA，然后进入三羧酸循环彻底氧化。三羧酸循环每循环一次只能以底物水平磷酸化的方式生成 1 分子 GTP 或 ATP。因此，循环本身并不是释放能量、生成 ATP 的主要环节。其作用在于通过 4 次脱氢为氧化磷酸化反应生成 ATP 提供还原当量。

2. **三羧酸循环是糖、脂肪、氨基酸代谢联系的枢纽** 三大营养物质通过三羧酸循环在一定程度上相互转变。如在能量充足的条件下，从食物中摄取的部分糖可以转变成脂肪储存。这些葡萄糖分解产生的乙酰 CoA 通过柠檬酸 - 丙酮酸循环转运至细胞质，作为原料合成脂肪酸。许多氨基酸经分解代谢也生成三羧酸循环的中间产物，通过草酰乙酸异生为葡萄糖。而葡萄糖产生的丙酮酸可转变成为草酰乙酸和三羧酸循环的其他二羧酸化合物，用于合成一些非必需氨基酸如谷氨酸、天冬氨酸等。

三、糖有氧氧化的意义

糖有氧氧化是机体获得 ATP 的主要方式，糖在有氧条件下彻底氧化释放的能量远多于糖的无氧氧化。生理条件下，人体绝大多数组织细胞通过糖的有氧氧化获取能量，不仅产能效率高，且产生的能量逐步释放，利于 ATP 的生成，能量的利用率也高。1 分子葡萄糖在体内彻底氧化可生成 30（或 32）分子 ATP（表 9-1）。2 分子 ATP 差别的原因是在糖有氧氧化的第一阶段糖酵解中，3- 磷酸甘油醛在胞质中脱氢生成的 $NADH+H^+$ 需通过穿梭系统转运至线粒体内经过氧化磷酸化产生 ATP。由于不同组织 $NADH+H^+$ 进入线粒体的穿梭机制不同，产生 ATP 数目亦不同。

葡萄糖有氧氧化的总反应为：

$$葡萄糖 +30/32（ADP+Pi)+6O_2 \rightarrow 30/32ATP+6CO_2+6H_2O$$

表 9-1 葡萄糖有氧氧化生成的 ATP

阶段	反应	辅酶	最终获得 ATP
第一阶段	葡萄糖→葡糖 -6- 磷酸		-1
	果糖 -6- 磷酸→果糖 -1,6- 二磷酸		-1
	2×3- 磷酸甘油醛→2×1,3- 二磷酸甘油酸	2NADH（细胞质）	3 或 5*
	2×1,3- 二磷酸甘油酸→2×3- 磷酸甘油酸		2
	2× 磷酸烯醇式丙酮酸→2× 丙酮酸		2

Note:

续表

阶段	反应	辅酶	最终获得 ATP
第二阶段	2 × 丙酮酸→2 × 乙酰 CoA	2NADH	5
第三阶段	2 × 异柠檬酸→2 × α- 酮戊二酸	2NADH	5
	2 × α- 酮戊二酸→2 × 琥珀酰 CoA	2NADH	5
	2 × 琥珀酰 CoA → 2 × 琥珀酸		2
	2 × 琥珀酸→2 × 延胡索酸	2FADH$_2$	3
	2 × 苹果酸→2 × 草酰乙酸	2NADH	5
	由 1 分子葡萄糖共生成		30 或 32

* 获得的 ATP 数量取决于 NADH+H$^+$ 进入线粒体的穿梭机制。

四、糖有氧氧化的调节

糖的有氧氧化是机体主要的产能方式。机体在不同的状态对能量的需求变化很大,需要对有氧氧化代谢的速率进行相应的调节。代谢调节的实质是对代谢途径关键酶的调节,除了对糖酵解的调节外,有氧氧化还可以对丙酮酸脱氢酶复合体和三羧酸循环的三个关键酶进行调节。

(一)丙酮酸脱氢酶复合体的调节

丙酮酸脱氢酶复合体有别构调节和共价修饰调节两种方式。别构激活剂是 AMP、CoA、NAD$^+$和 Ca^{2+} 等。别构抑制剂包括 ATP、乙酰 CoA、NADH+H$^+$ 和脂肪酸等。当 ATP/ADP、NADH/NAD$^+$ 和乙酰 CoA/CoA 比值增高时,丙酮酸脱氢酶复合体的活性受到抑制。丙酮酸脱氢酶复合体的别构抑制常见于餐后能量充足或机体处于长期饥饿、大量脂肪动员的状态。前者的目的是避免糖分解产能过多造成浪费,后者的目的是使大多数组织器官以脂肪酸为能源物质,以维持血糖浓度恒定,确保葡萄糖对脑等重要组织的供给。丙酮酸脱氢酶复合体也存在共价修饰调节机制,丙酮酸脱氢酶受相应的蛋白激酶催化发生磷酸化而失活,受相应的磷酸酶催化去磷酸化则恢复活性。

(二)三羧酸循环的调节

三羧酸循环的三个关键酶分别是柠檬酸合酶、异柠檬酸脱氢酶和 α- 酮戊二酸脱氢酶复合体。柠檬酸合酶的活性可决定乙酰 CoA 进入三羧酸循环的速率,但合成的柠檬酸可转移至细胞质,再分解成为乙酰 CoA,参与脂肪酸的合成,所以柠檬酸合酶的活性升高并不一定使三羧酸循环速率加快。因此,在三羧酸循环中,异柠檬酸脱氢酶和 α- 酮戊二酸脱氢酶复合体的活性调节更为重要。

当 ATP/ADP 和 NADH/NAD$^+$ 比值升高时,提示能量充足,三个关键酶的活性均被抑制;反之,三个关键酶的活性被激活。此外,底物和产物的浓度都可以影响三个酶的活性。底物乙酰 CoA 和草酰乙酸的不足、柠檬酸的生成过剩都能抑制柠檬酸合酶的活性;琥珀酰 CoA 可别构抑制 α- 酮戊二酸脱氢酶复合体的活性。另外,当线粒体内 Ca^{2+} 浓度升高时,Ca^{2+} 不仅可以激活异柠檬酸脱氢酶和 α- 酮戊二酸脱氢酶复合体的活性,对丙酮酸脱氢酶复合体也有激活作用,从而加快糖的有氧氧化过程。

在正常情况下,糖酵解和三羧酸循环的速度是相协调的。三羧酸循环需要多少乙酰 CoA,糖酵解则产生相应量的丙酮酸以生成乙酰 CoA。这种协调可通过高浓度的 ATP、NADH 对关键酶的别构抑制作用实现,也可通过柠檬酸对磷酸果糖激酶 -1 的别构抑制作用而实现。

氧化磷酸化的速率也影响三羧酸循环的运转。三羧酸循环中有 4 次脱氢反应,如果不能通过氧化磷酸化过程传递并与 O$_2$ 结合生成 H$_2$O,NADH+H$^+$ 和 FADH$_2$ 将保持还原状态,使三羧酸循环受到抑制。三羧酸循环的调节如图 9-6 所示。

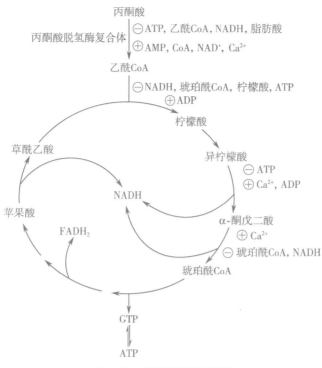

图 9-6 三羧酸循环的调节

（三）巴斯德效应

酵母菌在无氧条件下进行生醇发酵,将其转移至有氧环境,生醇发酵即被抑制。这种有氧氧化抑制生醇发酵的现象称为巴斯德效应(Pasteur effect)。肌肉组织的糖代谢调节也有类似效应,组织供氧充足时,糖酵解产生 $NADH+H^+$ 可进入线粒体内氧化,丙酮酸因缺乏还原当量难以还原成乳酸而进入有氧氧化途径,表现出糖的有氧氧化抑制无氧氧化的效应。缺氧时,$NADH+H^+$ 不能进入线粒体内被氧化,细胞质中 $NADH+H^+$ 浓度升高,使丙酮酸易于还原生成乳酸。

知 识 链 接

Warburg 效应

肿瘤细胞具有独特的代谢规律,它消耗的葡萄糖远远多于正常细胞。更为重要的是,即使氧供充足时,肿瘤细胞中的葡萄糖也不会彻底氧化而是被分解成乳酸。这种现象由德国生物化学家 O.H.Warburg 所发现,故称 Warburg 效应。Warburg 效应使肿瘤细胞获得的生存优势体现在两个方面:一是可以提供大量碳源,用以合成蛋白质、脂质、核酸,满足肿瘤细胞快速生长的需要;二是关闭有氧氧化通路,避免产生自由基,从而逃避细胞凋亡。

第三节 磷酸戊糖途径

磷酸戊糖途径(pentose phosphate pathway)又称磷酸戊糖旁路(pentose phosphate shunt),指从糖酵解的中间产物葡糖 -6- 磷酸开始形成旁路,通过氧化、基团转移两个阶段生成 3- 磷酸甘油醛和果糖 -6- 磷酸,又返回糖酵解的代谢途径。磷酸戊糖途径的主要生理功能不是产生 ATP,而是生成具有重要生理功能的 $NADPH+H^+$ 和磷酸核糖。这条途径在肝脏、脂肪、甲状腺、肾上腺皮质、性腺、红细胞

Note:

等组织中十分活跃。

一、磷酸戊糖途径的主要反应过程

磷酸戊糖途径分为两个阶段,第一阶段是氧化反应,产生磷酸核糖、NADPH+H$^+$和CO_2;第二阶段是基团转移反应,最终生成3-磷酸甘油醛和果糖-6-磷酸。全部反应在细胞质中进行。

(一) 第一阶段

葡糖-6-磷酸由葡糖-6-磷酸脱氢酶(glucose-6-phosphate dehydrogenase)催化脱氢生成6-磷酸葡糖酸内酯,脱下的氢由NADP$^+$接受生成NADPH+H$^+$。产物6-磷酸葡糖酸内酯在内酯酶的作用下水解为6-磷酸葡糖酸。后者在6-磷酸葡糖酸脱氢酶的催化下,发生脱氢、脱羧反应,生成核酮糖-5-磷酸和CO_2,脱下的氢仍由NADP$^+$接受生成NADPH+H$^+$。核酮糖-5-磷酸在异构酶的催化下成为核糖-5-磷酸,或者由差向异构酶催化转变为木酮糖-5-磷酸。总之,在第一阶段中,1分子葡糖-6-磷酸生成2分子NADPH+H$^+$和1分子核糖-5-磷酸两种重要的代谢产物。

葡糖-6-磷酸　　　　6-磷酸葡糖酸内酯　　6-磷酸葡糖酸　　　　核酮糖-5-磷酸　　核糖-5-磷酸

(二) 第二阶段

此阶段的反应主要包括转酮醇酶和转醛醇酶催化的反应。通过转酮基和转醛基的可逆基团转移反应,3分子的磷酸戊糖可转变为三碳、四碳、六碳和七碳的单糖磷酸酯,最后转变成果糖-6-磷酸和3-磷酸甘油醛,进入糖酵解(图9-7)。第二阶段反应过程是必要的,因为细胞对NADPH+H$^+$的消耗量远大于磷酸戊糖,多余的磷酸戊糖需要经过此阶段反应返回糖酵解途径再次利用。

磷酸戊糖途径的总反应为:

$$3 \times \text{葡糖-6-磷酸} + 6NADP^+ \rightarrow 2 \times \text{果糖-6-磷酸} + 3\text{-磷酸甘油醛} + 6NADPH + 6H^+ + 3CO_2$$

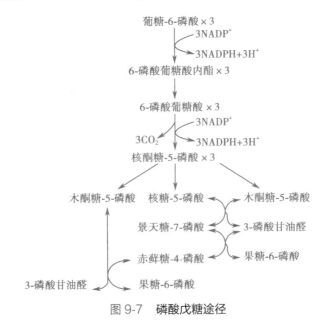

图 9-7　磷酸戊糖途径

葡糖 -6- 磷酸脱氢酶是磷酸戊糖途径的关键酶,其活性决定葡糖 -6- 磷酸进入磷酸戊糖途径的流量。NADPH+H⁺ 对葡糖 -6- 磷酸脱氢酶有强烈抑制作用,因此影响该酶活性的主要因素是 NADPH+H⁺/NADP⁺ 比值,比值升高时该酶的活性被抑制,比值降低时则被激活。

二、磷酸戊糖途径的生理意义

磷酸戊糖途径的主要生理意义是产生磷酸核糖和 NADPH+H⁺。

(一) 为核酸的生物合成提供核糖

磷酸核糖是核酸和核苷酸合成的原料,体内合成核酸和核苷酸所需的核糖并不依赖从食物中摄取,而是通过磷酸戊糖途径生成,磷酸戊糖途径也是葡萄糖在体内生成磷酸核糖的唯一途径。由于核酸和核苷酸合成参与细胞增殖和基因表达过程,繁殖旺盛的组织或损伤后修复再生的组织磷酸戊糖途径十分活跃。

(二) NADPH+H⁺ 作为供氢体参与多种代谢反应

1. **NADPH+H⁺ 是多种生物合成反应的供氢体** 脂肪酸和胆固醇生物合成过程中涉及多步还原反应,都需 NADPH+H⁺ 供氢,所以脂质合成旺盛的组织如肝脏、乳腺、肾上腺皮质、脂肪组织等磷酸戊糖途径比较活跃。机体合成非必需氨基酸时,也需要 NADPH+H⁺ 的参与。

2. **NADPH+H⁺ 参与羟化反应** NADPH+H⁺ 是单加氧酶体系的辅酶之一,参与体内羟化反应。NADPH+H⁺ 作为供氢体,广泛参与类固醇激素和胆汁酸等的生成以及药物、毒物和激素等非营养物质的生物转化过程。

3. **NADPH+H⁺ 参与维持谷胱甘肽的还原状态** 还原型谷胱甘肽作为细胞的抗氧化剂,保护 DNA、蛋白质或酶免受过氧化物等氧化剂的损害。体内的氧化型谷胱甘肽(GSSG)在谷胱甘肽还原酶的催化下还原成为还原型谷胱甘肽(GSH),此反应需要 NADPH+H⁺ 供氢,这对于维持细胞中还原型谷胱甘肽的正常含量,保护细胞完整性有重要意义。

$$2G—SH \underset{NADP^+ \quad NADPH+H^+}{\overset{A \quad AH_2}{\rightleftharpoons}} G—S—S—G$$

遗传性葡糖 -6- 磷酸脱氢酶缺陷者,磷酸戊糖途径不能正常进行,造成 NADPH+H⁺ 减少,谷胱甘肽难以保持还原状态,因而表现出红细胞(尤其是较老的红细胞)易于破裂,发生溶血性黄疸。这种现象常因食用蚕豆(强氧化剂)而诱发,故称为蚕豆病。

第四节 糖原的合成与分解

糖原(glycogen)是体内糖的储存形式,是机体能迅速动用的能量储备。糖原主要分布在肝组织和肌肉组织,分别称为肝糖原和肌糖原。人体肝糖原总量 70~100g,是血糖的重要来源。肌糖原总量为 250~400g,主要为肌肉收缩提供能量,不能补充血糖。

糖原是葡萄糖多聚体,呈多分枝状。其葡萄糖单元以 α-1,4- 糖苷键连接形成直链,分支处的葡萄糖单元以 α-1,6- 糖苷键连接。每个糖原分子具有一个还原性末端和多个非还原性末端,糖原合成及分解反应都是从糖原分支的非还原性末端开始。

一、糖原合成

由葡萄糖合成糖原的过程称糖原合成(glycogenesis),主要发生在肝细胞和肌肉细胞的细胞质中,其基本反应过程如下。

(一) 尿苷二磷酸葡萄糖的生成

葡萄糖首先生成葡糖 -6- 磷酸,再通过磷酸葡萄糖变位酶生成葡糖 -1- 磷酸。葡糖 -1- 磷酸在

UDPG 焦磷酸化酶（UDPG pyrophosphorylase）催化下，与尿苷三磷酸（UTP）反应生成尿苷二磷酸葡萄糖（uridine diphosphate glucose，UDPG）和焦磷酸（PPi）。此反应是可逆的，由于焦磷酸在体内迅速被焦磷酸酶水解，使反应向生成 UDPG 方向进行。生成的 UDPG 是糖原合成的葡萄糖供体，可看作"活性葡萄糖"。

$$\text{葡糖-1-磷酸} + \textcircled{P}\sim\textcircled{P}\sim\textcircled{P}\text{—尿苷} \rightleftharpoons \text{UDPG} + \text{PPi}$$

葡糖-1-磷酸　　　　　　　　　　　　　　　　　　　UDPG

（二）糖链的延长

在糖原合酶（glycogen synthase）催化下，UDPG 的葡萄糖基转移到糖原引物的非还原性末端，形成 α-1,4-糖苷键，此反应不可逆。糖原引物是指细胞内原有较小的糖原分子，其合成依赖于细胞内糖原蛋白（glycogenin）的作用。糖原蛋白是一种催化自身糖基化的酶，可催化 UDPG 分子的葡萄糖基转移到自身的酪氨酸残基上，形成最初具有寡糖链的糖原引物。

$$\text{糖原}_n + \text{UDPG} \xrightarrow{\text{糖原合酶}} \text{糖原}_{n+1} + \text{UDP}$$

糖原合酶是糖原合成过程中的关键酶，可催化糖链不断延长，但不能形成分支。当糖链长度达到至少 11 个葡萄糖基时，由分支酶将 6~7 个葡萄糖基的糖链转移到邻近糖链上，以 α-1,6-糖苷键相连接，形成糖原的分支（图 9-8）。分支的形成不仅增加糖原的水溶性，更重要的是增加糖原的非还原端数目，有利于糖原分解时磷酸化酶的迅速作用。

糖原合成是耗能过程，糖原分子每延长 1 个葡萄糖基，需消耗 2 分子 ATP，其中葡萄糖磷酸化生成葡糖-6-磷酸时消耗 1 个 ATP，焦磷酸水解成 2 分子磷酸时又损失一个高能磷酸键。

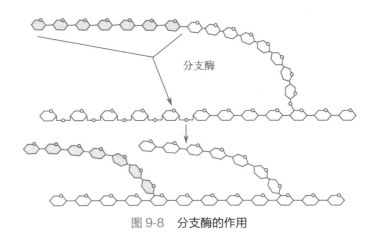

图 9-8　分支酶的作用

二、糖原分解

糖原分解（glycogenolysis）指糖原水解成葡糖-6-磷酸或葡萄糖的过程。糖原分解反应的化学实质是糖原非还原性末端的葡萄糖基被磷酸解生成葡糖-1-磷酸，进而转变为葡糖-6-磷酸。在肝细胞，葡糖-6-磷酸可水解生成游离葡萄糖，以补充血糖。在肌肉细胞，葡糖-6-磷酸沿糖酵解进行代谢，为肌肉收缩提供能量。

（一）糖原磷酸解为葡糖-1-磷酸

在糖原磷酸化酶（glycogen phosphorylase）的催化下，从糖链非还原性末端开始，逐个分解以 α-1,4-糖苷键连接的葡萄糖基，形成葡糖-1-磷酸，此反应需要的磷酸基团来自无机磷酸。糖原磷酸化酶是糖原分解的关键酶。

$$糖原_{n+1} + Pi \xrightarrow{糖原磷酸化酶} 葡糖\text{-}1\text{-}磷酸 + 糖原_n$$

当糖原分支糖链上的葡萄糖基逐个磷酸解到距分支点只有 4 个葡萄糖基时,空间位阻效应使糖原磷酸化酶的作用终止,这时由脱支酶(debranching enzyme)将分支处的 4 个葡萄糖基去除。脱支酶具有葡聚糖转移酶和 α-1,6- 葡糖苷酶两种活性。葡聚糖转移酶催化将剩余 4 个葡萄糖基中的前 3 个转移到邻近糖链的非还原性末端,并以 α-1,4- 糖苷键连接。分支处剩余的一个葡萄糖基则由 α-1, 6- 葡糖苷酶催化水解脱落,成为游离的葡萄糖(图 9-9)。在糖原磷酸化酶和脱支酶的共同作用下,最终产物约 85% 为葡糖 -1- 磷酸,15% 为游离葡萄糖。

(二) 葡糖 -1- 磷酸转变为葡糖 -6- 磷酸

在磷酸葡糖变位酶的催化下,葡糖 -1- 磷酸转变为葡糖 -6- 磷酸。在细胞内,反应接近平衡,即此酶在糖原合成和糖原分解反应过程都起作用。

(三) 葡糖 -6- 磷酸水解为葡萄糖

葡糖 -6- 磷酸酶(glucose-6-phosphatase)催化葡糖 -6- 磷酸水解成葡萄糖。肝和肾组织细胞中含葡糖 -6- 磷酸酶,能将葡糖 -6- 磷酸水解成游离葡萄糖,释放到血液,维持血糖浓度的恒定。肌肉组织中缺乏葡糖 -6- 磷酸酶,肌糖原分解产生的葡糖 -6- 磷酸不能转变为葡萄糖,只有通过糖酵解为肌肉收缩提供能量。

$$葡糖\text{-}1\text{-}磷酸 \underset{}{\overset{磷酸葡萄糖变位酶}{\rightleftharpoons}} 葡糖\text{-}6\text{-}磷酸 \xrightarrow[(肝、肾)]{葡糖\text{-}6\text{-}磷酸酶} 葡萄糖$$

糖原合成与分解的代谢过程可归纳如图 9-10。

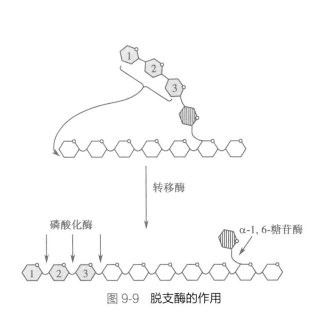

图 9-9 脱支酶的作用

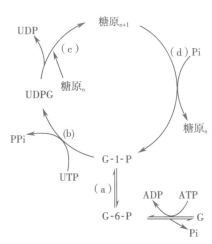

(a)磷酸葡糖变位酶;(b)UDPG 焦磷酸化酶;(c)糖原合酶和分支酶;(d)糖原磷酸化酶和脱支酶。

图 9-10 糖原的合成与分解

三、糖原合成与分解的调节

糖原的合成与分解是两条代谢途径,分别进行调控,并且相互制约。糖原合酶和糖原磷酸化酶分别是糖原合成和分解途径的关键酶,其活性可受共价修饰和别构调节,通过对这两种酶活性的调节,决定糖原合成和分解的方向与速率。

(一) 共价修饰调节

1. 糖原合酶活性的调节 糖原合酶有磷酸化(b 型,无活性)和去磷酸化(a 型,有活性)两种形

Note:

式。有活性的糖原合酶 a 在蛋白激酶 A 的催化下发生磷酸化,转变成无活性的糖原合酶 b。而在磷蛋白磷酸酶 -1 的作用下,无活性的糖原合酶 b 去磷酸转变为有活性的糖原合酶 a。

2. 糖原磷酸化酶活性调节　　糖原磷酸化酶也以磷酸化(a 型,有活性)和去磷酸化(b 型,无活性)两种形式存在。在磷酸化酶 b 激酶的催化下,糖原磷酸化酶 b 发生磷酸化修饰转变成有活性的糖原磷酸化酶 a。相反,糖原磷酸化酶 a 可经磷蛋白磷酸酶 -1 的催化去磷酸化,成为无活性的糖原磷酸化酶 b。

糖原合酶和糖原磷酸化酶的共价修饰受细胞内激素水平的调节。胰高血糖素、肾上腺素等可激活腺苷酸环化酶,使细胞内 cAMP 浓度升高,进而激活蛋白激酶 A。活化的蛋白激酶 A 可催化糖原合酶 a 磷酸化成为无活性的糖原合酶 b,抑制糖原合成。同时蛋白激酶 A 也可对磷酸化酶 b 激酶进行磷酸化修饰,使之活化。在有活性的磷酸化酶 b 激酶的催化下,糖原磷酸化酶 b 发生磷酸化修饰而激活,加速糖原的分解。

磷蛋白磷酸酶 -1 的活性也受到精细调节,可被磷蛋白磷酸酶抑制剂所抑制。磷蛋白磷酸酶抑制剂是一种胞内蛋白质,其磷酸化的形式为活性形式,磷酸化活化过程也由蛋白激酶 A 催化。由此可见,蛋白激酶 A 可以从不同层次参与糖原代谢关键酶的化学修饰调节。

糖原合酶和糖原磷酸化酶共价修饰调节方式相似,但效果不同。在相同的磷酸化与去磷酸化形式下,一个酶被激活,另一个酶活性被抑制,这种调控方式避免了糖原合成与分解同时进行造成的无效循环,保证在不同条件下糖原代谢仅向一个方向进行(图 9-11)。

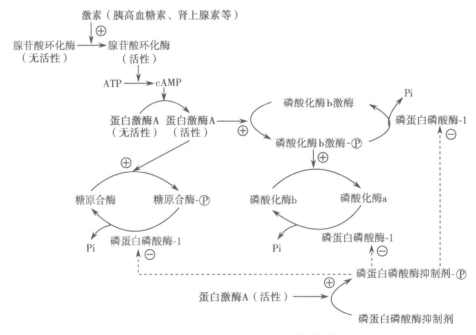

图 9-11　糖原合成与分解关键酶的共价修饰调节

(二)别构调节

糖原分解与合成的关键酶还受到别构调节。葡糖 -6- 磷酸可别构激活糖原合酶,促进肝糖原和肌糖原合成。但肝和肌肉的糖原磷酸化酶则分别由不同的别构剂调节,这是与肝糖原和肌糖原的功能相适应的。

肝糖原磷酸化酶主要受葡萄糖别构抑制。当血糖浓度升高时,葡萄糖进入肝细胞并与磷酸化酶 a 结合,使其构象改变,暴露出第 14 位磷酸化的丝氨酸残基,在磷蛋白磷酸酶 -1 催化下脱去磷酸基而失活,抑制肝糖原的分解。

肌肉组织糖原磷酸化酶的别构效应剂是 AMP、ATP 和葡糖 -6- 磷酸。ATP 和葡糖 -6- 磷酸别构抑制糖原磷酸化酶活性,AMP 则别构激活糖原磷酸化酶,促进肌糖原分解,为肌肉的收缩提供能量。

第五节 糖异生作用

由非糖物质(乳酸、甘油和生糖氨基酸等)转变为葡萄糖或糖原的过程称为糖异生(gluconeogenesis)。进行糖异生的主要器官是肝,肾的糖异生能力相对较弱,但在长期饥饿时可增强。

一、糖异生途径

糖异生途径是从丙酮酸生成葡萄糖的具体反应过程,乳酸和一些生糖氨基酸就是通过丙酮酸进行糖异生的。糖异生途径基本上是糖酵解的逆过程,糖酵解中多数反应是可逆的,但由己糖激酶、磷酸果糖激酶 -1 及丙酮酸激酶催化的反应是不可逆的,糖异生时需有另外的酶催化,完成糖异生反应过程。

(一)丙酮酸转变为磷酸烯醇式丙酮酸

丙酮酸生成磷酸烯醇式丙酮酸经两步反应,分别由丙酮酸羧化酶(pyruvate carboxylase)和磷酸烯醇式丙酮酸羧激酶(phosphoenolpyruvate carboxykinase)催化,此过程称为丙酮酸羧化支路。

丙酮酸羧化酶的辅酶是生物素,CO_2 通过生物素传递给丙酮酸生成草酰乙酸,消耗 1 分子 ATP。草酰乙酸在磷酸烯醇式丙酮酸羧激酶催化下脱羧生成磷酸烯醇式丙酮酸,反应由 GTP 提供能量和磷酸基团,释放 CO_2。由此可见,上述反应是耗能过程,两步反应共消耗 2 分子 ATP。

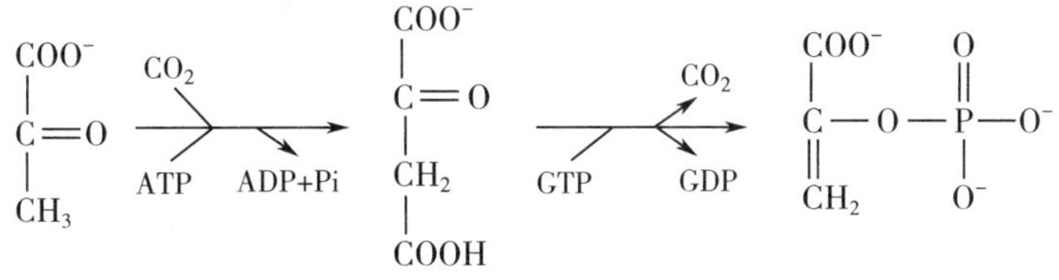

丙酮酸羧化酶仅存在于线粒体中,故丙酮酸必须进入线粒体才能被羧化为草酰乙酸。磷酸烯醇式丙酮酸羧激酶在线粒体及胞质中均存在。草酰乙酸可先在线粒体中转变为磷酸烯醇式丙酮酸再转运到细胞质,也可以在细胞质中转变为磷酸烯醇式丙酮酸。草酰乙酸不能穿过线粒体膜进入细胞质,需借助两种方式从线粒体转运到胞质:一种是线粒体内的草酰乙酸先在苹果酸脱氢酶催化下,还原生成苹果酸,苹果酸出线粒体,再由胞质中的苹果酸脱氢酶将苹果酸氧化重新生成草酰乙酸;另一种方式是草酰乙酸经天冬氨酸转氨酶催化,转氨基生成天冬氨酸,天冬氨酸出线粒体后,再经天冬氨酸转氨酶催化,脱氨基生成草酰乙酸,完成将草酰乙酸从线粒体转运到细胞质的过程(图 9-12)。

(二)果糖 -1,6- 二磷酸转变为果糖 -6- 磷酸

果糖 -1,6- 二磷酸在果糖二磷酸酶 -1 催化下,水解脱去 C_1 位的磷酸基团,生成果糖 -6- 磷酸,反应过程释放较多的自由能,但无 ATP 生成,所以反应易于进行(图 9-12)。

(三)葡糖 -6- 磷酸水解生成葡萄糖

在葡糖 -6- 磷酸酶催化下,葡糖 -6- 磷酸水解脱磷酸生成葡萄糖,完成己糖激酶催化反应的逆过程。葡糖 -6- 磷酸酶主要存在于肝和肾中,肌肉组织不含此酶。

甘油、生糖氨基酸等非糖物质需首先转变成糖异生途径的中间产物,才能异生为葡萄糖。脂肪代谢产物甘油可在甘油激酶的作用下磷酸化为 3- 磷酸甘油,然后脱氢生成磷酸二羟丙酮,进入糖异生途径。生糖氨基酸首先通过联合脱氨基等作用生成丙酮酸或三羧酸循环的中间产物,然后转变为草酰乙酸进入糖异生。糖异生的主要途径归纳如图 9-12。

Note:

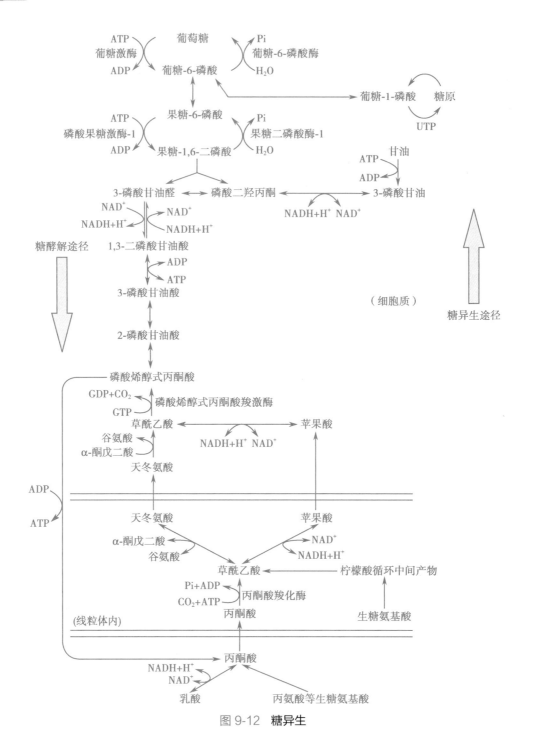

图 9-12 糖异生

二、乳酸循环与糖异生作用

葡萄糖在肌肉组织通过糖无氧氧化生成的乳酸,通过血液运输到肝脏,在肝细胞内乳酸脱氢生成丙酮酸,经糖异生转变为葡萄糖,葡萄糖又通过血液循环重新运输到肌肉组织利用,此过程称为乳酸循环或 Cori 循环(图 9-13)。乳酸循环是耗能过程,2 分子乳酸异生为 1 分子葡萄糖需消耗 6 分子 ATP。乳酸循环的形成由肝和肌肉组织中酶的特点所致。肝细胞中葡糖 -6- 磷酸酶活性较强,糖异生活跃,可将葡糖 -6- 磷酸水解为葡萄糖;而肌肉组织糖异生酶活性低,且缺乏葡糖 -6- 磷酸酶,难以将乳酸异生为葡萄糖。乳酸循环的生理意义在于既能避免乳酸的损失,也能防止因乳酸堆积引起酸中毒。

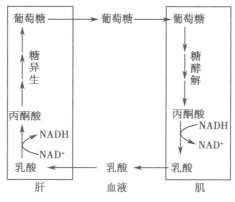

图 9-13 乳酸循环

三、糖异生的生理意义

（一）维持血糖浓度恒定

糖异生最重要的生理意义是在空腹或饥饿情况下维持血糖浓度的恒定。相对恒定的血糖浓度对于维持机体重要器官的能量供应十分重要。正常成人的脑组织不能利用脂肪酸，主要依赖葡萄糖供给能量。红细胞没有线粒体，完全依靠糖的无氧氧化获得能量。骨髓、神经等组织由于代谢活跃，经常需要由糖的无氧氧化提供部分能量。然而体内的糖原储备有限，如果没有补充，在 12~24h 肝糖原即被耗尽。因此，饥饿导致肝糖原耗尽时维持血糖浓度的恒定主要依靠糖异生作用完成。

（二）补充或恢复肝糖原的储备

进食后补充或恢复肝糖原储备时，大部分葡萄糖先在肝外细胞中分解为乳酸或丙酮酸等三碳化合物，再进入肝细胞异生为糖原，称为三碳途径，也称为糖原合成的间接途径。而肝细胞直接摄取葡萄糖，活化为 UDPG，然后在糖原合酶作用下合成糖原的过程，称为直接途径。肝内葡糖激酶的 K_m 很高，导致肝细胞对葡萄糖的摄取能力低。因此一般认为，进食后相当一部分肝糖原的补充或恢复是通过三碳途径完成的。

（三）维持酸碱平衡

长期饥饿时，机体的酮体代谢旺盛，体液 pH 降低，诱导肾小管上皮细胞中的磷酸烯醇式丙酮酸羧激酶的合成，使肾糖异生增强。肾糖异生的增强有利用维持酸碱平衡。其原因是肾中 α- 酮戊二酸因异生为糖而减少，可促进谷氨酰胺与谷氨酸脱氨。肾小管细胞将脱下的 NH_3 分泌入肾小管腔，与原尿中 H^+ 结合，降低原尿 H^+ 的浓度，利于排氢保钠，对于维持机体酸碱平衡状态，防止酸中毒有重要作用。

四、糖异生作用的调节

糖异生与糖酵解是两条方向相反的代谢途径。糖异生途径中 4 个参与不可逆反应的关键酶分别是丙酮酸羧化酶、磷酸烯醇式丙酮酸羧激酶、果糖二磷酸酶 -1 和葡糖 -6- 磷酸酶，催化的反应是糖酵解中三个限速步骤的逆反应。在这三对逆向反应中，由不同酶催化的底物互变反应称为底物循环（substrate cycle）。如果催化互变反应的两种酶活性相等，代谢就构成仅消耗 ATP 而释放热能的无效循环（futile cycle）。在细胞中，依赖激素及别构效应剂对两条代谢途径中的关键酶进行作用相反的调节，使两条途径的酶活性不完全相等，因此代谢朝着酶活性强的方向进行。

第一个底物循环调节果糖 -6- 磷酸和果糖 -1,6- 二磷酸的互变。果糖 -2,6- 二磷酸和 AMP 即是磷酸果糖激酶 -1 的别构激活剂，又是果糖二磷酸酶 -1 的别构抑制剂。果糖 -2,6- 二磷酸的生成量可受激素调控。胰高血糖素通过 cAMP 和蛋白激酶 A，使磷酸果糖激酶 -2 磷酸化而失活，引起果糖 -2,6- 二磷酸含量的降低，因此饥饿时糖异生增强而糖酵解减弱。胰岛素的作用与之相反，可升高

果糖 -2,6- 二磷酸的含量,因此进食后糖异生减弱而糖酵解增强。

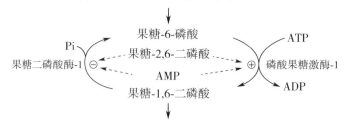

第二个底物循环在磷酸烯醇式丙酮酸与丙酮酸之间进行。乙酰 CoA 别构激活丙酮酸羧化酶,同时反馈抑制丙酮酸脱氢酶复合体。饥饿条件下脂肪酸氧化生成大量乙酰 CoA,一方面激活丙酮酸羧化酶,促进丙酮酸转变为草酰乙酸,加速糖异生;另一方面抑制丙酮酸脱氢酶复合体,阻止葡萄糖经由丙酮酸氧化分解。

果糖 -1,6- 二磷酸是丙酮酸激酶的别构激活剂,胰高血糖素可通过减少果糖 -1,6- 二磷酸的生成降低丙酮酸激酶活性,还可以通过 cAMP- 蛋白激酶 A 信号系统,使丙酮酸激酶磷酸化失活,减弱糖酵解。胰高血糖素还能快速升高磷酸烯醇式丙酮酸羧激酶的 mRNA 水平,促进酶蛋白的合成,加强糖异生。胰岛素则显著降低磷酸烯醇式丙酮酸羧激酶的 mRNA 和酶蛋白的含量,使糖异生减弱。

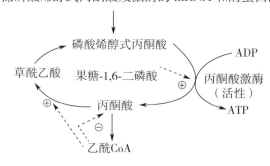

第六节 血 糖

血糖(blood glucose)指血液中的葡萄糖,与机体各组织细胞的代谢和功能关系密切。血糖水平变化是反映机体内糖代谢状况的一项重要指标。正常人空腹血糖浓度为 3.9~6.0mmol/L,其量相对恒定。

一、血糖的来源和去路

血糖的来源主要包括:①食物消化吸收的糖,是血糖的主要来源;②肝糖原分解,是空腹时血糖的直接来源;③糖异生作用,长期饥饿时非糖物质通过糖异生补充血糖。血糖的去路主要包括:①氧化分解提供能量;②在肝脏、肌肉等组织合成糖原;③转变为其他糖类物质,如磷酸核糖等;④转变为非糖物质,如脂肪、非必需氨基酸等(图 9-14)。

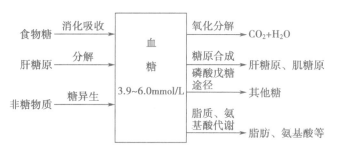

图 9-14 血糖的来源和去路

二、血糖水平的调节

血糖水平调节涉及糖、脂肪、氨基酸等物质代谢,也是肝脏、肌肉、脂肪等组织代谢协调的结果。机体的各种代谢及各器官之间能够精确地协调以适应对能量的需求,主要依赖激素水平的调节。参与调节血糖的激素可分为两大类,一类是降低血糖的胰岛素;另一类是升高血糖的激素,主要有胰高血糖素、糖皮质激素、肾上腺素等。

（一）胰岛素

胰岛素(insulin)是由胰腺 β 细胞合成分泌的一种蛋白质激素,分泌受血糖水平控制。胰岛素降低血糖的作用机制主要包括:

1. 促进肌肉和脂肪等肝外组织细胞膜的葡萄糖载体将葡萄糖转运入细胞。

2. 通过增强磷酸二酯酶活性,降低 cAMP 水平,增强糖原合酶活性,抑制糖原磷酸化酶活性,从而加速糖原合成、抑制糖原分解。

3. 通过激活丙酮酸脱氢酶磷酸酶,使丙酮酸脱氢酶复合体活化,加速丙酮酸氧化为乙酰 CoA,加快糖的有氧氧化。

4. 通过抑制磷酸烯醇式丙酮酸羧激酶的合成,抑制肝内糖异生途径。还可以通过促进氨基酸进入骨骼肌组织并合成蛋白质,减少肝糖异生的原料,抑制肝糖异生。

5. 抑制脂肪组织的激素敏感脂肪酶,减少脂肪动员,促进组织对葡萄糖的利用。

（二）胰高血糖素

胰高血糖素(glucagon)由胰腺 α 细胞分泌,是体内升高血糖的主要激素。血糖浓度降低或血液中氨基酸升高刺激胰高血糖素的分泌。其作用机制包括:

1. 经与肝细胞膜受体结合激活依赖 cAMP 的蛋白激酶,抑制糖原合酶和激活糖原磷酸化酶,使肝糖原迅速分解,血糖升高。

2. 通过抑制磷酸果糖激酶 -2,激活果糖二磷酸酶 -2,减少果糖 -2,6- 二磷酸的合成。果糖 -2,6- 二磷酸是磷酸果糖激酶 -1 的最强的别构激活剂,也是果糖二磷酸酶 -1 的抑制剂。因此,糖酵解被抑制,糖异生则加速。胰高血糖素还通过 cAMP- 蛋白激酶 A 系统,使丙酮酸激酶磷酸化而失活,抑制糖酵解,增强糖异生。

3. 通过激活脂肪组织的激素敏感脂肪酶,加速脂肪动员。这与胰岛素的作用相反,可升高血糖水平。

（三）糖皮质激素

糖皮质激素(glucocorticoid)是由肾上腺皮质分泌的一类类固醇激素,是引起血糖升高,肝糖原增加的激素。糖皮质激素的作用机制包括:

1. 促进肌肉等肝外组织的蛋白质分解,产生的氨基酸转移到肝进行糖异生,并诱导糖异生途径的关键酶磷酸烯醇式丙酮酸羧激酶的合成,促进糖异生。

2. 抑制丙酮酸的氧化脱羧,阻止机体葡萄糖的分解利用。

3. 协同促进其他脂肪动员激素的效用,使血中脂肪酸增加,间接抑制肌肉、脂肪组织等肝外组织对葡萄糖的摄取和利用。

（四）肾上腺素

肾上腺素(adrenaline)是迅速而强有力升高血糖的激素。肾上腺素的作用机制是通过肝和肌肉的细胞膜受体、cAMP、蛋白激酶 A 级联激活糖原磷酸化酶,加速糖原分解。肾上腺素主要在应激状态下发挥调节作用,对于经常性血糖波动,尤其是空腹进食情况下引起的血糖波动影响很小。

三、糖代谢异常

正常人体内存在一整套精细的调节糖代谢的机制,在一次性食入大量葡萄糖之后,血糖水平不会

Note:

出现大的波动和持续升高。人体对摄入的葡萄糖具有很大耐受能力的这种现象,被称为葡萄糖耐量(glucose tolerance)。临床上因糖代谢异常可引起低血糖(hypoglycemia)和高血糖(hyperglycemia)。

(一) 低血糖

空腹血糖浓度低于 2.8mmol/L 时称为低血糖。当血糖水平过低时,就会影响脑细胞的功能,即使是血浆中的葡萄糖含量短时间的降低,也有可能会产生严重的脑部功能障碍,这是因为脑细胞所需要的能量主要来自葡萄糖的氧化。低血糖时会出现头晕、倦怠无力、心悸等症状,严重时出现昏迷,称为低血糖休克。如不及时给患者静脉补充葡萄糖,可导致死亡。引起低血糖的原因有:①胰腺病变引起的低血糖,如胰腺 β 细胞瘤使胰岛素分泌过多,或胰腺 α 细胞功能低下等;②严重肝病导致肝功能下降,肝糖原合成和分解减少,糖异生作用减弱等。③内分泌异常引起的低血糖,如肾上腺皮质功能减退导致的糖皮质激素分泌不足,或脑垂体功能减退导致生长激素分泌不足等;④胃癌等恶性肿瘤的肿瘤细胞可能分泌类似于胰岛素样的物质,消耗过多的糖类;⑤饥饿或不能进食者等。

(二) 高血糖

空腹血糖浓度高于 7mmol/L 称为高血糖。当血中的葡萄糖浓度超过 8.96~10.00mmol/L 时,部分近端小管上皮细胞对葡萄糖的吸收已达极限,葡萄糖不能被全部重吸收,随尿排出而出现糖尿。尿中开始出现葡萄糖时的最低血糖浓度,称为肾糖阈(renal glucose threshold)。持续性高血糖和尿糖,特别是空腹血糖和糖耐量曲线高于正常范围,主要见于糖尿病(diabetes mellitus)。在生理情况下也会出现高血糖和糖尿,如情绪激动时交感神经兴奋,肾上腺素分泌激增,使肝糖原迅速分解,血糖浓度上升。一次性大量进食葡萄糖或静脉输注葡萄糖溶液速度过快,也可能使血糖浓度升高,甚至出现糖尿。某些慢性肾炎、肾病综合征等引起肾小管对糖的重吸收障碍可出现糖尿,但血糖和糖耐量曲线均正常。

(赵旭华)

思 考 题

1. 简述葡糖 -6- 磷酸的代谢途径及其在糖代谢的重要作用。
2. 剧烈运动时,骨骼肌收缩产生大量乳酸,试述该乳酸的主要代谢去向。
3. 试述糖异生和糖酵解的关系和差异,机体通过何种方式实现两条代谢途径的单向性?
4. 肝糖原和肌糖原在分解时有何不同?

第十章

脂 质 代 谢

10章　数字内容

───── 章 前 导 言 ─────

　　脂质（lipid）是存在于生物体内的一大类有机化合物，基本特点是不溶于水但能溶解于一种或一种以上的有机溶剂，分子中常含有脂肪酸或其酯，能被生物体所利用。脂质是脂肪和类脂的总称，类脂包括固醇及其酯、磷脂和糖脂等。种类多、结构复杂，决定了脂质在生命体内功能的多样性和复杂性。例如，脂肪是能量储存的主要形式，磷脂和固醇是生物膜的基本组分，而其他一些脂质能够以酶的辅因子、电子载体等形式参与到生理过程中。脂质分子不由基因编码，独立于从基因到蛋白质的遗传信息系统之外，加上不易溶于水的最基本特性，决定了脂质在以基因到蛋白质为遗传信息系统、以水为基础环境的生命体内的特殊性，也决定了其在生命活动或疾病发生发展中的特殊重要性。一些原来认为与脂质关系不大甚至不相关的生命现象和疾病，可能与脂质及其代谢关系十分密切。近年来种种迹象表明，在分子生物学取得重大进展基础上，脂质及其代谢研究将再次成为生命科学、医学和药学等的前沿领域。

学习目标

- 知识目标

1. 掌握脂肪的动员；脂肪酸 β- 氧化；酮体的生成、利用及其调节；脂肪酸的合成及其调节；甘油磷脂的合成及降解；胆固醇合成的限速反应及调节和血浆脂蛋白代谢中各类脂蛋白来源、组成特点及主要生理功能。

2. 熟悉脂质的消化吸收；脂肪的合成及其调节。

3. 了解必需脂肪酸的生理功能和胆固醇的转化。

- 能力目标

1. 能结合血酮体和尿酮体水平检查结果，对酮体代谢异常进行辅助诊断。

2. 能根据血脂检查指标进行血脂异常的辅助诊断，并分析血脂异常的原因。

- 素质目标

1. 与实际生活相结合，培养学生形成健康的饮食及生活习惯。

2. 与血脂异常等脂质代谢相关疾病相联系，引导学生理解脂质代谢相关疾病的发病机制。

　脂质与生命和疾病的关系密切

1904 年 Knoop F 通过动物实验首先提出了脂肪酸 β- 氧化假说，1944 年 LeLoir L 采用无细胞体系验证了 β- 氧化机制，1953 年 Lehninger A 证明 β- 氧化在线粒体进行，"活泼乙酸"即乙酰辅酶 A 的发现（Lynen F，1951 年）终于揭示了脂肪酸分解代谢过程。核素技术的应用证明乙酰辅酶 A 是脂肪酸生物合成的基本原料，丙二酸单酰辅酶 A 的发现演绎了脂肪酸生物合成过程（1950 年代）。血浆不同密度脂蛋白（1930—1970 年间）、脂蛋白受体（1960—1970 年间）的陆续发现，揭示了血浆脂质的运输和代谢。脂质作为细胞信号传递分子的发现和脂代谢异常在动脉粥样硬化、心脑血管病发生中作用的证实，表明脂质与正常生命活动、健康、疾病发生的关系十分密切。

第一节　脂质的消化吸收及运输

一、脂质的消化

食物中的脂质物质主要是脂肪（fat）（即甘油三酯），也含有磷脂（phospholipid）、胆固醇（cholesterol）、胆固醇酯（cholesterol ester）等类脂。由于不溶于水，这些脂质不能与消化酶充分接触，也不能直接在水相中运输，所以不能直接被消化吸收。胆汁酸盐具有较强乳化作用，能降低油相与水相之间的界面张力，将脂肪、胆固醇酯等疏水的脂质物质乳化成细小的微团，使脂质消化酶吸附在乳化脂肪微团的脂 - 水界面上，与脂质充分接触，消化脂质。由于含胆汁酸盐的胆汁和含脂质消化酶的胰液经分泌后从十二指肠进入消化道，脂质消化的主要场所是小肠上段。

胰腺分泌的脂质消化酶包括胰脂酶（pancreatic lipase）、辅脂酶（colipase）、磷脂酶 A_2（phospholipase A_2，PLA_2）和胆固醇酯酶（cholesterol esterase）。胰脂酶特异水解甘油三酯 1、3 位酯键，生成 2- 甘油一酯（2-monoglyceride）及 2 分子脂肪酸（fatty acid）。辅脂酶在胰腺泡以酶原形式存在，分泌入十二指肠腔后被胰蛋白酶从 N 端水解，移去五肽而激活。辅脂酶本身不具脂酶活性，但可通过疏水键与甘油三酯结合、通过氢键与胰脂酶结合，将胰脂酶锚定在乳化微团的脂 - 水界面，使胰脂酶与脂肪充分接触，水解脂肪。辅脂酶还可防止胰脂酶在脂 - 水界面上变性、失活。可见，辅脂酶是胰脂酶发挥脂肪消化作用必不可少的辅因子。胰磷脂酶 A_2 催化磷脂 2 位酯键水解，生成脂肪酸和溶血磷脂（lysophosphatide）。胆固醇酯酶水解胆固醇酯,生成胆固醇和脂肪酸。

二、脂质的吸收及吸收后的运输

脂质及其消化产物主要在十二指肠下段及空肠上段吸收。摄入的脂质含少量由中（6~10C）、短（2~4C）链脂肪酸构成的甘油三酯（triglycerides,TG）,它们经胆汁酸盐乳化后可直接被肠黏膜细胞摄取,继而在细胞内脂肪酶作用下,水解成脂肪酸及甘油（glycerol）,通过门静脉进入血液循环。脂质消化产生的长链（12~26C）脂肪酸、2-甘油一酯、胆固醇和溶血磷脂等,与胆汁酸盐一起,乳化成更小的混合微团。这种微团体积很小,直径约为20nm,极性更大,易于穿过小肠黏膜细胞表面的水屏障,被肠黏膜细胞吸收。长链脂肪酸在小肠黏膜细胞首先被转化成脂酰CoA（acyl CoA）,再在滑面内质网脂酰CoA转移酶（acyl CoA transferase）催化下,由ATP供能,被转移至2-甘油一酯羟基上,重新合成甘油三酯。再与粗面内质网上合成的载脂蛋白（apolipoprotein,apo）B48、C、A Ⅰ、A Ⅳ等及磷脂、胆固醇共同组装成乳糜微粒（chylomicron,CM）,被肠黏膜细胞分泌、经淋巴系统进入血液循环。

第二节　甘油三酯的代谢

一、甘油三酯的分解代谢

（一）脂肪动员

甘油三酯的分解代谢从脂肪动员开始。脂肪动员（fat mobilization）指储存在白色脂肪细胞内的脂肪在脂肪酶作用下,逐步水解,释放游离脂肪酸（free fatty acid）和甘油供其他组织细胞氧化利用的过程（图10-1）。

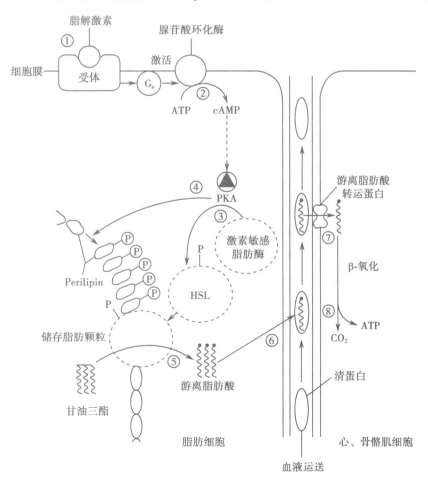

图 10-1　脂肪动员

　　曾经认为,激素敏感性甘油三酯脂肪酶(hormone-sensitive triglyceride lipase,HSL)、也称激素敏感性脂肪酶(hormone-sensitive lipase,HSL)是脂肪动员的关键酶。但后来发现催化甘油三酯水解第一步并不是 HSL 的主要作用,而是第二步反应。脂肪动员也还需多种酶和蛋白质参与,如脂肪组织甘油三酯脂肪酶(adipose triglyceride lipase,ATGL)和脂滴包被蛋白 -1(perilipin-1)。

　　脂肪动员受到激素调控。当禁食、饥饿或交感神经兴奋时,肾上腺素、去甲肾上腺素、胰高血糖素等分泌增加,作用于白色脂肪细胞膜受体,激活腺苷酸环化酶,使腺苷酸环化成 cAMP,激活 cAMP 依赖蛋白激酶,激活胞质内 perilipin-1 和 HSL。激活的 perilipin-1 一方面激活 ATGL,另一方面使因磷酸化而激活的 HSL 从细胞质转移至脂滴表面。脂肪在脂肪细胞内依次经 ATGL、HSL 和甘油一酯脂肪酶(monoacylglycerol lipase,MGL)的催化,最终分解为甘油和脂肪酸。

　　上述激素能够启动脂肪动员、促进脂肪水解为游离脂肪酸和甘油,称为脂解激素。相反,胰岛素、前列腺素 E_2 等激素能对抗脂解作用,抑制脂肪动员,称为抗脂解激素。

(二) 甘油的分解代谢

　　甘油可直接经血液运输至肝、肾、肠等组织,在甘油激酶(glycerokinase)作用下被利用。肝的甘油激酶活性最高,脂肪动员产生的甘油主要被肝摄取利用,而脂肪及骨骼肌因甘油激酶活性很低,对甘油的摄取利用很有限。

$$\begin{array}{c}
CH_2OH \\
| \\
HO\!-\!CH \\
| \\
CH_2OH
\end{array}
\xrightarrow[\text{甘油激酶}]{\text{ATP　ADP}}
\begin{array}{c}
CH_2OH \\
| \\
HO\!-\!CH \\
| \\
CH_2O\!-\!\textcircled{P}
\end{array}$$

甘油　　　　　　　　　　　　　　　　　甘油磷酸

$$\xleftarrow[\text{甘油磷酸脱氢酶}]{NAD^+　NADH+H^+}
\begin{array}{c}
CH_2OH \\
| \\
C\!=\!O \\
| \\
CH_2O\!-\!\textcircled{P}
\end{array}
\longleftrightarrow \text{糖酵解}$$

磷酸二羟丙酮

(三) 脂肪酸的 β- 氧化

Knoop 实验与脂肪酸 β- 氧化学说

　　1904 年 Franz Knoop 用不能被机体分解的苯基标记脂肪酸的 ω- 甲基后喂养犬或兔,然后检测其尿液中的代谢产物。发现不论碳链长短,如果标记脂肪酸的碳原子是偶数,尿中排出的代谢物为苯乙酸($C_6H_5CH_2COOH$);如果标记脂肪酸的碳原子是奇数,尿中排出的代谢物为苯甲酸(C_6H_5COOH)。据此,Franz Knoop 提出脂肪酸分解的"β- 氧化学说",即脂肪酸在体内的氧化分解从羧基端 β- 碳原子开始,每次断裂 2 个碳原子。这是核素示踪技术创立前颇有创造性的实验。

　　游离脂肪酸不溶于水,不能直接在血浆中运输,需结合血浆清蛋白运送至全身。除脑外,大多数组织均能氧化脂肪酸,以肝、心肌、骨骼肌能力最强。在 O_2 供充足时,脂肪酸可经脂肪酸活化、转移至线粒体、β- 氧化(β-oxidation)生成乙酰 CoA 及乙酰 CoA 进入柠檬酸循环彻底氧化 4 个阶段,产生大量 ATP。

　　1. 脂肪酸的活化　脂肪酸被氧化前必须先活化,由内质网、线粒体外膜上的脂酰 CoA 合成酶(acyl CoA synthetase)催化生成脂酰 CoA,需 ATP、CoA-SH 及 Mg^{2+} 参与。

$$\text{脂肪酸 + CoA-SH} \xrightarrow[\text{ATP　}Mg^{2+}\text{　AMP}]{\text{脂酰CoA合成酶}} \text{脂酰CoA + PP}_i$$

　　活化反应生成的焦磷酸(PP_i)立即被细胞内焦磷酸酶水解,阻止逆向反应进行,故 1 分子脂肪酸活化实际消耗 2 个高能磷酸键。

2. 脂酰 CoA 进入线粒体　脂肪酸的活化在胞质完成，但催化脂肪酸氧化分解的酶在线粒体内。因此，活化的脂酰 CoA 需转移进入线粒体。脂酰 CoA 不能直接透过线粒体内膜，需要肉碱（carnitine，或称 L-β- 羟 -γ- 三甲氨基丁酸）协助转运。线粒体外膜存在的肉碱脂酰转移酶 I（carnitine acyl transferase I）催化脂酰 CoA 与肉碱合成脂酰肉碱（acylcarnitine），后者在线粒体内膜肉碱 - 脂酰肉碱转位酶（carnitine-acylcarnitine translocase）作用下，通过内膜进入线粒体基质，同时将等分子肉碱转运出线粒体。进入线粒体的脂酰肉碱，在线粒体内膜内侧肉碱脂酰转移酶 II 作用下，转变为脂酰 CoA 并释出肉碱（图 10-2）。

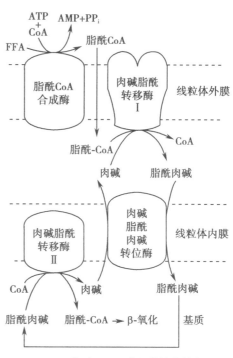

图 10-2　脂酰 CoA 进入线粒体的机制

脂酰 CoA 进入线粒体是脂肪酸 β- 氧化的限速步骤，肉碱脂酰转移酶 I 是脂肪酸 β- 氧化的限速酶。当饥饿、高脂低糖膳食或糖尿病时，机体没有充足的糖供应，或不能有效利用糖，需脂肪酸供能，肉碱脂酰转移酶 I 活性增加，脂肪酸氧化增强。相反，饱食后脂肪酸合成加强，丙二酸单酰 CoA 含量增加，抑制肉碱脂酰转移酶 I 活性，使脂肪酸的氧化被抑制。

3. 脂酰 CoA 的 β- 氧化　线粒体基质中存在由多个酶结合在一起形成的脂肪酸 β- 氧化酶系，顺序催化脂酰基 β- 碳原子脱氢、加水、再脱氢及硫解四步反应（图 10-3），完成一次 β- 氧化。

（1）脱氢：脂酰 CoA 在脂酰 CoA 脱氢酶（acyl CoA dehydrogenase）催化下，从 a、b 碳原子各脱下一个氢原子，由 FAD 接受生成 $FADH_2$，同时生成反 $\triangle^2$ 烯脂酰 CoA。

（2）加水：反 $\triangle^2$ 烯脂酰 CoA 在烯酰 CoA 水化酶（enoyl CoA hydratase）催化下，加水生成 $L(+)$-β- 羟脂酰 CoA。

（3）再脱氢：$L(+)$-β- 羟脂酰 CoA 在 L-β- 羟脂酰 CoA 脱氢酶（L-β-hydroxyacyl CoA dehydrogenase）催化下，脱下 2 个氢原子，由 NAD^+ 接受生成 $NADH+H^+$，同时生成 β- 酮脂酰 CoA。

（4）硫解：β- 酮脂酰 CoA 在 β- 酮硫解酶（β-ketothiolase）催化下，加 CoASH 使碳链在 β 位断裂，生成 1 分子乙酰 CoA 和少 2 个碳原子的脂酰 CoA。

经过脱氢、加水、再脱氢及硫解反应，脂酰 CoA 的碳链被缩短 2 个碳原子。上述四步反应反复进行，最终完成脂肪酸 β- 氧化。生成的 $FADH_2$、NADH 经呼吸链氧化，与 ADP 磷酸化偶联，产生 ATP。生成的乙酰 CoA 主要在线粒体通过柠檬酸循环彻底氧化；在肝细胞内，部分乙酰 CoA 转变成酮体。

4. 脂肪酸氧化的能量生成　脂肪酸彻底氧化生成大量 ATP。以软脂酸为例，1 分子软脂酸彻底氧化需进行 7 次 β- 氧化，生成 7 分子 $FADH_2$、7 分子 NADH 及 8 分子乙酰 CoA。在 pH 7.0、25℃的标准条件下氧化磷酸化，每分子 $FADH_2$ 产生 1.5 分子 ATP，每分子 NADH 产生 2.5 分子 ATP；每分子乙酰 CoA 经柠檬酸循环彻底氧化产生 10 分子 ATP。因此 1 分子软脂酸彻底氧化共生成 $(7×1.5)+(7×2.5)+(8×10)=108$ 分子 ATP。因为脂肪酸活化消耗 2 个高能磷酸键，相当于 2 分子 ATP，所以 1 分子软脂酸彻底氧化净生成 106 分子 ATP。

（四）脂肪酸的其他氧化方式

1. 不饱和脂肪酸的氧化　不饱和脂肪酸也在线粒体进行 β- 氧化。但是，催化 β- 氧化的烯酰 CoA 水化酶和羟脂酰 CoA 脱氢酶具有立体异构特异性，不能识别不饱和脂肪酸上顺式结构的双键。因此，不饱和脂肪酸需要异构酶将其转变为 β- 氧化酶系能识别的 $\triangle^2$ 反式构型，继续 β- 氧化。

Note:

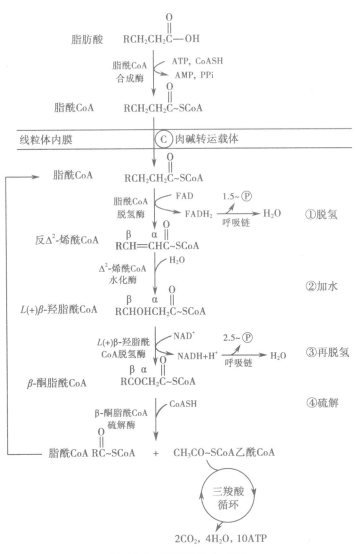

图 10-3 脂肪酸的 β- 氧化

2. 过氧化酶体脂肪酸氧化 超长碳链脂肪酸不能在线粒体进行 β- 氧化。过氧化酶体 (peroxisomes) 中存在脂肪酸 β- 氧化酶系, 能将超长碳链脂肪酸 (如 C_{20}、C_{22}) 先分解成较短链脂肪酸后, 在线粒体内氧化分解。第一步反应在以 FAD 为辅基的脂肪酸氧化酶作用下脱氢, 脱下的氢与 O_2 结合生成 H_2O_2, 而不是与呼吸链偶联进行氧化磷酸化, H_2O_2 最终被过氧化氢酶分解。

3. 丙酰 CoA 的氧化 人体含有极少量奇数碳原子脂肪酸, 经 β- 氧化后, 除生成乙酰 CoA 外, 还生成丙酰 CoA。此外, 支链氨基酸氧化分解亦可产生丙酰 CoA。丙酰 CoA 的彻底氧化需先经 β- 羧化酶及异构酶的作用, 转变为琥珀酰 CoA, 然后进入三羧酸循环被彻底氧化。

4. 脂肪酸的 ω- 氧化 脂肪酸的氧化也能从远离羧基端的甲基端进行, 即 ω- 氧化 (ω-oxidation)。脂肪酸 ω- 甲基碳原子在与内质网紧密结合的脂肪酸 ω- 氧化酶系的作用下, 形成 α, ω- 二羧酸。这样, 脂肪酸就能从任一端活化并进行 β- 氧化。

（五）酮体的生成及利用

肝组织脂肪酸 β- 氧化产生的乙酰 CoA 可被转变成酮体 (ketone body), 包括乙酰乙酸 (acetoacetate) (30%)、β- 羟丁酸 (β-hydroxy-butyrate) (70%) 和丙酮 (acetone) (微量)。酮体是脂肪酸在肝分解代谢产生的中间产物。

1. 酮体的生成 以脂肪酸 β- 氧化生成的乙酰 CoA 为原料, 在肝线粒体完成 (图 10-4)。

（1）乙酰乙酰 CoA 的生成：有两种方式。一是 2 分子乙酰 CoA 在肝线粒体乙酰乙酰 CoA 硫解酶（thiolase）作用下缩合生成，释放 1 分子 CoASH，是肝细胞乙酰乙酰 CoA 生成的主要方式。二是脂肪酸经过多轮 β- 氧化后生成的丁酰 CoA，在进行最后一轮 β- 氧化时，如果不发生硫解反应，也可生成乙酰乙酰 CoA。

（2）羟基甲基戊二酸单酰 CoA 的生成：乙酰乙酰 CoA 在羟基甲基戊二酸单酰 CoA 合酶（HMG-CoA synthase）的催化下，再与 1 分子乙酰 CoA 缩合生成羟基甲基戊二酸单酰 CoA（3-hydroxy-3-methylglutaryl CoA，HMG-CoA），释放 1 分子 CoASH。该步骤是酮体生成的限速步骤。

（3）乙酰乙酸的生成：羟基甲基戊二酸单酰 CoA 在 HMG-CoA 裂解酶（HMG-CoA lyase）作用下，裂解生成乙酰乙酸和乙酰 CoA。

（4）β- 羟丁酸及丙酮的生成：乙酰乙酸在线粒体内膜 β- 羟丁酸脱氢酶（β-hydroxybutyrate dehydrogenase）的催化下，被还原成 β- 羟丁酸，所需的氢由 NADH+ H⁺ 提供，还原的速度由 NADH/NAD⁺ 的比值决定。少量的乙酰乙酸可不需要酶的催化自然脱羧，生成丙酮。

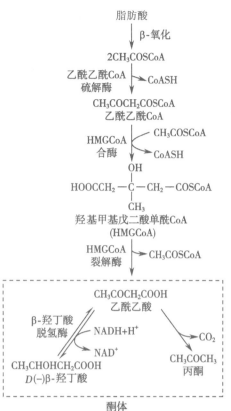

图 10-4 酮体的生成

2. 酮体的利用 肝组织缺乏利用酮体的酶系，因此，酮体通过血液运输至肝外组织氧化利用。肝外许多组织具有活性很强的利用酮体的酶，能将酮体重新裂解成乙酰 CoA，并通过三羧酸循环彻底分解氧化。

乙酰乙酸利用的基本过程是先活化，再裂解成乙酰 CoA。

（1）乙酰乙酸的活化：有两条途径，一条是在心、肾、脑及骨骼肌线粒体，由琥珀酰 CoA 转硫酶催化乙酰乙酸活化，生成乙酰乙酰 CoA。

另一条在肾、心和脑线粒体，由乙酰乙酸硫激酶（acetoacetate thiokinase）催化，可直接活化乙酰乙酸生成乙酰乙酰 CoA。

（2）乙酰乙酰 CoA 硫解生成乙酰 CoA：心、肾、脑及骨骼肌线粒体中存在乙酰乙酰 CoA 硫解酶，能使乙酰乙酰 CoA 硫解，生成 2 分子乙酰 CoA。

$$CH_3COCH_2CO{\sim}SCoA \xrightarrow[\text{CoASH}]{\text{乙酰乙酰CoA硫解酶}} 2CH_3CO{\sim}SCoA$$

β- 羟丁酸的利用是先在 β- 羟丁酸脱氢酶的催化下，脱氢生成乙酰乙酸，再转变成乙酰 CoA 被氧化。正常情况下，丙酮生成量很少。丙酮为挥发性物质，可经肺呼出。

3. 酮体生成的生理意义 酮体溶于水，分子小，能在血液中运输，还能通过血脑屏障及肌肉等组织的毛细血管壁，是肝向肝外组织输送能源的一种形式，尤其是在长期饥饿、糖供应不足或葡萄糖利用障碍时，酮体可代替葡萄糖成为脑及肌肉组织的主要能源物质。

正常情况下，血中仅含少量酮体，为 0.03~0.5mmol/L（0.3~5mg/dl）。但在饥饿、高脂低糖膳食及糖

Note:

尿病时,由于脂肪动员加强,酮体生成也增加。尤其是病情未得到很好控制的糖尿病患者,由于葡萄糖利用障碍,脂肪动员增加,产生大量乙酰CoA,并在肝脏迅速转化成大量酮体,血液酮体含量可高出正常人数十倍,导致酮症酸中毒。血中酮体升高超过肾阈值,便可随尿排出,引起酮尿。此时,酮体中丙酮含量也大大增高,通过呼吸道排出,产生特殊的"烂苹果气味"。

4. 酮体生成的调节 肝内酮体的生成和糖的利用密切相关。

(1)饱食及饥饿的影响:饱食后,胰岛素分泌增加,脂肪动员减少,进入肝的脂肪酸减少,酮体生成减少。饥饿时,胰高血糖素等脂解激素分泌增多,脂肪动员加强,血中游离脂肪酸浓度升高而使肝脏摄取游离脂肪酸增多,有利于脂肪酸β-氧化及酮体生成。

(2)肝细胞糖原含量及糖代谢的影响:进入肝细胞的游离脂肪酸主要有两条去路,一是在胞质中合成甘油三酯及磷脂;二是进入线粒体进行β-氧化,生成乙酰CoA及酮体。饱食及糖供给充足时,肝糖原丰富,糖代谢旺盛,此时进入肝细胞的脂肪酸主要与3-磷酸甘油生成甘油三酯及磷脂。饥饿或糖供给不足时,糖代谢减弱,3-磷酸甘油及ATP不足,脂肪酸进入酯化途径大大减少,主要进入线粒体进行β-氧化,使乙酰CoA生成增加,酮体生成增多。

(3)丙二酸单酰CoA的影响:饱食后糖代谢生成的乙酰CoA及柠檬酸能别构激活乙酰CoA羧化酶,促进丙二酸单酰CoA合成。后者能竞争性抑制肉碱脂酰转移酶Ⅰ,阻止脂酰CoA进入线粒体,使β-氧化的原料供应不足,乙酰CoA生成减少,酮体生成被抑制。所以丙二酸单酰CoA能够抑制酮体的生成。

二、甘油三酯的合成代谢

脂肪是机体能量的储存形式。机体从食物中摄入的糖、脂肪等营养物质,均可在体内合成脂肪,储存在细胞,尤其是脂肪组织细胞中,供禁食、饥饿时机体的能量需要。

(一) 脂肪酸的合成代谢

长链脂肪酸是以乙酰CoA为原料在体内合成。但脂肪酸的合成主要在线粒体外,由不同于β-氧化酶系的脂肪酸合酶复合体催化完成,并非脂肪酸β-氧化的逆反应。

1. 软脂酸的合成

(1)合成部位:脂肪酸合成由多个酶组成的脂肪酸合酶复合体(fatty acid synthase complex)催化完成。它存在于肝、肾、脑、肺、乳腺及脂肪等多种组织细胞的胞质中,这些组织都能合成脂肪酸,以肝的脂肪酸合成能力最大,较脂肪组织大8~9倍。脂肪组织是储存脂肪的仓库,也能以葡萄糖为原料合成脂肪酸,并进一步合成脂肪,但脂肪组织中脂肪酸的来源主要是小肠消化吸收的食物脂肪酸和肝脏合成的脂肪酸。

(2)合成原料:乙酰CoA是脂肪酸合成的主要原料,主要由葡萄糖分解供给。在线粒体内产生的乙酰CoA,不能自由透过线粒体内膜,必须经过转运进入胞质才能用于合成脂肪酸。实验证明,乙酰CoA的转运主要通过柠檬酸-丙酮酸循环(citrate pyruvate cycle)完成(图10-5)。在此循环中,乙酰CoA首先在线粒体内柠檬酸合酶催化下,与草酰乙酸缩合生成柠檬酸;后者通过线粒体内膜载体转运进入细胞质,被ATP-柠檬酸裂解酶裂解,重新生成乙酰CoA及草酰乙酸。进入细胞质的草酰乙酸在苹果酸脱氢酶作用下,由NADH供氢,还原成苹果酸,再经线粒体内膜载体转运至线粒体内。苹果酸也可在苹果酸酶作用下氧化脱羧,产生CO_2和丙酮酸,脱下的氢将$NADP^+$还原生成NADPH;丙酮酸可通过线粒体内膜上载体转运至线粒体内,重新生成草酰乙酸,可继续与乙酰CoA缩合,将乙酰CoA运转至细胞质,用于软脂酸合成。

脂肪酸的合成除需乙酰CoA外,还需ATP、$NADPH+H^+$、HCO_3^-(CO_2)及Mn^{2+}等原料。$NADPH+H^+$主要来自磷酸戊糖途径。在上述乙酰CoA的转运过程中,胞质内苹果酸酶催化的苹果酸氧化脱羧反应也可提供少量$NADPH+H^+$。

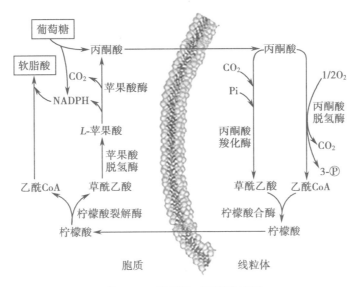

图 10-5 柠檬酸 - 丙酮酸循环

（3）脂肪酸合成过程

1）丙二酸单酰 CoA 的合成：由乙酰 CoA 羧化酶（acetyl CoA carboxylase）催化，将乙酰 CoA 羧化成丙二酸单酰 CoA。该酶是脂肪酸合成的限速酶，存在于胞质，Mn^{2+} 为激活剂，生物素是辅基，需消耗 ATP 供能。该羧化反应为不可逆反应：

$$酶 - 生物素 + HCO_3^- + ATP \rightarrow 酶 - 生物素 - CO_2 + ADP + Pi$$
$$酶 - 生物素 - CO_2 + 乙酰 CoA \rightarrow 酶 - 生物素 + 丙二酸单酰 CoA$$

$$总反应：ATP + HCO_3^- + 乙酰 CoA \rightarrow 丙二酸单酰 CoA + ADP + Pi$$

乙酰 CoA 羧化酶受别构调节和化学修饰调节。该酶有两种形式，一种是无活性的单体形式，另一种是有活性的多聚体形式。柠檬酸、异柠檬酸别构激活此酶，使其由无活性的单体形式聚合成有活性的多聚体形式，而软脂酰 CoA 及其他长链脂酰 CoA 则能使多聚体解聚成单体，抑制乙酰 CoA 羧化酶的催化活性。同时，乙酰 CoA 羧化酶还接受化学修饰调节，能够在一种依赖于 AMP 的蛋白激酶催化下磷酸化而失活。胰高血糖素能激活该蛋白激酶，因而可以抑制乙酰 CoA 羧化酶活性。胰岛素则能使磷酸化的乙酰 CoA 羧化酶去磷酸化而恢复活性。高糖膳食可促进乙酰 CoA 羧化酶蛋白的合成，增加乙酰 CoA 羧化酶活性，促进乙酰 CoA 羧化反应。

2）软脂酸的合成：各种生物合成脂肪酸的过程基本相似，均以丙二酸单酰 CoA 为基本原料，从乙酰 CoA 开始，经过连续重复加成反应完成，每次重复加成反应延长 2 个碳原子。

在大肠埃希菌，脂肪酸合成的加成反应由脂肪酸合酶复合体催化，其核心由 7 种独立的酶 / 多肽聚集而成，分别是酰基载体蛋白（acyl carrier protein，ACP）、乙酰 CoA-ACP 转酰基酶（acetyl-CoA-ACP transacylase，AT；以下简称乙酰基转移酶）、β- 酮脂酰 -ACP 合酶（β-ketoacyl-ACP synthase，KS；β-酮脂酰合酶）、丙二酸单酰 CoA-ACP 转酰基酶（malonyl-CoA-ACP transacylase，MT；丙二酸单酰转移酶）、β- 酮脂酰 -ACP 还原酶（β-ketoacyl-ACP reductase，KR；β- 酮脂酰还原酶）、β- 羟脂酰 -ACP 脱水酶（β-hydroxyacyl-ACP dehydratase，HD；脱水酶）及烯脂酰 -ACP 还原酶（enoyl-ACP reductase，ER；烯脂酰还原酶）。酰基载体蛋白是一种小分子蛋白质（M_r，8 860），是脂酰基载体，以 4'- 磷酸泛酰巯基乙胺（4'-phosphopantotheine）为辅基，脂肪酸合成的各步反应均在该辅基上进行。

哺乳动物脂肪酸合酶是由两个相同亚基首尾相连组成的二聚体。每个亚基含有 3 个结构域。结构域 1 含有乙酰基转移酶（AT）、丙二酸单酰转移酶（MT）及 β- 酮脂酰合酶（KS），与底物的"进入"、缩合反应相关。结构域 2 含有 β- 酮脂酰还原酶（KR）、β- 羟脂酰脱水酶（HD）及烯脂酰还原酶（ER），催化还原反应；该结构域还含有一个肽段，为酰基载体蛋白（ACP）。结构域 3 含有硫酯酶

Note:

（thioesterase，TE），与脂肪酸的释放有关。3个结构域之间由柔性的区域连接，使结构域可以移动，利于几个酶之间的协调、连续作用。

脂肪酸的合成步骤（图10-6）包括：①乙酰CoA在乙酰CoA转移酶作用下，其乙酰基被转移至ACP的巯基（—SH），再从ACP转移到β-酮脂酰合酶的半胱氨酸—SH；②丙二酸单酰CoA在丙二酸单酰转移酶作用下，先脱去CoASH，再与ACP的—SH缩合后，与ACP连接在一起；③缩合：β-酮脂酰合酶上连接的乙酰基与ACP上的丙二酸单酰缩合，生成β-酮丁酰ACP，释放出CO_2；④加氢：由$NADPH+H^+$提供氢，β-酮丁酰ACP在β-酮脂酰还原酶的作用下，加氢还原生成D-(-)-β-羟丁酰ACP；⑤脱水：D-(-)-β-羟丁酰ACP在水化酶作用下，脱水生成反式Δ^2烯丁酰ACP；⑥再加氢：由$NADPH+H^+$提供氢，反式Δ^2烯丁酰ACP在烯酰还原酶作用下，再加氢还原生成丁酰ACP。

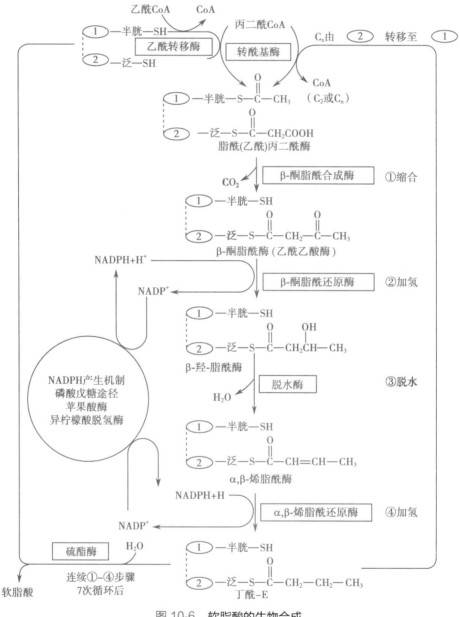

图 10-6 软脂酸的生物合成

丁酰-ACP是脂肪酸合成的第一轮产物。通过这一轮反应，即酰基转移、缩合、还原、脱水、再还原等步骤，碳原子由2个增加至4个。然后丁酰由E_1-泛-SH（即ACP的SH）转移至E_2-半胱-SH上，E_1-泛-SH又可与一新的丙二酸单酰基结合，进行缩合、还原、脱水、再还原等步骤的第二轮反应。

Note：

经过 7 次循环之后,生成 16 个碳原子的软脂酰 -E_2,最后经硫酯酶水解,生成游离软脂酸。软脂酸合成的总反应式为:

$$CH_3COSCoA+7HOOCCH_2COSCoA+14NADPH+14H^+ \rightarrow CH_3(CH_2)_{14}COOH+7CO_2+6H_2O+8HSCoA+14NADP^+$$

2. 脂肪酸碳链的加长 脂肪酸合酶复合体催化合成的脂肪酸是软脂酸,更长碳链脂肪酸的合成则是通过对软脂酸的加工、延长来完成。

(1)内质网脂肪酸碳链延长途径:由内质网内的脂肪酸碳链延长酶系催化完成。以丙二酸单酰 CoA 为二碳单位的供给体,由 NADPH+H^+ 供氢,通过缩合、加氢、脱水及再加氢等反应,每一轮增加 2 个碳原子。脂酰基不以 ACP 为载体,而是连接在 CoASH 上,延长反应在 CoASH 上进行。一般可将脂肪酸碳链延长至 24 碳,以 18 碳的硬脂酸最多。

(2)线粒体脂肪酸碳链延长途径:在线粒体脂肪酸延长酶系作用下,软脂酰 CoA 与乙酰 CoA 缩合,生成 β- 酮硬脂酰 CoA,然后由 NADPH+H^+ 供氢,还原为 β- 羟硬脂酰 CoA,接着脱水生成 α,β- 烯硬脂酰 CoA,再由 NADPH+H^+ 供氢,将其还原为硬脂酰 CoA。可见,由线粒体脂肪酸延长酶系催化的脂肪酸延长反应与 β- 氧化的逆反应相似。一般可延长脂肪酸碳链至 24 或 26 个碳原子,但仍以 18 碳的硬脂酸最多。

3. 不饱和脂肪酸的合成 上述脂肪酸合成途径合成的均为饱和脂肪酸(saturated fatty acid),但人体还含有不饱和脂肪酸(unsaturated fatty acid),主要有软油酸(16:1,Δ^9)、油酸(18:1,Δ^9)、亚油酸(18:2,$\Delta^{9,12}$)、α- 亚麻酸(18:3,$\Delta^{9,12,15}$)及花生四烯酸(20:4,$\Delta^{5,8,11,14}$)等。由于动物只有 Δ^4、Δ^5、Δ^8 及 Δ^9 去饱和酶(desaturase),缺乏 Δ^9 以上的去饱和酶,人体自身只能合成软油酸和油酸等单不饱和脂肪酸(monounsaturated fatty acid),不能合成亚油酸、α- 亚麻酸及花生四烯酸等多不饱和脂肪酸(polyunsaturated fatty acid)。植物因含有 Δ^9、Δ^{12} 及 Δ^{15} 去饱和酶,能够合成 Δ^9 以上的多不饱和脂肪酸。所以人体所含的多不饱和脂肪酸必须从食物摄取,特别是从植物油中摄取。

4. 脂肪酸合成的调节

(1)代谢物的调节作用:脂酰 CoA 是乙酰 CoA 羧化酶的别构抑制剂,能够抑制脂肪酸的合成;ATP、NADPH+H^+ 及乙酰 CoA 是脂肪酸合成的原料,能促进脂肪酸的合成。凡能引起这些代谢物水平改变的因素都可能调节脂肪酸的合成,如:高脂肪膳食后、脂肪动员加强等,都可使细胞内脂酰 CoA 增多,别构抑制乙酰 CoA 羧化酶,从而抑制体内脂肪酸合成。在进食糖类食物后,由于糖代谢加强,NADPH+H^+ 及乙酰 CoA 供应增多,有利于脂肪酸的合成;同时糖代谢加强使细胞内 ATP 增多,可抑制异柠檬酸脱氢酶,导致柠檬酸和异柠檬酸蓄积并从线粒体渗透至胞质,别构激活乙酰 CoA 羧化酶,使脂肪酸合成增加。

(2)激素的调节作用:胰岛素是调节脂肪酸合成的主要激素,能诱导乙酰 CoA 羧化酶、脂肪酸合酶、ATP- 柠檬酸裂解酶等的合成,使这些酶的活性增高,促进脂肪酸合成。胰岛素也能促进脂肪酸合成磷脂酸,增加脂肪的合成。胰岛素还能增加脂肪组织的脂蛋白脂肪酶活性,增加脂肪组织对血液甘油三酯的摄取,促使脂肪酸进入脂肪组织并合成脂肪贮存。该代谢过程长期持续,与脂肪动员之间失去平衡,则会导致肥胖。

胰高血糖素能增加蛋白激酶 A 活性,使乙酰 CoA 羧化酶磷酸化而降低其活性,抑制脂肪酸的合成。胰高血糖素也能抑制甘油三酯的合成,甚至减少肝细胞中的脂肪向血液释放。肾上腺素、生长素能抑制乙酰 CoA 羧化酶,调节脂肪酸合成。

(二)甘油三酯的合成代谢

1. 合成部位 肝、脂肪组织及小肠是甘油三酯合成的主要场所,以肝的合成能力最强。合成反应在胞质中完成。

肝细胞不能储存甘油三酯,它在肝细胞内质网合成后,需与载脂蛋白 B100、C 等以及磷脂、胆固醇组装成极低密度脂蛋白(very low density lipoprotein,VLDL),由肝细胞分泌入血并经血液运输至肝外组织。如果因营养不良、中毒、必需脂肪酸缺乏、胆碱缺乏或蛋白质缺乏等原因造成肝细胞合成的

Note:

甘油三酯不能形成 VLDL 分泌入血,则会使其在肝细胞中蓄积,造成脂肪肝。

脂肪组织可水解食物源性的乳糜微粒(chylomicron,CM)中的甘油三酯和肝脏合成的极低密度脂蛋白中的甘油三酯,并利用水解释放的脂肪酸合成甘油三酯;也可以葡萄糖分解代谢的中间产物为原料合成甘油三酯。脂肪细胞可以大量储存甘油三酯,是机体合成及储存甘油三酯的"仓库"。

小肠黏膜细胞则主要利用吸收后的甘油三酯消化产物重新合成甘油三酯,并与载脂蛋白、磷脂、胆固醇等组装成乳糜微粒,经淋巴进入血液循环,将食物脂肪从消化道运送至其他组织、器官利用。

2. 合成原料　合成甘油三酯所需的基本原料是甘油及脂肪酸。机体能分解葡萄糖产生 3- 磷酸甘油,也能大量利用葡萄糖分解代谢的中间产物乙酰 CoA 合成脂肪酸,食物甘油三酯消化吸收后的脂肪酸可以直接作为原料在小肠黏膜细胞中再合成甘油三酯。

3. 合成基本过程　甘油三酯合成的基本原料脂肪酸需先活化成脂酰 CoA。机体内甘油三酯的合成有两条途径,即甘油一酯途径和甘油二酯途径。

$$\text{脂肪酸 + CoA-SH} \xrightarrow[\text{ATP}\quad Mg^{2+}\quad\text{AMP}]{\text{脂酰CoA合成酶}} \text{脂酰CoA + PPi}$$

(1)甘油一酯途径:在小肠黏膜细胞中进行。以脂酰 CoA 酯化甘油一酯合成甘油三酯,主要利用消化吸收的甘油一酯及脂肪酸再合成甘油三酯。

(2)甘油二酯途径:在肝细胞及脂肪细胞中进行。以脂酰 CoA 先后酯化 3- 磷酸甘油及甘油二酯合成甘油三酯。

葡萄糖 →　3-磷酸甘油 → 脂酰CoA转移酶 → 1-脂酰-3-磷酸甘油 → 脂酰CoA转移酶 → 磷脂酸 → 磷脂酸磷酸酶 → 1,2甘油二酯 → 脂酰CoA转移酶 → 甘油三酯

合成甘油三酯的三分子脂肪酸可以是同一种脂肪酸,也可以是三种不同的脂肪酸。所需 3- 磷酸甘油主要由糖代谢提供。肝、肾等组织含有甘油激酶,能催化游离甘油磷酸化生成 3- 磷酸甘油,供甘油三酯合成。脂肪细胞缺乏甘油激酶,不能直接利用甘油合成甘油三酯。

甘油 → 肝、肾甘油激酶(ATP ADP) → 3-磷酸甘油

三、必需脂肪酸及其生理功能

必需脂肪酸是指维持机体正常的生命活动必不可少,但机体自身又不能合成,必须靠食物提供的脂肪酸,为多不饱和脂肪酸,如花生四烯酸、亚油酸、亚麻酸。

（一）不饱和脂肪酸的分类及命名

习惯上将含 2 个或 2 个以上双键的不饱和脂肪酸称为多不饱和脂肪酸(polyunsaturated fatty acid)。几乎所有天然不饱和脂肪酸的双键都是顺式构型。

不饱和脂肪酸的命名常用系统命名法,标示出脂肪酸的碳链长度(即碳原子数目)和双键位置。在标示双键位置时,如从脂肪酸的羧基碳起计算碳原子的顺序,其编码体系为 Δ 编码体系。如从脂肪酸的甲基碳起计算碳原子顺序,其编码体系为 ω 或 n 编码体系。按 ω 或 n 编码体系命名,哺乳动物体内的各种不饱和脂肪酸可分为四族：即 ω7 族、ω9 族、ω6 族和 ω3 族(表 10-1,表 10-2)。

表 10-1　不饱和脂肪酸 ω(或 n)编码体系及分族

族	母体脂肪酸	族	母体脂肪酸
ω-7(n-7)	软油酸(16:1,ω-7)	ω-6(n-6)	亚油酸(18:2,ω-6,9)
ω-9(n-9)	油酸(18:1,ω-9)	ω-3(n-3)	α-亚麻酸(18:3,ω-3,6,9)

表 10-2　常见不饱和脂肪酸

习惯名	系统名	碳原子及双键数	双键位置 Δ 系	双键位置 n 系	族	分布
软油酸	十六碳一烯酸	16:1	9	7	ω-7	广泛
油酸	十八碳一烯酸	18:1	9	9	ω-9	广泛
亚油酸	十八碳二烯酸	18:2	9,12	6,9	ω-6	植物油
α-亚麻酸	十八碳三烯酸	18:3	9,12,15	3,6,9	ω-3	植物油
γ-亚麻酸	十八碳三烯酸	18:3	6,9,12	6,9,12	ω-6	植物油
花生四烯酸	廿碳四烯酸	20:4	5,8,11,14	6,9,12,15	ω-6	植物油
timnodonic acid	廿碳五烯酸(EPA)	20:5	5,8,11,14,17	3,6,9,12,15	ω-3	鱼油
clupanodonic acid	廿二碳五烯酸(DPA)	22:5	7,10,13,16,19	3,6,9,12,15	ω-3	鱼油,脑
docosahexoenoic acid	廿二碳六烯酸(DHA)	22:6	4,7,10,13,16,19	3,6,9,12,15,18	ω-3	鱼油

（二）不饱和脂肪酸的生理功能

不饱和脂肪酸,尤其是多不饱和脂肪酸不仅是磷脂等物质的重要化学组分,能衍生成多种具有特异生物活性的衍生物,有些多不饱和脂肪酸本身就具有重要的生理功能。长链多不饱和脂肪酸如二十碳五烯酸(eicosapentaenoic acid,EPA),二十二碳六烯酸(docosahexoenoic acid,DHA)在脑及睾丸中含量丰富,是脑及精子正常生长发育不可缺少的组分。海水鱼油中含有丰富的 EPA 及 DHA,具有降血脂、抗血小板聚集、延缓血栓形成、保护脑血管等特殊生物效应,对心脑血管疾病的防治具有重要价值;还具有抗癌作用。

（三）多不饱和脂肪酸衍生物及其生理功能

20 世纪 30 年代瑞典 Von Euler 等发现人精液中含有一种可使平滑肌收缩的物质,认为来自前列腺,故称之为前列腺素(prostaglandin,PG)。后来发现,前列腺素来源广,种类多,均为二十碳多不饱和脂肪酸衍生物。1973 年 Hamberg 及 Samuelsson 从血小板中提取了生物活性物质血栓噁烷 A_2(thromboxane A_2,TXA_2),也被证明是二十碳多不饱和脂肪酸的衍生物。1979 年,Samuelsson 及

Note:

Borgreat 从白细胞分离出一类活性物质,具有三个共轭双键,称为白三烯(leukotrienes,LTs),也是从二十碳多不饱和脂肪酸衍生而来。近年来发现,PG、TXA_2 及 LTs 几乎参与了所有细胞代谢活动,并与炎症、免疫、过敏、心血管病等重要病理过程有关。

　　1. 前列腺素、血栓噁烷、白三烯的化学结构及命名　　前列腺素以前列腺酸(prostanoic acid)为骨架,含一个五碳环和两条侧链(R_1 及 R_2)。

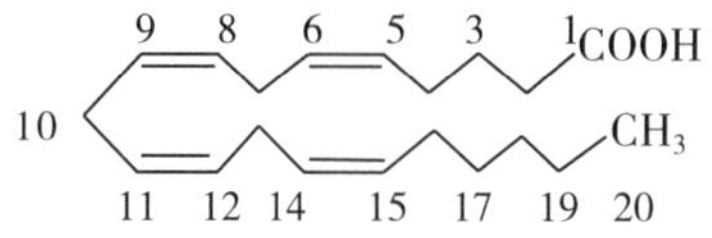

花生四烯酸
$(20:4, \Delta^{5,8,11,14})$
前列腺酸 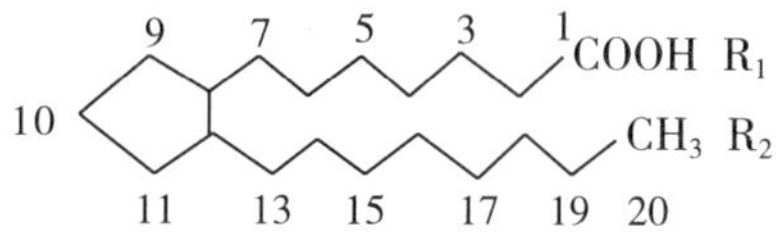

　　根据五碳环上取代基团和双键位置,PG 分为 9 型,分别命名为 PGA、B、C、D、E、F、G、H 及 I。PGI_2 带双环,除五碳环外,还有一含氧五碳环,又称为前列腺环素(prostacyclin)。前列腺素 F 第 9 位碳原子上的羟基有两种立体构型,位于五碳环平面之下为 α- 型,用虚线连接;位于平面之上为 β- 型,用实线表示。天然前列腺素均为 α- 型。

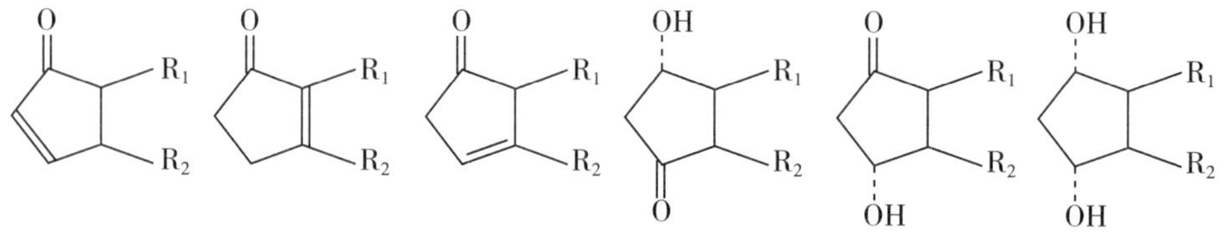

A　　　　B　　　　C　　　　D　　　　E　　　　F

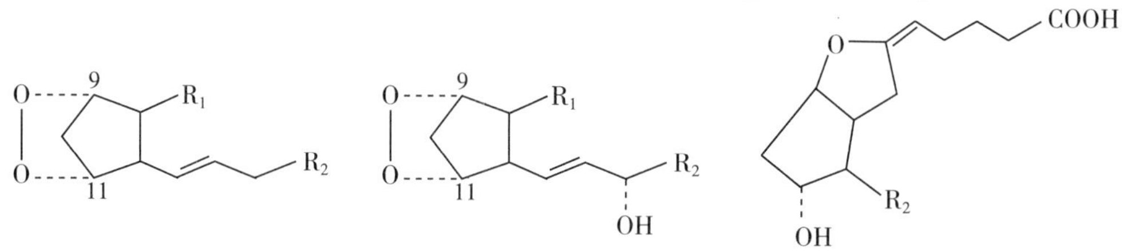

G　　　　　　　　H　　　　　　　　I

　　根据其 R_1 及 R_2 两条侧链的双键数目,PG 又分为 1,2,3 类,在字母的右下角标示。

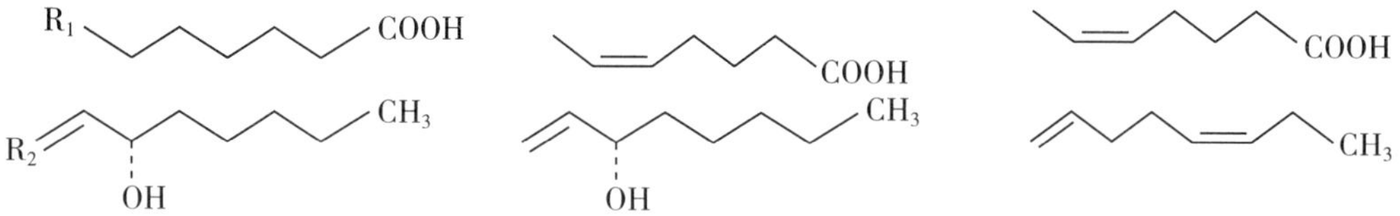

1类　　　　　　　2类　　　　　　　3类

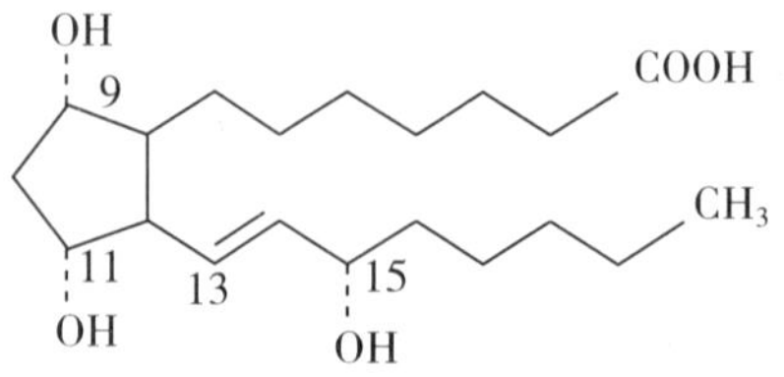

$PGF_1\alpha$ 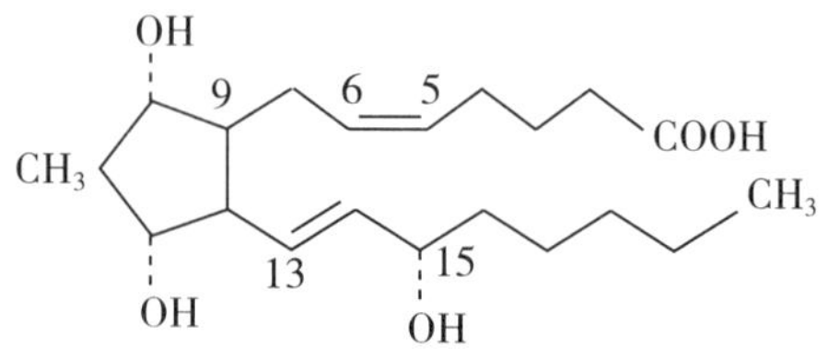　　　　　　　　$PGF_2\alpha$

　　血栓噁烷含前列腺酸样骨架但又不相同,分子中的五碳环为含氧的噁烷所取代。

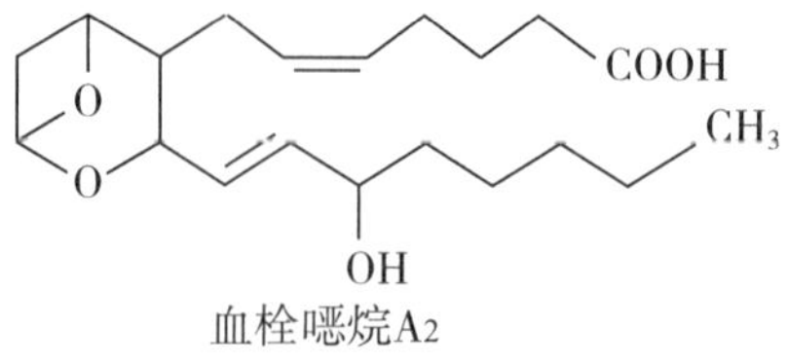

血栓噁烷A_2

白三烯不含前列腺酸骨架,有 4 个双键,所以在 LT 字母的右下方标以 4。白三烯合成的初级产物为 LTA$_4$,在 5,6 位上有一氧环。如在 12 位加水引入羟基,并将 5,6 位的环氧键断裂,则为 LTB$_4$。如 LTA$_4$ 的 5,6 环氧键打开,在 6 位与谷胱甘肽反应则可生成 LTC$_4$、LTD$_4$ 及 LTE$_4$ 等衍生物。现已证明过敏反应的慢反应物质(slow reacting substances of anaphylatoxis,SRS-A)就是这三种衍生物的混合物。

白三烯 A$_4$(LTA$_4$)

2. 前列腺素、血栓噁烷、白三烯的合成

(1)前列腺素及血栓噁烷的合成:除红细胞外,全身各组织均有合成 PG 的酶系,血小板尚有血栓噁烷合成酶。细胞膜中的磷脂含有丰富的花生四烯酸。当细胞受外界刺激,如在血管紧张素 Ⅱ(angiotensin Ⅱ)、缓激肽(bradykinin)、肾上腺素、凝血酶及某些抗原抗体复合物或一些病理因子的作用下,细胞膜中的磷脂酶 A$_2$ 被激活,使磷脂水解释放出花生四烯酸,然后在一系列酶作用下合成 PG、TX。

(2)白三烯的合成:花生四烯酸在脂氧合酶(lipoxygenase)作用下生成氢过氧化二十碳四烯酸(5-hydroperoxy-eicotetraenoic acid,5-HPETE),然后在脱水酶作用下生成白三烯(LTA$_4$)。LTA$_4$ 在酶催化下转变成 LTB$_4$、LTC$_4$、LTD$_4$ 及 LTE$_4$ 等。

3. 前列腺素、血栓噁烷、白三烯的生理功能

前列腺素、血栓噁烷、白三烯在细胞内含量很低,仅 10^{-11}mol/L 水平,但具有很强的生理活性。

(1)前列腺素的生理功能:PGE$_2$ 能诱发炎症,促进局部血管扩张,使毛细血管通透性增加,引起红、肿、痛、热等症状。PGE$_2$、PGA$_2$ 能使动脉平滑肌舒张,有降低血压的作用。PGE$_2$ 及 PGI$_2$ 能抑制胃酸分泌,促进胃肠平滑肌蠕动。卵泡产生的 PGE$_2$ 及 PGF$_{2\alpha}$,在排卵过程中起重要作用。PGF$_{2\alpha}$ 可使卵巢平滑肌收缩,引起排卵。子宫释放的 PGF$_{2\alpha}$ 能使黄体溶解。分娩时子宫内膜释出的 PGF$_{2\alpha}$ 能引起子宫收缩加强,促进分娩。

(2)血栓噁烷的生理功能:血小板产生的 TXA$_2$ 及 PGE$_2$ 能促进血小板聚集和血管收缩,促进凝血及血栓形成。而血管内皮细胞释放的 PGI$_2$ 则有很强的舒血管及抗血小板聚集作用,能抑制凝血及血栓形成。可见 PGI$_2$ 有抗 TXA$_2$ 的作用。北极地区爱斯基摩人摄食富含二十碳五烯酸(EPA)的海水鱼类食物,因而能在体内合成 PGE$_3$、PGI$_3$ 及 TXA$_3$ 三类化合物。PGI$_3$ 能抑制花生四烯酸从膜磷脂释放,因而能抑制 PGI$_2$ 及 TXA$_2$ 的合成。由于 PGI$_3$ 的活性与 PGI$_2$ 相同,而 TXA$_3$ 的活性较 TXA$_2$ 弱得多,因此爱斯基摩人抗血小板聚集及抗凝血作用较强,被认为是他们不易患心肌梗死的重要原因之一。

(3)白三烯的生理功能:已证实过敏反应的慢反应物质(SRS-A)是 LTC$_4$、LTD$_4$ 及 LTE$_4$ 的混合物,其使支气管平滑肌收缩的作用较组胺及 PGF$_{2\alpha}$ 强 100~1 000 倍,作用缓慢而持久。此外,LTB$_4$ 还能调节白细胞的功能,促进其游走及趋化作用,刺激腺苷酸环化酶,诱发多形核白细胞脱颗粒,使溶酶体释放水解酶类,促进炎症及过敏反应的发展。

IgE 与肥大细胞表面受体结合后,可引起肥大细胞释放 LTC$_4$、LTD$_4$ 及 LTE$_4$,这三种物质能引起支气管及胃肠平滑肌剧烈收缩,LTD$_4$ 还能使毛细血管通透性增加。LTB$_4$ 促使中性及嗜酸性粒细胞游走,引起炎症浸润。

Note:

第三节 磷脂的代谢

磷脂是含有磷酸基团脂质物质的总称,可分为甘油磷脂和鞘磷脂两大类。由甘油构成的磷脂称为甘油磷脂(phosphoglyceride),由鞘氨醇(sphingosine)构成的磷脂称为鞘磷脂(sphingophospholipids)。体内含量最丰富的磷脂是甘油磷脂。

一、甘油磷脂的代谢

(一) 甘油磷脂的组成、分类及结构

甘油磷脂由甘油、脂肪酸、磷酸及含氮化合物等组成,基本结构为:

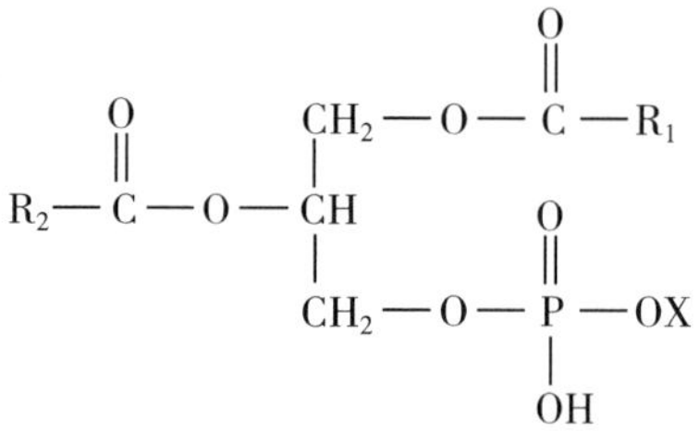

$$
\begin{array}{c}
CH_2-O-\overset{\overset{\textstyle O}{\|}}{C}-R_1 \\
R_2-\overset{\overset{\textstyle O}{\|}}{C}-O-CH \\
CH_2-O-\overset{\overset{\textstyle O}{\|}}{\underset{\underset{\textstyle OH}{|}}{P}}-OX
\end{array}
$$

甘油的 1 位和 2 位羟基分别被脂肪酸酯化。2 位上的脂肪酸一般为多不饱和脂肪酸,通常是花生四烯酸。3 位羟基与 1 分子磷酸结合,即形成最简单的甘油磷脂——磷脂酸。磷脂酸所含磷酸基团中—OH 上的 H 可被多种取代基团取代。根据与磷酸羟基相连的取代基团不同,即上述结构式中 X 的不同,可将甘油磷脂分为六类(表 10-3)。

表 10-3 机体几种重要的甘油磷脂

HO-X	X 取代基团	甘油磷脂名称
水	—H	磷脂酸
胆碱	$-CH_2CH_2\overset{+}{N}(CH_3)_3$	磷脂酰胆碱(卵磷脂)
乙醇胺	$-CH_2CH_2\overset{+}{N}H_3$	磷脂酰乙醇胺(脑磷脂)
丝氨酸	$-CH_2CH-COO^-$,$\overset{+}{N}H_3$	磷脂酰丝氨酸
肌醇	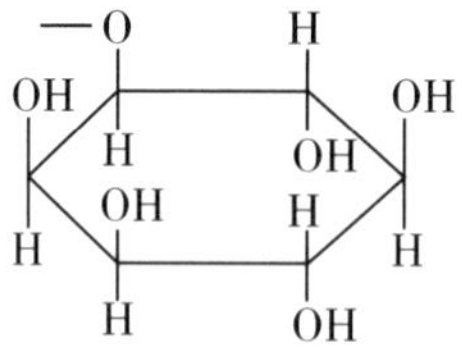 (肌醇环结构)	磷脂酰肌醇
甘油	$-CH_2CHOHCH_2OH$	磷脂酰甘油
磷脂酰甘油	$-CH_2CHOHCH_2O-\overset{\overset{\textstyle O}{\|}}{\underset{\underset{\textstyle O^-}{\|}}{P}}-OCH_2$,$R_2OCOCH$,$CH_2OCOR_1$	二磷脂酰甘油(心磷脂)

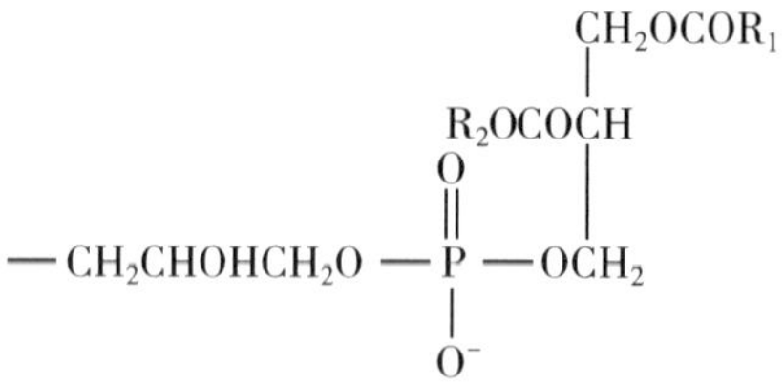

即使基本结构骨架、取代基团完全相同的磷脂,所含脂酰的碳链长度、不饱和双键的数目和位置还会不相同,因而还可分成若干种。红细胞就含有 100 种以上的不同磷脂。

（二）甘油磷脂的合成

1. 合成部位　人体全身各组织细胞均能合成甘油磷脂,以肝、肾及肠等组织细胞合成能力最强。合成反应在内质网进行。

2. 合成的原料　甘油磷脂合成的基本原料包括甘油、脂肪酸、磷酸盐、胆碱（choline）、丝氨酸、肌醇（inositol）等。甘油和脂肪酸主要由糖代谢转化而来,与甘油 2 位羟基缩合的多不饱和脂肪酸为必需脂肪酸。胆碱可由食物供给,亦可由丝氨酸及甲硫氨酸在体内合成。丝氨酸本身是合成磷脂酰丝氨酸的原料,脱羧后生成的乙醇胺又是合成磷脂酰乙醇胺的原料。乙醇胺从 S-腺苷甲硫氨酸获得 3 个甲基即可合成胆碱。甘油磷脂的合成还需 ATP、CTP。ATP 为甘油磷脂的合成提供能量,CTP 不仅供能、也参与形成甘油磷脂合成所必需的活化中间物,如 CDP- 胆碱、CDP- 乙醇胺等。

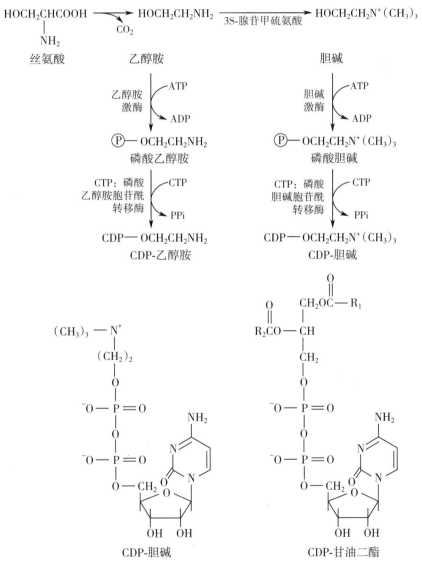

3. 合成基本过程　甘油磷脂的合成有两条途径,即甘油二酯途径和 CDP- 甘油二酯途径,不同的甘油磷脂采用不同的合成途径。

（1）甘油二酯途径:磷脂酰胆碱及磷脂酰乙醇胺主要通过此途径合成,这两类磷脂占组织及血液磷脂的 75% 以上。甘油二酯是该途径的重要中间物,胆碱和乙醇胺（ethanolamine）被活化成

CDP- 胆碱（CDP-choline）和 CDP- 乙醇胺（CDP-ethanolamine）后,分别与甘油二酯缩合,生成磷脂酰胆碱（phosphatidylcholine, PC）和磷脂酰乙醇胺（phosphatidylethanolamine, PE）。

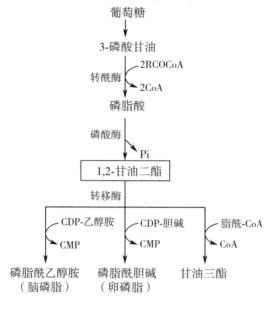

PC 是真核细胞生物细胞膜含量最丰富的磷脂,还在细胞的增殖和分化过程中具有重要的作用。一些疾病如肿瘤、阿尔茨海默病（Alzheimer's disease）和脑卒中（stroke）等的发生与 PC 代谢异常密切相关。

（2）CDP- 甘油二酯途径：磷脂酰肌醇（phosphatidyl inositol）、磷脂酰丝氨酸（phosphatidy serine）及心磷脂（cardiolipin）由此途径合成。由葡萄糖生成磷脂酸与上述途径相同。接着,由 CTP 提供能量,在磷脂酰胞苷转移酶催化下,生成活化的 CDP- 甘油二酯。在相应合成酶催化下,CDP- 甘油二酯分别直接与丝氨酸、肌醇或磷脂酰甘油缩合,生成磷脂酰丝氨酸、磷脂酰肌醇或二磷脂酰甘油（心磷脂）。

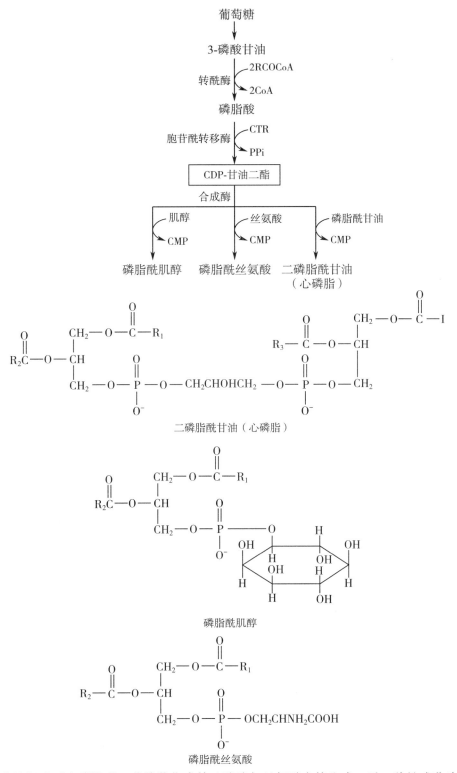

磷脂酰丝氨酸可由磷脂酰乙醇胺羧化或其乙醇胺与丝氨酸交换生成。后一种是哺乳动物体内磷脂酰丝氨酸的生成方式。

甘油磷脂的合成在内质网膜外侧面进行。胞质中存在一类能促进磷脂在细胞内膜之间交换的蛋白质,称磷脂交换蛋白(phospholipid exchange proteins),催化不同种类磷脂在膜之间进行交换,使新合成的磷脂转移至不同细胞器膜上,更新这些膜上的磷脂。例如在内质网合成的心磷脂可通过这种方式转至线粒体内膜,构成线粒体内膜特征性磷脂。

Ⅱ型肺泡上皮细胞可合成由 2 分子软脂酸构成的特殊磷脂酰胆碱,生成的二软脂酰胆碱是较强的乳化剂,能降低肺泡的表面张力,有利于肺泡的伸张。如果新生儿肺泡上皮细胞合成二软脂酰胆碱障碍,则会引起肺不张。

(三)甘油磷脂的降解

生物体内存在能使甘油磷脂水解的多种磷脂酶(phospholipase),包括磷脂酶 A_1、A_2、B_1、B_2、C 及 D,分别作用于甘油磷脂分子中不同的酯键,降解甘油磷脂(图 10-7)。

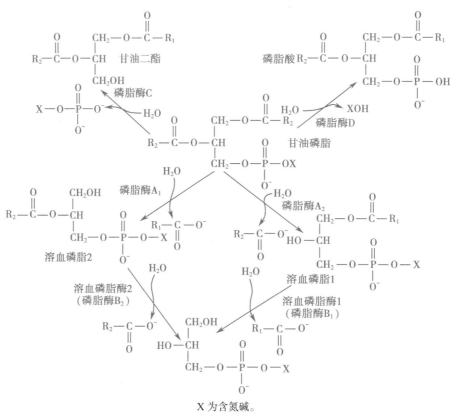

X 为含氮碱。

图 10-7 磷脂酶的甘油磷脂水解作用

溶血磷脂 1 具较强表面活性,能使红细胞膜或其他细胞膜破坏引起溶血或细胞坏死。溶血磷脂 1 在溶血磷脂酶 1(即磷脂酶 B_1)作用下,水解与甘油 1 位—OH 缩合形成的酯键,生成不含脂肪酸的甘油磷脂,溶血磷脂就失去对细胞膜结构的溶解作用。

二、鞘磷脂的代谢

(一)鞘脂的化学组成及结构

鞘脂(sphingolipids)是一类含鞘氨醇(sphingosine)或二氢鞘氨醇的脂质物质,由一分子脂肪酸与鞘氨醇的氨基相连,可含磷酸基团或糖基,含磷酸基团的鞘脂称为鞘磷脂,含糖基的鞘脂称为鞘糖脂。

$$CH_3(CH_2)_{12}-CH=CH-CHOH$$

反式

$$CH_3(CH_2)_{14}-CHOH$$

|CHNH₂ ... CH₂OH 鞘氨醇

二氢鞘氨醇

自然界以 18 碳(18C)鞘氨醇最多,但亦存在 16、17、19 及 20 碳鞘氨醇,自然界存在的鞘氨醇为反式构型。鞘脂分子所含脂肪酸主要为 16C、18C、22C 或 24C 的饱和或单不饱和脂肪酸,有的还含 α

羟基。鞘脂的末端常被极性基团(X)取代,鞘磷脂的 X 为磷酸胆碱或磷酸乙醇胺,鞘糖脂的 X 为单糖基或寡糖链通过 β- 糖苷键与其末端羟基相连。

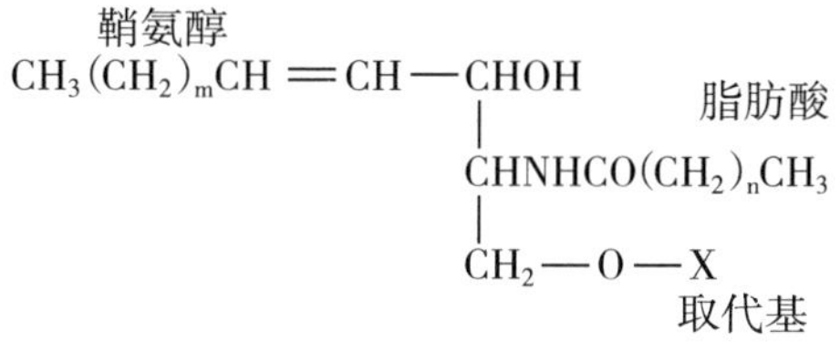

$$
\begin{array}{c}
\text{鞘氨醇} \\
CH_3(CH_2)_mCH = CH - CHOH \quad\quad \text{脂肪酸}\\
| \\
CHNHCO(CH_2)_nCH_3 \\
| \\
CH_2 - O - X \\
\quad\quad\quad\quad \text{取代基}
\end{array}
$$

鞘脂的化学结构通式
m多为12;n多在12~22之间

(二) 鞘磷脂的代谢

神经鞘磷脂(sphingomyelin)是人体含量最多的鞘磷脂,由鞘氨醇、脂肪酸及磷酸胆碱构成。鞘氨醇的氨基通过酰胺键与脂肪酸的羧基相连,生成 N- 脂酰鞘氨醇,又称神经酰胺(ceramide)。N- 脂酰鞘氨醇末端羟基与磷酸胆碱的磷酸基团通过磷酸酯键相连,生成神经鞘磷脂。神经鞘磷脂是构成生物膜的重要组分,人红细胞膜中神经鞘磷脂所占的比例可达 20%~30%,常与卵磷脂并存于细胞膜的外侧。神经髓鞘含有大量的脂质物质,占其干重的 97%,其中 11% 为卵磷脂,5% 为神经鞘磷脂。

1. 鞘氨醇的合成

(1)合成部位:全身各组织细胞均可合成,以脑组织细胞最活跃。合成鞘氨醇的酶系存在于内质网。

(2)合成原料:合成鞘氨醇的基本原料是软脂酰 CoA、丝氨酸和胆碱,还需磷酸吡哆醛、NADPH+H$^+$ 及 FAD 等辅酶参加。

(3)合成过程:在磷酸吡哆醛的参与下,由内质网 3- 酮二氢鞘氨醇合成酶催化,软脂酰 CoA 与 L- 丝氨酸缩合并脱羧,再由 NADPH+H$^+$ 供氢、还原酶催化生成二氢鞘氨醇,然后在脱氢酶催化下,脱氢生成鞘氨醇,脱下的氢由 FAD 接受,生成 FADH$_2$。

2. 神经鞘磷脂的合成　在脂酰转移酶催化下,鞘氨醇的氨基与脂酰 CoA 酰胺缩合生成 N- 脂酰鞘氨醇,再由 CDP- 胆碱提供磷酸胆碱,生成神经鞘磷脂。

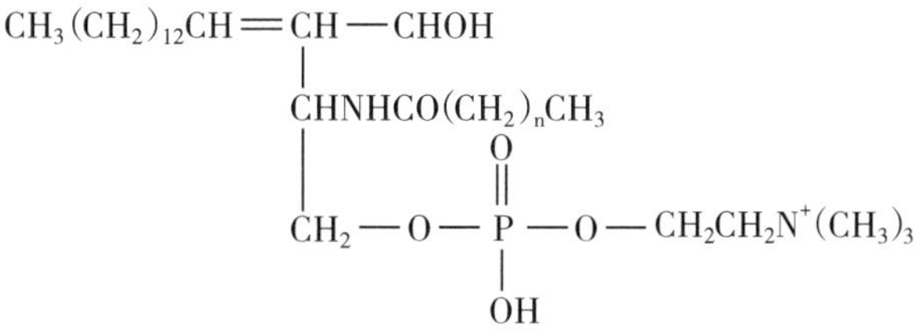

$$
\begin{array}{c}
CH_3(CH_2)_{12}CH = CH - CHOH \\
| \\
CHNHCO(CH_2)_nCH_3 \\
| \quad\quad\quad\quad\quad O \\
| \quad\quad\quad\quad\quad \| \\
CH_2 - O - P - O - CH_2CH_2N^+(CH_3)_3 \\
| \\
OH
\end{array}
$$

3. 神经鞘磷脂的降解　由磷脂酶 C 类的神经鞘磷脂酶(sphingomyelinase)催化,该酶存在于脑、肝、脾、肾等组织细胞的溶酶体中,能使磷酸酯键水解,产生磷酸胆碱及 N- 脂酰鞘氨醇。该酶缺乏可引起鞘磷脂沉积,导致中枢神经系统退行性病变。

第四节　胆固醇代谢

胆固醇的得名源于它最先是从动物胆石中分离出的固体醇类化合物,故称为胆固醇(cholesterol,chole 胆,sterol 固醇)。所有固醇(包括胆固醇)都具有环戊烷多氢菲的共同结构,不同固醇间的区别在于碳原子数目及取代基不同。植物不含胆固醇但含植物固醇,以 β- 谷固醇(β-sitosterol)最多;酵母含麦角固醇(ergosterol),细菌不含固醇类化合物。

Note:

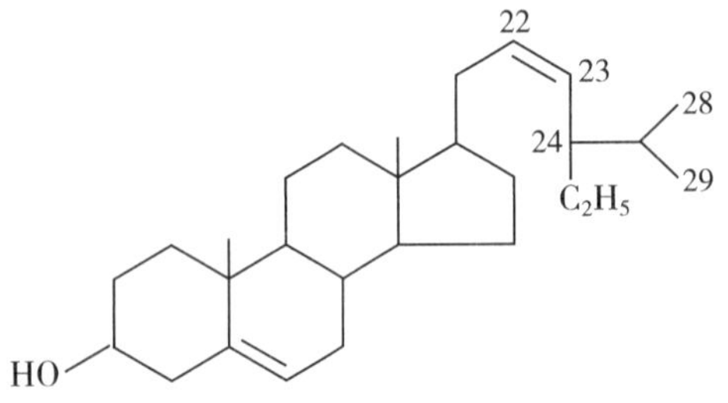

β-谷固醇 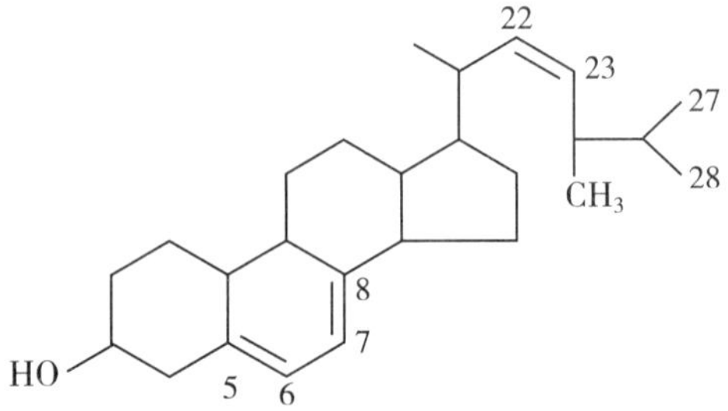 麦角固醇

胆固醇在人体各组织分布不均匀,大约 1/4 分布在脑及神经组织,约占脑组织的 20%。肾上腺、卵巢等具有类固醇激素合成功能的内分泌腺,胆固醇含量也很丰富,达 1%~5%。肝、肾、肠等内脏及皮肤、脂肪组织亦含较多的胆固醇,每 100g 组织含 200~500mg,其中以肝最多。肌组织含量较低,每 100g 组织约含 100~200mg。

人体胆固醇有两种存在形式,即游离胆固醇(free cholesterol)和胆固醇酯(cholesteryl ester)。

一、胆固醇的合成

(一) 合成部位

除成年动物脑组织及成熟红细胞外,几乎全身各组织均可合成胆固醇,每天的合成量为 1g 左右。肝是合成胆固醇的主要器官,机体自身合成胆固醇的 70%~80% 来自肝,其次是小肠,约占 10%。胆固醇的合成主要在胞质及内质网中完成。

(二) 合成原料

乙酰 CoA 及 NADPH+H$^+$ 是合成胆固醇的基本原料,还需 ATP 供能。每合成 1 分子胆固醇需 18 分子乙酰 CoA、36 分子 ATP 及 16 分子 NADPH+H$^+$。

(三) 合成基本过程

胆固醇合成过程复杂,有近 30 步酶促反应,大致可划分为三个阶段。

1. 甲羟戊酸的合成 2 分子乙酰 CoA 在乙酰乙酰 CoA 硫解酶作用下,缩合生成乙酰乙酰 CoA;再在羟基甲基戊二酸单酰 CoA 合酶(3-hydroxy-3-methylglutaryl CoA synthase,HMG-CoA synthase)作用下,与 1 分子乙酰 CoA 缩合生成羟基甲基戊二酸单酰 CoA(3-hydroxy-3-methylglutaryl CoA,HMG-CoA)。HMG-CoA 在内质网 HMG-CoA 还原酶(HMG-CoA reductase)作用下,由 NADPH+H$^+$ 供氢,还原生成甲羟戊酸(mevalonic acid,MVA)。HMG-CoA 还原酶是合成胆固醇的限速酶,HMG-CoA 还原成甲羟戊酸是合成胆固醇的限速反应。

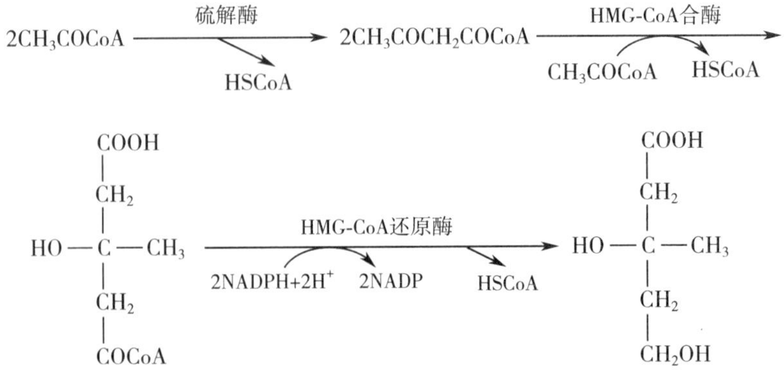

羟基甲基戊二酸单酰CoA 甲羟戊酸(MVA)

2. 鲨烯的合成 由 ATP 提供能量,在胞质中一系列酶的作用下,MVA 经脱羧、磷酸化生成活泼的异戊烯焦磷酸(Δ^3-isopentenyl pyrophosphate,IPP)和二甲基丙烯焦磷酸(3,3-dimethylallyl pyrophosphate,DPP)。

3 分子活泼的 5 碳焦磷酸化合物（IPP 及 DPP）缩合生成 15 碳的焦磷酸法尼酯（farnesyl pyrophosphate，FPP）。在内质网鲨烯合酶（squalene synthase）催化下，2 分子 15 碳的焦磷酸法尼酯经再缩合、还原生成 30 碳的多烯烃——鲨烯（squalene）。

3. **胆固醇的合成** 含 30 碳的鲨烯结合在胞质中的固醇载体蛋白（sterol carrier protein，SCP）上，经内质网单加氧酶、环化酶等多种酶的催化，环化生成羊毛固醇，再经氧化、脱羧、还原等反应，脱去 3 个甲基，生成含 27 碳的胆固醇（图 10-8）。

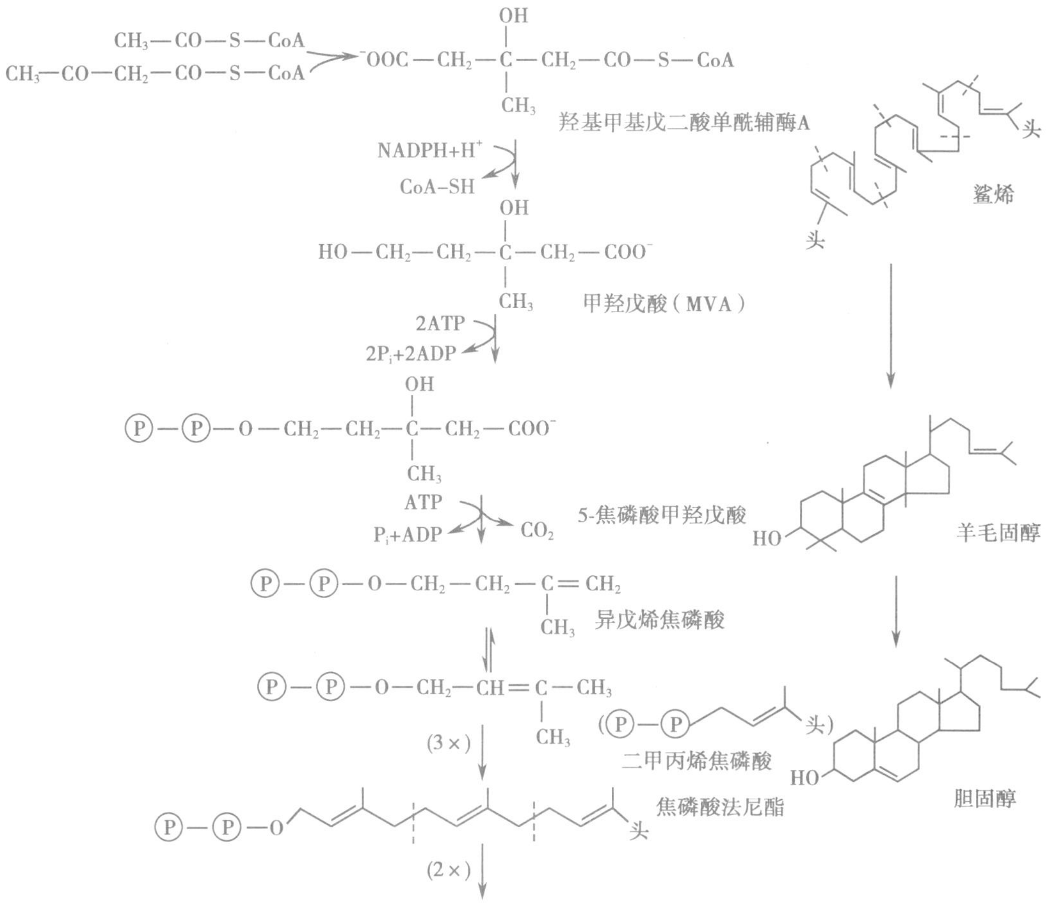

图 10-8　**胆固醇的生物合成**

（四）胆固醇合成的调节

1. **胆固醇合成有昼夜节律性** 动物实验发现，大鼠肝脏的胆固醇合成有昼夜节律性，午夜时合成最高，中午合成最低。进一步研究发现，肝 HMG-CoA 还原酶活性也有相同的昼夜节律性。可见，胆固醇合成的周期节律性是 HMG-CoA 还原酶活性周期性改变的结果。

2. **HMG-CoA 还原酶活性的调节方式** HMG-CoA 还原酶是胆固醇合成的限速酶，是体内外各种因素（包括药物）影响胆固醇合成的主要靶点。

（1）别构调节：胆固醇合成的产物甲羟戊酸、胆固醇以及胆固醇的氧化产物 7β- 羟胆固醇、25- 羟胆固醇是 HMG-CoA 还原酶的别构抑制剂，当其细胞内含量升高时，HMG-CoA 还原酶活性降低，胆固醇合成减少。

（2）化学修饰调节：HMG-CoA 还原酶活性随酶蛋白分子的磷酸化或去磷酸化状态改变而变化。在 ATP 存在的情况下，胞质中的 cAMP 依赖性蛋白激酶可使 HMG-CoA 还原酶磷酸化而丧失活性，胞质中的磷蛋白磷酸酶可催化磷酸化的 HMG-CoA 还原酶去磷酸而恢复酶活性。

（3）酶的含量调节：当细胞合成胆固醇增多或通过 LDL 受体途径摄入胆固醇增多，细胞内胆固醇含量增加,会抑制 HMG-CoA 还原酶基因的转录,使酶蛋白合成减少,活性降低,抑制胆固醇的合成。

3. 影响胆固醇合成的主要因素

(1)饥饿与饱食:饥饿或禁食可抑制肝合成胆固醇。研究发现,大鼠禁食 48h 后,胆固醇的合成减少 11 倍,禁食 96h 减少 17 倍,而肝外组织的合成减少不多。禁食除使 HMG-CoA 还原酶活性降低外,乙酰 CoA、ATP、NADPH+H$^+$ 的不足也是胆固醇合成减少的重要原因。相反,摄取高糖、高饱和脂肪膳食,肝 HMG-CoA 还原酶活性增加,乙酰 CoA、ATP、NADPH+H$^+$ 充足,胆固醇合成增加。

(2)胆固醇含量:细胞胆固醇含量是影响胆固醇合成的主要因素之一。胆固醇含量升高可通过抑制 HMG-CoA 还原酶的合成来抑制胆固醇的合成。HMG-CoA 还原酶在肝细胞中的半衰期约为 4h,如酶蛋白的合成被阻断,肝细胞内酶蛋白的含量在几小时内便降低。反之,降低细胞胆固醇含量,可解除胆固醇对酶蛋白合成的抑制作用,胆固醇合成增加。胆固醇及其氧化产物如 7β- 羟胆固醇、25- 羟胆固醇也可以通过别构调节对 HMG-CoA 还原酶活性产生较强的抑制作用,减少胆固醇的合成。

(3)激素:胰岛素及甲状腺素能诱导肝细胞 HMG-CoA 还原酶的合成,通过酶的含量调节增强其活性,增加胆固醇的合成。甲状腺素还能促进胆固醇在肝转变为胆汁酸,所以甲状腺功能亢进症患者血清胆固醇的含量降低。胰高血糖素可使 HMG-CoA 还原酶磷酸化,快速降低其活性,抑制胆固醇合成。皮质醇能降低 HMG-CoA 还原酶活性,减少胆固醇合成。

二、胆固醇的转化

胆固醇的母核——环戊烷多氢菲在体内不能被降解,所以胆固醇不能像糖、脂肪那样在体内被彻底分解;但它的侧链可被氧化、还原或降解转变为其他具有环戊烷多氢菲母核的产物,或参与代谢调节,或排出体外。

(一)转化为胆汁酸

在肝中转化为胆汁酸是胆固醇在体内代谢的主要去路。正常人每天合成 1~1.5g 胆固醇,其中 2/5(0.4~0.6g)在肝被转化为胆汁酸(bile acid),随胆汁排入肠道。

(二)转化为类固醇激素

肾上腺皮质球状带、束状带及网状带细胞可以胆固醇为原料分别合成醛固酮、皮质醇及雄激素。睾丸间质细胞以胆固醇为原料合成睾酮,卵巢的卵泡内膜细胞及黄体以胆固醇为原料合成雌二醇及孕酮。

(三)转化为 7- 脱氢胆固醇

胆固醇可以在皮肤被氧化为 7- 脱氢胆固醇,后者可经紫外线照射转变为维生素 D$_3$。

第五节　血浆脂蛋白代谢

血浆所含的脂质物质统称血脂,包括甘油三酯、磷脂、胆固醇及其酯,以及游离脂肪酸等,以脂蛋白的形式在血浆中运输及代谢。血脂有两种来源,外源性脂质是指从食物摄取、经消化吸收进入血液的脂质;内源性脂质则指由肝细胞、脂肪细胞以及其他组织细胞合成后释放入血的脂质。血脂不如血糖恒定,受膳食、年龄、性别、职业、精神因素以及代谢等的影响,波动范围较大,通常所说的血脂水平是指空腹 12~14h 的血脂含量。正常成人空腹 12~14h 血脂的组成及含量见表 10-4。

Note:

表 10-4　正常成人空腹血脂的组成及含量

组成	血浆含量		空腹时主要来源
	mg/dl	mmol/L	
总脂	400~700(500)*		
甘油三酯	10~150(100)	0.11~1.69(1.13)	肝
总胆固醇	100~250(200)	2.59~6.47(5.17)	肝
胆固醇酯	70~200(145)	1.81~5.17(3.75)	
游离胆固醇	40~70(55)	1.03~1.81(1.42)	
总磷脂	150~250(200)	48.44~80.73(64.58)	肝
卵磷脂	50~200(100)	16.1~64.6(32.3)	肝
神经磷脂	50~130(70)	16.1~42.0(22.6)	肝
脑磷脂	15~35(20)	4.8~13.0(6.4)	肝
游离脂肪酸	5~20(15)		脂肪组织

*括号内为均值

一、血浆脂蛋白

血浆中含有大量脂质,且脂质不溶于水,但正常人血浆却是清澈透明,说明血脂在血浆中不是以游离状态存在。研究发现,脂质在血液中是与一些蛋白质结合在一起,以脂蛋白(lipoprotein)形式在血液中运输和代谢。

（一）血浆脂蛋白的组成

各类血浆脂蛋白均由蛋白质、甘油三酯、磷脂、胆固醇及其酯组成,但其组成比例及含量差别很大(表 10-5)。CM 颗粒最大,含甘油三酯最多,蛋白质最少,故密度最小,将血浆静置即可使其漂浮。极低密度脂蛋白(very low density lipoprotein, VLDL)亦含较多的甘油三酯,但其蛋白质含量高于 CM,故密度较 CM 大。低密度脂蛋白(low density lipoprotein, LDL)含胆固醇及胆固醇酯最多。高密度脂蛋白(high density lipoprotein, HDL)蛋白质含量最多,故密度最高,颗粒最小。

（二）脂蛋白的结构

脂蛋白一般呈球状。疏水性较强的甘油三酯及胆固醇酯位于脂蛋白的内核,载脂蛋白(apolipoprotein, apo)、磷脂及游离胆固醇以单分子层覆盖于脂蛋白表面。大多数载脂蛋白如 apo A Ⅰ、A Ⅱ、C Ⅰ、C Ⅱ、C Ⅲ及 E 等均具双性 α- 螺旋(amphipathic a helix)结构,疏水氨基酸残基构成 α- 螺旋的非极性面,亲水氨基酸残基构成 α- 螺旋的极性面。在脂蛋白表面,非极性面借其非极性氨基酸残基与脂蛋白内核甘油三酯及胆固醇酯以疏水键相连,极性面朝外,与血浆的水相接触。磷脂及游离胆固醇同时具有极性及非极性基团,也可借其非极性疏水基团与脂蛋白内核甘油三酯及胆固醇酯以疏水键相连,极性基团朝外,与血浆的水相接触。CM 及 VLDL 主要以甘油三酯为内核,LDL 及 HDL 主要以胆固醇酯为内核。

（三）脂蛋白的分类

1. **电泳法**　根据不同脂蛋白在电场中具有不同的迁移率分类(图 10-9)。α- 脂蛋白(α-lipoprotein)电泳速率最快,相当于 α₁- 球蛋白位置;β- 脂蛋白(β-lipoprotein)速度其次,相当于 β-球蛋白位置;前 β- 脂蛋白(pre-β-lipoprotein)位于 β- 脂蛋白之前,相当于 α₂- 球蛋白位置;乳糜微粒(chylomicron, CM)不泳动,留在原点(点样处)。

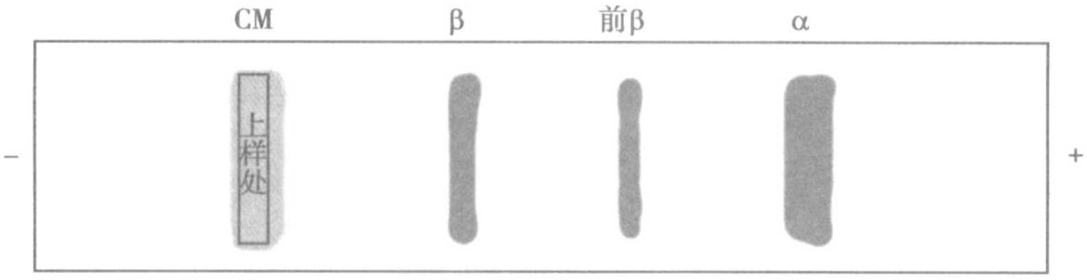

图 10-9 血浆脂蛋白琼脂糖凝胶电泳谱

2. 超速离心法 根据不同脂蛋白在离心场中的漂浮或沉降特性分类,可将血浆脂蛋白分为四类:乳糜微粒含脂最多,密度小于 0.95,易于上浮;其余的脂蛋白按密度大小依次为 VLDL、LDL 和 HDL;分别相当于电泳分类中的 CM、前 β- 脂蛋白、β- 脂蛋白及 α- 脂蛋白。

人血浆还有中密度脂蛋白(intermediate density lipoprotein,IDL)和脂蛋白(a)[lipoprotein(a),Lp(a)]。IDL 是 VLDL 在血浆中向 LDL 转化过程中的中间产物。Lp(a)的脂质成分与 LDL 类似,在其蛋白质成分中,除了含一分子载脂蛋白 B100 外,还含有一分子载脂蛋白(a),是一类独立的脂蛋白。HDL 还可分成亚类,主要有 HDL_2 及 HDL_3。血浆脂蛋白的分类、性质、组成及功能见表 10-5。

表 10-5 血浆脂蛋白的分类、性质、组成及功能

分类	密度法 / 电泳法	乳糜微粒	极低密度脂蛋白 / 前 β- 脂蛋白	低密度脂蛋白 / β- 脂蛋白	高密度脂蛋白 / α- 脂蛋白
性质	密度	<0.95	0.95~1.006	1.006~1.063	1.063~1.210
	S_f 值	>400	20~400	0~20	沉降
	电泳位置	原点	α_2- 球蛋白	β- 球蛋白	α_1- 球蛋白
	颗粒直径(nm)	80~500	25~80	20~25	5~17
组成(%)	蛋白质	0.5~2	5~10	20~25	50
	脂质	98~99	90~95	75~80	50
	甘油三酯	80~95	50~70	10	5
	磷脂	5~7	15	20	25
	胆固醇	1~4	15	45~50	20
	游离胆固醇	1~2	5~7	8	5
	酯化胆固醇	3	10~12	40~42	15~17
载脂蛋白组成(%)	apo A I	7	<1	—	65~70
	apo A II	5	—	—	20~25
	apo A IV	10			
	apo B100	—	20~60	95	—
	apo B48	9			
	apo C I	11	3	—	6
	apo C II	15	6	微量	1
	apo C III 0~2	41	40	—	4
	apo E	微量	7~15	<5	2
	apo D	—	—	—	3
合成部位		小肠黏膜细胞	肝细胞	血浆	肝、肠、血浆
功能		转运外源性甘油三酯及胆固醇	转运内源性甘油三酯及胆固醇	转运内源性胆固醇	逆向转运胆固醇

Note:

二、载脂蛋白

载脂蛋白(apolipoprotein,apo)指血浆脂蛋白中的蛋白质,主要有 apo A、B、C、D 及 E 等五类 (表 10-6)。载脂蛋白在不同脂蛋白中的分布及含量各不相同。CM 含 apo B48,是其特征载脂蛋白; VLDL 除含 apo B100 外,还含有 apo C Ⅰ、C Ⅱ、C Ⅲ 及 E;LDL 几乎只含 apo B100 ;HDL 主要含 apo A Ⅰ 及 apo A Ⅱ。

表 10-6   人血浆载脂蛋白的结构、功能及含量

载脂蛋白	分子量(kD)	氨基酸数	分布	功能	血浆含量*(mg/dl)
A Ⅰ	28.3	243	HDL	激活 LCAT,识别 HDL 受体	123.8 ± 4.7
A Ⅱ	17.5	77X2	HDL	稳定 HDL 结构,激活 HL	33 ± 5
A Ⅳ	46.0	371	HDL,CM	辅助激活 LPL	17 ± 2△
B100	512.7	4 536	VLDL,LDL	识别 LDL 受体	87.3 ± 14.3
B48	264.0	2 152	CM	促进 CM 合成	?
C Ⅰ	6.5	57	CM,VLDL,HDL	激活 LCAT ?	7.8 ± 2.4
C Ⅱ	8.8	79	CM,VLDL,HDL	激活 LPL	5.0 ± 1.8
C Ⅲ	8.9	79	CM,VLDL,HDL	抑制 LPL,抑制肝 apo E 受体	11.8 ± 3.6
D	22.0	169	HDL	转运胆固醇酯	10 ± 4△
E	34.0	299	CM,VLDL,HDL	识别 LDL 受体	3.5 ± 1.2
J	70.0	427	HDL	结合转运脂质,补体激活	10△
(a)	500.0	4 529	LP(a)	抑制纤溶酶活性	0~120△
CETP	64.0	493	HDL,d>1.21	转运胆固醇酯	0.19 ± 0.05△
PTP	69.0	?	HDL,d>1.21	转运磷脂	?

* 四川大学华西基础医学与法医学院生物化学与分子生物学教研室、载脂蛋白研究室对 625 例成都地区正常成人的测定结果。

△ 国外报道参考值。

CETP:胆固醇酯转运蛋白;LPL:脂蛋白脂肪酶;PTP:磷脂转运蛋白;HL:肝脂肪酶。

三、血浆脂蛋白代谢

(一) 乳糜微粒的代谢

乳糜微粒代谢途径又被称为外源性脂质转运途径或外源性脂质代谢途径(图 10-10a)。食物脂肪消化后,小肠黏膜细胞将吸收的长链脂肪酸再合成甘油三酯,并与合成及吸收的磷脂及胆固醇,加上 apo B48、A Ⅰ、A Ⅱ、A Ⅳ 等组装成新生 CM,经淋巴道进入血液,从 HDL 获得 apo C 及 E,并将部分 apo A Ⅰ、A Ⅱ、A Ⅳ 移给 HDL,形成成熟 CM。apo C Ⅱ 可激活骨骼肌、心肌及脂肪等组织毛细血管内皮细胞表面的脂蛋白脂肪酶(lipoprotein lipase,LPL),使 CM 中的甘油三酯及磷脂逐步水解,产生甘油、脂肪酸及溶血磷脂等。在 LPL 反复作用下,CM 内核中的甘油三酯 90% 以上被水解,释出的脂肪酸为心肌、骨骼肌、脂肪组织及肝组织所摄取利用;表面的 apo A Ⅰ、A Ⅱ、A Ⅳ、C 等连同磷脂及胆固醇离开 CM 颗粒,形成新生 HDL;CM 颗粒逐步变小,最后转变成富含胆固醇酯、apo B48 及 apo E

Note:

的 CM 残粒(remnant),被细胞膜 LDL 受体相关蛋白(LDL receptor related protein,LRP)识别、结合并被肝细胞摄取后彻底降解。正常人 CM 在血浆中代谢迅速,半衰期为 5~15min,空腹 12~14h 血浆不含 CM。

（二）极低密度脂蛋白的代谢

极低密度脂蛋白(VLDL)是运输内源性甘油三酯的主要形式,在血浆中的代谢中间产物 LDL 是运输内源性胆固醇的主要形式,VLDL 及 LDL 代谢途径又被称为内源性脂质转运途径或内源性脂质代谢途径(图 10-10b)。肝细胞以葡萄糖分解代谢的中间产物为原料合成甘油三酯,也可利用食物来源的脂肪酸和机体脂肪酸库中的脂肪酸合成脂肪,再与 apo B100、E 以及磷脂、胆固醇等一起组装成 VLDL,分泌入血液。小肠黏膜细胞亦可合成少量 VLDL。VLDL 进入血液后,从 HDL 获得 apo C,其中的 apo C Ⅱ激活肝外组织毛细血管内皮细胞表面的 LPL。和 CM 代谢一样,VLDL 的甘油三酯在 LPL 作用下,逐步水解,释放出脂肪酸和甘油供肝外组织利用。与此同时,VLDL 表面的 apo C、磷脂及胆固醇向 HDL 转移,HDL 的胆固醇酯转移到 VLDL。该过程不断进

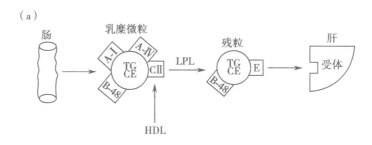

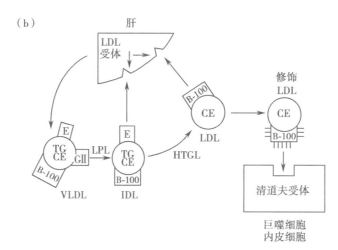

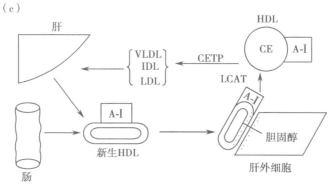

图 10-10　血脂转运及脂蛋白代谢

(a)外源性乳糜微粒代谢;(b)内源性 VLDL 及 LDL 代谢;(c)胆固醇逆向转运:HDL 代谢。

行,VLDL 中甘油三酯不断减少,胆固醇含量逐渐增加,apo B100 及 E 的含量相对增加,颗粒逐渐变小,密度逐渐增加,转变为中间密度脂蛋白(IDL)。IDL 中胆固醇及甘油三酯含量大致相等,载脂蛋白主要是 apo B100 及 E。肝细胞膜上的 LRP 可识别和结合 IDL,因此部分 IDL 为肝细胞摄取、降解。未被肝细胞摄取的 IDL(在人约占总 IDL 的 50%,在大鼠约占总 IDL 的 10%),其甘油三酯被 LPL 及肝脂肪酶(hepatic lipase,HL)进一步水解,表面的 apo E 转移至 HDL。这样,脂蛋白中剩下的脂质主要是胆固醇酯,剩下的载脂蛋白只有 apo B100,IDL 就被转变为 LDL。VLDL 在血液中的半衰期为 6~12h。

(三) 低密度脂蛋白的代谢

知 识 链 接

LDL 受体的发现

20 世纪 70 年代,Brown 及 Goldstein 发现,LDL 能抑制人成纤维细胞 HMG-CoA 还原酶活性,但 HDL 不能,怀疑是一种受体介导了 HMG-CoA 还原酶活性的调控。接着,他们采用 ^{125}I-LDL 证实了 LDL 受体的存在,纯化了该受体,并阐明了 LDL 降解的受体途径。

人体有多种组织器官能摄取、降解 LDL,肝是主要器官,约 50% 的 LDL 在肝降解。肾上腺皮质、卵巢、睾丸等组织摄取及降解 LDL 的能力亦较强。正常人血浆中的 LDL,每天约有 45% 被降解清除,其中 2/3 由 LDL 受体(LDL receptor)途径降解,1/3 由单核 - 吞噬细胞系统清除。LDL 在血浆中的半衰期为 2~4d。

LDL 受体广泛分布于全身各组织,特别是肝脏、肾上腺皮质、卵巢、睾丸、动脉壁等组织的细胞膜表面,能特异识别与结合含 apo E 或 apo B100 的脂蛋白,故又称 apo B/E 受体。当 LDL 与 LDL 受体结合后,形成的受体 - 配体复合物在细胞膜表面聚集成簇,内吞进入细胞,与溶酶体融合。在溶酶体蛋白水解酶作用下,LDL 中的 apo B100 被水解成氨基酸,胆固醇酯被胆固醇酯酶水解成游离胆固醇和脂肪酸。游离胆固醇在调节细胞胆固醇代谢上具有重要作用:抑制内质网 HMG-CoA 还原酶,抑制细胞自身的胆固醇合成;从转录水平抑制 LDL 受体基因转录,抑制 LDL 受体蛋白的合成,减少细胞对 LDL 摄取;激活内质网脂酰 CoA:胆固醇脂酰转移酶(acyl CoA:cholesterol acyl transferase,ACAT)活性,使游离胆固醇酯化成胆固醇酯在胞质中贮存。同时,游离胆固醇还有重要的生理功能:构成细胞膜的重要成分;在肾上腺、卵巢及睾丸等细胞中,可以作为类固醇激素合成原料。这就是 LDL 受体代谢途径(图 10-11)。LDL 被该途径摄取、代谢量的多少,取决于细胞膜上受体的多少。肝、肾上腺皮质、性腺等组织 LDL 受体数目较多,故摄取 LDL 亦较多。

血浆 LDL 还可被修饰。氧化修饰 LDL(oxidized LDL,Ox-LDL)可被单核 - 吞噬细胞系统中的巨噬细胞及血管内皮细胞清除。这两类细胞膜表面有清道夫受体(scavenger receptor,SR),可与修饰 LDL 结合而摄取清除血浆中的修饰 LDL。

(四) 高密度脂蛋白的代谢

HDL 主要由肝脏合成,小肠亦可合成部分 HDL。CM 及 VLDL 代谢过程中,亦可形成新生 HDL。HDL 可按密度大小分为 HDL_1、HDL_2 及 HDL_3。HDL_1 也被称作 HDL_c,仅存在于摄取高胆固醇膳食后的血浆中。新生 HDL 代谢过程实际上是胆固醇逆向转运(reverse cholesterol transport,RCT)过程,它将肝外组织细胞的胆固醇,通过血液循环转运到肝,转化为胆汁酸后排入肠腔,部分胆固醇也可直接随胆汁排入肠腔(图 10-10c)。

Note:

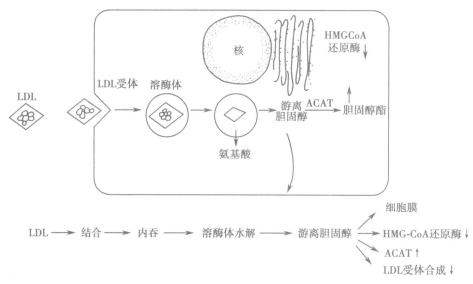

图 10-11　低密度脂蛋白受体代谢途径

RCT 的第一步是胆固醇自肝外细胞包括动脉平滑肌细胞及巨噬细胞等移出至 HDL。新生 HDL 呈盘状,富含磷脂、apo A Ⅰ 及少量游离胆固醇(free cholesterol,FC),根据其电泳位置将其称为前 β₁-HDL,是胆固醇从细胞内移出后不可缺少的接受体(acceptor)。巨噬细胞、脑、肾、肠及胎盘等组织的细胞膜存在 ATP 结合盒转运蛋白 A Ⅰ(ATP-binding cassette transporter A1,ABCA1),又称为胆固醇流出调节蛋白(cholesterol-efflux regulatory protein,CERP),可介导细胞内胆固醇及磷脂转运至细胞外,在 RCT 中发挥重要作用。RCT 的第二步是 HDL 所运载胆固醇的酯化及胆固醇酯(CE)的转运。新生 HDL 从肝外细胞接受的 FC 分布在 HDL 表面,HDL 中的 apo A Ⅰ 激活血浆卵磷脂 - 胆固醇脂酰转移酶(lecithin-cholesterol acyltransferase,LCAT),将 HDL 表面卵磷脂 2 位脂酰基转移至胆固醇 3 位羟基生成溶血卵磷脂及胆固醇酯,后者能被 apo D(一种转脂蛋白)转入 HDL 内核,表面则可继续接受 FC(消耗的卵磷脂也从肝外细胞得到补充)。这样,新生 HDL 先转变为密度较大、颗粒较小的 HDL₃,并继续接受 FC,也接受 CM 及 VLDL 水解过程中释出 apo A Ⅰ、A Ⅱ 等。血浆中的胆固醇酯转运蛋白(cholesterol ester transfer protein,CETP)能将 CE 由 HDL 转移至 VLDL、将 TG 由 VLDL 转移至 HDL。血浆磷脂转运蛋白(phospholipid transfer protein,PTP)能促进磷脂由 HDL 向 VLDL 转移。在血浆 apo A Ⅰ、LCAT、apo D 以及 CETP 和 PTP 共同作用下,HDL 将从肝外细胞接受的 FC 不断酯化,酯化胆固醇约 80% 转移至 VLDL 和 LDL,20% 进入 HDL 内核;HDL 表面的 apo E 及 C 转移到 VLDL,TG 又由 VLDL 转移至 HDL。由于 HDL 内核的 CE 及 TG 不断增加,双脂层的盘状新生 HDL 逐步膨胀为单脂层球状成熟 HDL,颗粒逐步增大、密度逐步降低,由 HDL₃ 转变为密度较小、颗粒较大的 HDL₂。在高胆固醇膳食后的血浆中,HDL₂ 还可大量地进一步转变为 HDL₁。

RCT 最后一步在肝进行。肝细胞膜存在 HDL 受体(HDL receptor)、LDL 受体(LDL receptor)及特异的 apo E 受体,能特异识别和结合 HDL、LDL,并将其从血浆中清除。HDL 从肝外组织接受的 FC 在经 LCAT 酯化后,绝大部分被 CETP 转移至 VLDL,后者再转变成 LDL,通过 LDL 受体在肝脏被摄取。其余酯化胆固醇被转移至 HDL 内核,通过血液运输至肝,2/3 经 HDL 受体、1/3 经特异的 apo E 受体在肝被摄取。机体不能将胆固醇分解,只能在肝转化成胆汁酸排出或直接以 FC 的形式通过胆汁排出。HDL 在血浆中的半衰期为 3~5d(表 10-7)。

表 10-7 脂蛋白代谢主要酶的特点及主要功能

关键酶	脂蛋白脂肪酶	肝脂肪酶	卵磷脂 - 胆固醇脂酰基转移酶
缩写	LPL	HL	LCAT
底物	CM 和 VLDL 中的甘油三酯和磷脂	脂蛋白中的甘油三酯和磷脂	新生 HDL 中的卵磷脂和胆固醇
合成组织	肝外组织	肝实质细胞	肝实质细胞
作用部位	毛细血管内皮细胞表面	肝窦内皮细胞表面	分泌入血,游离或和脂蛋白结合
激活剂	apo C Ⅱ	不需要 apo C Ⅱ 激活	apo A Ⅰ
功能	催化 CM、VLDL 内核 TG 水解,生成游离脂肪酸和甘油供肝外组织利用	进一步水解脂蛋白中的甘油三酯和磷脂	促进新生 HDL 向成熟 HDL 转化;促进胆固醇逆向转运

四、血浆脂蛋白代谢异常

(一) 脂蛋白异常血症

血浆脂质水平高于其正常范围上限即为高脂血症(hyperlipidemia)。事实上,高脂血症患者的血浆中,一些脂蛋白脂质含量可能降低。因此,将高脂血症称为脂蛋白异常血症(dyslipoproteinemia)更为合理。根据不同的血浆脂质水平改变,可将脂蛋白异常血症分为六型(表 10-8)。

表 10-8 脂蛋白异常血症分型

分型	血浆脂蛋白变化	血脂变化	
Ⅰ	乳糜微粒升高	甘油三酯↑↑↑	胆固醇↑
Ⅱa	低密度脂蛋白升高	胆固醇↑↑	
Ⅱb	低密度及极低密度脂蛋白同时升高	胆固醇↑↑	甘油三酯↑↑
Ⅲ	中间密度脂蛋白升高(电泳出现宽 β 带)	胆固醇↑↑	甘油三酯↑↑
Ⅳ	极低密度脂蛋白升高	甘油三酯↑↑	
Ⅴ	极低密度脂蛋白及乳糜微粒同时升高	甘油三酯↑↑↑	胆固醇↑

高脂血症还可分为原发性和继发性两大类。原发性高脂血症的发病原因不明,已证明有些是遗传性缺陷。继发性高脂血症是继发于其他疾病如糖尿病、肾病和甲状腺功能减退症等。

(二) 血浆脂蛋白代谢相关基因的遗传性缺陷

参与脂蛋白代谢的关键酶如 LPL 及 LCAT,载脂蛋白如 A Ⅰ、B、apo C Ⅱ、C Ⅲ 和 E,以及脂蛋白受体如 LDL 受体等的遗传性缺陷,都能引起脂蛋白异常血症。其中,Brown 及 Goldstein 对 LDL 受体研究取得的成就最为重大,他们不仅阐明了 LDL 受体的结构和功能,而且证明了 LDL 受体缺陷是引起家族性高胆固醇血症的重要原因。LDL 受体缺陷是常染色体显性遗传,纯合子携带者细胞膜 LDL 受体完全缺乏,杂合子携带者 LDL 受体数目减少一半,其 LDL 都不能正常代谢,血浆胆固醇分别高达 15.6~20.8mmol/L(600~800mg/dl)及 7.8~10.4mmol/L(300~400mg/dl),携带者在 20 岁前就发生典型的冠心病症状。

(林 佳)

Note:

————————————————　思　考　题　————————————————

1. 高淀粉的饮食不仅会引起血糖升高、也可能导致血甘油三酯水平异常升高,为什么?

2. 血浆胆固醇水平异常改变的患者是否需要调整膳食结构? 为什么?

3. "生酮饮食"是近年来流行的减肥饮食的一种,试从脂代谢的角度分析这种饮食能够快速减少脂肪的原因和这种减肥方法的危害。

生 物 氧 化

11章　数字内容

─── 章 前 导 言 ───

　　生物氧化是体内发生的氧化/还原反应,由各种氧化-还原酶类催化共同完成。细胞内线粒体是主要场所,线粒体主要功能是通过呼吸链(递氢链或电子传递链)进行氧化还原反应,所释放的能量使 ADP 磷酸化产生 ATP。线粒体内有 2 条呼吸链:NADH 呼吸链和 FADH$_2$ 呼吸链。呼吸链在传递电子过程中,从内膜基质侧泵出质子到膜间隙(内、外膜之间),这种 H$^+$ 浓度差是 ATP 生成(ATP 合酶)的动力。胞质中生成的 NADH 通过两种穿梭机制进入线粒体。氧化磷酸化速率主要受 ADP/ATP 浓度调节;多种氧化磷酸化抑制剂有不同的作用机制。细胞内微粒体存在单加氧酶系可发生羟化反应。细胞内(线粒体及过氧化物酶体中)可以产生活性氧并具有相应的清除机制以保持正常细胞内环境的稳定性。

━━━━━━━━━━━━━━━━ 学 习 目 标 ━━━━━━━━━━━━━━━━

● 知识目标
  1. 掌握两条呼吸链各组分的排列顺序及产生 ATP 数目；氧化磷酸化的基本概念及各种抑制剂的机制和两种穿梭机制。
  2. 熟悉体内能量产生的基本情况及 ATP 生成机制。
  3. 了解单加氧酶及活性氧的产生和清除。
● 能力目标
  通过掌握呼吸链的组成和抑制剂的作用原理,理解和增强对煤气、氰化物中毒的及时处理能力。
● 素质目标
  通过学习营养物质的能量代谢过程,和前面章节的物质代谢过程相联系,培养整体观念和知识整合能力。

物质在生物体内进行氧化称为生物氧化(biological oxidation),糖、脂肪、蛋白质等在体内主要经三羧酸循环进行脱氢反应,产生的成对氢原子以还原当量 $NADH+H^+$ 或 $FADH_2$ 的形式被交给氧生成水,同时释放大量能量。其能量的相当部分使 ADP 磷酸化成 ATP 供各种生命活动之需。

第一节　能量代谢与 ATP

生物体能量代谢有两个特点:①细胞内生物大分子体系多通过键能较弱的非共价键维系,难以承受能量剧变(如高温、高热等)的化学过程,代谢反应依序进行,能量逐步得失。②生物体不直接利用营养物(糖,脂肪,蛋白质等)的化学能,需要使之转变为细胞可以利用的能量形式,如 ATP 的化学能。ATP 为高能磷酸化合物,可直接为细胞的各种生命活动提供能量,也被称为"能量货币"。

一、ATP

物质氧化过程中释放的能量约有 40% 可转变成化学能储存于高能化合物中,以高能磷酸化合物居多,其中以 ATP 最为重要。ATP 是细胞可直接利用的最主要能量形式。ATP 末端的磷酸键在能量代谢或转换中最为活跃,决定了 ATP 在各种高、低能磷酸化合物转化中的核心或中介地位。

二、ATP 的生成方式

体内 ATP 的生成有以下两种方式:
1. **底物水平磷酸化**　底物分子中的能量直接以高能键形式转移给 ADP 生成 ATP,该过程称为底物水平磷酸化(见第九章)。
2. **氧化磷酸化(oxidative phosphorylation)**　氧化和磷酸化是两个不同的过程。氧化是底物脱氢或失电子的过程,磷酸化指 ADP 与无机磷(Pi)结合生成 ATP 的过程。在线粒体内氧化与磷酸化过程偶联在一起,即氧化释放的能量一部分可用于 ATP 合成,这个过程即氧化磷酸化。氧化是磷酸化的基础,磷酸化是氧化的结果。氧化磷酸化是体内生成 ATP 的主要方式。

三、ATP 循环、高能磷酸键的转移和储存

ATP 末端的高能磷酸键直接水解而释能,以驱动需要能量的各种生理反应,同时也可从释能更多的化合物中获得能量,再次生成高能磷酸键,由 ADP 生成 ATP。当体内 ATP 消耗增多时(如骨骼肌剧烈收缩),ADP 累积,在腺苷酸激酶作用下转变成 ATP。UTP、CTP、GTP 为糖原、磷脂、蛋白质合成提供能量,它们一般不能从物质氧化过程中直接生成,只能在核苷二磷酸激酶催化下,从 ATP 中获

得 ~P 产生。反应如下:

$$ATP+UDP \rightarrow ADP+UTP$$
$$ATP+CDP \rightarrow ADP+CTP$$
$$ATP+ GDP \rightarrow ADP+GTP$$

磷酸肌酸是能量的储存形式,ATP 充足时,通过转移末端 ~P 给肌酸,生成磷酸肌酸(creatine phosphate,CP),储存于需要能量较多的骨骼肌、心肌和脑组织中。当 ATP 迅速消耗时,磷酸肌酸可将 ~P 直接转移给 ADP 生成 ATP,补充 ATP 的不足(图 11-1)。

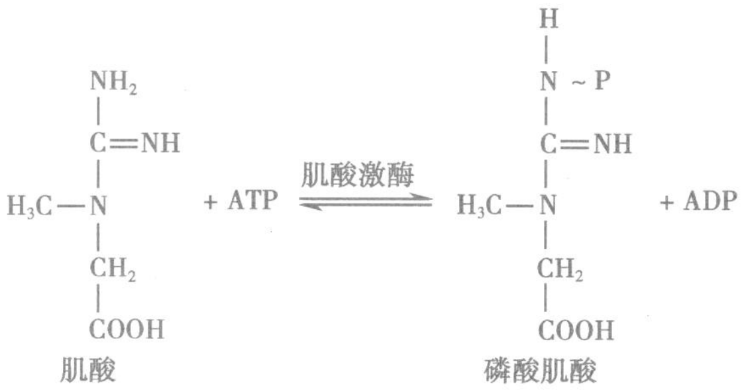

图 11-1 高能磷酸键在 ATP 和磷酸肌酸间的转移

第二节 氧化磷酸化

一、呼吸链的组成

生物氧化过程中,营养物质(代谢物)代谢脱下的氢原子通过多种酶和辅酶催化的氧化 - 还原连锁反应逐步传递,最终与氧结合生成水。逐步释放的能量可驱动 ATP 的生成。参与的酶及辅酶按一定顺序排列在线粒体内膜上,其中传递氢的酶或辅酶称为递氢体,传递电子的酶或辅酶称为递电子体。这种由递氢体和递电子体按一定顺序排列构成的氧化 - 还原体系与细胞摄取氧的呼吸过程密切相关,所以又称为呼吸链(respiratory chain)或电子传递链(electron transfer chain)。

二、呼吸链中递氢体或电子传递体的排列顺序

用胆汁酸盐反复处理线粒体内膜,可将呼吸链分离得到四种具有传递电子功能的酶复合体(表 11-1)。其中复合体 I、III 和 IV 完全镶嵌在线粒体内膜中,复合体 II 镶嵌在内膜的内侧(图 11-2)。

表 11-1　人体线粒体呼吸链复合体

复合体	酶名称	质量(kD)	多肽链数	功能辅基	含结合位点
复合体 I	NDAH- 泛醌还原酶	850	43	FMN,Fe-S	NADH(基质侧) CoQ(脂质核心)
复合体 II	琥珀酸 - 泛醌还原酶	140	4	FAD,Fe-S	琥珀酸(基质侧) CoQ(脂质核心)
复合体 III	泛醌 - 细胞色素 c 还原酶	250	11	血红素,Fe-S	Cyt c(膜间隙侧)
复合体 IV	细胞色素 c 氧化酶	162	13	血红素,Cu_A,Cu_B	Cyt c(膜间隙侧)

(一)氧化呼吸链的组成

1. 复合体 I(NADH- 泛醌还原酶或 NADH 脱氢酶)　代谢物脱下的 2H 由氧化型烟酰胺腺嘌呤二核苷酸(NAD^+)接受,形成还原型烟酰胺腺嘌呤二核苷酸($NADH+H^+$)。复合体 I 包括至少 42 个

多肽链,其中有黄素蛋白(以 FMN 为辅基)及铁硫蛋白。整个复合体嵌在线粒体内膜上,其 NADH 结合面朝向线粒体基质,这样就能与基质经脱氢酶催化产生的 NADH+H^+ 相互作用。NADH 脱下的氢经复合体 I 中 FMN、铁硫蛋白等传递给泛醌。

2. **复合体 II(琥珀酸 - 泛醌还原酶)**　复合体 II 将电子从琥珀酸传递给泛醌。复合体 II 含有以核黄素衍生物 FAD 为辅基的黄素蛋白、铁硫蛋白。琥珀酸脱氢生成还原型 $FADH_2$,电子传递顺序依次为:$FADH_2$ 到铁硫蛋白,再传递到泛醌。该过程传递电子释放的自由能较小,不足以将 H^+ 泵出内膜,因此复合体 II 没有 H^+ 泵的功能。代谢途径中一些含 FAD 的脱氢酶,如脂酰 CoA 脱氢酶、α- 磷酸甘油脱氢酶也可以将相应底物脱下的 2 个 H^+ 和 2 个电子经 FAD 传递给泛醌,进入氧化呼吸链。

泛醌又称辅酶 Q(coenzyme Q,CoQ)为脂溶性,分子量小且不与任何蛋白质结合,在线粒体内膜呼吸链不同组分间可以穿梭游动传递电子。泛醌接受复合体 I 或 II 的氢后将质子(H^+)释放入线粒体基质中,将电子传递给复合体 III。

3. **复合体 III(泛醌 - 细胞色素 c 还原酶)**　复合体 III 将电子从还原型泛醌传递给细胞色素 c。复合体 III 含有细胞色素 b(b_{562},b_{566})、细胞色素 c_1 和铁硫蛋白。细胞色素是一类含血红素样辅基的电子传递蛋白,血红素中的铁原子可进行 $Fe^{2+} \rightarrow Fe^{3+}+e$ 反应传递电子,为单电子传递体。根据其吸收光谱的不同,可将线粒体的细胞色素分为细胞色素 a、b、c(Cyt a、Cyt b、Cyt c)。每类又依其不同最大吸收峰分为亚类。

Cyt c 是呼吸链中唯一的水溶性球状蛋白质,与线粒体内膜外表面结合疏松,易与内膜分离,是除泛醌外另一个可在线粒体内膜基质面和内膜外侧面移动的递电子体,将电子从复合体 III 传递到复合体 IV。

4. **复合体 IV(细胞色素 c 氧化酶)**　包括细胞色素 a 及 a_3。电子从细胞色素 c 通过复合体 IV 传递到氧,同时引起质子从线粒体基质向膜间隙移动,复合体 IV 包含 13 个亚基,亚基 1~3 构成复合体 IV 的核心结构,含 Fe、Cu 离子结合位点,发挥电子传递作用。复合体 IV 4 个氧化还原中心中有 2 个 Cu 结合位点(Cu_A,Cu_B),组成 Cyt a-Cu_A 和 Cyt a_3-Cu_B 两组传递电子功能单元。这种蛋白结合 Cu 可发生 $Cu^+ \rightarrow Cu^{2+}+e$ 可逆反应,也属于单电子传递体。电子由 Cu_A 传递到 Cyt a,再到 Cu_B 和 Cyt a_3。由于 Cyt a 和 Cyt a_3 结合紧密难分离,故称之为 Cyt aa_3。Cyt aa_3 是唯一能将电子传递给氧的细胞色素,故又称细胞色素氧化酶。复合体 IV 也有质子泵功能,相当每 2 个电子传递过程使 2 个 H^+ 跨内膜向基质侧转移。

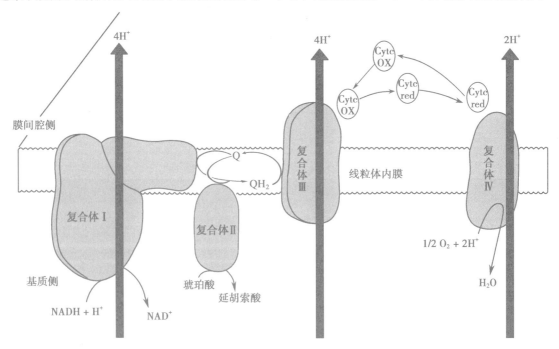

泛醌和细胞色素 c 是可移动的电子载体。

图 11-2　电子传递链各复合体位置示意图

（二）呼吸链组分的排列顺序

1. NADH 氧化呼吸链　代谢物如苹果酸、乳酸等脱氢时，辅酶 NAD^+ 接受氢生成 NADH+ H^+，通过复合体 Ⅰ 传递给泛醌，生成还原型的泛醌，后者把 2H 中的 2 个 H^+ 释放于介质中，而将 2 个电子经复合体 Ⅲ 传至 Cyt c，然后传至复合体 Ⅳ，最终将 2 个电子交给 O_2，再与介质中的 2 个 H^+ 结合生成水。电子传递顺序如下：

$$NADH 复合体 Ⅰ→泛醌→复合体 Ⅲ→复合体 Ⅳ → O_2$$

2. 琥珀酸氧化呼吸链　琥珀酸等脱下的 2H 经复合体 Ⅱ（FAD）传递给泛醌，最终将 2 个电子传递给 O_2，生成 H_2O。电子传递顺序如下：

$$琥珀酸复合体 Ⅱ→泛醌→复合体 Ⅲ→复合体 Ⅳ → O_2$$

代谢物氧化后脱下的氢（质子及电子）通过以上呼吸链四个复合体的传递顺序为：从复合体 Ⅰ 或复合体 Ⅱ 开始，经泛醌到复合体 Ⅲ，后经复合体 Ⅳ 从还原型细胞色素 c 转移电子到氧。电子通过复合体转移的同时伴有质子从线粒体内膜基质侧流向线粒体内膜外侧（膜间隙），从而产生质子跨膜梯度，形成跨膜电位，质子回流时驱动 ATP 生成。

三、主要的呼吸链

体内细胞线粒体有两条呼吸链：① NADH 呼吸链，从 NADH 开始到还原 O_2 生成 H_2O，氢或电子传递顺序是：NADH →复合体 Ⅰ→泛醌→复合体 Ⅲ→复合体 Ⅳ→ O_2。② $FADH_2$ 呼吸链，即底物脱下 2H 直接或间接转移给 FAD 生成 $FADH_2$，再经泛醌到还原 O_2 生成 H_2O，也称为琥珀酸呼吸链。电子传递顺序是：琥珀酸→复合体 Ⅱ→泛醌→复合体 Ⅲ→复合体 Ⅳ→ O_2。

四、ATP 偶联生成（氧化磷酸化）

代谢物脱下的氢经呼吸链传递释放能量，此释能过程驱动 ADP 磷酸化生成 ATP 的过程，又称为偶联磷酸化或氧化磷酸化。是体内生成 ATP 的主要方式。

（一）氧化磷酸化的偶联部位

氧化磷酸化的偶联部位通过以下实验与数据来确定：

1. P/O 比值　P/O 比值（P/O ratio）是指氧化磷酸化过程中，每消耗 1/2 摩尔 O_2 所生成 ATP 的摩尔数。丙酮酸等底物脱氢反应产生 NADH+ H^+，通过 NADH 呼吸链传递，P/O 比值接近 3，说明 NADH 呼吸链存在 3 个 ATP 生成部位。琥珀酸脱氢时，P/O 比值接近 2，说明琥珀酸呼吸链存在 2 个 ATP 生成部位。提示一个 ATP 生成部位应在 NADH 和泛醌之间。维生素 C（底物）直接通过 Cyt c 传递电子进行氧化，P/O 比值接近 1，推测 Cyt c 和 O_2 之间存在 ATP 生成部位，由此推测另一 ATP 生成部位在泛醌和 Cyt c 之间。实验证实一对电子经 NADH 呼吸链传递，P/O 比值约为 2.5 即生成 2.5 个 ATP，一对电子经琥珀酸呼吸链传递，P/O 比值约为 1.5 即生成 1.5 个 ATP。

2. 自由能变化　从 NAD^+ 到泛醌之间测得电位差约 0.36V，从泛醌到 Cyt c 电位差为 0.19V，从 Cyt aa_3 到 O_2 为 0.58V，分别对应复合体 Ⅰ、Ⅲ、Ⅳ 的电子传递。自由能变化（$\Delta G_0'$）与电位变化（$\Delta E'$）之间存在以下关系：

$$\Delta G_0' = -nF\Delta E'$$

$\Delta G_0'$ 表示 pH 7.0 时的标准自由能变化；n 为传递电子数；F 为法拉第常数（96.5kJ/mol·V）；$\Delta E'$ 为还原电位差。测定以上三处释放的 $\Delta G_0'$ 分别为 -69.5kJ/mol、-36.7kJ/mol、-112kJ/mol，而生成 1 摩尔 ATP 约需 30.5kJ（7.3kcal），可见以上三部位均可提供生成 ATP 所需的能量，说明在复合体 Ⅰ、Ⅲ、Ⅳ 内各存在一个 ATP 生成部位。

（二）氧化磷酸化偶联机制

1. 化学渗透假说（chemiosmotic hypothesis）　化学渗透假说是由英国科学家 Mitchell P 提出。该假说解释了氧化磷酸化中电子传递释放能量驱动质子从线粒体基质转移到内、外膜间隙，形成跨膜质子电化学梯度(H$^+$ 浓度梯度和跨膜电位差),以此储存电子传递释放的能量。当质子再通过 ATP 合酶通道回流时,释放能量驱动 ADP 与 Pi 生成 ATP(图 11-3)。

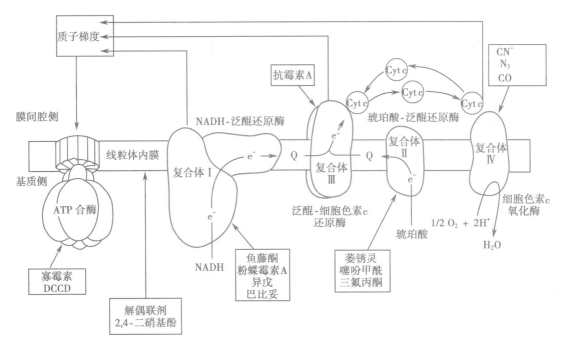

图 11-3　化学渗透假说示意图及各种抑制剂对电子传递链的影响

2. ATP 合酶　ATP 合酶由嵌入内膜中疏水的 F$_0$ 部分和突出于线粒体基质中亲水的 F$_1$ 部分组成。F$_1$ 主要由 $\alpha_3\beta_3\gamma\delta\epsilon$ 亚基构成,其功能是催化 ATP 生成;β 亚基为催化亚基,但 β 亚基只有与 α 亚基结合才有催化活性。F$_0$ 镶嵌在线粒体内膜中。当 H$^+$ 顺浓度梯度经 F$_0$ 中 a 亚基和 c 亚基之间回流时,F$_1$ 的 γ 亚基发生旋转,3 个 β 亚基的构象发生改变,使 ATP 生成释放。

ATP 合酶结构模式图(图 11-4)中 β 亚基有 3 型构象:开放型(O)无活性,与配体亲和力低;疏松型(L)无活性,与 ADP 和 Pi 底物疏松结合;紧密型(T)有 ATP 合成活性。ATP 合酶 αβ 亚基在 γ 亚基转动时构象循环变化。ADP 和 Pi 底物结合于 L 型 β 亚基,质子流能量驱动该 β 亚基变构为 T 型,则合成 ATP,再到 O 型,则该 β 亚基释放出 ATP(图 11-4)。

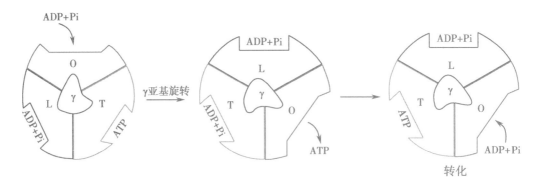

图 11-4　ATP 合酶的工作机制

五、影响氧化磷酸化的因素

1. ADP/ATP　ATP 作为机体最重要的能量载体,其生成量主要取决于氧化磷酸化的速率。当机体利用 ATP 增多时,ADP 浓度增高,氧化磷酸化速度加快;ADP 不足,氧化磷酸化速度减慢。细胞内 ADP 的浓度及 ATP/ADP 比值能迅速感应机体能量状态的变化。

2. 甲状腺激素 甲状腺激素可诱导细胞膜上 Na^+-K^+-ATP 酶的生成,使 ATP 加速分解为 ADP 和 Pi,ADP 进入线粒体数量增多,促进氧化磷酸化。因 ATP 合成和分解速度均增加,引起机体耗氧量和产热量增加,基础代谢率增加。所以甲状腺功能亢进症患者基础代谢率增高,产热量也增加。

3. 抑制剂 抑制剂可分为呼吸链抑制剂、氧化磷酸化抑制剂、解偶联剂及 ATP 合酶抑制剂(见图 11-3)。

(1)呼吸链抑制剂:此类抑制剂可在特异部位阻断呼吸链的电子传递。目前已知的电子传递链抑制剂包括鱼藤酮、异戊巴比妥、粉蝶霉素 A 等,可与复合体 Ⅰ 中的 Fe-S 结合,阻断电子传递到泛醌。抗霉素 A、二巯丙醇等,抑制复合体 Ⅲ 中 Cyt b 到 Cyt c_1 的电子传递。CO、CN^-、H_2S 等抑制细胞色素 c 氧化酶,阻断电子由 Cyt aa_3 到 O_2 的传递。这些抑制剂均为毒性物质,可使细胞内呼吸停止,直接威胁生命。

(2)解偶联剂(uncoupler):使氧化与磷酸化的偶联分离,电子可以延呼吸链正常传递,但质子电化学梯度被破坏,不能驱动 ATP 合酶合成 ATP。最常见的解偶联剂是二硝基苯酚。二硝基苯酚为脂溶性分子,通过在线粒体内膜中自由移动,由胞质向内膜基质侧转移 H^+,从而破坏了质子电化学梯度,ATP 不能生成,使氧化磷酸化解偶联。哺乳动物和人(尤其是新生儿)的棕色脂肪组织、骨骼肌和心肌等组织的线粒体内膜中存在解偶联蛋白,可破坏内膜 H^+ 梯度使氧化与磷酸化解偶联,使呼吸链释放的能量以热能形式散发而维持体温,产热御寒。新生儿硬肿症患儿因缺乏棕色脂肪组织,不能维持正常体温而引起皮下脂肪凝固。

(3)ATP 合酶抑制剂:这类抑制剂对电子传递及 ADP 磷酸化均有抑制作用。寡霉素(oligomycin)可结合 ATP 合酶的 F_0 单位,二环己基碳二亚胺(dicyclohexylcarbodiimide,DCCD)共价结合 F_0 的 c 亚基阻断质子从 F_0 质子通道回流,抑制 ATP 合酶活性(见图 11-3)。

六、细胞质中 NADH 的氧化

线粒体内生成的 NADH 可直接进入呼吸链的氧化磷酸化过程,但在胞质中产生的 NADH 不能自由透过线粒体内膜,需经过穿梭机制进入线粒体。

1. α- 磷酸甘油穿梭作用 脑、骨骼肌细胞胞质中的 $NADH+H^+$ 通过磷酸甘油脱氢酶(辅酶为 NAD^+)催化,使磷酸二羟丙酮还原成 α- 磷酸甘油,后者穿过线粒体外膜,再经位于线粒体内膜胞质侧的磷酸甘油脱氢酶(辅基为 FAD)催化氧化生成磷酸二羟丙酮和 $FADH_2$(图 11-5)。$FADH_2$ 将 2H 传递给泛醌进入呼吸链被氧化,并产生 1.5 分子 ATP。

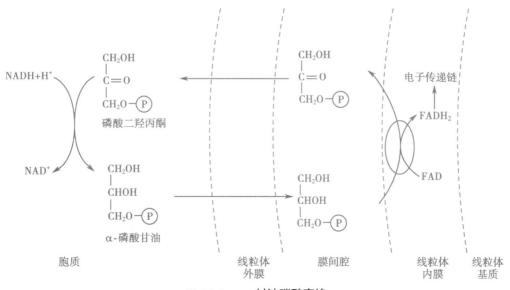

图 11-5 **α- 甘油磷酸穿梭**

Note:

2. 苹果酸 - 天冬氨酸穿梭　肝、肾和心肌细胞胞质中 NADH+H$^+$ 在苹果酸脱氢酶的作用下,使草酰乙酸还原成苹果酸,后者进入线粒体重新生成草酰乙酸和 NADH+ H$^+$(图 11-6)。NADH+ H$^+$ 进入 NADH 呼吸链,生成 2.5 分子 ATP。

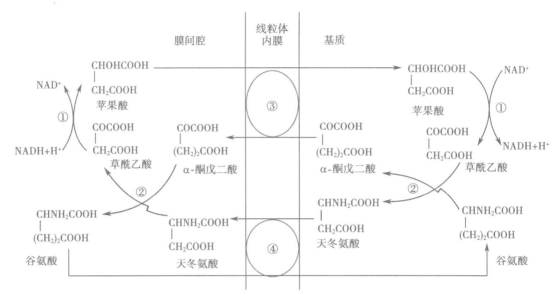

①苹果酸脱氢酶;②天冬氨酸转氨酶;③ α- 酮戊二酸转运蛋白;④天冬氨酸 - 谷氨酸转运蛋白。

图 11-6　苹果酸 - 天冬氨酸穿梭

第三节　细胞内其他氧化体系

除线粒体的氧化体系外,在微粒体、过氧化物酶体以及细胞其他部位还存在其他氧化体系,参与呼吸链以外的氧化过程。其特点是不伴磷酸化,不能生成 ATP,主要与体内代谢物、药物和毒物的生物转化有关。

一、微粒体单加氧酶系

细胞微粒体催化氧分子中的一个氧原子加到底物分子上(羟化),另一个氧原子被氢(来自底物 NADPH+ H$^+$)还原成水,故又称混合功能氧化酶(mixed function oxidase)或羟化酶(hydroxylase)。参与类固醇激素、胆汁酸及胆色素等的生成以及药物、毒物的生物转化过程。

$$RH + NADPH + H^+ + O_2 \rightarrow ROH + NADP^+ + H_2O$$

羟化酶(hydroxylase)催化反应过程如下:NADPH 首先将电子交给黄素蛋白。黄素蛋白再将电子传递给以 Fe-S 为辅基的铁硫蛋白。与底物结合的氧化型 Cyt P$_{450}$ 接受铁硫蛋白的 1 个电子后,转变成还原型 P$_{450}$,与 O$_2$ 结合形成 RH·P$_{450}$·Fe^{2+}·O$_2$,Cyt P$_{450}$ 铁卟啉中 Fe^{2+} 将电子交给 O$_2$,形成 RH·P$_{450}$·Fe^{3+}·O$_2$,再接受铁硫蛋白的第 2 个电子 e$^-$,活化 (O$_2^{2-}$)。此时 1 个氧原子使底物(RH)羟化(ROH),另 1 个氧原子与来自 NADPH 的质子结合生成 H$_2$O(图 11-7)。

二、活性氧的产生及功能

O$_2$ 得到单个电子产生超氧阴离子。超氧阴离子可被还原生成过氧化氢(H$_2$O$_2$)和羟自由基,这类强氧化成分合称反应活性氧。

线粒体氧化呼吸链电子传递过程中漏出的电子与 O$_2$ 结合可产生超氧阴离子,是体内超氧阴离子的主要来源。细胞过氧化物酶体中,FAD 将从脂肪酸等底物获得的电子交给 O$_2$ 生成 H$_2$O$_2$ 和羟自由基,胞质需氧脱氢酶(如黄嘌呤氧化酶等)也可催化生成超氧阴离子。细菌感染、组织缺氧等病理过程,环境、药物等外源因素也可导致细胞产生活性氧。

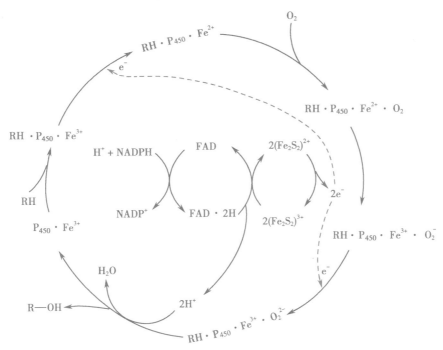

图 11-7　微粒体细胞色素 P_{450} 单加氧酶反应机制

活性氧可引起蛋白质、DNA 氧化损伤。线粒体是细胞产生活性氧的主要部位。因此线粒体 DNA 容易受到自由基攻击而损伤或突变,引起相应疾病。机体可以通过抗氧化酶类及时清除活性氧,防止其累积造成有害影响。

三、活性氧的清除

抗氧化酶体系(含有能分解 H_2O_2 的过氧化氢酶)有清除反应活性氧的功能。正常机体存在以下抗氧化酶体系:主要存在于过氧化物酶体中,其辅基含有 4 个血红素,过氧化氢酶催化反应如下:

$$2H_2O_2 \rightarrow 2H_2O+O_2$$

H_2O_2 有一定的生理作用,如在粒细胞和吞噬细胞中,H_2O_2 可氧化杀死入侵的细菌,甲状腺细胞产生的 H_2O_2 可使 $2I^-$ 氧化为 I_2,进而使酪氨酸碘化生成甲状腺激素。

超氧化物歧化酶(superoxide dismutase,SOD)也是人体防御内、外环境中超氧离子损伤的重要酶。

谷胱甘肽过氧化物酶(glutathione peroxidase,GHx)也是体内防止活性氧损伤的主要酶,可去除 H_2O_2 和其他过氧化物类(ROOH)。在细胞胞质、线粒体及过氧化物酶体中,谷胱甘肽过氧化物酶通过还原型的谷胱甘肽将 H_2O_2 还原为 H_2O,将 ROOH 类转变成醇,同时产生氧化型的谷胱甘肽。它催化的反应如下:

$$2H_2O_2+2GSH \rightarrow 2H_2O+GS–SG$$

$$2GSH+R–O–OH \rightarrow GS–SG+H_2O+R–OH$$

氧化型 GS-SG 经谷胱甘肽还原酶催化,由 $NADPH+H^+$ 提供 2H,再转变成还原型谷胱甘肽 GSH,可抵抗活性氧对蛋白质中巯基 -SH 的氧化。

体内其他小分子自由基清除剂还有维生素 C、维生素 E、β- 胡萝卜素等,它们共同组成人体抗氧化体系。

(李建宁)

Note:

思 考 题

1. 何为氧化磷酸化? 线粒体内有几条呼吸链及其名称?
2. 如何理解生物体内的能量代谢以 ATP 为中心?
3. 试述一氧化碳、氰化物中毒的机制。
4. 试述生物氧化的特点及意义。

N

URSING

第十二章

氨基酸代谢

12章 数字资源

章 前 导 言

氨基酸是构成蛋白质的基本单位,也是合成蛋白质的基本原料;蛋白质降解先生成氨基酸,然后进一步分解或转化成其他化合物。氨基酸代谢是蛋白质代谢的核心内容,影响着正常的生命活动。构成蛋白质的营养必需氨基酸不能体内合成,必须从食物中摄取,食物中必需氨基酸的含量、比例决定其营养价值。氨基酸代谢异常能导致许多临床疾病的出现,包括氨中毒、肝性脑病、帕金森综合征、白化病、苯丙酮酸尿症等。因此学习氨基酸的脱氨基、脱羧基等分解方式,理解 α- 酮酸及氨的代谢去向和影响因素,了解个别氨基酸的特异性代谢途径及参与转化生成的许多含氮生物活性物质的功能,对于指导个人日常营养物质摄入及食物谱的选择、理解相关疾病的发生机制、诊断方法、治疗方案、预后判断及护理策略等具有重要作用。

─────────── 学 习 目 标 ───────────

- **知识目标**
  1. 掌握氮平衡、蛋白质的营养价值、必需氨基酸等概念；氨基酸的脱氨基作用的概念及方式；氨的转运及代谢去路；鸟氨酸循环过程、部位等。
  2. 熟悉蛋白质的营养重要性；必需氨基酸的种类；人体对蛋白质的需要量；两种重要的转氨酶及其辅酶；α-酮酸的代谢去路；生糖氨基酸、生酮氨基酸及生糖兼生酮氨基酸的概念；一碳单位的概念及功能；含硫氨基酸代谢的过程及其所产生的重要化合物的生理作用等。
  3. 了解蛋白质的消化、吸收与腐败；肠道氨的来源；尿素合成的影响因素；芳香族氨基酸代谢和其他氨基酸代谢的大概过程及相关疾病。
- **能力目标**
  明确食物营养价值的判定标准及对蛋白质的需求量，对于氨基酸在体内的代谢过程有比较系统的认识和掌握，理解和总结人体氨基酸库中各种氨基酸的来源和去路，氨的生成、转运和去路等代谢过程。
- **素质目标**
  能够利用氨基酸代谢理论知识解释营养价值判断，肝性脑病等相关疾病的发病机制，并能合理应用到临床护理中。

　　氨基酸（amino acid）是蛋白质（protein）的基本组成单位。食物蛋白质进入消化道先降解成氨基酸，以氨基酸的形式吸收进入血液及组织细胞，体内组织蛋白质分解也是先降解形成氨基酸。氨基酸除了参与蛋白质合成外，还会进入自身的代谢途径，包括合成代谢和分解代谢。可见，氨基酸代谢是蛋白质代谢的基础及中心内容。本章首先叙述蛋白质的营养作用及在肠道中的消化、吸收及腐败等体外氨基酸来源问题，再深入阐述氨基酸的代谢途径。

第一节　蛋白质的营养作用

一、蛋白质营养的重要性

　　人体的生长发育、组织细胞的更新、疾病后的修复等所有生命活动过程，都涉及体内蛋白质的合成及分解。蛋白质合成的基本原料——氨基酸主要来自体内外蛋白质的分解及细胞内的合成。蛋白质是食物营养物质的基本组分之一，其分解产生的氨基酸进入人体，既可以参与体内蛋白质的合成，也能转化成一些生理活性物质，这是糖、脂质等其他营养物质不能替代的。对于生长发育期的儿童和康复期患者，蛋白质合成更加旺盛，对于食物来源的氨基酸需求更多，供应足量、优质的蛋白质尤为重要。合成的蛋白质除了作为机体组织细胞和胞外基质的基本组成物质以外，还包括酶、抗体、多肽类激素等多种生理活性物质，以氨基酸为前体也可以转化成胺类、神经递质等含氮代谢产物，参与众多重要的生理活动及其调控。氨基酸经脱氨基作用产生的 α-酮酸（α-ketoacid）可直接或间接进入三羧酸循环，被彻底氧化分解提供能量。每克蛋白质在体内氧化分解产生 17.19kJ（4.1kcal）能量，成人每日约 18% 的能量来自蛋白质的分解。正常情况下人体能量来源主要依靠糖和脂肪提供，供能只是蛋白质的次要生理功能，可以由摄入的糖和脂肪代替。饥饿时，一些氨基酸可以通过糖异生作用转变为糖，参与血糖维持并提供能量。

二、氮平衡的概念

　　体内蛋白质合成与分解的代谢概况可以用氮平衡（nitrogen balance）来描述。直接测定从食物摄人体内的蛋白质和体内分解蛋白质的量非常困难,根据蛋白质元素组成中氮含量比较恒定(约 16%)、且食物和排泄物中含氮物质大部分来源于蛋白质分解代谢的特点,因而通过测定摄入食物的氮含量(摄入氮)和尿与粪便中的氮含量(排出氮),来指示蛋白质合成(摄入)与分解的量。氮平衡即指机体氮的摄入量与排出量的相对状态,以间接了解体内蛋白质代谢的平衡关系。氮平衡试验是研究蛋白质的营养价值和需要量以及判断组织蛋白质消长情况的重要方法之一。氮平衡存在三种情况:

1. **氮的总平衡**　$N_{摄入} = N_{排出}$,指机体氮的摄入量等于排出量,反映机体蛋白质的合成与分解处于平衡状态。正常成人每天摄入的蛋白质主要用于维持组织蛋白质的更新和修复,食物蛋白质供应适宜时应为氮的总平衡。

2. **氮的正平衡**　$N_{摄入} > N_{排出}$,指机体氮的摄入量大于排出量,表示机体蛋白质的合成量多于分解量,组织有所增长,即部分摄入的氮用于合成体内蛋白质。儿童、孕妇及某些消耗性疾病恢复期的患者等在食物蛋白质供应适宜时应为氮的正平衡。

3. **氮的负平衡**　$N_{摄入} < N_{排出}$,指机体氮的摄入量小于排出量,表示机体蛋白质的分解量多于合成量,组织有所消耗。饥饿、食物蛋白质供应不足、食物营养价值低及消耗性疾病患者等均可出现氮的负平衡。

临床护理过程中,留取 24h 尿液,测定其中尿素氮的含量,加常数 2~3g(经粪便、皮肤排出的氮和以非尿素氮形式排出的含氮物),即可粗略得出 24h 排出氮量。根据食物中蛋白质的摄入和经静脉输入蛋白质和氨基酸的量可计算出 24h 的摄入氮量,通过比对 24h 出入氮量可判断机体的氮平衡状态,指导营养支持治疗。

三、人体对蛋白质的需要量

根据氮平衡实验测定,体重 60kg 的正常成人在食用不含蛋白质膳食 8d 后,每天排氮量趋于恒定约 3.2g,相当于 20g 蛋白质。由于食物蛋白质与人体蛋白质组成存在差异,不可能被 100% 吸收利用,因此正常成人每天至少需要摄入一般食物蛋白质 30~50g,才能维持蛋白质总氮平衡,这个摄入量是正常成人每天蛋白质的最低生理需要量。我国营养学会推荐正常成人每日蛋白质的需要量为80g。儿童、妊娠四个月以后和哺乳期妇女、恢复期、消耗性疾病或术后患者等,蛋白质需要量应按体重计算高于正常成人,婴儿应高于成人的三倍。

四、蛋白质的营养价值

组成人体蛋白质的氨基酸有 20 种,其中 9 种在人体内不能自身合成、必须由食物提供,称为营养必需氨基酸(essential amino acid),分别是异亮氨酸、亮氨酸、赖氨酸、甲硫氨酸、苯丙氨酸、苏氨酸、色氨酸、缬氨酸和组氨酸;其余 11 种可在体内合成、不一定需要食物供应的氨基酸,被称为非必需氨基酸(non-essential amino acid)。精氨酸虽能在体内合成,但合成量较小,若长期供应不足,特别在婴儿期、孕期需求量增加时,可能造成机体负氮平衡,因此有时也将精氨酸称为营养半必需氨基酸。

蛋白质的营养价值(nutrition value)是由食物蛋白质在人体内的利用率来决定。外源蛋白质被人体利用的程度取决于所含营养必需氨基酸的种类和比例,凡必需氨基酸的种类多、所占比例越高的外源性蛋白质,其被人体利用率高,营养价值也高。相对于植物蛋白质而言,动物蛋白质的必需氨基酸的种类和比例与人体需求更接近,营养价值更高。若将营养价值较低的蛋白质混合食用,营养必需氨基酸可以互相补充从而提高营养价值,称为食物蛋白质的互补作用(supplementary effect)。如豆类蛋白质中赖氨酸含量较多而色氨酸含量较少,谷类蛋白质赖氨酸含量较少而色氨酸含量较多,两者混合食用可在氨基酸组成上起到互补作用,提高两类食物的营养价值。

在某些消耗性疾病和危重患者的护理中,为保证体内蛋白质合成对氨基酸的需要,维持患者体内氮平衡,可静脉输入比例适当的氨基酸混合液或营养必需氨基酸,有利于患者的恢复。

第二节　蛋白质的消化、吸收与腐败

一、蛋白质的消化

一般食物蛋白质是生物大分子,在胃、小肠和肠黏膜细胞中经一系列酶促水解反应分解成小分子肽及氨基酸的过程,称为蛋白质的消化。消化过程可以将结构复杂的大分子蛋白质分解成小分子,有利于被吸收;若未消化或不能充分降解的外源性蛋白质被吸收后可引起过敏反应。可见消化对于食物蛋白的吸收和利用具有重要意义。

（一）蛋白质在胃中的消化

唾液中没有水解蛋白质的酶,食物蛋白质的消化从胃开始。胃蛋白酶(pepsin)是蛋白质在胃中消化的主要酶,在胃液的酸性条件下非特异性地水解各种水溶性蛋白质,产物为多肽和少量氨基酸。因食物在胃中停留时间短、蛋白质在胃中的消化不完全。胃蛋白酶能促进乳汁中的酪蛋白与Ca^{2+}凝为乳块,延长乳液在胃中停留的时间,使消化过程更充分。

胃蛋白酶由胃蛋白酶原(pepsinogen)在酸的作用下释放出氨基端42个氨基酸残基的肽,转变为有活性的胃蛋白酶。胃蛋白酶原由胃黏膜主细胞合成和分泌,分泌时无活性,能被胃蛋白酶激活,称为自身激活作用。有活性的胃蛋白酶最适pH为1.5~2.5,对肽键的特异性较差,酶解部位主要为苯丙氨酸、酪氨酸、甲硫氨酸或异亮氨酸残基组成的肽键,对谷氨酸残基形成的肽键也有水解作用,因此对底物蛋白质的选择性差,有利于消化食物中各类蛋白质。

（二）蛋白质在肠中的消化

胃中蛋白质的消化很不完全,部分未经消化或消化不完全的蛋白质进入肠道后,在胰液和肠黏膜细胞分泌的蛋白酶及肽酶的作用下,进一步水解为寡肽和氨基酸。肠道是蛋白质消化的主要场所。

1. 胰液中的蛋白酶及其作用　蛋白质的消化主要依靠胰酶来完成。胰液中的蛋白酶分为两类,即内肽酶(endopeptidase)和外肽酶(exopeptidase)。内肽酶主要包括胰蛋白酶(trypsin)、胰凝乳蛋白酶(chymotrypsin)和弹性蛋白酶(elastase)等,水解蛋白质肽链内部的一些肽键,这些酶对水解肽键的氨基酸残基组成有一定特异性。如胰蛋白酶主要水解赖氨酸及精氨酸等碱性氨基酸的羧基组成的肽键,产生具有碱性氨基酸作为羧基末端的肽。胰凝乳蛋白酶主要水解苯丙氨酸、酪氨酸或色氨酸等芳香族氨基酸的羧基组成的肽键,产生具有芳香族氨基酸作为羧基末端的肽,也可作用于亮氨酸、谷氨酸、谷氨酰胺及甲硫氨酸等的羧基组成的肽键。弹性蛋白酶的特异性较差,可水解缬氨酸、亮氨酸、丝氨酸或丙氨酸等脂肪族氨基酸的羧基组成的肽键。外肽酶主要有羧肽酶A和羧肽酶B。前者主要水解各种中性氨基酸残基的羧基末端的肽键,后者主要水解碱性氨基酸残基的羧基末端肽键,每次水解脱去一个氨基酸。因此,胰蛋白酶作用所产生的肽可被羧肽酶B进一步水解;而胰凝乳蛋白酶及弹性蛋白酶水解产生的肽则可被羧肽酶A进一步水解。蛋白质在胰酶的作用下,最终产物为氨基酸和一些寡肽。

内肽酶和外肽酶都是以无活性的酶原形式由胰腺细胞分泌,在十二指肠内迅速被激活成为有活性的蛋白水解酶。激活过程由肠激酶(enterokinase)催化,胰蛋白酶原进行局部水解,释放出氨基末端六肽,活化为胰蛋白酶。肠激酶主要存在于肠上皮细胞刷状缘表面,在胆汁酸或其他蛋白酶的作用下,可大量释放到肠液中。胰蛋白酶对胰蛋白酶原的自身激活作用很弱,但能迅速激活胰凝乳蛋白酶原、弹性蛋白酶原和羧肽酶原。胰液中各种蛋白酶以酶原形式存在,还存在胰蛋白酶抑制剂,这对保护胰腺组织免受蛋白酶的自身水解有着十分重要的生理意义。若这些蛋白酶原在胰腺中被激活,可水解胰腺组织,产生胰腺的自溶现象,急性胰腺炎时即可产生上述自身消化过程,导致水肿、出血甚至坏死的炎症反应。临床上用牛胰腺提取制备的胰蛋白酶抑制剂治疗急性胰腺炎,具有较好的疗效。

2. 肠黏膜细胞对蛋白质的消化作用　胰酶水解蛋白质的产物中仅1/3为氨基酸,2/3为寡肽。

寡肽的水解主要在肠黏膜细胞内,肠黏膜细胞刷状缘及胞质中存在两种寡肽酶,氨肽酶和二肽酶。氨肽酶从氨基端逐步水解肽链,产物为氨基酸和二肽。二肽经二肽酶作用生成氨基酸,最终完成将食物蛋白质彻底水解为氨基酸的消化过程。

除食物蛋白质外,消化液和脱落的肠上皮细胞中也含有蛋白质,部分也可被水解为氨基酸再被吸收利用。

二、氨基酸的吸收

氨基酸主要在小肠内通过主动转运方式被吸收。肠黏膜细胞膜上具有转运氨基酸的载体,能与氨基酸和 Na^+ 形成三联体,将氨基酸和 Na^+ 转入细胞内,Na^+ 则借钠泵主动排出细胞,并消耗 ATP。由于氨基酸侧链的差异,转运氨基酸的载体也不同,主要包括中性氨基酸载体、碱性氨基酸载体、酸性氨基酸载体、亚氨基酸及甘氨酸载体等。同样类别的氨基酸共用同一载体,在吸收过程中将存在竞争。在肾小管细胞和肌肉细胞的膜上存在类似的主动转运的载体,这对于细胞内富集氨基酸具有普遍意义。在肠黏膜细胞上还存在着二肽、三肽的主动转运载体,这些寡肽被吸收后大部分在肠黏膜细胞中进一步被水解为氨基酸,小部分也可直接吸收入血。

在肠黏膜细胞、肾小管细胞和脑组织细胞,氨基酸由细胞外进入细胞内还有一种称为 γ- 谷氨酰基循环(γ-glutamyl cycle)的机制。此循环可分成两个阶段,第一阶段为谷胱甘肽对氨基酸的转运,即首先谷胱甘肽出细胞,氨基酸与谷胱甘肽在细胞膜的 γ- 谷氨酰基转移酶催化下产生 γ- 谷氨酰 - 氨基酸及半胱氨酰甘氨酸,同时进入细胞内;第二阶段为谷胱甘肽的再生,即半胱氨酰甘氨酸被肽酶水解成半胱氨酸和甘氨酸,可供再合成谷胱甘肽之用。在 γ- 谷氨酸环化转移酶的催化下,γ- 谷氨酰 - 氨基酸转变为 5-氧脯氨酸和氨基酸,完成了氨基酸进入细胞内的过程。5- 氧脯氨酸在 5- 氧脯氨酸酶的作用下转变为谷氨酸,而谷氨酸与半胱氨酸在 γ- 谷氨酰半胱氨酸合成酶的作用下,生成 γ- 谷氨酰半胱氨酸。最后,在谷胱甘肽合成酶的催化下,γ- 谷氨酰半胱氨酸和甘氨酸合成谷胱甘肽,重复进入循环(图 12-1)。

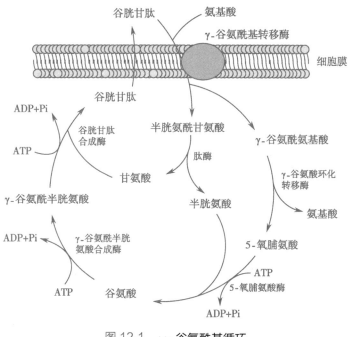

图 12-1 γ- 谷氨酰基循环

当 γ- 谷氨酰半胱氨酸合成酶缺陷时,谷胱甘肽生成减少,导致红细胞膜完整性下降,出现溶血性贫血症状;谷胱甘肽合成酶缺陷时可引起 5- 氧脯氨酸尿症;γ- 谷氨酰基转移酶缺陷时,尿中排出过量谷胱甘肽。

Hartnup 病是一种氨基酸尿症。此病的遗传缺陷是几种中性和芳香族氨基酸的细胞膜转运能力降低,可能由于相应的膜转运系统内的某种蛋白质功能缺陷引起。

三、氨基酸在肠中的腐败

食物蛋白绝大部分在肠道中被彻底消化并吸收,但不可避免存在一小部分不被消化,一小部分消化产物不被吸收,这两部分物质在大肠下部会受到肠道细菌的作用,称为腐败作用(putrefaction)。腐败作用是肠道细菌的代谢过程,以无氧分解为主,产物主要有胺类、氨、酚类、吲哚、甲基吲哚、硫化氢等对人体有害的物质,也有脂肪酸、维生素 K、生物素等少量对人体有益的物质。

(一)胺类的生成

在大肠下部,未经消化的蛋白质被细菌蛋白酶水解产生氨基酸。氨基酸在细菌氨基酸脱羧酶的作用下,脱羧基生成胺类(amines)。如组氨酸脱羧生成组胺、精氨酸和鸟氨酸脱羧生成腐胺、赖氨酸脱羧生成尸胺、酪氨酸脱羧生成酪胺、色氨酸脱羧生成色胺、苯丙氨酸脱羧生成苯乙胺等。许多胺类具有生物学活性并对人体有毒,如组胺和尸胺具有降低血压的作用,酪胺及色胺则有升高血压的作用。这些毒性物质进入血液,通常在肝脏代谢转化为无毒形式排出体外。在肝功能受损时,酪胺和苯乙胺不能在肝细胞内发生转化,极易进入脑组织,经 β- 羟化酶催化形成 β- 羟酪胺和苯乙醇胺,它们的化学结构与儿茶酚胺类似,称为假神经递质。假神经递质增多,干扰正常神经递质儿茶酚胺的作用,使大脑发生异常抑制,这可能是肝性脑病的发病机制之一。

(二)氨的生成

未被吸收的氨基酸在肠道细菌的作用下脱氨基生成氨。血液中的尿素可透过肠黏膜进入肠道,在细菌脲酶的作用下分解产生氨,这是肠道氨的另一重要来源。这些氨均可被吸收入血,吸收速度与肠道 pH 有关,降低肠道 pH 可减少氨的吸收。血液中的氨最终在肝脏合成尿素。

(三)其他有害物质的生成

酪氨酸经脱氨基、氧化及脱羧等作用,最后生成苯酚。酪氨酸也可先脱羧生成酪胺,再经氧化等转变为甲苯酚及苯酚。由色氨酸脱羧酶产生的色胺可被分解为吲哚和甲基吲哚。甲基吲哚具有臭味,主要随粪便排出体外,是粪便臭味的主要来源。半胱氨酸在肠道细菌脱硫化氢酶的作用下,直接产生硫化氢。

腐败产物大部分对人体有毒,正常情况下主要随粪便排出,少量被肠黏膜吸收后,经肝脏代谢转变解毒,不会发生中毒现象。若肠内容物在肠腔内停留时间过长或发生肠梗阻时,腐败产物量会增加,吸收入血增加,在肝脏内解毒不完全,可导致机体中毒,表现为头痛、头晕、血压变化等全身中毒症状。因此,在临床肝性脑病患者护理中,通过灌肠清除腐败产物的方法可达到辅助治疗的功效。

第三节　氨基酸的一般代谢

一、氨基酸代谢的概况

食物蛋白质经消化吸收后,以氨基酸的形式通过血液运送到全身各组织。这种来源的氨基酸被称为外源性氨基酸。机体各组织的蛋白质在组织蛋白酶的作用下,每天有 1%~2% 被分解成为氨基酸;部分非必需氨基酸能够在机体细胞中合成,这两种来源的氨基酸被称为内源性氨基酸。外源性氨基酸和内源性氨基酸共同分布于血液、各组织细胞中参与代谢,称为氨基酸代谢库(amino acid metabolic pool)。机体没有专一的组织器官储存游离的氨基酸,氨基酸代谢库实际上包括细胞内液、细胞间液和血液中的氨基酸。由于氨基酸不能自由通过细胞膜,在机体内的分布是不均一的,超过 50% 在骨骼肌中。

氨基酸的主要功能是合成多肽和蛋白质,也能转变为体内各种含氮的生理活性物质,包括肽类激素、氨基酸衍生物、黑色素、嘌呤碱、嘧啶碱、肌酸、胺类、辅酶或辅基等。

氨基酸分解代谢的主要途径是脱氨基生成氨和相应的 α- 酮酸；氨对人体来说是有毒的物质，主要在肝脏合成尿素排出体外，少量的氨可直接经尿排出，也可以参与合成其他含氮物质。另一条分解途径是脱羧基生成 CO_2 和胺。胺在体内主要经胺氧化酶作用进一步分解生成氨和相应的醛或酸。各种氨基酸有共同的基本结构，都能进行脱氨基或脱羧基反应，但侧链 R 基团各不相同，使得各自有独特的代谢方式。

人体血液中氨基酸水平大体恒定，表明体内氨基酸的来源和消耗处于动态平衡，血中氨基酸水平过高时，部分氨基酸可直接从尿中排出（多见于病理状况）。若每日摄入的蛋白质或氨基酸过多，主要在肠道发生腐败作用，进入血液或细胞也不能储存过多氨基酸和蛋白质，可以氧化或转变生成糖、脂肪储存。氨基酸在体内代谢的基本情况概括如图 12-2 所示。

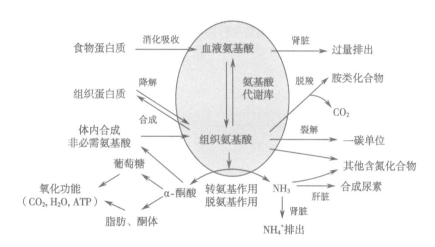

图 12-2　**氨基酸代谢概况**

肝脏是氨基酸代谢最重要的器官。肝脏蛋白质的更新速度快，氨基酸代谢活跃，大部分氨基酸的分解代谢在肝脏进行，氨和胺的解毒过程也主要在肝脏进行（详见第十七章）。

二、氨基酸的脱氨基作用

氨基酸的脱氨基作用是指氨基酸在酶的催化下脱去氨基生成 α- 酮酸的过程，是体内氨基酸分解代谢的主要途径。脱氨基作用包括氧化脱氨基、转氨基、联合脱氨基、嘌呤核苷酸循环和非氧化脱氨基作用等方式。

（一）氧化脱氨基作用

氧化脱氨基作用是指在酶的催化下氨基酸在被氧化的同时脱去氨基的过程。组织中有多种催化氨基酸氧化脱氨基的酶，谷氨酸脱氢酶是最重要的一种。L- 谷氨酸脱氢酶（L-glutamate dehydrogenase）催化谷氨酸氧化脱氨基。反应分两步进行，首先谷氨酸脱氢生成亚氨基酸，然后亚氨基酸自行水解生成 α- 酮戊二酸和 NH_3。谷氨酸脱氢酶的辅酶为 $NAD(P)^+$。$NAD(P)^+$ 接受反应中脱下的一对氢原子生成 $NAD(P)H+H^+$，$NADH+H^+$ 进入 NADH 氧化呼吸链氧化。整个催化反应过程是可逆反应，一般情况下偏向于谷氨酸的合成，这是一个还原加氨过程，在体内非必需氨基酸合成过程中起着十分重要的作用。当谷氨酸浓度高而 NH_3 浓度低时，则有利于 α- 酮戊二酸的生成。

$$
\begin{array}{ccc}
\text{COOH} & \text{COOH} & \text{COOH} \\
| & | & | \\
(\text{CH}_2)_2 & (\text{CH}_2)_2 & (\text{CH}_2)_2 \\
| & \xrightleftharpoons[L\text{-谷氨酸脱氢酶}]{NAD(P)^+ \quad NAD(P)H+H^+} & | & \xrightleftharpoons[]{H_2O \quad NH_3} & | \\
\text{CHNH}_2 & \text{C}=\text{NH} & \text{C}=\text{O} \\
| & | & | \\
\text{COOH} & \text{COOH} & \text{COOH}
\end{array}
$$

L- 谷氨酸　　　　　　　　　　　　　　　　　　　α - 酮戊二酸

Note:

谷氨酸脱氢酶广泛分布于肝、肾、脑等多种细胞的线粒体中,酶活性高、特异性强、是一种不需氧的脱氢酶。体内虽然还存在的 L- 氨基酸氧化酶与 D- 氨基酸氧化酶,也能催化氨基酸氧化脱氨,但对人体内氨基酸脱氨的意义不大。

（二）转氨基作用

转氨基作用是指在转氨酶（transaminase）的催化下,将 α- 氨基酸的氨基转移至 α- 酮酸的酮基上,生成相应的 α- 酮酸和 α- 氨基酸的过程。转氨酶催化的反应是可逆的,平衡常数接近于1,反应的实际方向取决于四种反应物的相对浓度。因此,转氨基作用既是氨基酸的分解代谢过程,也是体内某些非必需氨基酸合成的重要途径。除赖氨酸、脯氨酸和羟脯氨酸外,体内大多数氨基酸可以参与转氨基作用。人体内有多种转氨酶,分别催化各自特异的转氨基反应。转氨酶的活性高低不一,以丙氨酸转氨酶（alanine transaminase,ALT）又称谷丙转氨酶（glutamic pyruvic transaminase,GPT）和天冬氨酸转氨酶（aspartate transaminase,AST）又称谷草转氨酶（glutamic oxaloacetic transaminase,GOT）酶活性最强,它们催化下述反应。

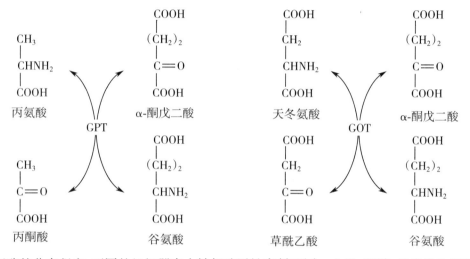

转氨酶的分布很广,不同的组织器官中转氨酶活性高低不同。心肌、肝脏、骨骼肌和肾脏等组织中转氨酶活性较高。

各种转氨酶的辅酶均为磷酸吡哆醛（pyridoxal phosphate,PL-P）或磷酸吡哆胺（pyridoxamine phosphate,PM-P）,两者在转氨基反应中起着氨基载体的作用,因此转氨基反应中不会产生游离氨。在转氨酶的催化下,α- 氨基酸的氨基转移到磷酸吡哆醛分子上,生成磷酸吡哆胺和相应的 α- 酮酸;而磷酸吡哆胺又可将其氨基转移到另一 α- 酮酸分子上,生成磷酸吡哆醛和相应的 α- 氨基酸（图 12-3）。磷酸吡哆醛和磷酸吡哆胺彼此相互转化,就可使转氨基反应不断进行。糖代谢中生成的丙酮酸、草酰乙酸和 α- 酮戊二酸经转氨基反应可分别生成丙氨酸、天冬氨酸和谷氨酸,通过转氨基反应就可以调节体内非必需氨基酸的构成比例,以满足体内蛋白质合成对非必需氨基酸的需求。

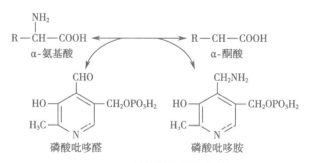

图 12-3　转氨基作用的机制

知 识 链 接

血清氨基酸代谢酶活性变化与组织损伤

转氨酶为细胞内酶,血清中转氨酶活性极低。当细胞膜通透性增高、组织坏死或细胞破裂时,转氨酶大量入血,血清转氨酶活性明显增高。如急性肝炎患者血清 ALT 活性明显升高,心肌梗死患者血清 AST 活性明显升高。这些检验结果可协助临床诊断,也可作为观察疗效和预后的指标。

四氯化碳、氯仿、四氯乙烯等干洗剂和一些有机化工原料等可引起肝细胞损伤而导致血清 AST 升高。血清 CK(肌酸激酶)和同工酶活性测定可作为临床某些疾病的辅助诊断指标,如急性心肌梗死后 5~10h,约 78% 的患者血清中 CK-MB 活性升高;18~33h 后,100% 的患者 CK-MB 活性达到高峰;3~4d 后恢复正常,升高幅度为正常人的 2~20 倍。因此,可用于该疾病的辅助诊断。

（三）联合脱氨基作用

许多氨基酸不能直接进行氧化脱氨基,但可在转氨酶作用下将其 α- 氨基转移到 α- 酮戊二酸上生成相应的 α- 酮酸和谷氨酸,谷氨酸则在谷氨酸脱氢酶的作用下氧化脱氨基生成 α- 酮戊二酸,结果是原氨基酸生成了相应的 α- 酮酸和氨。氨基酸的这种脱氨基方式称为联合脱氨基作用(图 12-4)。联合脱氨基作用是由转氨酶和谷氨酸脱氢酶联合催化的。

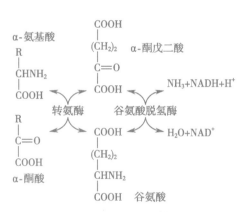

图 12-4　联合脱氨基作用

联合脱氨基作用是体内氨基酸脱氨基的主要方式,以肝、肾等组织最为活跃。凡能与 α- 酮戊二酸进行转氨基反应的氨基酸都可以经联合脱氨基作用脱氨。

联合脱氨基反应是可逆的,其逆过程称为联合加氨基,这是体内合成非必需氨基酸的重要途径。由于联合脱(加)氨基反应中有 α- 酮酸的参加,所以联合脱氨基反应将体内的氨基酸代谢与糖代谢、脂代谢紧密地联系在一起。

（四）嘌呤核苷酸循环

骨骼肌和心肌中 L- 谷氨酸脱氢酶活性较低,氨基酸很难以上述联合脱氨基作用方式脱氨基,但可通过嘌呤核苷酸循环(purine nucleotide cycle)脱去氨基。氨基酸通过连续的转氨基作用,将氨基转移到草酰乙酸上形成天冬氨酸。天冬氨酸能与次黄嘌呤核苷酸(IMP)缩合生成腺苷酸代琥珀酸,后者经裂解生成腺嘌呤核苷酸(AMP)并释放出延胡索酸。AMP 在腺苷酸脱氨酶(此酶在肌肉组织中活性最强)的作用下脱氨基,生成的 IMP 可再参加循环(图 12-5)。从脱氨基过程可见,嘌呤核苷酸循环实际上也可看成是另一种形式的联合脱氨基作用。除肌肉外,脑、肝脏中的某些氨基酸也可通过此循环脱氨基。

Note:

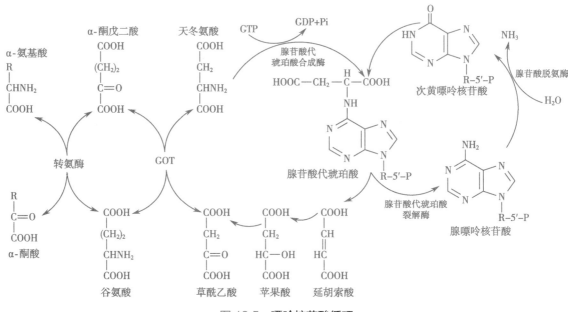

图 12-5　嘌呤核苷酸循环

（五）非氧化脱氨基作用

某些氨基酸还可以通过非氧化脱氨基作用脱去氨基,但不是体内氨基酸脱氨基的主要方式。如丝氨酸可在丝氨酸脱水酶的催化下生成氨和丙酮酸。

三、氨的代谢

（一）氨的来源

人体内氨的主要来源有组织中氨基酸的脱氨基作用、肾脏来源的氨和肠道来源的氨。

1. 氨基酸脱氨基作用生成的氨　氨基酸可经联合脱氨基作用和其他脱氨基反应脱氨,也可以先脱羧基生成胺,再经胺氧化酶作用生成醛和氨,这是体内氨的主要来源。食物中蛋白质含量高时,过量的氨基酸会增加分解,氨的生成也增多。此外,体内一些胺类物质,如肾上腺素、去甲肾上腺素及多巴胺等在单胺氧化酶及二胺氧化酶的作用下,也可分解释放出氨。

2. 肾脏来源的氨　氨基酸在肾脏的分解可产生一定量的氨,其中一半以上来自于谷氨酰胺的分解。谷氨酰胺在肾远曲小管上皮细胞中由谷氨酰胺酶催化分解成氨和谷氨酸。肾脏产生的氨有两条去路:排入肾小管腔原尿中,随尿液排出体外;或者被重吸收入血成为血氨。NH_3 易透过生物膜,而 NH_4^+ 不易透过生物膜,两者可以相互转化,存在形式受环境 pH 影响。当原尿 pH 偏低时,NH_3 与 H^+ 结合生成 NH_4^+,随尿排出;原尿 pH 偏高时,NH_4^+ 解离成 NH_3 从而易被重吸收入血。因此,临床护理过程中遇到血氨升高的患者不能使用碱性利尿药。

3. 肠道来源的氨　肠道每天可产生约 4g 氨,主要有两个来源:蛋白质和氨基酸在肠道细菌作用下产生氨;肝脏生成的尿素部分排入肠腔,经肠道细菌脲酶水解生成 CO_2 和 NH_3。肠道氨可被吸收入血,经门静脉入肝重新合成尿素,这个过程被称为尿素的肠肝循环。肠道内 pH 低于 6 时,肠道氨主要形式为 NH_4^+,易随粪便排出;肠道 pH 较高时,肠道内的氨吸收入血。临床上给高血氨患者灌肠治疗时,应禁止使用肥皂水等碱性溶液灌肠,以免加重病情。

(二) 氨的去路

氨是有毒的物质,正常人血氨浓度不超过 0.1mg%,维持在一个较低的水平。氨的来源增加时必须及时转变为无毒或毒性小的物质排出体外。氨的主要去路是在肝脏合成尿素,随尿排出,约占排出氨的 80% 以上。少部分氨可参与合成谷氨酰胺及其他非必需氨基酸,还有少量氨可直接随尿排出体外(图 12-6)。正常情况下人体血氨的来源与去路保持动态平衡。

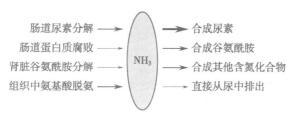

图 12-6　**氨的来源与去路**

(三) 氨的转运

解氨毒的主要方式为合成尿素,但尿素合成主要发生在肝脏。组织在代谢过程中产生的氨必须经过转运才能到达肝脏或肾脏。氨在体内的运输主要有丙氨酸和谷氨酰胺两种形式。

1. **丙氨酸 - 葡萄糖循环**　肌肉组织中,蛋白质分解的氨基酸占体内氨基酸代谢池的一半以上,各种氨基酸经转氨基作用将氨基转给丙酮酸生成丙氨酸,丙氨酸转移至血液,作为氨的主要运输形式运至肝。在肝细胞中,丙氨酸通过联合脱氨基作用,生成丙酮酸,并释放氨。氨用于尿素的合成,丙酮酸经糖异生途径生成葡萄糖。葡萄糖再由血液运至肌肉,通过糖酵解途径生成丙酮酸,从而完成一个循环过程。这个以丙氨酸和葡萄糖为主体,借助丙酮酸为中间产物,在肌肉和肝之间进行氨的转运的循环过程,称为丙氨酸 - 葡萄糖循环(alanine-glucose cycle)。可以看出肌肉中氨基酸代谢脱下的氨是以无毒的丙氨酸形式运输到肝合成尿素,同时也为肝细胞提供糖异生的原料(图 12-7)。

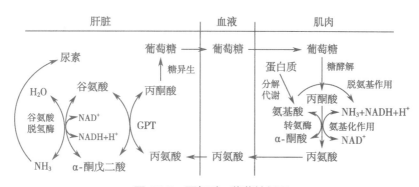

图 12-7　**丙氨酸 - 葡萄糖循环**

2. **谷氨酰胺的合成与运氨作用**　谷氨酰胺是体内另一种转运氨的形式,它主要从脑、肌肉等组织向肝或肾运氨。氨与谷氨酸在谷氨酰胺合成酶的作用下生成谷氨酰胺,并由血液输送到肝或肾,再经谷氨酰胺酶水解成谷氨酸和氨。谷氨酰胺的合成与分解是由不同酶催化的不可逆反应,其合成需 ATP。

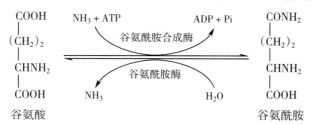

Note:

谷氨酰胺的合成消耗游离氨，是氨的解毒产物，也是氨的储存及运输形式。脑组织中产生的氨可转变为谷氨酰胺，并以无毒的谷氨酰胺的形式运到脑外，这是脑组织解氨毒的主要方式。临床上对氨中毒患者可服用或输入谷氨酸盐，以降低氨的浓度。谷氨酰胺在肾脏分解生成谷氨酸和氨，氨与 H^+ 结合成 NH_4^+，以铵盐的形式排出，有利于排酸，调节酸碱平衡。

谷氨酰胺可将其酰胺基转移至天冬氨酸 γ- 羧基上形成天冬酰胺。天冬酰胺在天冬酰胺酶的作用下水解成为天冬氨酸。体内天冬酰胺的足量生成可满足蛋白质合成的需要，但白血病病理性白细胞却不能或很少合成天冬酰胺，必须依靠血液从其他器官运输而来。因此，临床上常用天冬酰胺酶，减少血中天冬酰胺浓度，达到治疗白血病的目的。

$$
\begin{array}{c}
CONH_2 \\
| \\
CH_2 \\
| \\
CHNH_2 \\
| \\
COOH \\
\text{天冬酰胺}
\end{array}
\quad
\xrightarrow[\;H_2O\quad NH_3\;]{\text{天冬酰胺酶}}
\quad
\begin{array}{c}
COOH \\
| \\
CH_2 \\
| \\
CHNH_2 \\
| \\
COOH \\
\text{天冬氨酸}
\end{array}
$$

（四）尿素的生成

尿素是以氨为原料主要在肝脏合成，肾和脑组织也能少量合成，既是氨的解毒形式，也是排出形式，是人体排出氮的主要途径。1932 年，德国科学家 Hans Krebs 和 Kurt Henseleit 依据鼠肝切片体外试验等一系列实验的结果，提出了尿素生成的鸟氨酸循环（ornithine cycle）学说，又称尿素循环（urea cycle）。其基本反应为：

$$
2NH_3 + CO_2 + 3ATP + 3H_2O \longrightarrow \begin{array}{c} {}^{NH_2} \\ C=O \\ {}_{NH_2} \end{array} + 2ADP + AMP + 4Pi
$$

知 识 链 接

鸟氨酸循环的实验依据

20 世纪 30 年代，通过以下一系列实验说明尿素是通过鸟氨酸循环合成的。

1. 用含 ^{15}N 标记的 NH_4^+ 盐喂饲大鼠，发现大部分 ^{15}N 以 ^{15}N 尿素的形式随尿排出，用 ^{15}N 标记的氨基酸喂饲大鼠也获得相同的结果。证实了氨基酸分解代谢的终产物是尿素，氨是氨基酸分解代谢生成尿素的中间产物。

2. 用 ^{15}N 标记的氨基酸喂饲大鼠，从其肝脏中分离的精氨酸含 ^{15}N。用分离获得的含 ^{15}N 的精氨酸与精氨酸酶温育，生成的尿素中，两个氮原子均被 ^{15}N 标记，而鸟氨酸不含 ^{15}N。

3. 用 ^{14}C 标记的 HCO_3^- 盐和鸟氨酸与大鼠肝匀浆同温育，生成的尿素和瓜氨酸的 C=O 基均含 ^{14}C，且含量相同。

4. 用第 3、第 4、第 5 位上含有重氮的鸟氨酸喂饲小鼠，从其肝脏中分离的精氨酸含有重氮，且分布的位置和量都与鸟氨酸相同。

根据鸟氨酸循环学说，尿素的生成大体分为三个阶段（图 12-8）。首先是鸟氨酸与 CO_2 和氨结合生成瓜氨酸，然后瓜氨酸结合氨生成精氨酸，最后在精氨酸酶的作用下，精氨酸水解生成尿素和鸟氨酸。鸟氨酸再重复上述过程形成循环。每经过一次循环，消耗一分子 CO_2 和两分子氨，生成一分子尿素。

尿素生成的实际过程比较复杂，具体如下：

1. 氨基甲酰磷酸的合成　在肝脏线粒体中，氨基甲酰磷酸合成酶 I（carbamoyl phosphate

synthetase Ⅰ,CPS-Ⅰ)催化氨和 CO_2 合成氨基甲酰磷酸。此为尿素合成的第一步反应,消耗 2 分子 ATP,Mg^{2+} 和 N- 乙酰谷氨酸(N-acetyl glutamic acid,AGA)起辅因子作用。

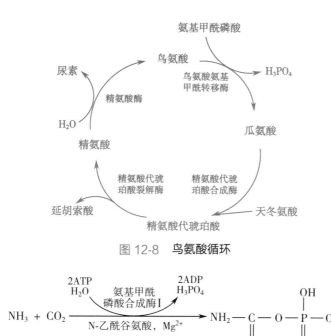

图 12-8 **鸟氨酸循环**

2. 瓜氨酸的合成 线粒体中,由鸟氨酸氨基甲酰转移酶(ornithine carbamoyl transferase,OCT)催化氨甲酰磷酸与鸟氨酸缩合生成瓜氨酸,此反应需生物素参加。

3. 精氨酸的合成 瓜氨酸生成后穿过线粒体进入细胞质,在精氨酸代琥珀酸合成酶(argininosuccinate synthetase)催化下与天冬氨酸缩合,生成精氨酸代琥珀酸,反应中消耗能量。后者经精氨酸代琥珀酸裂解酶(argininosuccinate lyase)催化裂解成精氨酸和延胡索酸。

4. 精氨酸水解及尿素的生成 在胞质中,精氨酸酶催化精氨酸水解生成尿素和鸟氨酸。生成的鸟氨酸可经线粒体内膜上载体转运进入线粒体,重复上述过程。尿素合成的全过程见图 12-9。

Note:

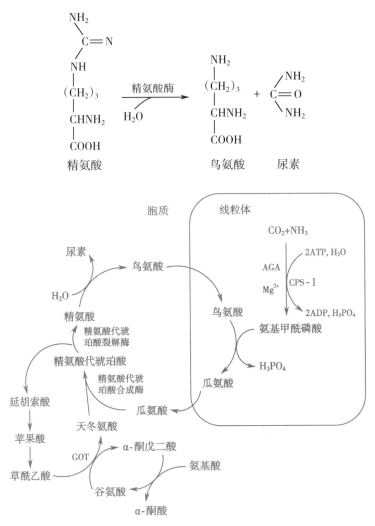

图 12-9 尿素生成的过程

一个尿素分子中包含 2 分子氨基,从合成过程可以看出一分子氨基来自游离氨,主要由氨基酸的联合脱氨基作用产生,另一分子氨来自于天冬氨酸,其中的氨基可以经转氨基作用间接来自其他氨基酸。

(五)尿素合成的调节

机体通过合适的尿素合成速度保证及时、充分地解氨毒,体内外的多种因素会影响尿素合成,主要包括:

1. **食物蛋白质的影响** 高蛋白质膳食加快尿素合成。正常成人一般都处于氮平衡,尿素氮占排出氮的 80%~90%,摄入氮增加促进尿素氮的合成及排泄;相反低蛋白质膳食者尿素合成速度减慢,排泄的含氮物中尿素占 60% 或更低。但在长期饥饿情况下,因肌肉蛋白质分解增加,尿素合成量相对增加。

2. **CPS-I 对尿素合成的调控** CPS-I 催化生成氨甲酰磷酸是尿素合成的一个重要步骤,N-乙酰谷氨酸是 CPS-I 的别构激活剂。N-乙酰谷氨酸可由乙酰辅酶 A 和谷氨酸通过 N-乙酰谷氨酸合成酶的催化而生成。精氨酸是 N-乙酰谷氨酸合成酶的激活剂,因而精氨酸浓度增高时,N-乙酰谷氨酸及氨甲酰磷酸的生成都会加速。由谷氨酸脱氢酶催化生成的氨是尿素的主要氮源,此酶催化的反应平衡常数有利于谷氨酸的合成,但线粒体基质中的三羧酸循环保证了 α-酮戊二酸的较高浓度,致使谷氨酸倾向于分解代谢从而提供氨,有利于氨甲酰磷酸的形成。

3. **鸟氨酸循环中酶系的调节作用** 参与鸟氨酸循环的各种酶活性相差很大,其中精氨酸代琥珀酸合成酶的活性最低,为鸟氨酸循环的限速酶,可调节尿素的合成速度。

Note:

（六）其他含氮化合物的生成

经联合加氨反应是合成非必需氨基酸的主要方式,氨基酸也能参与嘌呤碱和嘧啶碱(见第十三章)以及其他含氮化合物的合成,这也是氨在体内的去路之一。

（七）高氨血症和氨中毒

肝在合成尿素解氨毒中起重要的作用。尿素合成速度也与肝细胞的功能状态密切相关。肝功能严重受损时,尿素合成障碍,血氨浓度增高,称为高氨血症。氨脂溶性强,易经血脑屏障进入脑细胞引起氨中毒,可引起脑细胞损害和功能障碍,临床上称为肝性脑病。氨可与脑细胞中的 α- 酮戊二酸结合生成谷氨酸,以致脑细胞中的 α- 酮戊二酸减少,导致三羧酸循环减弱,从而使脑组织中 ATP 生成减少,引起脑功能障碍,严重时可发生昏迷,这是肝性脑病氨中毒学说的基础。高氨血症与鸟氨酸循环中某些酶遗传缺陷相关。CPS-Ⅰ缺陷与Ⅰ型先天性高氨血症有关;OCT 的缺陷与Ⅱ型先天性高氨血症有关。其他两类遗传性疾病为瓜氨酸尿症和精氨酸代琥珀酸血症,分别由于精氨酸代琥珀酸合成酶和精氨酸代琥珀酸裂解酶缺陷所致。

肝性脑病的治疗关键在于降低血氨。减少血氨来源的方法包括限制蛋白质摄入量,口服抗生素药物抑制肠道细菌降低肠道氨的产生等;增加氨的去路策略包括使用酸性利尿药利尿,使用酸性灌肠液以促进肠道氨生成铵盐排出体外,静脉滴注谷氨酸以加速生成谷氨酰胺等。

四、α- 酮酸的代谢

α- 氨基酸脱氨基后的另外一种产物是 α- 酮酸(α-ketoacid),其在体内可以进一步代谢,主要去路包括生成非必需氨基酸、氧化供能以及转变成糖或脂质三方面。

（一）氨基化生成营养非必需氨基酸

氨基酸的各种脱氨基反应过程都是可逆的,因此也是氨基酸的生成过程。α- 酮戊二酸经还原加氨或转氨基反应生成谷氨酸,其他 α- 酮酸经联合加氨反应生成相应的氨基酸。

（二）氧化功能

α- 酮酸在体内可通过三羧酸循环彻底氧化分解生成 CO_2 和 H_2O,同时释放能量以供机体生理活动的需要。

（三）转变生成糖和脂质

多数氨基酸通过脱氨基及其他代谢途径,生成丙酮酸或各种三羧酸循环的中间产物再经糖异生途径能转变生成葡萄糖,称为生糖氨基酸,包括甘氨酸、丝氨酸、缬氨酸、组氨酸、精氨酸、半胱氨酸、脯氨酸、丙氨酸、谷氨酸、天冬氨酸、天冬酰胺和甲硫氨酸。亮氨酸和赖氨酸只能生成乙酰辅酶 A 转变为酮体(ketone body),称为生酮氨基酸。少数氨基酸既能生成丙酮酸或三羧酸循环的中间产物而异生成糖,也能生成乙酰辅酶 A 而转变为酮体,这部分氨基酸被称为生糖兼生酮氨基酸,有异亮氨酸、苯丙氨酸、酪氨酸、苏氨酸和色氨酸(图 12-10)。葡萄糖即可以转变成脂,生酮氨基酸生成的乙酰辅酶 A 可作为脂肪酸和胆固醇合成的原料,因此所有氨基酸都能转变为脂质。

（四）糖、脂肪和蛋白质代谢的相互关系

糖在体内可以生成脂肪,也能参与合成营养非必需氨基酸;非必需氨基酸的 α- 酮酸部分可以由糖提供,但氨基仍由其他氨基酸提供,而且营养必需氨基酸也要由食物提供,从这个角度看糖不能转变为蛋白质。脂肪分解生成的甘油部分可氧化分解供能,也可作为糖异生的原料及部分 α- 酮酸的来源,但脂肪酸分解产物乙酰辅酶 A 不能转变为糖,也不能转变成蛋白质。

蛋白质是细胞的基本组成成分,组织更新降解或过量摄入的蛋白质分解成氨基酸,由于氨基酸不能在体内储存,食物中过多部分的氨基酸可转变成糖,也可转变生成甘油、脂肪酸参与脂质、磷脂和胆固醇等的合成。糖、脂肪和蛋白质之间的相互转变见图 14-1。动物实验表明,多进食100g 蛋白质可转变成58g 糖,同时生成 16g 氮。从经济角度考虑过多食用蛋白质不可取,因为蛋白类食物价格较高;从机体健康角度考虑亦不可取,因为肝脏要将多余产生的氮合成为尿素,排出体外,加重了肝和肾的负担。

Note:

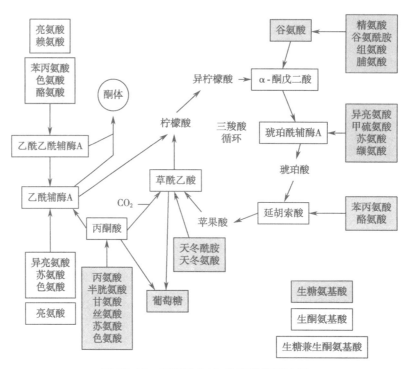

图 12-10 氨基酸生糖、生酮的代谢途径

第四节 个别氨基酸代谢

构成人体蛋白质的 20 种氨基酸侧链原子组成及结构存在一定差异,除脱氨基、脱羧基的共有代谢途径外,某些氨基酸还有特殊的代谢途径,生成一些具有重要生理意义的活性物质。

一、氨基酸的脱羧基反应

氨基酸在肠道中可通过腐败作用发生脱羧基反应。事实上在组织细胞内,部分氨基酸也发生脱羧基反应,并生成许多具有重要功能的化合物。这类细胞内的脱羧基反应由氨基酸脱羧酶催化,辅酶是磷酸吡哆醛,产物是胺及 CO_2。

$$R-\underset{\underset{NH_2}{|}}{CH}-COOH \xrightleftharpoons[\text{磷酸吡哆醛}]{\text{氨基酸脱羧酶}} R-CH_2-NH_2 + CO_2$$

α-氨基酸　　　　　　　　　　　　　　胺

(一) γ-氨基丁酸

L-谷氨酸脱羧酶催化谷氨酸脱去 α-羧基生成 γ-氨基丁酸(γ-aminobutyric acid,GABA)。此酶在脑、肾组织中活性较高,因而 GABA 在脑组织中的含量较高。GABA 是一种中枢神经系统的抑制性神经递质,对中枢神经有普遍性抑制作用。临床上用维生素 B_6 治疗妊娠呕吐和小儿搐搦,加强 L-谷氨酸脱羧酶催化 GABA 的生成,抑制神经过度兴奋。

$$
\begin{array}{c}
COOH \\
| \\
(CH_2)_2 \\
| \\
CHNH_2 \\
| \\
COOH
\end{array}
\xrightarrow[\;CO_2\;]{\textit{L}-谷氨酸脱羧酶}
\begin{array}{c}
COOH \\
| \\
(CH_2)_2 \\
| \\
CH_2 \\
| \\
NH_2
\end{array}
$$

谷氨酸　　　　　　　　　　γ-氨基丁酸

（二）组胺

组氨酸脱羧酶催化组氨酸脱去羧基生成组胺（histamine）。组胺在肝、肺、肌、乳腺及胃黏膜等组织均有分布，主要存在于肥大细胞。组胺是一种强烈的血管舒张剂，能使毛细血管舒张，通透性增加，引起血压下降、局部水肿，还可刺激胃黏膜细胞分泌胃蛋白酶和胃酸。

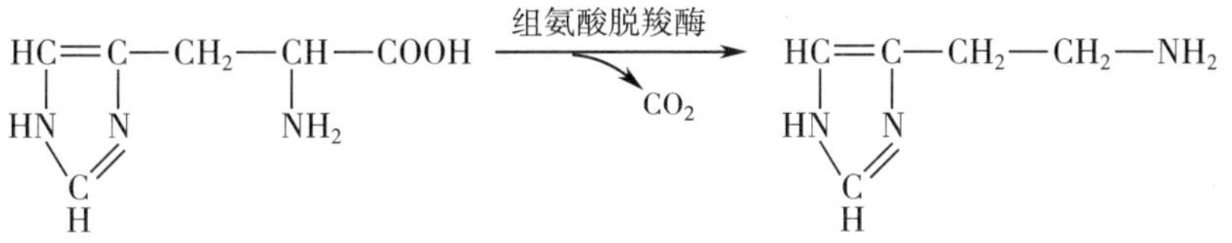

组氨酸　　　　　　　　　　　　　　　　　　　组胺

（三）5-羟色胺

在色氨酸羟化酶的作用下，色氨酸羟化生成 5-羟色氨酸，再经 5-羟色氨酸脱羧酶催化脱羧生成 5-羟色胺（5-hydroxytryptamine，5-HT）。5-HT 在体内分布广泛，在神经组织中是一种抑制性神经递质，中枢神经系统有 5-羟色胺能神经元。外周组织中的 5-HT 具有强烈的血管收缩作用，但能扩张骨骼肌血管。

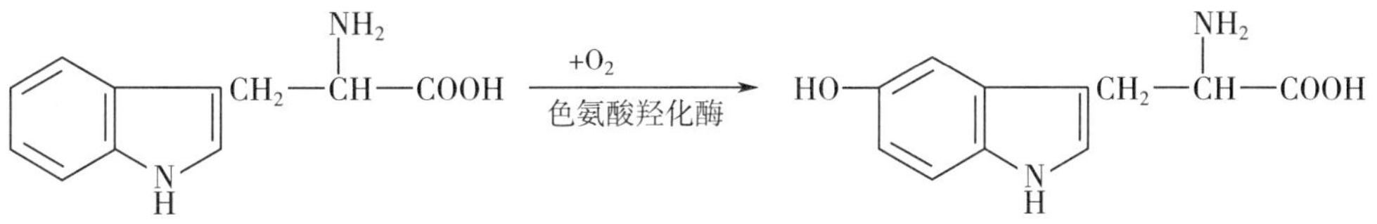

色氨酸　　　　　　　　　　　　　　　　　　　5-羟色氨酸

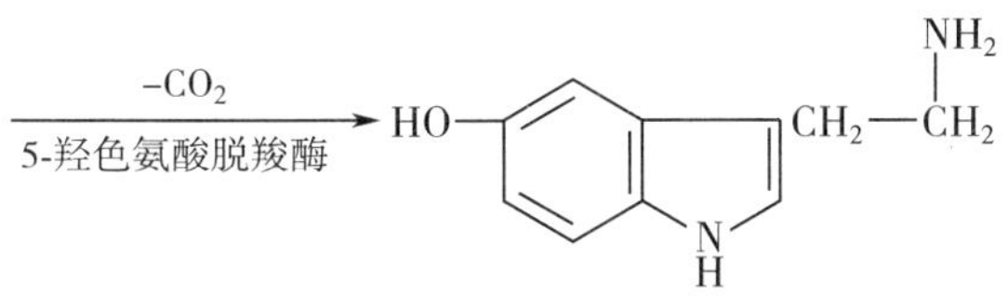

5-羟色胺

（四）多胺

某些氨基酸经脱羧作用可产生多胺（polyamine），是一类分子中含有多个氨基的化合物。如鸟氨酸脱羧酶催化鸟氨酸脱羧产生腐胺（putrescine）；S-腺苷甲硫氨酸脱羧酶催化 S-腺苷甲硫氨酸脱羧产生 S-腺苷-3-甲基硫基丙胺，当它的分子中丙胺基转移到腐胺分子上即可形成亚精胺（spermidine）；在亚精胺分子上再加上一个丙胺基即可生成精胺（spermine）。鸟氨酸脱羧酶是多胺合成的关键酶。

亚精胺和精胺是调节细胞生长的重要物质，凡生长旺盛的组织，如胚胎、再生肝、肿瘤组织甚至在动物给予生长激素后，鸟氨酸脱羧酶的活性和多胺含量均增加。多胺促进细胞增殖的机制可能是稳定核酸及细胞结构，促进核酸和蛋白质的生物合成。测定患者血或尿中多胺的水平，是临床上肿瘤辅助诊断及判断病情变化的重要生化指标。

（五）牛磺酸

半胱氨酸氧化生成磺酸丙氨酸，再由磺基丙氨酸脱羧酶催化脱去羧基生成牛磺酸。牛磺酸是结合胆汁酸的重要组成成分（详见第十七章），并具有抑制性神经递质、调节细胞稳态及抗氧化等广泛生理功能。

二、一碳单位代谢

某些氨基酸在分解代谢过程中产生含一个碳原子的基团，统称为一碳单位（one carbon unit）。一碳单

Note:

位包括甲基（—CH₃）、亚甲基（—CH₂—）、次甲基（—CH ＝）、甲酰基（—CHO）和亚氨甲基（—CH ＝ NH）等,主要功能是参与体内某些化合物的生物合成。CO 和 CO_2 不是一碳单位。

一碳单位不能游离存在,而是结合于四氢叶酸(tetrahydrofolic acid,FH_4),FH_4 被称为一碳单位的载体。一碳单位通常结合在 FH_4 分子的第 5 和第 10 位氮原子上,以 N^5 和 N^{10} 表示。叶酸是 B 族维生素之一,可以在二氢叶酸还原酶的催化下,由 $NADPH+H^+$ 作供氢体,还原生成 7,8- 二氢叶酸(FH_2),进一步加氢还原生成 5,6,7,8- 四氢叶酸。

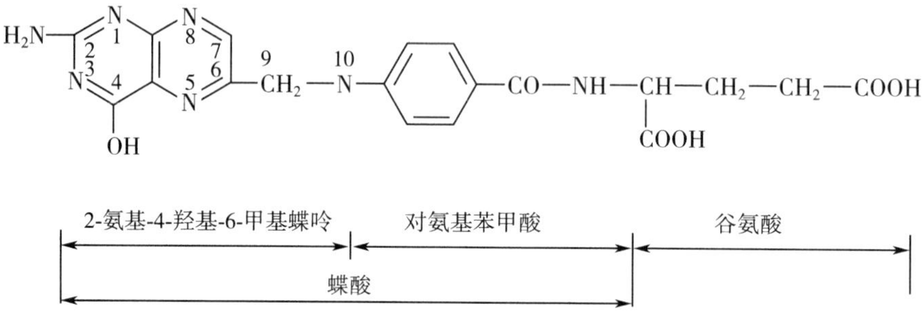

$$2-氨基-4-羟基-6-甲基蝶呤 \quad 对氨基苯甲酸 \quad 谷氨酸$$

$$蝶酸$$

四氢叶酸

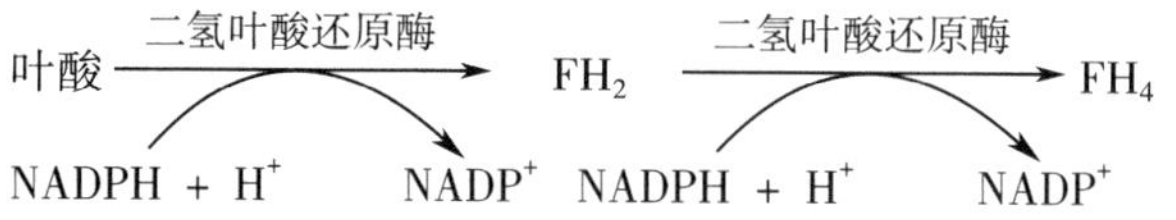

叶酸 $\xrightarrow[\quad]{二氢叶酸还原酶}$ FH_2 $\xrightarrow[\quad]{二氢叶酸还原酶}$ FH_4

NADPH + H⁺ → NADP⁺　NADPH + H⁺ → NADP⁺

（一）一碳单位的生成

1. N^{10}—甲酰四氢叶酸（N^{10}—CHO—FH_4）的生成　甘氨酸、色氨酸在分解代谢过程中生成的甲酸与 FH_4 反应,生成 N^{10}—$CHOFH_4$。

$$HCOOH + FH_4 + ATP \xrightarrow{N^{10}\text{-}CHOFH_4合成酶} N^{10}\text{-}CHOFH_4 + ADP + H_3PO_4$$

2. N^5,N^{10}- 次甲四氢叶酸（N^5,N^{10} ＝ CH—FH_4）的生成　组氨酸可在体内分解生成亚氨甲基谷氨酸。亚氨甲基谷氨酸的亚氨甲基转移至 FH_4 上再脱氨生成 N^5,N^{10} ＝ CH—FH_4。

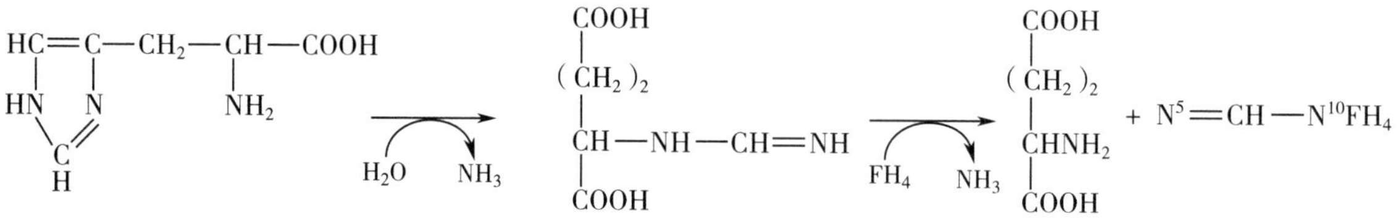

组氨酸　　　　亚氨甲基谷氨酸　　　　谷氨酸

3. N^5,N^{10}—亚甲四氢叶酸（N^5,N^{10}—CH₂—FH_4）的生成　丝氨酸的 β- 碳原子可转移至 FH_4 上生成 N^5,N^{10}—CH₂—FH_4。

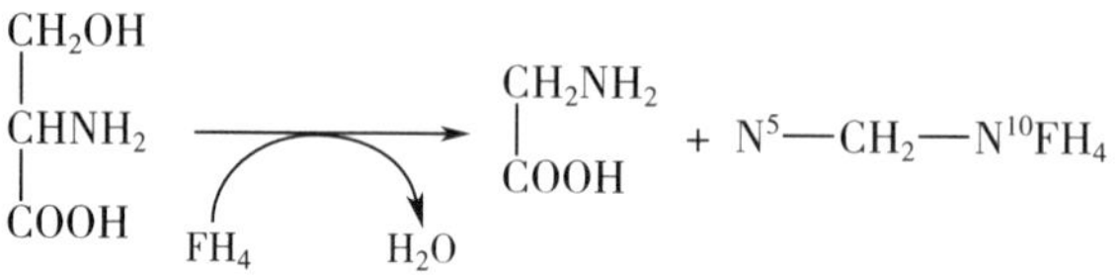

丝氨酸　　　　甘氨酸

（二）一碳单位的相互转变

各种一碳单位中碳原子的氧化状态不同,可通过氧化还原反应彼此转化。其中 N^5—CH₃—FH_4 在体内不能直接由氨基酸裂解生成,但可由 N^5,N^{10} CH₂ —FH_4 还原生成,且这一反应不可逆。一碳单位代谢可总结如图 12-11。

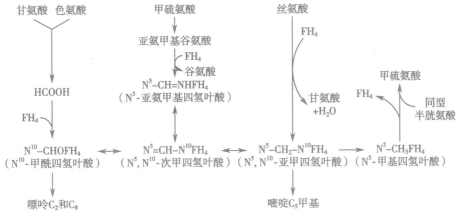

图 12-11　一碳单位代谢

（三）一碳单位的功能

一碳单位的主要功能是参与体内许多重要化合物的合成,主要是核苷酸代谢中的碱基合成,如嘌呤碱 C_2 和 C_8 原子均来源于 $N^{10}-CHO-FH_4$,胸腺嘧啶甲基的碳原子来源于 N^5,$N^{10}-CH_2-FH_4$ 上的亚甲基。一碳单位是氨基酸代谢与核苷酸代谢联系纽带,并会影响到核酸的合成。

FH_4 是一碳单位的结合及转移所必需的载体,体内叶酸的缺乏会引起一碳单位的参与的核苷酸代谢以及一些重要化合物的合成障碍,导致核酸合成受阻,妨碍细胞增殖。临床上的巨幼细胞贫血即是一碳单位代谢障碍相关的典型病例,磺胺药阻断细菌叶酸的合成而抑菌,甲氨蝶呤等叶酸类似药物干扰 FH_4 运载的一碳单位代谢而抑制肿瘤细胞的增殖,均是利用了一碳单位代谢过程。

三、含硫氨基酸的代谢

含硫氨基酸包括甲硫氨酸、半胱氨酸和胱氨酸。甲硫氨酸可以转变为半胱氨酸和胱氨酸,而且半胱氨酸和胱氨酸可以相互转化,但两者都不能生成甲硫氨酸,因此只有甲硫氨酸是营养必需氨基酸,半胱氨酸为半必需氨基酸,保证食物中半胱氨酸的供应可以减少甲硫氨酸的消耗。

（一）甲硫氨酸代谢

甲硫氨酸分子中含有 S- 甲基,能为体内众多物质的合成提供甲基,如肾上腺素、肉碱、胆碱和肌酸等。

1. S- 腺苷甲硫氨酸的生成　甲硫氨酸为其他物质提供甲基前要进行活化,在腺苷转移酶催化下由 ATP 提供腺苷和能量,转变成 S- 腺苷甲硫氨酸(S-adenosyl methionine,SAM),SAM 又称活性甲硫氨酸,分子内的甲基被称为活性甲基,是体内约 50 余种物质转甲基反应的甲基直接供体。甲基化是体内的重要反应,包括 DNA 和 RNA 的甲基化,具有十分广泛的生理意义,SAM 则是最重要的甲基直接供体。

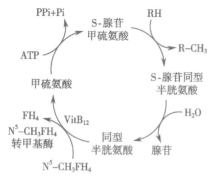

图 12-12　甲硫氨酸循环

2. 甲硫氨酸循环　甲基化反应由甲基转移酶催化,SAM将甲基转移至受体化合物,受体化合物被甲基化,SAM则生成S-腺苷同型半胱氨酸,再脱去腺苷生成同型半胱氨酸。同型半胱氨酸可接受 $N^5—CH_3—FH_4$ 的甲基转变成甲硫氨酸。这样就构成甲硫氨酸循环(methionine cycle),见图12-12。该循环可以看成是 $N^5—CH_3—FH_4$ 的利用方式,保证了甲硫氨酸不被大量消耗和蛋白质合成对甲硫氨酸需求。虽然循环中有甲硫氨酸生成的反应步骤,但不能使体内甲硫氨酸量有所增加,因此甲硫氨酸仍是营养必需氨基酸。

叶酸在体内主要以 $N^5—CH_3—FH_4$ 的形式储存。$N^5—CH_3—FH_4$ 只能与同型半胱氨酸反应生成甲硫氨酸和 FH_4,是目前已知 $N^5—CH_3—FH_4$ 参与的唯一反应,由甲基转移酶催化,并需要维生素 B_{12} 的衍生物作为辅酶。释放的游离 FH_4 可再参与一碳单位的转移。维生素 B_{12} 缺乏将导致 $N^5—CH_3—FH_4$ 的堆积,游离 FH_4 减少会影响其他一碳单位的生成,因而有叶酸缺乏症的临床表现,也可导致巨幼细胞贫血。甲硫氨酸重新生成障碍,会导致同型半胱氨酸堆积,可能刺激心血管细胞增殖,是动脉粥样硬化和冠心病的独立危险因子。

3. 肌酸的合成　肌酸(creatine)是在肝中以甘氨酸为骨架,精氨酸提供脒基,SAM提供甲基合成的(图12-13)。肌酸在肌酸激酶(creatine kinase,CK)的催化下,接受ATP提供的高能磷酸基生成磷酸肌酸(creatine phosphate)。磷酸肌酸含高能键,是骨骼肌、心肌和脑中能量储存、利用的重要化合物,其分布与能量的供应有关。肌肉活动耗能多,约占全身肌酸和磷酸肌酸总含量的93%,骨骼肌中含量多于平滑肌。

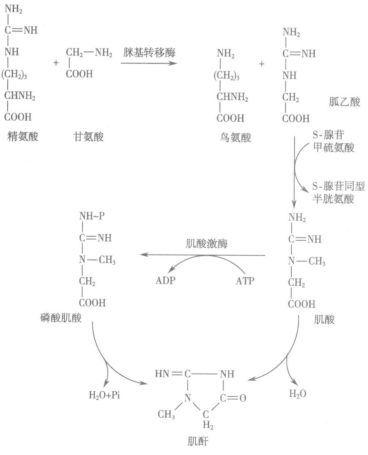

图 12-13　肌酸代谢

在动物体内，肌酸可脱水生成肌酐（creatinine），磷酸肌酸也可自发脱去磷酸而转变为肌酐（图 12-13），反应不可逆，表明肌酐不能在体内转变为肌酸，是肌酸和磷酸肌酸代谢的终产物，主要经肾随尿排出体外。严重肾病可导致肌酐排泄能力降低，血中肌酐浓度升高，因此血肌酐分析可作为肾功能指标。

（二）半胱氨酸代谢

1. 半胱氨酸与胱氨酸的互变　蛋白质中分子中的两个半胱氨酸残基在合适的条件下，能发生氧化脱氢生成胱氨酸，形成的二硫键对维持蛋白质的空间结构至关重要。二硫键被还原破坏，胱氨酸可以再形成半胱氨酸，两者可以进行一定的转化，这对于蛋白质构象的维持和活性的稳定都有重要意义。

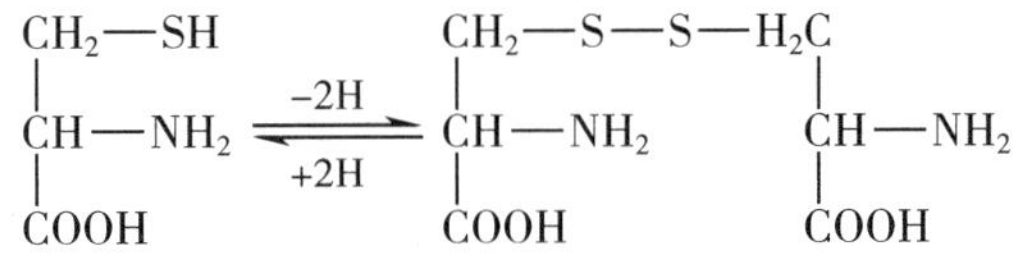
CH2—SH
CH—NH2
COOH
−2H
+2H
CH2—S—S—H2C
CH—NH2
COOH
CH—NH2
COOH

半胱氨酸　　　　　　胱氨酸

2. 谷胱甘肽　半胱氨酸是谷胱甘肽（glutathione，GSH）的组成成分之一。谷胱甘肽多以还原型存在，对于维护体内乳酸脱氢酶等巯基酶的活性、维护红细胞膜的正常结构与功能、氨基酸的跨膜转运过程都十分重要。谷胱甘肽有还原型和氧化型的互变。

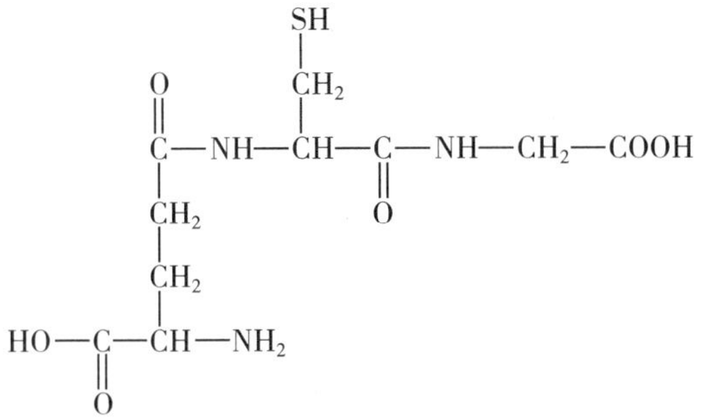
SH
CH2
O
C—NH—CH—C—NH—CH2—COOH
O
CH2
CH2
HO—C—CH—NH2
O

谷氨酸　　　半胱氨酸　　　甘氨酸

谷胱甘肽（GSH）

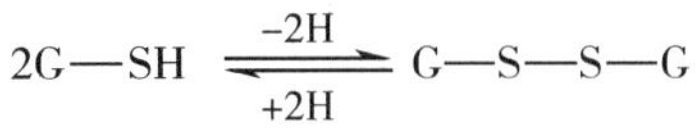
2G—SH
−2H
+2H
G—S—S—G

3. 活性硫酸根的代谢　含硫氨基酸经分解代谢可生成硫酸根，主要来源是半胱氨酸。部分硫酸根以硫酸盐形式从尿中排出，另一部分硫酸根可活化成 3′- 磷酸腺苷 -5′ 磷酸硫酸（3′-phospho-adenosine-5′-phospho-sulfate，PAPS），即活性硫酸根。

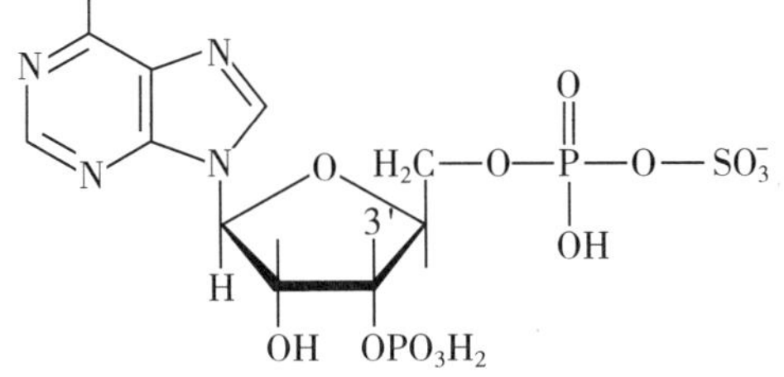
NH2
N
N
N
N
O
H2C—O—P—O—SO3−
O
OH
3′
H
OH
OPO3H2

活性硫酸根的结构

PAPS 性质比较活泼，可以和一些物质反应生成硫酸酯，如结缔组织基质中的硫酸软骨素、硫酸角质素、肝素等。体内的固醇类激素可生成硫酸酯而灭活。

四、芳香族氨基酸的代谢

芳香族氨基酸包括苯丙氨酸、酪氨酸和色氨酸。苯丙氨酸和色氨酸是营养必需氨基酸，主要来源于食物,体内不能合成,可以发生代谢转化。

苯丙氨酸在苯丙氨酸羟化酶作用下转变为酪氨酸。酪氨酸进一步代谢能转变成许多具有重要生理功能的化合物。酪氨酸的苯环再羟化即可生成多巴(dihydroxyphenylalanine,DOPA),多巴经脱羧反应转变为多巴胺(dopamine)。多巴胺是脑中的一种神经递质,帕金森病(Parkinson disease)患者发病机制就是多巴胺生成减少。多巴胺是肾上腺素和去甲肾上腺素的前体。多巴也是合成黑色素的原料,白化病(albinism)患者因缺乏酪氨酸酶,黑色素生成障碍,故皮肤、毛发等发白。甲状腺球蛋白富含的酪氨酸是甲状腺素的合成原料。

当苯丙氨酸羟化酶先天性缺陷时,体内的苯丙氨酸因不能正常转变为酪氨酸而蓄积,并经转氨酶作用脱去氨基转变成苯丙酮酸,从而出现苯丙酮尿症(phenylketonuria,PKU)。苯丙酮酸的蓄积对中枢神经系统有毒性作用,导致患儿的智力发育障碍。给苯丙酮尿症的患儿进食低苯丙氨酸的膳食可减轻此病伴有的神经发育迟缓。

酪氨酸经转氨基反应生成对羟基苯丙酮酸,进一步分解生成乙酰乙酸和延胡索酸,所以苯丙氨酸和酪氨酸是生糖兼生酮氨基酸。

色氨酸除脱羧生成 5- 羟色胺外,还可生成烟酸,是体内氨基酸生成维生素的唯一途径。因 60mg 色氨酸只能生成 1mg 烟酸,保证食物烟酸的供应可防色氨酸过多消耗。

五、支链氨基酸的代谢

支链氨基酸包括缬氨酸、亮氨酸和异亮氨酸,均为营养必需氨基酸。支链氨基酸的分解代谢主要在肌肉中进行。都可以通过转氨基作用生成相应的 α- 酮酸,经若干步骤继续代谢,缬氨酸产生琥珀酰辅酶 A,亮氨酸产生乙酰辅酶 A 和乙酰乙酰辅酶 A,异亮氨酸产生琥珀酰辅酶 A 和乙酰辅酶 A,可见三者分别属于生糖氨基酸、生酮氨基酸和生糖兼生酮氨基酸。

近年来,人们认识到氨基酸代谢不平衡与肝性脑病的发生密切相关。正常人血浆中支链氨基酸与芳香族氨基酸的克分子浓度比值为 4,肝性脑病时血浆中支链氨基酸含量减少、芳香族氨基酸含量增多,使两者的克分子比值严重降低(<1)。使用含支链氨基酸较多的特殊组成的氨基酸混合液治疗肝性脑病,能使症状得到迅速改善。

(陈维春)

思 考 题

1. 什么是必需氨基酸? 食物蛋白质的营养价值的评价标准是什么?
2. 简述氨基酸脱氨基作用方式,如何理解转氨基反应可以调节体内非必需氨基酸的构成比例?
3. 尿素如何生成? 哪些因素可影响尿素的生成?
4. 体内氨的来源有哪些? 肝细胞严重损伤时诱发肝性脑病的机制是什么?
5. 什么是一碳单位? 有哪些种类? 举一例缺乏症并解释发病机制。
6. 为何肝性脑病患者禁用碱性液体灌肠?
7. 简述甲硫氨酸循环及在体内的重要生物学意义。

Note:

NURSING

第十三章

核苷酸代谢

13章　数字资源

章 前 导 言

　　食物中核酸降解可以产生核苷酸,核苷酸又是合成核酸的原料,同时还参与能量代谢、信号转导及代谢调节等过程,但核酸却不被认为是营养必需物质,这与食物来源的嘌呤和嘧啶极少被机体利用,以及机体具有广泛的核苷酸合成能力有关。无论是嘌呤核苷酸还是嘧啶核苷酸,机体均具有从头合成和补救合成途径,从头合成能够利用糖、氨基酸代谢产生的磷酸核糖、氨基酸、一碳单位等简单原料逐步形成嘌呤环或嘧啶环进而合成相应的核苷酸;补救合成则利用现成的嘌呤、嘌呤核苷或嘧啶、嘧啶核苷重新合成核苷酸。核苷酸合成及分解的速率直接影响机体内代谢池中的核苷酸含量,这又会对细胞内核酸的合成造成重要影响。因此影响核苷酸代谢途径的各个因素均影响核酸的代谢,如代谢酶的遗传缺陷、四氢叶酸的缺乏以及众多抗代谢物等。干预核酸代谢进程又是临床肿瘤化疗的重要策略,使得各种核苷酸的抗代谢物在抗肿瘤治疗中发挥重要作用。

学 习 目 标

- 知识目标
  1. 掌握嘌呤核苷酸和嘧啶核苷酸从头合成途径的概念、原料、关键酶及过程；脱氧核苷酸的生成及核糖核苷酸还原酶的成分；嘌呤核苷酸分解代谢终产物；脱氧胸腺嘧啶核苷酸的生成。
  2. 熟悉核苷酸生物功能、转变关系、合成调节的基本方式；嘌呤核苷酸与嘧啶核苷酸的补救合成途径；嘌呤核苷酸和嘧啶核苷酸抗代谢物的作用。
  3. 了解痛风症的原因及治疗原则。

- 能力目标
  能运用核苷酸代谢相关知识，分析核苷酸代谢障碍引起的相关疾病。

- 素质目标
  在了解核酸营养价值、痛风症与不良饮食相关性的过程中，树立健康生活的理念，坚持科学精神，勇担社会责任；通过对抗代谢物（化疗药物）作用机制的理解，体悟患者的病痛，培养医者仁心。

核苷酸是核酸的基本结构单位，其最主要的功能是作为体内合成 DNA 和 RNA 的基本原料。此外，核苷酸在体内还具有多种重要的生物学功能：①作为体内能量的利用形式。ATP 是机体的主要能量形式，此外 GTP、CTP 和 UTP 等分别可为蛋白质合成、甘油磷脂合成和糖原合成提供能量。②构成辅酶。例如腺苷酸可作为多种辅酶（NAD$^+$、FAD、CoA 等）的重要组成部分。③活化中间代谢物。有些核苷酸可以作为多种活化中间代谢物的载体，如 UDP- 葡萄糖是合成糖原、糖蛋白的活性原料，CDP- 甘油二酯是合成磷脂的活性原料，S- 腺苷甲硫氨酸是活性甲基的载体等。ATP 还可作为激酶反应中磷酸基团的供体。④参与细胞信号转导。某些环磷酸核苷是重要的调节分子，如 cAMP 是多种细胞膜受体激素作用的第二信使，cGMP 也与代谢调节有关。

食物中的核酸多与组蛋白结合以核蛋白的形式存在，在胃酸作用下可分解成蛋白质和核酸；小肠中胰液和肠液存在各种核酸水解酶，可催化核酸逐级水解（图 13-1）。各种核苷酸及其水解产物均可被吸收，且绝大部分在肠黏膜细胞被进一步分解。分解产生的磷酸和戊糖被机体再利用，碱基则大部分被分解而排出体外。

尽管食物中核酸类成分丰富，但由食物来源的嘌呤和嘧啶很少被机体利用，并且机体可自身合成核苷酸，因此食物中的核苷酸不是人体健康所必需的营养物质。本章主要叙述嘌呤核苷酸和嘧啶核苷酸在体内的合成及分解代谢过程。

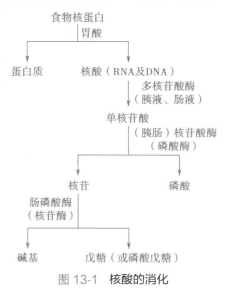

图 13-1 核酸的消化

第一节 嘌呤核苷酸代谢

导 入 案 例

患者，男，45 岁，近两年来因全身关节疼痛，曾被诊断为"风湿性关节炎"。近期由于应酬，喝酒较多，抗风湿治疗效果不明显，来医院就诊。查体：双踝及其膝关节，尤其双足第 1 跖趾关节红肿疼痛，血尿酸：11.9mg/dl（参考值：2.5~7.0mg/dl），24h 尿液中尿酸：446mg/dl（参考值：40~90mg/dl），其他血液检查正常。

请思考：

1. 请根据以上结果作出诊断，并说明理由。
2. 该病发病的生化机制是什么？

一、嘌呤核苷酸的合成代谢

生物体内细胞的嘌呤核苷酸合成有两条途径，即从头合成途径（de novo synthesis）和补救合成途径（salvage pathway）。从头合成途径是嘌呤核苷酸的主要合成途径，肝细胞及多数组织以从头合成途径为主，即以磷酸核糖、氨基酸、一碳单位及 CO_2 等简单物质为原料，经过一系列酶促反应，合成嘌呤核苷酸的代谢途径。另外，利用体内游离的嘌呤或嘌呤核苷，经过简单的反应合成嘌呤核苷酸的过程，称为补救合成途径，是脑组织和骨髓合成嘌呤核苷酸的主要途径。两条合成途径在不同组织中的重要性各不相同。

（一）嘌呤核苷酸的从头合成

1. 从头合成的原料 核素示踪实验证明，嘌呤核苷酸从头合成的前体物质分别是 5- 磷酸核糖、谷氨酰胺、一碳单位、甘氨酸、CO_2 和天冬氨酸。图 13-2 表示嘌呤环合成的各元素来源。

2. 从头合成的过程 嘌呤核苷酸的从头合成过程在胞质中进行，可分为两个阶段：第一阶段先合成次黄嘌呤核苷酸（inosine monophosphate，IMP）；第二阶段是以 IMP 作为共同前体，分别转变成腺嘌呤核苷酸（AMP）与鸟嘌呤核苷酸（GMP）。

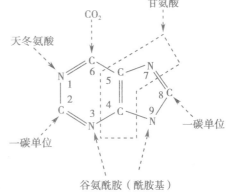

图 13-2 嘌呤碱合成的元素来源

（1）IMP 的合成：IMP 的合成经 11 步酶促反应完成。①由磷酸戊糖途径产生的 5- 磷酸核糖在磷酸核糖焦磷酸合成酶催化下，生成 5- 磷酸核糖 -1- 焦磷酸（phosphoribosyl pyrophosphate，PRPP）作为活性的核糖供体；PRPP 合成酶受嘌呤核苷酸的别构调节，PRPP 浓度是合成过程中最主要的决定因素。PRPP 不仅参与嘌呤核苷酸和嘧啶核苷酸的从头合成，还参与它们的补救合成，同时也是组氨酸和色氨酸合成的前体，参与多种生物合成过程。②在 PRPP 酰胺转移酶（amidotransferase）催化下，谷氨酰胺提供酰胺基取代 PRPP 的焦磷酸基团，生成 5- 磷酸核糖胺（PRA），此反应是嘌呤核苷酸的从头合成的关键步骤。③由 ATP 供能，PRA 和甘氨酸缩合生成甘氨酰胺核苷酸（GAR）。④ GAR 从 N^{10}- 甲酰四氢叶酸获得甲酰基，发生甲酰化而生成甲酰甘氨酰胺核苷酸（FGAR）。⑤第二个谷氨酰胺的酰胺基转移到正在生成的嘌呤环上，形成甲酰甘氨脒核苷酸（FGAM），此反应消耗 1 分子 ATP。⑥ 5- 氨基咪唑核苷酸（AIR）合成酶催化 FGAM 脱水环化形成 AIR，此过程也需消耗 1 分子 ATP。至此，嘌呤环中的咪唑环部分合成完毕。⑦ CO_2 提供 C_6 原子，在羧化酶催化下连接到咪唑环上，生成 5- 氨基咪唑 -4- 羧酸核苷酸（CAIR）。⑧及⑨两步反应同样由 ATP 供能，天冬氨酸与 CAIR 缩合裂解出延胡索酸，生成 5- 氨基咪唑 -4- 甲酰胺核苷酸（AICAR）。⑩由 N^{10}- 甲酰四氢叶酸提供第二个一碳单位，使 AICAR 甲酰化生成 5- 甲酰胺基咪唑 -4- 甲酰胺核苷酸（FAICAR）。最终步骤是 FAICAR 经脱水环化，生成 IMP。上述系列酶促反应如图 13-3 所示。

磷酸核糖焦磷酸激酶
（PRPP合成酶）

5′-磷酸核糖

5′-磷酸核糖1′-焦磷酸（PRPP）

Note:

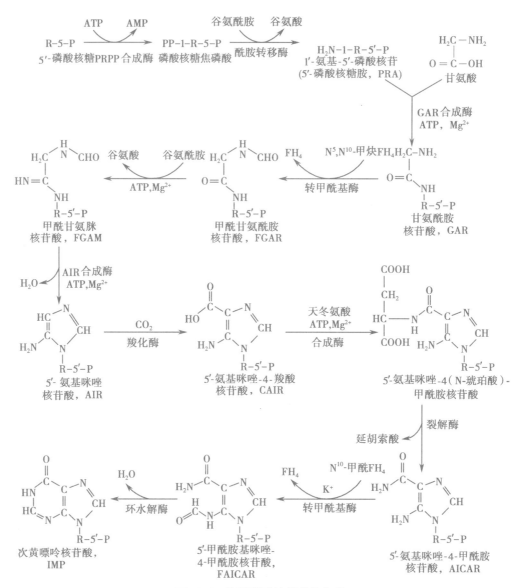

图 13-3　次黄嘌呤核苷酸的合成

（2）AMP 和 GMP 的生成：IMP 是合成 AMP 和 GMP 的共同前体，由 IMP 分别转变生成 AMP 和 GMP（图 13-4）。

嘌呤核苷酸从头合成途径的重要特点是在磷酸核糖的基础上逐步合成嘌呤环，而不是先合成嘌呤碱，然后再与磷酸核糖结合。现已明确，肝细胞是从头合成嘌呤核苷酸的主要器官，其次是小肠黏膜及胸腺，体内并非所有细胞都具有从头合成嘌呤核苷酸的能力。

3. 从头合成的调节　体内嘌呤核苷酸从头合成主要受反馈抑制（feedback inhibition）调节（图 13-5）。机体通过对 AMP 及 GMP 合成速度的精确调节，既满足核酸合成对嘌呤核苷酸的需要，又减少了前体分子及能量的多余消耗。

PRPP 合成酶和 PRPP 酰胺转移酶是嘌呤核苷酸合成起始阶段的限速酶，均属别构酶类，可受 IMP、AMP 及 GMP 等合成产物的抑制。

在 IMP 转变为 AMP 与 GMP 的过程中，IMP 转变成 GMP 时需要 ATP，而 IMP 转变成 AMP 时需要 GTP。GTP 可以促进 AMP 的生成，ATP 也可以促进 GMP 的生成。这种交叉调节作用，使腺嘌呤核苷酸和鸟嘌呤核苷酸的合成得以保持相对平衡。

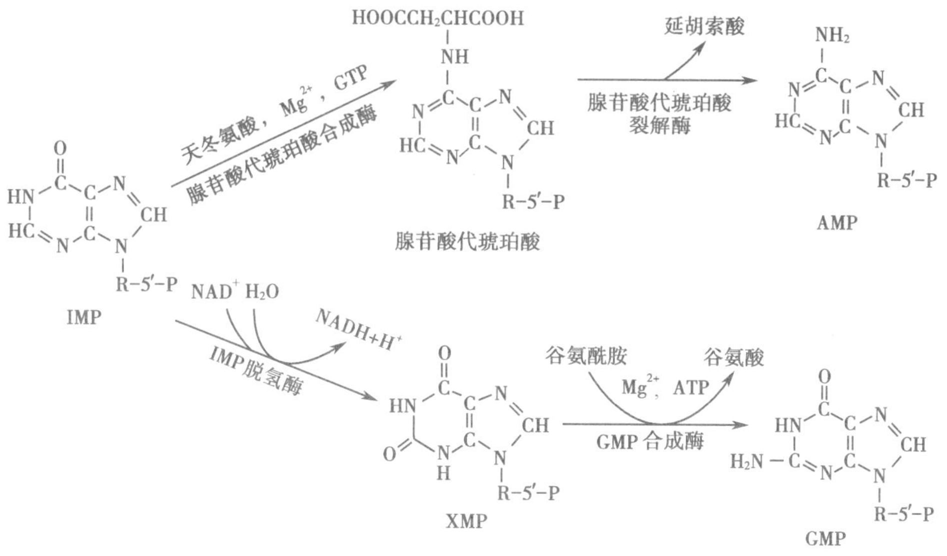

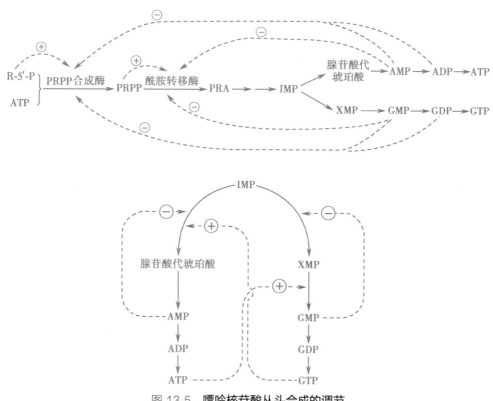

图 13-4 IMP 转变生成 AMP 和 GMP 的过程

图 13-5 嘌呤核苷酸从头合成的调节

（二）嘌呤核苷酸的补救合成

细胞利用已有的嘌呤碱或嘌呤核苷重新合成嘌呤核苷酸，称为补救合成。这一途径比较简单，能量和氨基酸前体的消耗也较少。嘌呤核苷酸的补救合成也由 PRPP 提供磷酸核糖，并有两种特异性不同的酶参与：腺嘌呤磷酸核糖转移酶（adenine phosphoribosyl transferase，APRT）和次黄嘌呤 - 鸟嘌呤磷酸核糖转移酶（hypoxanthine-guanine phosphoribosyl transferase，HGPRT），分别催化嘌呤碱基从 PRPP 获得磷酸核糖而生成 AMP、IMP 和 GMP，它们是主要的嘌呤核苷酸补救合成反应。

$$\text{腺嘌呤} + PRPP \xrightarrow{\text{APRT}} AMP + PPi$$

$$\text{次黄嘌呤} + PRPP \xrightarrow{\text{HGPRT}} IMP + PPi$$

$$鸟嘌呤 + PRPP \xrightarrow{HGPRT} GMP + PPi$$

催化上述反应的 APRT 和 HGPRT 分别受相应产物 AMP、IMP 和 GMP 的反馈抑制。

此外,腺嘌呤核苷可在腺苷激酶的催化下磷酸化生成 AMP。生物体内不存在其他嘌呤核苷的激酶。

$$腺嘌呤核苷 \xrightarrow[\substack{ATP \quad ADP}]{腺苷激酶} AMP$$

嘌呤核苷酸补救合成的生理意义,不仅是利用现成的嘌呤或嘌呤核苷,减少能量和一些氨基酸的消耗;更重要的是,它是脑、骨髓等缺乏从头合成途径酶体系的组织器官合成嘌呤核苷酸的唯一途径。若由于基因缺陷使 HGPRT 严重不足或完全缺失,可导致一种 X 染色体连锁的隐性遗传代谢病,称为 Lesch-Nyhan 综合征或称为自毁容貌征,患儿表现为智力减退并伴有自残行为和高尿酸血症等。由此可见,补救合成途径对这些组织细胞具有非常重要的意义。

(三) 脱氧(核糖)核苷酸的生成

细胞分裂旺盛时需要提供大量脱氧核苷酸,以适应合成 DNA 的需求。DNA 由 4 种脱氧核糖核苷酸组成,无论是嘌呤脱氧核苷酸还是嘧啶脱氧核苷酸,都是通过相应的核糖核苷酸在核苷二磷酸(NDP)水平直接还原而成(N 代表 A、G、U、C 四种碱基),即以氢取代核糖分子中 $C_{2'}$ 上的羟基生成相应的 dNDP。该反应由核糖核苷酸还原酶(ribonucleotide reductase)所组成的酶体系催化,反应如下:

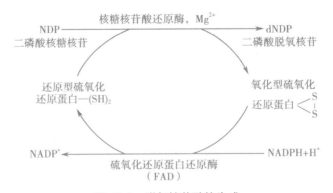

核糖核苷酸还原酶体系,包括核糖核苷酸还原酶、NADPH+H$^+$、硫氧化还原蛋白(thioredoxin)、硫氧化还原蛋白还原酶(thioredoxin reductase,Trx)和 FAD。硫氧化还原蛋白是一种蛋白质辅因子,在反应中作为电子载体,其所含的巯基在核糖核苷酸还原酶作用下氧化为二硫键,后者再经含黄素辅基(FAD)的硫氧化还原蛋白还原酶催化,由 NADPH+H$^+$ 提供氢而加氢还原重新生成还原型的硫氧化还原蛋白,完成脱氧核苷酸的生成(图 13-6)。

图 13-6 **脱氧核苷酸的生成**

核糖核苷酸还原酶是一种别构酶,包括两个亚基,两个亚基结合并有 Mg^{2+} 存在时才具有酶活性。在 DNA 合成旺盛、分裂速度较快的细胞中,核糖核苷酸还原酶体系活性较强。此外,细胞还可以通过各种三磷酸核苷对还原酶的别构作用,调节不同脱氧核苷酸生成。例如某种 dNTP 生成时,核糖核苷酸还原酶可被某种特定的 NTP 激活,同时也受其他 NTP 的抑制。通过这些调节,使 DNA 合成所需的 4 种脱氧核苷酸控制在适当比例。

Note:

二、嘌呤核苷酸的分解代谢

嘌呤核苷酸的分解代谢主要在肝、小肠及肾中进行。细胞中的核苷酸酶可催化各种核苷酸脱去磷酸生成嘌呤核苷;嘌呤核苷由嘌呤核苷磷酸化酶(purine nucleoside phosphorylase,PNP)催化,转变成游离的嘌呤和1-磷酸核糖。嘌呤碱可以进一步降解,也可参加核苷酸的补救合成。1-磷酸核糖主要进入糖代谢,经磷酸戊糖途径氧化分解后又可转变为5-磷酸核糖作为PRPP的原料,用于合成新的核苷酸。人体内,嘌呤碱基最终分解生成尿酸(uric acid),随尿排出体外。AMP降解为黄嘌呤,在黄嘌呤氧化酶(xanthine oxidase)作用下黄嘌呤被氧化生成尿酸;而GMP分解生成的鸟嘌呤经氧化生成黄嘌呤,最终也转变为尿酸。嘌呤核苷酸分解代谢的反应过程简化如图13-7所示。嘌呤脱氧核苷酸也经相同的途径进行分解代谢。

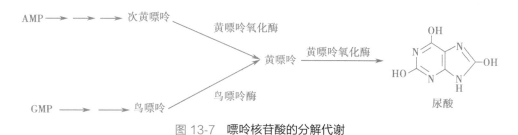

图 13-7　嘌呤核苷酸的分解代谢

尿酸是人体嘌呤分解代谢的终产物,水溶性较差,正常成人每天排出尿酸400~600mg。正常男性血浆中尿酸含量平均为0.27mmol/L,女性平均为0.21mmol/L左右。临床上常用促进尿酸排泄或抑制尿酸形成的药物治疗痛风症,如别嘌醇(allopurinol),与次黄嘌呤结构相似,可通过竞争性抑制黄嘌呤氧化酶,减少尿酸生成;另一方面,别嘌醇与PRPP反应生成别嘌呤核苷酸,后者与IMP结构相似,可反馈抑制PRPP酰胺转移酶,阻断嘌呤核苷酸的从头合成,从而间接抑制尿酸的生成。

知 识 链 接

痛 风 症

正常人血尿酸含量为0.12~0.36mmol/L,男性略高于女性。痛风症(gout)是以血尿酸含量升高为主要特征的疾病,多见于成年男性。由于尿酸水溶性较差,易析出晶体,当血尿酸含量超过0.48mmol/L时,尿酸盐晶体可沉积在关节、软组织、软骨及肾等处,导致关节炎、尿路结石及肾疾病,引起疼痛及功能障碍。痛风症分为原发性、继发性两种类型。原发性痛风症是由于嘌呤核苷酸代谢相关的某些酶遗传性缺陷导致尿酸生成异常增加,引起高尿酸血症。继发性痛风症多因进食高嘌呤食物、体内核酸大量分解(如白血病、恶性肿瘤等)或肾疾病导致尿酸排泄障碍等,均可能引起血中尿酸升高。自毁容貌征也归属于继发性痛风症。

第二节　嘧啶核苷酸代谢

一、嘧啶核苷酸的合成代谢

与嘌呤核苷酸一样,体内嘧啶核苷酸的合成也有从头合成与补救合成两条途径。

（一）嘧啶核苷酸的从头合成

1. 从头合成的原料　嘧啶核苷酸从头合成的原料分别是5-磷酸核糖、天冬氨酸、谷氨酰胺和CO_2,嘧啶碱合成的各种元素来源如图13-8所示。

Note:

2. 从头合成的过程　与嘌呤核苷酸的从头合成途径不同,嘧啶核苷酸的从头合成是先合成嘧啶环,然后再与磷酸核糖相连,并以 UMP 为嘧啶核苷酸合成的共同前体。合成的全过程如图 13-9 所示。

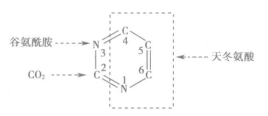

图 13-8　嘧啶碱合成的元素来源

(1)尿嘧啶核苷酸的合成:整个合成共有 6 步反应,主要在肝细胞的胞质中进行。①在肝细胞质中的氨甲酰磷酸合成酶Ⅱ(CPS-Ⅱ)的作用下,以谷氨酰胺作为氮源与 CO_2 反应生成氨甲酰磷酸。CPS-Ⅱ可受反馈抑制的调节,主要参与嘧啶碱的合成。与此不同的是,肝线粒体中的 CPS-Ⅰ是以氨为氮源,催化生成的氨甲酰磷酸,主要用于合成尿素,不受反馈抑制的调节。可见,这两种合成酶性质和功用不同。②在天冬氨酸氨基甲酰转移酶(aspartate transcarbamoylase)的催化下,天冬氨酸从氨甲酰磷酸获得氨甲酰基缩合生成氨甲酰天冬氨酸。③二氢乳清酸酶催化氨甲酰天冬氨酸脱水环化,生成具有嘧啶环的二氢乳清酸。④二氢乳清酸脱氢酶催化二氢乳清酸脱氢生成乳清酸(orotic acid)。⑤乳清酸在乳清酸磷酸核糖转移酶催化下,从 PRPP 获得磷酸核糖缩合生成乳清酸核苷酸。⑥乳清酸核苷酸在脱羧酶催化下脱去羧基最终形成 UMP。

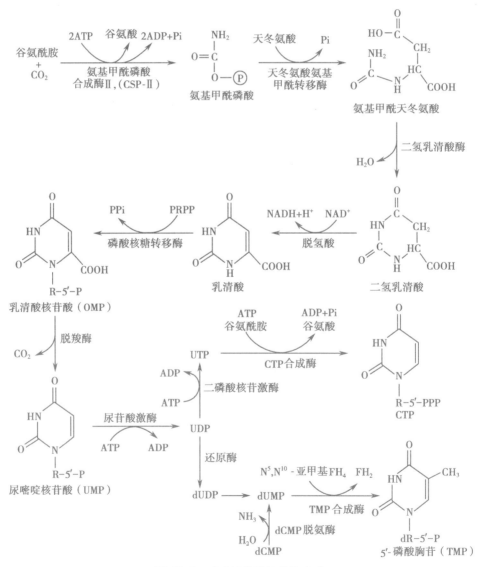

图 13-9　嘧啶核苷酸的从头合成

(2)CTP 的生成:CTP 的合成是在核苷三磷酸水平上进行的,即由 UMP 通过激酶的连续催化,生成

UTP,后者在 CTP 合成酶催化下,从谷氨酰胺接受氨基转变生成 CTP。CTP 的生成共消耗 3 分子 ATP。

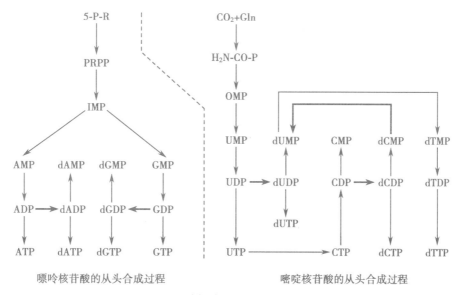

（3）脱氧胸腺嘧啶核苷酸（dTMP）的生成:脱氧胸腺嘧啶核苷酸是 DNA 特有的组分,它不能由相应的核糖核苷酸转变而来,在体内主要由 dUMP 经甲基化而生成。dUMP 主要由 dCMP 脱氨基生成,也可经 dUDP 水解除去磷酸而生成。催化 dUMP 甲基化的是胸苷酸合酶,在该酶作用下 dUMP 从甲基供体 N^5,N^{10}- 亚甲四氢叶酸获得 1 个甲基而生成 dTMP。反应后形成的二氢叶酸可在二氢叶酸还原酶作用下,重新加氢还原生成四氢叶酸。四氢叶酸携带的一碳单位既作为嘌呤从头合成的前体,又能参与脱氧胸苷酸的合成。为此,胸苷酸合酶与二氢叶酸还原酶在临床上常被用于肿瘤化疗的靶点。

DNA 合成的原料为四种 dNTP,可由 dNMP、dNDP 经激酶的催化和 ATP 供能而形成。

综上所述,嘌呤与嘧啶核苷酸的合成过程总结如图 13-10。

图 13-10　嘌呤与嘧啶核苷酸的合成过程总结

3. 从头合成的调节　在细菌中,天冬氨酸氨基甲酰转移酶（aspartate transcarbamoylase,ATCase）是嘧啶核苷酸从头合成的主要调节酶,CTP 是其别构抑制剂,ATP 则是别构激活剂。但是,哺乳类动物细胞中,嘧啶核苷酸合成的调节酶则主要是 CPS-Ⅱ,它受 UMP 抑制。这两种酶均受反馈机制的调节。在真核细胞中,嘧啶核苷酸合成的前三个酶,即 CPS-Ⅱ、天冬氨酸氨基甲酰转移酶和二氢乳清酸酶,是在同一条多肽链(相对分子量约为 220kD)上,为一种多功能酶;后两个酶也是位于同一条多肽链上的多功能酶。因此更有利于以相同的速率参与嘧啶核苷酸的合成。此外,它们还受到阻遏或去阻遏的调节。嘧啶与嘌呤的合成产物可相互调控合成过程,使两者的合成速度均衡。由于 PRPP 合成酶是嘌呤与嘧啶两类核苷酸合成过程中共同所需要的酶,它可同时接受嘌呤核苷酸及嘧啶核苷酸的反馈抑制。嘧啶核苷酸合成的调节如图 13-11 所示。

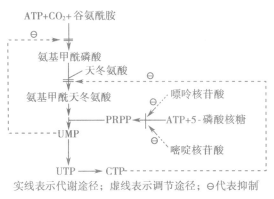

实线表示代谢途径;虚线表示调节途径;⊖代表抑制

图 13-11　嘧啶核苷酸合成的调节

(二) 嘧啶核苷酸的补救合成

嘧啶磷酸核糖转移酶是嘧啶核苷酸补救合成的主要酶,催化反应式如下:

$$\text{嘧啶(U、OA)} + \text{PRPP} \xrightarrow{\text{嘧啶磷酸核糖转移酶}} \text{(UMP、OMP)} + \text{PPi}$$

除胞嘧啶外,嘧啶磷酸核糖转移酶能催化尿嘧啶、胸腺嘧啶及乳清酸转变为相应的嘧啶核苷酸。另外,细胞中的尿苷(胞苷)激酶、脱氧胸苷激酶等也可催化嘧啶核苷酸的补救合成。

$$\text{尿嘧啶核苷(或胞嘧啶核苷)} \xrightarrow[\substack{\text{ATP} \quad \text{ADP}}]{\text{尿苷激酶、Mg}^{2+}} \text{UMP(或CMP)}$$

$$\text{脱氧胸腺嘧啶核苷} \xrightarrow[\substack{\text{ATP} \quad \text{ADP}}]{\text{胸苷激酶、Mg}^{2+}} \text{dTMP}$$

正常肝细胞中脱氧胸苷激酶活性很低,再生肝中活性升高,肝癌时则明显升高,可用作评估恶性程度的肿瘤标志物。

二、嘧啶核苷酸的分解代谢

嘧啶核苷酸的分解代谢与嘌呤核苷酸相似,首先是在核苷酸酶和核苷磷酸化酶作用下,嘧啶核苷酸先脱去磷酸及核糖,剩余的嘧啶碱主要在肝内进一步开环分解,最终的分解产物为 NH_3、CO_2 和 β-氨基酸。胞嘧啶脱氨基转变成尿嘧啶,后者还原成二氢尿嘧啶,再经水解开环后最终生成 NH_3、CO_2 和 β-丙氨酸。胸腺嘧啶则相应水解生成 NH_3、CO_2 和 β-氨基异丁酸(图 13-12)。β-丙氨酸和 β-氨基异丁酸可继续分解进入三羧酸循环而被彻底氧化。嘧啶碱的降解产物与嘌呤碱不同,都易溶于水,可直接随尿排出。临床发现,肿瘤患者经放疗或化疗后,由于 DNA 大量破坏降解,尿中 β-氨基异丁酸排出量可明显增多。

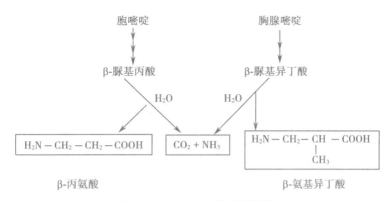

图 13-12 嘧啶碱的分解代谢

第三节 核苷酸的抗代谢物

在临床治疗肿瘤中,常依据酶竞争性抑制的作用机制,针对核苷酸代谢过程的不同环节,使用类似代谢物的药物,干扰或阻断核苷酸及核酸的合成代谢,使癌变细胞中核酸和蛋白质的生物合成迅速被抑制,从而控制肿瘤的发展。此类药物按化学结构可分为两大类,一类是嘌呤、嘧啶、核苷类似物,通过转变为异常核苷酸干扰核苷酸的生物合成。另一类是谷氨酰胺、叶酸等类似物,可直接阻断谷氨酰胺、一碳单位在核苷酸合成中的作用。

嘌呤类似物有 6-巯基嘌呤(6-mercaptopurine,6-MP)、6-巯基鸟嘌呤、8-氮杂鸟嘌呤等,其中以 6-MP 在临床上应用较多,其结构与次黄嘌呤相似,只是后者分子中 C_5 上的羟基被巯基取代。嘧啶类似物主要有 5-氟尿嘧啶(5-fluorouracil,5-FU),结构与胸腺嘧啶相似。氨基酸类似物有与谷氨酰胺结构相似的氮杂丝氨酸(azaserine)及 6-重氮-5-氧正亮氨酸(diazonorleucine)等。叶酸的类似物有氨蝶呤(aminopterin)及甲氨蝶呤(methotrexate,MTX)等。另外,某些改变了核糖结构的核苷类似物,例如阿糖胞苷和环胞苷也是重要的抗癌药物。各种抗代谢药物的作用机制见表 13-1。

表 13-1 各种抗代谢药物的作用机制

抗代谢物	作用机制
6-巯基嘌呤(6-MP) (与次黄嘌呤类似)	阻断嘌呤核苷酸的从头合成 转变成 6-MP 核苷酸,抑制 IMP 转变为 AMP 及 GMP 的反应 转变成 6-MP 核苷酸,抑制 PRPP 酰胺转移酶 阻断嘌呤核苷酸的补救合成 转变成 6-MP 核苷酸,竞争性抑制 HGPRT
5-氟尿嘧啶(5-FU) (与胸腺嘧啶类似)	阻断 TMP 合成 本身无生物学活性,转变为 FdUMP,抑制 TMP 合酶 转变为三磷酸氟尿嘧啶核苷(FUTP)掺入 RNA 分子,破坏 RNA 的结构与功能
氮杂丝氨酸 6重氮5氧正亮氨酸	与谷氨酰胺结构相似,干扰谷氨酰胺在核苷酸合成中的作用,如抑制嘌呤核苷酸及 CTP 的合成
氨蝶呤及 MTX	竞争性抑制二氢叶酸还原酶,使叶酸不能形成 FH_2 及 FH_4,嘌呤中来自一碳单位的 C_2 及 C_8 得不到供应,抑制嘌呤核苷酸合成;使 dUMP 不能生成 dTMP,影响 DNA 合成
阿糖胞苷、环胞苷	胞苷类似物,抑制 CDP 还原成 dCDP,影响 DNA 的合成

(张媛英)

Note:

—————————— 思 考 题 ——————————

1. 嘌呤核苷酸与嘧啶核苷酸从头合成途径有哪些异同点？

2. 试比较 CPS-Ⅰ 和 CPS-Ⅱ 在合成代谢中的异同。

3. 嘌呤核苷酸和嘧啶核苷酸抗代谢物有哪些？举例说明。

4. 痛风症与哪种代谢产物相关？如何治疗？

物质代谢调节与细胞信号转导

14章 数字资源

章 前 导 言

    细胞内多种物质代谢同时进行,通过别构调节、化学修饰调节改变关键酶结构进而改变酶活性,通过调节合成和/或降解速率进而改变酶含量,保持各种物质代谢及其与内外环境之间相互协调,使糖、脂肪、蛋白质等营养物质在能量供应方面可互相代替,并互相制约,但不能完全互相转变。高等动物包括人的各组织器官高度分化、具有各自的功能和代谢特点。肝是物质代谢的中枢器官,从肠道吸收进入人体的营养物质,几乎都经肝处理和中转;各器官所需的营养物质大多也通过肝加工或转变;有的代谢终产物还需通过肝解毒和排出。机体内的各种物质代谢通过共同的代谢池、共同的能量储存和利用形式 ATP、合成代谢所需的共同还原当量 NADPH 以及共同的中间代谢物,形成彼此相互联系、相互转变、相互依存的统一整体,并在激素及整体水平受到精细调节。在上述过程中,细胞通讯及细胞信号转导是重要环节。机体内一些细胞受到内外环境的刺激发出信号,另一些细胞接收信号并将其转变为代谢或其他功能变化。该过程由不同的细胞外信号分子、受体、细胞内信号分子等构成的多种信号转导通路完成,并具有级联放大效应。它们的数量或结构的异常改变可导致相应的信号转导通路异常失活或异常激活,产生疾病。

─── 学 习 目 标 ───

● 知识目标

1. 掌握细胞水平的代谢调节；受体的概念、分类、受体作用的特点；主要信号转导分子类型。

2. 熟悉细胞信息传递主要途径；物质代谢的特点。

3. 了解激素水平的代谢调节；饱食、空腹、饥饿与应激状态的物质代谢调节；细胞信号类型。

● 能力目标

能够运用所学的物质代谢调节与细胞信号转导知识分析不同营养或疾病状态下物质代谢的特点及调节，解释某些与代谢、信号转导异常相关疾病发生的原因，以及某些药物的作用机制。

● 素质目标

通过理解和总结物质代谢调节的多层次以及与细胞信号转导的密切相关性，培养认识复杂事物的逻辑思维和科学方法，并从代谢的整体性和细胞信号通路的独特性和联系性理解疾病发生和治疗的复杂性和特殊性。

第一节 物质代谢调节

物质代谢调节是生物体不断进行的一种基本活动。生物体内有多种物质（不仅有糖、脂、蛋白质等大分子营养物质，也有维生素、无机盐等小分子物质）在同一时间进行代谢，它们彼此间不是孤立的、需要相互协调，以确保细胞乃至机体的正常功能。代谢调节是在身体各个组织和细胞的共同作用下完成的。机体通过各种代谢调节来适应内外环境的变化。

知 识 链 接

代谢整体性认识的形成和发展

1941 年 Lipmann F 提出 ATP 循环学说，1948 年 Kennedy E 和 Lehninger A 发现电子传递链，确立了物质代谢与能量代谢的联系。20 世纪上叶，科学家在解析物质分解、合成代谢途径时，结合酶促反应机制，揭示了底物、代谢产物对代谢的调节作用。1922 年 Banting FG 发现胰岛素，其他激素陆续被发现。1959 年 Schally AV 发明放射免疫分析技术，该技术及其他相关技术的应用促进了激素作用机制研究，揭示了神经 - 激素在物质代谢调节中的核心地位。1963 年 Monod 等提出的别构调节和 1979 年 Krebs EG 和 Beavo JA 提出的化学修饰调节理论将酶活性调节与激素等的信号转导途径相联系。至 20 世纪 80—90 年代，大量的科学研究发现将机体内外环境刺激、神经内分泌改变、细胞信号转导、酶 / 蛋白质结构变化、基因表达改变、物质及能量代谢变化联系在一起，形成复杂的代谢及其调节网络。随着当代"组学"研究的开展，将会更加深入地认识机体组织器官之间、各种物质代谢之间的联系和协调及其随内外环境变化而变化的规律。

一、物质代谢调节的特点

（一）整体性

在体内进行代谢的物质各种各样，不仅有糖、脂、蛋白质这样的大分子营养物质，也有维生素这样的小分子物质，还有无机盐、甚至水。它们的代谢不是孤立进行的，同一时间机体有多种物质代谢在进行，需要彼此间相互协调，以确保细胞乃至机体的正常功能。事实上，人类摄取的食物，无论动物性或植物性食物均同时含有蛋白质、脂质、糖类、水、无机盐及维生素等，从消化吸收开始、经过中间代谢、排泄,这些物质的代谢都是同时进行的,且互有联系、相互依存(图 14-1)。

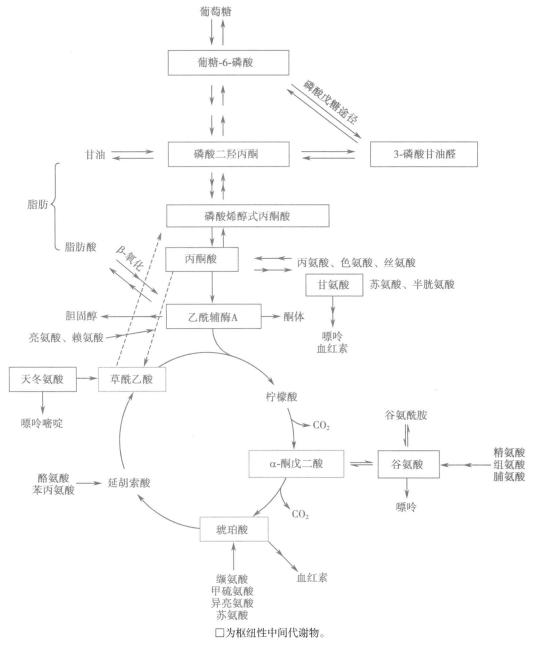

□为枢纽性中间代谢物。

图 14-1 **糖、脂质、氨基酸代谢途径的相互联系**

(二)可调节性

　　要保证机体的正常功能,就必须确保糖、脂、蛋白质、水、无机盐、维生素这些营养物质在体内的代谢,能够根据机体的代谢状态和执行功能的需要有条不紊地进行。这就需要对这些物质的代谢方向、速度和强度进行精细调节。正是有了这种精细的调节机制,机体能够适应各种内外环境的变化,顺利完成各种生命活动。这种调节一旦不足以协调各种物质代谢之间的平衡、不能适应机体内外环境改变的需要,就会使细胞、机体的功能失常,导致人体疾病发生。

(三)组织器官特异性

　　机体各组织、器官具有各自不同的特定功能,对这些组织、器官的代谢具有特殊的需求。因而在这些组织、器官的细胞中形成了特定的酶谱,即不同的酶系种类和含量,使这些组织、器官除了具有一般的基本代谢外,还具有特点鲜明的代谢途径,以适应相应的功能需要。如肝是人体代谢的中枢器官,在糖、脂、蛋白质代谢中均具有重要的特殊作用。从肠道吸收进入人体的营养物质,几乎都经肝处理和中转;各器官所需的营养物质大多也通过肝加工或转变;有的代谢终产物还需通过肝解毒和排出。脂肪组织既能在营养过剩时将能量以脂肪形式储存起来,也能在机体需要时进行脂肪动员,在特有的激素敏感性甘油三酯脂肪酶作用下释放脂肪酸供其他组织利用。

(四) 共同代谢池

人体主要营养物质如糖、脂、蛋白质,既可以从食物中摄取,多数也可以在体内自身合成。一旦进入体内,就不再区分自身合成的内源性营养物质和食物中摄取的外源性营养物质,而是形成共同的代谢池,根据机体的营养状态和需要,同样地进入各种代谢途径进行代谢。如血液中的葡萄糖,无论是从食物中消化吸收的、肝糖原分解产生的,还是氨基酸转变产生的或是由甘油转化生成的,都形成共同的血糖代谢池,在机体需要能量时,均可在各组织进行有氧氧化或无氧酵解,释放出能量供机体利用。

(五) ATP 是能量储存和利用的直接形式

机体的各种生命活动如生长、发育、繁殖、修复、运动,各种生命物质的合成等均需要能量。人体能量的来源是营养物质,但糖、脂、蛋白质中的化学能不能直接用于各种生命活动,机体需氧化分解营养物质,释放出化学能,并将其大部分储存在可供各种生命活动直接利用的 ATP 中。ATP 作为机体可直接利用的能量载体,将产能的营养物质分解代谢与耗能的物质合成代谢联系在一起、将物质代谢与其他生命活动联系在一起。

(六) NADPH 是合成代谢所需还原当量的主要提供者

体内许多生物合成反应是还原性合成,需要还原当量。体内这种还原当量的主要提供者是 NADPH,它主要来源于葡萄糖的磷酸戊糖途径。所以,NADPH 是将物质的氧化分解与还原性合成联系起来的特殊功能分子。

二、细胞水平代谢调节

(一) 酶在细胞内的区隔分布是物质代谢及其调节的亚细胞结构基础

在细胞内,参与同一代谢途径的酶,相对独立地分布于细胞特定区域或亚细胞结构(表 14-1),形成所谓区隔分布,有的甚至结合在一起,形成多酶复合体。酶的这种区隔分布,能避免不同代谢途径之间彼此干扰,使同一代谢途径中的系列酶促反应能够更顺利地连续进行,既提高了代谢途径的进行速度,也有利于调控。

表 14-1 主要代谢途径(多酶体系)在细胞内的区隔分布

多酶体系	分布	多酶体系	分布
DNA、RNA 合成	细胞核	糖酵解	细胞质
蛋白质合成	内质网、细胞质	磷酸戊糖途径	细胞质
糖原合成	细胞质	糖异生	细胞质、线粒体
脂肪酸合成	细胞质	脂肪酸 β- 氧化	线粒体
胆固醇合成	内质网、细胞质	多种水解酶	溶酶体
磷脂合成	内质网	柠檬酸循环	线粒体
血红素合成	细胞质、线粒体	氧化磷酸化	线粒体
尿素合成	细胞质、线粒体		

(二) 关键酶活性决定整个代谢途径的速度和方向

每条代谢途径由一系列酶促反应组成,其反应速率和方向由其中一个或几个具有调节作用的关键酶（key enzymes）活性决定。关键酶的特点包括：①常常催化一条代谢途径的第一步反应或分支点上的反应，速度慢，其活性能决定整个代谢途径的总速度。所以，关键酶也被称为限速酶（rate-limiting enzymes）。②常催化单向反应或非平衡反应，其活性能决定整个代谢途径的方向。③酶活性除受底物控制外，还受多种代谢物或效应剂调节。改变关键酶活性是细胞水平代谢调节的基本方式，也是激素水平代谢调节和整体代谢调节的重要环节。表 14-2 列出一些重要代谢途径的关键酶。

表 14-2　一些重要代谢途径的关键酶

代谢途径	关键酶
糖原分解	磷酸化酶
糖原合成	糖原合酶
糖酵解	己糖激酶
	磷酸果糖激酶 -1
	丙酮酸激酶
糖有氧氧化	丙酮酸脱氢酶复合体
	柠檬酸合酶
	异柠檬酸脱氢酶
	α- 酮戊二酸脱氢酶复合体
糖异生	丙酮酸羧化酶
	磷酸烯醇式丙酮酸羧激酶
	果糖 -1,6- 二磷酸酶
	葡糖 -6- 磷酸酶
脂肪酸合成	乙酰辅酶 A 羧化酶
胆固醇合成	HMG 辅酶 A 还原酶

代谢调节可按速度分为快速调节和迟缓调节。快速调节通过改变酶的分子结构改变酶活性，在数秒或数分钟内发挥调节作用，又分为别构调节和化学修饰调节。迟缓调节通过改变酶蛋白分子的合成或降解速度、进而改变细胞内酶的含量，一般需数小时甚至数天才能发挥调节作用。

（三）别构调节通过别构效应剂改变关键酶的活性

1. 别构调节的概念　一些小分子化合物能与酶蛋白分子活性中心外的特定部位特异结合，改变酶蛋白分子构象，从而改变酶活性，这种调节称为别构调节。这些小分子化合物称为别构效应剂，包括别构激活剂和别构抑制剂，受别构调节的酶称为别构酶（表 14-3）。

表 14-3　一些代谢途径中的别构酶及其别构效应剂

代谢途径	别构酶	别构激活剂	别构抑制剂
糖酵解	己糖激酶	AMP、ADP、FDP、P_i	葡糖 -6- 磷酸
	磷酸果糖激酶 -1	F-1,6-BP	柠檬酸
	丙酮酸激酶		ATP、乙酰 CoA
柠檬酸循环	柠檬酸合酶	AMP	ATP、长链脂酰 CoA
	异柠檬酸脱氢酶	AMP、ADP	ATP
糖异生	丙酮酸羧化酶	乙酰 CoA、ATP	AMP
糖原分解	磷酸化酶 b	AMP、G-1-P、P_i	ATP、葡糖 -6- 磷酸
脂肪酸合成	乙酰辅酶 A 羧化酶	柠檬酸、异柠檬酸	长链脂酰 CoA
氨基酸代谢	谷氨酸脱氢酶	ADP、亮氨酸、甲硫氨酸	GTP、ATP、NADH
嘌呤合成	谷氨酰胺 PRPP 酰胺转移酶		AMP、GMP
嘧啶合成	天冬氨酸转甲酰酶		CTP、UTP
核酸合成	脱氧胸苷激酶	dCTP、dATP	dTTP

Note:

2. 别构调节的机制　别构效应剂与别构酶的调节位点或调节亚基以非共价键结合,引起酶活性中心构象变化,改变酶活性,从而调节代谢。别构效应的机制有两种。其一,酶的调节亚基含有一个"假底物"(pseudosubstrate)序列,当其结合催化亚基的活性位点时能阻止底物的结合,抑制酶活性;当效应剂分子结合调节亚基后,"假底物"序列构象变化,释放催化亚基,使其发挥催化作用。cAMP激活 cAMP 依赖的蛋白激酶通过这种机制实现。其二,别构效应剂与调节亚基结合,能引起酶分子三级和/或四级结构在"T"构象(紧密态、无活性/低活性)与"R"构象(松弛态、有活性/高活性)之间互变,从而影响酶活性。氧对脱氧血红蛋白构象变化的影响通过该机制实现。

3. 别构调节的生理意义　别构效应剂可能是酶的底物,也可能是酶体系的终产物,或其他小分子代谢物。它们在细胞内浓度的改变能灵敏地反映相关代谢途径的强度和相应的代谢需求,并使关键酶构象改变影响酶活性,从而调节相应代谢的强度、方向,以协调相关代谢、满足相应代谢需求。

代谢终产物堆积表明其代谢过强,超过了需求,常可使其代谢途径的关键酶受到别构抑制,即反馈抑制(feedback inhibition),从而降低整个代谢途径的强度,避免产生超过需要的产物。如长链脂酰辅酶 A 可反馈抑制乙酰辅酶 A 羧化酶,使代谢物的生成不致过多。别构调节可使机体根据需求生产能量,避免生产过多造成浪费。如 ATP 可别构抑制磷酸果糖激酶、丙酮酸激酶及柠檬酸合酶,从而抑制糖酵解、有氧氧化及柠檬酸循环,使 ATP 的生成不致过多。

一些代谢中间产物可别构调节相关的多条代谢途径的关键酶,使这些代谢途径之间能协调进行。如在能量供应充足时,G-6-P 抑制糖原磷酸化酶,阻断糖原分解以抑制糖酵解及有氧氧化,避免 ATP 产生过多;同时 G-6-P 激活糖原合酶,使过剩的磷酸葡萄糖合成糖原储存。再如,柠檬酸循环活跃时,异柠檬酸增多,ATP/ADP 比例增加,ATP 可别构抑制异柠檬酸脱氢酶、异柠檬酸别构激活乙酰辅酶 A 羧化酶,从而抑制柠檬酸循环,增强脂肪酸合成。

(四) 化学修饰调节通过酶促共价修饰调节酶活性

1. 化学修饰调节的概念　酶蛋白肽链上某些氨基酸残基侧链可在另一酶的催化下发生可逆的共价修饰(covalent modification),从而改变酶活性。酶的化学修饰(chemical modification)主要有磷酸化与去磷酸化、乙酰化与去乙酰化、甲基化与去甲基化、腺苷化与去腺苷化及 -SH 与 -S-S- 互变等,其中磷酸化与去磷酸化最多见(表 14-4)。

表 14-4　磷酸化 / 去磷酸化修饰对酶活性的调节

酶	化学修饰类型	酶活性改变
糖原磷酸化酶	磷酸化 / 去磷酸化	激活 / 抑制
磷酸化酶 b 激酶	磷酸化 / 去磷酸化	激活 / 抑制
糖原合酶	磷酸化 / 去磷酸化	抑制 / 激活
丙酮酸脱羧酶	磷酸化 / 去磷酸化	抑制 / 激活
磷酸果糖激酶	磷酸化 / 去磷酸化	抑制 / 激活
丙酮酸脱氢酶	磷酸化 / 去磷酸化	抑制 / 激活
HMG-CoA 还原酶	磷酸化 / 去磷酸化	抑制 / 激活
HMG-CoA 还原酶激酶	磷酸化 / 去磷酸化	激活 / 抑制
乙酰 CoA 羧化酶	磷酸化 / 去磷酸化	抑制 / 激活
甘油三酯脂肪酶(脂肪细胞)	磷酸化 / 去磷酸化	激活 / 抑制

酶蛋白的磷酸化与去磷酸化分别由蛋白激酶及磷酸酶催化(图 14-2)。酶蛋白分子中丝氨酸、苏氨酸及酪氨酸的羟基是磷酸化修饰的位点,在蛋白激酶催化下,由 ATP 提供磷酸基及能量完成磷酸化;去磷酸化是蛋白磷酸酶(protein phosphatase)催化的水解反应。

Note:

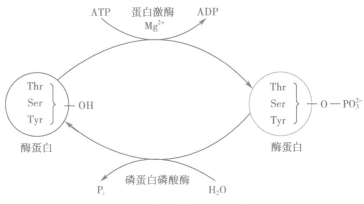

图 14-2　酶的磷酸化与去磷酸化

2. 化学修饰调节的特点　①绝大多数受化学修饰调节的关键酶都具无活性(或低活性)和有活性(或高活性)两种形式,可分别在两种不同酶的催化下发生共价修饰,互相转变。催化互变的酶在体内受上游调节因素如激素控制。②酶的化学修饰是另一酶催化的酶促反应,一分子催化酶可催化多个底物酶分子发生共价修饰,特异性强,有放大效应。③磷酸化与去磷酸化是最常见的酶促化学修饰反应。酶的 1 分子亚基发生磷酸化常消耗 1 分子 ATP,较合成酶蛋白所消耗的 ATP 要少得多,且作用迅速,又有放大效应,是调节酶活性经济有效的方式。④催化共价修饰的酶自身也常受别构调节、化学修饰调节,并与激素调节偶联,形成由信号分子(激素等)、信号转导分子和效应分子(受化学修饰调节的关键酶)组成的级联反应,使细胞内酶活性调节更精细协调。通过级联酶促反应,形成级联放大效应,只需少量激素释放即可产生迅速而强大的生理效应,满足机体的需要。

化学修饰调节和别构调节是调节酶活性的两种不同方式,某一种酶可以同时受这两种方式的调节。如糖原磷酸化酶 b 既可受 AMP 及 Pi 别构激活、ATP 及葡糖 -6- 磷酸别构抑制,也可通过磷酸化酶 b 激酶催化的磷酸化激活、磷蛋白磷酸酶催化的去磷酸化失活。一种酶同时受化学修饰和别构两种方式调节具有重要的生理意义。别构调节是细胞的一种基本调节机制,对维持代谢物和能量平衡具有重要作用。但别构酶促反应速度与底物浓度之间、酶活性与效应剂之间呈 S 形曲线,当底物、效应剂浓度较低时,酶活性对其变化的敏感度较低,不足以快速应对一些状态如应激的代谢调节需要,须通过化学修饰发挥调节作用。在应激等状态下,肾上腺素释放,启动级联酶促化学修饰反应,快速改变关键酶活性,有效应对代谢调节的需要。

（五）酶含量调节通过改变细胞内酶含量调节酶活性

除改变酶分子结构外,改变酶含量也能改变酶活性,是重要的代谢调节方式。酶含量调节通过改变其合成或 / 和降解速率实现,消耗 ATP 较多,所需时间较长,通常要数小时甚至数日,属迟缓调节。

1. 诱导或阻遏酶蛋白基因的表达调节酶含量　酶的底物、产物、激素或药物可诱导或阻遏酶蛋白基因表达。诱导剂或阻遏剂在酶蛋白生物合成的转录或翻译过程中发挥作用,影响转录较常见。体内也有一些酶,其浓度在任何时间、任何条件下基本不变,几乎恒定。这类酶称为组成(型)酶 (constitutive enzyme),如 3- 磷酸甘油醛脱氢酶(glyceraldehyde 3-phosphate dehydrogenase,GAPDH),常作为基因表达变化研究的内参照(internal control)。

酶的诱导剂经常是底物或类似物,如蛋白质摄入增多时,氨基酸分解代谢加强,鸟氨酸循环底物增加,可诱导参与鸟氨酸循环的酶合成增加。鼠饲料中蛋白质含量从 8% 增加至 70%,鼠肝精氨酸酶活性可增加 2~3 倍。酶的阻遏剂经常是代谢产物,如 HMG-CoA 还原酶是胆固醇合成的关键酶,在肝内的合成可被胆固醇阻遏。但肠黏膜细胞中胆固醇的合成不受胆固醇的影响,摄取高胆固醇膳食,血胆固醇仍有升高的危险。很多药物和毒物可促进肝细胞微粒体单加氧酶(或混合功能氧化酶)或其他一些药物代谢酶的诱导合成,虽然能使一些毒物解毒,但也能使药物失活,产生耐药。

Note:

酶的诱导和阻遏普遍存在于生物界,但高等动物和人体内,由于蛋白质合成变化与激素调节、细胞信号传递偶联在一起,形成复杂的基因表达调控网络,单纯的代谢物水平诱导或阻遏不如微生物体内重要。

2. 改变酶蛋白降解速度调节酶含量 改变酶蛋白分子的降解速度是调节酶含量的重要途径。细胞内酶蛋白的降解与许多非酶蛋白质的降解一样,有两条途径。溶酶体(lysosome)蛋白水解酶可非特异降解酶蛋白,酶蛋白的特异性降解通过 ATP 依赖的泛素 - 蛋白酶体(proteasome)途径完成。凡能改变或影响这两种蛋白质降解机制的因素均可调节酶蛋白的降解速度,进而调节酶含量。

三、激素水平代谢调节

激素能与特定组织或细胞(即靶组织或靶细胞)的受体(receptor)特异结合,通过一系列细胞信号转导反应,引起代谢改变,发挥代谢调节作用。由于受体存在的细胞部位和特性不同,激素信号的转导途径和生物学效应也有所不同。

(一)膜受体激素的代谢调节作用

膜受体是存在于细胞膜上的跨膜蛋白,与膜受体特异结合发挥作用的激素包括胰岛素、生长激素、促性腺激素、促甲状腺激素、甲状旁腺素、生长因子等蛋白质、肽类激素,及肾上腺素等儿茶酚胺类激素。这些激素亲水,不能透过脂双层构成的细胞膜,而是作为第一信使分子与相应的靶细胞膜受体结合后,通过跨膜传递将所携带的信息传递到细胞内,由第二信使将信号逐级放大,产生代谢调节效应。

(二)胞内受体激素的代谢调节作用

胞内受体激素包括类固醇激素、甲状腺素、1,25-$(OH)_2$-维生素 D_3 及视黄酸等,为疏水激素,可透过脂双层的细胞膜进入细胞,与相应的胞内受体结合。大多数胞内受体与相应激素特异结合形成激素 - 受体复合物后,作用于 DNA 的特定序列即激素反应元件(hormone response element,HRE),改变相应基因的转录,促进(或阻遏)蛋白质或酶的合成,调节细胞内酶含量,从而调节细胞代谢。

四、整体代谢调节

高等动物包括人的各组织器官高度分化,具有各自的功能和代谢特点。维持机体的正常功能、适应机体各种内外环境的改变,不仅需要在各组织器官的细胞内各种物质代谢彼此协调,在细胞水平上保持代谢平衡,还必须协调各组织器官之间的各种物质代谢。这就需要在神经系统主导下,调节激素释放,并通过激素整合不同组织器官的各种代谢,实现整体调节,以适应饱食、空腹、饥饿、应激等状态,维持整体代谢平衡。

(一)饱食状态下的代谢调节

饱食状态下,体内胰岛素水平中度升高,机体主要分解葡萄糖供能。未被分解的葡萄糖,部分在胰岛素作用下,在肝合成肝糖原、在骨骼肌合成肌糖原贮存。吸收的葡萄糖超过机体糖原贮存能力时,主要在肝转化成甘油三酯,由 VLDL 运输至脂肪组织贮存。吸收的甘油三酯部分经肝转换成内源性甘油三酯,大部分输送到脂肪组织、骨骼肌等转换、储存或利用。

人体摄入高糖膳食后,特别是总热量的摄入又较高时,体内胰岛素水平明显升高,胰高血糖素降低。在胰岛素作用下,小肠吸收的葡萄糖部分在骨骼肌合成肌糖原、在肝合成肝糖原和甘油三酯,后者输送至脂肪等组织储存;大部分葡萄糖直接被输送到脂肪组织、骨骼肌、脑等组织转换成甘油三酯等非糖物质储存或利用。

进食高蛋白膳食后,体内胰岛素水平中度升高,胰高血糖素水平升高。在两者协同作用下,肝糖原分解补充血糖、供应脑组织等。由小肠吸收的氨基酸主要在肝通过丙酮酸异生为葡萄糖,供应脑组织及其他肝外组织;部分氨基酸转化为乙酰辅酶 A,合成甘油三酯,供应脂肪组织等肝外组织;还有部分氨基酸直接输送到骨骼肌。

进食高脂膳食后,体内胰岛素水平降低,胰高血糖素水平升高。在胰高血糖素作用下,肝糖原分解补充血糖、供给脑组织等。肌组织氨基酸分解,转化为丙酮酸,输送至肝异生为葡萄糖,供应血糖及肝外组织。由小肠吸收的甘油三酯主要输送到脂肪、肌组织等。脂肪组织在接受吸收的甘油三酯同时,也部分分解脂肪成脂肪酸,输送到其他组织。肝氧化脂肪酸,产生酮体,供应脑等肝外组织。

（二）空腹状态下的代谢调节

空腹通常指餐后 12h 以后。此时体内胰岛素水平降低,胰高血糖素升高。事实上,在胰高血糖素作用下,餐后 6~8h 肝糖原即开始分解补充血糖,主要供给脑,兼顾其他组织需要。餐后 16~24h,尽管肝糖原分解仍可持续进行,但由于肝糖原即将耗尽,能用于分解的糖原已经很少,所以肝糖原分解水平较低,主要靠糖异生补充血糖。同时,脂肪动员中度增加,释放脂肪酸供应肝、肌等组织利用。肝氧化脂肪酸,产生酮体,主要供应肌组织。骨骼肌在接受脂肪组织输出的脂肪酸,同时部分氨基酸分解,补充肝糖异生的原料。

（三）饥饿状态下的代谢调节

1. 短期饥饿的代谢调节　短期饥饿通常指 1~3d 未进食。由于进食 24h 后肝糖原基本耗尽,短期饥饿使血糖趋于降低,血中甘油和游离脂肪酸明显增加,氨基酸增加;胰岛素分泌极少,胰高血糖素分泌增加,机体的代谢呈现如下特点。

（1）机体从葡萄糖氧化供能为主转变为脂肪氧化供能为主:除脑组织细胞和红细胞仍主要利用糖异生产生的葡萄糖,其他大多组织细胞减少对葡萄糖的摄取利用,对脂肪动员释放的脂肪酸及脂肪酸分解的中间代谢物——酮体摄取利用增加,脂肪酸和酮体成为机体的基本能源。

（2）脂肪动员加强且肝酮体生成增多:糖原耗尽后,脂肪是最早被动员的能量储存物质,被水解动员,释放脂肪酸。脂肪酸可在肝内氧化,其中脂肪动员释放的脂肪酸约 25% 在肝氧化生成酮体。短期饥饿时,脂肪酸和酮体成为心肌、骨骼肌和肾皮质的重要供能物质,部分酮体可被大脑利用。

（3）肝糖异生作用明显增强:饥饿使体内糖异生作用增加,以饥饿 16~36h 增加最多,糖异生生成的葡萄糖约为 150g/d,主要来自氨基酸,部分来自乳酸及甘油。肝是饥饿初期糖异生的主要场所,小部分在肾皮质。

（4）骨骼肌蛋白质分解加强:蛋白质分解增强略迟于脂肪动员加强。蛋白质分解加强,释放入血的氨基酸增加。骨骼肌蛋白质分解的氨基酸大部分转变为丙氨酸和谷氨酰胺释放入血。

2. 长期饥饿的代谢调节　长期饥饿指未进食 3d 以上,通常在饥饿 4~7d 后,机体就发生与短期饥饿不同的改变。

（1）脂肪动员进一步加强:释放的脂肪酸在肝内氧化生成大量酮体。脑利用酮体增加,超过葡萄糖,占总耗氧量的 60%。脂肪酸成为肌组织的主要能源,以保证酮体优先供应脑。

（2）蛋白质分解减少:机体储存的蛋白质大量被消耗,继续分解就只能分解结构蛋白质,这将危及生命。所以机体蛋白质分解下降,释出氨基酸减少,负氮平衡有所改善。

（3）糖异生明显减少:与短期饥饿相比,机体糖异生作用明显减少。乳酸和丙酮酸成为肝糖异生的主要原料。饥饿晚期肾糖异生作用明显增强,生成葡萄糖约 40g/d,占饥饿晚期糖异生总量一半,几乎与肝相等。

按理论计算,正常人脂肪储备可维持饥饿长达 3 个月的基本能量需要。但由于长期饥饿使脂肪动员加强,大量产生酮体,可导致酸中毒。加之蛋白质的分解,缺乏维生素、微量元素和蛋白质的补充等,长期饥饿可造成器官损害甚至危及生命。

（四）应激状态下的代谢调节

应激（stress）是机体对特殊内外环境刺激作出一系列反应的"紧张状态",这些刺激包括中毒、感染、发热、创伤、疼痛、大剂量运动或恐惧等。应激反应可以是"一过性"的,也可以是持续性的。应激状态下,交感神经兴奋,肾上腺髓质、皮质激素分泌增多,血浆胰高血糖素、生长激素水平增加,而胰岛素分泌减少,引起一系列代谢改变。

1. **应激使血糖升高** 应激状态下肾上腺素、胰高血糖素分泌增加,激活糖原磷酸化酶,促进肝糖原分解。同时,肾上腺皮质激素、胰高血糖素又可使糖异生加强;肾上腺皮质激素、生长激素使外周组织对糖的利用降低。这些激素的分泌改变均可使血糖升高,对保证大脑、红细胞的供能有重要意义。

2. **应激使脂肪动员增强** 血浆游离脂肪酸升高,成为心肌、骨骼肌及肾脏等组织主要能量来源。

3. **应激使蛋白质分解加强** 骨骼肌释出丙氨酸等增加,氨基酸分解增强,尿素生成及尿氮排出增加,机体呈负氮平衡。

总之,应激时糖、脂质、蛋白质/氨基酸分解代谢增强,合成代谢受到抑制,血中分解代谢中间产物,如葡萄糖、氨基酸、脂肪酸、甘油、乳酸、尿素等含量增加(表 14-5)。

表 14-5 应激时机体的代谢改变

内分泌腺/组织	激素及代谢变化	血中含量变化
腺垂体	ACTH 分泌增加	ACTH ↑
	生长素分泌增加	生长素 ↑
胰腺 α- 细胞	胰高血糖素分泌增加	胰高血糖素 ↑
胰腺 β- 细胞	胰岛素分泌抑制	胰岛素 ↓
肾上腺髓质	去甲肾上腺素/肾上腺素分泌增加	肾上腺素 ↑
肾上腺皮质	皮质醇分泌增加	皮质醇 ↑
肝	糖原分解增加	葡萄糖 ↑
	糖原合成减少	
	糖异生增强	
	脂肪酸 β- 氧化增加	
骨骼肌	糖原分解增加	乳酸 ↑
	葡萄糖的摄取利用减少	葡萄糖 ↑
	蛋白质分解增加	氨基酸 ↑
	脂肪酸 β- 氧化增强	
脂肪组织	脂肪分解增强	游离脂肪酸 ↑
	葡萄糖摄取及利用减少	甘油 ↑
	脂肪合成减少	

第二节 细胞信号转导

高等动物包括人的各组织器官高度分化、具有各自的功能和代谢特点,需要协调统一。所以,当一些组织细胞受到内外环境刺激后,会发出信号;而另一些组织细胞会接收信号并将其转变为代谢或其他功能变化。这一过程称为细胞通讯(cell communication)。细胞在接收信号后,会在细胞内触发系列生物化学变化,并产生相应的生物效应。该过程称为信号转导(signal transduction),由不同的细胞外信号分子、受体、细胞内信号分子等构成的多种信号转导通路(signal pathway)完成。

一、细胞外信号分子

虽然有的细胞可以感受物理信号(电、磁、光、声、辐射等),但体内细胞所感受的细胞外信号主要是化学信号。单细胞生物可直接从外界环境接收信息;而多细胞生物中的单个细胞则主要接收来自其他细胞的信号,或所处微环境的信息。细胞通讯的原始方式是细胞与细胞间通过孔道进行的直接物质交换,或者是通过细胞表面分子相互作用实现信息交流,这仍然是高等动物细胞分化、个体发育及实现整体功能协调、适应的重要方式之一;但相距较远细胞之间的功能协调必须有可以远距离发挥作用的信号。根据细胞外信号溶解性、分布等特点,将其可分为可溶性信号分子和膜结合性信号分子。

（一）可溶性信号分子

多细胞生物中,一些细胞可通过分泌化学物质(如蛋白质或小分子有机化合物)而发出信号,作用于靶细胞表面或细胞内的受体,调节靶细胞的功能,从而实现细胞之间的信息交流。根据溶解性能,可溶性信号分子包括脂溶性和水溶性两大类;根据其在体内的作用距离,又可分为内分泌信号、旁分泌信号和神经递质三大类(表 14-6)。有些旁分泌信号还作用于发出信号的细胞自身,称为自分泌。

表 14-6　不同作用距离的可溶性信号分子的基本特点

类别	神经分泌	内分泌	旁分泌及自分泌
化学本质	神经递质	激素	细胞因子
作用距离	nm	m	mm
受体位置	膜受体	膜或胞内受体	膜受体
举例	乙酰胆碱、谷氨酸	胰岛素、甲状腺激素、生长激素	表皮生长因子、白细胞介素、神经生长因子

（二）膜结合性信号分子

细胞的质膜外表面的一些蛋白质、糖蛋白、蛋白聚糖分子,常常携带特定的信息,相邻细胞可通过这些分子的特异性识别和相互作用传递信号。发出信号的细胞膜表面分子即为膜结合性信号分子(配体),能特异识别和结合靶细胞膜表面分子(受体),并通过它们之间的相互作用接收信号,将信号传入靶细胞内,实现膜表面分子接触通讯。相邻细胞间黏附因子的相互作用、T 淋巴细胞与 B 淋巴细胞表面分子的相互作用等就属于膜表面分子接触通讯。

二、信号转导受体

受体(receptor)是细胞膜上或细胞内能特异性识别化学信号并与之结合的蛋白质分子(个别为糖脂),它能识别、并能把接受的外源化学信号传递到细胞内部,进而引起生物学效应。能够与受体特异性结合的化学信号分子称为配体(ligand)。可溶性和膜结合性信号分子是常见的配体。

（一）受体的分类

按照在细胞内的分布,受体可分为胞内受体和膜受体(图 14-3)。胞内受体包括位于细胞质或胞核内的受体,其相应配体是脂溶性信号分子,如类固醇激素、甲状腺激素、维甲酸等。水溶性信号分子和膜结合性信号分子(如生长因子、细胞因子、水溶性激素分子、黏附分子等)不能进入靶细胞,其受体位于靶细胞质膜表面,称为膜受体。

（二）受体作用的特点

不论是膜受体还是细胞内受体,其作用都是识别外源信号,转换配体信号,使之成为细胞内可识别的信号,并传递至其他分子,引起细胞应答及一系列生物效应。受体与配体的结合,具有高度专一性、高度亲和性、可饱和性和可逆性等特点。

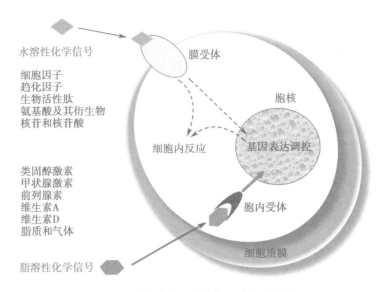

水溶性化学信号

细胞因子
趋化因子
生物活性肽
氨基酸及其衍生物
核苷和核苷酸

膜受体

胞核

基因表达调控

细胞内反应

胞内受体

类固醇激素
甲状腺激素
前列腺素
维生素A
维生素D
脂质和气体

脂溶性化学信号

细胞质膜

图 14-3　水溶性和脂溶性化学信号的信号转导

1. 高专一性　受体能识别特定的配体并选择性地与之特异结合,将特定的细胞外信号转导至细胞内。这种选择性由分子的空间构象决定。这样,一种受体只对特定的细胞外信号作出反应,保证了调控的准确性。

2. 高亲和力　受体与特异配体间的亲和力很高,体内化学信号物质的浓度非常低,却能产生显著的生物学效应。受体与信号分子的高亲和力保证了调节的高效性。

3. 可饱和性　增加配体浓度,可被更多的特异受体识别并结合,将更强的细胞外信号转导至细胞内,产生更强的生物效应,但是,在特定的条件下,细胞内受体或细胞膜受体的数目是一定的。当受体全部被配体占据后,再增加配体浓度不会增强效应。

4. 可逆性　受体与配体以非共价键结合,当生物效应发生后,配体即与受体解离。受体可恢复到原来的状态再次接收配体信息。

5. 特定作用模式　受体在体内的分布,无论是种类还是数量,均具有组织和细胞特异性,并呈现特定作用模式。所以,一种受体识别和结合特定配体后,可引起特定的生理效应。

（三）膜受体

根据受体结构、接收信号种类、转换信号方式等的差异,膜受体分为三种类型:离子通道受体、G 蛋白偶联受体(七次跨膜受体)和酶偶联受体(单次跨膜受体)(表 14-7)。每种类型受体都有许多种,各种受体激活的信号转导途径由不同的信号转导分子组成,同一类型受体介导的信号转导具有共同的特点。

表 14-7　三类膜受体的结构和功能特点

特性	离子通道受体	G 蛋白偶联受体	酶偶联受体
配体	神经递质	神经递质,激素,趋化因子,外源刺激(味、光)	生长因子,细胞因子
结构	寡聚体形成的孔道	单体	具有或不具有催化活性的单体
跨膜区段数目	4 个	7 个	1 个
功能	离子通道	激活 G 蛋白	激活蛋白激酶
细胞应答	去极化与超极化	去极化与超极化,调节蛋白质功能和表达水平	调节蛋白质的功能和表达水平,调节细胞分化和增殖

1. 离子通道受体(ion channel linked receptor)　本身就是位于细胞膜上的配体依赖性离子通道,由均一的或非均一的亚基构成寡聚体,并由这些亚基围成一跨膜通道,因此也称为环状受体。

配体主要是神经递质(如乙酰胆碱、γ- 氨基丁酸、5- 羟色胺等),主要在神经冲动的快速传递中发挥作用。当神经递质与这类受体结合后,可使离子通道打开或关闭,从而改变膜的通透性,选择性地允许离子进出细胞,引起细胞内特定离子浓度的改变,触发相应生理效应。

2. G 蛋白偶联受体(G protein coupled receptor)　又称七跨膜 α- 螺旋受体,由一条多肽链组成,其 N 端位于细胞外侧,带有多个糖基化位点,C 端形成细胞内的尾巴,中段细胞膜结构区由七个跨膜的 α- 螺旋结构和三个细胞外环与三个细胞内环组成。每个 α- 螺旋结构分别由 20~25 个疏水氨基酸残基组成。胞内的第二和第三个环能与鸟苷酸结合蛋白(guanine nucleotide binding protein)即 G 蛋白(G protein)相偶联,通过 G 蛋白传递信号。胞外部分能结合配体,包括生物胺、感觉刺激、脂质衍生物、肽类等,主要为激素和神经递质。

3. 酶偶联受体(enzyme-linked receptor)　配体与该类型受体结合后,受体构象改变,具有了酶催化活性;或者受体构象改变后虽没有酶的催化功能,但可以通过蛋白质 - 蛋白质相互作用与酶结合并激活其催化活性。酶偶联受体是跨膜螺旋蛋白,目前发现有 5 种主要类型:酪氨酸蛋白激酶受体、结合酪氨酸蛋白激酶受体、鸟苷酸环化酶受体、酪氨酸磷酸酶受体及丝 / 苏氨酸蛋白激酶受体。

酪氨酸蛋白激酶受体与配体结合后构象改变,具有了酪氨酸蛋白激酶活性,可催化下游蛋白质或自身的酪氨酸残基磷酸化。结合酪氨酸蛋白激酶受体与配体结合后构象改变,可与信号转导分子通过蛋白质 - 蛋白质相互作用,激活下游酪氨酸蛋白激酶活性,由该类受体介导的信号通路称为非受体型酪氨酸蛋白激酶信号转导途径。鸟苷酸环化酶受体由同源的三聚体或四聚体组成,每一亚基包括 N 端的胞外受体结构域、跨膜区域、膜内的蛋白激酶样结构域和 C 端的鸟苷酸环化酶催化结构域,配体为心钠素(atrial natriuretic peptide)和鸟苷蛋白。鸟苷酸环化酶受体与配体结合后,自身具有了鸟苷酸环化酶活性。也有研究发现胞内可溶性鸟苷酸环化酶受体,其配体为一氧化氮和一氧化碳气体信号分子。在脑、肺、肝及肾等组织中,大部分具鸟苷酸环化酶活性的受体是胞质可溶性受体,而在心血管、小肠、精子及视网膜杆状细胞则大多数为膜结合型受体。酪氨酸磷酸酶受体与配体结合后构象改变,自身具有了磷酸酶活性,催化磷酸化的酪氨酸去磷酸化。丝 / 苏氨酸蛋白激酶受体与配体结合后构象改变,具有了丝 / 苏氨酸蛋白激酶活性,可催化下游蛋白质或自身的丝 / 苏氨酸残基磷酸化。

酪氨酸蛋白激酶受体和结合酪氨酸蛋白激酶受体是酶偶联受体的重要代表。酪氨酸蛋白激酶受体家族包括胰岛素受体和多种生长因子受体,如表皮生长因子(EGF)受体、成纤维细胞生长因子(FGF)受体、血小板衍生生长因子(PDGF)受体等。均为跨膜糖蛋白,主要包括胞外结构域、跨膜区域、胞内近膜结构域、酪氨酸蛋白激酶结构域和羧基末端序列等。细胞外区由 500~850 个氨基酸残基组成,有的含免疫球蛋白(Ig)同源结构,有的具有富含半胱氨酸区段,为配体结合部位;跨膜区是由 22~26 个氨基酸残基构成的一个 α- 螺旋高度疏水区;胞内近膜结构域将跨膜区域与激酶结构域分隔;酪氨酸蛋白激酶结构域是最保守部分,包括 ATP 结合和底物结合两个功能区。酪氨酸蛋白激酶受体与配体结合后被激活,既可导致受体自身磷酸化,又可催化底物蛋白的特定酪氨酸残基磷酸化,引发细胞内的信息传递。该型受体与细胞的生长增殖、分化、分裂及癌变有关。结合酪氨酸蛋白激酶受体属于非催化型受体,如生长激素受体和干扰素受体等。该类受体在氨基和羧基末端都有特征性的半胱氨酸对,但没有激酶结构域,受体分子本身没有酪氨酸蛋白激酶活性,但在近膜区有与酪氨酸蛋白激酶相结合的结构域。当结合酪氨酸蛋白激酶受体与配体结合后,可与胞质中的酪氨酸蛋白激酶相偶联,使激酶活化,催化底物蛋白酪氨酸残基磷酸化,触发细胞信号转导。

(四) 胞内受体

胞内受体分布于胞质或胞核,多为反式作用因子,当与相应配体结合后,能与 DNA 的顺式作用元件结合,调节基因转录。该型受体的配体包括类固醇激素、甲状腺激素和维生素 D 等。胞内受体通常为 400~1 000 个氨基酸残基组成的单体蛋白质,从 N 端到 C 端包括四个区域:高度可变区、DNA结合区、铰链区和激素结合区。

高度可变区的氨基酸序列和长度均高度可变,具有转录激活作用。多数受体的这一区域还是抗

Note:

体结合部位。DNA 结合区位于受体分子中部,由 66~68 个氨基酸残基组成,富含半胱氨酸残基,具有两个锌指模体,能顺 DNA 螺旋旋转并与之结合使受体二聚化。铰链区为一短序列,可使受体蛋白弯曲或发生构象改变,有助于配体 - 受体复合物的核定位。可能有与转录因子相互作用和触发受体向核内移动的功能。激素结合区位于铰链区 C 端,较大,约 250 个氨基酸残基。其作用包括:与配体结合、与热休克蛋白结合、具有核定位信号、使受体二聚化以及激活转录。

三、细胞内信号分子

细胞外的信号经过受体转换进入细胞内,通过一些蛋白质分子和小分子活性物质继续传递,最终至效应分子产生生物效应。这些在细胞内传递信号的分子称为信号转导分子(signal transducer),主要有小分子第二信使、酶、信号转导蛋白三大类,它们依次相互作用,形成上游和下游关系。

(一) 第二信使

将细胞外信号在细胞内转导的细胞内小分子物质称为第二信使(second messenger),主要有核苷酸如环腺苷酸(cAMP)、环鸟苷酸(cGMP),脂质及其衍生物如甘油二酯(DAG)、三磷酸肌醇(IP_3)、磷脂酰肌醇 -3,4,5- 三磷酸(PIP_3)和无机离子如 Ca^{2+} 等。近年发现一些气体如 NO、CO、H_2S 也具有第二信使的作用。第二信使相似的特点包括:①在完整细胞中的浓度或分布可在细胞外信号的作用下发生迅速改变。细胞接收信号后,细胞内相应第二信使的浓度迅速升高。完成信号传导后,被细胞内相应的水解酶迅速清除,信号传递终止,细胞回到初始状态。②类似物可模拟细胞外信号的作用。③阻断其变化可阻断细胞对相应外源信号的反应。④作为别构效应剂在细胞内有特定的靶蛋白分子。

(二) 酶

细胞内信号的转导需要一些酶的参与。作为信号转导分子的酶主要有两大类,一是催化小分子信使生成和转化的酶,如腺苷酸环化酶、鸟苷酸环化酶、磷脂酶 C、磷脂酶 D(PLD)等;二是蛋白激酶与蛋白磷酸酶,蛋白激酶是催化 ATP 的 γ- 磷酸基转移至靶蛋白的特定氨基酸残基上的一类酶,主要有酪氨酸蛋白激酶和丝 / 苏氨酸蛋白激酶;蛋白磷酸酶(protein phosphatase)使磷酸化的蛋白质发生去磷酸化,与蛋白激酶相对应而存在,与蛋白激酶共同构成了蛋白质活性的调控系统。无论蛋白激酶对其下游分子的作用是正调节还是负调节,蛋白磷酸酶都将对蛋白激酶所引起的变化产生衰减或终止效应。依据蛋白磷酸酶所作用的氨基酸残基不同,它们被分为蛋白丝 / 苏氨酸磷酸酶和蛋白酪氨酸磷酸酶。少数蛋白磷酸酶具有双重作用,可同时除去酪氨酸和丝 / 苏氨酸残基上的磷酸基团。

(三) 信号转导蛋白

除了第二信使和作为信号转导分子的酶,信号转导途径中还有许多没有酶活性的蛋白质,它们通过分子间相互作用被激活、或激活下游分子而传导信号,这些信号转导分子被称为信号转导蛋白(signal transduction protein),主要包括 G 蛋白、衔接蛋白和支架蛋白。

知 识 链 接

G 蛋白的发现

cAMP 是最早发现的第二信使之一。发现 cAMP 后,腺苷酸环化酶(AC)活化的分子机制成为当时生物化学领域的研究热点。Rodbell M 于 1969 年首先证明 AC 本身不是外源信号的受体,接着发现 GTP 为 AC 活化所必需。1971 年,Gilman AG 分离到含正常肾上腺素受体和 AC 的细胞株,但该株细胞却不能在肾上腺素作用下升高 cAMP。经细胞膜成分重组,他们发现该信号转导需要一种新的 GTP 结合蛋白质,并最终纯化了该蛋白质,进而证明 G 蛋白是受体与 AC 之间的信号中介分子,由此开辟了认识细胞内近千种 G 蛋白偶联受体信号转导机制的先河。Gilman AG 和 Rodbell M 分享了 1994 年诺贝尔生理学或医学奖。

Note:

信号转导途径中的一些环节由多种分子聚集形成的信号转导复合物(signaling complex)完成。信号转导复合物形成的基础是蛋白质通过蛋白质相互作用结构域(protein interaction domain),针对不同外源信号,聚集形成不同成分的复合物。这些结构域大部分由50~100个氨基酸残基构成,其特点是:①一个信号分子中可含两种以上的蛋白质相互作用结构域,可同时结合两种以上的其他信号分子;②同一类蛋白质相互作用结构域可存在于不同的分子中。这些结构域的一级结构不同,可选择性结合下游信号分子;③没有催化活性。目前已经确认的蛋白质相互作用结构域已经超过40种,表14-8列举了几种主要的蛋白质相互作用结构域以及它们识别和结合的模体。

表 14-8　蛋白质相互作用结构域及其识别模体举例

蛋白质相互作用结构域	缩写	存在分子种类	识别模体
Src homology 2	SH2	蛋白激酶、磷酸酶、衔接蛋白等	含磷酸化酪氨酸模体
Src homology 3	SH3	衔接蛋白、磷脂酶、蛋白激酶等	富含脯氨酸模体
Pleckstrin homology	PH	蛋白激酶、细胞骨架调节分子等	磷脂衍生物
Protein tyrosine binding	PTB	衔接蛋白、磷脂酶	含磷酸化酪氨酸模体

1. G 蛋白(G protein)　即鸟苷酸结合蛋白(guanine nucleotide binding protein),能结合 GTP 或 GDP,形成不同构象。结合 GTP 后成为活化形式,与下游分子结合,通过别构效应激活下游分子。G 蛋白自身具有 GTP 酶活性,可将结合的 GTP 水解为 GDP,转变为非活化形式,停止激活下游分子。

(1)三聚体 G 蛋白:以 αβγ 三聚体的形式存在于细胞膜内侧的 G 蛋白,目前已发现 20 余种。α 亚基具有多个功能位点,包括与受体结合并受其活化调节的部位、与 βγ 亚基结合的部位、GDP 或 GTP 结合部位以及与下游效应分子相互作用的部位等,α 亚基还具有 GTP 酶活性。在细胞内,β 和 γ 亚基形成紧密结合的二聚体,主要作用是与 α 亚基形成复合体并定位于质膜内侧。三聚体 G 蛋白直接由 G 蛋白偶联受体激活,进而激活下游信号转导分子。

(2)低分子量 G 蛋白(21kD):仅有 α 亚基的 G 蛋白。Ras 是第一个被发现的低分子量 G 蛋白,因此这类蛋白被称为 Ras 超家族。目前已知的 Ras 家族成员已超过 50 种,在细胞内分别参与不同的信号转导途径。例如,位于 MAPKK 激活因子(MAPKKK)上游的 Ras,在上游信号转导分子的作用下成为 GTP 结合形式,启动下游的有丝分裂原激活的蛋白激酶(mitogen activated protein kinase,MAPK)级联反应。

细胞中存在一些专门控制低分子量 G 蛋白活性的调节因子。有的可增强其活性,如鸟嘌呤核苷酸交换因子,促进 G 蛋白结合 GTP 而将其激活;有的可以降低其活性,如 GTP 酶活化蛋白等,可促进 G 蛋白将 GTP 水解成 GDP。

2. 衔接蛋白(adaptin)　是不同信号转导分子之间的接头,通过连接上游信号转导分子和下游信号转导分子而形成信号转导复合物。大部分衔接蛋白含有 2 个或 2 个以上的蛋白质相互作用结构域。例如表皮生长因子受体信号转导通路中的衔接蛋白 Grb2 就是由 1 个 SH2 结构域和 2 个 SH3 结构域构成的衔接蛋白,通过 SH2 和 SH3 结构域连接上、下游分子。

3. 支架蛋白(scaffolding proteins)　一般是分子量较大的蛋白质,可同时结合同一信号转导通路中多个信号转导分子,使之形成一个相对独立而稳定的信号转导通路,避免与其他信号转导通路发生交叉反应,维持信号转导通路的特异性,增加调控复杂性和多样性。

四、一些信号转导通路

(一)膜受体介导的信号转导通路

1. 环核苷酸依赖的蛋白激酶信号通路　环核苷酸依赖的蛋白激酶信号转导途径以小分子环核苷酸 cAMP 或 cGMP 为第二信使,在细胞内进行信号转导。

（1）cAMP-蛋白激酶 A 信号转导途径：主要通过与 G 蛋白偶联受体，引起靶细胞内 cAMP 浓度改变和蛋白激酶 A（protein kinase A，PKA）激活，形成信号转导的级联反应（图 14-4）。是许多激素和神经递质在靶细胞内的信号转导途径，也是激素调节物质代谢的主要信号转导途径之一。

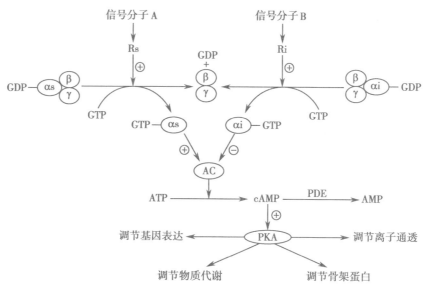

图 14-4　cAMP-蛋白激酶 A 信号转导途径

　　信号分子与靶细胞膜上的特异性 G 蛋白偶联受体结合，使受体构象改变而激活，其 G 蛋白偶联结构域与质膜上的 G 蛋白相互作用，使 G 蛋白 α 亚基与 βγ 亚基解离，α 亚基释放 GDP 而与 1 分子 GTP 结合，转变为激活状态 αs-GTP，激活腺苷酸环化酶，催化 ATP 生成 cAMP，使细胞内 cAMP 浓度升高，激活 cAMP 依赖性蛋白激酶，即蛋白激酶 A（PKA），使目标蛋白磷酸化产生生理效应。

　　cAMP 由磷酸二酯酶（phosphodiesterase，PDE）催化降解，水解环状二酯键生成 AMP。所以，细胞内 cAMP 浓度受腺苷酸环化酶活性和磷酸二酯酶活性双重调节。一些激素，如胰岛素能激活磷酸二酯酶，将 cAMP 水解成 AMP，终止信号转导。某些药物，如茶碱则抑制磷酸二酯酶，促使细胞内 cAMP 浓度升高。少数激素如生长激素抑制素的受体活化后可催化抑制性 G 蛋白解离，导致细胞内腺苷酸环化酶活性下降，从而降低细胞内 cAMP 水平。

　　PKA 是一种别构酶，由两个催化亚基（C）和两个调节亚基（R）构成的四聚体，每个调节亚基上有两个 cAMP 结合位点。两个调节亚基与 4 分子 cAMP 结合后发生别构，与催化亚基解离。游离催化亚基二聚体具有丝/苏氨酸蛋白激酶活性，能消耗 ATP、催化特异底物蛋白或酶的磷酸化修饰。

　　PKA 通过对代谢途径中各种关键酶的磷酸化修饰，改变酶活性，调节物质代谢的速度、方向以及能量生成。活化 PKA 进入细胞核，可催化 cAMP 应答元件结合蛋白（cAMP response element bound protein，CREB）特定的丝氨酸/苏氨酸残基磷酸化，形成同二聚体，再与 DNA 上的 cAMP 应答元件（cAMP response element，CRE）结合，激活受 CRE 调控的基因转录。PKA 还可催化 Ca^{2+} 通道蛋白的磷酸化修饰，增加其对 Ca^{2+} 的通透性，使 Ca^{2+} 内流增加。PKA 也可催化微管蛋白、微丝蛋白等细胞骨架蛋白的磷酸化修饰，引发细胞收缩反应。

　　（2）cGMP-蛋白激酶信号转导途径：信号分子与膜结合鸟苷酸环化酶受体结合，或脂溶性信号分子进入胞内与可溶性鸟苷酸环化酶受体结合，受体构象改变活化鸟苷酸环化酶（guanylate cyclase，GC），催化 GTP 生成 cGMP，激活 cGMP 依赖性蛋白激酶（cGMP-dependent protein kinase，PKG），催化底物蛋白磷酸化产生生理效应。心钠素（ANP）或鸟苷蛋白与膜结合鸟苷酸环化酶受体结合，经该途径进行信号转导。NO 或 CO 分子可透过质膜的脂双层，激活胞内鸟苷酸环化酶受体后进行信号转导。cGMP 由磷酸二酯酶降解，终止信号转导。

PKG 也是一种丝/苏氨酸蛋白激酶,可催化有关蛋白或有关酶类的 Ser/Thr 残基磷酸化修饰,产生各种生物学效应。PKG 的结构与 PKA 完全不同,为单体酶,分子中有一个 cGMP 结合位点。PKG 的特异底物包括磷酸化酶激酶 α 亚基、激素敏感性脂肪酶、钙泵(Ca²⁺-ATP 酶)、Ca²⁺ 通道蛋白等。已知 PKG 可引起血管平滑肌细胞的质膜和肌质网膜的有关蛋白磷酸化,使 Ca²⁺ 与 Ca²⁺ 泵的亲和力增高,导致质膜和肌质网膜 Ca²⁺ 泵的活性升高,摄取 Ca²⁺ 增多,引起胞质 Ca²⁺ 浓度降低而致平滑肌舒张。心钠素、NO 及硝基扩血管药物正是通过 cGMP 信号转导途径激活 PKG 而致血管平滑肌舒张。

2. 肌醇磷脂分子介导的信号通路　细胞外信号分子如抗利尿激素、去甲肾上腺素等与靶细胞膜特异性受体结合,通过特定 G 蛋白介导激活磷脂酰肌醇特异性磷脂酶 C(phosphatidylinositol phospholipase C,PI-PLC),水解膜组分磷脂酰肌醇-4,5-二磷酸(phosphatidylinositol 4,5-biphosphate,PIP₂)生成甘油二酯(DAG)和三磷酸肌醇(IP₃)两种第二信使。DAG 生成后仍然嵌于质膜上,在磷脂酰丝氨酸和 Ca²⁺ 的参与下激活蛋白激酶 C(protein kinase C,PKC);而水溶性 IP₃ 则释放到胞质,作用于内质网和肌质网 IP₃ 受体,使钙储库迅速释放 Ca²⁺,胞质 Ca²⁺ 浓度升高,与胞质内 PKC 结合并聚集至质膜,在 DAG 和膜磷脂共同作用下,激活 PKC(图 14-5)。

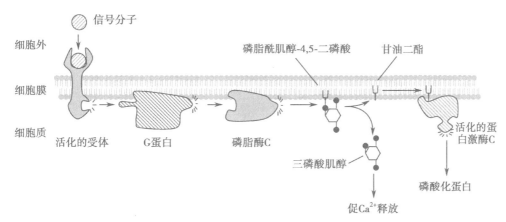

图 14-5　肌醇磷脂信号分子介导的信号通路

蛋白激酶 C 为单链多肽,分子量为 80kD,有一个亲水的催化活性中心和一个疏水的膜结合区。细胞未受到外界信号刺激时,催化活性中心结构域部分嵌合于疏水的膜结合区处于无活性状态。细胞膜受体与外界信号结合导致 PIP₂ 水解,产生 DAG 积累于质膜并作用于 PKC 疏水的膜结合结构域,使 PKC 构象变化、活性中心暴露,PKC 被激活。PKC 是一种丝/苏氨酸蛋白激酶,广泛存在于哺乳动物的组织细胞,可分布于胞膜或胞质。PKC 可以催化几十种特异底物蛋白/酶的磷酸化修饰,包括信号转导受体、膜蛋白和核蛋白、细胞收缩或骨架蛋白、代谢酶或其他蛋白质等,引起不同的生理效应。由于 PKC 可作用于各信号途径中参与信号转导的受体或酶,使 DAG/IP₃ 信号转导途径与其他信号途径之间产生广泛的联系,所以 PKC 除了可以通过磷酸化底物蛋白或酶而产生短暂的早期反应以外,还可以通过信号途径之间的相互交流,使 PKC 持续激活,从而产生基因表达、细胞增殖和分化等晚期反应。

3. 酪氨酸蛋白激酶信号通路　酪氨酸蛋白激酶信号转导途径可以大致分为以下几个阶段:①细胞外信号分子与受体结合,激活酪氨酸蛋白激酶。在这一阶段,有的受体本身具有酪氨酸蛋白激酶活性,通过与细胞外信号分子结合激活受体胞内结构域的酪氨酸蛋白激酶活性,形成的信号通路称为受体型酪氨酸蛋白激酶信号转导通路。有些受体本身没有酪氨酸蛋白激酶活性,受体与细胞外信号分子结合后,通过蛋白质-蛋白质相互作用激活酪氨酸蛋白激酶,形成的信号通路称为非受体型酪氨酸蛋白激酶信号转导通路。②特定底物蛋白酪氨酸残基被磷酸化后,通过蛋白质-蛋白质相互作用或蛋白激酶催化的磷酸化修饰作用激活下游信号转导分子,经过一系列信号分子,最终将信号传递

Note:

给特定的蛋白激酶并使其激活。③通过磷酸化修饰改变转录调控因子、代谢关键酶等活性,调节基因表达、细胞代谢、细胞生长、增殖、分化及运动等。

(1)受体型酪氨酸蛋白激酶信号转导通路:该信号转导通路的特点是受体本身具有酪氨酸蛋白激酶活性,如表皮生长因子受体(图 14-6),当与细胞外信号分子结合后,受体形成二聚体,激活受体的酪氨酸蛋白激酶活性并发生受体自身酪氨酸残基磷酸化,可进而通过 SOS 蛋白激活 Ras 蛋白,活化的 Ras 蛋白可进一步活化 Raf 蛋白。Raf 蛋白具有丝 / 苏氨酸蛋白激酶活性,可激活有丝分裂原激活蛋白激酶(mitogen-activated protein kinase,MAPK)系统。该系统包括 MAPK、MAPK 激酶(MAPKK)以及 MAPKK 激活因子(MAPKKK),它们既是上游酶分子的底物,又是下游底物的酶,属于酶兼底物蛋白分子,故称底物酶。MAPK 既能催化丝氨酸 / 苏氨酸残基、又能催化酪氨酸残基磷酸化,是具有双重催化活性的蛋白激酶。MAPK 激酶具有广泛的催化活性,包括催化细胞核内反式作用因子的丝氨酸 / 苏氨酸残基磷酸化,调节基因转录。当然,受体型酪氨酸蛋白激酶活化后还可通过激活腺苷酸环化酶、多种磷脂酶等进行信号转导。胰岛素及大部分细胞生长因子都通过这种途径发挥作用。

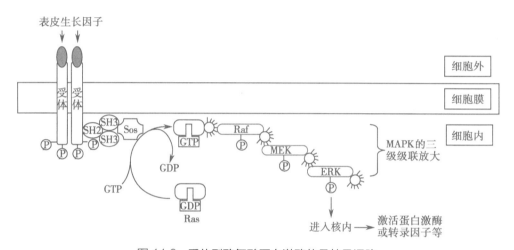

图 14-6　受体型酪氨酸蛋白激酶信号转导通路

(2)非受体型酪氨酸蛋白激酶信号转导通路:干扰素、生长激素、红细胞生成素和一些白细胞介素等细胞外信号分子通过该信号转导通路发挥作用。这些信号分子受体的胞内结构域中不含酪氨酸蛋白激酶活性区域,本身没有酪氨酸蛋白激酶活性,但在胞内近膜区存在 Janus 激酶(JAKs)结合位点。JAKs 是非受体酪氨酸激酶,为可溶性蛋白或微弱膜结合蛋白。在该信号转导通路中,当细胞外信号与受体结合后,可通过蛋白质 - 蛋白质相互作用激活 JAKs,进而催化信号转导子和转录激动子(signal transductors and activator of transcription,STAT)的酪氨酸残基磷酸化。磷酸化的 STAT 分子形成二聚体进入细胞核,作为转录因子影响相关基因的表达,改变细胞的增殖与分化。故此途径又称为 JAKs-STAT 信号转导通路。

(二)细胞内受体信号通路

通过胞内受体发挥作用的细胞外信号分子包括糖皮质激素、盐皮质激素、雄激素、雌激素、孕激素、维生素 D 和甲状腺激素等,除甲状腺激素外其余均为类固醇化合物。这些信号分子可直接以简单扩散的方式或借助于某些载体蛋白透过靶细胞膜,与位于胞质或胞核内的胞内受体结合。不同的胞内受体在细胞中的分布不同,糖皮质激素和盐皮质激素受体位于胞质中,维生素 D 及维 A 酸受体存在于胞核内,而雄激素、雌激素、孕激素、甲状腺激素受体则同时存在于胞质及胞核中。

类固醇激素与其受体结合后,可引起受体构象发生改变,暴露出 DNA 结合区。在胞质中形成的激素 - 受体复合物以二聚体形式穿过核孔进入细胞核。在核内,激素 - 受体复合物作为反式作用因子与特异基因的激素反应元件结合,调节基因表达。甲状腺激素进入靶细胞后,与胞内的核受体结合,形成甲状腺激素 - 受体复合物,进一步与特定基因表达调控序列上的甲状腺激素反应元件作用,调节基因表达(图 14-7)。

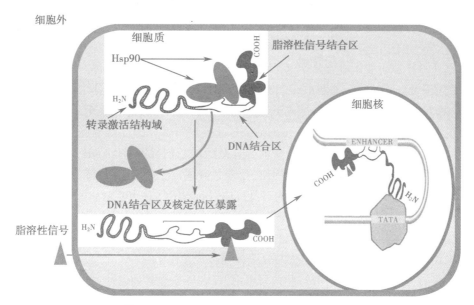

图 14-7　细胞内受体结构及作用机制示意图

(三) 信号转导途径间相互联系

高等动物包括人的生理功能十分复杂,不仅包括营养物质和非营养物质的代谢及其调节,也包括生长、发育、修复、运动、免疫等功能,还有学习、记忆、创造等高级功能,分别由不同的高度分化组织、细胞和特定的生物分子执行,并由不同信号分子组成的信号转导通路将相关的组织、细胞、特定生物分子联系起来,以高效实现相应的生物功能。由于高等动物生物功能的十分复杂,信号转导途径、细胞内信号转导也十分复杂,形成了多种信号分子组成的多种信号转导通路。再者,一种信号分子,特别是上游信号分子,可影响多种下游信号分子。如膜受体介导的信号转导途径是通过存在于细胞外的信号分子与靶细胞膜表面受体的特异结合来触发细胞内的信号转导过程,信号分子本身并不进入细胞。一种信号分子作用于细胞膜受体后并非仅激活一条通路,也可激活多条通路,且各条通路之间还可相互作用,最终产生生理效应。

更复杂的是,高等生物一种功能的实现,往往需要受不同信号转导途径调控的多种生物分子参与,它们之间还必须相互协调、有机统一。这就要求各种信号转导途径之间必须相互联系、协调一致。事实上,机体各种信号转导途径之间通过特定的中间信号分子形成了错综复杂的信号交互网络,使各信号转导途径之间能交联对话(cross talk),整合多种细胞外信号并形成特异的细胞生物学应答效应。

信号转导途径的交联对话主要体现在一条信号途径的信号分子参与另一条信号转导途径的信号转导。不同的信号转导途径可共同作用于同一效应蛋白或同一基因调控位点而协同发挥作用。如不同的第二信使激酶可以磷酸化同一靶蛋白的不同残基,在基因表达过程中可具有相同或相异的改变。目前,确定单一信号转导途径的基本组成和信号转导过程已经取得了很大进展,但明确这些信号转导通路如何整合为信号转导网络仍是一项艰巨的挑战。

五、信号转导与疾病

细胞信号转导是靶细胞对特异信号分子作出相应生物学效应的过程,信号转导过程中涉及许多信号分子和作用环节,其中某个环节的信号分子结构或数量异常均可导致正常的信号转导紊乱,引起疾病的发生。临床上也正是依据信号转导的理论,通过对信号转导途径中的信号分子的结构、活性及含量的检查来诊断疾病。并研发针对性药物对导致疾病发生的异常信号转导分子的活性进行调节,

Note:

达到治疗疾病的目的。

（一）信号转导异常与疾病发生

物理、化学、病原微生物以及遗传等多种因素都可导致机体内细胞信号转导异常疾病发生。细胞信号转导异常的环节主要有：胞外信号分子、受体、G蛋白及细胞内信号分子异常，或多个信号转导环节异常。

胞外信号分子异常通常是信号分子过量或不足。如胰岛素生成减少，体内产生抗胰岛素抗体或胰岛素拮抗因子等，均可导致胰岛素的相对或绝对不足，导致血糖升高。受体分子异常指因受体的数量、结构或调节功能变化，使受体不足或不能与配体识别、结合，不能引发靶细胞应有的功能效应。由此所引起的疾病称为受体病（receptor disease）。如家族性肾性尿崩症就是抗利尿激素（antidiuretic hormone，ADH）受体基因突变，导致ADH受体合成减少或结构异常，使ADH对肾小管和集合管上皮细胞的刺激作用减弱或上皮细胞膜对ADH的反应性降低，对水的重吸收降低，引起尿崩症。自身免疫性甲状腺病是因抗促甲状腺激素受体的自身抗体引起的甲状腺功能紊乱。假性甲状旁腺功能减退症（PHP）是因G蛋白信号转导异常，使靶器官对甲状旁腺激素（PTH）的反应性降低而引起的遗传性疾病。PTH受体与Gs偶联。PHP1A型的发病机制是由于编码Gsα等位基因的单个基因突变，患者GsαmRNA可比正常人降低50%，导致PTH受体与腺苷酸环化酶（AC）之间信号转导脱偶联。

细胞内信号转导涉及大量信号分子和信号蛋白，任一环节异常均可通过级联反应引起疾病。并且在疾病的发生和发展过程中，可涉及多个信号分子影响多个信号转导途径，导致复杂的网络调节失衡。如Ca^{2+}是细胞内重要的信使分子之一。在组织缺血-再灌注损伤过程中，胞质Ca^{2+}浓度升高，通过下游的信号转导途径引起组织损伤。

（二）信号转导与疾病的诊断治疗

依据信号转导的理论，临床上通过对信号转导途径中的信号分子的结构、活性及含量的检查来诊断疾病。开发针对性药物，对导致疾病发生的异常信号转导分子的活性进行调节，达到治疗疾病的目的。例如：一氧化氮-cGMP信号通路是临床上作为治疗心血管疾病的靶点，在血管平滑肌细胞中，可溶的鸟苷酸环化酶被邻近的血管上皮细胞生成的NO激活，从而催化cGMP生成，诱导血管平滑肌松弛，舒张血管。某些药物可通过增加NO的含量增加cGMP的含量。cGMP的水平还可被磷酸二酯酶调控，因此用于抑制血管磷酸二酯酶的药物也可用来增加特定组织血流量。

（李冬民）

思 考 题

1. 肝为什么被称为物质代谢的"中枢器官"？
2. 别构调节与化学修饰调节有何异同？
3. 在饱食、空腹、饥饿、应激等不同状态，机体是如何维持代谢平衡的？
4. 第二信使在细胞信号转导中是如何发挥其重要作用的？
5. 细胞信号转导与物质代谢的整体性、可调节性有何关系？
6. 细胞信号转导途径的多样性有何意义？

第四篇

医学生化专题

维生素与微量元素

15章 数字资源

─── 章前导言 ───

　　维生素是维持机体生命活动所必需的一类低分子量有机物质,也是保持机体健康的重要活性物质。它们在体内的含量很少,但不可或缺。维生素的种类很多,化学结构差异很大,按溶解性可分为脂溶性维生素和水溶性维生素。它们在生命活动中维持和调节机体正常代谢、参与机体某些具有特殊功能蛋白质的合成;对机体的新陈代谢、生长、发育等有极重要的作用;作为激素的前体物质,活化后发挥其作用。当机体长期缺乏某种维生素,就会引起生理功能障碍而发生维生素缺乏症。导致维生素缺乏的原因有摄取量不足、吸收障碍、需要量增加或药物影响等。

　　微量元素在医学领域是指占人体总重量万分之一以下的元素。根据机体对微量元素的需要情况,将那些对维持生物体正常生命活动不可缺少的,必须通过食物摄入且每日膳食需要量在 100mg 以下的微量元素称为必需微量元素。微量元素通过与蛋白质和其他有机基团结合,形成结合蛋白质、酶、激素、维生素等活性物质,对人体的生长发育、新陈代谢、内分泌、免疫等活动起着重要作用。

　　维生素与微量元素是维持机体健康的必需物质,但不是越多越好,若供给过量可引起中毒,故临床上使用时应注意合理的剂量。

● 知识目标
1. 掌握维生素、微量元素的概念；维生素的活性形式与生化作用。
2. 熟悉维生素的种类及其与疾病的联系；微量元素在机体的作用；重要的微量元素及其与疾病的联系。
3. 了解维生素的化学本质、性质、分类与命名。
● 能力目标
能够运用所学的维生素与微量元素知识分析临床某些疾病发生的原因、某些药物的作用机制。
● 素质目标
在了解维生素、微量元素作用及缺乏病的知识基础上，懂得营养物质的重要性，激发同学们对日常生活食品的探究热情，开拓视野；指导同学们坚持科学精神，树立健康生活理念，科学对待维生素与微量元素类保健食品。

维生素（vitamin）是机体维持正常生长发育和代谢所必需，但体内不能合成或合成量不足，必须由食物供给的一类低分子量有机化合物。人体对维生素的需要量甚微，每日仅以毫克或微克计算。它们既不能氧化供能，也不参与构成机体组织的成分，然而在调节物质代谢和维持生理功能等方面却发挥着重要作用。如果机体缺乏维生素，会引起机体物质代谢和生理功能异常，出现相应的维生素缺乏症。

维生素一般按照其被发现的先后以拉丁字母顺序命名，如 A、B、C、D 等，有些维生素最初认为是一种，后证实是一类化合物，则在原字母下方标注数字以区分，如 B_1、B_2、B_6、B_{12} 等；也可按照化学结构特点命名，如视黄醇、核黄素、吡哆醇等；或根据其生理功能和治疗作用命名，如抗眼干燥症维生素、抗佝偻病维生素等。

维生素的种类繁多，化学结构各异，通常按溶解性质不同，将其分为脂溶性维生素（lipid-soluble vitamin）和水溶性维生素（water-soluble vitamin）两大类。脂溶性维生素包括维生素 A、D、E、K。水溶性维生素分为 B 族维生素和维生素 C。B 族维生素包括维生素 B_1、B_2、PP、B_6、泛酸、生物素、叶酸、B_{12} 和硫辛酸等。

第一节　脂溶性维生素

脂溶性维生素属于疏水性化合物，包括维生素 A、D、E、K。它们不溶于水，而溶于脂质及多数有机溶剂，故脂溶性维生素在食物中与脂质共存，随脂质物质一同被吸收。脂溶性维生素在血液中与脂蛋白及某些特殊的结合蛋白结合而运输。脂溶性维生素在体内有一定的储量，主要存在于肝脏。脂质吸收障碍或食物中长期缺乏可引起相应的缺乏症，食用过量也可引起中毒。

一、维生素 A

（一）化学本质及性质

维生素 A 是含 β- 白芷酮环的不饱和一元醇。天然的维生素 A 有 A_1 及 A_2 两种形式。A_1 称视黄醇（retinol），A_2 称 3- 脱氢视黄醇。维生素 A 在体内的活性形式包括视黄醇、视黄醛（retinal）和视黄酸（retinoic acid）。

植物中不存在维生素 A，但有多种胡萝卜素，其中以 β- 胡萝卜素（β-carotene）最为重要。胡萝卜素本身无生理活性，但它在小肠黏膜处由 β- 胡萝卜素加氧酶催化，加氧断裂，生成 2 分子视黄醇，所以通常将 β- 胡萝卜素称为维生素 A 原（图 15-1）。

Note:

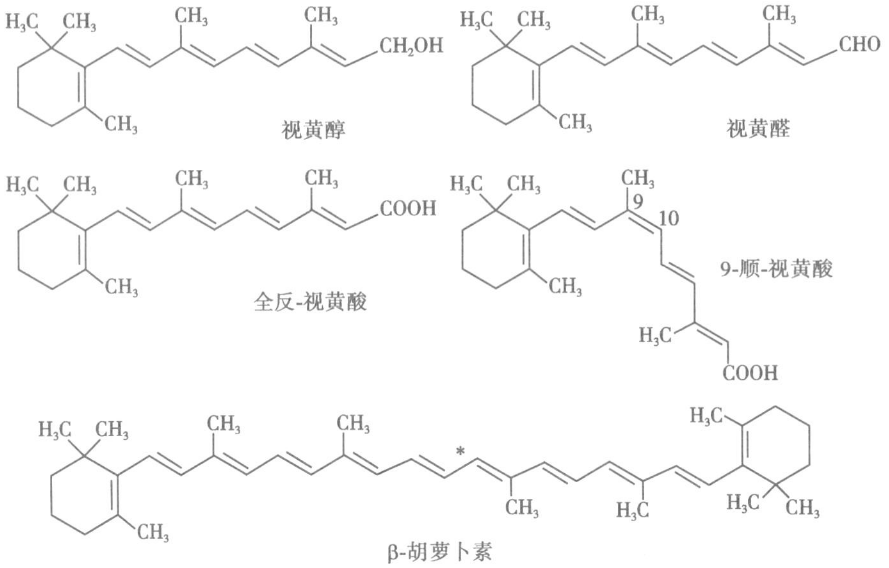

视黄醇

视黄醛

全反-视黄酸

9-顺-视黄酸

β-胡萝卜素

图 15-1 维生素 A 与 β- 胡萝卜素的结构式

食物中视黄醇多以酯的形式存在,在小肠水解为游离的视黄醇,被吸收后又重新生成视黄醇酯,并参与生成乳糜微粒。乳糜微粒中的视黄醇酯被肝细胞和其他组织摄取。视黄醇酯在肝细胞中水解出游离的视黄醇,与视黄醇结合蛋白(retinol binding protein,RBP)结合并分泌入血液,再与甲状腺素视黄质运载蛋白(transthyretin,TTR)相结合运输,在运输至靶组织后与细胞表面特异受体结合后被利用。在细胞内,视黄醇与细胞视黄醇结合蛋白(cell retinol binding protein,CRBP)结合。肝细胞内过多的视黄醇再以视黄醇酯的形式储存。

（二）生化作用及缺乏症

1. 参与构成视网膜内感光物质发挥视觉功能 在视网膜内由 11- 顺视黄醛与不同的视蛋白(opsin)组成视色素。在感受强光的锥状细胞内有视红质、视青质及视蓝质,杆状细胞内有感受弱光或暗光的视紫红质。当视紫红质感光时,视色素中的 11- 顺视黄醛光异构转变成全反式视黄醛,并引起视蛋白变构,这一光异构变化可引起杆状细胞膜的 Ca^{2+} 离子通道开放,Ca^{2+} 迅速流入细胞并激发神经冲动,经传导到大脑后产生视觉。最后,视紫红质被分解,全反式视黄醛和视蛋白分离,产生的全反式视黄醛还原为全反式视黄醇,经血流至肝变成 11- 顺视黄醇,合成视色素,从而构成视循环(图 15-2)。

在维生素 A 缺乏时,必然引起 11- 顺视黄醛的补充不足,视紫红质合成减少,对弱光敏感性降低,暗适应能力减弱,严重时会发生"夜盲症"。

2. 参与细胞膜糖蛋白的合成,维持皮肤黏膜层的完整性 视黄醇与 ATP 生成的磷酸视黄醇酯是细胞膜上的单糖基载体,参与糖蛋白的糖基化反应,为糖蛋白合成提供糖基。维生素 A 作为调节糖蛋白合成的辅因子,可稳定上皮细胞的细胞膜,维持上皮细胞的形态和功能完整。当维生素 A 缺乏时,可引起上皮组织干燥、增生和角化,表现为皮肤粗糙,毛囊丘疹等。在眼部出现眼结膜黏液分泌细胞的丢失和角化,表现为角膜干燥、泪液分泌减少、泪腺萎缩,称为眼干燥症,故维生素

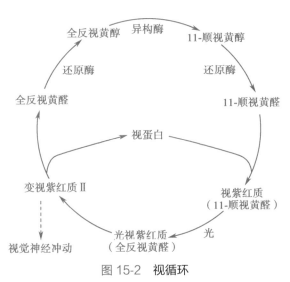

图 15-2 视循环

Note:

A 又称抗眼干燥症维生素。缺乏维生素 A 可致上皮组织发育不健全,易受微生物感染,老人、儿童易引起呼吸道炎症。

3. 其他作用 维生素 A 有促进生长、发育和维持生殖功能的作用,可能与视黄酸参与类固醇激素的合成有关。维生素 A 维持和增强免疫功能的作用可能是通过其在细胞核内的视黄酸受体实现的。此外,流行病学调查表明:维生素 A 的摄入与癌症的发生呈负相关,动物实验也表明摄入维生素 A 可减轻致癌物质的作用。β- 胡萝卜素是抗氧化剂,在氧分压较低的条件下,能直接消除自由基,而自由基是引起肿瘤和许多疾病的重要因素。

4. 来源和日需要量 鱼油、动物肝、蛋黄、牛奶、绿叶蔬菜、胡萝卜含有较多的维生素 A。成人每日推荐量约 80μg,一般正常饮食即可满足需求。如果长期过量(超过需要量的 10~20 倍)摄取可引起中毒,其症状主要有头痛、恶心腹泻、共济失调等中枢神经系统表现。妊娠期摄取过多,易发生胎儿畸形。

二、维生素 D

(一)化学本质及性质

维生素 D 又称为抗佝偻病维生素,是类固醇衍生物,主要包括维生素 D_2(麦角钙化醇 ergocalciferol)及维生素 D_3(胆钙化醇 cholecalciferol)。

在体内,胆固醇可变为 7- 脱氢胆固醇,储存在皮下,在紫外线作用下再转变成维生素 D_3,是人体维生素 D 的主要来源,因此 7- 脱氢胆固醇称为维生素 D_3 原。在酵母和植物油中有不能被人吸收的麦角固醇,在紫外线照射下可转变为能被人吸收的维生素 D_2,所以麦角固醇称为维生素 D_2 原。

食物中的维生素 D 在小肠被吸收后,加入乳糜微粒经淋巴入血,在血液中主要与一种特异载体蛋白——维生素 D 结合蛋白(DBP)结合后被运输至肝,在 25- 羟化酶催化下 C_{25} 加氧成为 25-OH-D_3,25-OH-D_3 是血浆中维生素 D_3 的主要存在形式,也是维生素 D_3 在肝中的主要储存形式。25-OH-D_3 经肾小管上皮细胞线粒体内 1α- 羟化酶的作用生成维生素 D_3 的活性形式 1,25-$(OH)_2$-D_3,目前认为活性形式 1,25-$(OH)_2$-D_3 是一种类固醇激素。1,25-$(OH)_2$-D_3 可进一步转化成 1,24,25-$(OH)_3$-D_3,但后者的生物活性远不及前者。25-OH-D_3 在肝内可与葡糖醛酸或硫酸结合,随胆汁排出体外(图 15-3)。

(二)生化作用及缺乏症

1,25-$(OH)_2$-D_3 是维生素 D_3 的活性形式,其作用方式与类固醇激素相似,经血液运输至靶细胞,与胞内特异的核受体结合,进入细胞核,调节相关基因(如钙结合蛋白基因、骨钙结合蛋白基因等)的表达。有人将其视为由肾产生的激素。1,25-$(OH)_2$-D_3 的靶细胞是小肠黏膜、骨及肾小管。主要作用是促进小肠黏膜对钙、磷的吸收及肾近曲小管对钙、磷的重吸收,维持血浆中钙、磷的正常浓度,调节血钙、血磷水平,有利于新骨的生成和钙化。当缺乏维生素 D 时,儿童可发生佝偻病,成人引起软骨病。因此维生素 D 又称为抗佝偻病维生素。

此外,有研究表明,1,25-$(OH)_2$-D_3 具有调节皮肤、大肠、乳腺、心、脑等组织细胞分化的功能。1,25-$(OH)_2$-D_3 还能促进胰岛 β 细胞合成和分泌胰岛素,抗糖尿病的功能。对某些肿瘤细胞也具有抑制增殖和促进分化的作用。

人体只要有足够的日光照射,就不会或很少缺乏维生素 D。另外,牛奶、肝、蛋黄、鲑鱼及虾中也含有维生素 D。成人每日推荐量为 5~10μg。如果服用过量的维生素 D,可出现中毒症状:轻则食欲缺乏、恶心、呕吐,心理抑郁,重则对软组织造成损害,钙沉积在心肌和肾脏,出现异位钙化。

三、维生素 E

(一)化学本质及性质

维生素 E 是苯骈二氢吡喃结构的衍生物,包括生育酚及生育三烯酚两大类(图 15-4)。每类又可

Note:

根据甲基的数目和位置不同而分成 α、β、γ 和 δ 四种。其中以 α- 生育酚的生物活性最高。维生素 E 主要存在于植物油、油性种子和麦芽等。体内维生素 E 主要存在于细胞膜、血浆脂蛋白和脂库中。维生素 E 在无氧条件下对热稳定,但对氧十分敏感,易被氧化,因而能保护其他易被氧化的物质。

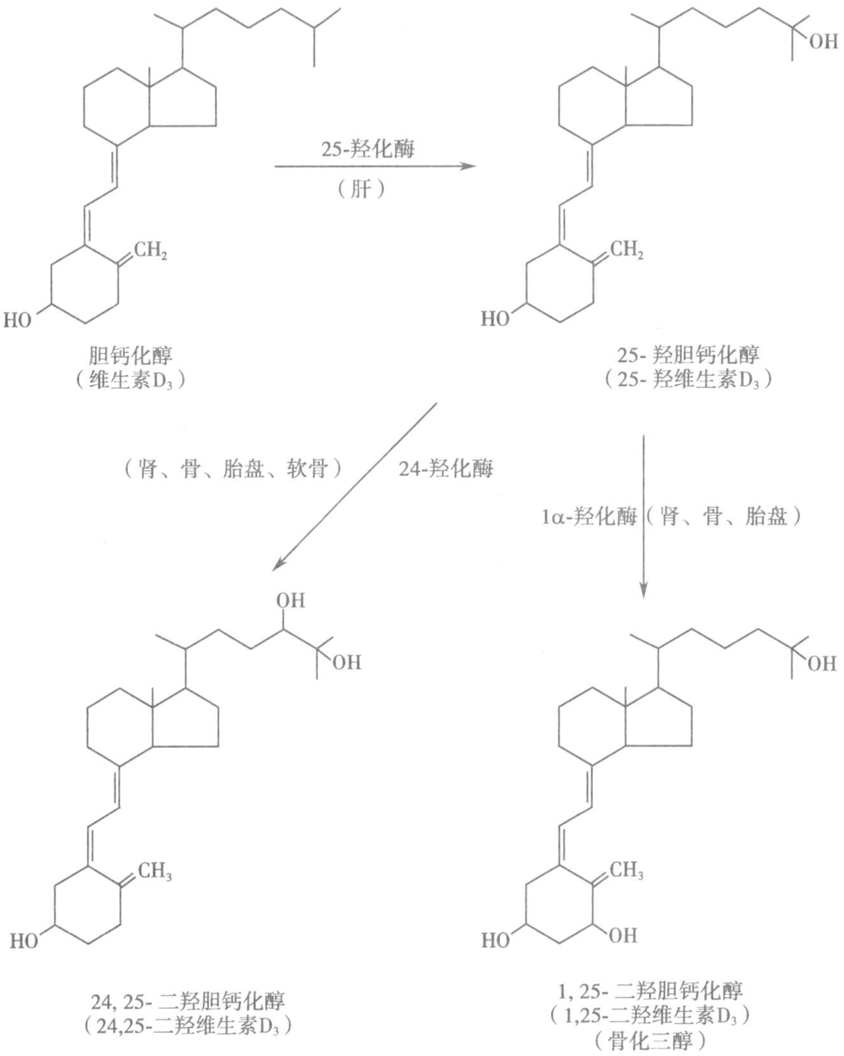

图 15-3　胆钙化醇的代谢

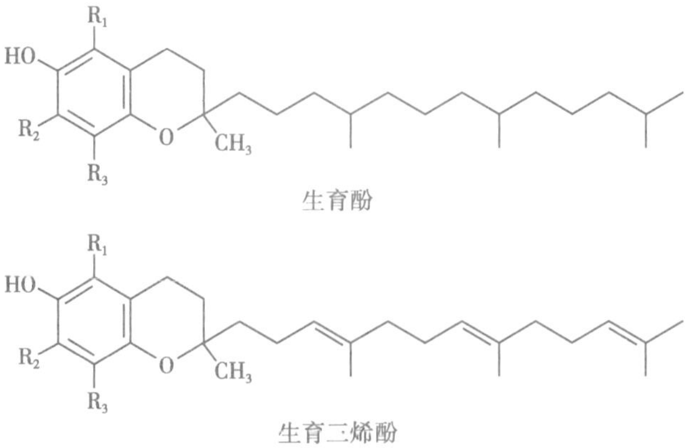

图 15-4　维生素 E 的结构式

（二）生化作用及缺乏症

1. 抗氧化作用　维生素 E 是体内最重要的脂溶性抗氧化剂和自由基清除剂,能避免脂质过氧化物的产生,保护细胞免受自由基的损害,保护生物膜的结构与功能。机体内的自由基具有强氧化性,如超氧阴离子($O_2^-\cdot$)、过氧化物($ROO\cdot$)及羟自由基($OH\cdot$)等。维生素 E 酚环上的羟基可捕捉自由基,进而在维生素 C 和还原型谷胱甘肽(GSH)作用下还原为生育醌。硒作为谷胱甘肽过氧化酶的必需因子,维生素 E 与硒在抗氧化过程中协同发挥作用。

2. 与生殖功能有关　维生素 E 俗称生育酚,动物缺乏维生素 E 时其生殖器官发育受损甚至不育,但人类尚未发现因维生素 E 缺乏所致的不育症。临床上常用维生素 E 治疗先兆流产及习惯性流产。

3. 促进血红素代谢　维生素 E 能提高血红素合成的关键酶 δ- 氨基 -γ- 酮戊酸(ALA)合酶及 ALA 脱水酶的活性,促进血红素合成。新生儿缺乏维生素 E 时可引起贫血。所以妊娠期及哺乳期的妇女及新生儿应注意补充维生素 E。

4. 具有调节基因表达的作用　维生素 E 还具有调节信号转导和基因表达的重要作用;具有抗炎、维持正常免疫功能和抑制细胞增殖的作用,并可降低血浆低密度脂蛋白(LDL)的浓度;在预防和治疗冠心病、肿瘤和延缓衰老方面具有一定的作用。

正常成人每日推荐量为 8~10mg。由于维生素 E 广泛存在于植物油及其产物中,所以一般不易缺乏。目前人类少见有维生素 E 中毒现象。

四、维生素 K

（一）化学本质及性质

维生素 K 与凝血有关,故又称凝血维生素。广泛存在自然界的有 K_1 和 K_2。它们都是 2- 甲基 -1,4- 萘醌的衍生物,对热稳定,易受光线和碱的破坏。临床上应用的为人工合成的 K_3、K_4,溶于水,可口服及注射。维生素 K 的吸收主要在小肠,随乳糜微粒而代谢。体内维生素 K 的存储量有限,脂质吸收障碍时,容易引发维生素 K 缺乏症。

（二）生化作用及缺乏症

维生素 K 的主要作用是作为 γ- 谷氨酰羧化酶的辅酶,促进凝血因子 Ⅱ、Ⅶ、Ⅸ、Ⅹ 前体中特定的多个谷氨酸残基羧化为 γ- 羧基谷氨酸,具有强的 Ca^{2+} 螯合能力而发挥凝血作用。

维生素 K 对骨代谢还具有重要作用,骨钙蛋白和骨基质 γ- 羧基谷氨酸蛋白都是维生素 K 依赖蛋白。此外维生素 K 对减少动脉钙化也具有重要的作用。

维生素 K 广泛分布于动植物,且体内肠道中的细菌也能合成,一般不易缺乏。因维生素 K 不能通过胎盘,新生儿出生后肠道内又无细菌,所以新生儿有可能引起维生素 K 的缺乏。维生素 K 缺乏的主要症状是易出血。缺乏的原因主要是导致脂质吸收障碍的疾病如胰腺疾病、胆管疾病及小肠黏膜萎缩或脂肪便等。长期应用抗生素及肠道灭菌药也可引起维生素 K 缺乏。成人每日推荐量为 60~80μg。

第二节　水溶性维生素

水溶性维生素包括 B 族维生素和维生素 C。B 族维生素主要作用是构成体内酶的辅因子,直接影响某些酶的催化作用。体内过剩的水溶性维生素可由尿排出体外,因而在体内很少蓄积,所以必须经常从食物中摄取。由于水溶性维生素在体内的储存很少,一般不容易发生中毒现象。

一、维生素 B_1

（一）化学本质及性质

维生素 B_1 由含硫的噻唑环和含氨基的嘧啶环通过甲烯桥连接而成,故又名硫胺素(thiamine),是

Note:

人们最早经分离纯化得到的维生素。维生素 B_1 为白色结晶,在有氧化剂存在时易被氧化产生脱氢硫胺素,后者在有紫外线照射时呈蓝色荧光。利用这一性质进行定性定量分析。维生素 B_1 在体内的活性形式为焦磷酸硫胺素(thiamine pyrophosphate,TPP)(图 15-5)。

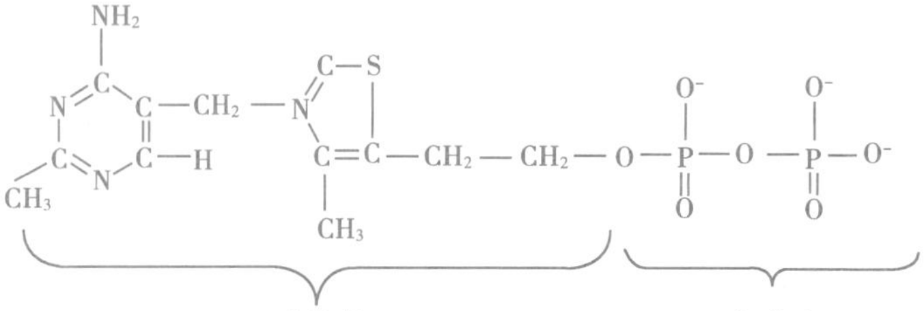

图 15-5 焦磷酸硫胺素(TPP)

(二)生化作用及缺乏症

维生素 B_1 易被小肠吸收,入血后主要在肝及脑组织中经硫胺素焦磷酸激酶作用生成 TPP。TPP 是 α- 酮酸氧化脱羧酶的辅酶,参与线粒体中代谢中间产物的氧化脱羧反应。维生素 B_1 在体内的能量代谢中具有重要的作用。维生素 B_1 缺乏时,α- 酮酸氧化脱羧反应障碍,血中丙酮酸和乳酸堆积,以糖的氧化分解供能为主的神经组织能量供应不足,以及神经髓鞘中鞘磷脂合成受阻,导致慢性末梢神经炎及其他神经肌肉变性改变,严重时可发生心力衰竭、水肿及脚气病(beriberi)。故维生素 B_1 又称为抗神经炎维生素或抗脚气病维生素。

维生素 B_1 在神经传导中起一定作用。TPP 参与乙酰胆碱的合成与分解,维生素 B_1 缺乏时,丙酮酸氧化脱羧反应受阻,乙酰辅酶 A 生成不足,影响乙酰胆碱的合成。同时,由于维生素 B_1 对胆碱酯酶的抑制减弱,使乙酰胆碱分解加强,导致神经传导受到影响。主要表现为消化液分泌减少、胃蠕动变慢、食欲缺乏、消化不良等。

知 识 链 接

维生素 B_1 的发现

荷兰医学家艾克曼(C. Eijkman)因发现防治脚气病的维生素 B_1,获得 1929 年诺贝尔生理学或医学奖。19 世纪东南亚各国流行脚气病,在军队里任外科医生的艾克曼,赴荷属东印度群岛研究当地流行的脚气病,并领导脚气病研究室。艾克曼起初认为这是一种细菌性疾病,后来他发现供实验用的鸡群患了多发性神经炎,症状似人类的脚气病。当所用的鸡饲料改变,由带壳的粗米代替精白米饭后,结果鸡群的多发性神经炎痊愈。证明带壳的糙米有预防、治疗脚气病的作用。艾克曼虽然没能提出此营养素的确切结构,但他是最早发现食物中含有生命必需的微量物质,发现脚气病是因缺乏某种微量物质所引起。1911 年从米糠中获得抗脚气病的微量物质,从而导致维生素 B_1(硫胺素)的发现。

维生素 B_1 广泛存在于植物中,谷类、豆类的种子外皮(如米糠)含量丰富,加工过于精细的谷物可造成其大量丢失。维生素 B_1 正常成人每日推荐量为 1.0~1.5mg。由于发热、手术、妊娠或哺乳等机体内的糖类摄入增加及代谢率增强,应增加维生素 B_1 的补充。咖啡及茶中的某些成分会破坏维生素 B_1,慢性乙醇中毒,影响小肠对维生素 B_1 的吸收,也消耗了体内维生素 B_1 的储备,易导致维生素 B_1 缺乏。

二、维生素 B_2

(一)化学本质及性质

维生素 B_2 是核醇与 6,7- 二甲基异咯嗪的缩合物,呈黄色,故又名核黄素(riboflavin)。其异咯嗪

环上的 N_1 和 N_{10} 之间有两个活泼双键,可反复接受或释放氢,具有可逆的氧化还原性。

维生素 B_2 分布很广,从食物中被吸收后在小肠黏膜的黄素激酶的作用下可转变成黄素单核苷酸(flavin mononucleotide,FMN),在体细胞内还可进一步在焦磷酸化酶的催化下生成黄素腺嘌呤二核苷酸(flavin adenine dinucleotide,FAD),FMN 及 FAD 是维生素 B_2 在体内的活性形式。

（二）生化作用及缺乏症

FMN 及 FAD 是体内氧化还原酶的辅基,如 NADH 脱氢酶(FMN)、琥珀酸脱氢酶(FAD)等,主要起递氢体的作用(图 15-6)。维生素 B_2 广泛参与体内各种氧化还原反应,促进糖、脂肪和蛋白质的代谢。对维持皮肤、黏膜和视觉的正常功能具有一定的作用。维生素 B_2 分布很广,在牛奶、蔬菜、肉类及谷物的麸皮中含量丰富。成人每日推荐量为 1.2~1.5mg。

人类维生素 B_2 缺乏时,可引起口角炎、唇炎、阴囊炎、眼睑炎等症。

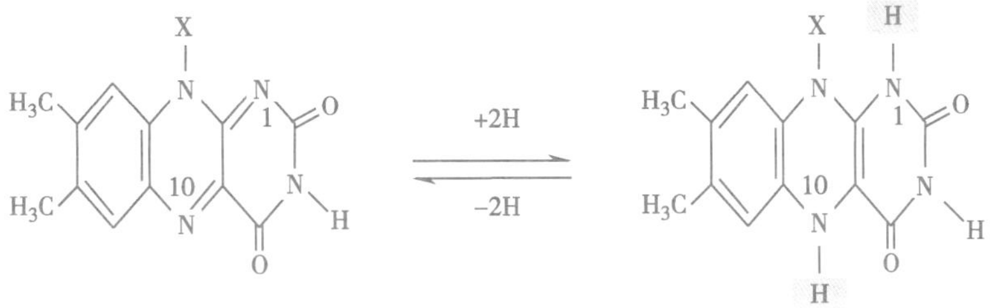

X：R-P（FMN）；X：R-P-AMP（FAD）；
R：核糖；P：磷酸基团。

图 15-6　FMN(FAD)的结构与递氢作用

三、维生素 PP

（一）化学本质及性质

维生素 PP 包括烟酸(nicotinic acid,曾称尼克酸)及烟酰胺(nicotinamide,曾称尼克酰胺),均为吡啶的衍生物,在体内可相互转化。维生素 PP 广泛存在于自然界,食物中维生素 PP 均以烟酰胺腺嘌呤二核苷酸(NAD^+)或烟酰胺腺嘌呤二核苷酸磷酸($NADP^+$)的形式存在(图 15-7)。它们进入小肠后被分解,释放出游离的维生素 PP 而被吸收,进入组织细胞后,再合成辅酶 NAD^+ 或 $NADP^+$。NAD^+(又称辅酶 I)和 $NADP^+$(又称辅酶 II)是维生素 PP 在体内的活性形式。

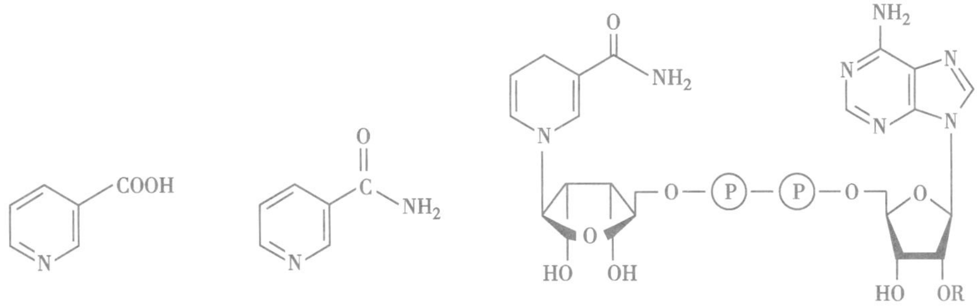

烟酸　　　　烟酰胺　　　　NAD^+：R=-H；$NADP^+$：R=-H_2PO_3

图 15-7　维生素 PP 及其活性形式的结构

肝能将色氨酸转变成维生素 PP,但转变率较低,又因色氨酸为必需氨基酸,所以人体的维生素PP 主要从食物中摄取。

（二）生化作用及缺乏症

NAD^+ 和 $NADP^+$ 在体内是多种不需氧脱氢酶的辅酶,分子中的烟酰胺部分具有可逆的加氢及脱氢的特性,是氧化还原反应中重要的递氢体。烟酸能抑制脂肪动员,可使肝中极低密度脂蛋白(VLDL)的合成下降,而起到降胆固醇的作用。所以临床上将烟酸用作降胆固醇药。马铃薯、蘑菇、谷物、肉类中含有丰富的维生素 PP。成人每日推荐量 15~20mg。

人类维生素 PP 缺乏症称为癞皮病(pellagra),主要表现是皮炎、腹泻及痴呆。皮炎常呈对称性,并出现于暴露部位,痴呆是因神经组织变性的结果。故维生素 PP 又称为抗癞皮病维生素。抗结核药物异烟肼的结构与维生素 PP 十分相似,两者有拮抗作用,长期服用可能引起维生素 PP 缺乏。服用过量烟酸时(2~4g/d)会引起血管扩张、脸颊潮红、痤疮及胃肠不适等症,长期大量服用可能对肝有损害。

四、泛酸

(一) 化学本质及性质

泛酸(pantothenic acid)又称遍多酸、维生素 B_5,由二甲基羟丁酸和 β- 丙氨酸组成,因在自然界广泛存在而得名。泛酸在肠内被吸收进入人体后,经磷酸化并获得巯基乙胺而生成 4- 磷酸泛酰巯基乙胺。4- 磷酸泛酰巯基乙胺是辅酶 A(coenzyme A,CoA)及酰基载体蛋白(acyl carrier protein,ACP)的组成部分,参与酰基的转移。因此 CoA 及 ACP 为泛酸在体内的活性形式(图 15-8)。

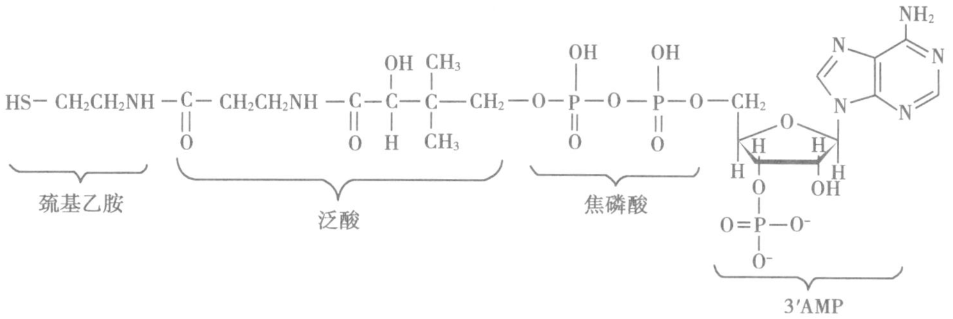

图 15-8　辅酶 A(CoA)

(二) 生化作用及缺乏症

在体内 CoA 及 ACP 构成酰基转移酶的辅酶,其活性基团为—SH,可结合酰基,起传递酰基的作用,广泛参与糖、脂质、蛋白质代谢及肝的生物转化作用,约有 70 多种酶需 CoA 或 ACP。人类少见有泛酸缺乏症,但在二战时的远东战俘中曾有"脚灼热综合征",为泛酸缺乏所致。

五、生物素

(一) 化学本质及性质

生物素(biotin)是由噻吩和尿素相结合的骈环且有戊酸侧链的双环化合物。生物素广泛分布于酵母、肝、蛋类、牛奶、鱼类、蔬菜及谷物等食物中。人体肠道细菌也能合成,故很少出现缺乏症。生物素为无色针状结晶体,耐酸不耐碱,氧化剂及高温可使其失活。

(二) 生化作用及缺乏症

生物素是体内多种羧化酶的辅酶,如丙酮酸羧化酶等,生物素能与羧基结合,参与底物羧化时 CO_2 的固定过程。在组织内生物素的分子侧链中,戊酸的羧基与酶蛋白分子中的赖氨酸残基上的 ε- 氨基通过酰胺键牢固结合,形成羧基生物素 - 酶复合物,又称生物胞素(biocytin)(图 15-9)。

新鲜鸡蛋清中有一种抗生物素蛋白(avidin),能与生物素结合使其失去活性而不被吸收,蛋清加热后这种蛋白质被破坏,就不会妨碍生物素的吸收。由于生物素在自然界广泛分布,一般不缺乏,但长期使用抗生素可抑制肠道细菌生长,可能会造成生物素的缺乏,主要症状是疲乏、恶心、呕吐、食欲缺乏、皮炎及脱屑性红皮病。

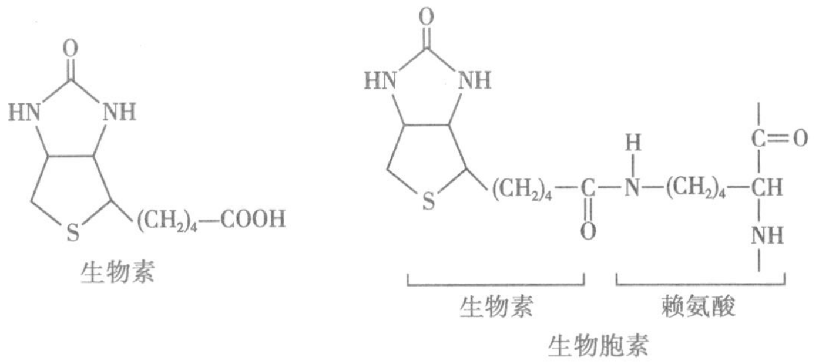

图 15-9　生物素和生物胞素的结构

六、维生素 B$_6$

(一) 化学本质及性质

维生素 B$_6$ 是吡啶的衍生物,包括吡哆醇(pyridoxine)、吡哆醛(pyridoxal)及吡哆胺(pyridox-amine),在体内以磷酸酯的形式存在。磷酸吡哆醛和磷酸吡哆胺可相互转变,是维生素 B$_6$ 的活性形式(图 15-10)。

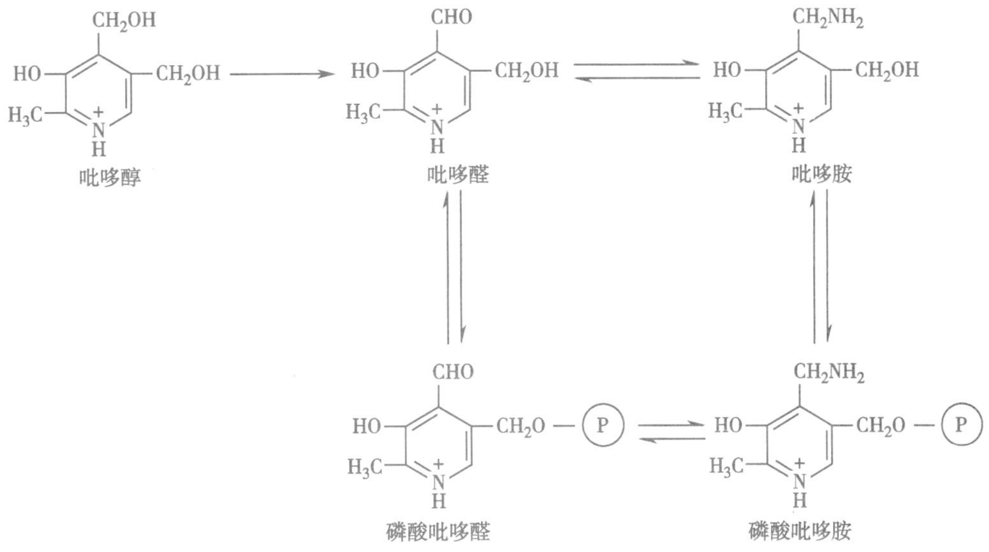

图 15-10　维生素 B$_6$ 及其活性形式的结构与互变

(二) 生化作用及缺乏症

磷酸吡哆醛是体内多种酶的辅酶,参与氨基酸转氨基和脱羧基作用,在氨基酸代谢中发挥重要作用。磷酸吡哆醛是谷氨酸脱羧酶的辅酶,该酶催化谷氨酸脱羧生成 γ- 氨基丁酸,后者则是中枢神经系统的抑制性递质。故临床上常用维生素 B$_6$ 对小儿惊厥及妊娠呕吐进行治疗。磷酸吡哆醛还是血红素合成的限速酶 δ- 氨基 -γ- 酮戊酸(δ-aminolevulinic acid,ALA)合酶的辅酶。所以,维生素 B$_6$ 缺乏时与低血红蛋白小细胞性贫血有关。

维生素 B$_6$ 广泛存在于食品中,肉类、蔬菜、未脱皮的谷物、蛋黄中含量较多。维生素 B$_6$ 每日推荐量约 2mg。人类未发现维生素 B$_6$ 缺乏的典型病例。异烟肼能与磷酸吡哆醛结合生成异烟腙,使其失去辅酶的作用,所以长期服用异烟肼时,应补充维生素 B$_6$。

七、叶酸

(一) 化学本质及性质

叶酸(folic acid)由 L- 谷氨酸、对氨基苯甲酸(PABA)和 2- 氨基 -4- 羟基 -6- 甲基蝶呤组成(后两

Note:

者相连又称蝶酸),因绿叶中含量十分丰富而得名,又称蝶酰谷氨酸(图 15-11)。动物细胞不能合成对氨基苯甲酸,所需的叶酸需从食物中供给。食物中的蝶酰多谷氨酸在小肠水解生成的蝶酰单谷氨酸,易被吸收,在小肠黏膜上皮细胞的二氢叶酸还原酶(辅酶为 NADPH)作用下可转变成叶酸的活性形式——5,6,7,8- 四氢叶酸(FH_4)。

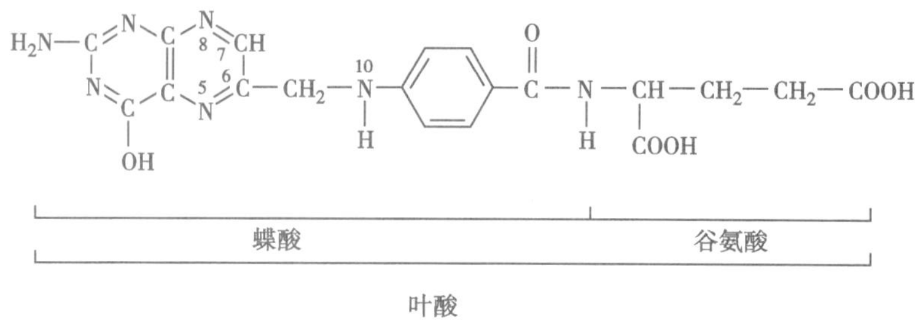

图 15-11　叶酸的结构

(二) 生化作用及缺乏症

FH_4 是体内一碳单位转移酶的辅酶,分子内部 N^5、N^{10} 2 个氮原子能携带一碳单位。一碳单位在体内参与氨基酸和核苷酸代谢。叶酸缺乏时,DNA 合成受抑制,骨髓幼红细胞 DNA 合成减少,细胞分裂速度降低,细胞体积变大,造成巨幼细胞贫血。

叶酸在食物中含量较多,肠道细菌也能合成,所以一般不发生缺乏症。成人每日推荐量 0.2~0.4mg。妊娠及哺乳期代谢较旺盛,应适量补充叶酸。口服避孕药或抗惊厥药能干扰叶酸的吸收及代谢,如长期服用此类药物时应补充叶酸。

抗癌药物甲氨蝶呤因结构与叶酸相似,能竞争性抑制二氢叶酸还原酶的活性,使四氢叶酸合成减少,进而抑制体内胸腺嘧啶核苷酸的合成,因此有抗癌作用。对氨基苯甲酸是许多微生物合成叶酸的原料,磺胺类药物结构类似对氨基苯甲酸,可竞争性抑制细菌的叶酸合成而发挥抑菌作用。

八、维生素 B_{12}

(一) 化学本质及性质

维生素 B_{12} 是唯一含金属元素的维生素,又称钴胺素(cobalamin)。维生素 B_{12} 在体内有多种存在形式(图 15-12),如氰钴胺素、羟钴胺素、甲钴胺素和 5′- 脱氧腺苷钴胺素,后两者是维生素 B_{12} 的活性型,也是血液中存在的主要形式。

(二) 生化作用及缺乏症

维生素 B_{12} 是 N_5-CH_3-FH_4 转甲基酶(甲硫氨酸合成酶)的辅酶,催化同型半胱氨酸甲基化生成甲硫氨酸。维生素 B_{12} 缺乏时,N_5-CH_3-FH_4 上的甲基不能转移,引起甲硫氨酸生成减少,同时也影响四氢叶酸的再生,使组织中游离的四氢叶酸含量减少,一碳单位代谢受阻,最终导致核酸合成障碍,影响细胞分裂,产生巨幼细胞贫血(megaloblastic anemia),即恶性贫血。同型半胱氨酸的堆积可造成高同型半胱氨酸血症,增加动脉硬化、血栓生成和高血压的危险性。

5′- 脱氧腺苷钴胺素是 L- 甲基丙二酰 CoA 变位酶的辅酶,催化琥珀酰 -4- 磷酸泛酰巯基乙胺 CoA 的生成。维生素 B_{12} 缺乏时,L- 甲基丙二酰 CoA 大量堆积,因其结构与脂肪酸合成的中间产物丙二酰 CoA 相似,所以影响脂肪酸的正常合成。维生素 B_{12} 缺乏所致的神经疾患是因为脂肪酸的合成异常而影响髓鞘质的转换,髓鞘质变性退化,造成进行性脱髓鞘。因此维生素 B_{12} 具有营养神经的作用。

维生素 B_{12} 广泛存在于动物食品中,很难发生缺乏症。成人每日推荐量 2~3μg。有严重吸收障碍的患者及长期素食者有可能缺乏。

Note:

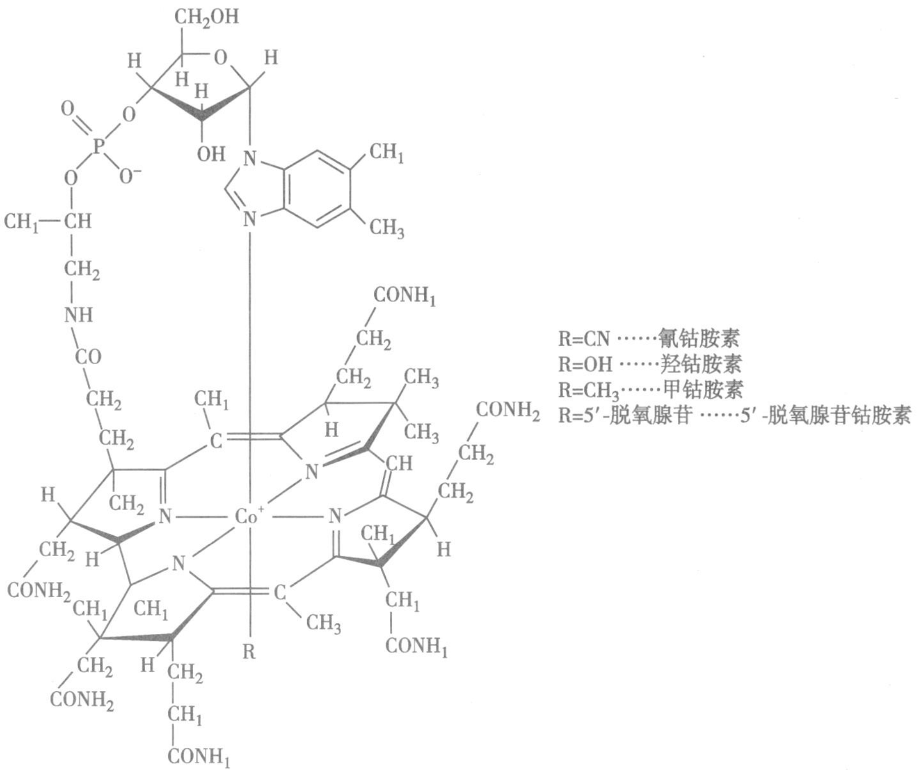

图 15-12　维生素 B$_{12}$ 的结构

R=CN ……氰钴胺素
R=OH ……羟钴胺素
R=CH$_3$ ……甲钴胺素
R=5'-脱氧腺苷 ……5'-脱氧腺苷钴胺素

九、硫辛酸

硫辛酸(lipoic acid)为含硫八碳的脂酸(辛酸),6,8 位上有二硫键相连,又称 6,8- 二硫辛酸,能还原为二氢硫辛酸(图 15-13)。硫辛酸可作为辅酶参与机体内物质代谢过程中酰基转移,起到递氢和转移酰基的作用(即作为氢载体和酰基载体)。硫辛酸易进行氧化还原反应,可保护巯基酶免受重金属离子毒害。硫辛酸还具有抗脂肪肝和降低血胆固醇的作用。

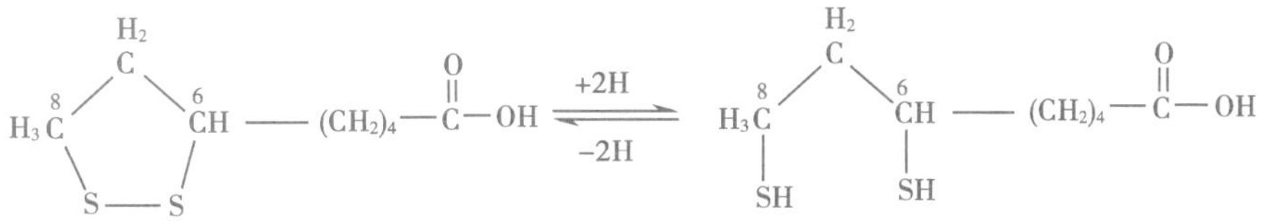

图 15-13　硫辛酸的氧化还原

食物中硫辛酸常和维生素 B$_1$ 同时存在,人体可以合成,故一般将硫辛酸归属于类维生素。人类很少发现硫辛酸的缺乏症。

十、维生素 C

(一) 化学本质及性质

维生素 C 又称 L- 抗坏血酸(ascorbic acid),为无色片状结晶,味酸,耐酸不耐碱,对热不稳定,烹饪不当可引起维生素 C 大量流失。维生素 C 烯醇式羟基上的氢原子可脱去,生成脱氢维生素 C,后者也能接受氢原子再转变为维生素 C。维生素 C 的自身氧化还原反应的性质可用于维生素 C 的定量测定。还原型维生素 C 是体内维生素 C 的主要存在形式。

(二) 生化作用及缺乏症

1. 促进胶原蛋白的合成　维生素 C 是体内许多羟化酶的辅酶,参与羟化反应,是维持胶原脯氨

Note:

酸羟化酶及胶原赖氨酸羟化酶活性所必需的辅因子,能促进胶原蛋白的合成。所以维生素 C 可影响血管的通透性,增强对感染的抵抗力。维生素 C 的缺乏会导致牙齿易松动,毛细血管破裂及创伤不易愈合等,严重时可引起内脏出血,即维生素 C 缺乏症(坏血病)。

2. 参与胆固醇的转化　正常时体内的胆固醇有 40% 转变成胆汁酸。维生素 C 是胆汁酸合成的限速酶——7α- 羟化酶的辅酶。此外,肾上腺皮质类固醇合成中的羟化也需要维生素 C。维生素 C 的缺乏直接影响胆固醇转化,进而影响脂质代谢。

3. 参与芳香族氨基酸的代谢　在苯内氨酸转变为酪氨酸,酪氨酸转变为对羟苯丙酮酸及尿黑酸的反应中,都需维生素 C。维生素 C 缺乏时,尿中大量出现对羟苯丙酮酸。维生素 C 还参与肾上腺髓质和中枢神经系统中儿茶酚胺的合成。

4. 是体内重要的强抗氧化剂

(1)维生素 C 参与体内氧化还原反应,能起到保护巯基的作用,它能使巯基酶的—SH 维持还原状态。如在谷胱甘肽还原酶作用下,使氧化型谷胱甘肽(GSSG)还原为还原型谷胱甘肽(GSH)(图 15-14)。还原型谷胱甘肽能使细胞膜的脂质过氧化物还原,起保护细胞膜的作用。维生素 C 作为抗氧化剂,可以清除自由基,具有保护 DNA、蛋白质和膜结构免遭损伤的重要作用。所以维生素 C 有保护细胞抗衰老的作用。

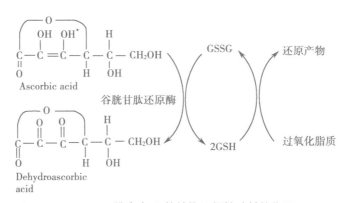

图 15-14　维生素 C 的结构及保护巯基的作用

(2)维生素 C 能使红细胞中的高铁血红蛋白(MHb,含 Fe^{3+})还原为血红蛋白(Hb,含 Fe^{2+}),使其恢复对氧的运输能力。可使食物中的 Fe^{3+} 转化为 Fe^{2+} 而易于吸收,促进造血功能。

(3)维生素 C 能保护维生素 A、E 及 B 免遭氧化,还能促使叶酸转变成为有活性的四氢叶酸。

5. 其他作用　临床上维生素 C 具有很好的抗癌作用。还可促进免疫球蛋白的合成和稳定,增强机体抵抗力。

人体不能合成维生素 C。维生素 C 广泛存在于新鲜蔬菜、水果和豆芽中。植物中含有的维生素 C 氧化酶能将维生素 C 氧化为灭活型的二酮古洛糖酸,所以储存久的水果、蔬菜中的维生素 C 的含量会大量减少。成人每日推荐量为 60mg。过量摄入的维生素 C 可随尿排出体外。

各种维生素的基本性质见表 15-1。

表 15-1　各种维生素一览表

名称	来源食物	主要功能	活性形式	日需要量	缺乏症
维生素 A（视黄醇）	鱼肝油、蛋黄、牛奶、绿叶蔬菜、胡萝卜、玉米等	1. 构成视紫红质 2. 维持上皮组织结构的完整 3. 促进生长发育	11- 顺视黄醛、视黄醇、视黄酸	800μg（2 600IU）	夜盲症、眼干燥症、皮肤干燥、毛囊丘疹

续表

名称	来源食物	主要功能	活性形式	日需要量	缺乏症
维生素 D（钙化醇）	肝、蛋黄、牛奶、鱼肝油	1. 调节钙、磷代谢，促进钙、磷吸收 2. 促进骨盐代谢与骨的正常生长	$1,25-(OH)_2-D_3$	5~10μg（200~400IU）	佝偻病（儿童），软骨病（成人）
维生素 E（生育酚）	植物油	1. 抗氧化作用，保护生物膜 2. 维持生殖功能 3. 促血红素合成	生育酚	8~10mg	人类未发现缺乏症，临床用于治疗习惯性流产
维生素 K（凝血维生素）	肝、绿色蔬菜	促进肝合成凝血因子	2-甲基 1,4-萘醌	60~80μg	皮下出血、肌肉及胃肠道出血
维生素 B$_1$（硫胺素）	酵母、豆、瘦肉、谷类外壳、皮及胚芽	1. α-酮酸氧化脱羧酶的辅酶 2. 抑制胆碱酯酶活性 3. 转酮基反应	TPP	1.2~1.5mg	脚气病、末梢神经炎
维生素 B$_2$（核黄素）	肝、蛋黄、牛奶、绿叶蔬菜	构成黄素酶的辅酶，参与生物氧化体系	FMN、FAD	1.2~1.5mg	口角炎、舌炎、唇炎、阴囊炎
维生素 PP（烟酸、烟酰胺）	肉、酵母、谷类、花生、胚芽、肝	构成脱氢酶的辅酶，参与生物氧化体系	NAD^+ $NADP^+$	15~20mg	癞皮病
维生素 B$_6$（吡哆醇、吡哆醛、吡哆胺）	谷类胚芽、肝	1. 氨基酸脱羧酶和转氨酶的辅酶 2. ALA 合酶的辅酶	磷酸吡哆醛磷酸吡哆胺	2mg	人类未发现缺乏症
泛酸（遍多酸）	动、植物细胞中均含有	构成辅酶 A 的成分，参与体内酰基的转移	CoA、4'-磷酸泛酰巯基乙胺	4~7mg	人类未发现缺乏症
叶酸	肝、酵母、绿叶蔬菜	以 FH$_4$ 的形式参与一碳单位的转移，与蛋白质、核酸合成、红细胞、白细胞成熟有关	四氢叶酸	200~400μg	巨幼红细胞贫血
生物素	动、植物组织中均含有	构成羧化酶的辅酶，参与 CO_2 的固定	生物素	30~100μg	人类未发现缺乏症
维生素 B$_{12}$	肝、肉、鱼、牛奶	1. 促进甲基转移 2. 促进 DNA 合成 3. 促进红细胞成熟	甲钴胺素 5'-脱氧腺苷钴胺素	2~3μg	巨幼红细胞贫血
维生素 C	新鲜水果、蔬菜，特别是番茄和柑橘	1. 参与体内羟化反应 2. 参与氧化还原反应 3. 促进铁吸收	抗坏血酸	60mg	维生素 C 缺乏症（坏血病）
硫辛酸	肝	转酰基作用、转氢作用	硫辛酸		人类未发现缺乏症

第三节 微 量 元 素

微量元素(microelement)是指人体中每人每日的需要量在100mg以下的元素,主要包括有铁、锌、铜、锰、硒、碘、钴、氟、铬等。虽然所需甚微,但生理作用却十分重要。微量元素的生理功能大致可分为以下4方面:①体内50%~70%的酶中含微量元素或以微量元素离子做激活剂;②构成体内重要的载体及电子传递系统;③参与激素和维生素的合成;④影响生长发育、免疫系统的功能。

一、铁

1. **体内含量、需要量及分布** 铁(iron)是体内微量元素中含量最多的一种,成年男性平均含铁量约为每千克体重50mg,而女性略低,约为每千克体重30mg。体内铁约75%存在于铁卟啉化合物中,如血红蛋白、肌红蛋白等,约25%存在于非铁卟啉类含铁化合物中,如含铁的黄素蛋白、铁硫蛋白、运铁蛋白等。在血液中铁与运铁蛋白(transferrin,Tf)结合而运输,而在肝内有铁的特殊载体。与Tf结合的是Fe^{2+},正常人血清Tf的浓度为200~300mg/dl。

铁的需要量个体差异很大,成年男性及绝经后的妇女每日约需铁1mg,经期妇女每日约1.5mg,妊娠期妇女每日约为3mg。

2. **铁的吸收** 铁的吸收部位主要在十二指肠及空肠上段。无机铁以Fe^{2+}形式吸收,Fe^{3+}很难吸收。络合物中铁的吸收大于无机铁,凡能将Fe^{3+}还原为Fe^{2+}的物质如还原型谷胱甘肽、维生素C及能与铁离子络合的物质(如氨基酸、枸橼酸、苹果酸等)均有利于铁的吸收。因而,临床上常用硫酸亚铁、枸橼酸铁铵、富马酸铁(Fe^{2+}与延胡索酸的络合物)等作为口服补铁药剂。血红素铁因吸收机制不同于非血红素铁,故吸收率高。

3. **铁的功能** 铁是血红蛋白、肌红蛋白的主要成分,参与O_2、CO_2的运输;作为细胞色素系统、呼吸链的主要复合物、过氧化物酶及过氧化氢酶等的重要组成部分,在生物氧化中发挥重要作用。因此体内铁缺乏或铁代谢障碍时可导致小细胞低色素性贫血(缺铁性贫血)。

知 识 链 接

测定血清铁的临床意义

血清中的铁常用血清铁和血清总铁结合力(total iron-binding capacity,TIBC)表示。血液中与转铁蛋白结合的铁即为血清铁。TIBC指能与100ml血清中全部转铁蛋白结合的最大铁量。正常人血液循环中转铁蛋白约30%被饱和,通常用TIBC来间接测定转铁蛋白的水平。由于血清中还有极少量的铁与其他蛋白质结合,故所测得的TIBC结果不能完全准确反映转铁蛋白的含量,TIBC与血清铁同时检测,其临床意义更大。

血清铁增高:见于溶血性贫血、再生障碍性贫血、巨幼细胞贫血以及铅中毒或维生素B_6缺乏引起的造血功能减低等。

血清铁降低:常见于缺铁性贫血、急性或慢性感染、恶性肿瘤等。

TIBC增高:见于缺铁性贫血、急性肝炎等。

TIBC降低:见于肝硬化、肾病、尿毒症和血色素沉积症等。

二、锌

锌(zinc),体内含量仅次于铁,成人体内含锌量为2~3g,成人每日需锌15~20mg。锌主要在小肠吸收,入血后与清蛋白或运铁蛋白结合而运输。小肠内有金属结合蛋白类物质能与锌结合,调节锌的吸收。某些地区的谷物中含有较多的 6- 磷酸肌醇,能与锌形成不溶性复合物,影响锌的吸收,如"伊朗乡村病"。血锌浓度为 0.1~0.15mmol/L,体内的锌主要经粪、尿、汗、乳汁等排泄。

锌作为金属酶的组成成分,与体内 80 多种酶的活性有关。许多蛋白质如反式作用因子、类固醇激素及甲状腺激素受体的 DNA 结合区,都有锌参与形成的锌指结构,在基因表达调控中起重要的作用。故缺锌必然会引起机体代谢紊乱。现在已知缺锌可引起儿童生长不良,生殖器官发育受损,伤口愈合缓慢等,此外缺锌还可影响皮肤健康,引起皮炎等。

三、铜

铜(copper)在成人体内含量为 80~110mg,肌肉中约占 50%,10% 存在于肝。肝中铜的含量可反映体内的营养及其平衡状况。国际推荐量成人每日每千克体重约需 0.5~2.0mg 铜,婴儿和儿童每日每千克体重需铜 0.5~1mg,妊娠妇女和成长期的青少年可略有增加。铜主要在十二指肠吸收,铜的吸收受血浆铜蓝蛋白的调控,血浆铜蓝蛋白减少时,吸收便增加。

铜是体内多种酶的辅基,如细胞色素氧化酶等,铜离子在电子传递给氧的过程中是不可缺少的。此外单胺氧化酶、超氧化物歧化酶等也都是含铜的酶。铜蓝蛋白可催化 Fe^{2+} 氧化成 Fe^{3+},在血浆中转化为运铁蛋白。铜缺乏时,会影响一些酶的活性,如细胞色素氧化酶活性下降可导致能量代谢障碍,可表现一些神经症状。铜缺乏也可导致 Hb 合成障碍,引起小细胞低色素性贫血。

铜虽是体内不可缺少的元素,但摄入过多也会引起中毒现象,如蓝绿粪便、蓝绿唾液,以及行动障碍等。

四、锰

正常人体内含锰(manganese)12~20mg。成人每日需 2.5~5mg,儿童每日每千克体重需 0.1mg。锰主要从小肠吸收,入血后大部分与血浆中 β_1- 球蛋白(运锰蛋白)结合而运输。主要从肠道排泄。

体内锰主要为多种酶的组成成分及激活剂,如 RNA 聚合酶、超氧化物歧化酶等。锰不仅参与体内糖、脂肪、蛋白质的代谢,还参与体内的免疫功能,抗自由基作用。缺锰时生长发育会受到影响。摄入过量锰会引起中毒。慢性锰中毒,可致神经细胞变性、神经纤维脱髓鞘以及多巴胺合成减少等精神 - 神经症状和帕金森神经功能障碍,无治疗良方,应加以预防。

五、硒

人体含硒(selenium)为 14~21mg,我国学者认为成人每日需要量应在 30~50μg。硒在十二指肠吸收,入血后与 α- 及 β- 球蛋白结合,小部分与 VLDL 结合而运输,主要随尿及汗液排泄。

硒在体内以硒代半胱氨酸的形式存在于近 30% 的蛋白质中,尤其是作为谷胱甘肽过氧化物酶(GSH-Px)活性中心的组成部分,具有抗氧化及保护细胞膜和蛋白质的作用,可加强维生素 E 的抗氧化功能;硒还参与辅酶 Q 和辅酶 A 的合成;硒还能抵抗汞、镉、砷等元素的毒性作用;目前认为大骨节病及克山病可能与缺硒有关。硒过多也会引起中毒症状,表现为脱发、眩晕、疲倦、周围性神经炎等。

六、碘

成人体内碘(iodine)含量为 20~50mg,其中 30% 集中在甲状腺内,供合成甲状腺激素。按国际上推荐的标准,成人每日需碘约 150μg,儿童则按每日每千克体重 3~5μg 计算。碘的吸收部位主要在小肠,吸收后的碘有 70%~80% 被摄入甲状腺细胞内贮存、利用。机体在吸收碘的同时,有等量的碘排出。主要排出途径为尿碘,尿碘约占总排泄量的 85%,其他由汗腺、粪便和毛发排出。

碘在人体内的主要作用是参与甲状腺激素的组成,甲状腺激素有促进蛋白质合成、加速机体生长发育、调节能量的转换、利用和稳定中枢神经系统的结构和功能等重要作用,故碘对人体的功能极其重要。缺碘可引起地方性甲状腺肿,严重可致发育停滞、痴呆,如胎儿期缺碘可致呆小病;若摄入碘过量又可致高碘性甲状腺肿,表现为甲状腺功能亢进症及一些中毒症状。

七、钴

体内的钴(cobalt)主要以维生素 B_{12} 的形式发挥作用,正常成人每日摄取钴约 300μg。人体对钴的最小需要量为每日 1μg,从食物中摄入的钴必须在肠内经细菌合成维生素 B_{12} 后才能被吸收利用。世界卫生组织(WHO)推荐,成年男性及青少年每日需维生素 B_{12} 的量为 2μg,哺乳期妇女为 2.5~3μg。钴主要在十二指肠及回肠末端吸收,主要从尿中排泄。维生素 B_{12} 的缺乏可引起巨幼细胞贫血。由于人体排钴能力强,很少有钴蓄积的现象发生。

八、氟

成人体内含氟(fluorine)2~6g,其中 90% 分布于骨、牙、指甲、毛发及神经肌肉中。氟的生理需要量每人每日为 0.5~1.0mg。饮用水是氟的主要来源。氟主要经胃肠道吸收,入血后与球蛋白结合,小部分以氟化物形式运输,血中氟含量为 20μmol/L。氟主要从尿中排泄。

氟与骨、牙的形成及钙磷代谢密切相关。氟可以促进钙磷沉积,有利于成骨作用;氟能与羟磷灰石吸附形成牙釉质中的氟磷灰石,防止龋齿发生。缺氟可致骨质疏松,易发生骨折,龋齿发病率高等。氟过多也可引起多方面的代谢障碍,可引起骨脱钙及对细胞、肾上腺、生殖腺等功能有影响,长期摄入过量氟可出现氟斑牙甚至氟骨症等。

九、铬

成人体内含铬(chromium)量约为 6mg,每日需要量为 30~40μg。谷类、豆类、海藻类、啤酒酵母、乳制品和肉类是铬的最好来源,尤以肝含量丰富。体内铬多以三价的形式存在。

铬是葡萄糖耐量因子的重要组成成分,对调节体内糖代谢、维持体内正常的糖耐量起重要作用。铬还参与机体的脂质代谢,降低血中胆固醇和甘油三酯的含量,具有预防动脉硬化和冠心病的作用。

三价铬是对人体有益的元素,而六价铬是有毒的。六价铬比三价铬毒性高 100 倍,并易被人体吸收且在体内蓄积。急性铬中毒主要是六价铬引起的,以刺激和腐蚀呼吸道、消化道黏膜为特征的临床表现。多见于口服铬盐中毒及皮肤灼伤合并中毒,也见于化工和电镀工人的职业性铬中毒。

(徐世明)

思 考 题

1. 叙述维生素 A、D、E、K 的生化作用。
2. 叙述各种 B 族维生素在体内的活性形式及生化作用。
3. 哪些维生素的缺乏易引起巨幼细胞贫血?
4. 简述各种微量元素的生理作用。

Note:

血液的生物化学

16章 数字资源

—— 章 前 导 言 ——

　　血液是流动于心血管系统中的具有黏滞性的液体,与淋巴液和组织间液共同组成细胞外液。血液主要参与物质在体内的运输和免疫机制,在维持机体内环境的稳定方面具有重要作用。血浆蛋白质是血浆固体成分中含量最多的物质,组成复杂,功能广泛,种类达数百种,生理功能十分重要。临床对某些血浆蛋白质的检测能够为某些疾病的诊断提供有价值的信息。人体具有完善的止血、凝血与抗凝血功能,生理情况下,血管内流动的血液不会溢出血管引起出血,也不会在血管内凝固引起血栓。当外伤损伤血管或血管内膜损伤时,启动血液凝固作用,防止大量出血,完成机体的自我保护。纤溶系统则在出血停止、血管创伤愈合后启动,清除沉积在血管内外的纤维蛋白以保证血流通畅。凝血与抗凝血系统的动态失衡会造成血栓形成或出血,是人类心、脑血管疾病的重要原因之一。由于各种血细胞的结构和功能与其他组织差异较大,血细胞的各种物质代谢途径具有显著的特点,对于完成血液的生理功能具有重要意义。

─── 学习目标 ───

- **知识目标**
  1. 掌握血浆蛋白质的分类、性质和功能；两条凝血途径及凝血块的溶解过程；成熟红细胞的代谢特点。
  2. 熟悉凝血因子与抗凝血成分。
  3. 了解白细胞的代谢过程。
- **能力目标**
  1. 能根据患者血液生物化学指标情况，进行疾病的辅助诊断与鉴别诊断。
  2. 能依据凝血途径及其分子机制，分析心血管系统疾病发生的病因和机体相互调节的方式，进而确定护理方案。
- **素质目标**
  1. 通过凝血与抗凝血途径深刻认识心血管系统相互制约的方式，加强对客观事物的认知能力，培养辩证思维，用相互影响、相互协调的观点看待人体系统的功能。
  2. 在护理过程中树立血液样本保护意识，保证样本的完整性和可用性，尊重患者隐私，遵守职业道德，勇担社会责任。

血液由血浆和混悬于其中的血细胞组成。血细胞有红细胞、白细胞和血小板三大类，血浆中含有无机物和有机物。血浆中无机物包括水及多种无机盐，无机盐主要以离子形式存在，如：Na^+、K^+、Ca^{2+}、Mg^{2+} 等阳离子及 Cl^-、HCO_3^-、HPO_4^{2-} 等阴离子。有机物中含量最多的是蛋白质，除此还有非蛋白质类含氮化合物、糖类和脂质等。非蛋白质类含氮化合物主要有尿素、肌酸、肌酸酐、尿酸、胆红素和氨等，这些物质中含的氮总称为非蛋白质氮（non-protein nitrogen，NPN）。正常人血中 NPN 含量为 14.28~24.99mmol/L，其中血尿素氮（blood urea nitrogen，BUN）约占 NPN 的 1/2。

知识链接

血小板的命名

哺乳动物血液中存在着一种有质膜但没有细胞核的结构，能运动和变形，一般呈圆形，体积小于红细胞和白细胞，长期被看作是血液中无功能的细胞碎片。直到 1882 年，意大利医师 J.B. 比佐泽罗发现它在血管损伤后的止血过程中有着重要的作用，首次将其命名为血小板（platelet）。

正常人体的血液总量约占体重的 8%，其中含水量为 77%~81%，黏度为水的 5~6 倍，比重为 1.050~1.060，pH 为 7.35~7.45，渗透压约为 $7.70×10^2$kPa。血液的渗透压主要由无机盐、小分子有机物产生的晶体渗透压和蛋白质等产生的胶体渗透压组成。血液的渗透压对于维持机体的水、电解质平衡和物质交换起着重要的作用。严重失血的患者可以根据体重的变化估计失血量，作为输血量的参考。对于烧伤、严重外伤及其他疾病引起的水电解质紊乱、酸碱失衡的患者应及时纠正和调节血液离子浓度、渗透压和 pH。

血液的化学成分及其含量变化与机体的生理或病理状况有关，常作为临床诊断的重要指标。由于血液中某些成分受食物的影响，常采取餐后 8~12h 空腹血进行分析。采血时在离体血液中加入适当抗凝剂，离心使血细胞沉淀，获得的浅黄色上清液即为血浆（plasm）。如在离体血液中不加抗凝剂，血液凝固形成凝血块，血块收缩析出淡黄色透明液体，称为血清（serum）。血清与血浆的主要区别是前者不含纤维蛋白原，且凝血因子减少而凝血产物增加。

第一节　血浆蛋白质

一、血浆蛋白质的分类与性质

（一）血浆蛋白质的分类

血浆蛋白质有 200 多种，既有单纯蛋白质，如清蛋白，又有结合蛋白质如糖蛋白、脂蛋白。健康成年人血浆内蛋白质总浓度为 65~85g/L，60 岁后稍有下降，新生儿为 46~70g/L。各种血浆蛋白质的含量从每升数毫克到数十克不等，可依据来源、分离方法和生理功能进行分类。血浆中一些蛋白质的结构和功能尚未明确，目前尚难以对全部的血浆蛋白质作出准确的分类。

常见血浆蛋白质的分离方法有电泳法（electrophoresis）和超速离心法（ultra-centrifuge）。电泳是根据蛋白质在电场中泳动的速度来分离蛋白质的常用方法，使用的电泳支持物不同，分离效果差别很大。醋酸纤维素薄膜电泳可将血清蛋白质分成五条区带：清蛋白、α_1 球蛋白、α_2 球蛋白、β 球蛋白和 γ 球蛋白（图 16-1）。琼脂糖凝胶电泳常可分出 13 个条带，通过聚丙烯酰胺电泳可以分出 30 余个条带，使用双向电泳则可分离出更多蛋白质的斑点。超速离心法是根据蛋白质的密度将其分离，如血浆脂蛋白的分离。正常人清蛋白含量为 40~55g/L，球蛋白为 20~40g/L，清蛋白 / 球蛋白（A/G）为 1.2 : 2.4 : 1。

按生理功能可将血浆蛋白质分类如表 16-1。

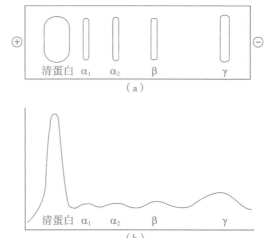

图 16-1　血清蛋白质的醋酸纤维素薄膜电泳图谱
（a）染色后的图谱；（b）光密度扫描后的电泳峰。

表 16-1　人类血浆蛋白质的生理功能分类

种类	血浆蛋白质
结合蛋白质或载体	清蛋白、载脂蛋白、转铁蛋白、铜蓝蛋白
免疫系统蛋白	免疫球蛋白和补体
凝血和纤溶蛋白	凝血因子、凝血酶原、纤溶酶原等
酶	卵磷脂胆固醇酰基转移酶等
蛋白酶抑制剂	α_1 抗胰蛋白酶、α_2 巨球蛋白等
激素	促红细胞生成素、胰岛素等
参与炎症应答的蛋白质	C- 反应蛋白、α_2 酸性糖蛋白等

知 识 链 接

血浆蛋白质的检测

血浆蛋白质的变化在某些疾病中有着重要的意义，临床中血浆蛋白质的检测可分为：①化学方法测定血浆总蛋白、清蛋白（albumin）及球蛋白（globulin）含量；②通过电泳将血浆（或血清）蛋白质初步分离，从而检测主要蛋白质的组分及其图谱；③免疫学方法检测特定蛋白质。

Note:

（二）血浆蛋白质的性质

1. 绝大多数血浆蛋白质在肝合成，如清蛋白、纤维蛋白原和纤粘连蛋白等。还有少量的血浆蛋白质是由其他组织细胞合成的，如 γ 球蛋白由浆细胞合成。

2. 血浆蛋白质一般在多聚核糖体上合成，先以蛋白质前体形式出现，经翻译后修饰加工，如去信号肽、糖基化、磷酸化后进入血浆，血浆蛋白质自肝细胞内合成部位到血浆的时间为 30min 至数小时不等。

3. 除清蛋白外，血浆蛋白质几乎均为糖蛋白，分子中含有 N— 或 O— 连接的寡糖链。寡糖链包含了很多生物信息，具有多种功能，如血浆蛋白质合成后的定向转移作用需寡糖链的参与。寡糖链包含的信息具有识别作用，红细胞的血型抗原含糖达 80%~90%，ABO 血型系统中，A、B 抗原的区别仅是在 O 抗原糖链的非还原端连接一个 N- 乙酰氨基半乳糖（GalNAc）或半乳糖（Gal）这一个糖基的差别，使抗原能被不同的抗体识别。用唾液酸酶（neuraminidase）切除一些血浆蛋白质的寡糖链末端唾液酸残基后，可缩短这些蛋白质的半衰期。

4. 许多血浆蛋白质呈现多态性，即同一种蛋白质具有两种或以上的表型。众所周知，ABO 血型是多态性的一种，另外，免疫球蛋白、α_1 抗胰蛋白酶、结合珠蛋白、转铁蛋白、铜蓝蛋白等均具多态性。

5. 循环过程中，每种血浆蛋白质均有其特定的半衰期。如正常成人的清蛋白和结合珠蛋白的半衰期分别为 20d 和 5d 左右。

6. 在急性炎症或组织损伤时，一些血浆蛋白质的水平会发生变化，这些蛋白质被称为急性期蛋白（acute phase protein，APP）。如 C- 反应蛋白（CRP，因与肺炎球菌的 C 多糖反应而得名）、α_1 抗胰蛋白酶、结合珠蛋白、α_1 酸性蛋白和纤维蛋白原等的浓度会增加，增幅为 50% 至 1 000 倍不等；清蛋白和转铁蛋白的浓度则会降低。

知 识 链 接

血浆蛋白质组

血浆蛋白质来源广泛、种类繁多，功能独特，这些蛋白质结构和水平的变化与多种疾病有关，这种特征性的变化对疾病诊断和疗效监测具有重要意义。迄今为止人类对血浆蛋白质的了解十分有限，只有很少一部分血浆蛋白质被用于常规临床诊断的指标。在所有组织的蛋白质中，血浆蛋白质与其 mRNA 水平相差最远，故全面而系统地认识健康和疾病状态下的血浆蛋白质，对阐述疾病病理生理学机制、疾病早期诊断、药物效应和不良反应监测具有重要意义。国际人类蛋白质组组织于 2002 年首先选择了血浆蛋白质组作为人类蛋白质组首期执行计划之一，其初期目标是：①比较各种蛋白质组分析技术平台的优点和局限性；②用这些技术平台分析人类血浆和血清的参考样本；③建立人类血浆蛋白质组数据库。

二、血浆蛋白质的功能

血浆蛋白质种类繁多，功能重要，现将血浆蛋白质的一些重要功能概述如下。

（一）维持血浆胶体渗透压

血浆胶体渗透压的大小，取决于血浆中蛋白质的摩尔浓度。血浆中含量最多的蛋白质为清蛋白，其分子量小（69kD）摩尔浓度高，产生的胶体渗透压占血浆胶体总渗透压的 75%~80%。当血浆蛋白浓度，特别是清蛋白浓度降低时，血浆胶体渗透压下降，导致水分在组织间隙潴留，出现组织水肿。严重营养不良、肝功能障碍使清蛋白的合成减少，或肾脏疾病使大量清蛋白从尿中丢失，均可导致血浆胶体渗透压下降而出现水肿。

（二）维持血浆正常的 pH

正常人血浆的 pH 在 7.35~7.45 之间。血浆蛋白质的等电点大部分在 pH 4.0~7.3 之间,血浆蛋白盐与相应的蛋白质形成缓冲对,参与血浆正常 pH 的维持。

（三）运输作用

血浆中含有 20 多种载脂蛋白,其分子表面具有许多亲脂性结合位点,可与血脂结合成脂蛋白的形式对脂质物质进行运输;血浆蛋白质还能与易被细胞摄取和易随尿液排出的一些小分子物质结合,防止它们从肾丢失;血浆中的清蛋白能与脂肪酸、Ca^{2+}、胆红素、磺胺等多种物质结合;此外血浆中还有皮质激素传递蛋白、转铁蛋白、铜蓝蛋白等。

（四）免疫作用

抗体是一种免疫球蛋白,主要存在于血浆等体液中,能与相应抗原特异性结合,在体液免疫中发挥重要作用。血浆中还存在着一组不耐热的具有酶原性质的蛋白质——补体,在机体特定免疫过程中被激活而发挥溶细胞、参与免疫调节及炎症反应等作用。

（五）催化作用

血浆中的酶称作血清酶,根据其来源和功能,可分为以下三类:

1. **血浆功能酶**　血浆功能酶主要由肝合成后分泌入血,并在血浆中发挥催化作用。如凝血及纤溶系统的多种蛋白水解酶,以酶原的形式存在于血浆中,在一定条件下被激活而发挥作用。

2. **外分泌酶**　由外分泌腺分泌的酶类统称为外分泌酶,如胃蛋白酶、胰蛋白酶、胰淀粉酶、胰脂肪酶和唾液淀粉酶等。在正常生理条件下这些酶少量溢入血液,虽然它们的催化活性与血浆的正常生理功能无直接的关系,但当这些脏器受损时,细胞膜的通透性增高或细胞被破坏,细胞内的酶大量释放入血,造成血浆中外分泌酶的量增加,在临床上可作为相关脏器疾病的诊断指标。

3. **细胞酶**　存在于细胞和组织内,参与糖、脂质、蛋白质等物质代谢。随着细胞的不断更新,这些酶可释放入血。正常生理状态下它们在血浆中含量甚微。有些酶具有组织、器官特异性,当特定的组织、器官有病变时,血浆内相应的酶活性增高,有助于相关疾病的诊断。例如,急性肝炎和心肌梗死患者血清中相应的丙氨酸转氨酶和天冬氨酸转氨酶的活性会显著升高。

（六）营养作用

血浆中含有多种人体所需的营养物质,如糖、脂质、蛋白质、维生素、各种微量元素等。成人每 3L 左右的血浆中约有 200g 蛋白质,血浆蛋白质作为营养储备物质,分解产生的氨基酸可被细胞用于合成蛋白质,或氧化分解为机体供能。

（七）凝血、抗凝血和纤溶作用

正常血浆中存在各种凝血因子、抗凝血因子和纤溶物质,它们相互作用、相互制约,保持血液循环通畅。但当血管损伤,血液流出时,液态的血液即转变成凝胶状态的血块,即发生凝血,凝血可防止机体流血不止,是机体的一种自身保护机制。

第二节　血液凝固

血液离开血管数分钟后,由流动的液态变成不能流动的胶冻状凝块,这一过程称为血液凝固。血液凝固是血浆中一系列酶促级联反应的结果,最后由原来溶解于血浆中的纤维蛋白原转变为不溶性的纤维蛋白,纤维蛋白网罗红细胞形成凝血块,使血液由液体状态转为凝胶状态,它是止血过程的重要组成部分。

一、凝血因子与抗凝血成分

（一）凝血因子

凝血因子是血浆与组织中直接参与凝血物质的统称。其中已按国际命名法,用罗马数字按发现

Note:

的次序编号的凝血因子有 13 种,即凝血因子 I～XIII,其中因子 VI 不存在,它是血清中活化的凝血因子 V。此外,还有前激肽释放酶、激肽释放酶以及来自血小板的磷脂等。凝血因子及其部分特征见表 16-2。

表 16-2　凝血因子及其特征

因子	别名	氨基酸残基数	碳水化合物含量 /%	电泳部位(球蛋白)	生成部位(是否需维生素 K)	血浆中浓度 /(mg·L⁻¹)	血清中	功能
I	纤维蛋白原	2 964	4.5	γ	肝(否)	2 000~4 000	无	结构蛋白
II	凝血酶原	579	8.0	α_2/β	肝(需)	150~200	无	蛋白酶原
III	组织因子	263		α/β	组织、内皮、单核细胞(否)	0	-	辅因子 / 启动物
IV	Ca²⁺					90~110	有	辅因子
V	易变因子(前加速因子)	2 196		清蛋白	肝(否)	5~10	无	辅因子
VII	稳定因子	406	13	α/β	肝(需)	0.5~2	有	蛋白酶原
VIII	抗血友病球蛋白	2 332	5.8	α_2/β	肝、内皮细胞(否)	0.1	无	辅因子
IX	Christmas 因子、血浆凝血活酶成分	415	17	β	肝(需)	3~4	有	蛋白酶原
X	Stuart-Prower 因子	448	15	α	肝(需)	6~8	有	蛋白酶原
XI	血浆凝血活酶前质	1 214	5.0	β/γ	肝(否)	4~6	有	蛋白酶原
XII	Hageman 因子	596	13.5	β	肝(否)	2.9	有	蛋白酶原
XIII	纤维蛋白稳定因子	2 744	4.9	α_2/β	骨髓(否)	25	无	转谷氨酰胺酶原
	前激肽释放酶	619	12.9	γ	肝(否)	1.5~5	有	蛋白酶原
	高分子量激肽原	626	12.6	α	肝(否)	7.0	有	辅因子

　　凝血因子 I、II、V、VII、X 主要由肝脏合成,凝血因子 I 即纤维蛋白原,是凝血酶的作用底物。因子 II、VII、IX 和 X 是依赖维生素 K 的凝血因子。因子 V 是因子 X 的辅因子,加速 X 因子对凝血酶原的激活。

　　凝血因子 VIII 作为因子 IX 的辅因子,在 Ca²⁺ 和磷脂存在下,参与因子 IX 对因子 X 激活成为 Xa,而因子 Xa 可激活凝血酶原,形成凝血酶,使凝血过程正常进行,凝血因子 VIII 和 IX 是维持 A 型和 B 型血友病患者生命不可或缺的重要蛋白质,患者必须终生注射才能维持生命。

　　XIIIa 是一种转谷氨酰胺酶,使可溶性纤维蛋白变成不溶性的纤维蛋白多聚体,稳固纤维蛋白凝块。

　　因子 III 是唯一不存在于正常人血浆中的凝血因子,它分布于各种不同的组织细胞中,又称组织因子(tissue factor,TF)。因子 III 的氨基末端伸展在细胞外,作为因子 VII 的受体起作用。

　　因子 XII、XI、激肽释放酶原和高分子激肽原等参与接触活化。当血浆暴露在带负电荷物质表面时,这些凝血因子在其表面发生一系列水解反应,除去一些小肽段而转变成有活性的 XIIa、XIa、激肽释放酶和高分子激肽,启动血液凝固。其他凝血因子的激活过程也与此相似,故凝血过程是一系列酶促级联反应,具有放大作用。

(二) 抗凝血成分

血液内存在凝血和抗凝血两种机制。血液在体内保持流动状态是凝血与抗凝血两个系统相互制约,保持动态平衡的结果,如果某一个或多个因素发生改变,平衡被打破,就可能发生出血或血栓形成。抗凝血机制由抗凝血成分和纤溶系统完成。机体内的抗凝血成分主要有三种:抗凝血酶 - Ⅲ (AT- Ⅲ)、蛋白 C 系统和组织因子途径抑制物(tissue factor pathway inhibitor,TFPI)。

1. 抗凝血酶 - Ⅲ　抗凝血酶 - Ⅲ 是由肝细胞合成的一种单链糖蛋白,是广谱的丝氨酸蛋白酶抑制物,与肝素结合可使酶活性增强 2 000 倍以上,与凝血酶以 1∶1 方式形成凝血酶 - 抗凝血酶复合物 (TAT),被肝清除。主要作用是:①与凝血酶结合成复合物,使凝血酶灭活,具有抗凝的作用;②抑制凝血因子Ⅸa、Ⅹa、Ⅺa、Ⅻa 和Ⅶa 和纤溶酶、胰蛋白酶、激肽释放酶的活性,抑制血液凝固;③能抑制因子Ⅹa 所致的血小板聚集反应。

2. 蛋白 C 系统　该系统主要包括蛋白 C(PC)、蛋白 S(PS)、血栓调节蛋白(TM)和蛋白 C 抑制物。前两者由肝合成,是依赖维生素 K 的糖蛋白,PC 是丝氨酸蛋白酶、PS 为辅因子,TM 由内皮细胞合成。

血浆内的凝血酶、胰蛋白酶和高浓度的 Va 均可激活 PC,一旦血浆内有凝血酶(Ⅱa)生成,则 TM 就与Ⅱa 结合,使 PC 成为激活性 PC(APC),APC 具有丝氨酸蛋白酶活性,通过蛋白水解作用可使 Va 和Ⅷa 灭活。此过程需要磷脂和 Ca^{2+} 参与。APC 灭活 Va 后,阻碍了 Xa 与血小板结合,大大降低 Xa 的凝血活性。APC 还能促进纤维蛋白溶解。AT- Ⅲ、PC、PS 缺乏,或因子 V、Ⅷ基因突变,导致因子 V、Ⅷ分子上丧失了 APC 的切割点,则有可能形成血栓。蛋白 C 抑制物能与 PC 结合形成复合物而灭活 APC。

3. 组织因子途径抑制物　组织因子途径抑制物(TFPI)是一种单链糖蛋白,主要由内皮细胞合成,也可由巨核细胞合成。TFPI 是丝氨酸蛋白酶抑制物,可形成 Xa-TFPI 复合物抑制 Xa。凝血因子 Ⅲ能与因子Ⅶ(或Ⅶa)形成复合物,在 Ca^{2+} 作用下,Xa-TFPI 再与 TF-Ⅶa 形成四元复合物,使 TF-Ⅶa 灭活而抑制凝血。

知 识 链 接

常用抗凝剂及作用原理

抗凝是用物理或化学方法去除或抑制血液中的某些凝血因子的活性,以阻止血液凝固。血液采出体外后用来阻止血液凝固的物质称为抗凝剂。常用的抗凝剂有以下几种:

1. 乙二胺四乙酸(EDTA)盐　常用的有钠盐(EDTA-Na_2·H_2O)或钾盐(EDTA-K_2·H_2O),与血液中的钙离子结合成螯合物,使 Ca^{2+} 失去凝血作用,阻止血液凝固。

2. 草酸盐　常用的有草酸钠、草酸钾、草酸铵,溶解后解离的草酸根离子能与血液中钙离子形成草酸钙沉淀,使 Ca^{2+} 失去凝血作用,阻止血液凝固。

3. 肝素　加强抗凝血酶(AT)灭活丝氨酸蛋白酶作用,防止凝血酶的形成,减少血小板聚集,阻止血液凝固。

4. 柠檬酸盐　常用柠檬酸钠,能与血液中钙离子结合形成螯合物,阻止血液凝固。柠檬酸盐的溶解度低,抗凝作用低于前三种抗凝剂。

二、两条凝血途径

凝血因子的活化是导致血液凝固的触发机制。而凝血因子 X 被激活成 Xa 是激活凝血酶原 (thrombogen)的关键步骤。根据凝血过程的方式不同,可分为内源性和外源性两条途径(图 16-2)。

Note:

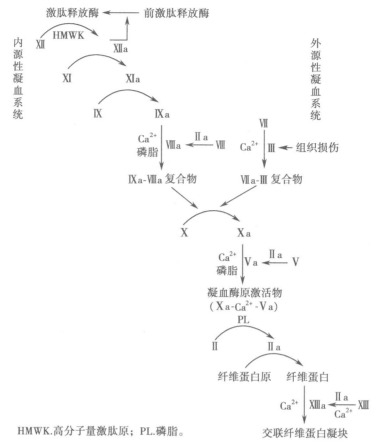

HMWK.高分子量激肽原；PL.磷脂。

图 16-2 内源性、外源性及共同凝血途径

（一）内源性途径

内源性凝血途径是指参加凝血的凝血因子全部来自血液内。该途径具体指从因子Ⅻ激活到因子Ⅹ激活的过程。在血管壁发生损伤，内皮下组织暴露时，内皮胶原纤维与因子Ⅻ接触并结合，在激肽释放酶参与下被活化为Ⅻa，因子Ⅻa又将因子Ⅺ激活。在 Ca^{2+} 的存在下，被活化的Ⅺa又激活因子Ⅸ。单独的Ⅸa激活因子Ⅹ的效率很低，当Ⅸa与Ⅷa结合形成 1:1 的复合物时，对因子Ⅹ激活速度显著提高。这一反应需要 Ca^{2+} 和磷脂的参与。

（二）外源性途径

外源性途径指组织因子（因子Ⅲ）暴露于血液而启动的凝血过程。该过程是从组织因子暴露于血液开始，到因子Ⅹ被激活为止。组织因子是存在于多种细胞膜中的一种跨膜蛋白，正常情况下组织因子并不与血液接触，但在血管损伤或血管内皮细胞及单核细胞受到细菌内毒素、补体 C5a、免疫复合物、白介素 -1 和肿瘤坏死因子等因子刺激时，组织因子释放与血液接触，并在 Ca^{2+} 的参与下，与因子Ⅶ形成复合物。单独的因子Ⅶ或组织因子均无促凝活性，但因子Ⅶ与组织因子结合形成的 TF- Ⅶ复合物可被血液中Ⅹa激活，形成 TF- Ⅶa复合物。与单独Ⅶa 相比，TF- Ⅶa复合物激活因子Ⅹ的能力显著增强，形成外源性凝血途径的正反馈效应。

一旦形成Ⅹa，无论内源性凝血途径还是外源性凝血途径都进入共同的凝血通路，即凝血酶（thrombin）的生成和纤维蛋白（fibrin）的形成。因子Ⅹa、因子Ⅴa 在 Ca^{2+} 和磷脂的存在下组成凝血酶原激活物，将凝血酶原激活为凝血酶，凝血酶酶解纤维蛋白原成为纤维蛋白单体，并交联形成纤维蛋白凝块。整个凝血过程见图 16-2。

由纤维蛋白原至形成纤维蛋白凝块需经过三个阶段，即纤维蛋白单体的生成、纤维蛋白单体的聚合和纤维蛋白的交联。血浆中存在的纤维蛋白原溶于水且不会聚合，分子由两条 α 链、两条 β 链和

两条 γ 链组成,每三条肽链(α、β、γ 肽链)绞合成索状,形成两条索状肽链,两者的 N- 端通过二硫键相连,整个分子成纤维状(图 16-3)。α 及 β 链的 N- 端分别有一段 16 个和 14 个氨基酸残基组成的一段小肽,称为纤维肽 A 和 B,凝血酶将带负电荷多的纤维肽 A 和 B 水解除去后,纤维蛋白原就转变成纤维蛋白。由于切除了纤维肽 A 及 B 后暴露出纤维蛋白单体间的黏合位点,相邻的纤维蛋白发生快速共价交联,形成更大的纤维。纤维蛋白生成后,促进凝血酶对因子 XⅢ 的激活。XⅢa 是一个转酰胺酶,在 Ca^{2+} 的参与下,XⅢa 催化 γ 肽链 C- 端上的谷氨酰胺残基与邻近 γ 肽链上的赖氨酸残基的氨基共价结合,α 链之间也同样发生交联。经过共价交联的纤维蛋白网非常牢固,形成不溶的稳定的纤维蛋白凝块(图 16-3)。

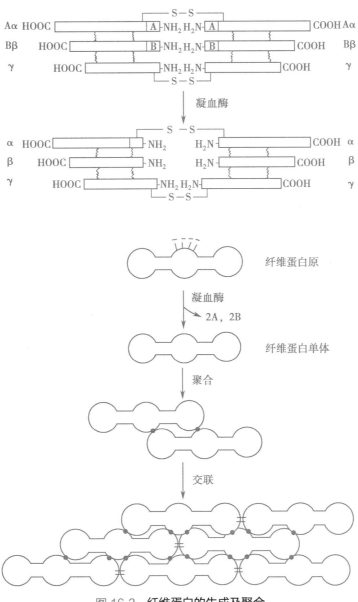

图 16-3 纤维蛋白的生成及聚合

三、凝血块的溶解

在出血停止、血管创伤愈合后形成的凝血块要被溶解和清除。溶解和清除沉积在血管内外的纤维蛋白以保证血流通畅的工作,主要由纤维蛋白溶解系统,简称为纤溶系统来完成。该系统由纤溶酶原、组织纤溶酶原激活物(t-PA)等多种因子组成。纤维蛋白溶解包括纤溶酶原激活和纤维蛋白溶解两个阶段。在内源性因子XIIa、前激肽释放酶、因子XIa、外源性因子组织型纤溶酶原激活物(t-PA)、尿激酶型纤溶酶原激活物(u-PA)和链激酶(SK)的作用下,纤溶酶原转变为纤溶酶。后者特异地催化纤维蛋白或纤维蛋白原中由精氨酸或赖氨酸残基的羧基构成的肽键水解,产生一系列纤维蛋白降解产物。纤溶酶不仅能降解纤维蛋白和纤维蛋白原,还能分解凝血因子、血浆蛋白质和补体(图 16-4)。

凝血和纤溶两个过程在正常机体内相互制约,处于动态平衡,如果这种动态平衡被破坏,将会形成血栓或产生出血现象。

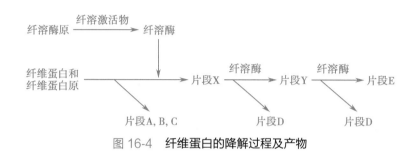

图 16-4　纤维蛋白的降解过程及产物

第三节　血细胞代谢

一、红细胞的代谢

红细胞是在骨髓中由造血干细胞定向分化而成的红系细胞。在红系细胞发育过程中,经历了原始红细胞、早幼红细胞、中幼红细胞、晚幼红细胞、网状红细胞、成熟红细胞等一系列形态及代谢的改变。成熟红细胞除细胞膜及胞质外无其他细胞器,因而与有核细胞的代谢方式不同。不同阶段红细胞的代谢变化见表 16-3。

表 16-3　红细胞成熟过程中的代谢变化

代谢能力	有核红细胞	网织红细胞	成熟红细胞
分裂增殖能力	+	−	−
DNA 合成	+*	−	−
RNA 合成	+	−	−
RNA 存在	+	+	−
蛋白质合成	+	+	−
血红素合成	+	+	−
脂质合成	+	+	−
三羧酸循环	+	+	−
氧化磷酸化	+	+	−
糖的无氧氧化	+	+	+
磷酸戊糖途径	+	+	+

注:"+""−"分别表示该途径有或无,"*"晚幼红细胞为阴性。

(一) 糖代谢

葡萄糖是成熟红细胞的主要能量物质。血液循环中的红细胞每天大约从血浆摄取 30g 葡萄

Note:

糖,成熟红细胞保留的糖代谢通路主要是糖的无氧氧化、磷酸戊糖途径及 2,3- 二磷酸甘油酸(2,3-bisphosphoglycerate,2,3-BPG)支路,通过这些代谢途径提供能量和还原当量(NADH,NADPH),以及一些重要的代谢物。红细胞所摄取的葡萄糖绝大部分经糖酵解途径和 2,3- 二磷酸甘油酸支路进行代谢,有 5%~10% 通过磷酸戊糖途径进行代谢。

1. 糖的无氧氧化和 2,3- 二磷酸甘油酸(2,3-BPG)支路　糖的无氧氧化分为糖酵解和乳酸生成两个阶段。红细胞中存在糖的无氧氧化过程的所有酶和中间代谢物,糖酵解的基本反应和其他组织一样。红细胞获得能量的唯一途径是糖的无氧氧化,1mol 葡萄糖经糖酵解生成 2mol 乳酸的过程中,产生 2mol ATP。红细胞内的糖酵解途径还存在旁支循环——2,3- 二磷酸甘油酸支路(图 16-5)。2,3- 二磷酸甘油酸支路的分支点是 1,3- 二磷酸甘油酸(1,3-BPG)。2,3- 二磷酸甘油酸支路仅占糖酵解的 15%~50%,其主要功能是调节血红蛋白的运氧功能。

2. 磷酸戊糖途径　红细胞内磷酸戊糖途径的代谢过程与其他细胞相同,关键酶是葡糖 -6- 磷酸脱氢酶,经此途径产生还原当量 $NADPH+H^+$。

3. 红细胞内糖代谢的生理意义　红细胞经糖的无氧氧化和 2,3- 二磷酸甘油酸支路产生的 ATP 可用于维持红细胞膜钠泵(Na^+-K^+-ATPase)的运转。钠泵通过消耗 ATP,将 Na^+ 泵出、K^+ 泵入红细胞以维持红细胞的离子平衡、细胞容积和双凹盘状形态。ATP 也用于维持红细胞膜上钙泵的运行,将红细胞内的 Ca^{2+} 泵入血浆以维持红细胞内的低钙状态;通过 ATP 供能维持红细胞膜脂质与血浆脂蛋白中的脂质的交换;还可用于谷胱甘肽、NAD^+ 的生物合成及葡萄糖活化生成葡糖 -6- 磷酸以启动糖的无氧氧化过程。

经 2,3- 二磷酸甘油酸支路产生的 2,3-BPG 是调节血红蛋白(Hb)运氧功能的重要因素。2,3-BPG 与血红蛋白结合,使血红蛋白分子的 T 构象更加稳定(图 16-6),从而降低血红蛋白与 O_2 的亲和力。当血流经过肺部时,由于 O_2 浓度较高,2,3-BPG 对 O_2 的释放影响不大,当血流流过 O_2 浓度较低的组织时,红细胞中 2,3-BPG 的存在可明显增加 O_2 释放,供组织用氧。

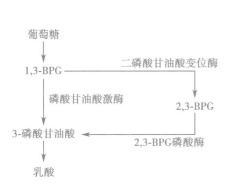

图 16-5　2,3- 二磷酸甘油酸支路

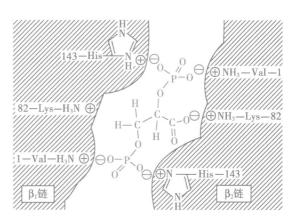

图 16-6　2,3- 二磷酸甘油酸与血红蛋白的结合

由磷酸戊糖途径产生的 $NADPH+H^+$ 是红细胞内重要的还原当量,发挥对抗氧化剂,保护红细胞膜蛋白、血红蛋白和酶蛋白等的巯基不被氧化的作用,维持红细胞的正常功能。磷酸戊糖途径是红细胞产生 $NADPH+H^+$ 的唯一途径。红细胞中的 $NADPH+H^+$ 能使细胞内氧化型谷胱甘肽还原为还原型谷胱甘肽,以维持细胞内还原型谷胱甘肽的含量(图 16-7),使红细胞免遭氧化剂的氧化损伤。

(二)脂代谢

成熟红细胞没有合成脂肪酸的能力,但脂质物质的不断更新却是红细胞生存的必要条件。红细胞可通过 ATP 供能等方式使红细胞膜脂质与血浆脂蛋白中的脂质进行交换,以保证红细胞膜脂质组成、结构和功能的正常。

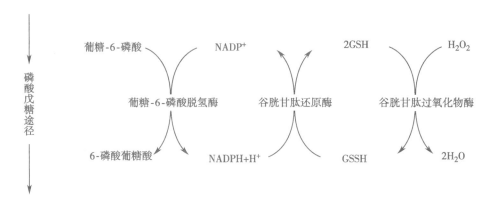

图 16-7 谷胱甘肽的氧化与还原及有关代谢

（三）血红蛋白的合成与调节

血红蛋白（hemoglobin, Hb）由珠蛋白和血红素组成。血红蛋白分子量约 64 500，其中珠蛋白占 96%，具有运输氧气和二氧化碳的功能。每克血红蛋白可携带 1.34ml 氧，成人约含 600g 血红蛋白，可携约 800ml 氧。珠蛋白是由两条 α 链和两条 β 链组成的四聚体，α 链由 141 个氨基酸残基组成，β 链由 146 个氨基酸残基组成，每条链结合一分子血红素。

1. 血红素的生物合成 血红蛋白中的血红素主要在骨髓的幼红细胞和网织红细胞中合成。合成血红素的基本原料是甘氨酸、琥珀酰 CoA 和 Fe^{2+}。体内大多数组织均具有合成血红素的能力，但合成的主要部位是骨髓与肝。合成的起始和终末阶段均在线粒体内进行，而中间阶段在胞质内进行。成熟红细胞不含线粒体，故不能合成血红素。血红素的生物合成可分为四个步骤：①δ- 氨基 -γ- 酮戊酸（ALA）的合成；②胆色素原的合成；③尿卟啉原与粪卟啉原的合成；④血红素的生成。ALA 合酶是血红素合成的限速酶，受血红素的反馈抑制。在骨髓的幼红细胞及网织红细胞中，血红素生成后从线粒体进入胞质，与珠蛋白结合成为血红蛋白。

2. 珠蛋白的合成 珠蛋白的生物合成机制与其他蛋白质的合成机制相同。发育中的红细胞合成珠蛋白的速率很高，珠蛋白的合成受血红素的调控。血红素的氧化产物高铁血红素能促进珠蛋白的合成，其机制见图 16-8。cAMP 激活蛋白激酶 A 后，蛋白激酶 A 催化无活性的起始因子 2（eIF-2）激酶磷酸化而激活。磷酸化的 eIF-2 激酶催化 eIF-2 磷酸化而使之失活，eIF-2 失活使珠蛋白合成受到抑制。高铁血红素有抑制 cAMP 激活蛋白激酶 A 的作用，使 eIF-2 处于去磷酸化的活性状态，促进珠蛋白的合成。

二、白细胞的代谢

白细胞呈球形，直径在 7~20μm 之间，是机体防御系统的一个重要组成部分。它通过吞噬和产生抗体等方式来抵御和消灭入侵的病原微生物。人体的白细胞由粒细胞、淋巴细胞和单核 - 吞噬细胞三大系统组成。正常成年人每立方毫米血液中含白细胞 4 000~10 000 个。各种白细胞的百分比为：粒细胞 50%~75%，淋巴细胞 20%~40%，单核细胞为 1%~7%。白细胞的代谢与白细胞的功能密切相关。

（一）糖代谢

同红细胞一样，糖的无氧氧化是白细胞的主要供能途径。在中性粒细胞中，约有 10% 的葡萄糖通过磷酸戊糖途径进行代谢，产生大量的 $NADPH+H^+$。$NADPH+H^+$ 经氧化酶递电子体系使 O_2 被还原，产生大量的超氧阴离子（O_2^-）。超氧阴离子再进一步转变成 H_2O_2，$OH\cdot$ 等自由基，起杀菌作用。

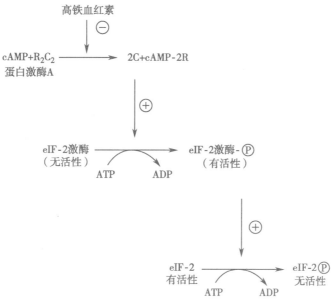

图 16-8　高铁血红素对起始因子 2 的调节

（二）脂代谢

中性粒细胞不能从头合成脂肪酸。单核 - 吞噬细胞受多种刺激因子激活后,可将花生四烯酸转变成血栓噁烷和前列腺素。在脂氧化酶的作用下,粒细胞和单核 - 吞噬细胞可将花生四烯酸转变成白三烯,它是速发型超敏反应中产生的慢反应物质。

（三）氨基酸和蛋白质代谢

粒细胞中,氨基酸的浓度较高,尤其含有较高的组氨酸代谢产物——组胺,组胺释放参与超敏反应。由于成熟粒细胞缺乏内质网,故蛋白质合成量很少。而单核 - 吞噬细胞的蛋白质代谢很活跃,能合成多种酶、补体和各种细胞因子。

（康龙丽）

思 考 题

1. 血浆各种成分的质和量的改变可以指示哪些病理变化?

2. 请谈谈内源性凝血途径与外源性凝血途径的异同。

3. 血浆清蛋白的主要功能有哪些?

4. 成熟红细胞代谢有哪些特点? 试述无氧氧化途径和磷酸戊糖途径对红细胞生理功能维持的重要性。

5. 简述血红素的合成及其调节。

肝胆生物化学

17章 数字内容

— 章 前 导 言 —

　　肝是人体最大的实质性器官和腺体,成人肝组织约重1 500g,占体重的2.5%。肝独特的组织结构和化学组成赋予其复杂多样的生物化学功能。在人生命活动中,肝不仅在糖、脂质、蛋白质、维生素和激素等物质代谢中处于重要地位,而且具有生物转化、分泌和排泄等多种生理功能。如肝可将胆固醇转化为胆汁酸,以促进脂质的消化吸收并抑制胆固醇在胆汁中析出;肝还可将脂溶性、有毒的游离胆红素转变成水溶性、无毒的结合胆红素等。因此,肝被誉为人体物质代谢的中枢和最大的"化工厂"。由于肝对维持正常生命活动具有重要作用,当其发生病变时,常导致物质代谢的异常和多种生理功能受损,重者可危及生命。学习本章有助于全面认识肝在生命活动过程中的重要作用、理解肝疾病发生时人体代谢变化的机制和特点,为进一步学习和掌握肝疾病的临床表现、诊断方法和治疗原则奠定基础。

学习目标

● 知识目标

1. 掌握生物转化的概念、反应类型及生理意义；胆汁酸的生理功能和肠肝循环；胆红素的分类与鉴别。

2. 熟悉肝在物质代谢中的作用；生物转化的特点及影响因素；胆汁酸的概念与分类；黄疸的概念、分类及其鉴别。

3. 了解胆汁酸和胆红素的代谢过程。

● 能力目标

1. 能够运用肝脏生物化学的知识解释某些药物的作用机制、某些疾病的发生原因。

2. 能根据黄疸患者血、尿、粪便中胆色素的改变情况正确判断黄疸类型。

● 素质目标

通过将肝脏生物化学的知识与临床实践相联系，强化学生对基础知识的重视，进一步提高学生的职业素养与职业道德。

肝（liver）是机体代谢最为活跃的器官之一，不仅参与多种营养物质的代谢，还参与激素、药物等物质的转化。此外，肝还具有分泌胆汁、吞噬、防御以及在胚胎时期造血等重要功能。胆道系统具有贮存、浓缩和排出胆汁的作用，与肝的功能密切相关。

肝复杂多样的生物化学功能依赖于其独特的形态结构和化学组成特点：①肝具有肝动脉和门静脉双重血液供应。肝细胞既可从肝动脉获得充足的氧，又可从门静脉获得大量经消化道吸收的各种营养物质，有效保证了肝内各种物质代谢的原料供应。②肝具有肝静脉和胆道系统两条输出途径。肝静脉与体循环相连，可将肝代谢或转化产物输送到其他组织供其利用或排出体外；胆道系统与肠道相通，可将肝分泌的胆汁排入肠道，具有助消化和排出代谢废物等作用。胆囊对肝分泌的胆汁具有贮存和浓缩作用，肝胆病变会相互影响。③肝具有丰富的血窦。由于血窦的特殊结构，使肝细胞与血液的接触面积扩大，加之血窦中血液速率减慢，细胞与血液接触面积大、时间长，有利于充分地进行物质交换。④肝细胞含有丰富的细胞器和酶系统，如内质网、线粒体、微粒体、溶酶体、过氧化物酶体等，与肝活跃的生物氧化、蛋白质合成、生物转化等多种生理功能相适应。肝细胞内酶的种类和含量远多于或高于其他组织，有些酶甚至为肝细胞所特有，如合成酮体和尿素的酶系几乎仅存在于肝。这些特点为肝细胞内活跃的物质代谢和特有代谢途径的进行奠定了结构和物质基础。

本章重点介绍肝在生物转化、胆汁酸和胆色素代谢三方面的作用，并对其在糖、脂质、蛋白质、维生素、激素代谢方面的作用进行简要的概述。

第一节 肝在物质代谢中的作用

一、肝是维持血糖浓度相对恒定的主要器官

肝是调节血糖浓度的重要器官，主要通过调节肝糖原的合成和分解、糖异生以及将葡萄糖转变为脂肪来维持血糖水平的相对稳定，以保障全身各组织，尤其是大脑和红细胞的能量供应。

当血糖升高时（如餐后），肝可利用血糖合成糖原，并加快磷酸戊糖途径和脂肪合成，从而降低血糖。肝在维持血糖水平稳定的同时，既可促进糖的转化利用，又能保证糖的储备（肝糖原约占肝重的5%，可达 75~100g）。肝还可以将糖转变为脂肪，并以极低密度脂蛋白的形式运出肝外，贮存于脂肪组织。

当血糖水平降低时（如饥饿），肝糖原可直接分解成葡萄糖以补充血糖；持续性血糖降低致使肝

Note:

糖原消耗过多时,肝通过糖异生把甘油、乳酸、氨基酸等非糖物质转变成葡萄糖对血糖进行补充。肝还能将果糖、半乳糖等转化为葡萄糖以补充血糖。肝功能严重损伤时,其对血糖的调节能力下降,导致肝糖原贮存减少、糖异生作用障碍,易引起糖代谢紊乱,空腹时易发生低血糖,进食后又易出现高血糖。

肝细胞内磷酸戊糖途径也很活跃,可为肝进行生物合成和生物转化提供充足的 NADPH。此外,肝细胞中的葡萄糖还可以通过糖醛酸途径生成 UDP- 葡糖醛酸(UDPGA),后者可作为肝生物转化最重要的结合物质,广泛参与结合反应。

二、肝在脂质代谢中占据中心地位

肝在脂质的消化、吸收、分解、合成及运输等代谢过程中均具有重要作用。

(一) 肝可促进脂质物质的消化吸收

肝细胞合成胆汁酸并借助胆道系统分泌进入十二指肠,胆汁酸可促进脂质的乳化,增强脂酶对脂质食物的水解作用,有助于脂质和脂溶性维生素的消化吸收。临床上发生肝胆疾病时,可致脂质消化吸收障碍,出现厌油、食欲下降、脂肪泻等症状。

(二) 肝是脂质分解的主要场所

借助肝细胞内活跃的酶系统,脂肪酸通过 β- 氧化生成大量乙酰 CoA,一部分经三羧酸循环和氧化磷酸化释放能量供肝利用,其余可在肝内转化为酮体。肝是体内生成酮体的唯一器官,酮体经血液转运到心、脑、肾、骨骼肌等肝外组织,为其提供便于利用的小分子能源物质。饥饿状态下酮体提供的能量可占大脑能量供应的 60%~70%。此外,肝也是转化和排出胆固醇的主要器官,胆汁酸的生成是肝降解胆固醇的最重要途径。

(三) 肝是脂质合成的主要器官

人体内的脂肪酸和脂肪主要在肝内合成,其合成能力是脂肪组织的 9~10 倍。肝也是人体合成胆固醇最旺盛的器官,肝内胆固醇合成量占全身合成总量的 80% 以上。肝还合成、分泌卵磷脂 - 胆固醇脂酰基转移酶(LCAT),催化游离胆固醇酯化成胆固醇酯。因此严重肝损伤时,不仅血浆胆固醇的合成减少,血浆胆固醇酯的含量也会显著降低。此外,肝也是磷脂合成的主要器官,与脂质的运输密切相关。

(四) 肝在脂质运输过程中具有重要作用

首先,脂肪酸的转运载体清蛋白由肝细胞合成。其次,肝是合成血浆脂蛋白的重要器官,肝内生成的甘油三酯与磷脂、胆固醇、载脂蛋白等一起形成极低密度脂蛋白(VLDL)、高密度脂蛋白(HDL)等脂蛋白,运输至全身各组织。肝内磷脂的合成与甘油三酯的合成与转运密切相关,肝功能受损时磷脂合成减少,导致 VLDL 合成障碍,使肝内脂肪不能正常转运出肝,可形成脂肪肝。

三、肝是蛋白质和氨基酸代谢极为活跃的器官

肝内蛋白质合成与分解代谢均非常活跃,也是氨基酸代谢的重要器官。

(一) 肝是合成蛋白质的重要器官

肝具有强大的蛋白质合成能力,其蛋白质的合成量占机体蛋白质合成总量的 15%。除了合成自身所需蛋白质外,血浆蛋白质中除 γ 球蛋白外,清蛋白、凝血酶原、纤维蛋白原、多种载脂蛋白(apo A、apo B、apo C、apo E)等均由肝合成与分泌。血浆清蛋白由于含量多、分子质量小,是维持血浆胶体渗透压的主要成分。严重肝功能损害时清蛋白合成减少可引起血浆胶体渗透压下降,是水肿发生的主要原因之一。肝功能损害常表现为清蛋白 / 球蛋白比值(A/G)下降,甚至倒置,可作为慢性肝病的辅助诊断指标;肝功能损害还可导致凝血酶原等合成减少,出现凝血时间延长和出血倾向。胚胎期肝可合成甲胎蛋白(α -fetoprotein,AFP),胎儿出生后其合成受到抑制,正常人血浆中很难检出。原发性肝癌的癌细胞中 AFP 基因失去阻遏,血浆中可再次检出此种蛋白质,是原发性肝癌的重要肿瘤标

志物。

（二）肝是氨基酸合成与分解的主要场所

肝内催化氨基酸代谢的酶（如丙氨酸转氨酶）含量丰富，体内除支链氨基酸主要在肌肉分解外，其余大部分氨基酸，例如芳香族氨基酸主要在肝内分解，故严重肝病时血浆支链氨基酸与芳香族氨基酸比值下降。肝细胞中的丙氨酸转氨酶（ALT）含量高，肝病时可因肝细胞通透性增加或细胞受损进入血液，常引起血浆 ALT 活性显著升高，临床上据此检测有助于肝病的诊断。

（三）肝是清除血氨的主要器官

氨是氨基酸分解代谢的重要产物，具有一定毒性。肝细胞含有特殊的酶系统，可通过鸟氨酸循环将氨转变为尿素，不仅解除了氨的毒性，还可借助尿素良好的水溶性加速氨的排泄。同时，由于尿素合成过程中消耗了呼吸性 H^+ 和 CO_2，对维持机体的酸碱平衡也具有重要作用。肝还可将氨转变成谷氨酰胺。肝功能严重受损时转化和处理氨的能力下降，可导致血氨升高引起氨中毒和肝性脑病。

此外，肝也是胺类物质转化的重要器官，肠道细菌腐败作用产生的芳香胺类等有毒物质吸收入血后主要在肝细胞内进行生物转化，降低毒性。当肝功能不全或门静脉侧支循环形成时，这些芳香胺可进入中枢神经系统，经 β- 羟化生成苯乙醇胺和 β- 羟酪胺等假性神经递质，抑制脑细胞功能，可能是肝性脑病发生的另一重要原因。

四、肝参与多种维生素的代谢及活化

肝在维生素的吸收、贮存、转运、转化等方面均具有重要作用。

肝通过分泌胆汁酸促进脂溶性维生素 A、D、E、K 的吸收，故肝胆疾病时常伴有脂溶性维生素吸收障碍。肝是维生素贮存的主要场所之一，维生素 A、E、K、PP、B_2、B_6、B_{12} 等均可在肝内贮存，其中维生素 A 的贮存量占机体总量的 95%，故古代即有食用动物肝脏治疗夜盲症（维生素 A 缺乏病）的记载。肝几乎不储存维生素 D，但可以合成和分泌维生素 D 结合蛋白，血浆中 85% 的维生素 D 代谢产物与维生素 D 结合蛋白结合而运输。

肝也是维生素转化的重要场所，如将 β- 胡萝卜素（维生素 A 原）转变为维生素 A，参与暗视觉的形成；将维生素 D_3 转变为 25-OH 维生素 D_3，以便形成有活性的 1,25-$(OH)_2$ 维生素 D_3，参与钙磷代谢及骨代谢；将维生素 B_1 转变为 TPP、维生素 B_2 转变为 FAD 与 FMN、维生素 PP 转变为 NAD^+ 与 $NADP^+$、泛酸转变为辅酶 A、维生素 B_6 转变为磷酸吡哆醛等，以辅酶（或辅基）形式参与物质代谢。维生素 K 是肝参与合成凝血因子 Ⅱ、Ⅶ、Ⅸ、Ⅹ 不可缺少的物质，严重肝病会影响维生素 K 的利用，易出现出血倾向。

五、肝是多种激素灭活的重要场所

激素在发挥调节作用后主要在肝中代谢转化，从而降解或失去活性，此过程称为激素的灭活（inactivation）。某些水溶性激素可与肝细胞膜上的特异受体结合，并通过内吞作用进入细胞进行代谢转化。而游离的脂溶性激素则通过扩散作用进入肝细胞。肝细胞可通过催化以下转化反应使激素灭活：①胺类激素脱胺或与葡糖醛酸结合；②类固醇激素还原；③抗利尿激素水解；④性激素（如雌激素）与葡糖醛酸或硫酸结合。肝功能受损时激素灭活能力下降，体内醛固酮持续作用可引起水、钠潴留，雌激素水平升高则可因局部小动脉扩张出现蜘蛛痣、肝掌等症状。

第二节　肝的生物转化作用

一、生物转化的概念

人体在生命活动过程中可摄入或产生众多化学物质，根据它们对机体的作用与影响不同可分为

Note:

营养物质和非营养物质。非营养物质既不是构建组织细胞的原料,又不能为机体提供能量,其中一些对人体可能有一定的生物学效应或潜在的毒性作用,因此应及时将其排出。有些非营养物质水溶性低,难以排泄。机体将这些非营养物质进行化学转变,增加其极性与水溶性,使其容易通过尿液或胆汁排出体外,这一过程称为生物转化(biotransformation)。肝是生物转化的重要器官,在肝细胞微粒体(内质网)、细胞质、线粒体等部位均存在丰富的生物转化酶类。此外如肾、胃肠、肺、皮肤及胎盘等组织也具有一定的生物转化能力。

非营养物质根据来源不同可分为内源性和外源性两类。内源性非营养物质包括体内部分物质代谢的产物或代谢中间物(如胺类、胆红素等),以及发挥生理作用后待灭活的激素、神经递质等具有生物学活性的物质。外源性非营养物质主要指人体摄入的药物、环境化学污染物、食品添加剂(如色素、防腐剂等)、毒物,以及肠道吸收的腐败产物等。这些物质多为脂溶性,需要在肝等器官进行生物转化后才能排出体外。

二、生物转化反应的主要类型

生物转化反应非常复杂,包括多种化学反应类型,但总体上可分为两相反应:第一相反应包括氧化(oxidation)、还原(reduction)、水解(hydrolysis)反应,第二相反应主要为各种结合反应(conjugation)。一些非营养物质经过第一相反应后,其分子中的某些非极性基团转变为极性基团,水溶性显著增加,即可经排泄器官排出。但有一些非营养物质经第一相反应后极性改变不明显,水溶性仍然较差,还需要与葡糖醛酸、硫酸等极性更强的化学物质结合,进一步增加其水溶性才能排出体外,这些结合反应属于第二相反应。

(一) 第一相反应

大多数药物、毒物等非营养物质进入肝细胞后经过第一相反应可将其非极性基团转化为极性基团,溶解性和生物学活性也因此而改变。

1. 氧化反应 第一相反应中最主要的反应类型是氧化反应,肝细胞线粒体、微粒体及细胞质中均含有丰富的参与氧化反应的各种氧化酶系。

(1)单加氧酶系:肝细胞中存在多种氧化酶系,最重要的是定位于肝细胞微粒体的依赖细胞色素P_{450}的单加氧酶(monooxygenase)系。这类酶能直接激活分子氧,使一个氧原子加到底物分子上生成羟基类化合物,另一个氧原子使NADPH氧化生成水,故该酶又称羟化酶或混合功能氧化酶(mixed function oxidase)。该酶在生物转化的氧化反应中占有重要地位,所催化的总反应式如下:

$$RH + O_2 + NADPH + H^+ \xrightarrow{\text{单加氧酶系}} ROH + NADP^+ + H_2O$$

单加氧酶系的主要特点为:①特异性较低。单加氧酶系可催化多种化合物发生氧化反应,是目前已知底物最广泛的生物转化酶类。②可被多种底物所诱导。如苯巴比妥可诱导单加氧酶合成,利福平可诱导细胞色素P450的合成。临床上应注意上述特点对某些药物作用效果的影响。如长期服用苯巴比妥类药物时,机体对异戊巴比妥、氨基比林等多种药物的转化及耐受能力亦同时增强。

知 识 链 接

单加氧酶系的特点与药物应用

由于单加氧酶系具有可被诱导且特异性低的特点,当几种同样经该酶催化进行生物转化的药物同时使用时,若该酶被其中某种药物诱导,则同时使用的其他几种药物均可加速转化,导致药物半衰期缩短,药物疗效降低,故临床上应注意联合用药时药物的代谢特点及药物间的相互作用。另外,当需要加速某种经加单氧酶系作用的物质生物转化时,也可借助特定药物对该酶的诱导作用而实现。

单加氧酶系的羟化作用不仅可增强药物或毒物的水溶性有利排泄,而且参与体内多种羟化反应,如体内维生素 D_3 羟化为具有生物活性的 25- 羟维生素 D_3、胆汁酸羟化等。然而需要注意的是,单加氧酶是一把"双刃剑",有些致癌物经氧化后丧失活性,而有些本来无毒性的物质经氧化后却生成有毒或致癌的物质。例如,发霉的谷物、花生常含有黄曲霉素 B_1,经单加氧酶系作用生成的黄曲霉素 -2,3- 环氧化物,可与 DNA 分子中的鸟嘌呤结合引起 DNA 突变,成为导致肝癌的危险因素。

黄曲霉素B_1　　　　　　2,3-环氧黄曲霉素　　　　　DNA-鸟嘌呤

(2)单胺氧化酶类:肝细胞线粒体存在各种单胺氧化酶(monoamine oxidase,MAO),属于黄素酶类,可催化胺类物质氧化脱氨生成相应的醛类物质。

$$RCH_2NH_2 + O_2 + H_2O \longrightarrow RCHO + NH_3 + H_2O_2$$
胺　　　　　　　　　　　　　醛

单胺氧化酶可催化肠道腐败作用产生的组胺、酪胺、尸胺、腐胺等胺类物质以及某些肾上腺素能递质(如 5- 羟色胺、儿茶酚胺等)经氧化脱氨基作用生成相应的醛类。如酪胺可转化生成对羟基苯乙醛,并进一步在醛脱氢酶作用下氧化成酸,丧失生物活性。

(3)脱氢酶系:肝细胞质含有以 NAD^+ 为辅酶的醇脱氢酶(alcohol dehydrogenase,ADH)和醛脱氢酶(aldehyde dehydrogenase,ALDH),可分别催化醇和醛脱氢氧化生成相应的醛与酸。如乙醇在肝内通过醇脱氢酶氧化成乙醛,再进一步氧化为乙酸。

$$CH_3CH_2OH \xrightarrow{\text{醇脱氢酶}} CH_3CHO \xrightarrow{\text{醛脱氢酶}} CH_3COOH$$
乙醇　　　　　　　　乙醛　　　　　　　乙酸

摄入人体的乙醇约有 2% 直接由肺呼出,其余均在肝内进行生物转化,而人类血中乙醇的清除率为 100~200mg/(h·kg 体重)。超量摄入的乙醇除经 ADH 氧化外,还可启动微粒体乙醇氧化系统(microsomal ethanol oxidizing system,MEOS)。MEOS 是乙醇 -P450 单加氧酶,产物是乙醛,仅在血中乙醇浓度很高时起作用。大量饮酒或慢性乙醇中毒时,MEOS 的活性可诱导增加 50%~100%,代谢乙醇总量的 50%。值得注意的是,MEOS 不但不能利用乙醇氧化产生 ATP,还增加肝对氧和 NADPH 的消耗,并催化脂质过氧化产生羟乙基自由基。羟乙基自由基可进一步促进脂质过氧化,造成肝损害。

乙醇经上述两条途径均氧化生成乙醛,90% 以上的乙醛在 ALDH 催化下氧化生成乙酸。人体肝内 ALDH 活性最高,其基因型分别为正常纯合子、无活性纯合子及两者的杂合子三型(东方人群中三者的比例是 45:10:45)。无活性纯合子型完全缺乏 ALDH 活性,杂合子型部分缺乏 ALDH 活性。东方人群中 30%~40%ALDH 基因有变异,部分人 ALDH 活性低下,饮酒后乙醛易在体内蓄积,引起血

Note:

管扩张、面部潮红、心动过速、脉搏加快等反应。

2. **还原反应** 肝细胞微粒体存在由 NADPH 及还原型细胞色素 P450 供氢的还原酶类,主要有硝基还原酶类和偶氮还原酶类,还原产物为胺。例如,硝基苯在硝基还原酶的催化下多次加氢还原成苯胺,偶氮苯在偶氮还原酶催化下还原生成苯胺。此外,氯霉素和海洛因等物质均可经还原反应进行转化。三氯乙醛也可在肝细胞内还原成三氯乙醇而失去催眠作用。

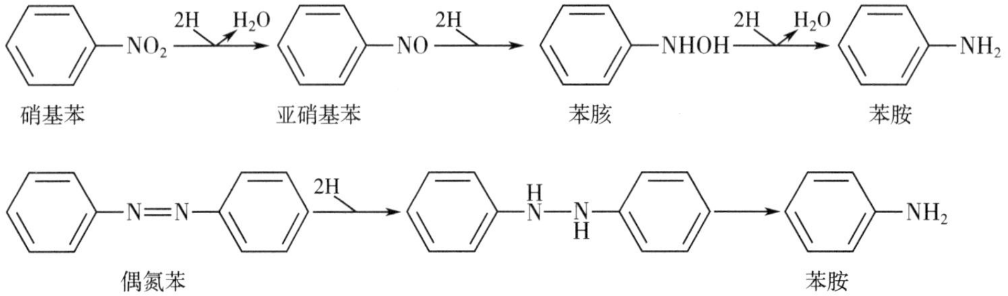

硝基苯 　　　亚硝基苯 　　　苯羟胺 　　　苯胺

偶氮苯 　　　　　　　　　　　　　　　苯胺

3. **水解反应** 肝细胞微粒体和细胞质含有多种水解酶,如酯酶、酰胺酶及糖苷酶等,可分别催化各种脂质、酰胺类及糖苷类化合物分子中酯键、酰胺键及糖苷键水解。阿司匹林、普鲁卡因、利多卡因等药物及简单的脂肪族酯类化合物水解后可使其活性减弱或丧失,但一般需要经其他生物转化反应进一步转化后才能排出体外。如阿司匹林(乙酰水杨酸)需先经水解反应生成水杨酸,再与葡糖醛酸等结合后排出。

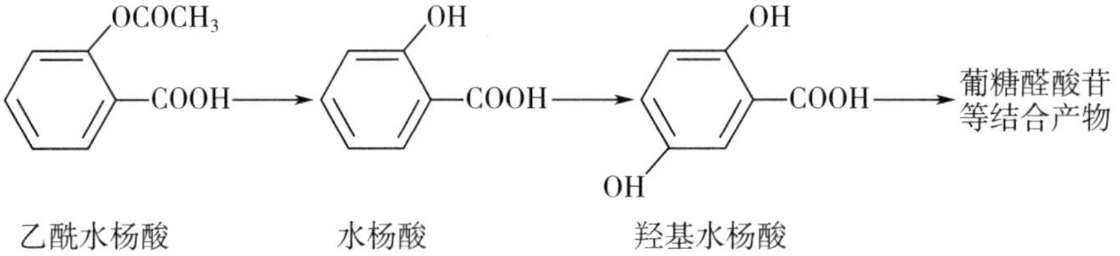

乙酰水杨酸 　　　水杨酸 　　　羟基水杨酸

(二) 第二相反应

结合反应可在肝细胞微粒体、细胞质和线粒体内进行。凡含有羟基、羧基或氨基的化合物,或在体内被转化成含有羟基、羧基等功能基团的非营养物质均可进行结合反应。非营养物质在肝内与某种极性较强的物质结合后,可掩盖其功能基团,增强水溶性,使其丧失生物学活性(毒性),并促进其排出体外。有些非营养物质可直接进行结合反应,有些则需要先经氧化、还原、水解等生物转化第一相反应后再进行结合反应。根据参加反应的结合剂不同可将结合反应分为多种类型。

1. **葡糖醛酸结合反应** 葡糖醛酸结合反应是生物转化最重要、最普遍的结合反应。葡糖醛酸由糖醛酸循环产生,其活性供体为尿苷二磷酸葡糖醛酸(UDPGA)。在肝细胞微粒体 UDP- 葡糖醛酸基转移酶(UDP-glucuronyl transferase,UGT)催化下,葡糖醛酸基可转移到醇、酚、胺、羧酸类化合物的羟基、氨基及羧基上形成相应的葡糖醛酸苷。胆红素、类固醇激素、吗啡、苯巴比妥类药物等均可与葡糖醛酸结合进行生物转化,进而排出体外。

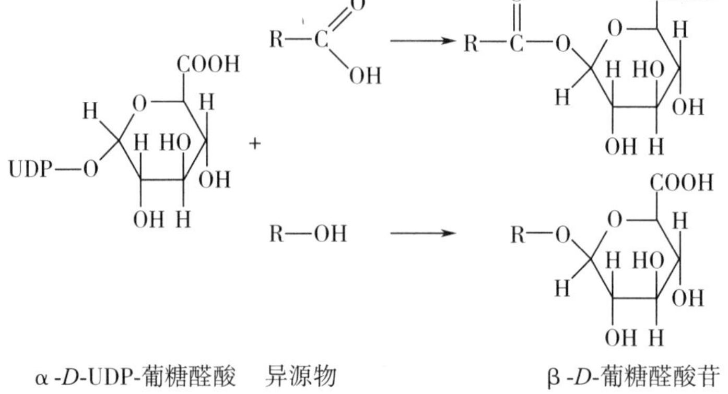

α-D-UDP-葡糖醛酸 　　异源物 　　　　　　β-D-葡糖醛酸苷

2. **硫酸结合反应**　肝细胞质有硫酸基转移酶,可催化将活性硫酸供体 3′- 磷酸腺苷 5′- 磷酸硫酸 (PAPS)中的硫酸根转移到类固醇、醇、酚等被转化物质的羟基上生成硫酸酯,增强其水溶性。例如雌酮在肝内与硫酸结合而灭活。

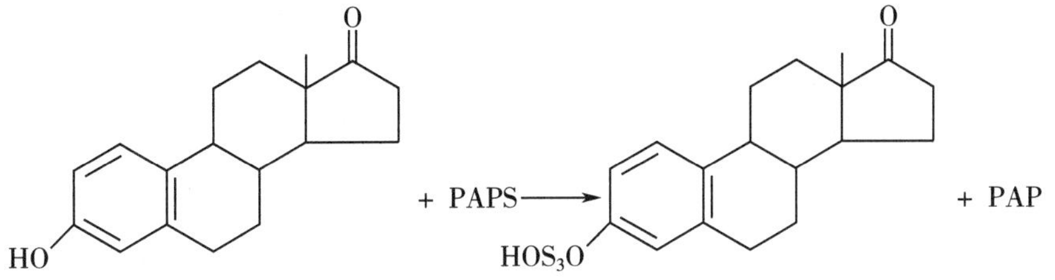

雌酮　　　　　　　　　　　　　　　　　　雌酮硫酸酯

3. **谷胱甘肽结合反应**　谷胱甘肽(GSH)结合反应是细胞自我保护的重要反应。在肝细胞质谷胱甘肽 S- 转移酶(glutathione S-transferase,GST)的催化下,GSH 与含有亲电子中心的含氧化物和卤代化合物等结合生成 GSH 结合产物,从而避免因亲电子异源物共价结合 DNA、RNA 或蛋白质而引起细胞损伤。如许多致癌物、抗癌药物、环境污染物及某些内源性活性物质均可通过与谷胱甘肽结合进行生物转化。GST 不仅具有催化作用,其本身还可作为结合蛋白结合某些非极性化合物,如 GST 可作为肝细胞内的转运蛋白与胆红素结合,以降低其肝内浓度及毒性作用。

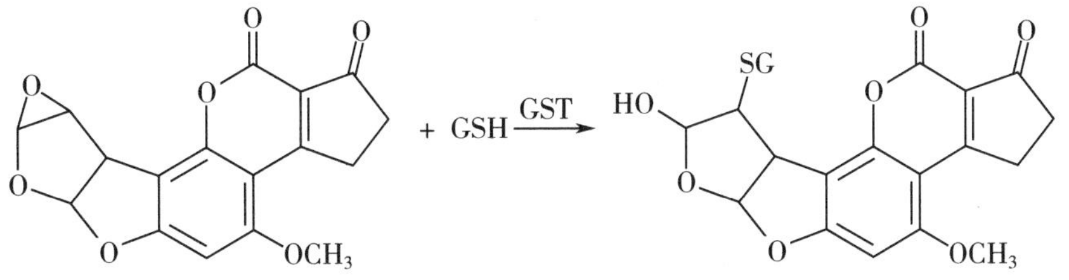

黄曲霉素B_1-8,9-环氧化物　　　　　　　　　　　谷胱甘肽结合产物

4. **乙酰基结合反应**　此结合反应是在肝细胞质中乙酰基转移酶催化下使苯胺等芳香胺类化合物结合乙酰基生成相应的乙酰化衍生物。乙酰基的供体为乙酰 CoA。磺胺类药物、异烟肼(抗结核药)等均可经乙酰化反应失去活性。

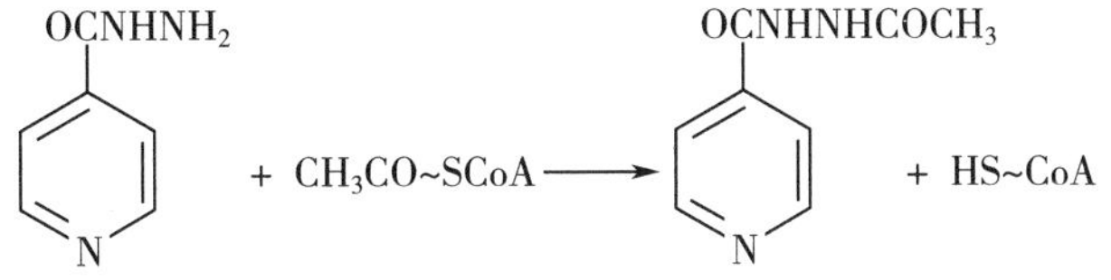

异烟肼　　　　乙酰辅酶A　　　　乙酰异烟肼　　　辅酶A

5. **甘氨酸结合反应**　某些药物、毒物的羧基可与辅酶 A 结合形成酰基 CoA,再在肝细胞线粒体基质酰基 CoA:氨基酸 N- 酰基转移酶催化下与甘氨酸结合生成相应的结合产物。如马尿酸的生成。

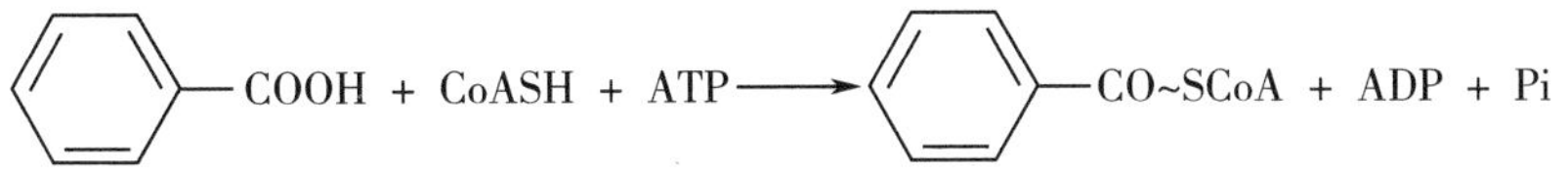

苯甲酸　　　　　　　　　　　苯甲酰CoA

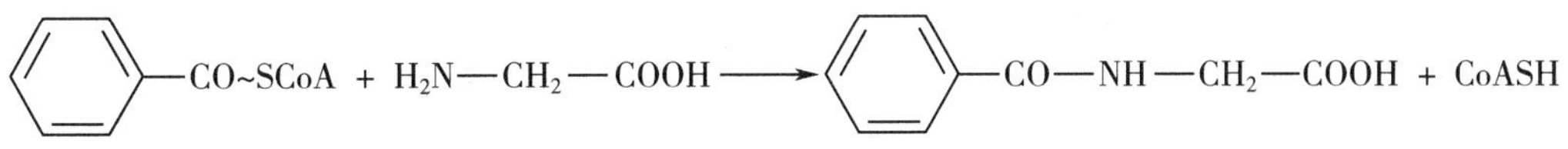

苯甲酰CoA　　　　　甘氨酸　　　　　马尿酸

6. **甲基结合反应**　肝细胞质及微粒体含有多种甲基转移酶,可使含有羟基、巯基或氨基的化合物甲基化,增强其水溶性。甲基化反应的甲基供体是 S- 腺苷甲硫氨酸(SAM)。例如烟酰胺(维生素PP)甲基化生成 N- 甲基烟酰胺。

Note:

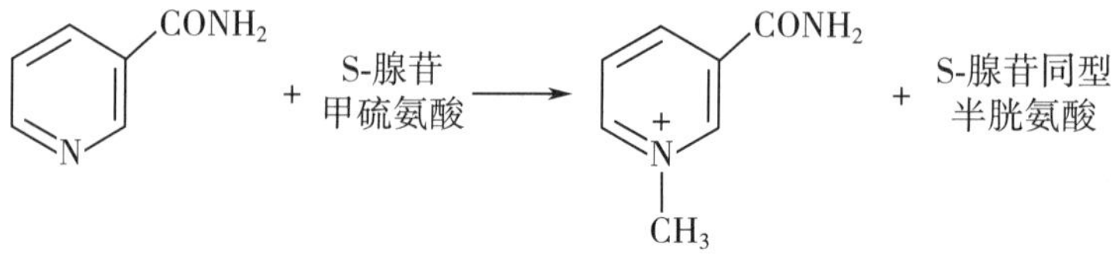

烟酰胺 　　　　　　　　　　　　　　 N-甲基烟酰胺

肝细胞参与生物转化的酶类归纳总结于表 17-1。

表 17-1　肝参与生物转化的酶类及其亚细胞分布

酶类	亚细胞部位	辅酶或结合物
第一相反应		
氧化酶类		
单加氧酶系	内质网	细胞色素 P_{450}、NADPH、O_2
胺氧化酶	线粒体	黄素辅酶
脱氢酶类	线粒体或细胞质	NAD^+
还原酶类	内质网	NADH 或 NADPH
水解酶类	细胞质或内质网	
第二相反应		
葡糖醛酸基转移酶	内质网	UDPGA
硫酸基转移酶	细胞质	PAPS
谷胱甘肽 S- 转移酶	细胞质与内质网	GSH
乙酰基转移酶	细胞质	乙酰 CoA
酰基转移酶	线粒体	甘氨酸
甲基转移酶	细胞质与内质网	SAM

体内生物转化反应有以下特点:

(1)转化过程连续性:一种物质有时需要连续进行几种类型的生物转化反应才能达到生物转化的目的。如阿司匹林往往先水解成水杨酸,再进一步与葡糖醛酸等结合后才能排出体外。

(2)转化反应多样性:同一种或同一类物质可以进行不同类型的生物转化反应,产生不同的转化产物。如阿司匹林先经过水解反应生成水杨酸,后者既可以与葡糖醛酸结合生成 β- 葡糖醛酸苷,又可与甘氨酸结合转化为水杨酰甘氨酸,还可水解后先氧化为羟基水杨酸,再进行不同类型的结合反应。

(3)解毒与致毒双重性:一般情况下非营养物质经生物转化后其生物活性或毒性均降低,甚至消失,所以曾将此作用称为生理解毒。但少数物质经转化后毒性反而增强,或由无毒转化成有毒有害物质。例如香烟中所含多环芳烃类化合物苯并芘本身并无直接致癌作用,进入人体后经生物转化生成 7,8- 二羟 -9,10- 环氧 -7,8,9,10- 四氢苯并芘后可与 DNA 结合,诱发 DNA 突变而致癌,因此不能简单地认为生物转化作用就是解毒作用。

肝的生物转化作用范围很广,很多有毒物质进入人体后可迅速集中在肝内进行解毒。肝内毒物聚集过多也容易使肝本身中毒,因此对肝病患者要限制使用主要在肝内生物转化的药物,以免中毒。

三、影响生物转化作用的主要因素

生物转化作用受年龄、性别、营养状况、疾病、药物、遗传因素、食物等体内外诸多因素的影响和调节。

1. **年龄对生物转化作用的影响**　年龄对生物转化作用有显著影响。婴幼儿因肝生物转化酶系发育不全,对药物及毒物的转化能力弱,容易发生药物及毒素中毒。老年人因器官功能衰减,肝血流量和肾的廓清速率下降,血浆药物清除率降低,药物在体内的半衰期延长,常规剂量用药后易发生药物蓄积,药效增强,副作用增大。所以临床上对婴幼儿及老年人的药物用量应较成年人酌情减少,很多药物使用时都要求儿童和老年人慎用或禁用。

2. **药物对生物转化作用的影响**　许多药物或毒物可诱导某些生物转化酶的合成,使肝的生物转化能力增强,称为药物代谢酶的诱导。例如长期服用苯巴比妥可诱导肝微粒体单加氧酶系的合成,使机体对苯巴比妥类催眠药的转化能力增强,产生耐药性。临床治疗中也可利用诱导作用增强对某些药物的代谢,达到解毒的效果。如使用苯巴比妥减低地高辛中毒。苯巴比妥还可诱导肝微粒体 UDP-葡糖醛酸基转移酶的合成,临床上可利用其增强机体对游离胆红素的结合反应,治疗新生儿黄疸。由于多种物质在体内转化常由同一酶系催化,当同时服用多种药物时可竞争同一酶系,使各种药物生物转化作用相互抑制。例如保泰松可抑制双香豆素类药物的代谢,当两者同时服用时可使双香豆素的抗凝作用加强,易发生出血现象,所以同时服用多种药物时应注意药物间的相互作用。

3. **疾病对生物转化作用的影响**　肝是生物转化的主要器官,肝病变时微粒体单加氧酶系和 UDP-葡糖醛酸基转移酶活性显著降低,再加上肝血流量减少,患者对许多药物及毒物的摄取、转化作用都明显减弱,容易发生蓄积中毒,故对肝病患者用药要特别慎重。例如严重肝病时微粒体单加氧酶系活性可降低 50%。

4. **性别对生物转化作用的影响**　某些生物转化反应有明显的性别差异,例如女性体内醇脱氢酶活性高于男性,女性对乙醇的代谢处理能力比男性强。氨基比林在女性体内半衰期是 10.3h,而男性则需要 13.4h,说明女性对氨基比林的转化能力比男性强。妊娠期妇女肝清除抗癫痫药的能力升高,但晚期妊娠妇女体内许多生物转化酶活性都下降,故生物转化能力普遍降低。

5. **食物对生物转化作用的影响**　不同食物对生物转化酶活性的影响不同,有的可以诱导生物转化酶的合成,有的可抑制酶活性。例如烧烤食物、萝卜等含有微粒体单加氧酶系诱导物,食物中黄酮类成分则可抑制单加氧酶系活性。

6. **营养状况对生物转化作用的影响**　摄入蛋白质可以增加肝的重量和肝细胞酶活性,提高肝生物转化效率。饥饿数天(7d)可显著影响肝谷胱甘肽 S-转移酶作用,使其参加的生物转化反应水平降低。大量饮酒时,因乙醇氧化为乙醛、乙酸,再进一步氧化成乙酰辅酶 A,产生 NADH,可使细胞内 NAD^+/NADH 比值降低,UDP-葡糖转变成 UDP-葡糖醛酸减少,影响肝内葡糖醛酸结合反应。

四、生物转化的意义

生物转化的生理意义主要体现在两个方面:一是通过对体内非营养物质的代谢转化,使其生物学活性降低或丧失,或使有毒物质的毒性减低或消除;二是通过转化反应增加非营养物质的极性和水溶性,使之容易排出体外。但必须指出,有些物质经过生物转化作用后,虽然溶解性增加,但其毒性反而增强;有的还可能溶解度下降,不易排出体外。此外,有些药物如苯丙酰胺、水合氯醛等需经生物转化才能产生药理活性。因此,不能将肝的生物转化作用简单地称为"解毒作用",这也显示肝的生物转化作用具有解毒与致毒双重性的特点。

第三节　胆汁与胆汁酸的代谢

一、胆汁

胆汁(bile)是肝细胞分泌的有色液体,储存于胆囊,经胆总管排入十二指肠,参与食物的消化和吸收。健康成年人每天分泌胆汁 300~700ml。肝细胞刚分泌出的胆汁呈金黄色,清澈透明,有黏性和苦味,称为肝胆汁(hepatic bile)。肝胆汁进入胆囊后,部分水和其他成分被胆囊壁上皮细胞吸收,并掺入黏液,使其密度增大,颜色加深,呈棕绿色或暗褐色,浓缩成为胆囊胆汁(gallbladder bile)。

胆汁的组成成分除水外,主要为胆汁酸盐,约占固体成分的 50%。此外还有胆固醇、胆色素等代谢产物,以及药物、毒物、重金属盐等排泄成分。肝细胞分泌的胆汁具有双重功能:①作为消化液促进脂质消化和吸收;②作为排泄液能将胆红素等代谢产物排入肠腔,随粪便排出体外。

二、胆汁酸的代谢

(一) 胆汁酸分类

胆汁酸(bile acid)是肝细胞以胆固醇为原料转变生成的 24 碳类固醇化合物,是胆固醇在体内的最主要代谢产物。健康人胆汁中胆汁酸按结构分为游离胆汁酸(free bile acid)和结合胆汁酸(conjugated bile acid)两大类。游离胆汁酸包括胆酸(cholic acid)、鹅脱氧胆酸(chenodeoxycholic acid)、脱氧胆酸(deoxycholic acid)和少量石胆酸(lithocholic acid)4 种。游离胆汁酸的 24 位羧基分别与甘氨酸或牛磺酸结合可生成相应的结合胆汁酸,主要有甘氨胆酸(glycocholic acid)、牛磺胆酸(taurocholic acid)、甘氨鹅脱氧胆酸(glycochenodeoxycholic acid)及牛磺鹅脱氧胆酸(taurochenodeoxycholic acid)等。结合胆汁酸的水溶性较游离胆汁酸大。

胆汁酸根据来源可分为初级胆汁酸(primary bile acid)和次级胆汁酸(secondary bile acid)两大类。由肝细胞以胆固醇为原料直接合成的胆汁酸称为初级胆汁酸,包括胆酸和鹅脱氧胆酸及其与甘氨酸或牛磺酸的结合产物(甘氨胆酸、牛磺胆酸、甘氨鹅脱氧胆酸及牛磺鹅脱氧胆酸)。初级胆汁酸在肠道受细菌作用,第 7 位 α 羟基脱氧生成的胆汁酸称为次级胆汁酸,包括脱氧胆酸、石胆酸及其重吸收后在肝内分别与甘氨酸或牛磺酸结合生成的结合产物。

人胆汁中以结合胆汁酸为主,健康成年人胆汁中甘氨胆酸与牛磺胆酸的比例为 3:1,且初级胆汁酸和次级胆汁酸都与钠或钾离子结合形成胆汁酸盐,简称胆盐(bile salt)。部分胆汁酸的结构见图 17-1。

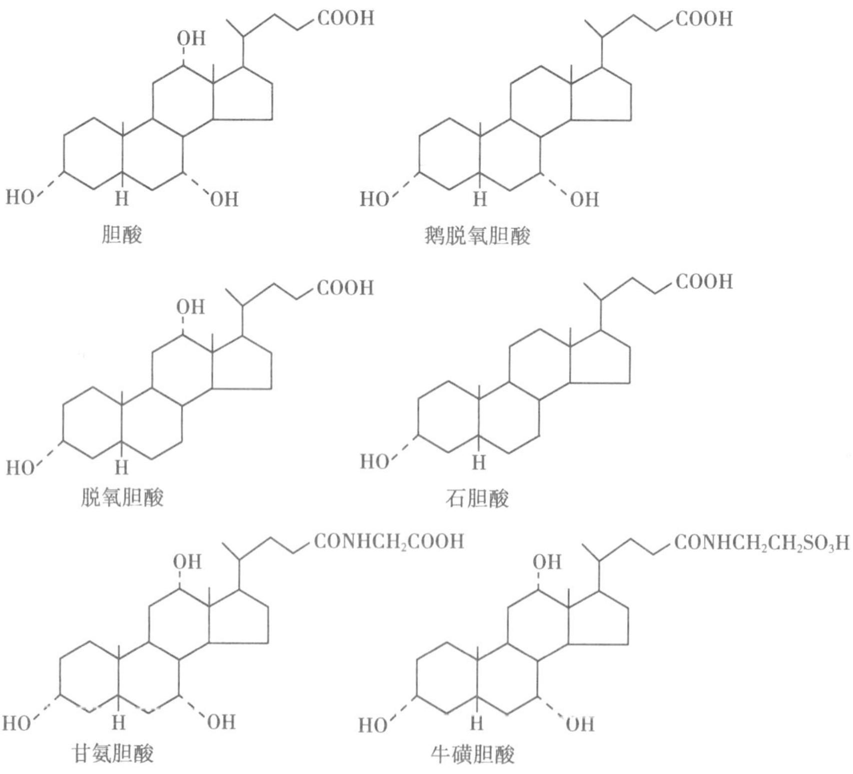

图 17-1 部分胆汁酸结构

（二）胆汁酸的生理功能

1. **促进脂质消化吸收**　胆汁酸分子既含有亲水的羟基、羧基或磺酸基,又含有疏水的烃核和甲基。两类性质不同的基团分别位于胆汁酸环戊烷多氢菲核的两侧,使胆汁酸立体构型具有亲水和疏水两个侧面(图 17-2),这种结构特点使胆汁酸成为具有较强界面活性的表面活性剂,可降低油/水界面的表面张力,促进脂质乳化成 3~10μm 的细小微团,增加脂肪和脂肪酶的接触面积,有利于脂质的消化吸收。

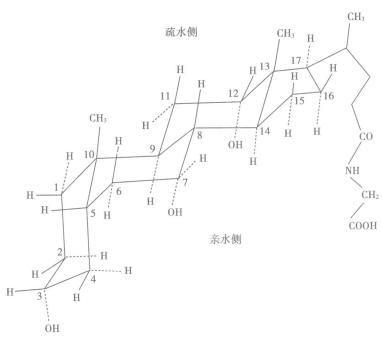

图 17-2　甘氨胆酸的立体构型

2. **维持胆汁中胆固醇的溶解状态**　人体约 99% 的胆固醇随胆汁经肠道排出,其中 1/3 以胆汁酸形式,2/3 以直接形式排出体外。由于胆固醇难溶于水,在浓缩后的胆囊胆汁中容易沉淀析出。胆汁中的胆汁酸盐和卵磷脂协同作用,使胆固醇分散形成可溶性微团,不易结晶沉淀,故胆汁酸有防止胆结石形成的作用。肝合成胆汁酸能力下降、排入胆汁中的胆固醇过多(高胆固醇血症)、胆汁酸在消化道丢失过多或肠肝循环减少等均可导致胆汁中胆汁酸、卵磷脂与胆固醇的比例下降(小于 10∶1),易致胆固醇沉淀析出,形成胆结石。不同胆汁酸对胆结石形成的影响不同,鹅脱氧胆酸可使胆固醇结石溶解,而胆酸及脱氧胆酸则无此作用。临床常用鹅脱氧胆酸及熊脱氧胆酸治疗胆固醇结石。

（三）胆汁酸代谢过程

1. **初级胆汁酸的生成**　肝细胞以胆固醇为原料合成初级胆汁酸是胆固醇在体内的最主要代谢去路。肝细胞微粒体将胆固醇转变为初级胆汁酸的过程较复杂,需要经过羟化、侧链氧化、异构化、加水等多步酶促反应才能完成。胆固醇 7α- 羟化酶是胆汁酸合成的限速酶,属微粒体单加氧酶系,受其终产物胆汁酸的负反馈调节。口服阴离子交换树脂考来烯胺可减少胆汁酸重吸收,减弱胆汁酸对 7α- 羟化酶的抑制作用,促进肝内胆固醇转化生成胆汁酸,以降低血清胆固醇含量。甲状腺素可促进 7α- 羟化酶 mRNA 合成,也可激活侧链氧化酶系,从而加速初级胆汁酸的合成,所以甲状腺功能亢进症(甲亢)患者血清胆固醇浓度常偏低,甲状腺功能减退症(甲减)患者血清胆固醇则偏高。高胆固醇饮食在抑制 HMG-CoA 还原酶合成的同时,也可诱导胆固醇 7α- 羟化酶基因的表达。此外,糖皮质激素和生长激素亦可提高胆固醇 7α- 羟化酶的活性。

2. **次级胆汁酸的生成和胆汁酸肠肝循环**　进入肠道的初级胆汁酸在发挥协助脂质物质消化吸收的同时,在回肠和结肠上段,由肠菌酶催化胆汁酸的去结合反应和脱 7α- 羟基作用生成次级胆汁酸,即胆酸转化为脱氧胆酸,鹅脱氧胆酸转化为石胆酸。这两种游离型次级胆汁酸可重吸收入血,经血液循环回到肝,再与甘氨酸或牛磺酸结合形成结合型次级胆汁酸。肠菌还可将鹅脱氧胆酸 7α- 羟基转变为 7β- 羟基,生成熊脱氧胆酸。熊脱氧胆酸也属于次级胆汁酸,具有抗氧化应激作用,在慢性肝病时可降低肝细胞因胆汁酸潴留引起的肝损伤,减缓疾病进程。

进入肠道的各种胆汁酸约 95% 以上可被肠道重吸收,其余的(约 5% 石胆酸)随粪便排出。胆汁酸的重吸收有两种方式:结合型胆汁酸主要在回肠以主动转运方式重吸收,游离型胆汁酸则在小肠各部及大肠被动重吸收。肠道重吸收的各种胆汁酸均经门静脉回到肝。在肝细胞内,游离胆汁酸被重新转变为结合胆汁酸,与重吸收及新合成的结合胆汁酸一起重新随胆汁入肠,此过程称为胆汁酸肠肝循环(enterohepatic circulation of bile acid)(图 17-3)。

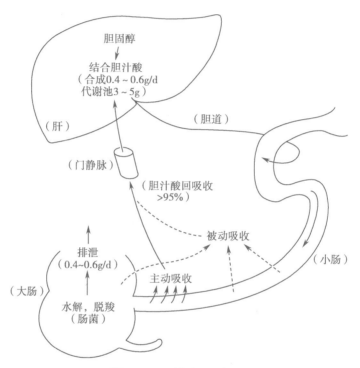

图 17-3　胆汁酸肠肝循环

胆汁酸肠肝循环的生理意义在于使有限的胆汁酸反复利用,满足机体对胆汁酸的需要。人体每天需要 12~32g 胆汁酸乳化脂质,而体内胆汁酸储备的总量(胆汁酸池或称胆汁酸库)仅有 3~5g,供需矛盾十分突出。机体依靠每餐后进行 6~12 次胆汁酸肠肝循环以弥补胆汁酸合成量与储备量的不足,使有限的胆汁酸池能够最大限度地发挥乳化作用,以保证脂质食物消化、吸收的正常进行。若因腹泻或回肠大部切除等破坏了胆汁酸肠肝循环,不仅会影响脂质的消化、吸收,也可因胆汁中胆固醇含量相对增高,处于饱和状态,极易形成胆固醇结石。

未被肠道重吸收的小部分胆汁酸在肠菌的作用下生成多种胆烷酸的衍生物随粪便排出。人体每天经肠道排出 0.4~0.6g 胆汁酸盐,与肝合成的胆汁酸量保持平衡。

第四节　胆色素代谢与黄疸

胆色素(bile pigment)是体内铁卟啉化合物分解代谢的产物,包括胆红素(bilirubin)、胆绿素(biliverdin)、胆素原(bilinogen)和胆素(bilin)等。胆红素是胆汁的主要色素,呈橙黄色。胆色素代谢以胆红素代谢为主,肝在胆色素代谢中具有重要作用。

一、胆红素的生成和转运

(一) 胆红素的生成

体内含铁卟啉化合物的物质包括血红蛋白、肌红蛋白、过氧化物酶、过氧化氢酶及细胞色素类等。成年人每天生成 250~350mg 胆红素,其中 80% 以上由衰老红细胞释放的血红蛋白分解产生,小部分来自造血过程中红细胞的过早破坏,仅少量由非血红蛋白铁卟啉化合物分解产生。

红细胞平均寿命约 120d。衰老红细胞由于细胞膜的变化,可被肝、脾、骨髓中的单核 - 吞噬细胞识别并吞噬,使其释放出血红蛋白,血红蛋白再分解为珠蛋白和血红素。珠蛋白进一步分解为氨基酸供机体再利用,血红素则由吞噬细胞内微粒体血红素加氧酶(heme oxygenase,HO)催化生成胆绿素,并释放出 CO 和 Fe^{2+}。Fe^{2+} 可被重新利用,CO 则可排出体外。胆绿素进一步在细胞质胆绿素还原酶(biliverdin reductase)催化下由 NADPH 供氢迅速还原为胆红素(图 17-4)。体内胆绿素还原酶活性较高,故胆绿素一般不会堆积或进入血液。

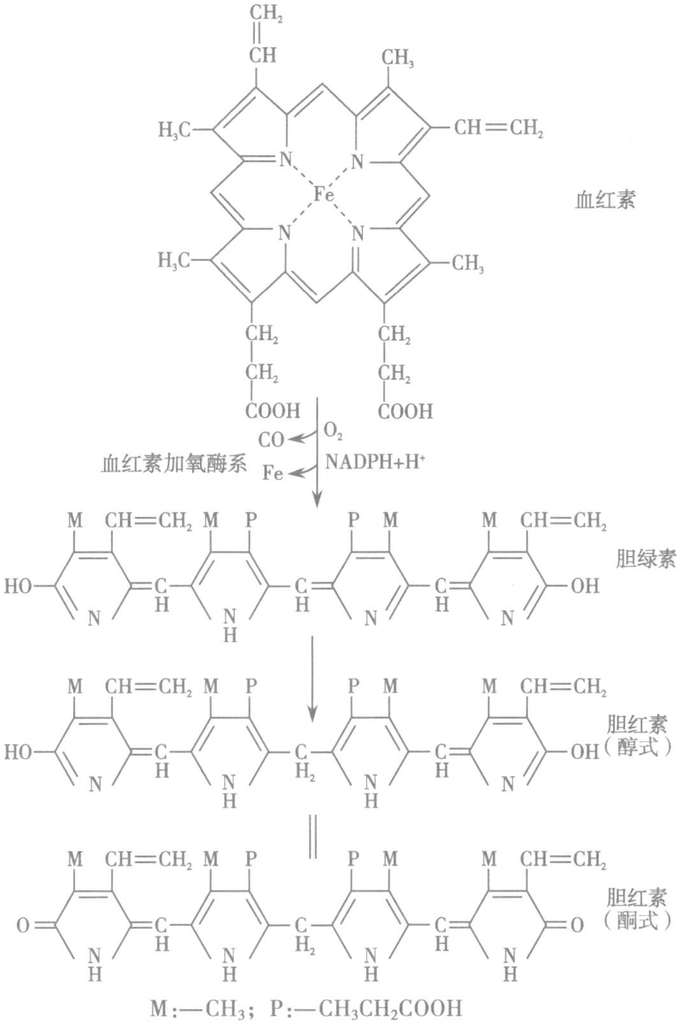

图 17-4 胆红素的生成

知 识 链 接

胆红素对机体的影响

胆红素含量过高会对人体造成伤害,但近年研究表明,适量的胆红素对心、脑、肝脏和血管等

Note:

多种组织与器官具有保护作用。在一定浓度下,它还是一种内源性的强抗氧化剂,具有抗氧化、抗脂质过氧化、保护细胞免受损伤以及增强维生素 C 和维生素 E 的抗氧化能力等作用。即胆红素在体内具有伤害与保护的双重作用,该物质对机体的影响可能与其浓度有关。

(二) 胆红素在血液中的运输

胆红素系由 3 个次甲基桥连接的 4 个吡咯环组成,虽然含有羟基、亚氨基、丙酸基等极性基团,但由于 6 个分子内氢键的形成,使整个分子卷曲,呈刚性折叠构象,极性基团被封闭在分子内部,因此胆红素具有亲脂、疏水的特性,可自由透过细胞膜进入血液(图 17-5)。在血液中,胆红素主要与血浆清蛋白(小部分与 α_1 球蛋白)结合,以胆红素 - 清蛋白复合物形式运输。胆红素与清蛋白的结合不仅可增加胆红素的溶解度使其便于运输,也可限制胆红素自由透过各种生物膜,抑制其对组织细胞的毒性作用。胆红素 - 清蛋白不能透过肾小球基底膜,即使血浆胆红素含量增加,尿液检测也呈阴性。胆红素 - 清蛋白中的胆红素仍然为游离胆红素,或称未结合胆红素、血胆红素。

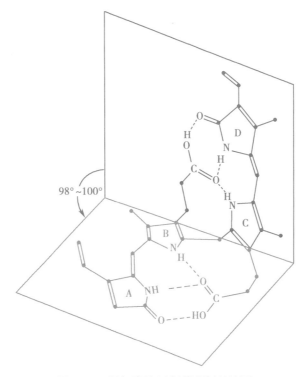

图 17-5 胆红素的 X 射线衍射结构图

每分子清蛋白可结合两分子胆红素。健康人血浆胆红素含量为 3.4~17.1μmol/L,而 100ml 血浆中的清蛋白能结合 25mg 胆红素,故血浆清蛋白结合胆红素的潜力很大,足以阻止胆红素进入组织细胞产生毒性作用。但胆红素与清蛋白的结合是非特异性、非共价可逆性的,除清蛋白含量显著下降外,某些有机阴离子化合物如磺胺类药物、水杨酸、胆汁酸、脂肪酸等也可与胆红素竞争结合清蛋白,使胆红素游离。过多的游离胆红素很容易进入脑组织,并与脑基底核的脂质结合,干扰脑的正常功能,称胆红素脑病或核黄疸。有黄疸倾向的患者或新生儿生理性黄疸应慎用上述有机阴离子药物。

二、胆红素在肝中的转变

肝细胞对胆红素的代谢包括摄取、转化和排泄三方面的作用。

(一) 肝细胞对胆红素的摄取

胆红素 - 清蛋白复合物随血液循环到肝后,先在肝血窦与清蛋白分离,然后迅速被肝细胞摄取。

胆红素可自由双向透过肝血窦与肝细胞膜,肝细胞对胆红素的摄取量主要取决于其对胆红素的进一步处理能力。当肝细胞处理胆红素能力下降或胆红素生成量超过肝细胞处理能力时,已进入肝细胞的胆红素可反流入血,使血胆红素含量增高。

肝细胞内含有两种载体蛋白(配体蛋白),即 Y 蛋白和 Z 蛋白。胆红素进入肝细胞后,与其结合形成胆红素 -Y 蛋白或胆红素 -Z 蛋白复合物并运送至内质网进一步代谢。Y 蛋白比 Z 蛋白对胆红素的结合能力强,故胆红素优先与 Y 蛋白结合。Y 蛋白也是一种诱导蛋白,苯巴比妥可诱导其合成。新生儿出生 7 周后 Y 蛋白水平才接近成年人水平,故容易发生生理性黄疸,临床可用苯巴比妥治疗。甲状腺素、溴酚磺酸钠(BSP)和靛青绿(ICG)等物质可竞争结合 Y 蛋白,影响胆红素在肝细胞内的转运。

(二)肝细胞对胆红素的转化作用

胆红素 -Y 蛋白或胆红素 -Z 蛋白复合物进入肝细胞滑面内质网后,在 UDP- 葡糖醛酸基转移酶(UGT)的催化下,由 UDP- 葡糖醛酸提供葡糖醛酸基,胆红素与葡糖醛酸以酯键结合,转变生成葡糖醛酸胆红素(bilirubin glucuronide),即结合胆红素(conjugated bilirubin)。胆红素分子中 2 个丙酸基的羧基均可与葡糖醛酸 C_1 位上的羟基结合,故每分子胆红素可结合 2 分子葡糖醛酸,生成双葡糖醛酸胆红素(图 17-6)。人胆汁中结合胆红素主要是双葡糖醛酸胆红素(占 70%~80%),仅有少量单葡糖醛酸胆红素(占 20%~30%)。结合胆红素水溶性强,与血浆清蛋白亲和力减小,易随胆汁排入小肠继续代谢,也容易透过肾小球基底膜随尿液排出。结合胆红素不容易通过细胞膜和血 - 脑屏障,不易引起组织中毒,是胆红素在体内解毒的重要方式。

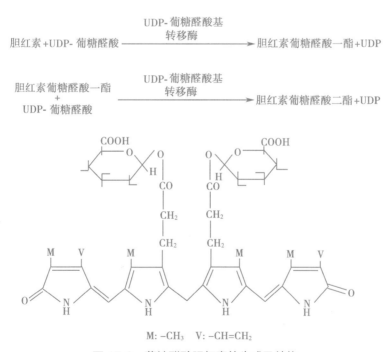

图 17-6　葡糖醛酸胆红素的生成及结构

(三)肝对胆红素的排泄作用

肝细胞把在滑面内质网转化生成的结合胆红素分泌进入胆管系统,随胆汁排出。肝毛细胆管内结合胆红素浓度远高于肝细胞内的浓度,故肝细胞排出胆红素是一个逆浓度梯度的主动转运过程,也是肝处理胆红素的薄弱环节,容易发生障碍。定位于肝细胞膜胆小管域的多耐药相关蛋白 2(multidrug resistance-like protein 2,MRP2)是肝细胞向胆小管分泌结合胆红素的转运蛋白。胆红素排泄障碍,结合胆红素就可能反流入血,导致血浆结合胆红素水平增高。

糖皮质激素及苯巴比妥等药物不仅可诱导葡糖醛酸基转移酶的生成,促进胆红素与葡糖醛酸结合,对结合胆红素的分泌也具有促进作用,因此可用于治疗高胆红素血症。

肝对胆红素的摄取、转化和排泄作用归纳如图 17-7。

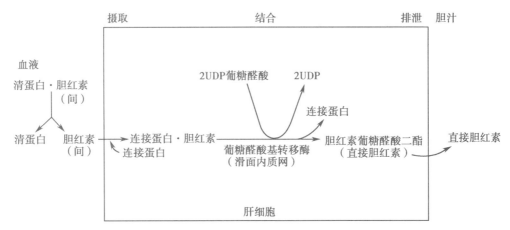

图 17-7　肝细胞对胆红素的摄取、转化与排泄作用

三、胆红素在肠道中的变化和胆素原的肠肝循环

结合胆红素随胆汁排入肠道后,从回肠下段至结肠在肠道细菌作用下先水解脱去葡糖醛酸转变成游离胆红素,再逐步加氢还原生成无色的中胆素原(mesobilirubinogen)、粪胆素原(stercobilinogen)和尿胆素原(urobilinogen)等胆素原族类化合物,其中 80% 随粪便排出。粪胆素原在肠道下段或随粪便排出后经空气氧化为棕黄色的粪胆素(stercobilin),是粪便的主要色素。健康成年人每天从粪便排出的胆素原总量为 40~280mg。当胆道完全梗阻时,因胆红素不能排入肠道形成胆素原及粪胆素,粪便呈灰白色,临床称为白陶土样便。婴儿肠道细菌少,未被细菌作用的胆红素可随粪便直接排出,使粪便呈胆红素特有的橙黄色。

在生理情况下肠道内 10%~20% 的胆素原可被肠黏膜细胞重吸收入血,经门静脉进入肝。重吸收的胆素原约 90% 以原形随胆汁再次排入肠道,形成胆素原的肠肝循环(bilinogen enterohepatic circulation)。小部分(10%)胆素原可以进入体循环,再经肾小球滤出随尿液排出,故称为尿胆素原。健康成年人每天从尿液排出的尿胆素原为 0.5~4.0mg。尿胆素原与空气接触后被氧化成尿胆素(urobilin),是尿液的主要色素。临床将尿液中尿胆红素、尿胆素原、尿胆素称为尿三胆,作为肝功能检查的指标之一。

体内胆色素代谢的全过程总结如图 17-8。

四、血清胆红素与黄疸

健康人血清胆红素按其性质和结构不同分为两大类型:凡未经肝细胞结合转化、没有结合葡糖醛酸等的胆红素称为未结合胆红素或游离胆红素;凡经过肝细胞转化、与葡糖醛酸或其他物质结合的胆红素统称为结合胆红素。两类胆红素由于结构和性质不同,对重氮试剂的反应也不相同。结合胆红素分子内没有氢键,能直接快速地与重氮试剂反应生成紫红色偶氮化合物,又称为直接反应胆红素或直接胆红素。未结合胆红素分子内有氢键,必须先加入乙醇或尿素破坏氢键后才能与重氮试剂反应生成紫红色偶氮化合物,即与重氮试剂反应间接阳性,又称为间接反应胆红素或间接胆红素。两类胆红素性质和名称的比较见表 17-2。

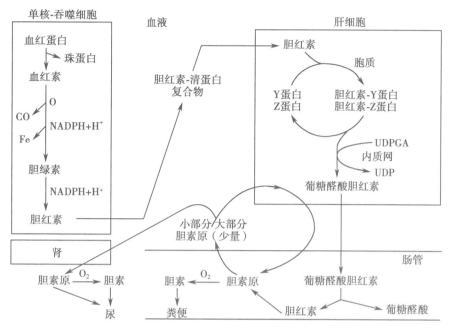

图 17-8　胆色素代谢与胆素原肠肝循环

表 17-2　两类胆红素的性质和名称区别理化性质

项目	结合胆红素	未结合胆红素
同义名称	直接胆红素、肝胆红素	间接胆红素、血胆红素、游离胆红素
葡糖醛酸结合	结合	未结合
重氮试剂反应	迅速、直接反应	慢、间接反应
水中溶解度	大	小
透过细胞膜的能力	小	大
对脑的毒性作用	小	大
经肾随尿排出	能	不能

　　健康人体内胆红素的生成与排泄保持动态平衡,血清胆红素总量为 3.4~17.1μmol/L(2~10mg/L),其中约 80% 是未结合胆红素。凡是能够导致胆红素生成过多,或肝细胞对胆红素摄取、转化和排泄能力下降的因素均可使血中胆红素含量增多,当血浆胆红素含量超过 17.1μmol/L(10mg/L)称为高胆红素血症(hyperbilirubinemia)。胆红素是金黄色色素,血中浓度过高时可扩散进入组织,造成组织黄染,称为黄疸(jaundice)。巩膜、皮肤因含有较多弹性蛋白,与胆红素有较强亲和力,容易被黄染。黏膜中含有能与胆红素结合的血浆清蛋白,也易被黄染。黄疸程度与血清胆红素浓度密切相关,当血清胆红素浓度超过 34.2μmol/L(20mg/L),肉眼可见巩膜、皮肤及黏膜等组织明显黄染,临床称为显性黄疸。若血清胆红素在 17.1~34.2μmol/L(10~20mg/L)之间时,肉眼观察不到巩膜或皮肤黄染,临床称为隐性黄疸。

　　黄疸是一种临床症状,凡能引起胆红素代谢障碍的各种因素均可引起黄疸。根据黄疸形成的原因、发病机制不同可将其分为三类:

　　1. 溶血性黄疸　由于红细胞大量破坏,单核 - 吞噬细胞系统产生胆红素过多,超过肝细胞处理能力,血中未结合胆红素增高引起的黄疸,称为溶血性黄疸(hemolytic jaundice),又称肝前性黄疸。其特征为血清总胆红素、未结合胆红素含量增高,结合胆红素的浓度改变不大;尿胆红素呈阴性;由于肝对胆红素的摄取、转化和排泄增多,过多的胆红素进入胆道系统,肝肠循环增加,使得尿胆素原增

Note:

多，粪胆素原亦增加，粪便颜色加深。镰状细胞贫血、葡糖-6-磷酸脱氢酶缺乏（蚕豆病）、输血不当、某些药物、毒物等多种原因均可导致红细胞大量破坏，引起溶血性黄疸。

2. 肝细胞性黄疸　因为肝细胞功能受损，肝对胆红素的摄取、转化、排泄能力下降导致的高胆红素血症称为肝细胞性黄疸（hepatocellular jaundice），又称为肝源性黄疸。其特点是肝摄取胆红素障碍导致血中未结合胆红素含量升高；由于病变导致肝细胞肿胀，压迫毛细胆管，或造成肝内毛细胆管阻塞，使已生成的结合胆红素部分反流入血，血中结合胆红素含量也增加；结合胆红素能通过肾小球滤出，故尿胆红素呈阳性；尿胆素原升高或降低，粪胆素原正常或降低。肝炎、肝硬化等肝病引起的黄疸就属于这一类。

3. 阻塞性黄疸　由多种原因（如胆结石、胆道蛔虫或肿瘤压迫）引起胆红素排泄通道胆管阻塞，胆小管或毛细胆管压力增高或破裂，胆汁中结合胆红素反流入血引起的黄疸称为阻塞性黄疸（obstructive jaundice），又称肝后性黄疸。主要特征是血中结合胆红素升高，未结合胆红素无明显改变；尿胆红素阳性；由于排入肠道的胆红素减少，生成的胆素原也减少，粪便颜色变浅，甚至出现白陶土样便。阻塞性黄疸常见于胆管炎、胆结石或先天性胆管闭锁等疾病。

表 17-3 归纳总结了健康人和三类黄疸患者血、尿、粪便中胆色素改变情况，临床常用于鉴别诊断。

表 17-3　健康人和三类黄疸患者血、尿、粪胆色素的变化

指标	正常	溶血性黄疸	肝细胞性黄疸	阻塞性黄疸
血清胆红素				
总量	<10mg/L	>10mg/L	>10mg/L	>10mg/L
结合胆红素	极少		↑	↑↑
未结合胆红素	0~8mg/L	↑↑	↑	
尿三胆				
尿胆红素	–	–	++	++
尿胆素原	少量	↑	不一定	↓
尿胆素	少量	↑	不一定	↓
粪便				
粪胆素原	40~280mg/24h	↑	↓或正常	↓或–
粪便颜色	正常	深	变浅或正常	完全阻塞时白陶土色

注："–"代表阴性，"++"代表强阳性。

（解　军）

思　考　题

1. 试述肝功能受损时对血糖、血脂及血浆蛋白质的影响，并分析其发生机制。
2. 何谓生物转化作用？其生理意义是什么？
3. 胆汁酸和胆素原均存在肠肝循环，试比较两者的异同。
4. 根据胆红素代谢过程分析溶血性、肝细胞性和阻塞性黄疸产生的原因及主要特点。

第十八章

组学与医学

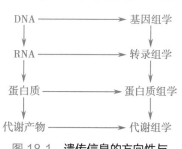

18章 数字资源

─── 章 前 导 言 ───

　　分子生物学中心法则确立了遗传信息传递具有方向性和整体性。"组学(-omics)"是一种基于组群或集合的认识论,这种认识论注重事物之间的相互联系,即事物的整体性。1986年开始小规模人类基因组测序至2003年人类基因组计划(Human Genome Project,HGP)完成期间,生命科学研究已经在酝酿从单纯揭示基因组结构转向功能诠释,随着转录、翻译水平整体性分析技术的不断涌现和完善,不但促进了以HGP实施为基础的结构基因组学的研究进程,还极大地推动了功能基因组学的飞速发展。20世纪初,基因组学、转录物组学、蛋白质组学与代谢组学研究策略与生命科学研究主流方向相结合和整合,使"组学"研究扩展至各个领域,从而揭示特定环境或状态下的生物表型与全基因组网络调节之间的联系,以解释生命科学的根本问题,如生命的发生、繁殖、存活与死亡,以及生物进化的机制,并指导科学家们从分子和整体水平突破对疾病的传统认识,驱动新一轮医学科学革命。

　　本章按照遗传信息传递的方向性和生物信息学的分类,将"组学"按基因组学、转录物组学、蛋白质组学、代谢组学等层次加以叙述(图18-1)。本章的学习将启发我们从分子和整体水平完整地认识健康和疾病。

DNA ────────────→ 基因组学

RNA ────────────→ 转录组学

蛋白质 ───────────→ 蛋白质组学

代谢产物 ──────────→ 代谢组学

图 18-1　遗传信息的方向性与"组学"的关系

─── 学 习 目 标 ───

- 知识目标

  1. 掌握基因组学与蛋白质组学的基本概念和研究内容。
  2. 熟悉转录物组学及代谢组学的基本概念和研究内容。
  3. 了解组学所取得的成果及其在医学上的应用。

- 能力目标

  自学和更新知识、发现问题和解决问题的能力进一步提高。

- 素质目标

  为临床诊断、疾病防治提供重要线索。

第一节　基 因 组 学

基因组（genome）就是泛指一个生命体、病毒或细胞的全部遗传信息。对真核生物而言，是指一套染色体（单倍体）DNA 及线粒体或叶绿体的全部序列，包括编码序列和非编码序列。1986 年美国科学家 Thomas Roderick 提出了基因组学（genomics）概念，是指对所有基因进行基因组作图、核苷酸序列分析、基因定位和基因功能分析的一门科学。根据研究目的不同基因组研究包括三方面的内容：以全基因组测序为目标的结构基因组学（structural genomics）、以基因功能鉴定为目标的功能基因组学（functional genomics）和以鉴别基因组相似性与差异性为目标的比较基因组学（comparative genomics）。

知 识 链 接

人类基因组计划

1985 年 6 月，美国能源部在加州举行的一次会议上提出了"人类基因组计划"。1986 年 6 月，美国能源部正式宣布实施这一草案。同年，诺贝尔奖获得者意大利科学家 Renato Dulbecco 在 Science 杂志上撰文回顾肿瘤研究，该文被称为"人类基因组计划"的"标书"，对推动该计划的实施起到了关键作用。1987 年初，美国能源部与国家医学研究院（NIH）正式下拨启动"人类基因组计划"经费。1988 年 4 月代表全世界从事人类基因组研究的科学家组织 HUGO（The Human Genome Organisation，HUGO）宣告成立。1989 年，美国成立"国家人类基因组研究中心"。1990 年，美国国会正式批准美国的"人类基因组计划"于 10 月 1 日正式启动。随后，法国、英国、意大利、德国、日本、中国等也相继宣布开始各自的人类基因组计划研究。

一、结构基因组学

结构基因组学是一门通过基因作图、核苷酸序列分析确定基因组成、基因定位的科学，是基因组学的一个重要组成部分和研究领域。结构基因组学的主要任务是通过人类基因组计划，解析人类自身 DNA 的序列和结构，构建人类基因组图谱，即遗传图谱（genetic map）、物理图谱（physical map）、序列图谱（sequence map）和转录图谱（transcription map）。

（一）遗传图谱

通过遗传重组所得到的基因或 DNA 标记在染色体上的线性排列图称为遗传图谱，又称连锁图谱（linkage map）。它是通过计算连锁的遗传标志之间的重组频率，确定它们的相对距离，用厘摩尔根(centi-Morgan,cM)表示,当两个遗传标记之间的重组值为 1%,图距即为 1cM。对于人类,1cM 相当于 10^6 碱基对。由于微卫星多态性标志的应用,人类遗传图谱已经完成,确定了全部标志密度为 0.7cM、含 5 826 个转座子、大小为 4 000cM 的线性遗传图。

建立精细遗传图谱的关键是获得足够的、高度多态性的遗传标记,在 HGP 实施过程中先后采用了三代 DNA 标志。第一代以限制性片段长度多态性(restriction fragment length polymorphism, RFLP)作为标志,第二代以可变数目串联重复序列(variable number of tandem repeat,VNTR)作为标志,第三代则以单核苷酸多态性(single nucleotide polymorphism,SNP)作为标志,精确度不断提高。

知 识 链 接

DNA 分子标记的发展

1974 年 Grodjicker 等人提出了限制性片段长度多态性(restriction fragment length polymorphism,RFLP)作为遗传工具的概念,并于 1983 年被 Soller 和 Beckman 用于品种鉴别和品系浓度测定,是第一代用于遗传研究的 DNA 分子标记技术。基因型间限制性片段长度的差异反映了 DNA 序列上不同酶切位点的分布情况。

1980 年,Wyman 和 White 在筛选人 DNA 基因文库时发现高变重复区。1987 年,Nakamura 根据高变区基因的特点,将其命名为 VNTR,又称为微卫星 DNA(mini-satellite DNA)。VNTR 是继 RFLP 之后第二代具有高度多态性的遗传标记。通过检测众多微卫星点,可得到个体特异性的 DNA 图谱。

1996 年,Lander 等又提出了第三代 DNA 遗传标志——单核苷酸多态性(single nucleotide polymorphism,SNP),SNP 直接以序列的变异作为标记。SNP 最大限度地代表了不同个体之间的遗传差异,因而成为研究多基因疾病、药物遗传学及人类进化的重要遗传标记。

(二)物理图谱

物理图谱是利用限制性内切酶将染色体切成片段,再根据重叠序列把片段连接成染色体,确定遗传标志之间物理距离[碱基对(bp)或千碱基(kb)或兆碱基(Mb)]的图谱。物理图谱的构建方法包括:①荧光原位杂交图(fluorescent in situ hybridization map,FISH map):将荧光标记的探针与染色体杂交确定分子标记所在的位置;②限制性酶切图(restriction map):将限制性酶切位点标记在 DNA 分子的相对位置;③克隆重叠群图(clone contig map):采用酶切位点稀有的限制性内切酶或高频超声波破碎技术将 DNA 分解成大片段后,再通过构建酵母人工染色体(yeast artificial chromosome,YAC)或细菌人工染色体(bacterial artificial chromosome,BAC)获取含已知基因组序列标签位点(sequence tagged site,STS)的 DNA 片段,在 STS 基础上构建能够覆盖每条染色体的大片段 DNA 连续克隆系。物理图谱的绘制是进行 DNA 序列分析和基因组结构研究的基础。

(三)序列图谱

随着遗传图谱和物理图谱绘制的完成,基因组测序就成为结构基因组学重要的研究工作。序列图谱为人类基因组的全部核苷酸排列顺序,是最详细和最准确的物理图谱。目前序列图谱的绘制策略是通过 BAC 克隆系的建立和鸟枪法测序(shotgun sequencing),再辅以生物信息学手段,即可构建基因组的序列图谱。2003 年 4 月 14 日,美国、英国、法国等共同宣布,人类基因组计划序列测定已经较原计划提前两年完成。

细菌人工染色体载体是一种装载较大片段 DNA 的克隆系统,用于基因组文库构建。全基因组鸟枪法测序是直接将整个基因组打成不同大小的 DNA 片段,构建 BAC 文库,然后对文库进行随机测序,最后运用生物信息学方法将测序片段拼接成全基因组序列(图 18-2)。该法的主要步骤是:①建立高度随机、插入片段大小为 1.6~4kb 左右的基因组文库。②高效、大规模的克隆双向测序。③序列

Note:

组装（sequence assembly）。借助 Phred/Phrap/Consed 等软件将所测得的序列进行组装,产生一定数量的重叠群。④缺口填补。利用引物延伸或其他方法对 BAC 克隆中还存在的缺口进行填补。

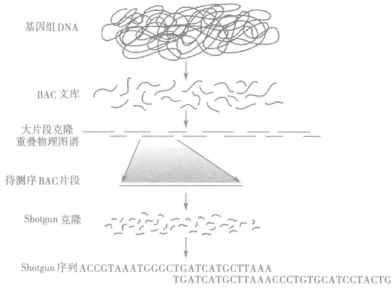

基因组DNA

BAC 文库

大片段克隆
重叠物理图谱

待测序 BAC 片段

Shotgun 克隆

Shotgun 序列 ACCGTAAATGGGCTGATCATGCTTAAA
　　　　　　　　　　 TGATCATGCTTAAACCCTGTGCATCCTACTG
拼接与组装 ACCGTAAATGGGCTGATCATGCTTAAACCCTGTGCATCCTACTG

图 18-2　BAC 文库的构建与鸟枪法测序流程示意图

（四）转录图谱

转录图谱又称为 cDNA 图谱或表达图谱（expression map）,是利用表达序列标签（expressed sequence tag,EST）作为标记所构建的分子遗传图谱。通过从 cDNA 文库中随机调取的克隆进行 5′ 或 3′- 端单次测序所获得的部分 cDNA 称为 EST,一般长 300~500bp。将 mRNA 逆转录合成的 cDNA 片段作为探针与基因组 DNA 进行分子杂交,标记转录基因,绘制出可表达基因的转录图谱,最终绘制出人体所有组织、所有细胞以及不同发育阶段的全基因组转录图谱。

二、功能基因组学

功能基因组学代表基因分析的新阶段,又称为后基因组（post-genome）研究,它利用结构基因组提供的信息和产物,通过在基因组或系统水平上全面分析所有基因的功能,是后基因组时代生命科学发展的主流方向。功能基因组学研究的内容包括基因组的表达、基因组功能注释、基因组表达调控网络及机制的研究等。它从整体水平上研究一种组织或细胞在同一时间或同一条件下所表达基因的种类、数量、功能,或同一细胞在不同状态下基因表达的差异。

（一）鉴定 DNA 序列中的基因

以人类基因组 DNA 序列数据库为基础,加工和注释人类基因组的 DNA 序列,进行新基因预测、蛋白质功能预测及疾病基因的发现。主要采用计算机技术进行全基因组扫描,鉴定内含子与外显子之间的衔接,寻找全长开放读码框架（open reading frame,ORF）,确定多肽链编码序列。

（二）搜索同源基因

同源基因在进化过程中来自共同的祖先,因此通过核苷酸或氨基酸序列的同源性比较,可以推测基因组内相似功能的基因。这种同源搜索涉及序列比较分析,美国国立生物技术信息中心（National Center for Biotechnology Information,NCBI）的基于局部比对算法的搜索工具（basic local alignment search tool,BLAST）程序是一套在蛋白质数据库或 DNA 数据库中进行相似性比较的分析工具,用于基因同源性搜索和对比。

Note:

（三）实验性设计基因功能

可设计一系列的实验来验证基因的功能,包括转基因、基因过表达、基因敲除(gene knockout)、基因敲减(gene knockdown)或基因沉默等方法,结合所观察到的表型变化即可验证基因功能。

（四）描述基因表达模式

描述基因表达模式,这里涉及两个重要概念,转录物组(transcriptome)和蛋白质组(proteome)。转录物组是指一个细胞内的一套 mRNA 转录产物,包含了某一环境条件、某一生命阶段、某一生理或病理状态下,生命体的细胞或组织所表达的基因种类和水平;蛋白质组是指一个细胞内的全套蛋白质,反映了特殊阶段、环境、状态下细胞或组织在翻译水平的蛋白质表达谱。蛋白质表达模式的描述主要是通过基因转录物组分析和蛋白质组分析来进行。

三、比较基因组学

比较基因组学是在基因组图谱和测序的基础上,与已知生物基因和基因组进行比较,通过鉴别两者的相似性和差异性,来阐明物种进化关系、预测相关基因功能的学科。比较基因组学可以利用 FASTA、BLAST 和 CLUSTAL W 等序列比对工具,让人们了解物种间在基因组结构上的差异,发现基因的功能、物种的进化关系,也有助于深入了解生命体的遗传机制,阐明人类复杂疾病的致病机制,揭示生命的本质规律。根据研究目的的不同,分为种间比较基因组学和种内比较基因组学。

（一）种间比较基因组学

通过对不同亲缘关系物种的基因组序列进行比较,可以鉴定出编码序列、非编码调控序列及特定物种独有的序列,从而了解不同物种在核苷酸组成、基因构成和基因顺序方面的异同,进而得到基因分析预测与定位等方面的信息,并为阐明生物系统发生进化关系提供数据。比较基因组学实际上是比较相关生物基因组在组成和顺序等方面的相似性与差异性。如果两种生物之间存在很近的亲缘关系,那么它们的基因序列会出现大部分或全部保守,此称为种间同源基因(orthologous gene)。利用与已知生物基因组编码序列和结构同源性或相似性的比对结果,就可以定位其他物种基因组中的同源基因,对揭示基因的结构和物种进化关系至关重要。

（二）种内比较基因组学

同种群体内基因组存在大量的变异和多态性,这种基因组序列的差异构成了不同个体与群体对疾病的易感性和对药物、环境因素等不同反应的遗传学基础。SNP 最大限度地代表了不同个体之间的遗传差异,因而成为研究多基因疾病、药物遗传学及人类进化的重要遗传标记,是开展个体化医疗(personalized medicine)的重要基础。

第二节　转录物组学与 RNA 组学

转录物组指生命单元(通常是一种细胞)所能转录出来的可直接参与蛋白质翻译的 mRNA (编码 RNA)总和,而其他所有非编码 RNA 均可归为 RNA 组学(RNomics)。因此,转录物组学(transcriptomics)是研究细胞编码基因转录情况及转录调控规律的科学,RNA 组学是研究细胞中非编码 RNA 结构与功能的科学。与基因组相比,转录物组学与 RNA 组学最大的魅力在于揭示在 RNA 水平上基因表达的情况。

一、转录物组学

1997 年 Veclalesuc 和 Kinzler 最先提出转录物组的概念。转录物组广义上是指生物个体在特定生长阶段或生长条件下所转录出来的 RNA 总和,包括编码蛋白质的 mRNA 和各种非编码 RNA,但狭义上通常仅以 mRNA 为研究对象。任何一种细胞在特定条件下所表达的基因种类和数量都有特定的模式,称为基因表达谱,决定着细胞的生物学行为。而转录物组学就是要阐明生物体或细胞在特定生理或病理状态下表达的所有种类的 mRNA 及其功能。目前,转录物组研究的重要技术包括微阵列(microarray)、基因表达系列分析(serial analysis of gene expression,SAGE),以及大规模平行信号测序系统(massively parallel signature sequencing,MPSS)等。

(一) 微阵列是大规模基因组表达谱研究的主要技术

微阵列或基因芯片是近年发展起来的可用于大规模基因组表达谱研究、快速检测基因差异表达、鉴别致病基因或疾病相关基因的一项新型基因功能研究技术。微阵列基本制作原理是通过在固相支持物上原位合成寡核苷酸或者直接将大量预先制备的 DNA 探针以显微打印的方式有序地固化于支持物表面,然后与待测的荧光标记样品杂交,通过对杂交信号的检测分析,得出样品的遗传信息(基因序列及表达)。其优点是可以同时对大量基因,甚至整个基因组的基因表达进行对比分析。

(二) SAGE 在转录物水平研究细胞或组织基因表达模式

SAGE 技术是一种可以定量并同时分析大量转录本的方法,基本原理是用来自 cDNA 3′-端特定位置 9~10bp 长度的序列含有的足够特定信息来鉴定基因组中的所有基因。可利用限制性内切酶——锚定酶和位标酶切割 DNA 分子的特定位置,分离 SAGE 标签,并将这些标签串联起来,然后对其进行测序。这种方法不仅可以全面提供生物体基因表达谱信息,还可用来定量、比较不同状态下组织或细胞中所有差异表达基因。

(三) MPSS 是以基因测序为基础的基因表达谱自动化和高通量分析新技术

MPSS 以测序为基础的大规模高通的基因分析技术,原理是一个标签序列(10~20bp)含有能够特异识别转录子的信息,标签序列与长的连续分子连接在一起,便于克隆和序列分析,每一标签序列在样品中的频率(拷贝数)就代表了与该标签序列相应的基因表达水平。所测定的基因表达水平是以计算 mRNA 拷贝数为基础,是一个数字表达系统。只要将病理和对照样品分别进行测序,即可进行严格的统计检验,能测定表达水平较低、差异较小的基因,而且不必预先知道基因的序列。

二、RNA 组学

人类基因组共有 2 万 ~2.5 万个基因,其中与蛋白质合成的有关基因只占整个基因组的 2%。由此产生疑问:①如果一个基因编码一个蛋白质的话,这么少的蛋白质如何维持人体那么复杂而多变的生命现象? ②如果一个基因可以表达出多种蛋白质,生物又是如何做到这一点的? ③不编码蛋白质的 98% 的基因组有何功能? RNA 和 RNA 组学研究可以提供部分解答。

(一) RNA 组学研究细胞中非编码 RNA 结构与功能

RNA 组学是从基因组水平研究细胞中非编码 RNA 结构与功能的一门新的科学。对细胞中全部非编码 RNA 分子的结构与功能进行系统的研究,从整体水平阐明非编码 RNA 的生物学意义即它的主要任务。RNA 组学是后基因组时代一个重要的科学前沿,因为它有可能揭示一个全新的由 RNA 介导的遗传信息表达调控网络,从而以不同于蛋白质编码基因的角度来注释和阐明人类基因组的结构与功能。同时,基于非编码 RNA 研究所获得的新发现,将为人类疾病的研究和治疗提供新的技术和思路。人类基因组计划的完成宣告了后基因组时代的开始,也掀起了从非编码 RNA 基因角度解读遗传信息的新组成及其表达调控的高潮,非编码 RNA 是不参与蛋白质编码的 RNA 的总称,除rRNA、tRNA、snRNA、snoRNA 等 ncRNA 外,近年来还发现了 miRNA、endo-siRNA 和 piRNA 等调控型的小分子非编码 RNA,它们作为细胞的调控因子,在调控细胞活动方面有着巨大潜力,它们在基因的转录和翻译、细胞分化和个体发育、遗传和表观遗传等生命活动中发挥着重要的组织和调控作用,形成了细胞中高度复杂的 RNA 网络。

(二) RNA 组学研究领域分类与常规技术

RNA 领域的新发现不断出现:① RNA 控制着蛋白质的生物合成;② RNA 具有运输功能;③ RNA 具有调控功能;④ RNA 调控遗传信息;⑤ RNA 修饰;⑥ RNA 携带遗传信息;⑦ RNA 与疾病的关系;⑧基因组研究中的"垃圾"可能是 RNA 基因。

目前非编码 RNA 研究领域主要包括以下几个方面：①非编码 RNA 的系统识别与鉴定：在现代隐蔽的 RNA 世界中，已知的非编码 RNA 仅为冰山一角。采用计算机 RNA 组学和实验 RNA 组学等方法、系统地发现和注释各种模式生物中的非编码 RNA 基因，并进一步阐明其生物学意义是 RNA 组学的首要任务。②细胞分化和发育中 miRNA 的结构与功能：miRNA 是一个巨大的小分子非编码 RNA 家族、广泛存在于各种动植物甚至单细胞真核生物中。miRNA 在转录后水平调控蛋白质基因的表达谱来决定细胞分化、胚胎发育等一系列重要生命活动的进程及多样性。目前在各种生物中已发现数千种 miRNA、大部分 miRNA 的功能尚有待阐明。③表观遗传中的 RNA 调控：许多非编码 RNA 都参与了基因组 DNA 转录水平的调控。研究这些 RNA，特别是内源 siRNA 参与的真核细胞核内异染色质的形成和基因组 DNA 修饰或加工过程，有可能揭示表观遗传控制发生的原因及调控机制。④ RNA 与疾病发生：许多新发现的小分子非编码 RNA 不仅是细胞增殖、分化和凋亡的重要调控因子，而且与细胞的异常表型和人类重要疾病密切相关。在许多肿瘤中可检测到特有 miRNA 基因的异常表达或 mRNA 异常可变剪接体。一些动物病毒可编码用于逃逸宿主细胞免疫攻击的 miRNA。比较分析正常生理和疾病发生过程中的非编码 RNA 的表达及其作用，将从 RNA 调控的角度揭示疾病发生机制，并为疾病诊断和治疗提供新的基因靶点和分子标记。⑤ mRNA 可变剪接的调控：大量的剪接调控蛋白与特异的 RNA 顺式作用元件和 RNA 反式因子在 mRNA 可变剪接调控中起着重要作用。发现和鉴定这些调控因子及其作用方式，将阐明 RNA 调控蛋白质组复杂度的机制及其与细胞分化和个体发育的关系。⑥非编码 RNA 基因资源与 RNA 技术及其应用：非编码 RNA 基因是新发现的遗传资源和新的生物技术制高点。如 miRNA 和 RNA 干涉技术在干细胞维持、动植物品种选育及病害控制等方面有重要应用前景。miRNA 治疗干预作为人类重大疾病新的治疗技术正得到迅速的发展，miRNA 药物及靶点的研究前景十分广阔。

RNA 组学研究将会在探索生命奥秘中和促进生物技术产业化中作出巨大贡献。若说基因组学研究正全力构筑生命科学基石，那么 RNA 组学、蛋白质组学、生物信息学等都是它不可缺少的同盟军。

第三节　蛋白质组学

基因组的结构是相对稳定的，结构基因的数量有限，因此基因组学研究还不能说明生命现象的复杂性和多变性。生命现象的主要体现者是蛋白质，而蛋白质有其自身的特定活动规律，仅仅从基因的角度来研究是远远不够的。因此，产生了一门在整体水平上研究细胞内蛋白质的组成及其活动规律的新兴学科——蛋白质组学（proteomics）。

蛋白质组是指一个细胞内的全套蛋白质，包含了某一环境条件、某一生命阶段、某一生理或病理状态下，生命体的细胞或组织所表达的蛋白质种类和水平。蛋白质组学的研究包括蛋白质的表达模式、结构蛋白质组学、翻译后修饰、蛋白质胞内分布及移位、蛋白质与蛋白质相互作用等方面。开展蛋白质组学的研究对全面深入地理解生命的复杂活动、疾病诊断、新药研制等具有重大的意义。

一、蛋白质组学研究细胞内所有蛋白质的组成及其活动规律

目前，蛋白质组学大致可分为研究蛋白质组表达模式的结构蛋白质组学（structural proteomics）和研究蛋白质组功能模式功能蛋白质组学（functional proteomics）。生命现象的发生往往涉及多个蛋白质及相互之间的调控，且蛋白质的种类和数量总是处于一个新陈代谢的动态过程中，因此增加了蛋白质组研究的复杂性。

（一）蛋白质鉴定是蛋白质组学的基本任务

细胞在特定状态下表达的所有蛋白质都是蛋白质组学的研究对象。一般利用二维电泳和多维色谱并结合生物质谱、蛋白质印迹、蛋白质芯片等技术，对蛋白质进行全面的鉴定研究。很多 mRNA 表

Note:

达产生的蛋白质要经历翻译后修饰如磷酸化、糖基化等过程。翻译后修饰是蛋白质功能调控的重要方式,因此,研究蛋白质翻译后修饰对阐明蛋白质的功能具有重要意义。

(二)蛋白质功能确定是蛋白质组学的根本目的

蛋白质功能研究包括蛋白质定位研究,基因过表达/基因敲除(减)技术分析蛋白质活性。此外,分析酶活性和确定酶底物、细胞因子的生物学作用分析、配体-受体结合分析等也属于蛋白质功能研究范畴。细胞中的各种蛋白质分子往往形成蛋白质复合物共同执行各种生命活动。蛋白质-蛋白质相互作用是维持细胞生命活动的基本方式。要深入研究所有蛋白质的功能,理解生命活动的本质,就必须对蛋白质-蛋白质相互作用有一个清晰的了解,包括受体与配体的结合、信号转导分子间的相互作用及其机制等。目前研究蛋白质相互作用常用的方法有酵母双杂交、亲和层析、免疫共沉淀、蛋白质交联等。

二、蛋白质组学研究技术体系

1975年,Farrell等建立的蛋白质高分辨率二维(双向)凝胶电泳(two-dimensional gel electrophoresis,2-DE),拉开了蛋白质组学研究的序幕。蛋白质组学研究包括三个基本支撑技术:二维凝胶电泳(2-DE)技术;质谱(mass spectroscopy,MS);大规模数据处理。

(一)二维电泳是分离蛋白质组的有效方法

分离技术是蛋白质组学研究中的核心,是研究蛋白质组学的经典方法。2-DE是分离蛋白质组最基本的工具,其原理是第一向进行等电聚焦(isoelectric focusing,IEF),根据蛋白质的等电点不同对蛋白质进行初次分离,蛋白质沿pH梯度移动至各自的等电点位置,随后再沿垂直方向按照分子量的不同进行分离,即进行SDS-PAGE,对蛋白质进行再次分离(图18-3)。

双向凝胶电泳的高分辨率和同时具备微量分析和制备的性能,使双向凝胶电泳技术在蛋白质组研究中具有不可替代的地位。

(二)质谱技术是蛋白质组鉴定的重要工具

蛋白质组的鉴定技术是蛋白质组学技术的支柱。质谱技术是目前在鉴定蛋白质的多种方法中发展最快、最具潜力的技术,具有高灵敏度、高准确度、自动化等特点,近10年来,其灵敏度更是提高了1 000多倍。它的原理是使样品分子离子化后,根据不同离子间的质荷比(m/z)的差异来分离并确定其相对分子质量。目前,在蛋白质组研究中利用质谱技术鉴定蛋白质主要通过两种方法,一种是通过肽质量指纹图谱和数据库搜索匹配的方法,另一种是通过测出样品中部分肽段串联质谱的信息(氨基酸序列)与数据库搜索匹配的方法。

1. 用肽质量指纹图谱鉴定蛋白质 蛋白质经过酶解成肽段后,获得所有肽段的分子质量,形成一个特异的肽质量指纹图谱(peptide mass fingerprinting,PMF),通过数据库搜索与对比,便可确定分析蛋白质分子的性质。

2. 用串联质谱鉴定蛋白质 用PMF方法不能鉴定的蛋白质,可通过质谱技术获得该蛋白质一段或数段多肽的串联质谱(MS/MS)信息(氨基酸序列),并通过数据库检索来鉴定该蛋白质。混合蛋白质酶解后的多肽混合物直接通过(多维)液相色谱分离,然后进入质谱进行分析。质谱仪通过选择多个肽段离子进行MS/MS

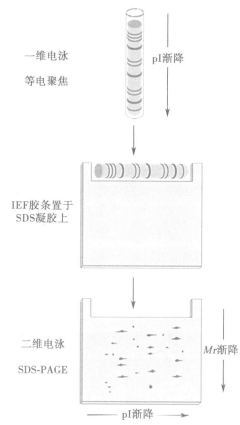

一维电泳
等电聚焦
pI渐降

IEF胶条置于
SDS凝胶上

二维电泳
SDS-PAGE
Mr渐降

pI渐降

图18-3 蛋白质组的2-DE示意图

分析,获得有关序列的信息,并通过数据库搜索匹配进行鉴定(图 18-4)。

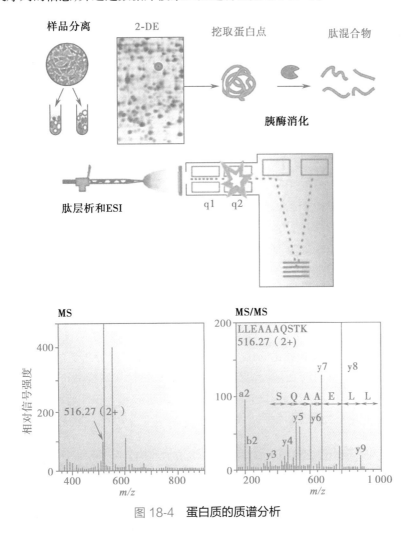

图 18-4　蛋白质的质谱分析

(三) 蛋白质芯片技术是蛋白质相互作用研究的重要手段

　　细胞中的各种蛋白质分子往往形成蛋白质复合物共同执行各种生命活动。蛋白质 - 蛋白质相互作用是维持细胞生命活动的基本方式。蛋白质芯片技术主要用于蛋白质间相互作用和差异显示蛋白质组的研究,是一种在高密度的方格上含有各种微量纯化的蛋白质,并能够高通量地测定这些蛋白质的生物活性以及蛋白质与生物大分子之间的相互作用,为深入研究蛋白质的功能、理解生命活动的本质提供了技术支持。

(四) 蛋白质信息组学

　　蛋白质信息组学在蛋白质组分析中起重要作用,是蛋白质组学研究水平的标志和基础。蛋白质组数据库被认为是蛋白质组学知识的储存库,包含所有鉴定的蛋白质信息,如蛋白质的顺序、核苷酸顺序、双向凝胶电泳、三维结构、翻译后的修饰、基因组及代谢数据库等。

第四节　代 谢 组 学

　　细胞内的生命活动大多发生于代谢层面,因此代谢物的变化实际上更直接地反映了细胞所处的环境,如营养状态、药物作用和环境影响等。代谢组学(metabonomics)是对一个生物系统的细胞在给定时间和给定条件下所有小分子($Mr \leqslant 1\,000$)代谢物质的定量分析的一门科学。其中心任务包括:①对内源性物质的整体及其动态变化规律进行检测,并建立系统代谢图谱;②确定此变化规律与基

Note:

因、转录、蛋白质层面以及生物过程的有机联系。

一、磁共振、色谱及质谱是代谢组学的主要分析工具

代谢组学研究，一般包括样品采集及预处理、数据采集及预处理、多变量数据分析等步骤。采集的生物样品主要以生物体液为主，如血样、尿样等，另外还采用完整的组织样品、组织提取液或细胞培养液等进行研究。由于代谢物的多样性，进行生物反应灭活和预处理之后，常需采用多种分离和分析手段，其中，磁共振(nuclear magnetic resonance, NMR)、色谱 - 质谱(chromatography-mass spectrometry, C-MS)等技术是最主要的分析工具。

(一)磁共振

磁共振是当前代谢组学研究中的主要技术，由于其可深入物质内部而不破坏样品，同时具有迅速、准确、分辨率高等优点而得以迅速发展和广泛应用。代谢组学中常用的 NMR 谱是氢谱(^{1}H-NMR)、碳谱(^{13}C-NMR)及磷谱(^{31}P-NMR)，磁共振的优势在于能够对样品实现无创性、无偏向的检测，具有良好的客观性和重现性，具有较高通量和较低的单位样品检测成本，能完成样品中大多数化合物的检测，能基本满足代谢组学的目标。

(二)色谱 - 质谱联用技术

色谱 - 质谱联用技术使样品的分离、定性、定量一次完成，具有较高的灵敏度和选择性。目前常用的联用技术包括气相色谱 - 质谱联用(GC-MS)和液相色谱 - 质谱联用(LC-MS)。GC-MS 技术适宜分析小分子、热稳定、易挥发、能气化的化合物；而 LC-MS 技术能分析更高极性、更高相对分子质量及热稳定性差的化合物。而且，大多数情况下无须对非挥发性代谢物进行化学衍生化处理。因此这两种技术基本可以检测包括糖、糖醇、氨基酸、有机酸、脂肪酸和芳胺，以及大量次级代谢物在内的数百种化学性质不同的化合物。

二、代谢组学数据依赖生物统计学方法进行分析

通过上述分析技术手段，代谢组学研究可产生海量的元数据。为了从数据中挖掘更多潜在的信息，需借助生物信息学平台对数据进行分析。因此需要通过多元数学统计分析和化学计量学理论，将多维、分散的数据进行总结、分类及判别分析，发现数据间的定性、定量关系，解读数据中蕴藏的生物学意义，进而阐述其与机体代谢的关系。在代谢组学研究中，通常是从获得的代谢产物信息中进行两类或多类的判别分类，一般采用无监督(unsupervised)的主成分分析(principal component analysis, PCA)、非线性映射(nonlinear mapping, NLM)、簇类分析(hierarchical cluster analysis, HCA)等和有监督(supervised)的偏最小二乘法 - 判别分析(partial least squares-discrimillant analysis, PLS-DA)、人工神经元网络(artificial neuronal network, ANN)分析等数据分析方法。

如今，代谢组学的数据更为庞大和复杂，特别是 NMR 对病理生理过程的研究，将代谢物的表达谱与时间相联系，分析时更加困难，需要借助复杂的模型或专家系统进行分析。已有学者建立了包括酵母糖酵解在内的一系列代谢模型，并在仿真器上开展代谢仿真等研究工作。

第五节 组学在医学上的应用

人类基因组计划的实施与完成极大促进了医学科学的发展。各种"组学"的不断发展以及"组学"原理/技术与医学、药学等领域交叉产生的疾病基因组学、药物基因组学等，更是吸引着众多的医学家和药物学家从分子水平突破对疾病的传统认识，从而彻底改变和革新现有的治疗模式。

一、基因组学研究在医学中的应用

人类基因组测序及基因组学的研究与发展，使得疾病基因和疾病易感基因的克隆和鉴定变得更

加快捷和方便,疾病基因组学研究的任务,包括疾病基因或疾病相关基因以及疾病易感性的遗传学基础。利用结构基因组学与功能基因组学的分析手段相互结合,联合对组织或细胞水平 RNA、蛋白质,以及细胞功能或表型的综合分析,将会对疾病发病机制产生新的认识。基因组学与医学的结合极大地推进分子医学(molecular medicine)的发展。

(一)人类疾病基因组学

HGP 在医学上最重要的意义是确定各种疾病的遗传学基础,即疾病基因或疾病相关基因的结构基础。定位克隆技术的发展极大地推动了疾病基因的发现和鉴定。HGP 后所进行的定位候选克隆(positional candidate cloning),是将疾病相关位点定位于某一染色体区域后,根据该区域的基因、EST或模式生物所对应的同源区的已知基因等有关信息,直接进行基因突变筛查,经过多次重复,可最终确定疾病相关基因。目前,通过定位候选克隆技术,已发现了包括囊性纤维化、遗传性结肠癌和乳腺癌等一大批单基因遗传病致病基因,为这些疾病的基因诊断和基因治疗奠定了基础。

有些疾病的发生涉及多个基因的变异和环境的影响,因此,在疾病相关基因的研究中,由单基因病向多基因病的重点转移已成为必然趋势。基因组序列中有些 SNPs 与疾病的易感性密切相关,疾病基因组学的研究将在全基因组 SNPs 制图基础上,通过比较患者和对照人群之间 SNPs 的差异,鉴定与疾病相关的 SNPs,从而彻底阐明各种疾病易感人群的遗传学背景,为疾病的诊断和治疗提供新的理论基础。

(二)药物基因组学

药物基因组学是研究遗传变异对药物效能和毒性的影响,即研究患者的遗传组成是如何决定对药物反应性的科学。药物基因组学区别于一般意义上的基因组学,它不是以发现人体基因组基因为主要目的,而是运用已知的基因组学知识改善患者的治疗。药物基因组学以药物效应及安全性为目标,研究各种基因突变与药效及安全性的关系。正因为药物基因组学是研究基因序列变异及其对药物不同反应的科学,所以它是研究高效/特效药物的重要途径,通过它可为患者或者特定人群寻找合适的药物。药物基因组学使药物治疗模式由诊断定向治疗转为基因定向治疗。

药物基因组学研究影响药物吸收、转运、代谢和清除整个过程的个体差异的基因特性。因此,基因多态性所致个体对药物不同反应性的遗传基础是其重要的研究内容。药物基因组学研究基因多态性主要包括药物代谢酶、药物转运蛋白、药物作用靶点等基因多态性。药物代谢酶多态性由同一基因位点上具有多个等位基因引起,其多态性决定表型多态性和药物代谢酶的活性,并呈显著的基因剂量-效应关系,从而造成不同个体间药物代谢反应的差异,是产生药物毒副反应、降低或丧失药效的主要原因。转运蛋白在药物的吸收、排泄、分布、转运等方面起重要作用,其变异对药物吸收和清除具有重要意义。大多数药物与其特异性靶蛋白相互作用产生效应,药物作用靶点的基因多态性使靶蛋白对特定药物产生不同的亲和力,导致药物疗效的不同。

药物基因组学将广泛应用遗传学、基因组学、蛋白质组学和代谢组学信息来预测患病人群对药物的反应,从而指导临床试验和药物开发过程,还将被应用于临床患者的选择和排除,并且提供区别的标准。新的基因组学技术,如基因变异检测技术、DNA 和蛋白质芯片技术、SNP 研究的高通量技术、药物作用显示技术、生物分析统计技术、基因分型研究技术及蛋白质组学技术等,为药物基因组学的进一步发展提供了技术支撑。

二、转录物组学研究在医学中的应用

疾病转录物组学是通过比较、研究正常和疾病条件下或疾病不同阶段基因表达的差异情况及转录调控规律,为阐明复杂疾病的发生发展机制、筛选新的诊断标志物、鉴定新的药物靶点、发展新的疾病分子分型技术以及开展个体化治疗提供理论依据。如 Raf 信号通路与多种恶性肿瘤的发生发展密切相关。对前列腺癌、胃癌、肝癌、黑色素瘤等样本的转录物组测序表明,存在于 Raf 信号途径中的 *BRAF* 和 *RAF1* 基因可发生融合现象,提示 Raf 信号通路中的融合基因有潜力成为抗肿瘤治疗与抗肿

Note:

瘤药物筛选的靶点。

外周血转录物组谱也可作为冠状动脉疾病诊断与判定病程、预后的生物标志物。如在进行心肌扩张患者心肌细胞转录物组研究时，发现 ST2 受体基因表达显著升高，在随后的研究中发现心力衰竭患者其外周血可溶性 ST2 亦显著上升，美国 FDA 近期已批准可溶性 ST2 试剂盒 Pressage 用于慢性心力衰竭的预后评估。

三、蛋白质组学研究在医学中的应用

药物作用靶点的发现与验证是新药发现阶段的重点和难点，成为制约新药开发速度的瓶颈。近年来，随着蛋白质组学技术的不断进步和各种新技术的出现和发展，蛋白质组学在药物靶点的发现应用中亦显示出越来越重要的作用。

（一）疾病相关蛋白质组学

蛋白质组学研究可以发现和鉴定在疾病条件下表达异常的蛋白质，用于疾病诊断、发病机制和药物开发等研究。多数疾病在表现出可察觉的症状之前，就已经在蛋白质的种类和数量上发生了一些变化，这些疾病相关的蛋白质常被作为疾病的生物标志物。同时在疾病发生的不同阶段，某些蛋白质的表达也会随着疾病的进程发生改变，从而发现一些疾病不同时期的蛋白质标志物，这些标志物的发现不仅对药物发现具有指导意义，还可形成未来诊断学、治疗学的理论基础。目前蛋白质组学已在癌症、心血管疾病、糖尿病、白血病、老年性痴呆、脑卒中等人类疾病中广泛开展应用，研究主要集中在寻找与疾病相关的单个蛋白质、整体研究某种疾病引起的蛋白质表达和修饰变化、利用蛋白质组寻找疾病的诊断标记和治疗药物的新靶点。

（二）信号转导分子和途径是药物设计的合理靶点

靶向信号转导的治疗概念是近几年来提出的。由于许多疾病与信号转导途径异常有关，因而信号分子和途径可以作为治疗药物设计的靶点。大多数疾病的发生机制都非常复杂，要研究疾病发生的分子机制，则需要运用蛋白质组的研究手段，探讨正常和病理状态下的细胞或组织中蛋白质在表达数量、表达位置和修饰状态上的差异，掌握与疾病细胞中某个信号途径活性增加或丧失有关的蛋白质分子的变化，同时对蛋白质之间相互作用网络的研究以及蛋白质在细胞内信号转导途径中作用的研究，也有助于解释疾病的发病机制和为药物设计提供更为合理的靶点。

四、代谢组学研究在医学中的应用

代谢组学经过十余年的发展，方法正日趋成熟，其应用已逐步渗透到生命科学研究领域的多个方面，在医学科学中亦日趋彰显出其强有力的潜能。

（一）代谢组学在疾病诊断中的应用

与基因组学和蛋白质组学相比，代谢组学研究侧重于代谢物的组成、特性与变化规律，与生理学的联系更加紧密。在疾病发展阶段或初期一定有某些生化物质对蛋白质表达，特别是新陈代谢水平发生变化，如果能早期捕获由疾病引起的代谢产物并进行分析，与正常人的代谢产物比较，可发现和筛选出疾病新的生物标志物，对相关疾病作出早期预警，并发展新的有效的疾病诊断方法。例如通过代谢组学的研究，血清中 VLDL、LDL、HDL 和胆碱的含量 / 比值可以判断心脏病的严重程度；通过比较肝癌患者、肝硬化与正常人血清中不饱和脂肪酸的差异，有可能为肝癌的早期诊断提供依据。

（二）代谢组学促进了个体化医学的发展

个体对药物具有不同的反应性，尽管这是由个体基因型的差异造成的，但其根本原因还是在代谢层面上。开展药物代谢组学的研究，可阐明药物在不同个体体内的代谢途径及其规律，将为合理用药和个体化医疗提供重要依据。

总之，组学将成为 21 世纪生物学的主流方向，它们将在结合分子生物学研究积累巨量数据的基础上，借助数学、计算机科学和生物信息学等工具，从整体的、合成的角度检视生物学，完成由生命密

码到生命过程的诠释和生命的仿真与模拟,从而建立起全新的生物学理论构架。

（朱华庆）

思 考 题

1. 何谓组学? 组学包括哪几个部分,各包含哪些研究内容?
2. 人类基因组计划的研究内容是什么?
3. 试述组学与医学发展的关系。

Note:

第十九章

肿瘤的生化基础

19章 数字资源

章前导言

细胞正常的生长与增殖由癌基因与抑癌基因两类信号调控：多数癌基因的表达产物促进细胞生长和增殖，并阻止其发生终末分化；抑癌基因的表达产物则抑制增殖，促进分化、成熟和衰老，或发生凋亡。肿瘤细胞增生的核心问题是基因突变，未能保真复制的DNA损伤可能产生基因突变。若基因发生突变将造成：①调节细胞增生的原癌基因活化或抑癌基因失活；②调节细胞凋亡的促凋亡基因失活或抑制凋亡基因功能增强；③DNA修复基因失活，使突变在细胞内积累，当累及到调节细胞增生及细胞凋亡的基因时，可能使细胞增生与凋亡失去平衡，导致细胞发生恶性变而形成肿瘤。癌基因与抑癌基因的作用机制涉及细胞信号转导、基因表达调控及其控制的细胞分裂和分化过程。癌基因编码类生长因子及其受体分子，通过细胞内信号转导刺激细胞增殖。抑癌基因与癌基因的协调表达，相互制约，维持细胞增殖正负调节信号的相对稳定。癌基因激活与过量表达与肿瘤的形成密切相关，同时，抑癌基因的丢失或失活也可能导致肿瘤发生。

细胞凋亡是在某些生理或病理条件下，细胞接收某种信号所触发的按一定程序进行的主动死亡过程，借此让机体不需要的多余细胞消亡。这一过程对控制细胞增殖，防止肿瘤的发生、生长具有重要意义。细胞自噬与生物体的发育、分化相关，尤其是在低等生物中，受到环境胁迫因子的影响可以诱导细胞自噬现象的产生。因此，长期以来细胞自噬被认为是细胞的自救行为。但近年研究发现，在某些条件下，细胞自噬也能导致细胞死亡并证明自噬的发生受多种基因的调控。细胞自噬可以帮助细胞抵抗衰老、饥饿等外界压力，但过度的自噬又将导致细胞发生程序性死亡，被称为Ⅱ型凋亡。尽管细胞的自噬与凋亡在很多方面均存在不同，但越来越多的研究表明两者在某些情况下可以相互拮抗或促进，可先后发生或同时共存于同一细胞。

随着分子生物学、分子免疫学及相关生物技术的快速发展，肿瘤靶向治疗和免疫治疗研究进展十分迅速，且已有多种肿瘤分子靶向治疗药物和肿瘤免疫治疗手段应用于临床，并在肿瘤治疗中发挥着重要作用。肿瘤靶向治疗是以肿瘤细胞的标志性分子为靶点，研制出有效的阻断剂，干预细胞发生癌变的环节。肿瘤免疫治疗在于强化抗肿瘤的免疫应答和打破肿瘤的免疫抑制。肿瘤靶向治疗和免疫治疗可以与传统治疗方式恰当地结合，起到协同作用，更好地应用于临床。

学习细胞生长和消亡的平衡现象及其调控的关键分子，对于我们深入理解肿瘤的发生发展和防治有重要的指导意义。

— 学习目标 —

- 知识目标
  1. 掌握癌基因、抑癌基因、生长因子、细胞凋亡、细胞自噬的概念。
  2. 熟悉癌基因的分类、功能及作用机制；细胞凋亡和自噬的医学意义。
  3. 了解常见的抑癌基因和生长因子的作用机制及与疾病的关系；肿瘤靶向治疗和免疫治疗。
- 能力目标
  1. 能利用癌基因、抑癌基因与肿瘤发生的关系，对引起其突变的因素进行分析，预防和减少肿瘤的发生。
  2. 能根据血液中肿瘤标志物进行临床疾病的辅助诊断。
- 素质目标
  与临床疾病相结合，从肿瘤的生化基础理解对不同患者采用精准个体化治疗的原理，培养理论联系实际的应用能力。

第一节　癌　基　因

一、病毒癌基因和细胞癌基因

（一）病毒癌基因

病毒分为 DNA 病毒和 RNA 病毒。癌基因最早发现于逆转录（RNA）病毒中。从鸡肉瘤中分离得到的劳氏肉瘤病毒（Rous sarcoma virus, RSV）在体外能使鸡胚成纤维细胞转化，在体内能使鸡患肉瘤。比较具备转化和不具备转化特性的 RSV，发现野生型 RSV 中存在着一个与病毒生活史无关，但是能够转化鸡胚成纤维细胞，并使鸡患肉瘤的基因 *src*。以后又在其他逆转录病毒中陆续发现了一些具有在体外转化细胞，在体内使宿主发生肿瘤的基因，将这一类基因称为病毒癌基因（virus oncogene, *v-onc*）（图 19-1）。

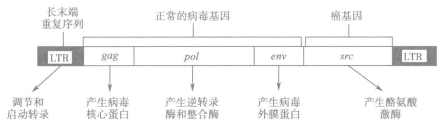

图 19-1　RSV 基因组结构示意图

病毒癌基因通常以逆转录病毒株结合其所转化的宿主细胞命名，如 *abl* 癌基因是由 Abelson 鼠白血病病毒转化的小鼠中提取。目前已发现的逆转录病毒中的癌基因有 30 多种。

（二）细胞癌基因

缺失了癌基因的逆转录病毒仍然能够正常地完成其生命周期，说明癌基因并不是它固有的必需基因。病毒中的癌基因从何而来？考虑到逆转录病毒的生活史中的病毒基因组整合在宿主细胞基因组中的环节，推测病毒中的癌基因可能起源于宿主细胞。用核酸分子杂交的方法果然在正常的宿主细胞中找到了与病毒中的癌基因同源的基因，称为原癌基因或细胞癌基因（cellular oncogene, *c-onc*）。细胞原癌基因外显子序列在进化上极为保守，说明这类基因产物在生命活动中是必需的。在一定条件下原癌基因结构、数量改变而被激活后能使细胞恶性转化。现在认为，病毒癌基因来自宿主细胞本

Note:

身,如逆转录病毒感染宿主细胞后,可以自身 RNA 为模板,由逆转录酶催化产生携带病毒遗传信息的双链 DNA(前病毒),前病毒 DNA 随即整合进入宿主细胞基因组,当前病毒 DNA 从宿主基因组切离时,部分宿主原癌基因被同时切下,从宿主细胞中释放的病毒将带有原癌基因的转导基因,经过重排或重组转变为病毒癌基因,使病毒获得致癌性质(图 19-2)。

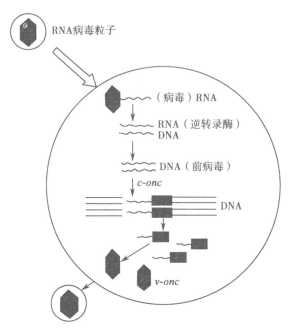

图 19-2　RNA 病毒与宿主细胞基因组整合过程示意图

癌基因的命名用英文斜体小写字母表示,如猴肉瘤病毒中癌基因用 *v-sis*(simian sarcoma)表示,相应的细胞癌基因用 *c-sis* 表示。

细胞癌基因是真核生物细胞内含有内含子的结构基因,但是相应的病毒癌基因并无内含子,其原因可能是整合在宿主细胞基因组中的前病毒获得细胞癌基因后,在 RNA 水平经过转录后加工,切除了内含子,因此逆转录病毒 RNA 基因组中的 *v-onc* 并无内含子。除此之外,*v-onc* 与相应的 *c-onc* 比较,还存在编码序列的点突变或缺失突变,因此表达的蛋白质功能有差别。病毒癌基因表达的蛋白质往往有较强的细胞转化活性,细胞癌基因的产物亦可正向调节细胞增殖。

细胞癌基因种类繁多,大部分癌基因依据其基因结构与功能特点可归于下列几个家族。

1. *src* 家族　包括 *abl*、*fes*、*fgr*、*fps*、*fym*、*kck*、*lck*、*lyn*、*ros*、*src*、*tkl* 和 *yes* 等基因。该家族种类很多,功能多样,蛋白质产物多具有酪氨酸蛋白激酶活性以及同细胞膜结合性质,蛋白质产物之间大部分氨基酸序列具有同源性。

2. *ras* 家族　包括 *H-ras*、*K-ras*、*N-ras*。其表达产物多属小 G 蛋白,能结合 GTP,有 GTP 酶活性。它们核苷酸序列的同源性小,但编码蛋白质的分子量均为 21kD。

3. *myc* 家族　包括 *c-myc*、*l-myc*、*n-myc*、*fos*、*myb*、*ski* 等基因,所表达的蛋白质产物定位在细胞核,属于 DNA 结合蛋白类,或是转录调控中的反式作用因子,对其他多种基因的转录有直接的调节作用。

4. *sis* 家族　编码产物与血小板源生长因子(PDGF)结构功能相似。

5. *erb* 家族　包括 *erb-A*、*erb-B*、*fms*、*mas*、*trk* 等基因,其表达产物是生长因子和蛋白激酶类。

6. *myb* 家族　包括 *myb*、*myb-ets* 复合物等基因,所表达的蛋白质产物为核内转录调节因子,可与 DNA 结合。

二、细胞癌基因产物的功能

细胞癌基因广泛存在于生物界,从酵母到人类各级进化程度不同的生物中都有细胞癌基因,并且在进化过程中基因序列高度保守,功能也相同。它们是细胞的必需基因,对维持细胞正常生理功能,调节细胞生长与增殖起重要作用。其蛋白质产物可以是生长因子、生长因子受体、信号转导分子、转录因子等(表19-1,图19-3)。

表 19-1 细胞癌基因产物及其功能

细胞癌基因	产物及其功能
c-sis	血小板源生长因子(PDGF)β链。PDGF调节靶细胞正常生长与增生,相应的 *v-sis* 发现于猴肉瘤病毒中,产生 p28sis 蛋白,能使靶细胞过度增生
EGF 受体基因	EGF 受体与 EGF 结合后转导细胞增生信号,相应的病毒癌基因 *v-erb*-B 的产物为 gp65erbB。缺失配体结合域,不需与 EGF 结合就可转导细胞增生信号
ras 基因家族 *H-ras*、*K-ras*、*N-ras*	产物 Ras 蛋白属于小 G 蛋白,与 GTP 结合后有活性,能转导细胞生长增生信号。突变的 Ras 蛋白不具有 GTPase 活性,结合 GTP 后持续活化
c-src	产物为 60kD 的胞质酪氨酸蛋白激酶,转导细胞生长与增生信号,*v-src* 产物能使细胞转化
c-myc	产物为 19kD 的核内转录因子,与 Max 蛋白形成异二聚体,与特异的顺式作用元件结合,活化靶基因转录

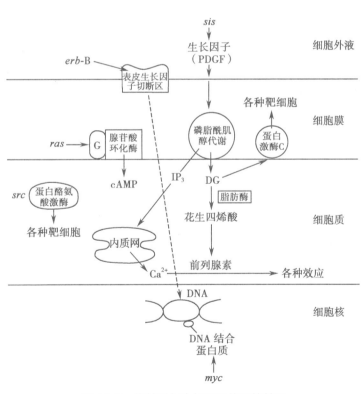

图 19-3 癌基因与生长因子信号的转导

三、原癌基因激活的机制

细胞癌基因在物理、化学及生物因素的作用下发生突变,表达产物的质和量的变化,表达方式在时间及空间上的改变,都有可能使细胞转化。从正常的原癌基因转变为具有使细胞转化功能的癌基因的过程称为原癌基因的活化,活化机制见表 19-2。

表 19-2　细胞癌基因活化机制

活化机制	举例
点突变	点突变可能造成基因编码蛋白质中氨基酸替换,从而导致蛋白质功能改变。例如 EJ 膀胱癌细胞株中 c-ras 点突变
基因扩增	原癌基因通过基因扩增,增加基因拷贝数,产物过量表达,可使细胞转化。例如小细胞肺癌中 c-myc 扩增
DNA 重排	可导致原癌基因序列缺失或与周围的基因序列交换,基因产物结构功能改变。例如结肠癌中发现 c-tpk 与非肌原肌球蛋白基因之间 DNA 重排
染色体易位	可导致原癌基因与强启动子连接或受增强子调控,从而产物过量表达,导致细胞转化。例如慢性髓系白血病中有 9 号染色体 c-abl 与 22 号染色体上 bcr 基因对接
病毒基因启动子及增强子的插入	禽类白细胞增生病毒(ALN)整合在禽类基因组中,由前病毒的长末端重复(LTR)序列中的启动子及增强子调控 c-myc 表达,导致肿瘤产生

表 19-2 中所列各种细胞癌基因活化机制并未表明哪一种活化机制是使细胞转化的足够条件。事实上在肿瘤细胞中常发现两种或多种细胞癌基因的活化,例如白血病细胞株 HL-60 中有 c-myc 和 N-ras 活化。实验也证明癌基因的协同作用可使细胞转化。例如原代培养的大鼠胚胎成纤维细胞传代 50 次左右就会死亡,转染重排的 c-myc 可使它永生化,但细胞表型仍属正常,也无恶性行为。上述原代细胞如果转染活化的 ras 基因,细胞形态改变,但不能无限传代,也不能在实验动物中形成肿瘤。大鼠胚胎成纤维细胞如果转染了上述两种基因就会转化、永生化、形态改变,并在动物中致瘤。两种或更多的细胞癌基因活化可有协同作用,细胞癌基因的活化与抑癌基因的失活也产生协同作用。

第二节　抑　癌　基　因

一、抑癌基因的概念

抑癌基因是一类抑制细胞增殖的基因,其失活可引起细胞转化。抑癌基因又称肿瘤易感基因(tumor susceptibility gene)。20 世纪 60 年代开始的杂合细胞致癌性研究中将肿瘤细胞与正常细胞融合,或在肿瘤细胞中导入正常细胞的染色体,都可获得无致癌性的杂合细胞,提示正常的细胞中有抑制肿瘤发生的基因,即抑癌基因。

Knudson 在研究视网膜母细胞瘤(retinoblastoma,Rb)的流行病学中发现婴幼儿所患的肿瘤常常是双侧多发性,并且有家族史;而没有家族史的幼儿往往发病年龄较大,而且是单侧性肿瘤。他假定遗传性和散发性的肿瘤都只与一个基因(即命名为 Rb 的基因)有关,并且肿瘤的发生需要该基因位点发生两次突变。在早发性双侧肿瘤,患者从父母获得的一对等位 Rb 基因,其中只有一个是正常的(野生型),另一个是失活的。因此只要野生型 Rb 基因发生突变失活,Rb 基因功能就会丧失,导致视网膜母细胞瘤产生。在迟发的单侧瘤,患者从父母获得的一对等位 Rb 基因都有功能,只有它们各自都突变失活才可能使 Rb 基因的功能丧失而诱发肿瘤。

Rb 基因是第一个被证实的抑癌基因。目前已确定的抑癌基因有 30 余种(表 19-3)。与癌基因相同,抑癌基因也是通过其编码的蛋白质产物发挥功能的。抑癌基因的产物起着抑制细胞增殖信号转导,负性调节细胞周期,从而抑制细胞的增殖的作用。

表 19-3　某些抑癌基因及其功能丧失后导致的相关肿瘤

抑癌基因	染色体定位	产物定位	功能	相关肿瘤
DPCD1	18q21.1	细胞表面	转导 TGFβ 信号	胰腺癌、结肠癌等
NF1	17q11.2	胞膜内面	抑制 Ras 信号转导	施万细胞瘤
NF2	22q12.2	细胞骨架	抑制 Ras 信号转导	脑膜瘤等
WT1	11q13	细胞核	转录因子	Wilms 瘤
APC	5q21~22	细胞质	抑制信号转导	胃癌、结肠癌等
Rb	13q14	细胞核	负调节细胞周期	视网膜母细胞瘤、肺癌、骨肉瘤
p53	17q12~13.3	细胞核	负调节细胞周期 DNA 损伤后的细胞凋亡	大多数癌症
p16	9p21	细胞核	负调节细胞周期	胰腺癌、食管癌等
DCC	11p15.5	细胞膜	细胞黏附	大肠癌、胰腺癌等
MEN 1	11q13	未定	与 TGFβ 信号有关	多发内分泌肿瘤

NF：trcttrofibonratosis, 神经纤维瘤；APC：adetrotnatons polyposis of the colon, 多发生结肠腺癌。

现以 *Rb* 基因及 *p53* 基因为例说明抑癌基因的功能。

1. **Rb 基因**　Rb 基因位于 13 号染色体 q14、全长 200kb，含 27 个外显子。*Rb* 基因失活不仅与视网膜母细胞瘤及骨肉瘤有关，在许多散发性肿瘤，如 50%~85% 的小细胞肺癌、10%~30% 乳腺癌、膀胱癌和前列腺癌中都发现了 *Rb* 基因失活。

Rb 基因在各种组织中普遍表达，产物是位于细胞核内的 105kD 的蛋白质 pRb^{105}。pRb^{105} 只有一条肽链，肽链中部有一个可折叠成口袋状的 AB 口袋结构域（AB pocket domain），它能与一些病毒的蛋白质及细胞蛋白质结合，肽链中还有可被磷酸化修饰的位点。pRb 的磷酸化状态及其与其他蛋白质的结合与它的功能密切相关。

将 *Rb* 基因导入 *Rb* 基因失活的细胞中可使 G_1 期的细胞停留在 G_1 期，S 期及 M 期的细胞则可进展到 G_1 期，然后停留在 G_1 期，因此 pRb 是对 G_1 期有作用的蛋白质。当细胞从 G_1 期进入 S 期时可发现 pRb 磷酸化程度增加，细胞通过 M 期进入 G_1 期时 pRb 迅速去磷酸化，使细胞停留在 G_1 期，因此低磷酸化的 pRb 使细胞不能通过 G_1/S 细胞周期关卡。此外也发现许多种类的细胞分化与低磷酸化的 pRb 增加有关。pRb 负向调节细胞周期的作用是通过与转录因子 E2F-1 结合而实现的，低磷酸化的 pRb 的口袋结构域能与 E2F-1 结合使之失活，高磷酸化的 pRb 不能与 E2F-1 结合，使 S 期必需的基因产物如二氢叶酸还原酶、胸苷激酶、DNA 聚合酶 α 等（图 19-4）合成受限，细胞周期的进展受到抑制。

2. **p53 基因**　*p53* 基因位于 17 号染色体 p13.1，全长 20kb，含有 11 个外显子，编码一 53kD 肽链，活性形式为同源四聚体。50%~60% 的人类各系统肿瘤中发现有 *p53* 基因突变，常常是一对等位基因中只有一个等位基因有错义突变，造成 P53 蛋白中单个氨基酸残基替换。突变的 P53 蛋白不仅自身失去功能，它还能与野生型等位基因表达的 P53 蛋白聚合成无功能的四聚体。在某些肉瘤及一些淋巴瘤中，*p53* 基因的突变常常是等位基因双缺失、基因重排或剪接错误，导致 P53 蛋白缺失。

P53 蛋白是位于细胞核内的一种转录因子，在各种组织中普遍存在。野生型 P53 蛋白半衰期很短，细胞内含量低。细胞受到射线辐射或化学试剂作用导致 DNA 损伤时，P53 蛋白水平升高，其原因主要是 P53 蛋白半衰期的延长及 p53 蛋白活化所致。P53 蛋白的丝氨酸残基磷酸化，可使 P53 蛋白稳定性增加。

Note:

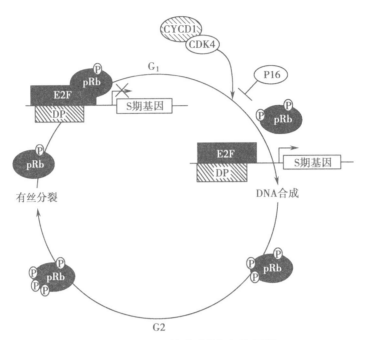

图 19-4　pRb 的磷酸化与细胞周期

活化的 P53 蛋白的 N 端可以与转录辅助活化因子 p300/CBP 结合,促进靶基因转录,其中一个重要的靶基因编码 P21 蛋白。P21 蛋白是 G_1 期特异的细胞周期抑制物,其作用是阻止细胞通过 G_1/S 关卡,使其停留于 G_1 期。另一靶基因的产物是 DNA 修复蛋白。P21 蛋白与 GADD45 蛋白的共同作用使 DNA 受损的细胞不再分裂,并且使受损 DNA 修复而维持基因组的稳定性。

P53 的另一个功能是促进细胞凋亡,当 DNA 损伤发生在已通过 G_1/S 关卡的细胞时,P53 蛋白可促进 *bax* 基因、*IGF-BP3*(胰岛素样生长因子结合蛋白 3)基因及 *Fas* 基因的转录,表达出的产物 Bax 蛋白可与 Bcl 2 蛋白结合,阻断其抑制凋亡作用;产物 IGF-BP3 可使胰岛素样生长因子失活,从而抑制与之有关的抗凋亡信号转导;Fas 受体表达增加有利于 Fas 介导的细胞凋亡。P53 蛋白通过上述两种途径使得细胞周期停滞,起着稳定基因组和抑制突变细胞产生的作用,从而达到抑制肿瘤发生的目的。

二、癌基因、抑癌基因与肿瘤的发生

如上所述,原癌基因可在某些因素作用下被激活而具有转化细胞的性质,通过干扰正常的细胞信号转导过程造成细胞异常分化和增殖。抑癌基因功能的缺失或失活也是细胞癌变的重要原因。抑癌基因的失活常见的几种途径:①基因缺失或自身突变,使表达产物失去活性;②表达蛋白质的磷酸化状态;③抑癌基因与癌基因的表达蛋白相互作用,对细胞增殖有正调控作用的原癌基因活性异常增加,同时抑制细胞增殖的抑癌基因缺失或失活,最终可引起细胞转化和癌变。

肿瘤发生(tumorigenesis)是多步骤过程。这种多步骤过程在家族性多发性腺瘤样息肉病(FAP)和甲状腺癌中研究得较为详细。从多发性腺瘤样息肉转变为结肠癌可能需要 5 个或更多的基因突变步骤:① FAP 因胚系变化,*APC* 基因的一个等位基因已失活,另一个野生型等位基因如果也发生突变就能使抑癌基因 *APC* 丧失功能,导致结肠上皮细胞增生;②在此基础上如果基因突变而使 DNA 甲基化程度降低,上皮细胞增生可转变为早期腺瘤;③原癌基因 *K-ras* 的活化进一步促进腺瘤生长;④抑癌基因 *DCC*(deleted in colorectal carcinoma)丧失功能后腺瘤进展到晚期;⑤抑癌基因 *p53* 失活后腺瘤转变为腺癌。在结肠癌发生过程中,上述基因突变的顺序也可能会有变化,在其他的肿瘤发生过程中涉及的基因突变也不局限于上述基因。

第三节　生长因子

生长因子(growth factor,GF)是一类能促进细胞增殖的多肽类,种类极多,通过与质膜上的特异受体结合发挥作用。它们在体液中浓度很低,只有 pg/ml 至 ng/ml 水平,但对细胞的增殖、分化及其他细胞功能却有明显的生物学效应,是代谢调节的重要方式。生长因子发挥作用的方式有:①生长因子从细胞分泌后,通过血液运输作用于远处靶细胞,如 PDGF;②细胞分泌的生长因子作用于邻近的其他类型细胞;③生长因子作用于自身细胞。各类生长因子、癌基因产物都涉及细胞增殖和癌变的过程,常见的生长因子见表19-4。

表 19-4　常见的生长因子及其功能

生长因子	来源	功能
表皮生长因子(EGF)	鼠唾液腺	刺激多种上皮和内皮细胞生长
促红细胞生成素(EPO)	肾、肝	促进红系祖细胞增殖、分化和成熟
成纤维细胞生长因子(FGFs)(至少9个家庭成员)	各种细胞	促进多种细胞增生
白细胞介素1(IL-1)	条件培养基	刺激 T 细胞生成白介素 2
白细胞介素2(IL-2)	条件培养基	刺激 T 细胞生长
神经生长因子(NGF)	鼠唾液腺	对交感及某些感觉神经原有营养作用
血小板衍生生长因子(PDGF)	血小板	促进间充质及胶质细胞生长
转化生长因子 α(TGFα)	转化细胞或肿瘤细胞的条件培养基	类似于 EGF
转化生长因子 β(TGFβ)	肾、血小板	对某些细胞同时有促进和抑制作用

一、生长因子的作用机制

细胞合成、分泌的生长因子到达靶细胞后,作用于细胞膜相应的生长因子受体,这些受体大多具有酪氨酸蛋白激酶活性的膜蛋白,可介导复杂的信号转导级联过程的发生,最终导致细胞增殖(见第十六章)。存在于细胞内的某些有生长因子功能的分子可与胞内受体结合成复合物,进入细胞核,激活特定基因转录表达,促进细胞生长。某些癌基因表达产物属于生长因子或生长因子受体的类似物,它们由于过度表达或功能异常,可导致细胞失控地过度生长、增殖,引起癌变(图19-5)。

二、生长因子与肿瘤

各种生长因子都与细胞增殖有关,如 EGF 可促进多种细胞有丝分裂,刺激细胞增殖促进创伤愈合。在肿瘤发生发展中,肿瘤细胞通过自分泌、旁分泌的 EGF 刺激细胞酪氨酸蛋白激酶(TPK)活性,使细胞不断分裂增殖。PDGF 主要促进结缔组织相关细胞分裂增殖,参与胚胎发育、创伤修复、肿瘤形成和纤维化等多种过程。HGF 介导肿瘤组织与间质的作用,促进肿瘤的浸润及转移。TGFβ 受体无 TPK 活性而有丝 / 苏蛋白激酶活性,其作用包括抑制多种正常细胞及肿瘤细胞增殖,TGFβ 结合受体可促进肿瘤抑制基因表达,因此 TGFβ 受体突变常是肿瘤的遗传因素之一。

癌基因 / 生长因子信号途径与肿瘤发生密切相关。某些癌基因产物属于生长因子类,某些属于信号转导途径的不同成分,包括受体、小 G 蛋白、蛋白激酶和转录因子等。在肿瘤组织中,一些蛋白激酶(如 TPK、PKA、PKC 等)活性都有不同程度的上升。除每种蛋白激酶的特异性底物,这些激酶可能有相同的底物;一个信号途径被激活后又可影响另一途径,形成复杂的信号转导网络,因而有可能

在同一细胞内促进细胞增殖的各种信号同时被促进。此外,在肿瘤细胞中常表现为促进增殖的信号加强。主要表现有:

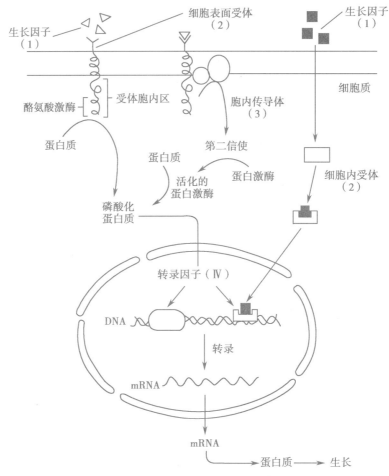

图 19-5　生长因子作用机制示意图

1. **癌基因分泌更多的生长因子**　多种癌细胞能产生生长因子,能加强促进增殖的信号,如肺癌和卵巢癌细胞 TGFα 分泌量增加。

2. **生长因子受体数量增多**　在腺癌、鳞状上皮癌中 *erb*-B、EGF 过表达。在神经胶质细胞瘤中 NGF 受体显著增加。生长因子受体的数量与肿瘤的生长速度呈正相关。

3. **信号途径分子异常激活**　在肿瘤组织中,*ras* 的高突变率使小 G 蛋白处于易与 GTP 结合的活性形式,进而促进细胞增殖。*ras* 突变后使 GTP 酶活性下降,致使 Ras 始终处于激活状态。

第四节　细 胞 凋 亡

一、细胞凋亡的概念

细胞死亡分为坏死及细胞凋亡(apoptosis),细胞凋亡又称程序性细胞死亡(programmed cell death,PCD)。前者由组织损伤和炎症等因素引起,后者则是细胞生理性死亡的形式。细胞凋亡是由细胞内特定基因的程序性表达而介导的细胞死亡,它一方面是生物个体胚胎发育过程中的程序化事件,另一方面是成熟个体在各种生理病理条件下维持组织中细胞数目平衡的反应。指令细胞发生凋亡的信号可来自细胞内,如细胞 DNA 的严重损伤;或来自细胞外,如细胞失去赖以生存的生长因子或激素的营养支持。细胞接收凋亡信号后首先进入凋亡的隐性时相（latent phase），此时细胞形态尚无变化。在隐性时相的早期，细胞尚可退出凋亡程序，如失去生长因子支持的细胞在重新获得生长因子后仍可存活。细胞一旦进入隐性时相的晚期，将不可逆转地进入细胞凋亡的执行时相（executive phase）（图19-6），此时细胞出现形态及功能上的变化。

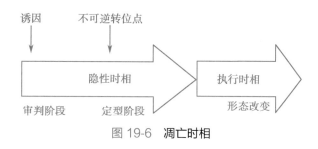

图 19-6　凋亡时相

凋亡的细胞在形态上表现为核浓缩、染色体断裂、细胞体积缩小及出现凋亡小体（apoptotic body），最后，凋亡小体被吞噬细胞清除。

二、细胞凋亡的分子机制和凋亡关键基因

细胞凋亡是机体严格调控的清除不需要细胞的独特细胞死亡方式，细胞凋亡过程是一种特殊的凋亡信号触发，按严格程序转导而发生的过程，涉及多种基因的表达和多种凋亡相关蛋白质的作用。

（一）胱天蛋白酶与细胞凋亡

在凋亡细胞观察到的形态变化是一系列胱天蛋白酶（caspase）活化并水解底物的结果。胱天蛋白酶的活性中心含有半胱氨酸残基，该酶可以水解底物蛋白质中特异部位的天冬氨酸残基羧基侧的肽键，使底物蛋白质失活。例如，凋亡过程中细胞的缩小和外形改变是由于细胞骨架蛋白被胱天蛋白酶切割而失活所引起；染色质断裂是由于CAD（caspase-activated DNase）的活化所致。胱天蛋白酶是细胞凋亡中的最关键分子。

胱天蛋白酶在细胞内以胱天蛋白酶原（procaspase）的形式合成，由N端的原域（prodomain）、中间的大亚基及C端的小亚基组成。各区域之间存在着能被胱天蛋白酶水解的肽键。成熟过程中，原域被切除，大亚基及小亚基之间的肽键被切断，组装成含有两个活性中心的四聚体成熟酶（图19-7）。

图 19-7　胱天蛋白酶活化

细胞中有多种胱天蛋白酶，具有级联活化的特点。有些胱天蛋白酶位于级联活化途径的上游，属于起始者（initiator caspases），如胱天蛋白酶8和9，它们在死亡信号及其信号转导分子的作用下将发生自我活化。例如，胱天蛋白酶原8在FADD（Fas associated protein with death domain）的作用下被募集到细胞膜，聚集在一起，从而提高了它们内在的酶活性，导致自我激活；胱天蛋白酶原9与Apaf1（apoptotic protein activating factor1）及其他一些蛋白质结合后发生自我激活。另有一些胱天蛋白酶属于效应者（effector caspase），位于胱天蛋白酶级联反应的下游，如胱天蛋白酶3，它的前体是胱天蛋白酶原8或9的底物，活化的胱天蛋白酶原3可以水解底物蛋白，导致细胞形态及功能变化。

（二）细胞凋亡的信号转导途径

1. 死亡受体途径　传递细胞凋亡信号的细胞表面受体称死亡受体，包括肿瘤坏死因子受体

Note:

（TNFR）及 Fas、转化生长因子 β- 受体（TGF-βR）等。细胞表面至少有六种不同的死亡受体，它们的配体是位于另一些细胞表面的蛋白质分子，依靠细胞之间的相互作用提供凋亡信号。当配体与受体结合后能启动细胞凋亡途径。例如细胞表面的 Fas 即是一种死亡受体，是属于肿瘤坏死因子受体家族的一种跨膜蛋白，其胞外区有富含 Cys 的配体结合结构域，胞内段含有死亡结构域（death domain，DD）。Fas 的配体称为 FasL（Fas ligand）。当细胞毒性 T 细胞表面的三聚体 Fas L 识别受病毒感染的细胞表面的 Fas 时，两者结合，导致 Fas 形成三聚体并激活 Fas 的死亡结构域，Fas 的死亡结构域募集 FADD 分子，FADD 中的死亡效应域（death effector domain）募集胱天蛋白酶原 8，胱天蛋白酶原 8 发生自我激活，进而激活下游的胱天蛋白酶原 3，导致病毒感染的细胞凋亡。

2. 凋亡的线粒体途径　化学毒物或射线作用于细胞后可通过这一途径导致细胞凋亡。凋亡调节蛋白 Bcl 2 家族参与这一途径的调节。Bcl 2 家族中有促凋亡成员 Bax、Bid 等，还有抗凋亡成员 Bcl2、Bcl-X1 等。细胞的 DNA 发生严重损伤时，可通过 p53 上调 *bax* 的基因表达并活化 Bax，Bax 在线粒体上形成通道，使线粒体中的细胞色素 c 释放到胞质，与胞质中的 Apaf 1 结合并使之活化。Apaf 1 又结合胱天蛋白酶原 9，导致其活化。胱天蛋白酶 9、Apaf 1 及细胞色素 c 构成的复合物称凋亡体（apoptosome），该复合物能激活胱天蛋白酶 3，下游的途径与死亡受体介导的途径相同（图 19-8）。

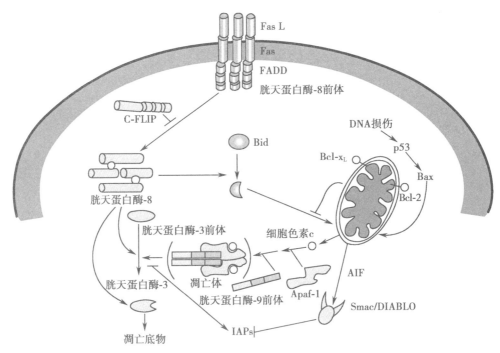

图 19-8　细胞凋亡的两条途径

（三）细胞凋亡关键基因

细胞凋亡受到机体严密调控，*bcl 2* 基因家族是调控细胞凋亡过程的最重要基因。

1. bcl 2 基因家族　目前已发现十多种哺乳细胞的 Bcl 2 同源蛋白，可分为功能不同的两类：属于凋亡抑制蛋白的包括 Bcl 2、Bcl-X$_L$ 等，另一些属于凋亡诱导蛋白，包括 Bax、Bcl-X$_S$ 等。

Bcl 2 家族蛋白结构有如下特点：①有 C 端的跨膜结构域（TM）和 1~4 个数量不等的 Bcl 2 同源结构域（BH）。如 Bcl 2 和 Bcl-X$_L$ 可通过 BH$_1$ 和 BH$_2$ 结构域同 Bax 结合成异二聚体，进而发挥其抗凋亡功能。②另外，Bcl 2 等凋亡抑制蛋白，都具有 BH$_4$ 域的保守结构，如缺失 BH$_4$ 可使这类蛋白质失去功能，而凋亡诱导蛋白成员多数不具有 BH$_4$ 结构域。

Bcl 2 等凋亡抑制蛋白可以广泛抑制各种刺激剂诱导的细胞凋亡，延长细胞活力，而 Bax 等蛋白则可有诱导凋亡的作用。现在认为,Bcl 2 和 Bcl-X$_L$ 蛋白能稳定线粒体膜,抑制 PTP 孔开放,阻止线粒体释放细胞色素 c 和凋亡诱导因子(AIF)。相反 Bax、Bak 和 Bid 等凋亡诱导蛋白插入线粒体外膜形成孔道,释放促凋亡活性物质。

2. 其他凋亡相关基因　① *p53* 基因:*p53* 为抑癌基因,野生型 *p53* 基因表达能诱导多种肿瘤细胞凋亡,p53 可通过多种机制诱导细胞凋亡,其中包括增加 Bax 的表达,而减少 Bcl 2 蛋白的表达;② *c-myc* 基因:癌基因 *c-myc* 生物学功能复杂,主要可促进细胞生长和细胞分裂,又可调控细胞分化,但 *c-myc* 过表达也可诱导细胞凋亡。

三、细胞凋亡与肿瘤

细胞增殖和细胞死亡两种过程相互协调的结果使组织细胞的数量处于动态平衡。细胞增殖同时受到癌基因和抑癌基因的平衡调节,细胞死亡受促进凋亡和抑制凋亡两种相反过程的影响。组织中细胞数量的增加既可以是癌基因和抑制凋亡基因表达增加所致,也可以是抑癌基因和促凋亡基因表达降低的结果。所以,正常细胞向恶性细胞的转化是原癌基因活化、抑癌基因失活、抑制凋亡基因表达增加、促凋亡基因表达减少等因素综合作用的结果。

某些抑制凋亡的基因本身就是细胞癌基因,如 *c-akt*、*bcl* 等;而一些抑癌基因的产物,如 p53、Rb 既能负向调节细胞周期又具有促细胞凋亡作用。细胞凋亡作用的减弱可能是肿瘤发生中的关键步骤,例如用 DNA 肿瘤病毒及转基因动物研究肿瘤发生时,发现肿瘤起始时往往涉及细胞增殖的基因突变,其中包括抑癌基因 *Rb* 丧失功能或原癌基因 *c-myc* 过量表达,然而这些基因突变导致的细胞增殖往往也导致细胞凋亡增加,因此肿瘤组织中细胞的总数并未增加。如果在这些细胞群中 *p53* 基因丧失功能,导致细胞凋亡减弱,或 *bcl 2* 基因表达增加而抑制凋亡增强,就可抑制因细胞增殖而导致的凋亡增加,这种增殖加快而又逃逸凋亡的细胞不断增殖,细胞数量不断地增加并进一步发生遗传学变化,逐渐进展为具有侵袭和转移能力的肿瘤。总之,肿瘤的发生是多因素的多阶段变化的结果,癌基因的激活及抑癌基因的失活所导致的细胞增殖加快与细胞凋亡抑制的概念适合于各种肿瘤的发生和发展机制。

附录:肿瘤标志物

肿瘤标志物(tumor marker)是指由肿瘤细胞产生、与肿瘤性质相关的一类分子,它们的存在或量变能提示肿瘤的性质,并有助于了解肿瘤的起源、分化,从而有助于肿瘤的诊断、分类、预后判断及治疗。有价值的肿瘤标志物应具有以下特点:①标志物的变化应与肿瘤生长、转移等有直接的定性、定量的关系;②应具有特异性,即能与正常细胞、良性肿瘤区别;③检测标志物的方法应简便。但往往是单一标志物不可能在所有种类的肿瘤或同一种肿瘤的不同患者都适用。所以,几种标志物的联合使用可能更有利。

通常肿瘤标志物是通过免疫组化进行检测的,肿瘤标志物的来源及活性特性是进行分类的主要依据。这些肿瘤标志物可用于人群筛选、鉴别诊断及诊疗效果判定(表 19-5~ 表 19-7)。

表 19-5　肿瘤标志物分类

	性质		相关肿瘤
胚胎性抗原标志物			
甲胎蛋白	糖蛋白	70kD	肝癌
β 癌胚抗原		80kD	结肠、肺癌
癌胚抗原	糖蛋白	600kD	结肠、直肠、乳腺癌

续表

	性质	相关肿瘤
糖类抗原标志物		
CA125	糖蛋白 >200kD	卵巢、子宫内膜癌
CA19-9	糖蛋白 400kD	卵巢、乳腺癌
酶类标志物		
醛缩酶	160kD	肝肿瘤
碱性磷酸酶	95kD	骨、肺、白血病、肉瘤
谷胱甘肽转移酶	80kD	肝、胃、结肠肿瘤
乳酸脱氢酶	135kD	肝、白血病
前列腺特异性抗原	34kD	前列腺癌
激素类		
促肾上腺皮质激素	4.5kD	库欣综合征
人绒毛膜促性腺激素	45kD	胚胎绒毛膜、睾丸肿瘤
蛋白质类		
本固蛋白	22.5~45kD	多发骨髓瘤
β_2 微球蛋白	12kD	多发骨髓瘤、慢性淋巴性白血病

表 19-6 肿瘤标志物的应用

检出患者:对无症状人群的筛查	分期:确定病变范围
诊断:鉴别良性和恶性肿瘤	定位:注射放射性的抗体做核筛查
监测:对治疗效果的预测及是否治愈的检定	
治疗:把细胞毒性剂导向至含标志物的细胞	
分类:选择治疗以及预测肿瘤的形状(过程)	

表 19-7 临床常用的肿瘤标志物

标志物	肿瘤的部位
癌胚抗原(CEA)	结肠、肺、乳腺、胰腺
胎儿甲种球蛋白(AFP)	肝、干细胞
人绒毛膜促性腺激素(hCG)	滋养层细胞、干细胞
降钙素(CT)	甲状腺(中胚叶肉瘤)
前列腺酸性磷酸酶(PAP)	前列腺

第五节 细胞自噬

  细胞自噬(autophagy)最早由 T.P.Ashford 和 K.R.Porter 于 1962 年通过电子显微镜在人的肝细胞中观察到,是生物进化过程中被优先保留下来的一种维持细胞稳态的生理机制,其功能异常与许多疾病的发生发展密切相关。

Note:

一、细胞自噬的概念与分类

自噬源于古代希腊语,是"auto"(自我)与"phagy"(吞噬)的结合,顾名思义就是细胞的自我消化。自噬是指胞质内大分子物质和细胞器在膜包囊泡中大量降解的生物学过程。在自噬过程中,部分或整个细胞质、细胞器被包裹进双层膜的囊泡,形成自噬体(autophagosome)。自噬体形成后很快变成单层膜,然后与溶酶体结合形成自噬溶酶体(autophagolysosome,autolysosome)。在自噬溶酶体中,待降解的物质在多种酶的作用下分解成氨基酸和核苷酸等,进入三羧酸循环,产生小分子和能量,再被细胞所利用,实现细胞本身的代谢需要和细胞器的更新。因此,长期以来细胞自噬被认为是细胞的自救行为。但近年来发现,在某些条件下,细胞自噬也能导致细胞死亡。目前的研究认为,细胞自噬只发生在细胞进入细胞周期后,静止期细胞对自噬诱导因素不敏感。

根据细胞内底物运送到溶酶体方式的不同,哺乳动物细胞自噬可分为 3 种主要类型:微自噬(microautophagy)、巨自噬(macroautophagy)和分子伴侣介导的自噬(chaperone-mediated autophagy,CMA)。微自噬主要是由溶酶体的膜直接包裹,如长寿命蛋白在溶酶体内的降解。巨自噬即通常所指的自噬,是自噬形式中最普遍的一种。巨自噬过程中,细胞质中的可溶性蛋白及细胞器先形成自噬体,然后到溶酶体中降解加工。分子伴侣介导的自噬则是由胞质中分子伴侣 Hsc73 识别底物蛋白分子特异氨基酸序列并与之结合,然后转运至溶酶体内,被溶酶体降解,整个过程不需要囊泡的参与。

二、细胞自噬的发生过程和分子机制

细胞自噬的发生过程主要包括 4 个阶段,即底物诱导自噬前体(preautophagosome,PAS)的形成、自噬体形成、自噬体与溶酶体融合和自噬体内容物被降解。有多种基因产物参与细胞自噬的发生过程。目前已经鉴定出几十种自噬相关基因 *ATG* 及其同源物。在哺乳动物自噬体形成过程中,由 Atg3、Atg5、Atg7、Atg10、Atg12 参与的 Atg 复合蛋白过程和泛素化的过程起着至关重要的作用。

三、细胞自噬与肿瘤

细胞自噬可以帮助细胞抵抗衰老、饥饿等外界压力,但过度的自噬又将导致细胞发生程序性死亡,被称为 II 型凋亡。细胞自噬对细胞的两面性作用导致其在疾病中起到复杂双刃剑效应。在恶性肿瘤中,自噬的作用尚未确定。在恶性肿瘤的进展阶段,自噬可以帮助癌细胞对抗营养缺乏和缺氧,尤其是血供不良的实体性肿瘤。但研究表明,某些抗肿瘤治疗药物有可能通过自噬机制发挥作用,如被广泛用于乳腺癌治疗的药物他莫昔芬可能通过激活细胞自噬,由神经酰胺介导上调 *Beclin1* 表达发挥作用。

目前,自噬调控机制、对疾病的意义尚有待进一步深入研究。随着科学研究的深入,自噬的进一步解密将帮助人们更好理解自身,基于自噬机制的临床治疗方法有望帮助人们缓解并治疗多种疾病。

第六节 肿瘤靶向治疗和免疫治疗

手术、放疗和化疗三大常规方法为癌症患者的治疗作出了巨大贡献,但癌症死亡率依旧居高不下,究其原因,一是缺乏早期发现和早期干预措施,二是三大常规治疗方法的发展已进入瓶颈期。随着生物技术在医学领域的快速发展和人们在细胞分子水平对肿瘤发病机制认识的深入,肿瘤治疗逐渐从细胞毒性药物治疗时代跨越到精准靶向治疗及免疫治疗的新时代。目前,已有多种肿瘤分子靶向治疗药物和肿瘤免疫治疗手段应用于临床,并在肿瘤治疗中发挥着重要作用。

一、肿瘤靶向治疗

肿瘤靶向治疗是精准医疗的基础,靶向治疗是以肿瘤细胞的标志性分子为靶点,研制出有效的

Note:

阻断剂,干预细胞发生癌变的环节。根据其作用机制可分为针对肿瘤细胞本身的治疗和针对肿瘤微环境的治疗两大类。针对肿瘤细胞本身的治疗靶点包括生长因子受体、细胞膜分化抗原、细胞内信号转导分子、细胞周期蛋白、细胞凋亡调节因子、细胞自噬调节因子、细胞表观遗传学等。针对肿瘤微环境的治疗目前临床上应用最多的是抗肿瘤血管和抑制血管新生治疗。肿瘤靶向治疗具有显著的特异性,相较于传统化疗的无差别攻击,靶向治疗不仅能精准地杀伤肿瘤细胞,减少对正常组织的损伤,而且能延缓肿瘤发展进而延长患者带瘤生存期,可谓是"高效低毒"。

20 世纪 80 年代以来,随着生物学、基因遗传学、表观遗传学等基础研究的快速发展,肿瘤靶向治疗的研究也取得了较大突破。1987 年,科学家首次确定了表皮生长因子受体在非小细胞肺癌的生长和扩散过程中起重要作用。1997 年,FDA 批准了首个分子靶向治疗药物利妥昔单抗(ritoximab)用于治疗 CD20 表达阳性的恶性淋巴瘤,此后靶向药物就成了癌症治疗药物研究的热点。近年来,肿瘤靶向治疗药物在临床实践中取得了显著的疗效,证明了靶向治疗理论的正确性和可行性。

肿瘤靶向治疗药物根据药物的化学结构分为大分子单克隆抗体类和小分子化合物抑制剂两类。大分子抗体类药物是利用抗原抗体特异性结合的原理,将肿瘤细胞表面一些特异的肿瘤抗原作为攻击靶点;小分子靶向抗肿瘤药则是通过抑制肿瘤内部各种激酶的产生来达到精确杀灭肿瘤的作用。

(一) 针对细胞膜上生长因子受体的靶向治疗

此类靶向治疗药物多数为单克隆抗体,单克隆抗体与生长因子受体的特异性结合,通过阻断细胞增殖信号,诱导肿瘤免疫应答,产生抗体依赖性细胞介导的细胞毒作用(antibody dependent cell-mediated cytotoxicity,ADCC)和补体介导的细胞毒作用(complement dependent cytotoxicity,CDC),达到杀伤肿瘤细胞的目的。目前针对细胞生长因子受体的单克隆抗体主要有作用于表皮生长因子受体(epidermal growth factor receptor,EGFR)家族、血管内皮生长因子受体(vascular endothelial growth factor receptor,VEGFR)和胰岛素样生长因子受体(insulin-like growth factor receptor,IGFR)的单克隆抗体。

(1) 作用于 EGFR 家族的单克隆抗体:EGFR 家族成员与其配体结合后形成二聚体,激活其自身酪氨酸激酶活性,发生磷酸化,激活下游信号转导通路,促进细胞增殖并抑制凋亡,而单克隆抗体可阻断 EGFR 家族成员与其配体的结合。临床中常用的 EGFR 家族单克隆抗体包括:西妥单抗(cetuximab)、尼妥珠单抗(nimotuzumab)、曲妥珠单抗(trastuzumab)和帕妥珠单抗(pertuzumab)等。

(2) 作用于 VEGFR 的单克隆抗体:VEGF 是重要的促血管生长因子,其受体 VEGFR 不仅在血管内皮细胞上表达,在肿瘤细胞上也过表达。单克隆抗体与 VEGFR 结合后不仅能抑制肿瘤血管新生,同时还可抑制肿瘤细胞增殖,促进肿瘤细胞凋亡。雷莫卢单抗(ramucirumab)是特异性阻断 VEGFR2及下游血管生成相关通路的人源化单克隆抗体。

(3) 作用于 IGFR 的单克隆抗体:胰岛素样生长子(IGF)可促进细胞增殖和分化,还具有胰岛素的生物学活性,分为 IGF1 和 IGF2 两种。IGF1 受体(IGFIR)具有促肿瘤活性,IGFR 单克隆抗体能够封闭肿瘤细胞表面过表达的 IGFIR,使其不能与 IGF1 或 IGF2 结合,从而促进肿瘤细胞凋亡。IGF1R拮抗剂有 Figitumumab 和 Ganitumab 等,但 IGF 靶向治疗药物的临床应用前景仍不明朗。

(二) 针对细胞凋亡调节因子的靶向治疗

细胞凋亡的相关调控基因包括凋亡促进基因和凋亡抑制基因两大类。凋亡促进基因包括 *p53*基因、*myc* 基因、*TRAIL* 基因等,凋亡抑制基因包括 *bcl 2* 基因、*IAP* 家族、*COX-2* 基因等。以细胞凋亡相关调控基因为靶点,诱导肿瘤细胞凋亡,是目前肿瘤分子靶向治疗的重要研究方向。例如,ABT-737 是特异性靶向凋亡抑制基因 *bcl 2* 的小分子抑制剂;Bax 激动剂 SMBA1–SMBA3 可与 Bax 结合,抑制其 Ser184 磷酸化,促使细胞色素 c 释放,导致细胞发生凋亡;马帕木单抗(mapatumumab)是抗TRAIL 受体 1 蛋白的单克隆抗体,可诱导表达 TRAIL 受体 1 蛋白的肿瘤细胞发生凋亡。

(三) 针对细胞自噬调节因子的靶向治疗

自噬在肿瘤发展进程的不同阶段起着动态的肿瘤抑制或肿瘤促进作用。在早期肿瘤形成中,自

Note:

噬可预防肿瘤的发生,抑制肿瘤的进展。然而,一旦肿瘤发展到晚期,自噬有利于肿瘤的生存、生长以及肿瘤转移,自噬抑制可能是晚期癌症的有效治疗策略。肿瘤的新型自噬抑制剂包括 ULK1 抑制剂 SBI-0206965、VPS34 抑制剂 SAR405 和 SB02024、ATG4B 抑制剂 S130 和 FMK-9a、PPT1 抑制剂 Lys05 和 DQ661、PIKFYVE 抑制剂阿普利莫德(apilimod)。但自噬抑制药物的临床使用价值仍存在争议。

(四) 针对肿瘤生长微环境的靶向治疗

肿瘤微环境由血管、间质细胞、细胞外基质和少量免疫细胞组成,是肿瘤细胞生存、增殖的土壤。针对肿瘤生长微环境的靶向治疗,目前临床上研究最多的是抗肿瘤血管和新生血管生成的靶向药物,主要分为以下几类:①抗 VEGF 药物:在众多血管生长因子中,VEGF 作用最强,临床上常用的 VEGF 拮抗剂有贝伐单抗(bevacizumab)和舒尼替尼(sunitinib)等。②抑制细胞外基质降解的药物:基质金属蛋白酶(matrix metalloproteinase,MMP)能降解细胞外基质,促进肿瘤细胞的迁徙和肿瘤血管生成。但天然和人工合成的基质金属蛋白酶抑制剂(MMPI),如坦诺司他(tanomastat)、普马司他(prinomastat)、巴马司他(batimastat)等临床疗效有待进一步证实。③直接抑制内皮细胞的药物:内皮细胞的激活、迁移和增殖是血管新生的重要步骤。内皮抑素可抑制血管内皮细胞的增生,重组人血管内皮抑素于 2005 年被批准为抗肿瘤药在国内上市。④其他抗肿瘤血管生成药物:角鲨胺(squalamine)可选择性抑制内皮细胞 H^+-Na^+ 交换,沙利度胺(thalidomide)可下调 VEGF、抑制 COX-2 及其下游因子 PGE_2,从而抑制肿瘤血管生成。

二、肿瘤免疫治疗

肿瘤免疫治疗(cancer immunotherapy)是利用人体的免疫机制,通过主动或被动的方法来增强患者的免疫功能,以达到杀伤肿瘤细胞的目的。其原理是通过增强抗肿瘤免疫应答和打破肿瘤的免疫耐受,从而发挥抗肿瘤作用。

肿瘤免疫治疗起源于 19 世纪末期,但在近 30 年才得以快速发展。2010 年,FDA 批准的第一个肿瘤治疗性疫苗自体 DC 疫苗 Provenge 用于内分泌治疗失败的无症状转移性前列腺癌。2011 年,FDA 批准 CTLA-4 单克隆抗体 Ipilimumab 用于恶性黑色素瘤的治疗,与此同时,Nature 杂志指出:"肿瘤免疫治疗的时代已经来临"。2018 年诺贝尔生理学或医学奖授予美国科学家 James Allison 和日本科学家 Tasuku Honjo,以表彰他们发现了抑制负向免疫调节的新型癌症疗法,即"免疫检查点疗法"。肿瘤免疫治疗的发展正处于一个良好的开端,具有巨大的发展潜力。

肿瘤免疫治疗根据作用机制分为主动免疫治疗、被动免疫治疗和非特异性免疫调节剂治疗 3 类。

(一) 主动免疫治疗

主动免疫治疗(active immunotherapy)也称为肿瘤疫苗(tumor vaccine),即利用肿瘤细胞或肿瘤抗原物质免疫机体,使宿主免疫系统产生针对肿瘤抗原的抗肿瘤免疫应答,从而阻止肿瘤生长、转移和复发。肿瘤疫苗分为预防性肿瘤疫苗(prophylactic cancer vaccines)和治疗性肿瘤疫苗(therapeutic cancer vaccines)。预防性肿瘤疫苗是指用与某些特殊肿瘤发生有关的物质制备疫苗,接种于具有遗传易感性的健康人群,诱导机体产生对该种类型肿瘤的免疫,防止肿瘤发生或辅助治疗肿瘤。治疗性肿瘤疫苗是对已患病者进行免疫接种,激发肿瘤患者机体产生对肿瘤的特异性免疫应答,产生长期的免疫记忆,达到治疗肿瘤的目的。根据制备方法不同,主要分为肿瘤细胞疫苗、多肽/蛋白质疫苗、DC 疫苗、DNA 疫苗、RNA 疫苗和抗独特型抗体疫苗等。

(二) 被动免疫治疗

被动免疫治疗(passive immunotherapy)又称为过继免疫治疗(adoptive immunotherapy),是被动性地将具有抗肿瘤活性的免疫制剂或细胞转输给肿瘤患者,以达到治疗肿瘤的目的。被动免疫治疗与肿瘤疫苗不同,并不需要机体产生初始免疫应答,因此适用于已经没有时间或能力产生初始免疫应答的晚期肿瘤患者。被动免疫治疗包括单克隆抗体治疗和过继性细胞治疗。单克隆抗体类药物通过作用于细胞微环境或细胞表面分子发挥作用。过继性细胞治疗是通过分离自体或异体免疫效应细胞,经体外激活并回输,直接杀伤肿瘤或激发机体抗肿瘤免疫效应。过继性细胞治疗包括多种方式,主要有 LAK 细胞、肿瘤浸润性淋巴细胞、自然杀伤细胞、γδT 细胞等。

(三) 非特异性免疫调节剂治疗

非特异性免疫调节剂的抗肿瘤机制主要有两种:一是通过刺激效应细胞发挥作用,如细胞因子、Toll 样受体(toll like receptor, TLR)激动剂和卡介苗等;二是通过抑制免疫负调控细胞或分子起作用,如 Denileukin diftitox、CTLA-4 阻断剂和 PD1-/PD-L1 阻断剂等。

(杨 霞)

思 考 题

1. 以 *Rb* 基因为例,试述抑癌基因在细胞周期调控中的作用及其突变与肿瘤的关系。
2. 如何认识肿瘤发生发展过程中,癌基因、抑癌基因等多基因的协同作用?
3. 细胞的自噬与凋亡有何不同? 简述两者与肿瘤的发生和发展的关系。
4. 为什么说明确肿瘤分子靶点对于靶向治疗具有重要意义?

A

B

C

D

E

F

G

H

K

L

M

S

T

W

X

Z

［1］ 高国全. 生物化学 [M]. 4 版. 北京: 人民卫生出版社, 2017.

［2］ 周春燕, 药立波. 生物化学与分子生物学 [M]. 9 版. 北京: 人民卫生出版社, 2018.

［3］ 解军, 侯筱宇. 生物化学 [M]. 2 版. 北京: 高等教育出版社, 2020.

［4］ 黄诒森, 张光毅. 生物化学与分子生物学 [M]. 3 版. 北京: 科学出版社, 2012.

［5］ 李刚, 贺俊崎. 生物化学 [M]. 4 版. 北京: 北京大学医学出版社, 2018.

［6］ 孔英. 生物化学 [M]. 4 版. 北京: 人民卫生出版社, 2018.

［7］ 马灵筠, 扈瑞平, 徐世明. 生物化学与分子生物学 [M]. 武汉: 华中科技大学出版社, 2019.

［8］ 冯作化, 药立波. 生物化学与分子生物学 [M]. 3 版. 北京: 人民卫生出版社 2015.

［9］ 钱晖, 侯筱宇. 生物化学与分子生物学 [M]. 4 版. 北京: 科学出版社, 2017.

［10］ 韩骅, 高国全. 医学分子生物学技术 [M]. 4 版. 北京: 人民卫生出版社, 2020.

［11］ 王青. 实用血细胞检验图谱 [M]. 上海: 上海科学技术出版社, 2019.

［12］ 孙军, 何凤田. 图表生物化学与分子生物学 [M]. 3 版. 北京: 人民卫生出版社, 2020.

［13］ BERGJEREMY M, TYMOCZKO L, GATTO G J. Biochenmistry [M]. 8th ed. New York: W.H. Freeman & Company, 2015.

［14］ ENCODE P C, SNYDER M P, GINGERAS T R, et al. Perspectives on ENCODE [J]. Nature, 2020, 583 (7818): 693-698.

［15］ ENCODE P C, MOORE J E, PURCARO M J, et al. Expanded encyclopaedias of DNA elements in the human and mouse genomes [J]. Nature, 2020, 583 (7818): 699-710.

［16］ KRISTENSEN L S, ANDERSEN M S, STAGSTED L V W, et al. The biogenesis, biology and characterization of circular RNAs [J]. Nat Rev Genet, 2019, 20 (11): 675-691.

［17］ FROMM J H, HARGROVE M S. Essentials of biochemistry [M]. Berlin: Springer, 2012.

［18］ LUISA S, CHUN-JIE GUO, LING-LING CHEN, et al. Gene regulation by long non-coding RNAs and its biological functions [J]. Nat Rev Mol Cell Biol, 2021, 22 (2): 96-118.

［19］ RINN J L, CHANG H Y. Long noncoding RNAs: molecular modalities to organismal functions [J]. Annu Rev Biochem, 2020, 89: 283-308.

［20］ NELSON D L, COX M M. Lehninger principles of biochemistry [M]. 7th ed. New York: W. H. Freeman & Company, 2017.

［21］ SAMBROOK J, RUSSELL D W. The condensed protocols from molecular cloning: a laboratory manual [M]. New York: Cold Spring Harbor Laboratory Press, 2008.

［22］ RODWELL V W, BENDER D A, BOTHAM K M, et al. Harper's illustrated biochemistry [M]. 30th ed. London: McGraw-Hill Education, 2015.

［23］ BERG J M, TYMOCZKO J L, STRYER L. Biochemistry [M]. 7th ed. Yew York: W. H. Freeman &

Company, 2012.

[24] LIEBERMAN M, MARKS A D. Marks' basic medical biochemistry: a clinical approach [M]. 4th ed. Philadelphia: Lippincott Williams & Wilkins, 2013.

[25] MORAN L A, HORTON H R, SCRIMGEOUR K G, et al. Principles of biochemistry [M]. 5th ed. Yew York: Pearson Education Inc, 2012.

[26] RICHETTE P, DOHERTY M, PASCUAL E, et al. 2018 updated european league against rheumatism evidence-based recommendations for the diagnosis of gout [J]. Ann Rheum Dis, 2020, 79 (1): 31-38.

[27] STAMP L K, DALBETH N. Prevention and treatment of gout [J]. Nat Rev Rheumatol, 2019, 15 (2): 68-70.

[28] HARRIS J C. Lesch-Nyhan syndrome and its variants: examining the behavioral and neurocognitive phenotype [J]. Curr Opin Psychiatry, 2018, 31 (2): 96-102.

[29] HADDAD E, LOGAN B R, GRIFFITH L M, et al. SCID genotype and 6-month posttransplant CD4 count predict survival and immune recovery [J]. Blood, 2018, 132 (17): 1737-1749.

[30] TYMOCZKO L, BERGJEREMY M, LUBERT S. Biochenmistry: a short course [M]. New York: W.H. Freeman & Company, 2013.